U0249786

住房城乡建设部土建类学科专业“十三五”规划教材
全国住房和城乡建设职业教育教学指导委员会规划推荐教材

# 建筑设备

## （第三版）

本教材编审委员会组织编写
主编　刘金生
主审　李海琦　史　钟

中国建筑工业出版社

**图书在版编目(CIP)数据**

建筑设备/刘金生等主编. —3版. —北京：中国建筑工业出版社，2019.10（2023.2重印）

住房城乡建设部土建类学科专业“十三五”规划教材 全国住房和城乡建设职业教育教学指导委员会规划推荐教材

ISBN 978-7-112-24038-8

Ⅰ.①建… Ⅱ.①刘… Ⅲ.①房屋建筑设备-高等职业教育-教材 Ⅳ.①TU8

中国版本图书馆CIP数据核字(2019)第165348号

本书采用了现行的国家最新规范和行业标准，系统介绍了建筑工程技术专业及其他非设备专业所涉及的建筑设备工程的主要内容，以适用性与实用性相结合，突出了职业实践能力的培养和职业素质的提高。

全书共分三篇：建筑给水排水、建筑暖通空调、建筑电气，主要介绍了建筑给水、排水、供暖、通风、空调、供配电、照明、防雷接地和建筑弱电等系统的基础理论、应用技术、简要计算方法、常用管材、设备及附件的性能特点，建筑给水排水、采暖、空调、建筑电气工程施工图的组成、表示方法、识读技巧及相关规范等基本知识，并附实例予以释读，并在各章中介绍了建筑设备施工安装要点及与土建施工相互联系、相互协调等方面的内容。

本书可作为高职高专、高等专科学校建筑工程技术专业和相关专业的教学用书，也可作为建筑施工人员和相关专业工程技术人员在给水排水、暖通空调和建筑电气等方面的参考用书。

为便于本课程教学，作者自制免费课件资源，索取方式为，邮箱：jckj@cabp.com.cn，电话：01058337285，建工书院网址：http://edu.cabplink.com。

* * *

责任编辑：刘平平　朱首明　王美玲
责任校对：党　蕾

住房城乡建设部土建类学科专业“十三五”规划教材
全国住房和城乡建设职业教育教学指导委员会规划推荐教材
**建筑设备（第三版）**
本教材编审委员会组织编写
主编　刘金生
主审　李海琦　史　钟
*
中国建筑工业出版社出版、发行（北京海淀三里河路9号）
各地新华书店、建筑书店经销
北京红光制版公司制版
北京建筑工业印刷厂印刷
*
开本：787×1092毫米　1/16　印张：24　字数：581千字
2019年11月第三版　2023年2月第二十五次印刷
定价：**49.00**元（赠教师课件）
ISBN 978-7-112-24038-8
（34539）

# 教材编审委员会名单

# 修订版教材编审委员会名单

# 修订版序言

高职高专教育工程监理专业在我国的办学历史只有十年左右。为了满足各院校对该专业教材的急需，2004年，高职高专教育土建类专业教学指导委员会土建施工类专业分指导委员会（以下简称“土建施工类专业分指导委员会”）依据《工程监理专业教育标准和培养方案及主干课程教学大纲》，组织有关院校优秀教师编写了该专业系列教材，于2006年全部由中国建筑工业出版社正式出版发行。该系列教材共12本：《建筑施工组织与进度控制》、《建筑工程计价与投资控制》、《建筑工程质量控制》、《工程建设法规与合同管理》、《建筑设备工程》、《建筑识图与构造》、《建筑力学》、《建筑结构》、《地基与基础》、《建筑材料》、《建筑施工技术》、《建筑工程测量》，其中7本教材与建筑工程技术专业共用。本套教材自2006年面世以来，被全国有关高职高专院校广泛选用，得到了普遍赞誉，在专业建设、课程改革中发挥了重要的作用。其中，《建筑工程质量控制》、《建筑识图与构造》、《建筑结构》、《地基与基础》、《建筑工程测量》、《建筑施工技术》、《建筑施工组织》等被评为普通高等教育“十一五”国家级规划教材，《建筑结构》、《建筑施工技术》等被评为普通高等教育精品教材。2011年2月，该套教材又全部被评为住房和城乡建设部“十二五”规划教材。

本套教材的出版对工程监理专业的改革与发展产生了深远的影响。但是，随着建设行业的迅速发展和专业建设的不断深入，这套教材逐渐显现出不适应。鉴于此，土建施工类专业分指导委员会于2011年组织进行了系统性的修订、完善工作，主要目的是为了适应专业建设发展的需要，适应课程改革对教材提出的新要求，及时反映建筑科技的最新成果和工程监理行业新的管理模式，更好地为提高学校的人才培养质量服务。为了确保本次修订工作的顺利完成，土建施工类专业分指导委员会会同中国建筑工业出版社于2011年9月在西安市召开了专门的工作会议，就本次教材修订工作进行了深入的研究、论证、协商和部署。本次修订主要体现了以下要求：

（1）准确把握教材内容，以《高等职业教育工程监理专业教学文件》（土建施工类专业分指导委员会组织编写，中国建筑工业出版社2010年出版）为依据，并全面反映近年来的新标准，充分吸纳新工艺、新技术、新材料、新设备和新的管理模式；

（2）更新教材编写理念，体现近年来职业教育改革成果，引导工程监理专业教学改革；

（3）改进教材版式设计，提高读者学习兴趣。

教学改革是一个不断深化的过程，教材建设也是一个不断推陈出新的过程，希望全体参编人员及时总结各院校教学改革的新经验，通过不断修订完善，将这套教材打造成“精品”。

**全国高职高专教育土建类专业教学指导委员会**
**土建施工类专业分指导委员会**
2013年5月

# 序　言

我国自1988年开始实行工程建设监理制度。目前，全国监理企业已发展到6200余家，取得注册监理工程师执业资格证书者达10万余人。工程监理制度的建立与推行，对于控制我国工程项目的投资、保证工程项目的建设周期、确保工程项目的质量，以及开拓国际建筑市场均具有十分重要的意义。

但是，由于工程监理制度在我国起步晚，基础差，监理人才尤其是工程建设一线的监理人员十分匮乏，且人员分布不均、水平参差不齐。针对这一现状，近四五年以来，不少高职高专院校开办工程监理专业。但高质量教材的缺乏，成为工程监理专业发展的重要制约因素。

高职高专教育土建类专业教学指导委员会（以下简称“教指委”）是在教育部、建设部领导下的专家组织，肩负着指导全国土建类高职高专教育的责任，其主要工作任务是，研究如何适应建设事业发展的需要设置高等职业教育专业，明确建设类高等职业教育人才的培养标准和规格，构建理论与实践紧密结合的教学内容体系，构筑“校企合作、产学结合”的人才培养模式，为我国建设事业的健康发展提供智力支持。在建设部人事教育司的具体指导下，教指委于2004年12月启动了“工程监理专业教育标准、培养方案和主干课程教学大纲”课题研究，并被建设部批准为部级教学研究课题，其成果《工程监理专业教育标准和培养方案及主干课程教学大纲》已由中国建筑工业出版社正式出版发行。通过这一课题的研究，各院校对工程监理专业的培养目标、人才规格、课程体系、教学内容、课程标准等达成了广泛共识。在此基础上，组织全国的骨干教师编写了《建筑工程质量控制》、《建筑施工组织与进度控制》、《建筑工程计价与投资控制》、《工程建设法规与合同管理》、《建筑设备工程》5门课程教材，与建筑工程技术专业《建筑识图与构造》、《建筑力学》、《建筑结构》、《地基与基础》、《建筑材料》、《建筑施工技术》、《建筑工程测量》7门课程教材配套作为工程监理专业主干课程教材。

本套教材的出版，无疑将对工程监理专业的改革与发展产生深远的影响。但是，教学改革是一个不断深化的过程，教材建设也是一个推陈出新的过程。希望全体参编人员及时总结各院校教学改革的新经验，不断吸收建筑科技的新成果，通过修订完善，将这套教材做成“精品”。

**全国高职高专教育土建类专业教学指导委员会**

2006年6月

# 修订版前言

本书为全国住房和城乡建设职业教育教学指导委员会规划推荐教材，是住房城乡建设部土建类学科专业“十三五”规划教材，主要依据该课程教学基本要求，针对高职高专的层次与职业特点进行编写的，力求做到以实用为主，理论联系实际，紧跟现代技术的发展，注重实际，突出职业实践能力的培养和职业素质的提高。

本书第二版出版后经使用，由于其内容适度、够用、实用，应用知识突出等特点，受到高职高专土建施工类非建筑设备专业广大师生及广大建筑从业人员的欢迎。

全书在修订中，严格按高职高专土建施工类专业与住房和城乡建设部“十三五”规划教材研讨与编写工作会议的精神，在第二版的基础上，对其不足和错误之处，作了充实和修改。使用过程中读者提出的建议和意见，在修订过程中作了认真地考虑。内容有增有减，更加突出了实用性，并参阅了大量的文献和国家颁布的最新规范和行业标准，修订后的内容更加全面，重点突出、图文并茂，实用性更强。

本书修订共分三篇九章，由浙江建设职业技术学院刘金生担任主编，大连海洋大学职业技术学院范忠军担任副主编，山西建筑职业技术学院李海琦和浙江省昆仑建设集团有限公司史钟担任本书主审。第一、二、三章由浙江建设职业技术学院刘金生编写；第四章由青海建筑职业技术学院庾汉成编写；第五章由浙江省昆仑建设集团有限公司许建华编写；第六章由浙江建设职业技术学院杨群芳编写；第七、八、九章由大连海洋大学职业技术学院范忠军编写。

本书编写过程中得到了浙江省昆仑建设集团有限公司，山西建筑职业技术学院，浙江省建筑科学设计研究院有限公司，青海建筑职业技术学院，大连海洋大学职业技术学院等单位的大力支持，在此一并表示衷心的感谢。

由于编者水平有限，书中难免有不妥之处，敬请有关专家和广大读者批评指正。

# 前　言

本书为"全国高职高专教育土建类专业教学指导委员会规划推荐教材"之一。是土建类工程监理专业主干课程教材，主要依据中国建筑工业出版社出版的"工程监理专业教育标准和培养方案及主干课程教学大纲"和高职高专的培养目标，针对高职高专的特点进行编写的，力求做到以实用为主，理论联系实际，侧重于实际操作能力，突出职业实践能力的培养和职业素质的提高。本书严格按照国家颁布的最新规范和行业标准以及建筑设备的最新成果，参考了大量的文献资料并结合多年在高职院校教学经验撰写而成。该书内容全面，图文并茂，实用性强，取材新颖，系统地介绍了现代建筑物中的给水排水、供暖、通风、空调、燃气供应、建筑电气、室内照明、施工图的识读、施工现场用电和安全用电等设备的基本知识、工作原理，国内外在建筑设备技术方面的最新发展、建筑设备的最新技术装备水平和最新科研成果，以及在建筑中的应用情况，同时还对建筑设备工程在监理过程中的主控项目进行了叙述。

全书共分七章，由浙江建设职业技术学院刘金生担任主编，山西建筑职业技术学院李海琦担任本书主审。绪论、第一、二章和附录由刘金生编写，第三章由湖北武汉城市建设职业技术学院冯晨编写，第四、五章由青海建筑职业技术学院庚汉成编写，第六、七章由大连水产学院职业技术学院徐春波编写。

本书在编写过程中，参阅了许多文献和国家颁布的最新规范和标准，以便于读者查阅有关的资料，在此对各参考文献的作者和对本书给予帮助和指导的浙江建设职业技术学院丁天庭副教授和四川建筑职业技术学院胡兴福副教授，表示衷心的感谢。

由于编著者水平有限，时间仓促，书中难免出现差错，不妥之处，敬请有关专家和广大读者批评指正。

# 目　录

# 绪　论

## 一、建筑设备的概念

建筑设备就是在建筑物内为满足用户的工作、学习和生活的需要而提供整套服务的各种设备和设施的总称，是多种工程技术门类的组合。它包括建筑给水排水、供暖、通风、空调、燃气、消防、电梯、电力、照明、通信信息、安全防范和建筑智能化等设备系统。在实际应用中，我们称之为建筑设备工程。

建筑设备的作用：

(1) 提高建筑物的使用功能和使用价值；

(2) 提供方便的工作和生活条件；

(3) 提供必要的娱乐条件；

(4) 保证信息畅通；

(5) 保证建筑内的人员安全等。

## 二、建筑设备研究的对象和任务

1. 对象

现代建筑，设备种类繁多，内容广泛，按其作用可分为改善环境的设备（如调节空气温度和湿度的空调设备等）、提供工作和生活方便的设备（如给水、排水、电话、照明、电视和电梯等）、增强居住安全的设备（如消防报警、防盗、抗震设备等）和提高工作效率的设备（如计算机管理、办公自动化设备等）等。按专业划分，建筑设备包括给水排水专业设备，供暖工程专业设备，通风与空调专业设备，燃气工程专业设备，机械工程专业设备和建筑电气专业设备等。

2. 任务

建筑设备的任务就是为建筑物内的人们提供安全、卫生、舒适的学习、工作和生活环境。即提供符合要求的水压、水量和水质的给水，并把生成的污（废）水及时、通畅排至室外；提供符合一定温度、湿度、洁净度等要求的空气环境；以及为建筑物提供安全照明、消防、自动化控制等设施，以保证信息畅通和人员安全。

## 三、建筑设备与建筑施工等各专业之间的关系

高质量建筑工程的完成，少不了各专业认真细致的积极配合和管理。一个工程的建设必须确保工程中各专业都符合国家法律法规的标准，它是工程中的重要一环。随着城市一体化进程的加快，城市人口剧增，从而加速了高层建筑的迅速发展；又由于现代科学技术的发展，各种行业迅速增加，从而使建筑物的使用功能增多，使现代建筑中水、电、暖和自动化控制等系统的设备日趋复杂；为了满足人们生活、工作和学习上的需要，建筑设备在建筑物内的完善程度已成为必然的发展趋势。因此，从事建筑类各专业工作的工程技术人员需要对现代建筑物中的给水排水、供暖、通风、空调、燃气供应、供配电、消防等系统和设备的工作原理和功能，以及在建筑物中的设置和应用情况有所熟悉和了解，以便在

工程施工中既经济又合理地配置和使用能源与资源，完美地体现建筑物的设计和使用功能，尽可能地减少能量的损耗和资源的浪费，对降低成本、提高工程质量以及节能等都具有重要的意义。

1. 建筑设备工程与“土木工程”类的相关专业有着极其密切的关系

建筑设备设置在建筑物内，这必然要求它们与建筑、装饰和结构等相互协调。只有综合结构、建筑、装饰以及工程监理与设备各专业进行相互协调和配合，才能使建筑物达到适用、经济、卫生、舒适和安全的要求，从而充分发挥建筑物应有的功能，提高建筑物的使用质量。故建筑施工专业的工程技术人员必须掌握一定的建筑设备知识。

因此，对于土建工程各专业来说，建筑设备是一门十分重要必修的专业基础课。

2. 建筑设备各工种之间与建筑物本身，都存在着相互协调的关系，在使用功能和设备配置等方面，彼此相互影响

建筑设备是为建筑物的使用功能服务的，建筑设备对建筑也同时会提出许多要求。如：机房配置、尺寸和结构的要求；对设置技术层的要求；对管道井的要求；对管道穿墙、穿越楼板、基础的要求；对保温、隔热的要求；对隔声及吸噪的要求；对通风及密封的要求；对排水及防漏的要求；对承重及隔振的要求；对防火、防烟及防爆的要求；对防臭、防毒的要求；对防霉及防辐射的要求；对运输和维修的要求等等。所有这些需要相互配合和相互协调，无论在规划设计阶段，还是在设计、施工阶段都应加强专业之间的联系，进行分析和研究，达成共识，采取有效措施，合理解决上述问题。

参见附录0-1居住小区地下管线（构筑物）间最小净距，附录0-2管道及竖井的种类及所在位置，附录0-3水泵房、水池、水箱、洗衣房、污水处理房面积，附录0-4空调、通风及锅炉房面积及层高和附录0-5供配电及电信设备用房面积及层高。

当建筑设备与建筑各专业之间发生矛盾时，建筑施工技术人员与相关各方应从建筑物总体最佳的社会效益和经济效益出发反复协商，妥善解决。

3. 建筑设备工程是工业与民用建筑中不可缺少的部分，是独立的单位工程，必须与建筑工程相互配合才能发挥其使用效益

应从下列几点引起高度的重视：

（1）在进行建筑方案设计时，建筑设计人员必须考虑到变配电室、水泵房、消防中心等设备用房的配置。当然，这些设备用房的配置首先要遵从建筑物的总体安排，但也必须合乎有关专业的技术要求。

（2）在住宅和公共建筑中，卫生间的建筑面积与卫生器具的种类、数量以及管道的布置方式密切相关。

（3）我国北方地区，均需设置供暖系统，而采暖形式的选择和布置，又与房屋建筑的使用功能、建筑形式等有很大关系。

（4）在综合性建筑中，上下层卫生间的位置有无错位，避免排水管道从房间的不适合的位置穿过。

（5）当梁的截面尺寸较大，而房间的净高又有限制，供热管道在顶棚下设置有困难的情况下，就必须采用其他的采暖系统形式，改变供热管道的敷设位置。

（6）设备工程中都离不开管道，在建筑物中要安装这些管道，就不可避免地要穿越墙体、楼板和基础，土建施工中必须预留穿楼板的孔洞，如果不预留，临时凿洞，既浪费劳

动力又影响施工质量，这些问题都说明了土建工程和设备工程之间有着密不可分的关系。

（7）在进行建筑施工过程中，施工人员应严格对设备和管道材料的选择、管道的布置和敷设的位置、走向、预留孔洞的尺寸、消防水池的位置及容积、空调的送风口、火灾报警系统的探测器、喷淋系统的喷头和给水排水管道管井的位置和大小、现场用电、安全用电、各种电气线路管线的走向、敷设等主控项目方面进行全面的了解，保证设备安装质量和施工进度。

综上所述，对于建筑施工中各专业的工程技术人员来说必须对建筑设备工程的知识引起足够的重视，掌握一定的建筑设备知识是必不可少的。随着现代科学技术的发展，建筑涉及的领域、门类越来越多，综合性越来越强。这就要求每一个建筑工程技术人员尽量拓宽知识面，掌握更多的新技术、新知识。

**四、建筑设备发展的趋势**

目前，随着社会的进步和经济的高速发展以及人们生活水平的提高，对建筑物的使用功能和质量的要求越来越高，各种建筑物内的技术装备和自动化水平以及建筑设备工程的标准、质量和功能也不断提高和完善；建筑设备投资在建筑总投资中的比重越来越高，有的已达到总投资的1/3以上；现代建筑物，实际上是建筑、结构、设备三者的综合体，建筑设备是其中的重要组成部分，其完善程度是体现建筑质量、建筑物现代化水平的重要标志。

同时，由于现代科学技术的发展，各门学科是互相渗透和互相影响的。建筑设备技术也不例外，它受到多门学科发展的影响而日新月异。例如，太阳能利用技术的成就，促进了建筑物供暖、热水供应等新技术的发展；塑料工业的迅速发展，改变着建筑设备和各类管道系统的面貌；电子技术和自动控制在建筑设备系统中的多方面使用，取得了更加节约和安全的效果，建筑工业化的施工，迅速改变着建筑安装现场手工操作的方式等。

现代建筑设备工程技术的发展，下列方面值得我们认真学习：

（1）随着新材料、新技术、新工艺和新型设备不断涌现，我国的建筑设备正朝着体积小、重量轻、能耗少、效率高、噪声低、功能多、造型新颖和整体式等多方面发展。

（2）新能源的利用和电子技术的应用，使建筑设备工程技术不断更新。

（3）建筑工业化施工技术的发展，促进了预制设备系统的应用，大大加快了设备安装速度，获得了良好的经济效益。

当前国外较先进的预制设备系统是盒子卫生间和盒子厨房，将浴室、厕所以及厨房等建筑构件及其中的设备和管道在工厂中预制好，再运到建筑现场一次装配完工。

总之，建筑设备的发展趋势可归纳为以下三个方面：

1. 时尚性

现代建筑设备，带有明显的时代特征。所谓时尚性，是指随着时间的推移而观念的不断更新，科学技术的发展而产品的优胜劣汰，建筑设备应适应新的需求。

2. 节能与环保

建筑设备是否先进，不仅看是否安全、适用，还要看是否高效、节能和对环境会不会造成污染；能耗大和三废污染严重的设备，大多已落后淘汰，绿色产品大行其道。

3. 多学科综合性

现代建筑设备，涉及所有与建筑本身有密切关系的机电和信息设备，种类繁多，功能丰富，技术含量高，包括建筑学、机械学、流体力学、空气动力学、电学、光学等多种学科知识，有其一定的特殊性，而且智能化设备将得到迅速发展。

学习本课程的目的，在于了解各类建筑设备的工作原理、各组成的基本作用。掌握各类管线的布置方法及敷设方式、水电制图与识图的基础知识。熟练掌握水、电管线的安装程序及方法。掌握水暖电制图与识图、建筑设备的使用方法及管道与电气的施工方法，具有综合考虑和合理处理建筑设备与建筑主体、建筑设备与建筑装饰装修、建筑设备与土建施工之间的关系的能力，为将来从事土建施工工作打好基础。

**五、建筑设备工程设计、施工安装、质量保证相关的主要规范**

为了保证建筑设备施工质量，施工中应严格按照国家相关标准执行。

《建筑工程施工质量验收统一标准》GB 50300、《住宅设计规范》GB 50096、《建筑设备工程施工质量监理实施细则》、《建筑给水排水设计规范》GB 50015、《民用建筑供暖通风与空气调节设计规范》GB 50736、《采暖通风与空气调节工程检测技术规程》JGJ/T 260、《建筑给水排水及采暖工程施工质量验收规范》GB 50242、《建筑设计防火规范》GB 50016、《建筑排水塑料管道工程技术规程》CJJ/T 29、《自动喷水灭火系统施工及验收规范》GB 50261、《通风与空调工程施工质量验收规范》GB 50243、《供配电系统设计规范》GB 50052、《低压配电设计规范》GB 50054、《民用建筑电气设计规范》JGJ 16、《通用用电设备配电设计规范》GB 50055、《建筑物防雷设计规范》GB 50057、《建筑照明设计标准》GB 50034、《建筑电气工程施工质量验收规范》GB 50303、《施工现场临时用电安全技术规范》JGJ 46 等。

由于设计规范和施工验收规范都是根据工程实际制定的，在一定的周期内要进行修改和修订；故在设计和施工中应严格采用国家和行业最新颁布的规范和标准，切不可使用已废止的规范和标准。

# 第一篇　建筑给水排水

## 第一章　建　筑　给　水

【学习要点】　掌握建筑给水常用管道材料的性能、特点、连接方式、选用和适用范围；熟悉各类阀门、附件、器材、设备的基本作用和建筑给水系统安装施工要点以及与土建施工的联系和配合。了解给水系统的分类、系统组成、给水方式、系统所需水压的简略估算等基本概念和基本知识。

### 第一节　建筑给水常用管材、附件、设备

**一、给水常用管材**

建筑给水常用管材有：塑料管、复合管、金属管等。

1. 管径

各种管材的管径单位在工程中常用的有米（m）、厘米（cm）、毫米（mm）和英寸(in)；它们之间的换算关系见表 1-2。水煤气输送钢管（镀锌或非镀锌）、铸铁管等管材，管径宜以公称直径 *DN* 表示；无缝钢管、焊接钢管（直缝或螺旋缝）等管材，管径宜以外径 *D*×壁厚表示；铜管、薄壁不锈钢管等管材，管径宜以公称外径 $D\omega$ 表示；建筑给水排水塑料管材，管径宜以公称外径 *dn* 表示；钢筋混凝土（或混凝土）管，管径宜以内径 *d* 表示；复合管结构壁塑料管等管材，管径应按产品标准的方法表示；当设计中均采用公称直径 *DN* 表示管径时，应有公称直径 DN 与相应产品规格对照表。

公称直径“*DN*”，又称平均外径、公称通径。这是缘自金属管的管壁很薄，管外径与管内径相差无几，所以取管的外径与管的内径之平均值当做管径称呼，是称呼管径、规格名称。例如 *DN*32，表示公称直径为 32mm。在工程设计中一般采用公称直径来表示。钢筋混凝土管、铸铁管、镀锌钢管等均采用 *DN* 表示，公称直径是为了设计制造和维修、安装的方便人为地规定的一种标准。

管材为无缝钢管的管子的外径用字母 *D* 来表示，其后附加外直径的尺寸和壁厚，例如外径为 108mm 的无缝钢管，壁厚为 5mm，用 *D*108×5 表示。

在设计图纸中所以要用公称直径，目的是为了根据公称直径可以确定管子、管件、阀门、法兰、垫片等结构尺寸与连接尺寸，保持接口的一致，无论管道的实际外径（或实际内径）多大，只要公称直径相同都能相互连接。如果在设计图纸中采用外径表示，也应作出管道规格对照表，表明某种管道的公称直径、壁厚。

详见国家标准：《管道元件 *DN*（公称尺寸）的定义和选用》GB/T 1047。

2. 压力

各种管材在工程应用中均具备三种压力：公称压力、试验压力和工作压力。

1）公称压力

由字母PN和后跟无因次的数字组成《管道元件-PN（公称压力）的定义和选用》GB/T 1048—2005；在给水排水工程中，可定义为：管道、管道附件和管道配件在20℃时最大工作压力（GB/T 50125—2010），用“PN”表示，单位：MPa。

例如，PN2，表示公称压力为2MPa。

2）试验压力

管道和设备进行耐压强度和严密性试验时，规定能达到的压力；用“$P_s$”表示，单位：MPa。

例如，$P_s$3，表示试验压力为3MPa。

3）工作压力

系统在正常工作运行时所承受的持续压力；用“Pt”表示，单位：MPa。

例如，$P_t$1，表示工作压力为1MPa。

注：0.1MPa≈1kg/cm$^2$≈10m$H_2O$。

公称压力、试验压力和工作压力之间的关系：$P_s > PN \geqslant P_t$。

公称直径（mm）与英寸（in）单位之间的换算见表1-1。

**公称直径与英寸单位之间的换算** **表1-1**

| 公称直径（mm） | 8 | 10 | 15 | 20 | 25 | 32 | 40 | 50 | 65 | 80 | 100 | 125 | 150 |
|---|---|---|---|---|---|---|---|---|---|---|---|---|---|
| 英寸（in） | $\frac{1}{4}$ | $\frac{3}{8}$ | $\frac{1}{2}$ | $\frac{3}{4}$ | 1 | $1\frac{1}{4}$ | $1\frac{1}{2}$ | 2 | $2\frac{1}{2}$ | 3 | 4 | 5 | 6 |

3. 给水管材的性能及应用

1）塑料管

给水塑料管材有：硬聚氯乙烯（UPVC）、高密度聚乙烯（HDPE）、交联聚乙烯（PEX）、聚丁烯（PB）、丙烯腈—丁二烯—苯乙烯（ABS）、氯化聚氯乙烯（CPVC）及改性聚丙烯（PP-R）等；表1-3为常用给水塑料管的性能。塑料管常用规格为：20、25、32、40、50、63、75、90、110、125、140、160、180、200、225、250、280、315等，单位：mm。

（1）公称直径与外径的关系

表1-2为塑料管外径与公称直径对照关系。

（2）给水塑料管的性能

表1-3为常用给水塑料管的性能。表1-4为常用无规共聚聚丙烯（PP-R）管规格。表1-5为常用给水管材特性及连接方式。

（3）给水塑料管的连接方法

给水塑料管有螺纹连接、焊接（电加热空气焊）、热熔连接、电熔合连接（管件出厂时将电阻丝埋在管件中，做成电热熔管件，在施工现场，只需将专用焊接仪的插头和管件的插口连接，利用管件内部发热体将管件外层塑料与管件内层塑料熔融，形成可靠连接，并结合专用数码计时器和安装指示孔等计时方式。热熔效果可靠，人为因素降到最低，施工质量稳定）、法兰连接和粘接等。

塑料管外径与公称直径对照关系　　表 1-2

| 塑料管外径 mm（毫米） | 20 | 25 | 32 | 40 | 50 | 63 | 75 | 90 | 110 |
|---|---|---|---|---|---|---|---|---|---|
| 公称直径 in（英寸） | $\frac{1}{2}$ | $\frac{3}{4}$ | 1 | $1\frac{1}{4}$ | $1\frac{1}{2}$ | 2 | $2\frac{1}{2}$ | 3 | 4 |
| 公称直径 mm（毫米） | 15 | 20 | 25 | 32 | 40 | 50 | 65 | 80 | 100 |

注：工程实践中对管径的常用称呼有：*DN*15（4 分管）、*DN*20（6 分管）、*DN*25（1 寸管）、*DN*32（1.25 寸管）、*DN*40（1.5 寸管）、*DN*50（2 寸管）、*DN*65（2.5 寸管）、*DN*80（3 寸管）、*DN*100（4 寸管）等。

给水塑料管性能　　表 1-3

| 连接方式 | 分　类 | 优　　点 | 缺　　点 | 用　　途 | 备　　注 |
|---|---|---|---|---|---|
| 粘合、螺纹 | 硬聚氯乙烯管（UPVC） | 抗腐蚀能力强，易于粘合，廉价，质地坚硬 | 有 UPVC 单体和添加剂渗出，不宜适用于热水输送；接头粘合技术要求高，固化时间较长 | 适用于生活给水进户管 | 口径有 *DN*25～*DN*200 2005 年卫生部抽检结果表明聚氯乙烯输配水管材卫生情况不容乐观。铅或钡等有害物质超标较为严重，合格率仅为 52.2% |
| 挤压夹紧、热熔合、电熔合 | 高密度聚乙烯管（HDPE） | 耐性好，较好的抗疲劳强度，耐温性能较好；质轻，可挠性和抗冲击性能好 | 熔接需要电力，机械连接，连接件大 | 适用于生活给水管 | — |
| 挤压夹紧 | 交联聚乙烯管（PEX） | 耐温性能好，抗蠕变性能好 | 只能用金属件连接；不能回收重复利用 | 适用于冷水、热水管 | — |
| 挤压夹紧、热熔合、电熔合 | 聚丁烯管（PB） | 耐温性能好，良好的抗拉、压强高，耐冲击，低蠕变，高柔韧性 | 国内尚无 PB 树脂原料，依赖进口，价高 | — | — |
| 热熔合 | 改性聚丙烯管（PP-R） | 耐温性能好、可回收利用、重量轻、强度高、韧性好、耐冲击、阻力小、无毒、卫生、不锈蚀、不结垢等 | 在高等压力和介质温度条件下，管壁最厚 | 适用于生活给水管、热水管 | 该管材为国内新一代的绿色建筑材料—冷热水、饮用水管道系列产品，成为“绿色革命”中的一颗闪亮的新星 |

续表

| 连接方式 | 分类 | 优点 | 缺点 | 用途 | 备注 |
| --- | --- | --- | --- | --- | --- |
| 粘合、螺纹、电熔合 | 氯化聚氯乙烯管（CPVC） | 耐温性能最好，抗老化性能好 | 价高，仅适用于热水系统 | 适用于热水管 | — |
| | 丙烯腈-丁二烯-苯乙烯管（ABS） | 强度大，耐冲击 | 耐紫外线差，粘接固化时间较长 | 适用于生活给水管 | — |

**常用无规共聚聚丙烯（PP-R）管规格（$DN \times e_n$）** **表 1-4**

| S5（1.25MPa） | S4（1.6MPa） | S3.2（2.0MPa） | S2.5（2.5MPa） |
| --- | --- | --- | --- |
| 20×1.9 | 20×2.3 | 20×2.8 | 20×3.4 |
| 25×2.3 | 25×2.8 | 25×3.5 | 25×4.2 |
| 32×3.0 | 32×3.6 | 32×4.4 | 32×5.4 |
| 40×3.7 | 40×4.5 | 40×5.5 | 40×6.7 |
| 50×4.6 | 50×5.6 | 50×6.9 | 50×8.4 |
| 63×5.8 | 63×7.1 | 63×8.1 | 63×10.5 |

注：公称壁厚（$e_n$）根据设计应力（$\sigma_n$）10MPa 确定，最小壁厚不应小于 2.0mm。

**常用给水管材特性及连接方式** **表 1-5**

| 管材<br>项目 | UPVC | PB | PP-R | PEX | ABS | 铝塑复合管（PAP） | 塑复铜管 | 钢塑复合管（SP） | 涂塑钢管 |
| --- | --- | --- | --- | --- | --- | --- | --- | --- | --- |
| 长期使用温度（℃） | ≤45 | ≤90 | ≤70 | ≤90 | ≤60 | HDPE≤60、XIPE≤90 | ≤80 | ≤50 | ≤50 |
| 工作压力（MPa） | 1.6 | 1.6～2.5（冷水）1.0（热水） | 2.0（冷水）1.0（热水） | 1.6（冷水）1.0（热水） | 1.6 | 2.0～3.0 | 2.0 | 2.5 | 2.5 |
| 管壁厚度 | 中间 | 最薄 | 最厚 | 中间 | 中间 | 厚 | 薄 | — | — |
| 单价 | 便宜 | 贵 | 贵 | 较贵 | 较贵 | 较贵 | 贵 | 比涂塑管贵 | 是镀锌管的1.3倍 |
| 规格（外径）（mm） | 20～315 | 16～110 | 20～110 | 16～63 | 15～300 | 16～32 | 15～55 | 15～300 | 15～300 |

续表

| 管材<br>项目 | UPVC | PB | PP-R | PEX | ABS | 铝塑复合管（PAP） | 塑复铜管 | 钢塑复合管（SP） | 涂塑钢管 |
|---|---|---|---|---|---|---|---|---|---|
| 寿命（年） | 50 | 50 | 50 | 50 | — | 50 | 50 | 50 | 50 |
| 连接方式 | 胶圈连接或承插连接 | 夹紧式、热熔式连接 | 热熔式连接 | 采用金属管件夹紧式、卡套式连接 | 胶圈连接或承插连接 | 采用金属管件夹紧式连接 | 夹紧式、焊接式连接 | 管螺纹及法兰连接 | 管螺纹及法兰连接 |

（4）塑料管的适用范围

可适用于工业与民用建筑内冷、热水和饮用水系统。但由于其材质差异，UPVC不能用于热水系统，只适用于冷水供水系统。

2）复合管（图1-1）

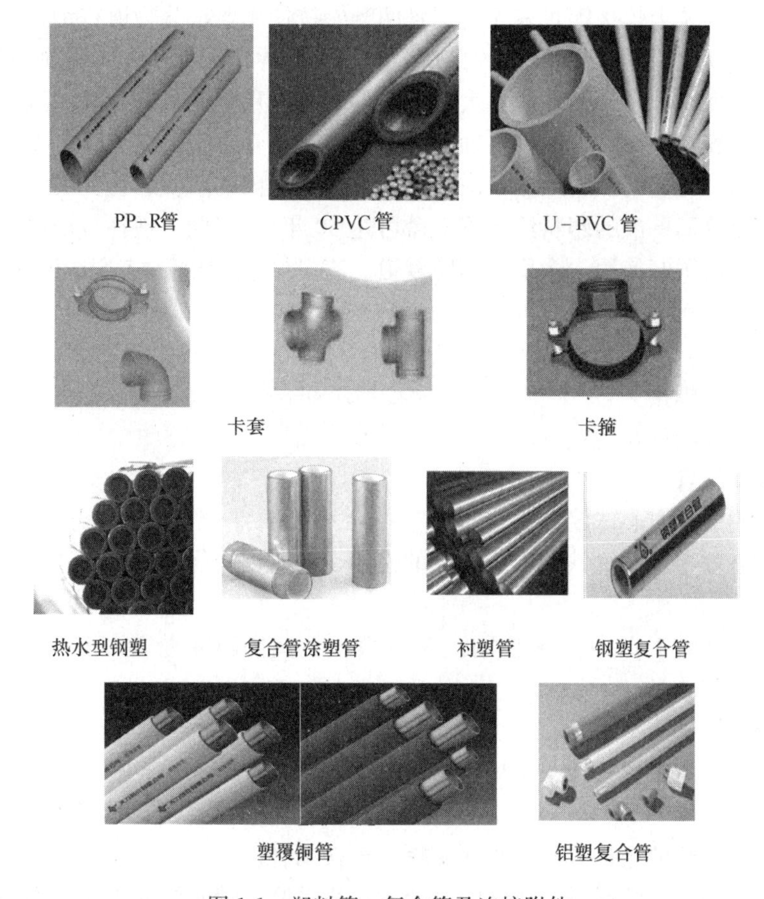


图1-1 塑料管、复合管及连接附件

复合管包括衬铅管、衬胶管、玻璃钢管。复合管大多是由工作层（要求耐水腐蚀）、支承层、保护层（要求耐腐蚀）组成。

（1）复合管的分类

根据金属的材料可分为：钢塑复合管、不锈钢-塑复合管、塑覆不锈钢管、塑覆铜管、铝塑复合管，交联铝塑复合管、衬塑铝合金管等。

（2）常用的复合管

铝塑复合管和钢塑复合管两种。钢塑复合管有衬塑和涂塑两类。

（3）特点具有无毒、耐腐蚀、质轻、机械强度高、脆化温度低、使用寿命长等优点。

（4）适用范围

一般用于室内工作压力不大于 1.0MPa 的冷、热水管道系统中，是镀锌钢管的替代品。

（5）复合管的连接方式

宜采用冷加工方式，热加工方式容易造成内衬塑料的伸缩、变形乃至熔化。一般有螺纹、卡套、卡箍等连接方式。

3）金属管

（1）钢管

①分类：钢管分为焊接钢管和无缝钢管两种。按使用要求分为镀锌钢管（白铁管）和不镀锌钢管（黑铁管）。按照钢管的焊接情况分为直缝焊接钢管和螺纹缝焊接钢管。

②特点：强度高、承受流体压力大、抗振性能好、重量比铸铁管轻、接头少、表面光滑、容易加工和安装等优点，但抗腐蚀能力差。镀锌钢管由于长期工作，镀锌层逐渐磨损脱落，钢体外露，管壁锈蚀、结垢、滋生细菌，使管道内的水质恶化。镀锌钢管的一般寿命只有 8～12 年（而一般的塑料给水管寿命可达 50 年）。因此，现在冷浸镀锌钢管已被淘汰，热镀锌管也已限制使用，多用于消防管道。表 1-6 为低压流体输送用焊接、镀锌焊接钢管规格。

③连接方法

螺纹、法兰、焊接。

钢管螺纹连接配件及连接方法如图 1-2 所示。

（2）给水铸铁管

目前常采用的是离心球墨铸铁管。

特点：离心球墨铸铁管铁的本质、钢的性能，防腐性能优异、延展性能好，密封效果好，安装简易。

适用范围：适宜于在中低压管网、埋地敷设。室内给水管道一般采用普压给水铸铁管。

（3）铜管

特点：铜管美观豪华、经久耐用、水力条件好、不影响水质。适用范围：宾馆等高级建筑。

连接方法：铜管的连接方法有焊接和螺纹连接两种。

随着人们生活水平的提高，居室装饰要求越来越高，给水管通常采用埋墙式施工，水管渗漏、爆裂带来的后果是难以弥补的；为此人们越来越重视管材的选择。而铜水管质地坚硬、耐压性强，即使在高压条件下也不变形、不破裂；同时因其性能稳定、耐腐蚀性强，使管内流动阻力较小，既保证了水流畅通又减轻了水流对管壁的压力，而铜又具有杀

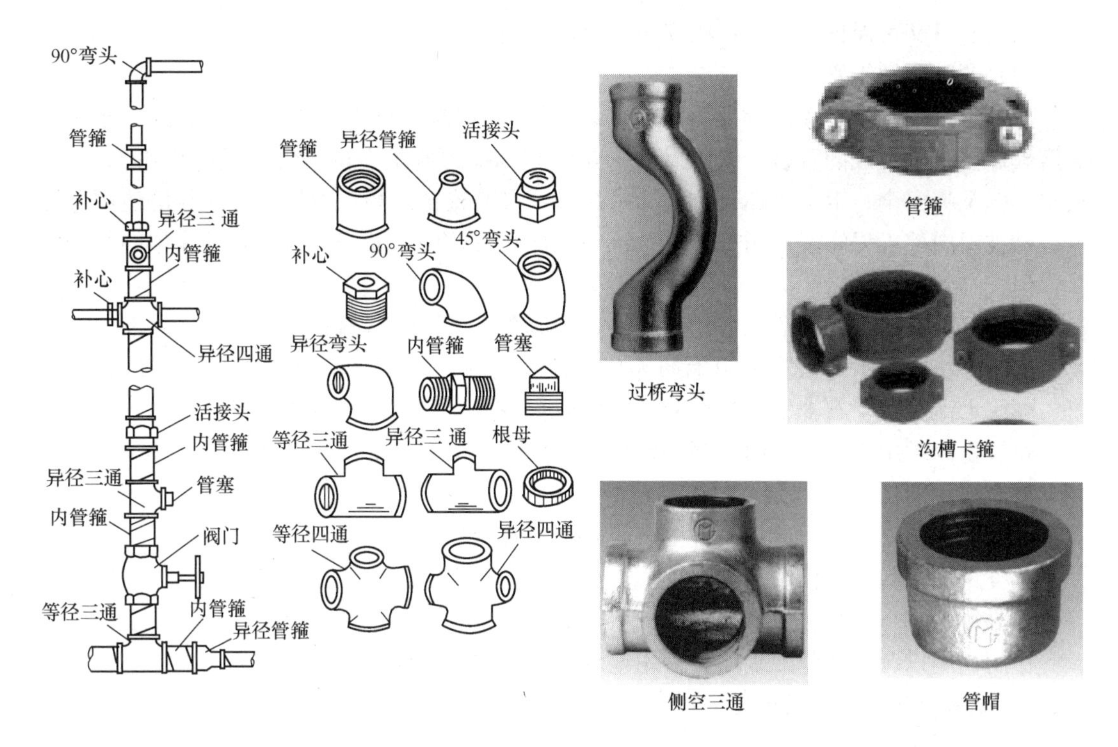


图 1-2　钢管螺纹连接配件及连接方法

**低压流体输送用焊接、镀锌焊接钢管规格**　　　　**表 1-6**

| 公称直径（mm） | 外径（mm） | 管子 | | | | 基面外径（mm） | 螺纹 | | | 按每 6 米加一个接头计算钢管每米重量（kg） |
|---|---|---|---|---|---|---|---|---|---|---|
| | | 一般管 | | 加厚管 | | | 每英寸丝扣数 | 空刀以外的长度 | | |
| | | 壁　厚（mm） | 每米理论重量（kg） | 壁　厚（mm） | 每米理论重量（kg） | | | 锥形螺纹（mm） | 圆柱形螺　纹（mm） | |
| 8 | 13.5 | 2.25 | 0.62 | 0.75 | 0.73 | — | — | — | — | — |
| 10 | 17 | 2.25 | 0.82 | 2.75 | 0.97 | — | — | — | — | — |
| 15 | 21.3 | 2.75 | 1.26 | 3.25 | 1.45 | 20.956 | 14 | 12 | 14 | 0.01 |
| 20 | 26.8 | 2.75 | 1.63 | 3.50 | 2.01 | 26.442 | 14 | 14 | 16 | 0.02 |
| 25 | 33.5 | 3.25 | 2.42 | 4.40 | 2.91 | 33.250 | 11 | 15 | 18 | 0.03 |
| 32 | 42.3 | 3.25 | 3.13 | 4.00 | 3.78 | 41.912 | 11 | 17 | 20 | 0.04 |
| 40 | 48 | 3.50 | 3.84 | 4.25 | 4.58 | 47.805 | 11 | 19 | 22 | 0.06 |
| 50 | 60 | 3.50 | 4.88 | 4.50 | 6.16 | 59.616 | 11 | 22 | 24 | 0.09 |
| 65 | 75.5 | 3.75 | 6.64 | 4.50 | 7.88 | 75.187 | 11 | 23 | 27 | 0.13 |
| 80 | 88.5 | 4.00 | 8.34 | 4.75 | 9.81 | 87.887 | 11 | 32 | 30 | 0.2 |
| 100 | 114 | 4.00 | 10.85 | 5.00 | 13.44 | 113.034 | 11 | 38 | 36 | 0.4 |

注：1. 轻型管壁比表中一般管的壁厚小 0.75mm，不带螺纹，宜于焊接。
　　2. 镀锌管（白铁管）比不镀锌管重量大 3%～6%。

菌作用，所以又可保证供水的长期安全可靠使用而无后顾之忧。

（4）薄壁不锈钢管

薄壁不锈钢管，是采用壁厚为0.6～2.0mm的不锈钢带或不锈钢板，用自动氩弧焊等熔焊焊接工艺制成的管材。壁厚仅为0.6～1.2mm的薄壁不锈钢管在优质饮用水系统、热水系统及将安全、卫生放在首位的给水系统，具有安全可靠、卫生环保、经济适用等特点。已被国内外工程实践证明是给水系统综合性能最好的、新型、节能和环保型的管材之一，但成本较高。

耐压分类：铸铁管有低压（≤0.5MPa）、普压（≤0.7MPa）和高压（≤1.0MPa）三种。

连接方法：给水铸铁管常用承插连接和法兰连接。承插接口方式有胶圈接口、铅接口、膨胀水泥接口、石棉水泥接口等。配件应具备相应的承插口或法兰盘。

建筑物内常用管材：室内为钢塑复合管；户内：PPR管；水泵房内：不锈钢管。

**二、给水附件**

给水附件是安装在管道及设备上启闭和调节装置的总称。

分类：配水附件和控制附件。

1. 配水附件

作用：用以调节和分配水流。常用配水附件如图1-3所示。

1）配水龙头（普通式水龙头）

（1）球形阀式配水龙头

装在洗涤盆、污水盆、盥洗槽上的水龙头均属此类。水流通过此种龙头因改变流向，故阻力较大，如图1-3（*a*）所示。

（2）旋塞式配水龙头

设在压力不大的给水系统上。这种龙头旋转90°即完全开启，可短时获得较大流量；又因水流呈直线通过龙头，故阻力较小；但启闭迅速，易产生水击。适于用在浴室、洗衣房、开水间等处，如图1-3（*b*）所示。

2）盥洗龙头

设在洗脸盆上专供冷水或热水用。有莲蓬头式、鸭嘴式、角式、长脖式等形式，如图1-3（*c*）。

3）混合龙头

用以调节冷、热水的龙头，适于盥洗、洗涤、沐浴等，式样较多，如图1-3（*d*）所示。

此外，还有小便斗龙头、皮带龙头、消防龙头、电子自动龙头和红外线自控水龙头等。

2. 控制附件

作用：控制附件用来调节水量和水压、控制水流方向、关断水流等。常用控制附件如图1-4所示。

1）截止阀

截止阀关闭严密，但水流阻力较大，适用在管径小于或等于50mm的管道上。如图1-4（1）所示。

2）闸阀

一般管道直径在70mm以上时采用闸阀。此阀全开时水流呈直线通过，阻力小；但

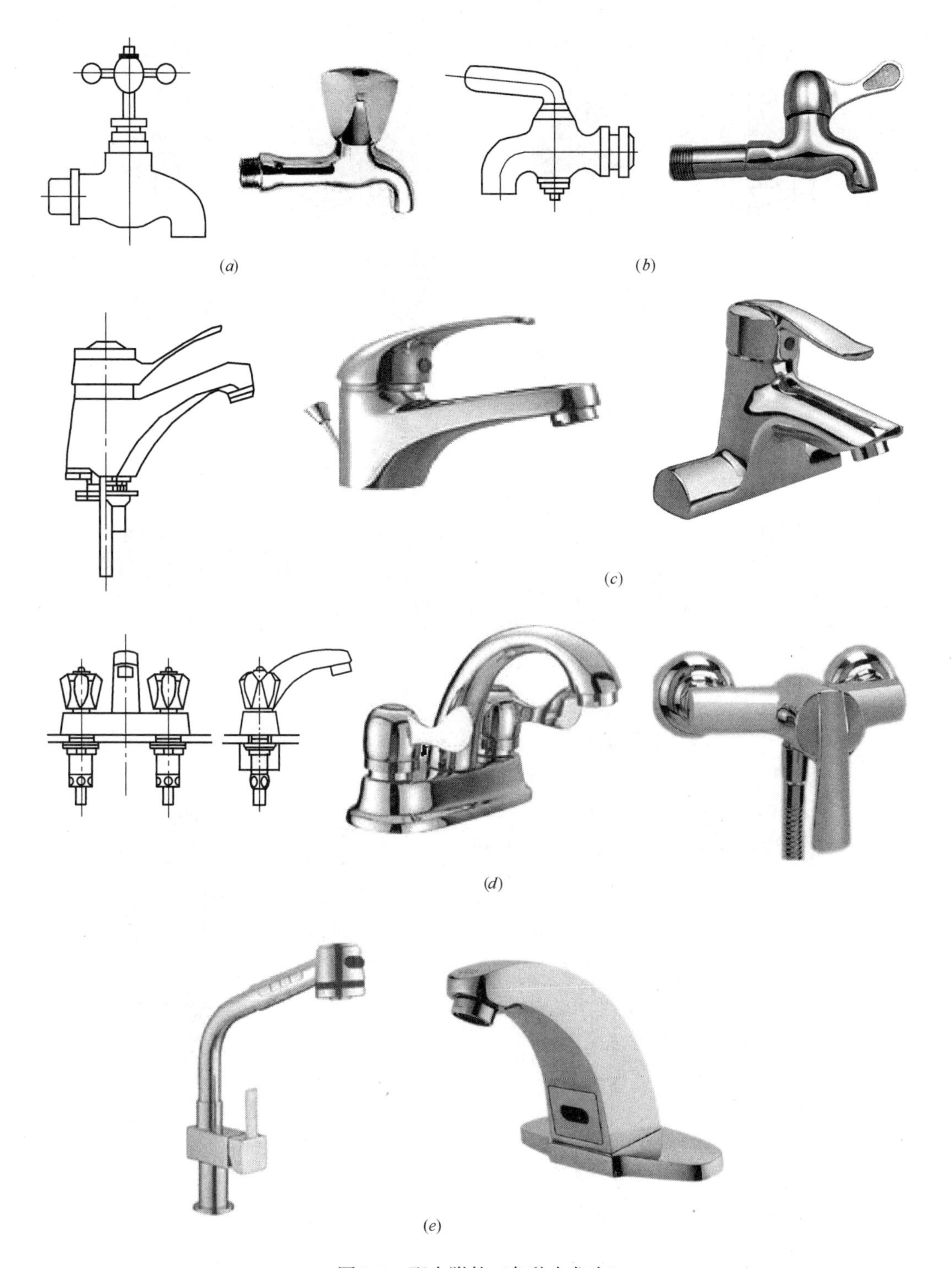

图 1-3　配水附件（各种水龙头）

（*a*）普通式水龙头；（*b*）旋塞式水龙头；（*c*）洗脸盆水龙头；（*d*）冷热水混合龙头；（*e*）电子感应水龙头

水中有杂质落入阀座后，使阀不能关闭到底，因而产生磨损和漏水，减少阀门使用寿命。如图 1-4（2）所示。

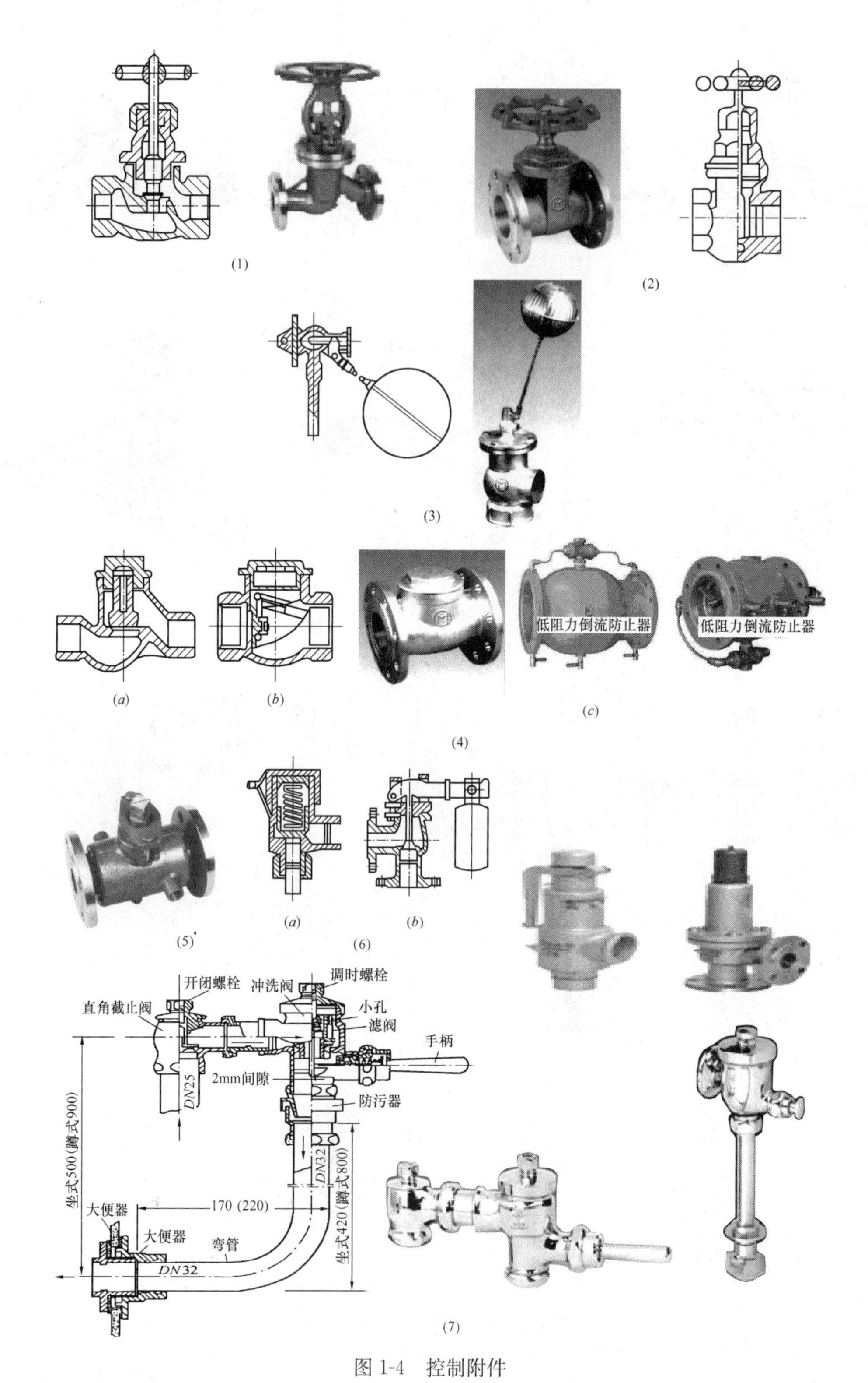


图 1-4　控制附件

（1）截止阀；（2）闸阀；（3）浮球阀；（4）止回阀；（*a* 为升降式，*b* 为旋启式，*c* 为低阻力倒流防止器）；（5）旋塞阀（6）安全阀（*a* 为弹簧式，*b* 为杠杆式）；（7）延时自闭式冲洗阀

3）浮球阀

浮球阀是一种可以自动进水自动关闭的阀门，多装在水池或水箱内，用于控制水位。当水箱充水到设计最高水位时，浮球随着水位浮起，关闭进水口；当水位下降时，浮球下落进水口开启，向水箱充水。浮球阀口径一般为 15～100mm，使用时应与各种相同管径规格配套。如图 1-4（3）所示。

4）止回阀

用来阻止水流的反向流动。止回阀又称“单向阀”，也称“逆止阀”。常用有两种类型：

升降式止回阀：如图 1-4（4）（*a*），装于水平或垂直管道上，水头损失较大，只适于小管径。旋启式止回阀：如图 1-4（4）（*b*），一般直径较大，水平、垂直管道上均可装设。

5）排气阀

具有排出管道中的大量空气、系统运行中的小量排气和高速导入外界空气三种功能，用于水泵出口及给水、排水管线中，具有自动排气与自动补气的功能，提高输水管路的排送效率，降低排送成本。如图 1-4 所示。

6）旋塞阀

旋塞阀，又称“转心门”，也称“考克”；装在需要迅速开启或关闭的地方，适用于压力较低和管径较小的管道，如图 1-4（5）所示。

7）安全阀

安全阀是保证系统和设备安全的阀件。为了避免管网和其他用水设备中压力超过所规定的范围而使管网、各种用水器具以及密闭容器受到破坏，需装安全阀。一般分为弹簧式和杠杆式两种，如图 1-4（6）所示。

8）延时自闭式冲洗阀

延时自闭式冲洗阀是直接安装在大便器冲洗管上的冲洗设备，具有体积小、外表洁净美观、不需水箱、使用便利、安装方便等优点，具有节约用水和防止回流污染等功能，如图 1-4（7）所示。

9）计量仪表

计量仪表指计测水量、水压、温度、水位的仪表，如水表、流量表、压力表、真空计、温度计、水位计等。

10）配水设备

配水设备是指生活、生产和消防给水系统的终端用水设施。生活给水系统主要指卫生器具的给水配件，如水龙头；生产给水系统主要指用水设备，如电炉冷却水；消防给水系统主要指室内消火栓、各种喷头等。

4）增压蓄水设备

增压蓄水设备是指当室外给水管网的水量、水压不能满足建筑用水要求或建筑用水要求的供水压力稳定、确定供水安全时，根据需要，在系统中设置的水泵、水箱、水池、气压给水设备等升压或储水设备。

3. 水表

水表是一种计量承压管道中流过水量累积值的仪表。按用途可分为冷水水表、热水水表；按计量原理可分为流速式水表和容积式水表；按显示方式可分为就地指示式和远传式。目前，建筑内部给水系统中广泛使用的是流速式湿式水表。流速式水表是根据管径一定时，通过水表的水流速度与流量成正比的原理来测量用水量的；安装在封闭管道中，由一个运动元件组成，并由水流流速直接使其获得运动的一种水表。运动元件的运动靠水流作用进行运动并传输给指示装置，计算出所流出水的体积值。

1）水表的类型和性能参数

（1）水表的类型

流速式水表按叶轮的构造不同，分为旋翼式（又称叶轮式）和螺翼式两种，如图 1-5 所示。旋翼式水表的叶轮转轴与水流方向垂直，阻力较大，起步流量和计量范围较小，多为小口径水表，用以测量小流量。

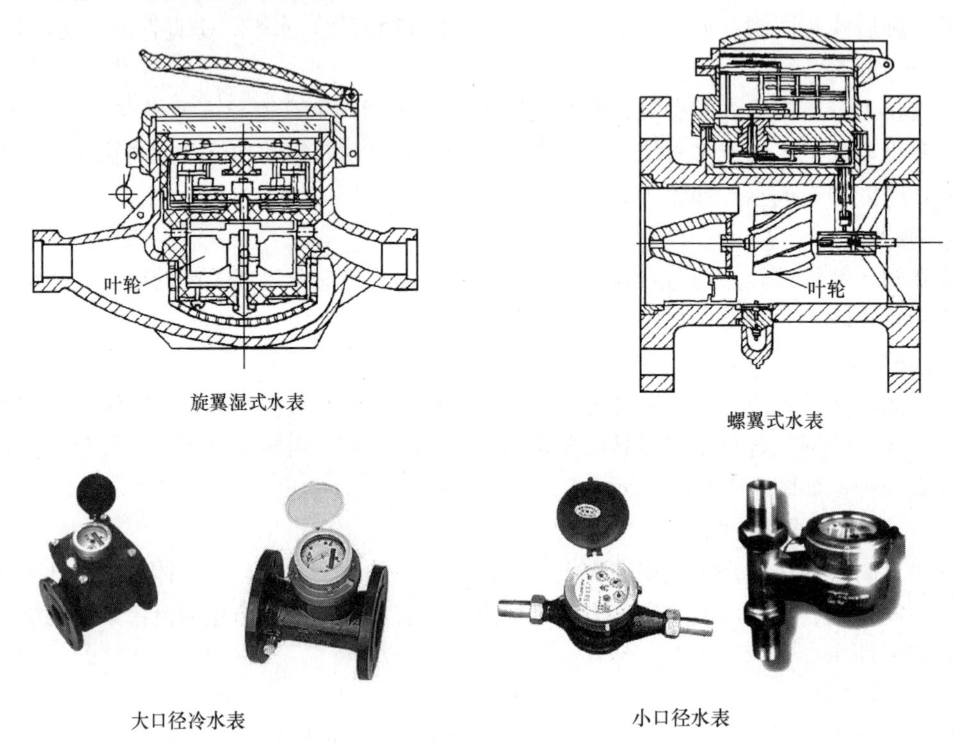


图 1-5　旋翼湿式、螺翼式水表

螺翼式水表叶轮转轴与水流方向平行，阻力较小，起步流量和计量范围比旋翼式水表大，节能显著。

复式水表是旋翼式和螺翼式水表的组合形式，在流量变化较大时使用。

（2）水表的性能参数

水表的规格性能一般由厂家提供产品样本，见表 1-7 为水表的主要技术指标（流量参数）规定了四种流量符号表示的变化：新标准 $Q_1$ 替代旧标准 $q_{\min}$，都称最小流量；新标准 $Q_2$ 替代旧标准 $q_t$，都称分界流量；新标准 $Q_3$ 替代旧标准 $q_p$，都称常用流量；新标准 $Q_4$ 替代旧标准 $q_s$，都称过载流量。

水表的压力损失按下式计算：

$$K_B = \frac{Q_B^2}{H_B} \tag{1-1}$$

式中 $H_B$——水流流过水表产生的压力损失，kPa；

$Q_B$——通过水表的设计秒流量，L/s；

$K_B$——水表的特性系数。

①最小流量（$Q_1$）

最小流量（$Q_1$），水表能准确计数的流量下限值，也即在最大允许误差限之内要求水表给出的最低流量。单位：（$m^3/h$ 或 L/h）。

②分界流量（$Q_2$）

分界流量（$Q_2$），水表误差限改变时的流量（$m^3/h$），即流量范围被分割成两个区处所出现的流量。单位：$m^3/h$ 或 L/h。其值等于 1.6 倍的最小流量。

③常用流量（$Q_3$）

常用流量（$Q_3$）也称为公称流量、额定流量，水表长期正常运转时工作流量的上限值，也即水表在正常工作条件即稳定或间歇流动下，最佳使用的流量，单位为 $m^3/h$。

④过载流量（$Q_4$）

过载流量（$Q_4$）也称最大流量，指水流通过旋翼式水表和螺翼式水表时产生 100kPa 和 10kPa 压力损失的流量值，单位为：$m^3/h$。

⑤灵敏度（$q_t$）

灵敏度（$q_L$）也称灵敏限、始动流量、起步流量，水流通过水表时，水表指针由静止开始转动的最小起步流量（$m^3/h$）。

**LXS 旋翼湿式、LXSL 旋翼立式水表流量参数** **表 1-7**

| 公称口径（mm） | 计量等级 | 过载流量 $Q_4$ | 常用流量 $Q_3$ | 分界流量 $Q_2$ | 最小流量 $Q_1$ |
|---|---|---|---|---|---|
| | | $m^3/h$ | | | |
| 15 | A | 3 | 1.5 | 0.150 | 0.060 |
| | B | | | 0.120 | 0.030 |
| 20 | A | 5 | 2.5 | 0.250 | 0.100 |
| | B | | | 0.200 | 0.050 |
| 25 | A | 7 | 3.5 | 0.350 | 0.140 |
| | B | | | 0.280 | 0.070 |
| 32 | A | 12 | 6 | 0.60 | 0.240 |
| | B | | | 0.48 | 0.120 |
| 40 | A | 20 | 10 | 1.00 | 0.400 |
| | B | | | 0.80 | 0.200 |

注：LXSL—立式旋翼湿式水表用于安装在垂直管道上，具有结构紧凑，占地面积小，安装及抄表方便等特点，其计数器有指针和字轮两种形式。

2）水表的选用

（1）水表类型的选择

首先应考虑所计量的用水量及其变化幅度、水温、工作压力、单向或正逆向流动、计量范围及水质情况，再来考虑冷水表的类型。一般情况下，$DN \leqslant 50$mm 时，应采用旋翼式水表；$DN > 50$mm 时，应采用螺翼式水表；当通过的流量变幅较大时，应采用复式水表。

（2）水表口径的确定

用水量均匀的给水系统，如工业企业生活间、公共浴室、洗衣房等建筑内部给水系统，给水设计秒流量能在较长时间内出现，因此应以此作为水表的额定流量来确定水表口径。

给水量不均匀的给水系统，如住宅、集体宿舍、旅馆等建筑内部给水系统，给水设计秒流量只能在较短时间内出现，因此应以此作为水表的最大流量来确定水表口径。

住宅用水表一般都使用旋翼式水表，常用的口径一般小于等于 $DN50$。螺翼式水表常用口径一般大于等于 $DN60$。

(3) 水表的水头损失

应按选定产品所给定的压力损失值计算，可按 0.5～1.5m$H_2O$ 来估算，也可采用式(1-1) 计算，同时应按表 1-8 规定，复核水表的水头损失。

在未确定具体产品时，可按下列情况取用：

①住宅入户管上的水表，宜取 0.01MPa；

②建筑物或小区引入户管上的水表，在生活用水工况时，宜取 0.03MPa；在校核消防工况时，宜取 0.05MPa。

**按最大小时流量选用水表时的允许水头损失值**（单位：kPa） **表 1-8**

| 类　型 | 正常用水时 | 消　防　时 |
|---|---|---|
| 旋翼式 | <25 | <50 |
| 螺翼式 | <13 | <30 |

3) 水表的安装

(1) 水表节点

水表节点是安装在引入管上的水表及其前后设置的阀门、泄水装置的总称。水表节点如图 1-6 所示。

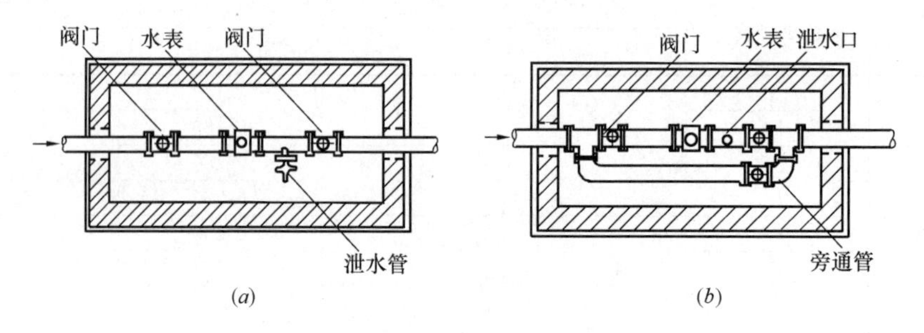


图 1-6　水表节点

(a) 水表节点；(b) 带有旁通管的水表节点

(2) 水表前后与阀门之间直线段的距离不得小于其配水管管径的 8～10 倍。

(3) 水表应安装在抄表和检修方便、不受冰冻、污染、水淹和不易损坏之处。

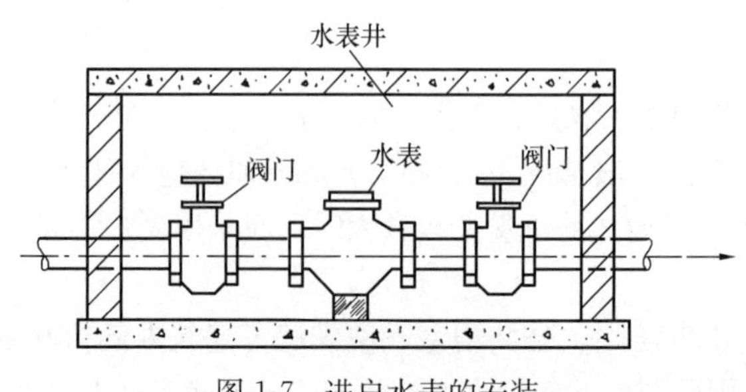


图 1-7　进户水表的安装

(4) 水表的前后应安装阀门，便于水表的拆换和检修，不能间断供水的建筑，应在阀门前后设旁通管，如图 1-6 (b) 所示。

(5) 进户水表的安装见图 1-7。

在建筑给水系统中，除了在

引入管上安装水表外，在需要计量水量的某些部位和设备的配水管上也需要安装水表。住宅建筑每户均应安装分户水表，以节约用水。目前，水表安装的发展趋势是一户一表，水表出户；实行“一户一表与水表出户”的益处在于：

① 有利于规范水表、定期准确抄数及水费回收，有利于用户保护水表及其他供水设施，有利于节约用水。

② 结合改造，淘汰镀锌钢管等影响水质的劣质管材，推广应用塑料管等新型管材，保证用户从水龙头取到符合标准的水，有利于人们的身体健康。

对于现代建筑，一般要求三表出户，即：水表、气表和电表。

4）水表计量的发展趋势

随着科学技术的发展，本着“三表出户”及住宅智能化管理的原则，水表的设置方案正由传统的户内计量向户外水表间、水表井集中计量及远传自动计量方式转变。如：IC卡智能民用水表、IC卡智能工业水表及远传抄表系统等，已在现代民用建筑和工业建筑中使用，收到了良好的效果。可以实现先交费再供水的用水模式，而采用如智能IC卡水表，为运用计算机技术进行现代化管理奠定了技术基础，如图1-8所示。

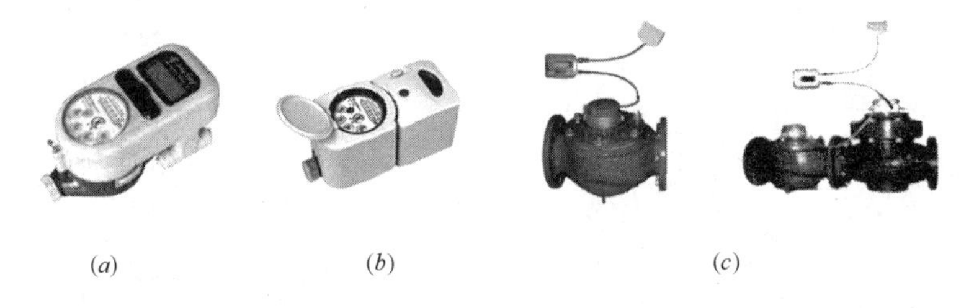
(a)　(b)　(c)

图1-8　水表实物图

(a) CPU卡远传水表；(b) IC卡冷水表；(c) 远传水表

安装详见：国家建筑标准设计图集（GJBT－539 01SS105）《常用小型仪表及特种阀门选用安装》。

## 三、水泵

水泵是给水系统中的主要升压设备。在建筑给水系统中，多采用离心式水泵，简称离心泵。它具有结构简单，体积小、效率高等优点。各种离心泵如图1-9所示。

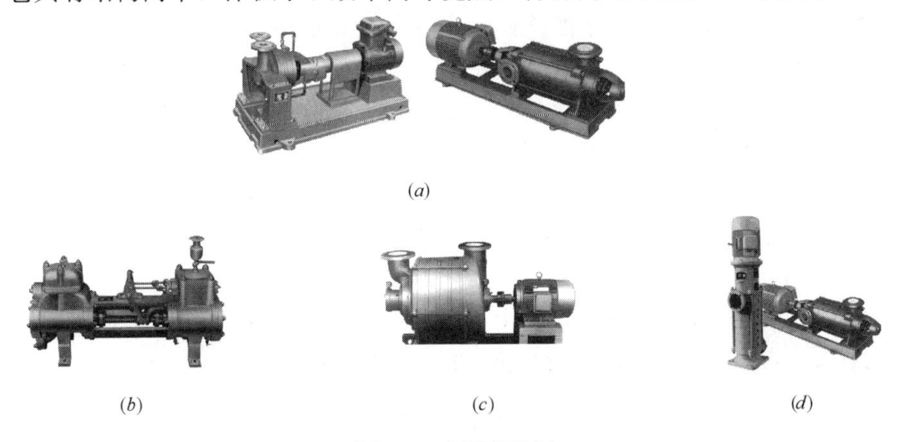
(a)
(b)　(c)　(d)

图1-9　水泵实物图

(a) 离心泵；(b) 蒸汽泵；(c) 真空泵；(d) 消防泵

1. 水泵的工作原理和性能

离心泵主要由泵壳、泵轴、叶轮、吸水管、压力管等部分组成，如图 1-10 所示。

水泵启动前，要使泵壳及吸水管中充满水，以排除壳内空气。当叶轮高速转动时，在离心力的作用下，水从叶轮中心被甩向泵壳，使水获得动能与压能。由于泵壳是逐渐扩大的，所以水进入泵壳后流速逐渐减小，部分动能转化为压能。因而泵出口处的水便具有较高的压力，流入压水管。在水被甩出的同时，水泵进口处形成真空，由于大气压的作用，将吸水池中的水通过吸水管压向水泵进口，流入泵体。电动机带动叶轮连续旋转，离心泵便均匀地连续供水。

2. 水泵的装置形式

水泵装置形式，按进水方式有水泵直接从室外给水管网抽水和从贮水池抽水两种。水泵运行方式，也有恒速运行和变速运行两种。水泵从水池抽水时，其启动前的充水方式有两种：一是吸入式，即泵轴高于水池水面；二是灌入式，即水池水面高于泵轴。

图 1-11 所示为离心水泵工作原理示意图。

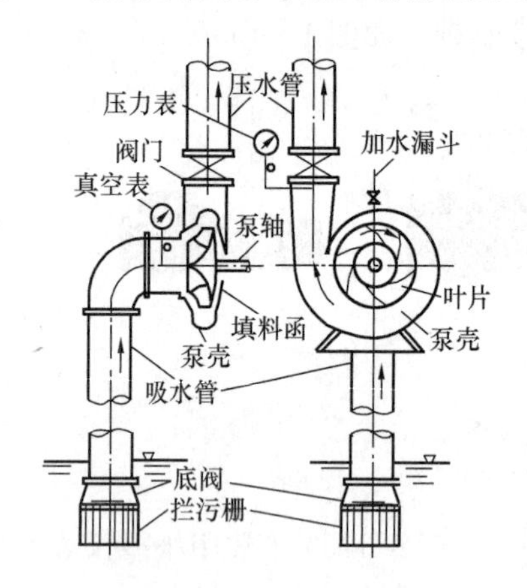


图 1-10　离心泵装置图

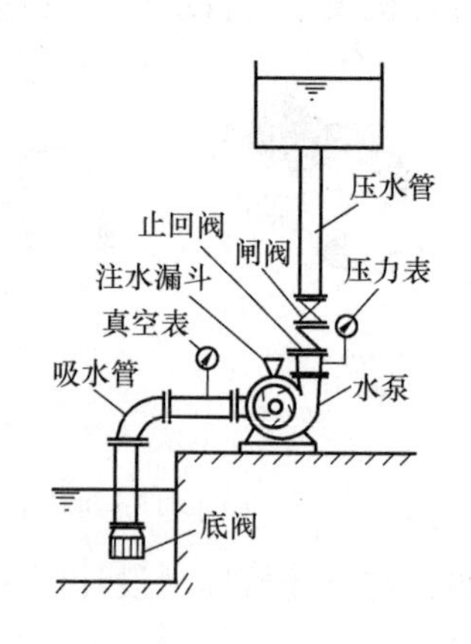


图 1-11　离心水泵工作原理示意图

离心泵工作的主要性能参数有：

1）流量（$Q_b$）

指在单位时间内通过水泵的水的体积，单位为 L/s 或 $m^3/h$。

2）扬程（$H_b$）

泵的出口总水头与进口总水头之差，即指单位重量的水通过水泵时所获得的能量，又称总扬程或全扬程，单位为 $mH_2O$ 或 kPa。

3）轴功率（$N$）

水泵从电动机处所得到的全部功率，单位为 kW。

4）效率（$\eta$）

因水泵工作时，其本身也有能量损失，因此水泵真正用于输送水的能量为有效功率 $N_u$，必小于 $N$，水泵的效率为二者之比值，即：

$$\eta = \frac{N_u}{N} < 1.0 \tag{1-2}$$

5）转数（$n$）

叶轮每分钟的转数，单位为 r/min。

6）允许真空高度（$H_s$）

当叶轮进口处的压力低于水的饱和气压时，水就会发生汽化形成大量气泡，使水泵产生噪声和振动，严重时甚至产生气蚀现象而损伤叶轮。为防止此类现象的发生，应对水泵进口的真空高度加以限制，而允许真空高度就是这个限制值，单位是 $mH_2O$ 或 kPa。

3. 水泵的工作方式：

1）吸入式：泵轴高于水面。

2）灌入式：泵轴低于水面，工作时不设真空泵等灌水设备，利于自动控制。

**四、水箱水池**

1. 水箱

在建筑给水系统中，当需要增压、稳压、减压以及需要储存一定水量时，均可设置水箱。根据用途不同可分为高位水箱、减压水箱、冲洗水箱和断流水箱等。

水箱的形状通常为圆形或矩形，特殊情况下也可设计成任意形状。制作材料有钢板、钢筋混凝土、塑料和玻璃钢等。

水箱的有效容积应根据调节水量、消防水量和生产事故储水量确定。

调节水量应根据用水量和流入水量的变化曲线确定。

当无上述资料或资料可靠性较差时，可按经验数据计算而定。给水系统单设水箱时，对日用水量不大的建筑物，生活储备水量可取日用水量 50%～100%；对日用水量较大的建筑物，可取日用水量的 25%～30%。给水系统的水泵、水箱联合工作，当水泵自动启动时，生活储水量不小于建筑物最高日用水量的 5%；当水泵手动启动时，不小于最高日用水量的 12%。如果仅在夜间进水，可按用水人数和用水量标准确定。消防储备水量按保证室内 10min 消防设计流量考虑。

生产事故储备水量按工艺要求确定。

高层建筑中的分区减压水箱，由于本身仅起减压作用，故容积较小，安装控制水位的浮球阀等设备即可。

水箱的安装高度，应满足建筑物内最不利配水点所需要的流出水头。水箱的安装高度一般要高出其供水分区三层以上。

水箱上应装设下列管道，如图 1-12 所示。

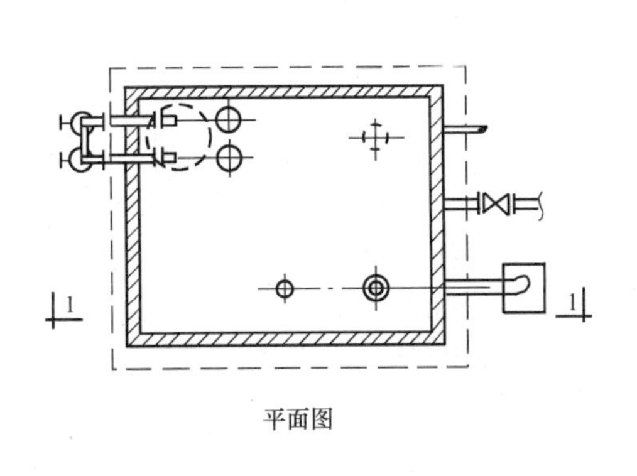


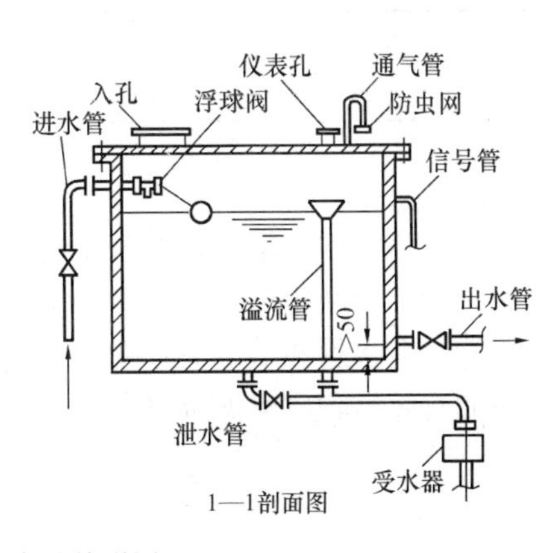


图 1-12　水箱附件示意及外形图

（1）进水管

水箱的进水管上应装设浮球阀，且不少于两个，在浮球阀前应设置阀门。进水管管顶上缘至水箱上缘应有 150～200mm 的距离。进水管管径按水泵流量或室内设计秒流量计算确定。

（2）出水管

管口下缘应高出箱底 50mm 以上，一般取 100mm，以防污物流入配水管网。出水管和进水管可以分开设置，也可以合用一条管道，合用时出水管上应设有止回阀。其标高应低于水箱最低水位 1.0m 以上，以保证止回阀开启所需压力。出水管管径按设计秒流量计算确定。

（3）溢流管

用以控制水箱的最高水位，溢流口应高于设计最高水位 50mm，管径应比进水管大 1～2号。溢流管上不允许设置阀门，溢流管的设置应满足水质防护的要求。

（4）水位信号管

安装在水箱壁溢流口以下 10mm 处，管径 10～20mm，信号管另一端通到值班室的洗涤盆处，以便随时发现水箱浮球阀失灵而能及时修理；若水箱水位和水泵连锁，则可在水箱侧壁或顶盖处安装水位继电器或信号器，采用自动水位报警。

（5）泄水管

泄水管从箱底接出，用以检修或清洗时泄水。泄水管上应设阀门，管径为 40～50mm，可与溢流管相连后用同一根管排水；但供水管与溢水管不得与排水管直接连接。

（6）通气管

对于生活饮用水箱，储水量较大时，宜在箱盖上设通气管，使水箱内空气流通，其管径一般不小于 50mm，管口应朝下并设网罩。

水箱底应有一定的坡度坡向泄水管；水箱一般设置在净高不低于 2.2m 采光通风良好的水箱间内，其安装间距见表 1-9；水箱箱底距地面宜有不小于 800mm 的净空，以便于安装管道和进行维修；水箱有结冻、结露可能时，应采取保温措施。

**水箱之间及水箱与建筑物之间的最小距离** **表 1-9**

| 水箱形式 | 水箱至墙面的距离（m） | | 水箱之间净距（m） | 水箱顶至建筑结构最低点间距离（m） |
|---|---|---|---|---|
| | 有阀侧 | 无阀侧 | | |
| 圆形 | 0.8 | 0.5 | 0.7 | 0.6 |
| 矩形 | 1.0 | 0.7 | 0.7 | 0.6 |

2. 水池

水池是建筑给水常用来调节和储存水量的构筑物。采用钢筋混凝土、砖石等材料制作，形状多为圆形和矩形，也可以根据现场情况设计成任意形状。水池应设进水管、出水管、溢流管、泄水管和水位信号管。水池宜布置在地下室或室外泵房附近。

水池的有效容积应根据调节水量、消防储备水量和生产事故备用水量确定，可按下式计算：

$$V=(Q_b-Q_l)T_b+V_x+V_s \tag{1-3}$$

式中 $V$——贮水池有效容积，$m^3$；

$Q_b$——水泵出水量，$m^3/h$；

$Q_l$——水池进入量，$m^3/h$；

$T_b$——水泵运行时间，h；

$V_x$——生产事故备用水量，$m^3$；

$V_s$——消防储备用水量，$m^3$。

当资料不足时，贮水池的调节水量可按最高日用水量的10%～20%估算。

**五、气压给水设备**

气压给水设备主要由气压水罐、水泵、空气压缩机、控制器材等组成，如图1-13所示。

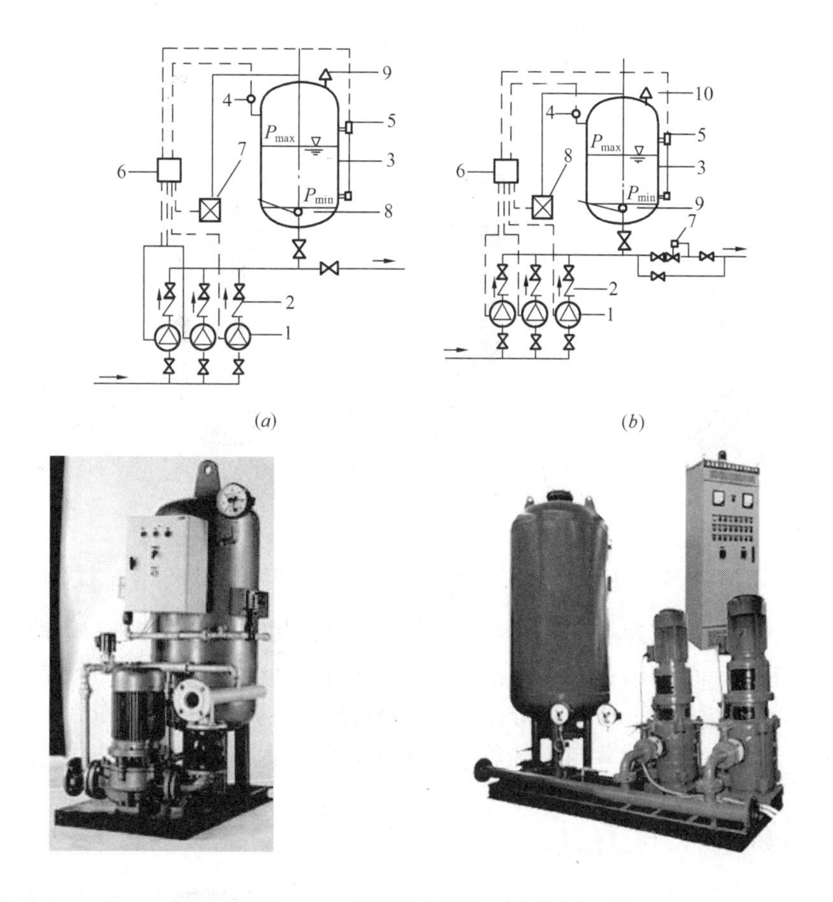


图1-13 气压给水设备及实物图

(a) 单罐变压式；(b) 单罐恒压式

1—水泵；2—止回阀；3—气压水罐；4—压力继电器；5—液位信号器；6—控制器；7 (a) —空气压缩机；7 (b) —压力调节阀；8 (a) —排气阀；8 (b) —空气压缩机；9 (a) —安全阀；9 (b) —排气阀；10 (b) —安全阀

其工作原理为气压罐内空气的起始压力高于给水系统所必需的设计压力，水在压缩空气的作用下，被送往配水点，随着罐内水量减少，空气压力也减少到规定的下限值，在压力继电器的作用下，水泵自动启动，将水压入罐内和配水系统；当罐内水位逐渐上升到最高水位时，压力也达到了规定的上限值，压力继电器切断电路，水泵停止工作，如此往复循环。

气压给水设备按压力稳定情况分为变压式和定（恒）压式两类。

(1) 变压式气压给水设备

在用户对水压没有特殊要求时，一般采用变压式给水设备，气压水罐内的空气容积随供水工况而变，给水系统处于变压状态下工作。

(2) 定（恒）压式气压给水设备

在用户要求水压稳定时，可采用恒压式气压给水设备，也可在变压式气压给水设备的出水管上安装调压阀，使阀后水压保持恒定。

气压给水设备的选择计算主要包括两项内容：确定气压水罐总容积；确定配备水泵的流量、扬程，并由此查水泵样本选定其型号。

**六、消防设备**

1. 水枪（如图 1-14 所示）

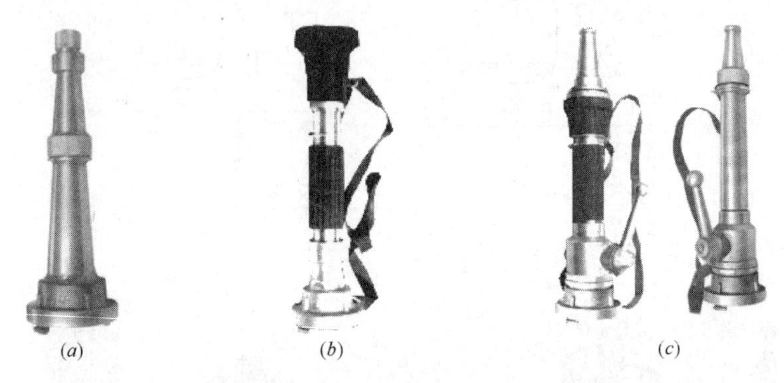

图 1-14　消防水枪实物图

(*a*) 直流水枪；(*b*) 转换式多用水枪；(*c*) 直流开关水枪

水枪是灭火的重要工具，一般用铜、铝合金或塑料制成，它的作用在于产生灭火需要的充实水柱。室内一般采用直流式水枪，喷嘴口径有 13mm、16mm、19mm 三种。喷嘴口径 13mm 的水枪配备 50mm 的水带；16mm 的水枪配备 50mm 或 65mm 的水带；19mm 的水枪配备 65mm 的水带。采用何种规格的水枪，要根据消防水量要求的充实水柱长度确定。

2. 水带（如图 1-15 所示）

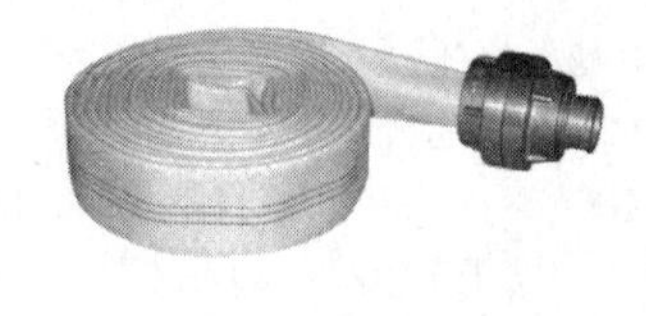

图 1-15　水龙带实物图

水带也称为水龙带，材料有麻织和化纤两种。有衬胶和不衬胶之分，衬胶水带水流阻力较小，但抗折叠性能不如麻织的好。水带口径有 50mm 和 65mm 两种，其长度不宜超过 25m。水带长度一般为 15m、20m、25m、30m 四种。水带的使用长度应根据水力计算确定。

3. 消火栓（如图 1-16 所示）

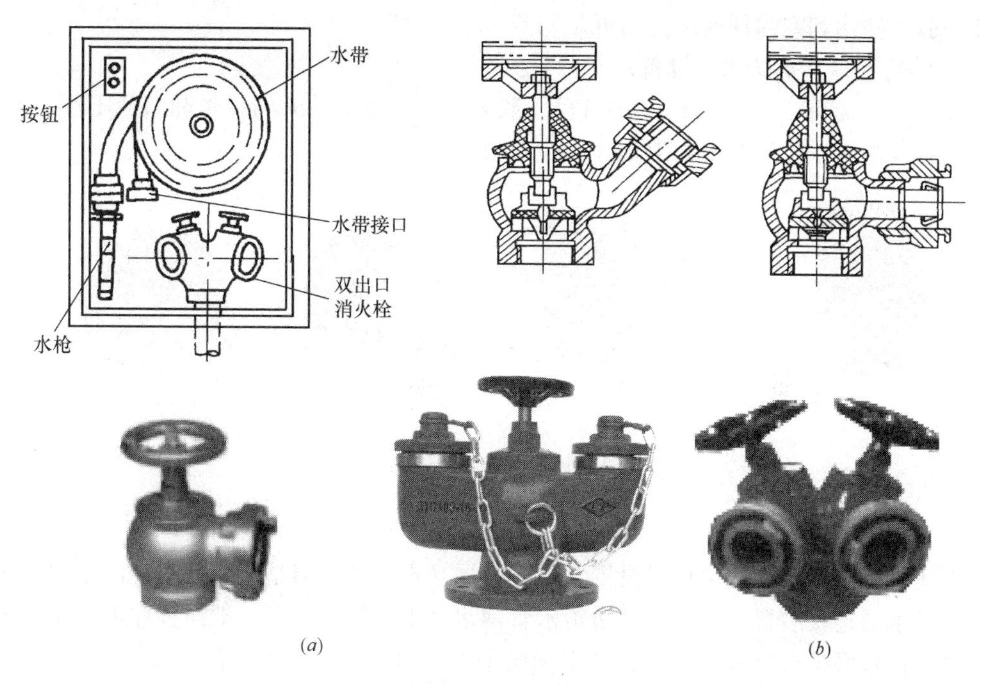


图 1-16　消火栓

（a）单出口式；（b）双出口式

消火栓均为内扣式接口的球形阀式龙头，有单出口和双出口之分。双出口消火栓直径为 65mm。单出口消火栓直径有 50mm 和 65mm 两种。当每支水枪的最小流量小于 5L/s 时，选用直径为 50mm 的消火栓；最小流量大于 5L/s 时，则选用 65mm 的消火栓。

室内消火栓、水带、水枪一般安装在装有玻璃门的消火栓箱内，一般消火栓箱内还装有灭火器；消火栓箱可用铝合金或钢板制作而成，门上装有玻璃并有明显的标识，如图 1-17 所示。

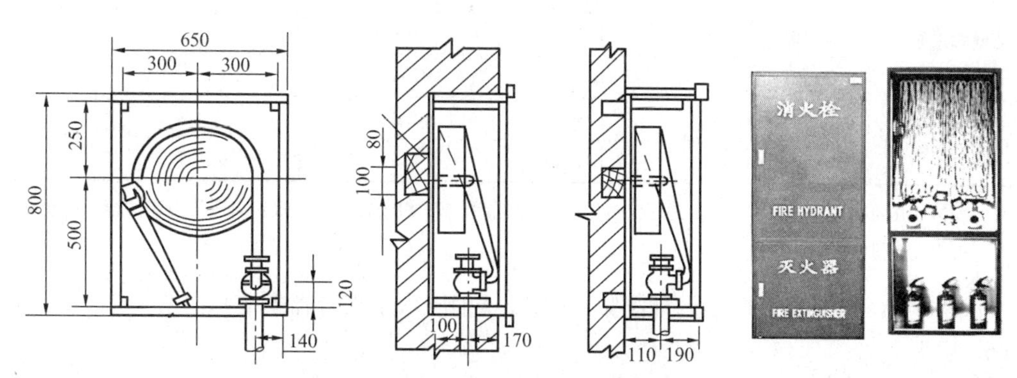


图 1-17　消火栓箱安装及实物图

室内消火栓应布置在建筑物内明显、易于取用和经常有人出入的地方，如楼梯间，走廊、大厅、车间的出入口、消防电梯的前室等处；消防栓的安装高度距地面 1.1m，出水方向宜向下或与设置消火栓的墙成 90°角。室内消火栓的布置，应保证两股水柱能同时达到室内任何部位。但对于建筑高度小于或等于 24m，且体积小于或等于 5000m$^3$ 的库房，保证一股水柱达到室内任何部位即可。

4. 消防卷盘（消防水喉设备）

如图 1-18 所示。有 25mm 的小口径的消火栓、内径 19mm 的胶带和口径不小于 6mm 的消防卷盘组成。是给非专业消防人员扑灭初级火灾用的。

图 1-18　消防卷盘实物图

5. 水泵接合器

在建筑消防给水系统中均应设置水泵接合器。水泵接合器是连接消防车向室内消防给水系统供水的连接装置，一端由消防给水管网水平干管引出，另一端设置在消防车易于接近的地方；水泵接合器分为地上、地下和墙壁式三种，如图 1-19 所示。消防水泵接合器技术参数见表 1-10。

**消防水泵接合器技术参数（执行标准：GB 3446—2013）　　表 1-10**

| 产品名称 | 型　号 | 公称压力（MPa） | 公称直径（mm） | 进水口 | |
|---|---|---|---|---|---|
| | | | | 口径（mm） | 数量 |
| 地上式水泵接合器 | SQS100-1.6 | 1.6 | 100 | 65 | 2 |
| | SQS150-1.6 | 1.6 | 150 | 80 | |
| 地下式水泵接合器 | SQX100-1.6 | 1.6 | 100 | 65 | 2 |
| | SQX150-1.6 | 1.6 | 150 | 80 | |
| 墙壁式水泵接合器 | SQB100-1.6 | 1.6 | 100 | 65 | 2 |
| | SQB150-1.6 | 1.6 | 150 | 80 | |
| 多用式水泵接合器 | SQD100-1.6 | 1.6 | 100 | 65 | 2 |
| | SQD150-1.6 | 1.6 | 150 | 80 | |

注：安装于建筑物内（外）的地上、地下、墙壁上，利于消防车、机动泵通过进水口向建筑内消防栓、自动喷水灭火设备供水。

安装详见：国家建筑标准设计图集 99S203《消防水泵接合器安装》。

6. 喷头

闭式喷头是闭式自动喷水灭火系统的关键组件。闭式喷头的喷口由热敏元件组成的释放机构封闭，通过热敏释放机构的动作而喷水。该热敏元件在预定温度范围下动作，使热敏元件及其密封组件脱离喷头主体，并按规定的形状和水量在规定的保护面积内喷水灭

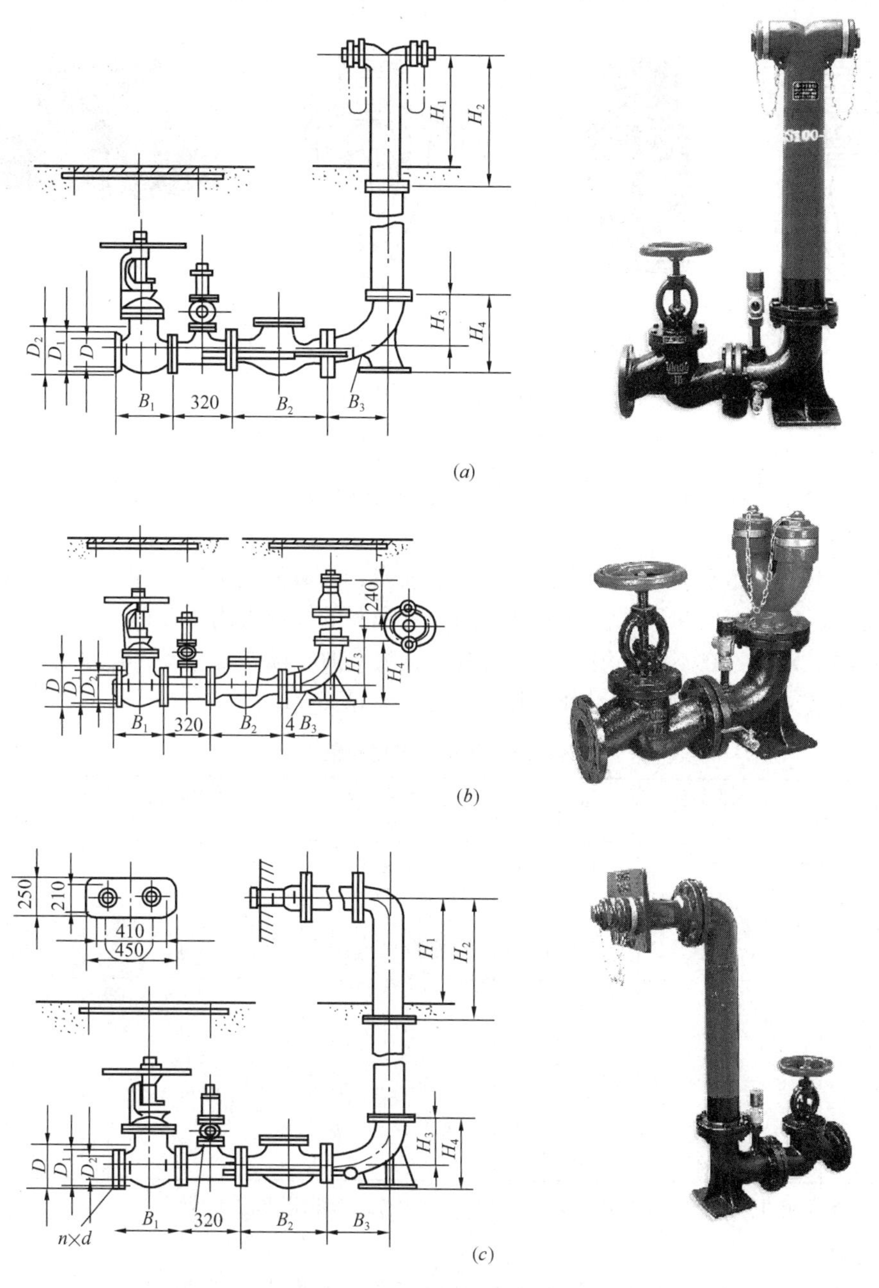


图 1-19　水泵接合器及实物图

（a）SQ 型地上式；（b）SQ 型地下式；（c）SQ 型墙壁式

火。它的性能好坏直接关系到系统的启动和灭火、控火效果。喷头由喷水口、温感释放器和溅水盘组成。喷头根据感温元件、温度等级、溅水盘形式等进行分类。

按感温元件分：目前我国生产的有两种感温元件作为闭式喷头的闭锁装置，一是玻璃球，二是易熔合金锁片。

①玻璃球喷头：玻璃球喷头是在热的作用下，使玻璃球内的液体膨胀产生的压力导致玻璃

球爆裂脱落而开启喷头。玻璃球泡内的工作液体通常是酒精和乙醚，如图 1-20（*a*）所示。

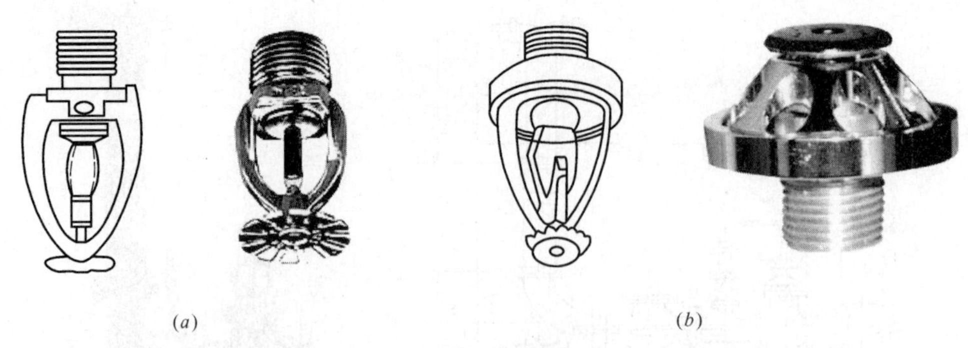

（*a*）　　（*b*）

图 1-20　闭式喷头

（*a*）玻璃球洒水喷头；（*b*）易熔合金洒水喷头

②易熔合金锁片：易熔合金喷头是在一定温度的作用下，使易熔合金熔化脱落而开启喷头，如图 1-20（*b*）所示。

按安装形式、布水形状又分为直立型、下垂型、边墙型、吊顶型和干式下垂型。它们的适用场所、安装朝向和洒水量分布，常用闭式喷头的性能见附录 1-9。

按感温级别分：在不同环境温度场所内设置喷头时，喷头公称动作温度应比环境最高温度高 30℃左右。各种喷头的动作温度和色标，见表 1-11。

**各种喷头的动作温度和色标**　　**表 1-11**

| 类别 | 公称动作温度（℃） | 色标 | 接管直径 *DN*（mm） | 最高环境温度（℃） | 连接形式 |
|---|---|---|---|---|---|
| 易熔合金喷头 | 55～77 | 本色 | 15 | 42 | 螺纹 |
| | 79～107 | 白色 | 15 | 68 | 螺纹 |
| | 121～149 | 蓝色 | 15 | 112 | 螺纹 |
| | 163～191 | 红色 | 15 | — | 螺纹 |
| 玻璃球喷头 | 57 | 橙色 | 15 | 27 | 螺纹 |
| | 68 | 红色 | 15 | 38 | 螺纹 |
| | 79 | 黄色 | 15 | 49 | 螺纹 |
| | 93 | 绿色 | 15 | 63 | 螺纹 |
| | 141 | 蓝色 | 15 | 111 | 螺纹 |
| | 182 | 紫红色 | 15 | 152 | 螺纹 |

开式喷头根据用途又分为开启式、水幕、喷雾三种类型，如图 1-21 所示为开式喷头构造示意图。

喷头的布置间距要求在所保护的区域内任何部位发生火灾都能得到一定强度的水量。喷头的布置形式应根据天花板、吊顶的装修要求布置成正方形、长方形和菱形三种形式。水幕喷头布置根据成帘状的要求应成线状布置，根据隔离强度的要求可布置成单排、双排和防火带形式。

7. 控制信号阀

1）报警阀

报警阀的作用是开启和关闭管网的水流，传递控制信号至控制系统并启动水力警铃直接报警。分湿式、干式和雨淋式三种类型，如图 1-22 所示；干式和湿式可组合成干湿式。

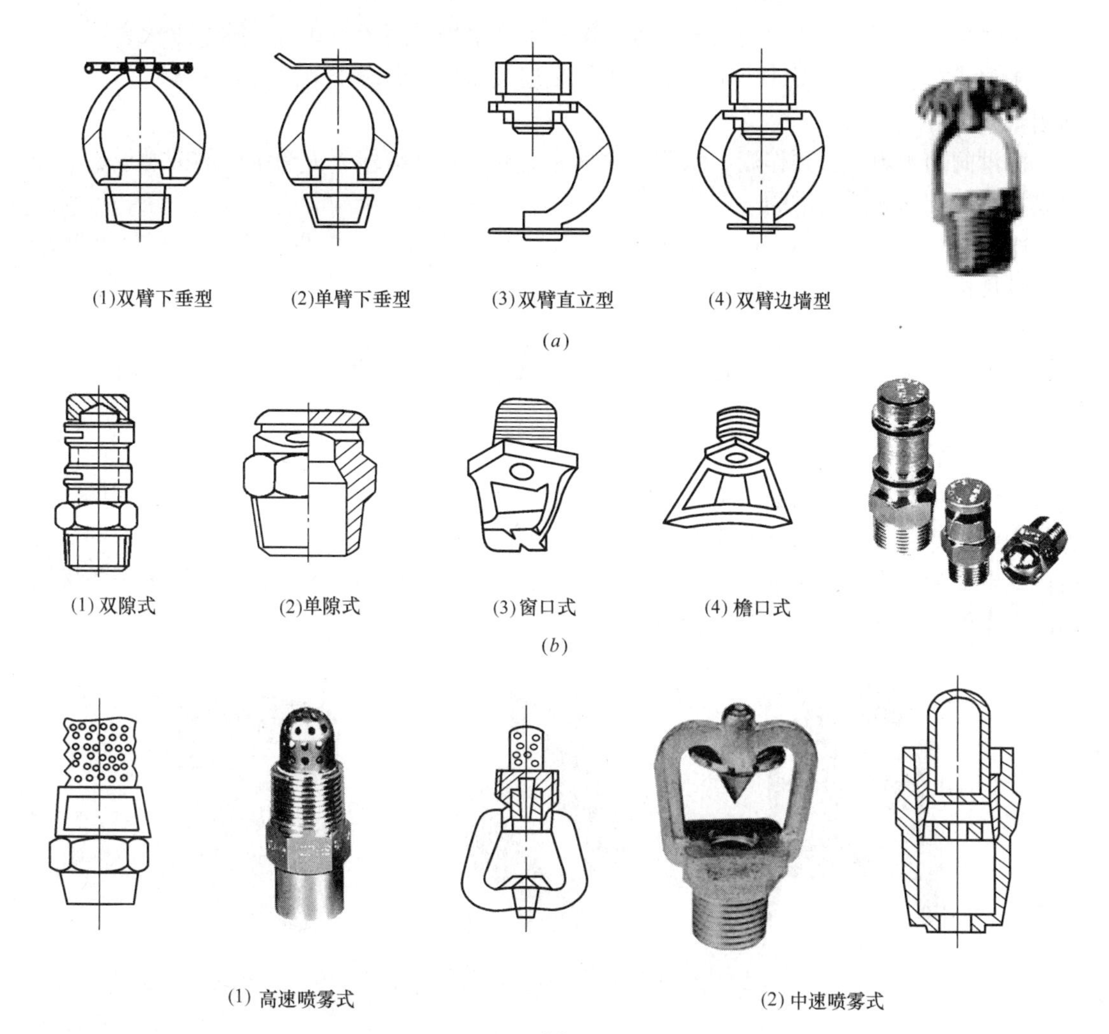


图 1-21　开式喷头构造示意图

(a)开启式洒水喷头；(b)水幕喷头；(c)喷雾喷头

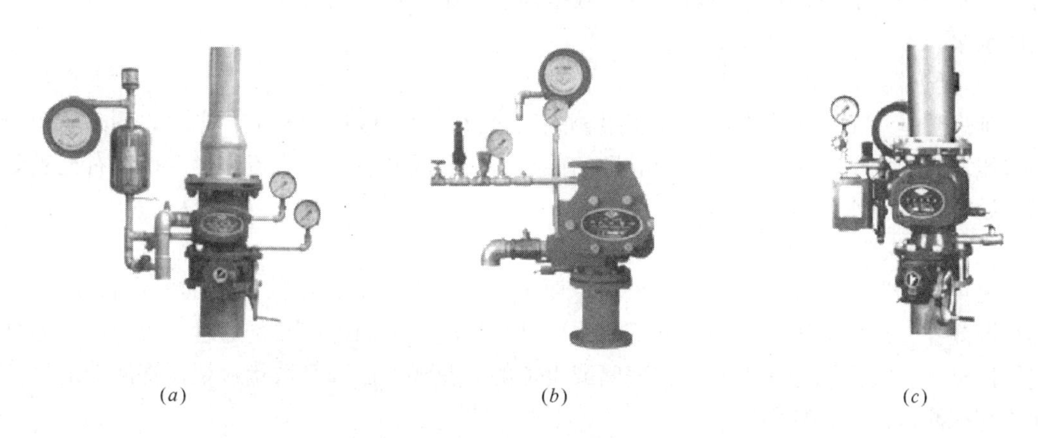


图 1-22　报警阀实物图

(a)湿式；(b)干式；(c)雨淋式

湿式报警阀用于湿式自动喷水灭火系统；干式报警阀用于干式自动喷水灭火系统。

干湿式报警阀是由湿式、干式报警阀依次连接而成，温暖季节用湿式装置，寒冷季节则用干式装置。

雨淋阀用于雨淋、预作用、水幕、水喷雾的开式自动喷水灭火系统中的关键设备。分隔膜式雨淋阀和温感雨淋阀，

报警阀有 *DN*50mm、*DN*65mm、*DN*80mm、*DN*125mm、*DN*150mm、*DN*200mm 等八种规格。

2）水力警铃

水力警铃主要用于湿式喷水灭火系统，宜装在报警阀附近。当报警阀打开消防水源后，具有一定压力的水流冲击叶轮打铃报警。

3）水流指示器

水流指示器用于湿式喷水灭火系统中。当某个喷头开启喷水或管网发生水量泄漏时，管道中的水产生流动，引起水流指示器中桨片随水流而动作，接通延时电路 20～30s 之后，继电器触电吸合发出区域水流电信号，送至消防室。通常将水流指示器安装于各楼层的配水干管或支管上。如图 1-23 所示。

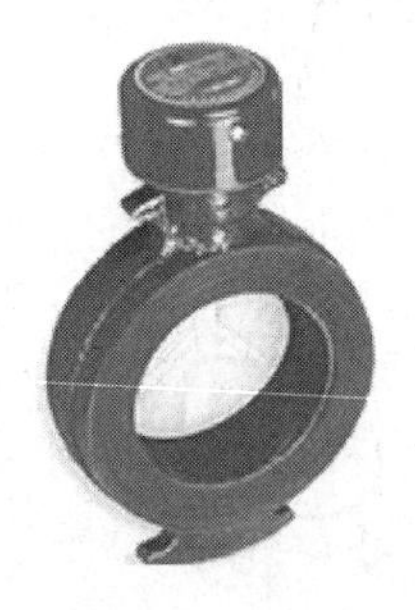

图 1-23　水流指示器实物图

4）压力开关

压力开关垂直安装于延时器和水力警铃之间的管道上。在水力警铃报警的同时，依靠警铃内水压的升高自动接通电触点，完成电动警铃报警，向消防控制室传送电信号或启动消防水泵。

5）延迟器

延迟器是一个罐式容器，安装于报警阀和水力警铃（或压力开关）之间，用来防止由于水压波动原因引起报警阀开启而导致的误报。报警阀开启后，水流须经 30s 左右充满延迟器后方可冲打水力警铃。

6）火灾探测器

火灾探测器是自动喷水灭火系统的重要组成部分。目前常用的有感烟、感温探测器。感烟探测器是利用火灾发生地点的烟雾浓度进行探测；感温探测器是通过火灾引起的温升进行探测。火灾探测器一般布置在房间或走道的天花板下面，其数量应根据探测器的保护面积和探测区面积计算而定。

上述消防组件安装详见：《气体消防系统选用、安装与建筑灭火器配置》（07S207）；《室内消火栓安装图集》GJBT—737（04S202）和《给水排水设计手册》（第二版）第二

册《建筑给水排水》。

**七、热水供应设备**

1. 容积式水加热器

有立式和卧式两种。卧式水加热器比立式性能好，一般多采用卧式加热器。图 1-24 为卧式水加热器，中下部放置加热排管，蒸汽由排管上部进入，凝结水由排管下部排出。冷水由加热器底部压入，制备的热水由其上部送出；加热排管可采用铜管或钢管。对于一般立式及卧式容积式水加热，经选型计算后均可按国家标准图选用。

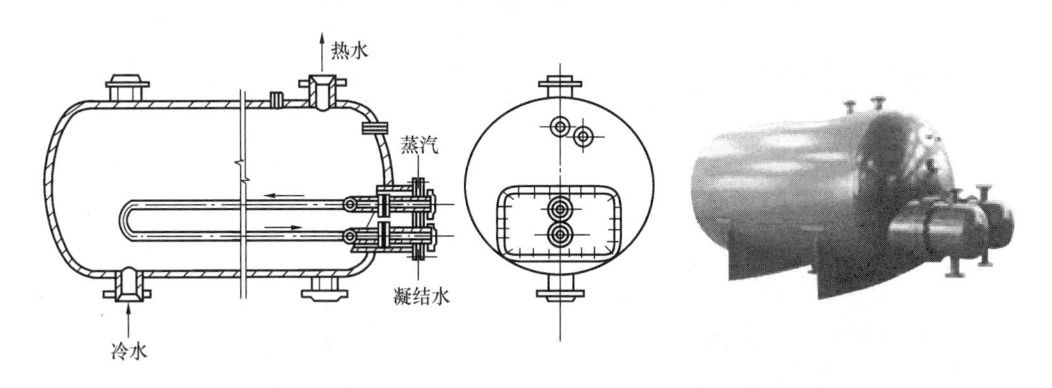


图 1-24 容积式水加热器

2. 加热水箱

水箱中放置蒸汽多孔管、蒸汽喷射器、排管或盘管等就构成了加热水箱。加热水箱一般用钢板做成矩形，也可做钢筋混凝土矩形池。

3. 快速水加热器

有汽—水和水—水两种形式。前者热媒为蒸汽，后者热媒为过热水。汽—水快速加热器也有两种类型。图 1-25 是多管式汽—水快速加热器，它的优点是效率高，占地面积小；缺点是水头损失大，不能储存热水供调节使用，在冷水和蒸汽压力不稳定时，出水温度变化较大。快速式加热器适用于用水量大而且比较均匀的建筑物。此外，还有单管式汽—水加热器，这种加热器可以并联或串联，如图 1-26 所示；蒸汽多孔管直接加热，如图 1-27 所示；蒸汽喷射器混合直接加热，如图 1-28 所示；蒸汽—水间接加热器，如图 1-29 所示等。

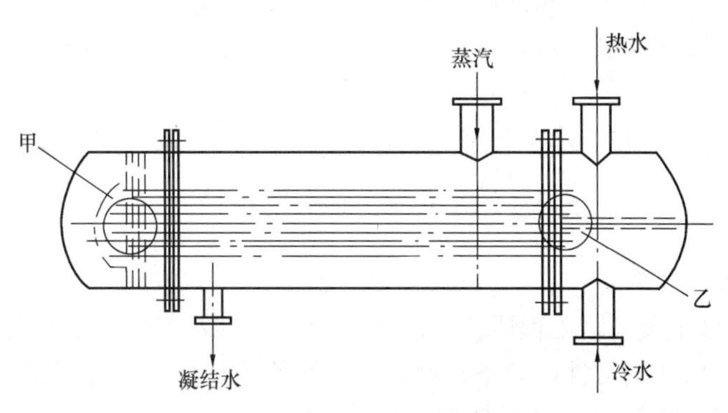


图 1-25 汽—水快速水加热器

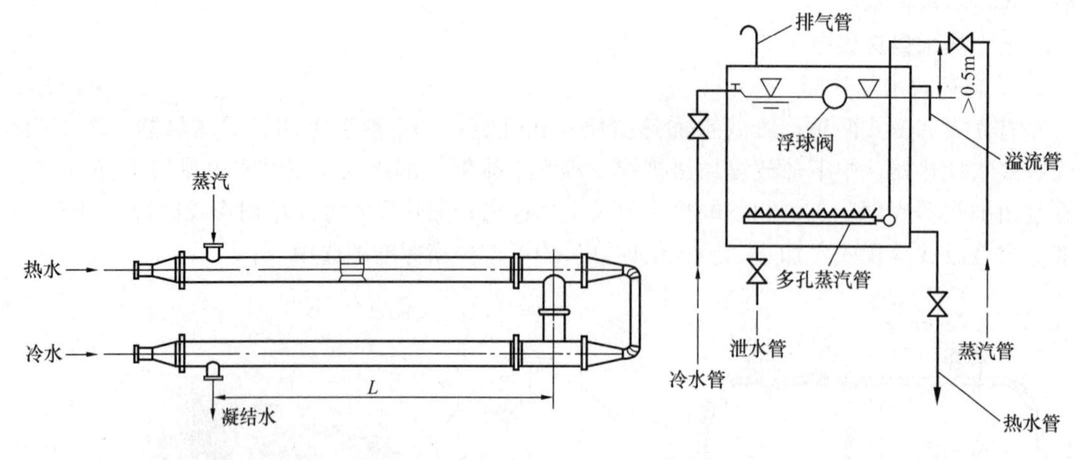


图 1-26　单管式汽—水快速加热器　　　　图 1-27　蒸汽多孔管直接加热

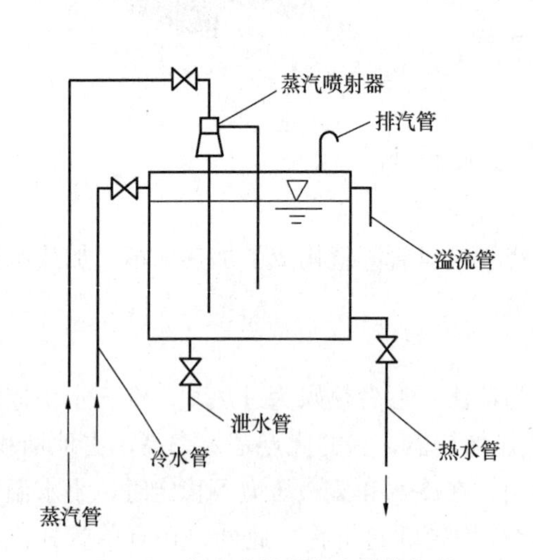


图 1-28　蒸汽喷射器混合直接加热

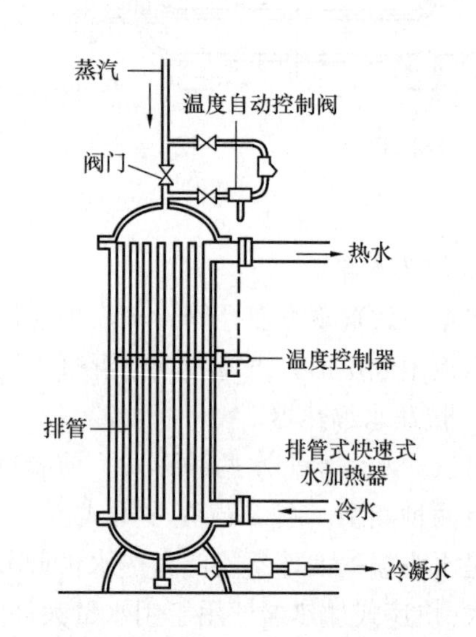


图 1-29　蒸汽—水间接加热器

水—水快速加热器外形和多管汽—水加热器相同，所不同的是套管内多管排列；热媒为过热水。热效率比汽—水加热器低，但比容器式加热器高。

上述热水供应设备详见《给水排水设计手册》第二册《建筑给水排水》。

## 第二节　给水常用管道、附件及水表检验、选用、安装、施工要点

### 一、进场及设计要求

1）建筑给水排水及采暖工程所使用的主要材料、成品半成品、配件、器具和设备必须具有中文质量合格证明文件，规格、型号及性能检测报告应符合国家技术标准或设计要求。进场时应做检查验收，并经监理工程师核查确认。

热熔管材，应采用厂家配套工具。管材与管件尺寸、壁厚误差见相关管道安装技术

规程。

2）对于塑料管材，搬运时，应小心轻放，避免油污，严禁剧烈撞击、与尖锐物品碰触和抛、摔、滚、拖。管材和管件应放在通风的室内，不得露天存放，注意防火安全，距热源不得小于 1m，管材应堆放在平整的地上，堆放高度不超过 1.5m。

3）当施工用阀门进场时，专业工程师要与施工单位技术人员共同检查，合格后方可使用。阀门必须要有出厂合格证，规格、型号、材质应符合设计要求。

4）阀门铸造规矩，表面光洁，无裂缝，开关灵活，关闭严密，填料密封完好无渗漏，手轮完好无损。

5）阀门安装前，应作强度和严密性试验。试验应在每批（同牌号、同型号、同规格）数量中抽查 10%，且不少于一个。对于安装在主干管上起切断作用的闭路阀门，应逐个作强度和严密性试验。

阀门的强度和严密性试验，应符合以下规定：阀门的强度试验压力为公称压力的 1.5 倍；严密性试验压力为公称压力的 1.1 倍；试验压力在试验持续时间内保持不变，且壳体填料及阀瓣密封面无渗漏。

6）对进场设备，应组织业主、施工方、监理方共同验收。

7）对进场的铸铁管及附件的尺寸，规格必须符合设计要求，管壁厚薄应均匀，内外壁光滑，不得有伤残、砂眼裂纹，管材及附件应有出厂合格证。

8）镀锌钢管及管件管壁内外镀锌均匀，无锈蚀，内壁无飞刺，管件不得有偏扣、乱扣、方扣、丝扣不全等现象。

9）在多层住宅、多层公共建筑和高层建筑分区给水管推广使用塑料管，禁止设计、使用镀锌给水管。多层选用不低于 1.0MPa 等级塑料管。高层建筑分区管道应选用不低于 1.6MPa 等级的塑料给水管。

## 二、室内给水管道安装施工要点

给水管道施工时，先地下车库管道后楼面管道，最后总体管道；先垂直总（干）管安装，然后再进行水平总、支管安装。地下室顶板上敷设的管道应注意对防水层的保护。

对于水平管道，纵横向应顺直，偏差值应在规范允许范围内，对于立管而言，应垂直于楼板，偏差值也应在规范允许范围内。立管与墙面间应留有一定间距，不得出现立管贴靠在墙面或嵌入到墙面里面去；对于支管而言，首先核定支管高度、不同卫生用具的冷热水预留口高度和位置是否正确，再找平找正固定支管卡件，加好临时丝堵。热水支管应在冷水支管上方，支管预留口位置应为左热右冷，水平敷设时上热下冷。

### （一）给水硬聚氯乙烯（U-PVC）管道施工安装要点

1）U-PVC 管材适用于工业与民用建筑，新建、改建、扩建的生活或生活和生产合用的系统，给水温度不大于 45℃，给水压力不大于 0.6MPa。

2）对 U-PVC 管道使用承插粘接时，胶粘剂应满足粘结强度和系统供水卫生要求，当采用橡胶密封连接时，材质应满足密封性能和卫生要求。

3）管道穿越墙壁、壁柜等，应预埋 U-PVC 套管或预留孔洞。地下室或地下构筑物外墙有管道穿过的，应采取防水措施。对有严格防水要求的建筑物，必须采用柔性防水套管。

4）U-PVC 管与金属管件用螺栓连接时，应采用注射成型的外螺纹 PVC 管件，当

PVC管与金属管材或管道附件用法兰连接时，宜采用带承口法兰外套和金属法兰片连接。

5）管道穿过墙壁和楼板，应设置金属或塑料套管。安装在楼板内的套管，其顶部高出装饰地面20mm；安装在卫生间及厨房内的套管，必须采用金属防水套管，其顶部应高出装饰地面50～100mm，底部应与楼板底面相平；安装在墙壁内的套管其两端与饰面相平。穿过楼板的套管与管道之间缝隙宜用阻燃密实材料填实，且端面应光滑。管道的接口不得设在套管内。

对楼板补洞，应采用C10细石混凝土分二次窝嵌密实，管道根部用M10水泥泥浆砌筑且做椎体的阻水圈。

（二）给水铝塑复合管安装施工要点

1）给水铝塑复合管适用于新建、改建、扩建的工业与民用建筑中冷、热水供水系统，系统工作压力不大于0.6MPa，工作温度不大于75℃。

2）管材、管件进场时，必须有产品说明书和质量合格证书。管道的外观质量：管壁颜色一致，无色泽不均匀及分解变色线，内外壁应光滑平整，无气泡、无裂口、无脱皮和痕纹及碰撞凹陷。

3）当公称外径不大于32mm时，管道转弯处应尽量自身直接弯曲，弯曲半径以管轴心计不得小于管径5倍，并使用专门弯曲工具一次弯曲成型。

4）管道连接宜采用卡套连接，施工人员应严格按程序施工。

5）当管道直埋时，应配合土建在墙或楼板处预留管槽，槽底平顺无凸出尖锐物，槽宽为管外径加40～50mm，槽深为管径加20～25mm，管道应有管卡固定。

6）暗敷管道在水表、水嘴、角阀等配水点、受力点及穿墙支管节点处，应采取可靠的固定措施。

7）楼板间立管上承点应放在离地1.00～1.20m处。当管道嵌墙敷设时，应注意检查管件表面不得突出墙面，管道外壁应有15mm砂浆保护层，管道在管槽内不得扭曲，管道应设管卡在槽内固定牢固，试压合格后，采用M10水泥砂浆补槽。

8）当管道穿越屋面、楼板时，如有防渗漏要求的，应在土建施工时，配合预埋金属防水套管。管道与套管间应用C15混凝土M15膨胀水泥砂浆分二次嵌缝，并用M10水泥砂浆做出25mm高度的阻水圈。当管道穿越地下室外墙或水池壁时，应配合土建预埋带止水翼环的金属套管，长度不小于200mm，并先用麻油再用M10膨胀水泥砂浆嵌缝。

9）当管道穿越无防水要求的墙体、梁、板时，应在一端设固定支承将管道固定。

10）管道最大支承间距应符合表1-12规定。

**铝塑复合管道最大支承间距** **表1-12**

| 公称外径 *De* (mm) | 立管间距 (mm) | 横管间距 (mm) | 公称外径 *De* (mm) | 立管间距 (mm) | 横管间距 (mm) |
|---|---|---|---|---|---|
| 12 | 500 | 400 | 32 | 1100 | 800 |
| 14 | 600 | 400 | 40 | 1300 | 1000 |
| 16 | 700 | 500 | 50 | 1600 | 1200 |
| 18 | 800 | 500 | 63 | 1800 | 1400 |
| 20 | 900 | 600 | 75 | 2000 | 1600 |
| 25 | 1000 | 700 | | | |

11）当管道有隔热保温要求时，应按设计要求施工，注意室内外管道保护层应有密封性和防火要求。

12）管道系统在进行中间验收和竣工验收时，都必须进行水压试验。试验压力是工作压力的 1.5 倍，但不得小于 0.6MPa。

（三）室内给水管道附件及卫生器具给水配件安装质量要点

1）分户水表应是经计量单位认可的生产厂家生产的合格产品。

2）安装分户水表时，应注意水表进口中心安装高度为 1m。允许偏差小于 20mm，表外壳距墙面净间距为 10～30mm。

3）在土建施工时，安装施工人员应密切配合土建做好预留洞、预埋件、预埋管的工作，专业技术人员应及时检查并签认隐蔽工程验收单。在安装开始前，对土建施工时做的预留洞、预埋管、预埋件等以及设备基础的尺寸、大小、位置、标高、坡度等必须符合设计图纸的要求，监理工程师应配合安装施工单位进行现场复测数据，不符合要求的应提出整改要求，直至合格。

4）给水及热水供应系统的金属管道立管管卡安装应符合下列规定：

(1) 楼层高度小于或等于 5m，每层必须安装 1 个。

(2) 楼层高度大于 5m，每层不得少于 2 个。

(3) 管卡安装高度，距地面应为 1.5～1.8m，2 个以上管卡应匀称安装，同一房间管卡应安装在同一高度上。

（四）管道接口形式设计要求和施工工艺要求

1）对于给水铸铁管承插接口，安装前应把承口插口清扫干净，承口朝向顺序排列，对口间隙应均匀，管道顺直，灰口密实饱满，并有养护措施。

2）对于钢管螺纹连接接口，螺纹清洁、规划，无断丝或缺丝，连接牢固，丝扣外露 2～3 扣。

3）对于钢管法兰连接接口，法兰对接平行紧密，与管中心垂直，螺杆要露出螺母 2～3扣，衬垫材质符合设计和施工规范要求。

4）对于钢管焊接接口，管道口平直，焊缝平顺，不允许出现表面烧穿、裂纹和明显结瘤、夹渣和气孔现象。

（五）给水聚丙烯 PP-R 管道安装施工要点

1）本材料适用于工业与民用建筑内生活给水、热水、饮用水管道系统，适用于工作系统压力不大于 0.6MPa，工作水温不大于 70℃场合。

2）管道暗敷时，应配合土建预留嵌墙凹槽，深度 $De+20$mm，宽度 $De+(40\sim60)$mm。应在管道安装后做好试压和隐蔽工程验收记录工作后，用 M7.5 水泥砂浆填补密实。

3）当 PP-R 管与其他金属管平行敷设时应有不小于 100mm 净距离。

4）管道出地面应设护管，高于地坪 100mm，穿基础墙应设金属套管，套管上方应留有不小于 100mm 的净空高度。

5）同种材质的管道与配件应采用热熔连接，热熔时间，由生产厂家提供，并随环境温度调整，暗敷时不得用丝扣和法兰连接。

6）当 PP-R 管与金属管件连接时，应采用带金属嵌件的 PP-R 管件做过渡管件与 PP-R 管采用热熔连接，与金属管件或卫生洁具五金配件用丝扣连接。当 PP-R 管与金属管配件连接时，管卡设于金属管配件一端。

7）当明敷管支吊架做防膨胀措施时，在管道各配水点、受力点、穿墙支管点，都应采取可靠固定措施。

（六）管道冲洗、试压

1）系统试验过程中安排专人仔细检查系统，发现问题及时处理。系统试压合格后，及时排除管内积水，拆除盲板、堵头等，将系统恢复。室内生活给水管道试验压力为0.6MPa，压力排水管道试验压力为0.3MPa，消防管道试压压力为1.05MPa。

2）PP-R管道系统试压：冷水管试验压力为系统工作压力的1.5倍，但不得小于1.0MPa；热水管道试验压力为系统工作压力的2.0倍，但不得小于1.5MPa。试压时升压时间不小于10min，至规定压力后，稳压1h，压力降不超过0.06MPa，再在工作压力的1.15倍状态下，稳压2h，压力降不得超过0.03MPa，检查各处不得渗漏。

（七）保温

保温层管道与设备之间不允许有空隙。管道的所有阀门、法兰、过滤器、活接头等部件均应进行保温。管道支架处，应用木托代替保温管壳，使管道与钢支架隔开，以防止产生冷桥。保温层不能中断，管道穿楼板，穿墙时预埋套管的直径应按保温层施工后的实际外径考虑。

（八）管道防腐油漆及色标

按设计要求和规范规定对不同系统的管线进行标示。色环大小、颜色及间距必须符合设计和规范要求。

**三、室内给水常用设备安装施工要点**

1）水泵及附属给水设备、配件安装前监理协同施工人员对基础进行标高、尺寸、位置、螺栓孔等进行复查，应符合设计要求。具体安装水泵、稳压罐、水箱做法和要求见现行国家标准及设计要求。生活给水水箱安装完毕后，要按《矩形给水箱》（12S101）的要求做满水试验。

2）变频调速供水设备安装要求

（1）安装前应仔细检查泵体流线内有无硬质物，以免运行时损坏叶轮和泵体。

（2）拧紧地脚螺栓，以免启动时振动对泵性能产生影响。

（3）在泵的进、出口管路上安装调节阀，在泵出口附近安装压力表，以控制泵在额定工况内运行，确保泵的正常使用。

（4）排出管路如装逆止阀应装在闸阀的外面。

3）金属水箱和离心式水泵的型号、规格必须符合设计要求。水泵就位前的基础混凝土强度、坐标、标高尺寸、螺栓孔位置等必须符合设计要求和施工规范规定。

4）水泵安装前，应进行水泵安装放线及孔洞凿毛，清除设备底座基础表面油污、泥土等赃物和地脚螺栓孔洞内杂物。

5）安放地脚螺栓时，底端不应碰孔底，离孔边大于15mm，螺栓保证垂直，偏差不超过10/1000。设备螺孔浇灌时，注意地脚螺栓坐标及尺寸应符合施工图要求和设备基础尺寸的允许偏差要求，详见：《机械设备安装工程施工及验收通用规范》GB 50231。

6）泵体水平度偏差每米不得超过0.1mm，联轴器轴向倾斜每米不大于0.8/1000，径向位移不大于0.1mm。

7）水泵设备安装，当采用垫铁时，每个地脚螺栓旁边至少有一组垫铁，每一组垫铁数量尽量少，宜不超过5块，放置平垫铁时，上面放厚的，薄铁块放中间，要求不少于2mm，相互位置、高度定好后，应把一组垫铁焊牢，每组垫铁应放得整齐平稳，接触良好。

8）地脚螺栓二次灌浆时，要控制混凝土强度等级比基础大一级，捣固要密实，保持地脚螺栓位置不动和垂直度要求。

9）拧紧地脚螺栓应在灌浆达到规定强度的75％以后进行，拧紧螺栓后，螺母和垫圈与设备底座间接触均良好。螺栓必须露出螺母1.5～5扣。

10）水箱在施工完毕后，应做满水试验或水压试验，具体做法和要求详见《给水排水构筑物工程施工及验收规范》GB 50141之规定。

11）热水管道立管、横干管采用嵌入式内衬塑钢管，公称压力1.6MPa，专用接头；其他管道采用聚丙烯塑料给水管（PP-R），公称压力2.0MPa，热熔连接。

12）室内给水塑料管道工程中，阀门至水箱、水池的进水管、出水管、排污管应采用金属钢管。

## 第三节　建筑给水系统

市政管网—引入管—室内干管（横管）—室内立管—室内支管—用水设备（水龙头、淋浴器、冲洗阀、消火栓等），如图1-30所示。

### 一、建筑给水系统概述

从室外第一个水表井或接管点算起向室内延伸，称为建筑给水，也称室内给水。包括生活给水系统、生产给水系统、消防给水和热水供应系统等。其任务就是选择经济、合理、安全、卫生、适用的先进给水系统，将水自城镇给水管网（或热力管网）通过管道输送至室内到生活、生产和消防用水设备处，并满足各用水点（配水点）对水质、水量、水压的要求。

1. 建筑给水系统的分类

1）生活给水系统

生活给水系统必须满足用水点对水质、水量和水压的要求，其水质必须符合国家规定的《生活饮用水卫生标准》GB 5749、《饮用净水水质标准》CJ 94。

根据用水水质和需求的不同，生活给水系统又可分为：普通生活饮用水系统、饮用净水（优质饮用水或称直饮水）系统和建筑中水（即水质介于“上水”和“下水”之间）系统等。中水系统设计应符合《建筑中水设计标准》GB 50336；如中水用作建筑杂用水和城市杂用水，其水质标准应符合国家标准《城市污水再生利用 城市杂用水水质》GB/T 18920的规定。

2）生产给水系统

为工业生产用水所设置的给水系统称为生产给水系统。在工业企业内部，由于生产工艺的不同，生产给水系统种类繁多；生产过程中各道工序对水质、水压和水量的要求各有不同，往往将生产给水按水质、水压要求，分别设置多个独立的给水系统。例如，为了节约用水、节省电耗、降低成本，将生产给水系统再划分为循环给水系统、重复利用给水系统等。

生产给水主要用于以下几个方面：生产设备的冷却用水、原料和产品的洗涤用水、锅炉用水和某些工业原料用水等。

3）消防给水系统

为建筑物扑灭火灾用水而设置的给水系统称为消防给水系统。消防用水对水质要求不高，但为了保证各种消防设备的有效使用，发挥其正常的功能，消防给水系统必须按照建筑防火规范的要求，保证有足够的水量和水压。

消防给水系统按照使用的功能不同也可以划分为：消火栓给水系统、自动喷水灭火系统、水喷雾灭火系统等。

上述给水系统可根据水质、水压、水量和安全方面的需要，经技术经济比较后，组合或联合组成不同的共用给水系统。如生活、消防共用给水系统；生活、生产共用给水系统；生产、消防共用给水系统和生活、生产、消防三者共用给水系统等。

2. 建筑给水系统的组成

建筑给水系统一般由以下各部分组成，如图 1-30 所示。

1）引入管

从室外第一个水表井或接管点算起向室内延伸，称为室内给水。而引入管就是自室外

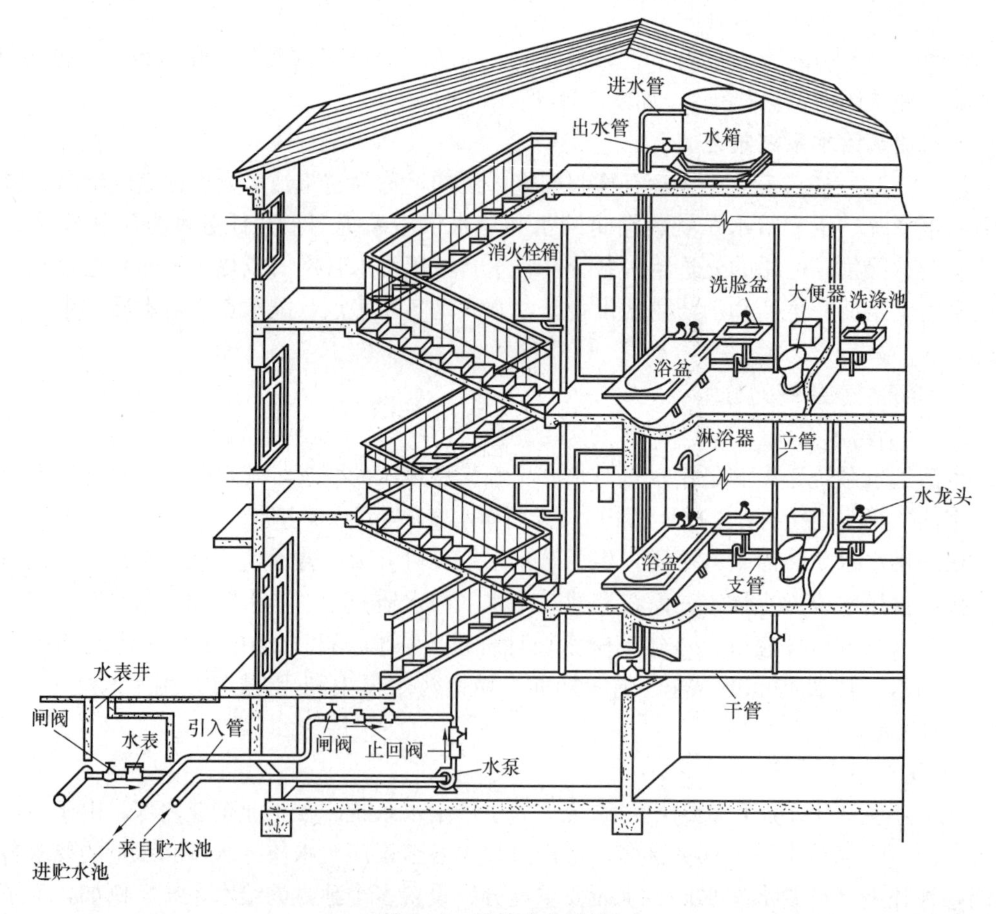


图 1-30　建筑给水系统

给水管网的接管点将水引入建筑内部给水管网的管段，是室外给水管网与室内管网之间的联络管，也称“进户管”。是建筑给水中管径最大、流量最大和压力最高的管段（一般要穿过外墙或基础）。

2）建筑给水管网

建筑给水管网也称室内给水管网，是由干管、立管、支管等组成的管系，用于水的输送和分配。干管是将引入管送来的水输送到各个立管中去的水平管段；立管是将干管送来的水输送到各个楼层的竖直管段；支管是将立管送来的水输送给各个配水装置或用水装置的管段。

3）给水附件

详见第一节二、给水附件。

**二、建筑给水系统所需水压**

1. 水压计算

建筑给水系统应保证将所需的水量输送到建筑物的最不利配水点。所谓最不利配水点就是系统内所需水压最大的配水点，通常位于系统最高、最远点，并保证有足够的流出水头，如图 1-31 所示。

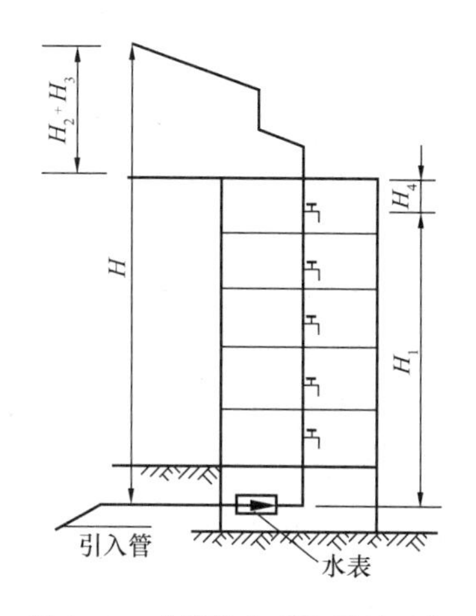

图 1-31　建筑给水系统所需压力

其计算公式如下：

$$H=H_1+H_2+H_3+H_4+H_5 \tag{1-4}$$

式中　$H$——建筑给水管网所需总水压，kPa 或 $mH_2O$；

$H_1$——引入管与最不利点之间的高差（即几何高差），kPa 或 $mH_2O$；

$H_2$——引入管起点至配水最不利点的给水管路，即计算管路的压力损失，kPa 或 $mH_2O$；

$H_3$——水流通过水表时的压力损失，kPa 或 $mH_2O$；

$H_4$——配水最不利点所需的流出水头，kPa 或 $mH_2O$；

$H_5$——富裕水头，kPa 或 $mH_2O$。

富裕水头，为各种不可预见因素留有的安全余量，一般情况 $H_5$ 可按 1.0～3.0$mH_2O$ 计。

设计时按照附录 1-1 卫生器具给水额定流量、当量、连接管公称管径和最低工作压力中的数据选取。一般的卫生器具，流出水头约为 1.5～5$mH_2O$（15～50kPa），普通的水龙头可按 2$mH_2O$ 计算，有些特殊设备，如医院的水疗台、按摩浴缸、冲浪浴缸等，要求流出水头高一些，按照设备的需要确定流出水头数值。

2. 水压估算

根据上式进行水压计算时，首先必须详细地掌握管线布置、管材、流量、管径、水表型号等一系列数据；但是在设计初始阶段，还没有这些数据，因此无法进行准确计算，故先进行估算，通过估算出的水压，初步确定供水方案，做出概预算；并为建筑、结构等专业的设计提供必要的设计依据。

在进行方案的初步设计阶段，为了选择给水方式，对层高不超过 3.5m 的民用建筑可按建筑物的层数粗略估计自室外地面算起所需的最小保证压力值。一般一层建筑物为 100kPa（10m$H_2O$）；二层建筑物为 120kPa（12m$H_2O$）；三层及三层以上的建筑每增加一层，增加 40kPa（4m$H_2O$）（如 5 层建筑物为 24m$H_2O$，8 层建筑物为 36m$H_2O$……），见表 1-13。

**按建筑物的层数估算自室外地面算起所需的最小保证压力值　　表 1-13**

| 建筑层数 | 1 | 2 | 3 | 4 | 5 | …… |
|---|---|---|---|---|---|---|
| Pmin（kPa） | 100 | 120 | 160 | 200 | 240 | …… |

估算值是指从室外地面算起的最小压力保证值，没有计入室外干管的埋深，也未考虑消防用水；适用于房屋引入管、室内管路不太长和流出水头不太大的情况；当室内管道比较长，或层高超过 3.5m 时，应适当增加估算值。

确定供水方案之前，除了估算建筑物所需的水压，还必须了解外网所能提供的供水压力。不论采用以上哪一种方法，都要考虑到可能出现的最低和最高水压值，以及将来有可能因用水量增大而导致水压下降等因素。

**三、建筑给水方式**

建筑给水方式是建筑给水系统的供水方案。是根据建筑物的性质、高度、建筑物内用水设备、卫生器具对水质、水压和水量的要求和用水点在建筑物内的分布情况以及用户对供水安全、可靠性的要求等因素，结合室外管网所能提供的水质、水量和水压情况，经技术经济比较综合评判后而确定的给水系统布置形式。

1. 直接给水方式

室外给水管网的水量、水压在一天的任何时间内均能满足建筑物内最不利配水点用水要求时，不设任何调节和增压设施的给水方式称为直接给水方式，如图 1-32 所示。即建筑物内部给水系统直接在室外管网压力的作用下工作，这是最简单的给水方式。

这种给水方式的优点是给水系统简单，投资省，安装维修方便，可充分利用室外管网的水压，节约能源；缺点是系统内无调节、无储备水量，外部给水管网停水时，内部给水管网也随即断水，影响使用。适用于室外给水管网的水量、水压全天都能满足用水要求的建筑。

2. 单设水箱的给水方式

建筑物内部设有管道系统和屋顶水箱，当室外管网压力能够满足室内用水要求时，则由室外管网直接向室内管网供水，并向水箱充水，储备一定水量。当高峰用水时，室外管网压力不足，则由水箱向室内系统补充供水，如图 1-33 所示。这种方式系统比较简单，投资较省；可充分利用室外管网的水压，节约能源，系统具有一定的储备水量，供水的安全可靠性较好，但设置了高位水箱，增加了结构荷载并给建筑物的立面处理带来一定的困难；水质易受二次污染，目前较少采用。如采用，必须做好防止二次污染的措施。适用于室外管网水压周期性不足及室内用水要求水压稳定，且允许设置水箱的建筑物。

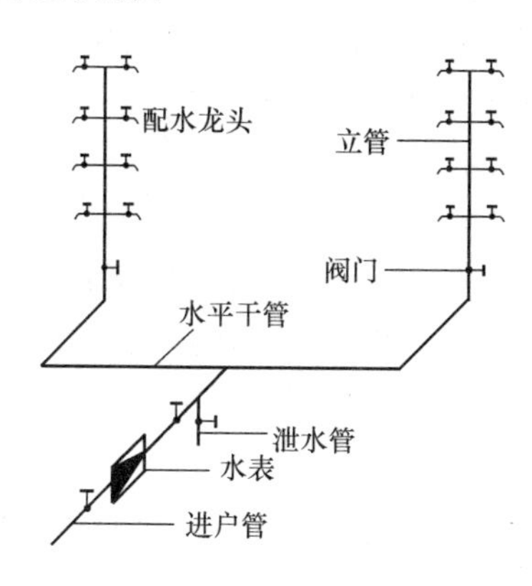


图 1-32　直接给水方式

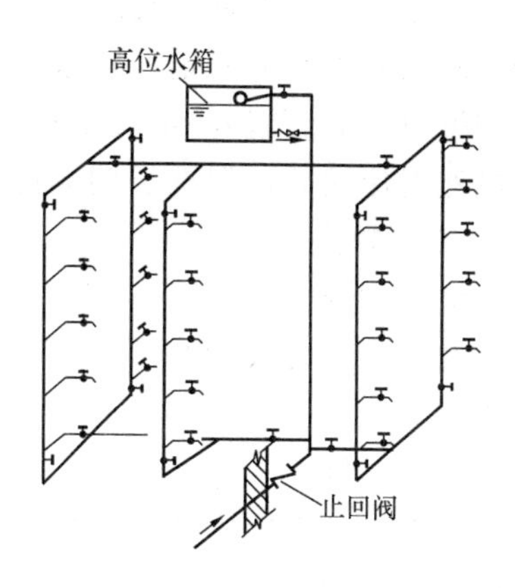


图 1-33　单设水箱的给水方式

3. 单设水泵的给水方式

当室外管网水压经常性不足时，水泵向室内给水系统供水的给水方式，如图 1-34 所示。当室内用水量大而且均匀时，可用恒速水泵供水；室内用水量不均匀时，宜采用一台或者多台变速水泵运行，以提高水泵的工作效率，降低电耗。为充分利用室外管网的压力，节约电能，当水泵与室外管网直接连接时，应设旁通管，并征得供水部门的同意。以避免水泵直接从室外管网抽水而造成室外管网压力大幅度波动，影响其他用户用水。设置贮水池时也一定要防止二次污染。

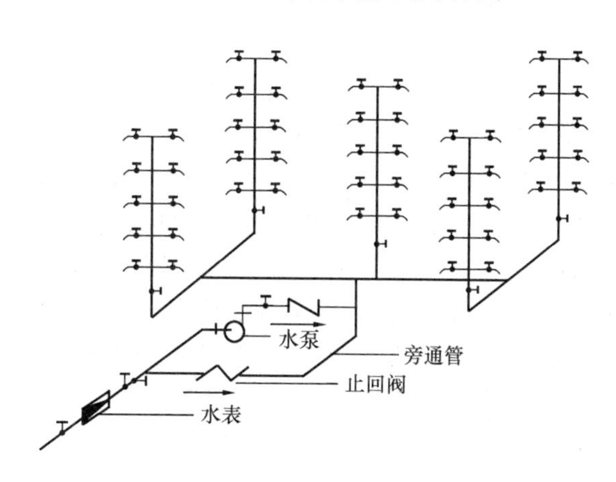


图 1-34　单设水泵的给水方式

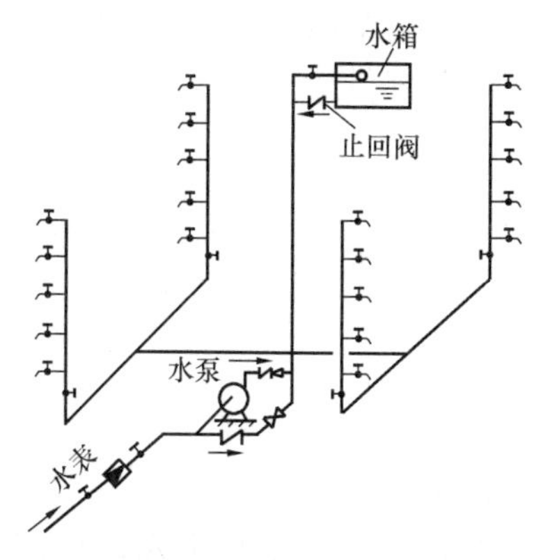


图 1-35　水泵、水箱联合给水方式

一般情况下，应在系统中设置贮水池，采用水泵与室外管网间接连接的方式。

这种供水方式的优点是系统简单，供水可靠，无高位水箱荷载，维护管理简单，经常运行费用低；缺点是系统内无调节，对动力保证要求较高，能源消耗高；当采用变频调速技术时，一次性投入较高，维护也相对复杂。

4. 设水泵和水箱的联合给水方式

当允许水泵直接从室外管网抽水时，且室外给水管网的水压低于或周期性低于建筑物内部给水管网所需水压，而且建筑物内部用水量又很不均匀时，宜采用水箱和水泵联合给水方式，如图 1-35 所示。

这种给水方式由于水泵可及时向水箱充水，使水箱容积大为减小；又因为水箱的调节作用，水泵的出水量稳定，可以使水泵在高效率下工作。水箱如采用自动液位控制（如水位继电器等装置），可实现水泵启闭自动化。因此，这种方式技术上合理、供水可靠，虽然费用较高，但其长期运行效果是经济的。

5. 无负压变频供水方式

无负压供水设备是能够充分利用自来水管网原有压力，采用变频调速控制技术，压力差多少补多少，是集给水压力二次提升、节能、卫生为一体的新一代给水设备。避免了能源的二次浪费和水质的二次污染，取消了蓄水池和屋顶水箱，大幅度节约了基建投资并缩短了施工工期。

无负压供水设备工作原理：自来水进入调节罐，罐内的空气从真空消除器内排出，待水充满后，真空消除器自动关闭。当自来水能够满足用水压力及水量要求时，无负压供水设备通过水泵管道及旁通管道向用水管网直接供水；当自来水管网的压力不能满足用水要求时，系统通过压力传感器或远传压力表，给出启泵信号，启动水泵运行。水泵供水时，若自来水管网的水量大于水泵流量，无负压供水设备保持正常供水，用水高峰期时，若自来水管网水量小于水泵流量时，调节罐内的水作为补充水源仍能正常供水，同时，空气由真空消除器进入调节罐，消除了自来水管网的负压，用水高峰期过后，无负压供水设备恢复正常的状态。若自来水供水不足或管网停水而导致调节罐内的水位下降到无水时，液位控制器给出停机信号以保护水泵机组，来水时水泵自动恢复供水。由于采用了先进的变频控制技术，具有软启动，有过载、短路、过压、欠压、缺相、过热和失速保护以及在异常情况下进行信号报警、自检、故障判断等功能。

1）变频调速给水设备系统组成

（1）工作泵、常用单级或多级卧式或立式清水离心泵。

（2）小泵和小气压罐：在小流量甚至零流量持续时间较长，为更节电时设置。

（3）变频控制柜：变频控制柜是变频调速给水设备的核心部分，一般由供货厂家按水泵功率配套供应。

（4）附件：主要包括连接管道，以及阀门、止回阀、安全阀（有小气压罐时）、压力表、压力继电器和底座等。一般组装式设备由厂家组装好供货。

2）变频调速供水设备适用范围

（1）自来水厂和供水所的加压系统。

（2）居民住宅小区，高层建筑，宾馆饭店生产、生活给水。

（3）园林草坪的节水喷灌，滴灌给水。

（4）老式高位水箱及水塔给水系统的更新换代。

（5）各种循环水。

（6）工矿企业的生产、生活用水等。

目前普遍采用的是水泵机组和流量调节器等组合的无负压变频供水，如图 1-36 所示。

6. 设水池、水泵和水箱的给水方式（分区供水方式）

当室外给水管网水压经常性不足，且不允许水泵直接从室外管网抽水，室内用水

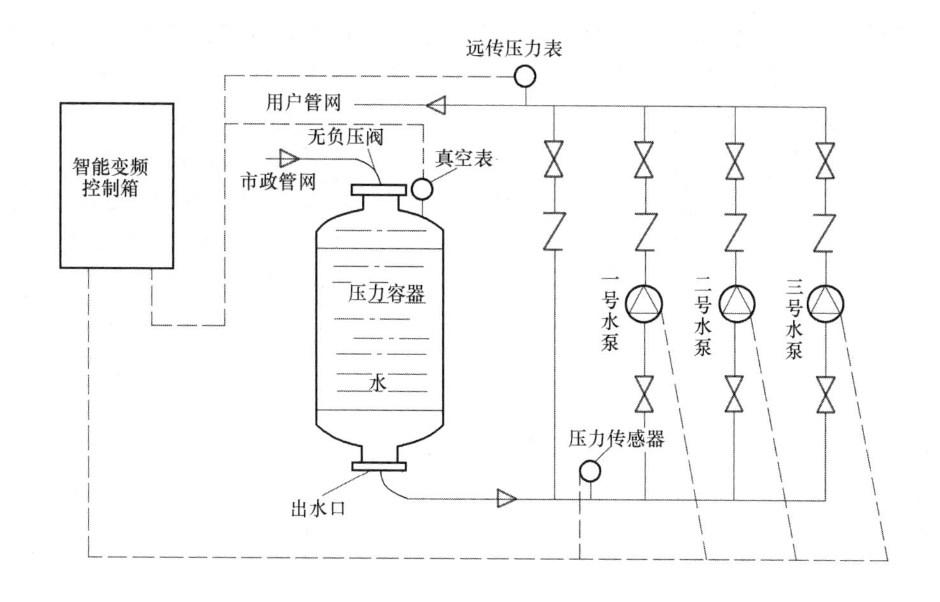


图 1-36　无负压供水原理图

不均匀时，常采用这种给水方式，如图 1-36 所示。

当室外管网不允许直接抽水时，水泵从贮水池吸水，经水泵加压后送到系统用户使用；当水泵供水量大于系统用水量时，多余的水充入水箱储存；当水泵供水量小于系统用水量时，则由水箱向系统补充供水，以满足室内用水的要求。此外，贮水池与水箱又起到了储备水量的作用，提高了供水的安全性。

此外，这种给水方式由水泵和水箱联合工作，水泵及时向水箱充水，也可以减少水箱容积，同时在水箱的调节下允许水泵间歇工作，使水泵始终处于高效率下运行，节省电能。在高位水箱上采用水位继电器控制水泵启动，易于实现管理自动化。

另外，在层数较多的建筑物中，当室外给水管网的压力只能满足建筑物下部几层的供水要求时，为了充分利用室外管网水压，可将建筑物供水系统划分为上、下两区。下区由室外管网直接供水，上区则由升压和储水设备供水。可将两区的一根或几根立管相连通，在分区处装设阀门，以备下区进水管发生故障或室外管网水压不足时，由高区水箱向低区供水，如图 1-37 所示。

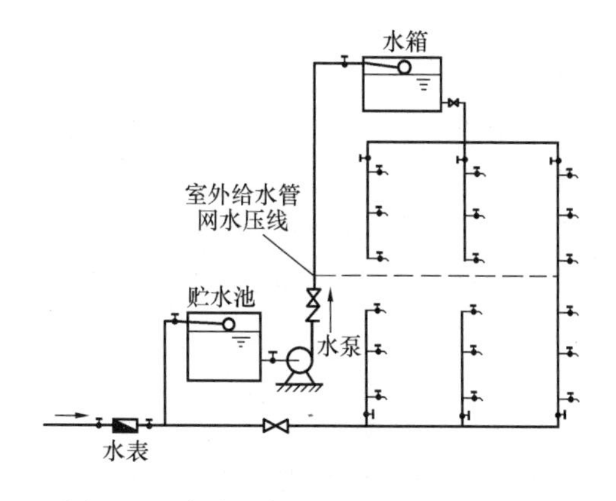


图 1-37　水池、水泵、水箱联合给水方式

7. 气压给水方式

气压给水是利用密闭压力容器内空气的可压缩性，储存、调节和压送水量的给水装置，其作用相当于高位水箱和水塔，如图 1-38 所示。

水泵从贮水池或室外给水管网抽水，加压后送至供水系统和气压罐内；停泵时，由气压罐向室内给水系统供水；气压罐具有调节、储存水量并控制水泵运行的功能。

这种给水方式的优点是设备可设在建筑物的任何位置，便于隐藏，水质不易受污染，投资省建设周期短，便于实现自动控制等；缺点是给水压力波动较大，管理及运行费用较高，而且可调节性较小。适用于室外管网水压经常性不足，不宜设置高位水箱或水塔的建筑（如隐蔽的国防工程、地震区建筑、建筑艺术要求较高的建筑等）。

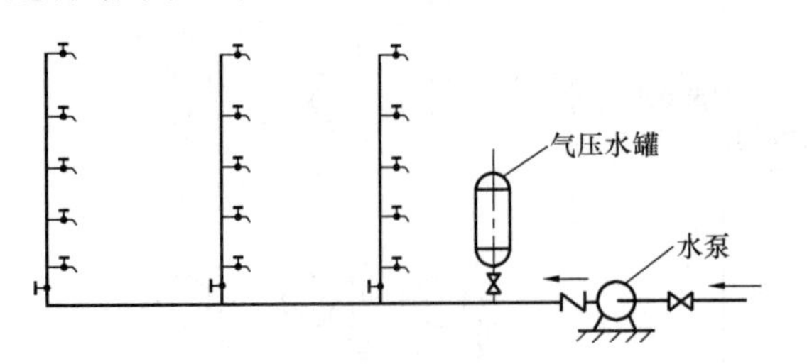

图 1-38　气压给水方式

**【例 1-1】** 某单位拟建七层住宅，层高 3m，一层地面与室外地面高差 0.6m，建筑附近的城市管网提供的可靠水压为 150kPa。试选择合理的给水方式。

**【解】**

估算 7 层住宅需要的供水压力为：

$$H = 120 + (7 - 2) \times 40\text{kPa} = 320\text{kPa}$$

$$H_0 = 150\text{kPa} < 320\text{kPa}$$

城市供水压力不足，需要升压设备；由于住宅用水不均匀性比较突出，故宜选用水箱—水泵联合给水方式或无负压给水方式。

**四、高层建筑给水系统**

1. 高层建筑给水系统特点

当建筑物的高度很高时，如果给水只采用一个区供水（一般要设置高位水箱），则下层的给水压力过大，会带来许多不利之处。

又因为高层建筑层数多，高度大及卫生器具多等特点，要求高层建筑生活给水系统应分区配水，这样可减少系统水压过大而带来的许多不利因素，如配件易损，影响正常配水，流速过大引起噪声和振动，使室内环境不安静等。还会带来下列不利影响：

（1）水龙头开启，水成射流喷溅，影响使用；

（2）由于压力过高，水龙头、阀门、浮球阀等器材磨损迅速，寿命缩短，漏水增加，检修频繁；

（3）下层水龙头的流出水头过大，如不减压，其出流量比设计流量大得多，使管道内流速增加，以致产生流水噪声、振动噪声，并使顶层水龙头产生负压抽吸现象，形成回流污染；

（4）由于压力过大，容易产生水锤及水锤噪声；

（5）维修管理费用和水泵运转电费增高。

2. 高层建筑供水方式

为了消除或减少上述弊端，高层建筑达到某一高度时，其给水系统必须作竖向分区，每个分区负担的楼层数一般为 10～12 层。在分区确定以后，经济合理地确定供水方式。

1）高层建筑给水竖向分区

为减少管道系统的静水压力及管中水击压力，延长给水附件的使用年限，高层建筑给水应竖向分区；根据使用要求，设备材料性能、维护管理条件，建筑层数和室外给水管网水压等合理确定。一般管网中最不利点卫生器具给水配件处的静水压力宜控制在以下范围内：

(1) 各分区最低处卫生器具配水点处的静水压力不宜大于 0.45MPa，特殊情况下不宜大于 0.55MPa。

(2) 水压大于 0.35MPa 的入户管（或配水横管），宜设减压或调节设施。

(3) 各分区最不利配水点的水压，应满足用水水压要求。

(4) 建筑高度不超过 100m 的建筑生活给水系统，宜采用垂直分区并联供水或分区减压的供水方式。建筑高度超过 100m 的建筑，宜采用垂直串联供水方式。

因此，一般在层高 3.5m 以下建筑，以 10～12 层作为一个供水分区为宜。

竖向分区的供水方式有并联、串联和分区减压等多种形式，设计时可根据工程具体情况选用。

2) 高位水箱供水方式

这种供水方式又可分并列供水方式、串联供水方式。

(1) 高位水箱并列供水方式（如图 1-39 所示）

这种供水方式是在各区独立设置水箱和水泵，且水泵集中设置在建筑物底层或地下室，分别向各分区供水。

这种供水方式的优点：

①各区是独立给水系统，互不影响，某区发生事故，不影响全局，供水安全可靠；

②运行费用经济；

③水泵集中，管理维护方便。

其缺点是：

①水泵台数多，上区水泵出水量大、压水管线长，设备费用增加；

②分区水箱占建筑层若干面积，给建筑房间布置带来困难，减少建筑使用面积，影响经济效益。

(2) 高位水箱串联供水方式（如图 1-40 所示）

这种方式水泵分散设置在各区的楼层中，低区的水箱兼作上一区的水池。水箱、水泵常设在技术层中。

优点：①无高压水泵和高压管线；②运行动力费用经济。

缺点：①水泵分散设置，连同水箱所占建筑面积大；②水泵设在楼层，防振隔声要求高；③水泵分散，维护管理不便；④若下区发生事故，其上部数区供水受影响，供水可靠性差。

3) 减压水箱供水方式（如图 1-41 所示）

这种方式整幢建筑物内的用水量全部由设置在底层的水泵提升至屋顶总水箱，然后再分送至各分区水箱，各分区水箱起减压作用。

优点：①水泵数量少，设备费用降低，管理维护简单；②水泵房面积小，各分区减压水箱调节容积小。

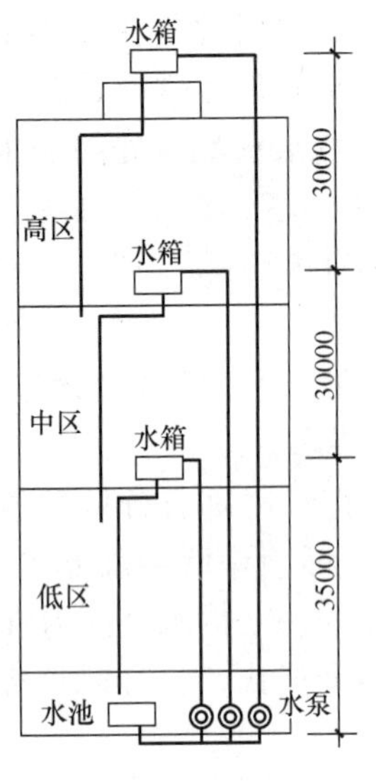


图 1-39　并联给水方式

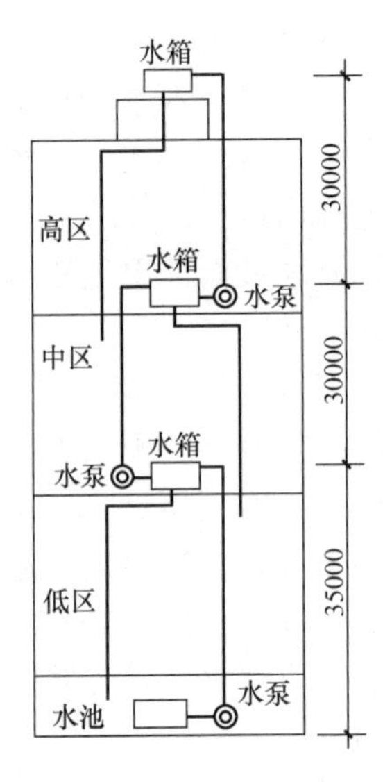


图 1-40　串联给水方式

缺点：①水泵运行费用高；②层顶总水箱容积大，对建筑的结构和防震不利；③建筑物高度较高、分区较多时，下区减压水箱浮球阀承受压力大，造成关不严、易损坏，需经常维修。

4）减压阀供水方式（如图 1-42 所示）

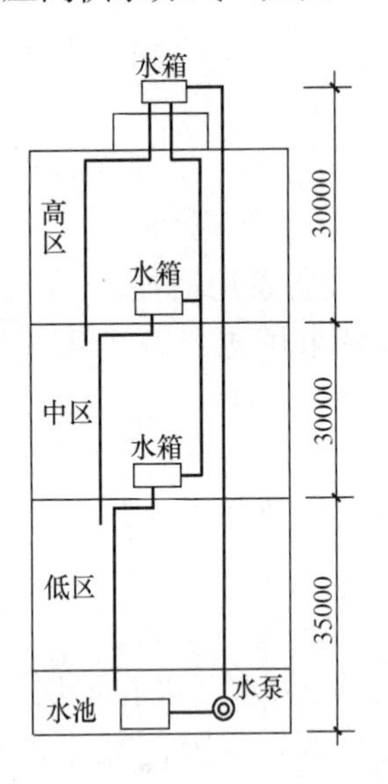


图 1-41　减压水箱给水方式

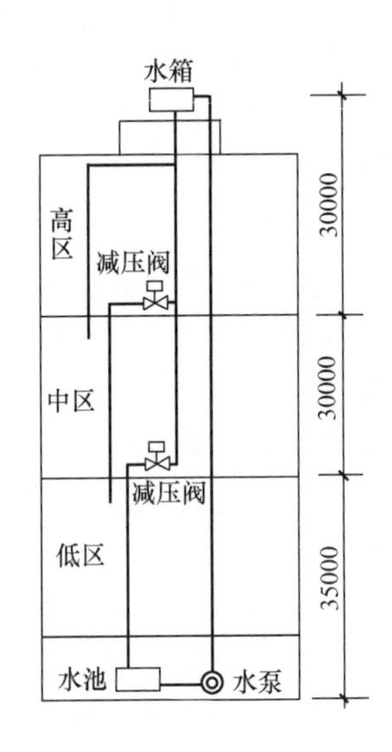


图 1-42　减压阀给水方式

这种方式的工作原理与减压水箱供水方式相同，不同之处在于用减压阀来代替减压水箱。其最大优点就是减压阀不占楼层面积使建筑面积发挥最大的经济效益；其缺点是水泵运行费用较高。

5）气压罐供水方式

气压罐供水方式有两种形式：气压罐并列供水方式，如图 1-43 所示和气压罐减压阀供水方式，如图 1-44 所示。

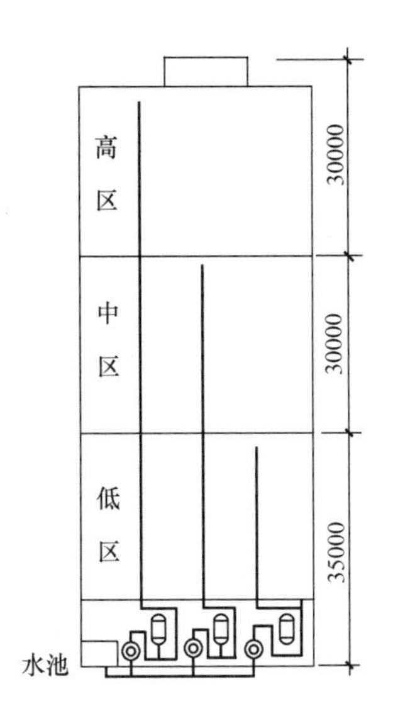

图 1-43　气压水箱并列给水方式

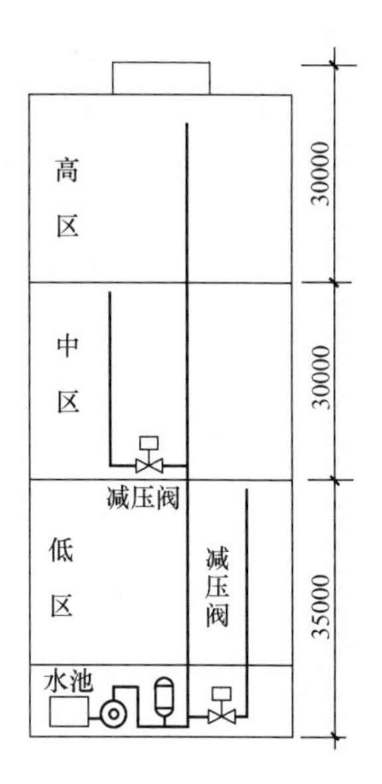


图 1-44　气压水箱减压给水方式

其优点是不需要高位水箱，不占高层建筑上层面积。其缺点是运行费用较高，气压罐贮水量小，水泵启闭频繁，水压变化幅度大。

6）无水箱供水方式（变频水泵供水方式，如图 1-45 所示）

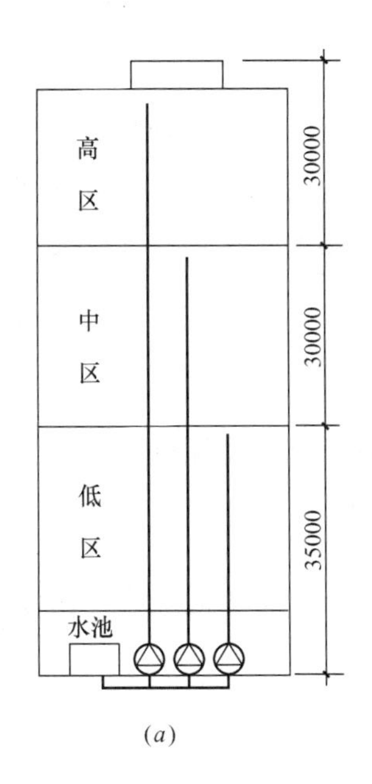


(*a*)

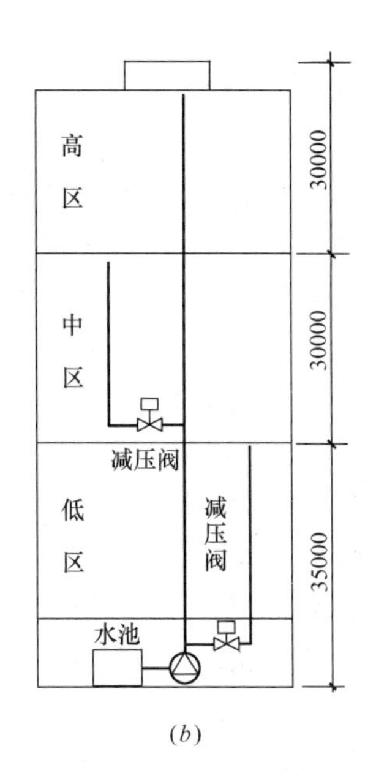


(*b*)

图 1-45　无水箱供水方式

(*a*) 无水箱并列供水；(*b*) 无水箱减压阀供水

近年来，国内外许多大型高层建筑采用无水箱的变速水泵供水方式，根据给水系统中用水量大小自动改变水泵的转速，使水泵仍经常处于较高效率下工作。其最大优点是：省去高位水箱，提高建筑面积的利用率，减少水泵运行能耗。其缺点是需要一套价格较贵的变速水泵及其控制设备，且维修复杂。

3. 高层建筑给水方式比较

高层建筑各种给水方式的定性比较见表 1-14。

**高层建筑给水方式比较** **表 1-14**

| 类　型 | 供水方式 | 水泵扬水功率（%） | 设备费 | 运行动力费 | 占用建筑面积 | 管理方便程度 |
|---|---|---|---|---|---|---|
| 高位水箱供水方式 | 并列供水方式 | 100 | 一般 | 低 | 较大 | 方便 |
| | 串联供水方式 | 100 | 一般 | 低 | 大 | 一般 |
| | 减压水箱供水方式 | 165 | 低 | 较高 | 较大 | 方便 |
| | 减压阀供水方式 | 165 | 较高 | 较高 | 较小 | 方便 |
| 气压水箱供水方式 | 气压水箱并列供水方式 | 134 | 较高 | 一般 | 较小 | 一般 |
| | 气压水箱减压阀供水方式 | 221 | 较高 | 高 | 较小 | 一般 |
| 无水箱供水方式 | 并列供水方式 | 125 | 高 | 一般 | 小 | 一般 |
| | 减压阀供水方式 | 207 | 高 | 高 | 小 | 一般 |

## 第四节　建筑给水管道布置与敷设

### 一、建筑给水管道的布置

室内给水管道的布置与建筑物的性质，建筑物的外形、结构状况、卫生器具和生产设备布置情况以及所采用的给水方式等因素有关，并应充分考虑利用室外给水管网的压力。管道布置时应力求长度最短，尽可能呈直线走向，沿墙、梁、柱平行敷设，既经济又合理兼顾美观，并考虑施工、检修、维护方便。

1. 管路形式

1）下行上给式（下分式）

水平干管在底层直接埋于地下、设在地沟内或地下室的顶棚下，自下而上供水。多用于居住和公共建筑的直接给水方式，如图 1-32 所示。

2）上行下给式（上分式）

水平干管位于顶层顶棚下（或顶层吊顶内），自上而下供水。民用等建筑设高位水箱时，常采用此种方式，如图 1-46 所示。

3）中分式

水平干管设在建筑物的中层走廊内（或中层的楼板下），分别向上、向下供水。适用于直接给水方式，如图 1-47 所示。

4）环状式

适用于大型公共建筑、10 个以上消火栓的消防管道以及生产工艺要求不允许断水的建筑物，如图 1-48 所示。

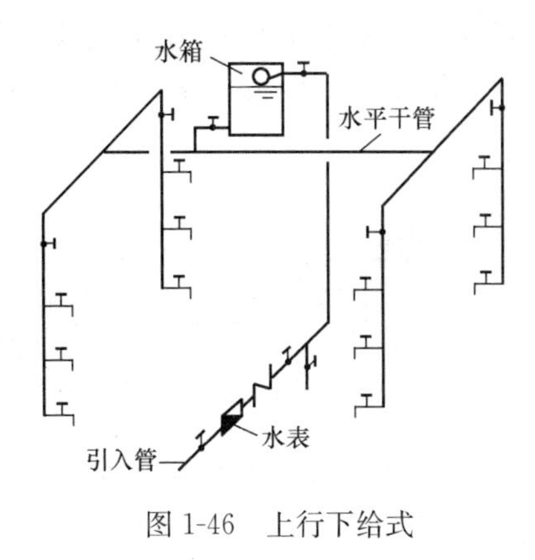


图 1-46　上行下给式

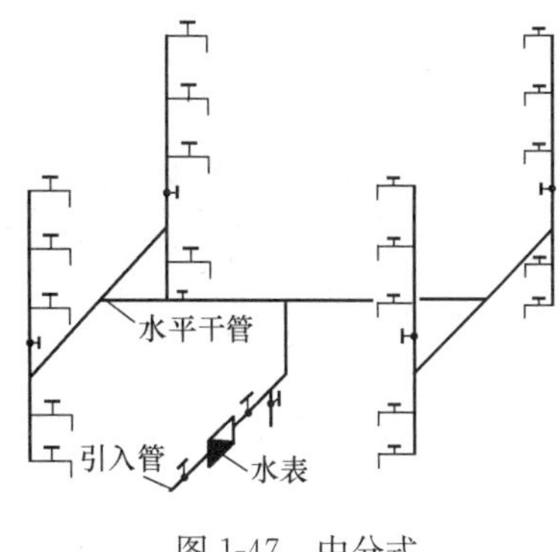


图 1-47　中分式

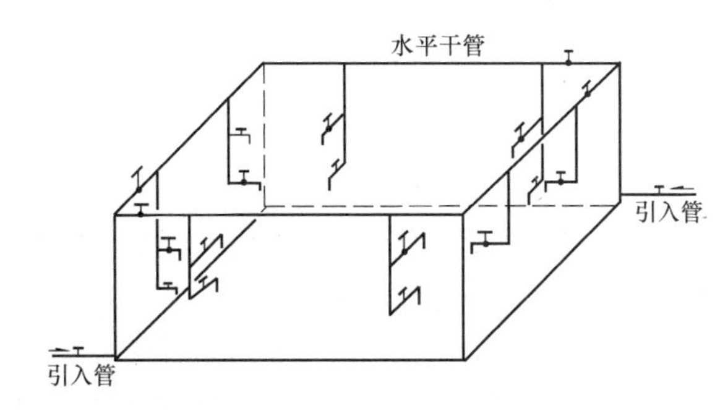


图 1-48　环状式

2. 引入管的布置

从配水平衡和供水可靠考虑，给水引入管宜从建筑物用水量最大处和不允许断水处引入。当建筑物内卫生器具布置比较均匀时，应在建筑物中央位置引入，以缩短管网向最不利点的输水长度，减少管网的水头损失。

引入管一般设置一条，当建筑物不允许间断供水或室内消火栓总数在 10 个以上时，需要设置两条，并应由城市环状管网的不同侧引入；如不可能时，也可由同侧引入，但两条引入管间距离不得小于 10m，并应在两接点间设置阀门，如图 1-49 所示。

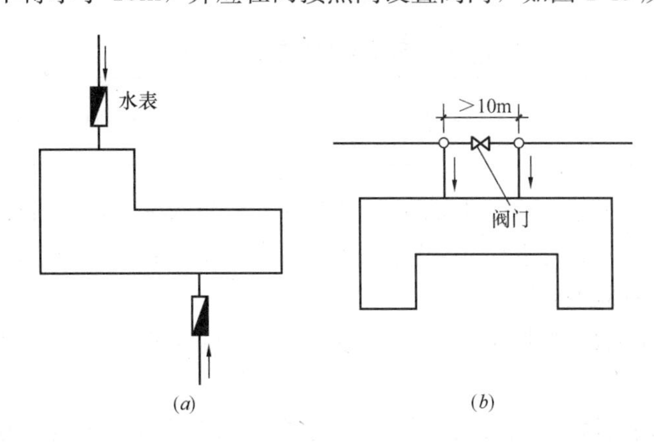


图 1-49　引入管引入

(a) 引入管不同侧引入；(b) 引入管同侧引入

给水引入管与污（废）水排出管管外壁的水平距离不得小于1.0m；引入管穿过承重墙或基础时，管顶上部应预留净空不得小于建筑物的沉降量，一般不小于0.1m，并做好防水的技术处理，如图1-50所示。

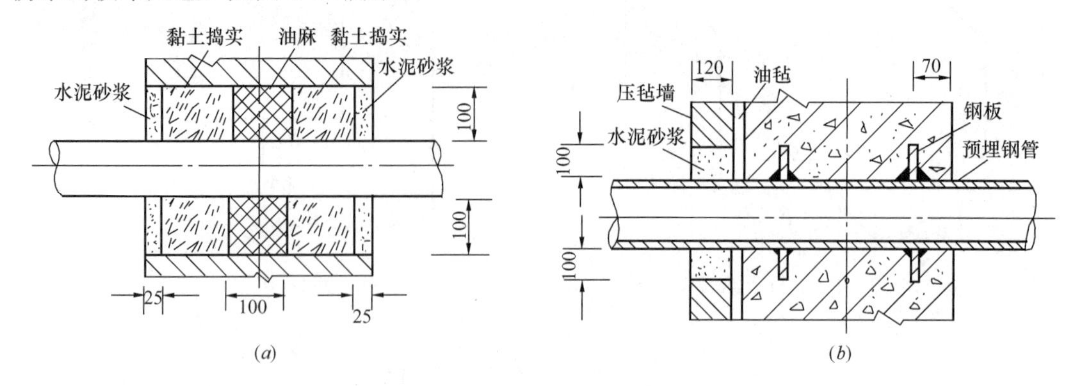


图1-50　引入管穿过基础剖面图

（a）穿过砖墙；（b）穿过混凝土基础

3. 给水干管的布置

给水干管应尽量靠近用水量大的设备处或不允许间断供水的用水处，以保证供水可靠，并减少管道传输流量，使大口径管道长度最短。工厂车间内的给水管道架空布置时，应不妨碍生产操作及车间内的交通运输，不允许把管道布置在遇水能引起爆炸、燃烧或损坏原料、产品和设备的上面。管道直埋地下时，应采取措施避免被重物压坏或被设备振坏，不允许管道穿过设备基础；特殊情况下，应同有关专业协商处理。

室内给水管道不允许敷设在排水沟、烟道和风道内，不允许穿过大小便槽、橱窗、壁柜、木装修等处，应尽量避免穿过建筑物的沉降缝、伸缩缝和防震缝（简称建筑三缝），如果必须穿过时应采取相应的措施。

引入管穿过承重墙基础应预留孔洞尺寸，见表1-15。

建筑给水管道与排水管道平行埋设和交叉埋设时，管外壁的最小距离分别为0.5m和1.5m；交叉埋设时，给水管应布置在排水管上方；当地下管道较多，敷设有困难时，可在给水管外面加设套管后从排水管下面通过。

**引入管穿过承重墙基础预留孔洞尺寸规格**　　　**表1-15**

| 管径 $DN$（mm） | ≤50 | 50～100 | 125～150 |
|---|---|---|---|
| 孔洞尺寸（mm） | 200×200 | 300×300 | 400×400 |

给水管道可与其他管道同沟或共架敷设，但给水管应布置在排水管、冷冻管的上面，热水管和蒸汽管的下面；给水管道不宜与输送易燃易爆或有害气体和液体的管道同沟敷设。

## 二、建筑给水管道的敷设

室内给水管道的敷设，根据建筑对卫生、美观等方面的要求不同，分为明装和暗装两类。

1. 明装

管道一般在室内沿墙、梁、柱、顶棚下、地板旁暴露敷设。明装管道造价低，施工安装、维护管理均较方便；缺点是占用建筑空间，由于管道表面积灰、产生凝结水等影响环境卫生，而且明装有碍房间美观；一般民用建筑和大部分生产车间均为明装方式，由于明装敷设需要占用一定的室内空间，故目前较少采用。

2. 暗装

暗装管道敷设在地下室顶棚下或吊顶内，或在管道井、管槽、管道设备层和公共管沟内隐蔽敷设。暗装的优点是不影响房间的整洁美观，卫生条件好、不占房屋空间，适用于标准较高的高层建筑、宾馆、医院等；在工业企业中的某些精密仪器或电子元件车间等处，要求室内洁净无尘时，也采用暗装。随着人们生活水平的提高，家庭住宅也多采用暗装。暗装的缺点是造价高，施工维护管理不方便等。给水管道除单独敷设外，还应顾及排水、供暖、通风、空调和供电等其他建筑设备工程管线的布置和敷设。考虑到安全、施工、维护等要求，当平行或交叉设置时，对管道间的相互位置、距离、固定方法等应综合有关要求统一处理。

管道穿越墙壁、楼板时，应预留孔洞。给水管道每隔适当距离，应采用固定配件（如支、吊架等）加以固定。常用的支、吊架安装如图 1-51～图 1-53 所示。

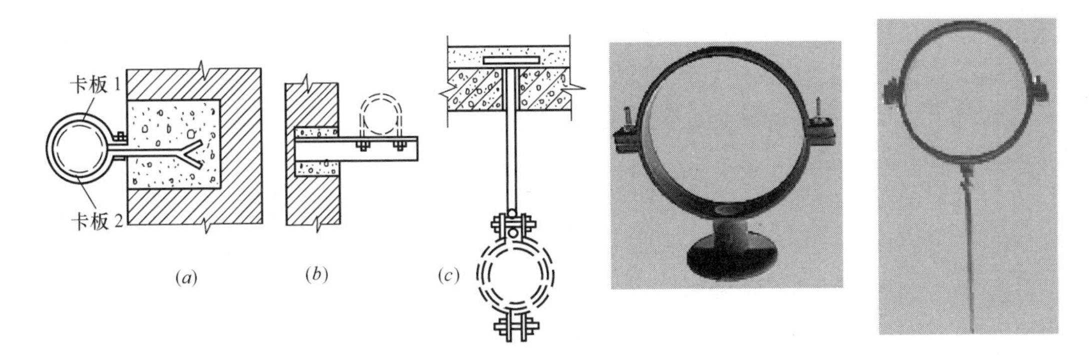


图 1-51　支、吊架

(a) 管卡；(b) 托架；(c) 吊环

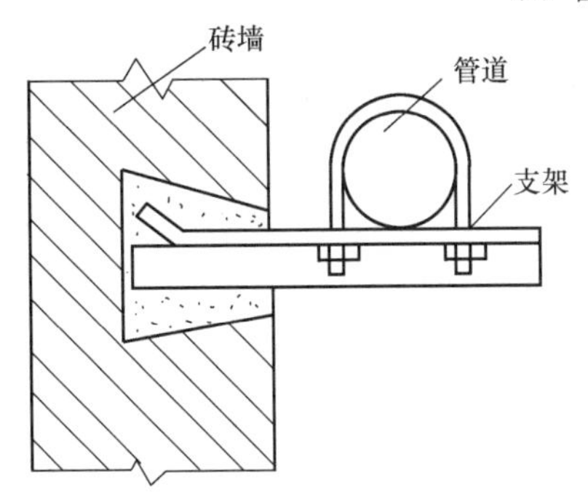


图 1-52　砖墙上安装支架

暗装时，在管接头、弯头、三通、四通连接处和阀门设置处，一定要设置便于维修、更换给水附件的检查（修）门。

## 三、管道防护

为使室内给水系统能在较长时间内正常工作，延长其使用寿命，除应加强维护管理外，在设计与施工过程中还需要采取如下一系列措施。

1. 防腐

不论明装或暗装的管道和设备，除镀锌钢管、给水塑料管、铜管外，都必须做防腐处理。最简单的防腐方法是刷油法，即先将管道及设备表面除锈，明装管道刷防锈漆（如红丹漆）两道，再刷面漆（如银粉）两道。如管道需要装饰或标识时，可再刷调和漆或铅油。暗装管道除锈后，刷防锈漆两道。质量较高的防腐方法是做管道防腐层，层数 3～9 层不等，材料为底漆（冷底子油）、沥青、防水卷材、牛皮纸等。

埋地钢管除锈后刷冷底子油两道，再刷热沥青两道；埋于地下的铸铁管，外表一律要刷沥青防腐，明露部分可刷红丹漆及银粉漆（各两道）。工业上用于输送酸、碱腐蚀的管

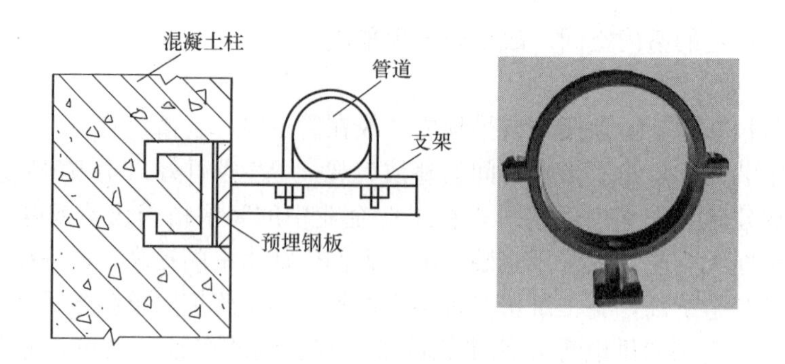


图 1-53 混凝土柱上安装支架

道，均要进行防腐处理，如在钢管或铸铁管内壁涂衬防腐材料等。

2. 防冻、防结露

设置在温度低于 0℃地方的各类设备和各种材质的管道，都应当进行保温防冻；如寒冷地区的屋顶水箱，冬季不采暖的室内和阁楼中的管道以及敷设在受室外冷空气影响的门厅、过道等处的管道，在涂刷底漆防腐后，应采取保温措施。常用做法是：管道除锈涂油漆后，包扎矿渣棉、石棉硅藻土、玻璃棉、膨胀蛭石或用泡沫水泥瓦等保温层外包玻璃布涂漆等做法作为保护层。

在气候温暖潮湿的地区，在采暖的卫生间，在工作温度较高的房间（如厨房、洗衣房、某些生产车间）或管道内水温较室温低的时候，管道及设备的外壁可能产生凝结水，从而引起管道和设备的腐蚀，影响使用和环境卫生。因此，必须采取防结露措施，即做防潮绝热层，其做法与一般保温层的做法相同。

3. 防振、防噪声

当管道中水流速度过大时，启闭水龙头、阀门等处，易出现水锤现象，引起管道附件的振动，不但会损坏管道附件，造成漏水，还会产生噪声。噪声一般有下列来源：

（1）由于器材的损坏，在某些地方（常在控制附件和配水附件处）产生机械的振动声；

（2）管道中水的流速太高，通过阀门时，以及在管径（变径）突变或流速急变处，可能产生噪声；

（3）水泵工作时发出的噪声；

（4）由于管中压力大、流速高引起水锤产生噪声；

（5）由于设备与基础连接不妥，造成机械噪声。

为防止管道的损坏和噪声的污染，在设计给水系统时应控制管道的水流速度；在系统中应尽量减少使用电磁阀或速闭型给水栓。住宅建筑进户管的阀门后，宜装设家用可曲绕橡胶接头进行减振。可在管支架、吊架内衬垫减振材料，以缩小噪声的扩散。

为了防止附件和设备上产生噪声，安装时应选用质量良好的配件和附件，良好的器材以及可曲挠橡胶接头等。此外，为提高水泵机组装配和安装的准确性，常采用减振基础及安装隔振垫等措施，也能减弱或防止噪声的传播，如图 1-54～图 1-56 所示。

4. 管道防护施工要点

1）对于埋设于地下的管道必须有防腐层，可按设计要求做。

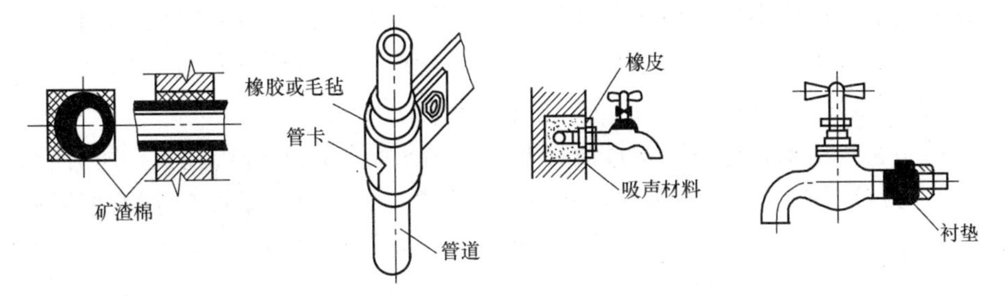


图 1-54　各种管道器材的防噪声措施

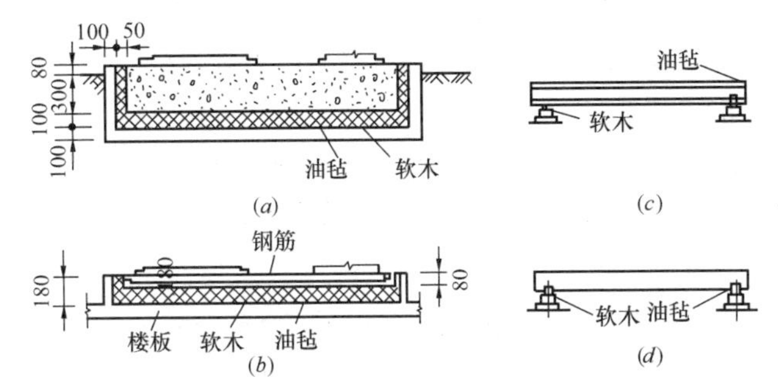


图 1-55　软木减振基础及减振器安装

(a) 设在底层软木弹性基础；(b) 设在楼层软木弹性基础；(c) 型钢基座减振器安装；(d) 钢筋混凝土板基座减振器安装

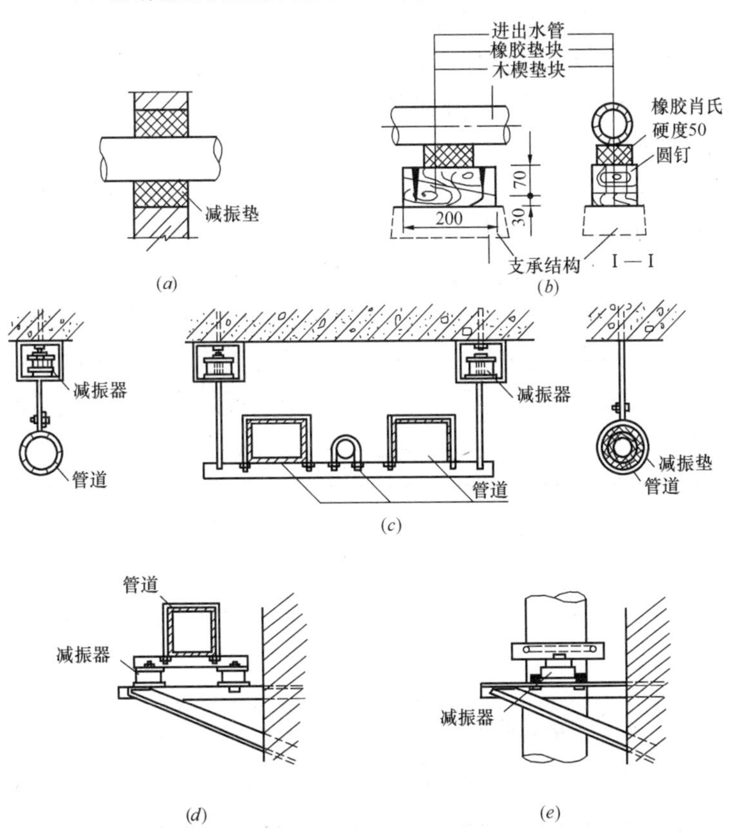


图 1-56　管路上几种减振措施

(a) 管子穿墙的减振措施；(b) 水管的减振措施；(c) 水平管道吊架减振措施；(d) 水平管道支座减振措施；(e) 垂直管道减振措施

2）管道在安装过程中应严格防止油漆、沥青等有机污染物沾污管材、管件表面。

3）在土建进行水池、水箱施工时，所有穿壁管应按设计要求预埋耐腐蚀金属套管，监理工程师必须做好严格检查，确认后，才能允许进行下道工序。

4）管道防腐：给水管道防腐均按设计要求和国家验收规范进行施工，所有型钢支架及施工中管道镀锌层破损处和外漏丝扣要补刷防锈漆。管道及支吊件在涂刷底漆前，必须清除表面灰尘、污垢、锈斑、焊接、毛刺、油、水等物；涂料种类、颜色及涂敷层数和标记应符合设计文件规定，涂层应均匀，颜色一致，附着牢固，无剥落、皱纹、气泡、针孔等缺陷，管道安装后不易涂漆的部位应预先涂漆。

5）明装和暗装给水管道保温材质及厚度均应严格按设计要求。管道与支架安装、压力试验和防腐涂料完成后才能进行保温，绝热制品的拼缝宽度当做保温层时不应大于5mm，作保冷层时不应大于2mm。管道保温应粘贴紧密，表面平整圆弧均匀，无环形断裂，保温层与支架处接缝应严密。安装杠杆式进水浮球阀端部的管段应采用耐腐蚀金属管及管件。

## 第五节　建筑给水系统的水力计算

### 一、建筑用水定额

1. 用水定额

建筑用水包括生活、生产和消防用水三部分。

生产用水一般比较均匀，并且有一定的规律性。其用水量可按消耗在单位产品上的水量或单位时间内消耗在生产设备上的水量计算。

消防用水量可参见本章第五节。

生活用水量受当地气候、生活习惯、建筑物使用性质、卫生器具和用水设备的完善程度以及水价等多种因素的影响，而且用水量不均匀；生活用水量按用水量定额和用水单位计算确定；不同建筑物的生活用水定额及小时变化系数，可按我国现行《建筑给水排水设计规范》GB 50015的规定执行。附录1-1是集体宿舍、旅馆和公共建筑生活用水定额；表1-16是住宅最高日生活用水定额及小时变化系数；表1-17是工业企业建筑淋浴用水定额，表1-18是每个淋浴器使用人数，表1-19是工业企业建筑卫生器具设置数量和使用人数。

**住宅最高日生活用水定额及小时变化系数　　表1-16**

| 住宅类别 | | 卫生器具设置标准 | 最高日生活用水定额［L/（人·d）］ | 小时变化系数 $K_h$ |
|---|---|---|---|---|
| 普通住宅 | Ⅰ | 有大便器、洗涤盆 | 85～150 | 3.0～2.5 |
| | Ⅱ | 有大便器、洗脸盆、洗涤盆、洗衣机、热水器和淋浴设备 | 130～300 | 2.8～2.3 |
| | Ⅲ | 有大便器、洗脸盆、洗涤盆、洗衣机、集中热水供应（或家用热水机组）和淋浴设备 | 180～320 | 2.5～2.0 |
| 别墅 | | 有大便器、洗脸盆、洗涤盆、洗衣机，或家用热水机组和淋浴设备 | 200～350 | 2.3～1.8 |

注：1. 当地主管部门对住宅生活用水定额有具体规定时，可按当地规定执行。

2. 别墅用水定额中含庭院绿化用水和汽车抹车用水。

**工业企业建筑淋浴用水定额　　表 1-17**

<table>
<tr><th colspan="3">车间卫生特征</th><th rowspan="2">每人每班沐浴用水定额（L）</th></tr>
<tr><th>有毒物质</th><th>生产性粉尘</th><th>其　他</th></tr>
<tr><td>极易经皮肤吸收引起中毒的剧毒物质（如有机磷、三硝基甲苯、四乙基铅等）</td><td>—</td><td>处理传染性材料、动物原料（如皮毛等）</td><td rowspan="2">60</td></tr>
<tr><td>极易经皮肤吸收或有恶臭的物质或高毒物质（如丙烯腈、吡啶、苯酚等）</td><td>严重污染全身或对皮肤有刺激的粉尘（如炭黑、玻璃棉等）</td><td>高温作业、井下作业</td></tr>
<tr><td>其他毒物</td><td>一般粉尘（如棉尘）</td><td>重作业</td><td rowspan="2">40</td></tr>
<tr><td colspan="3">不接触有毒物质及粉尘，不污染或轻度污染身体（如仪表、金属冷加工、机械加工等）</td></tr>
</table>

**每个淋浴器使用人数　　表 1-18**

| 车间卫生特征级别 | 1 级 | 2 级 | 3 级 | 4 级 |
|---|---|---|---|---|
| 每个淋浴器使用人数 | 3～4 | 5～8 | 9～12 | 13～24 |

**工业企业建筑卫生器具设置数量和使用人数　　表 1-19**

<table>
<tr><th rowspan="2">车间卫生特征级别</th><th colspan="5">每个卫生器具使用人数</th></tr>
<tr><th>淋浴器</th><th>盥洗水龙头</th><th>大便器蹲位</th><th>小便器</th><th>净身器</th></tr>
<tr><td>1</td><td>3～4</td><td>20～30</td><td rowspan="4">男厕所 100 人以下，每 25 人设一蹲位；100 人以上，每增 35 人增设一个蹲位；女厕所 100 人以下，每 20 人设一蹲位；100 人以上，每增 35 人，增设一个蹲位</td><td rowspan="4">男厕所每一个大便器，同时设小便器一个（或 0.4m 长小便槽）</td><td rowspan="4">女工人数 100～200 人设一个，200 人以上，每增 20 人增设一个</td></tr>
<tr><td>2</td><td>5～8</td><td>20～30</td></tr>
<tr><td>3</td><td>9～12</td><td>31～40</td></tr>
<tr><td>4</td><td>13～24</td><td>31～40</td></tr>
</table>

2. 用水量计算

1）建筑物内生活用水的最高日用水量按下式计算：

$$Q_d = m \times q_d \tag{1-5}$$

式中　$Q_d$——最高日用水量，L/d；

$m$——用水单位数（人或床位等，工业企业建筑为班人数）；

$q_d$——最高日生活用水定额，L/（人·d）、L/（床·d）、L/（人·班）。

最大时用水量按下式计算：

$$Q_h = K_h \frac{Q_d}{T} \tag{1-6}$$

式中　$Q_h$——最大小时用水量，L/h；

$T$——建筑物内每日用水时间，h；

$K_h$——小时变化系数，即最大时用水量和平均时用水量之比。

$$K_h = \frac{Q_h}{Q_p} \tag{1-7}$$

$$Q_h = K_h \times Q_p \tag{1-8}$$

式中 $Q_p$——平均小时用水量，L/h。

用最高日最大时用水量确定水箱、贮水池容积和水泵出水量，适用于街坊、厂区和居住区室外给水管网的设计计算。因为室外管网服务面积大，卫生器具数量及使用人数多，用水时间参差不一，所以用水不会太集中而相对比较均匀。而对于单栋建筑物，由于用水的不均匀性较大，按室外给水管网的设计计算方法所得结果难以满足使用要求。因此，对于建筑物内部给水管道的计算，需要建立设计秒流量的计算公式。

2）设计秒流量的计算

室内给水管道设计，必须通过水力计算确定管道直径和水头损失。水力计算的主要依据是管道的设计秒流量。生活用水量，根据建筑物类别的不同而不同，一天24小时内的用水量是不均匀的，在计算管道流量时，必须考虑到这种不均匀性，求得最不利时刻的最大用水量，即求出管网的设计秒流量。

所谓设计秒流量，就是最大秒流量，即为高峰用水5分钟时间内的平均秒流量，它是根据卫生器具的类型、数量和这些器具的使用情况来确定的。为了计算方便，引用“卫生器具当量”这一概念，即以一个污水盆上配水支管直径为15mm的一般球形阀配水龙头在出流水头为2m$H_2O$时全开的0.2L/s流量作为1个给水当量（$N$），其他卫生器具的当量值均以它作为标准额定流量来折算。

例如：小便器手动冲洗阀的额定流量为0.05L/s，它的当量数$N$=0.05/0.2=0.25；

大便器冲洗水箱浮球阀的额定流量为0.1L/s，它的当量数$N$=0.1/0.2=0.5。

附录1-2列出了各种卫生器具的给水额定流量、当量数、支管管径和配水点前所需流出水头。使用此表时应注意，查额定流量或当量数时，不但依据卫生器具名称，还要注意支管的管径，因为同一器具会因支管管径不同，额定流量、当量数和流出水头也不同。附录中的普通龙头是指无热水供应的冷水龙头，其有关值不大于一个阀开。表中无塞和有塞是指洗脸盆排水口在开启龙头时是否有塞子，前者以毛巾接水搓洗，后者是放满水洗，然后再拔塞集中排水。

卫生器具的额定流量是卫生器具在通常情况下的给水流量。

各类配水点的流出水头也称为静水头，是指各种卫生器具配水龙头或用水设备处，克服给水配件各种摩擦阻力而获得规定的出水量（即额定流量）所需的最小压力（静压值），又称自由水头，见附录1-2。

（1）住宅建筑的生活给水管道的设计秒流量应按下式计算：

$$q_g = 0.2UN_g \quad (\mathrm{L/s}) \tag{1-9}$$

式中 $q_g$——计算管段设计秒流量，L/s；

$U$——计算管段的卫生器具给水当量同时出流概率，%；

$N_g$——计算管段的卫生器具给水当量总数。

为了计算快速、方便，已知了住宅的类型后，可查表1-20，得住宅卫生器具给水当量最大用水时平均出流概率$U_0$(%)；根据管段的$U_0$和$N_g$值从附录1-3中直接查得$U$值，代入公式（1-9），计算出给水设计秒流量$q_g$。

**住宅卫生器具给水当量最大用水时平均出流概率参考值（%）　　表 1-20**

| 建筑物性质 | 普通住宅 | | | 别墅 |
|---|---|---|---|---|
| | Ⅰ | Ⅱ | Ⅲ | |
| $U_0$ 参考值 | 3.0～4.0 | 2.5～3.5 | 2.0～2.5 | 1.5～2.0 |

（2）宿舍（Ⅰ、Ⅱ类）、旅馆、宾馆、医院、疗养院、幼儿园、养老院、办公楼、商场、客运站、会展中心、酒店式公寓、中小学教学楼、公共厕所等建筑的生活给水管道的设计秒流量应按下式计算：

$$q_g = 0.2\alpha\sqrt{N_g} \tag{1-10}$$

式中　$q_g$——计算管段的设计秒流量，L/s；

$N_g$——计算管段的卫生器具当量数；

$\alpha$——根据建筑物用途而定的系数。按表 1-21 选用。

**根据建筑物用途而定的系数值　　表 1-21**

| 建筑物名称 | $\alpha$ 值 | 建筑物名称 | $\alpha$ 值 |
|---|---|---|---|
| 幼儿园、托儿所 | 1.2 | 学　校 | 1.8 |
| 门诊部、诊疗所 | 1.4 | 医院、疗养院、休养所 | 2.0 |
| 办公楼、商场 | 1.5 | 宿舍（Ⅰ、Ⅱ类）、旅馆、招待所、宾馆 | 2.5 |
| 图书馆 | 1.6 | 客运站、会展中心、航站楼、公共厕所 | 3.0 |
| 书店 | 1.7 | | |

采用式（1-10）时应注意以下几点：

①如计算所得流量值小于该管段上一个最大卫生器具给水额定流量时，应采用一个最大的卫生器具给水额定流量作为设计秒流量。

②如计算值大于该管段上按卫生器具给水额定流量累加所得流量值时，应按卫生器具给水额定流量累加所得流量值采用。

③有大便器延时自闭冲洗阀的给水管段，大便器延时自闭冲洗阀的给水当量均以 0.5 计，计算得到的 $q_g$ 附加 1.10L/s 的流量后，为该管段的给水设计秒流量。

④综合楼建筑的 $\alpha$ 值应按加权平均法计算。

（3）宿舍（Ⅲ、Ⅳ类）工业企业生活间、公共浴室、职工食堂或营业餐厅的厨房、体育场馆运动员休息室、剧院的化妆间、普通理化实验室等洗衣房、公共食堂、实验室、影剧院、体育场等建筑的生活给水管道的设计秒流量应按下式计算：

$$q_g = \Sigma q_0 n_0 b \tag{1-11}$$

式中　$q_g$——计算管段的设计秒流量，L/s；

$q_0$——同类型的一个卫生器具给水额定流量，L/s，见附录 1-2；

$n_0$——同类型卫生器具数；

$b$——卫生器具的同时给水百分数，按表 1-22、表 1-23、表 1-24 取值。

**职工食堂、营业餐馆厨房设备同时给水百分数（%）　　表 1-22**

| 厨房设备名称 | 同时给水百分数 | 卫生器具和设备名称 | 同时给水百分数（%） |
|---|---|---|---|
| 洗涤盆（池） | 70 | 灶台水嘴 | 30 |
| 煮 锅 | 60 | 器皿洗涤机 | 90 |
| 生产性洗涤机 | 40 | 开 水 器 | 50 |
| 蒸汽发生器 | 100 | | |

**实验室化验水嘴同时给水百分数（%）　　表 1-23**

| 化验水嘴名称 | 同时给水百分数 | |
|---|---|---|
| | 科研教学实验室 | 生产实验室 |
| 单联化验水嘴 | 20 | 30 |
| 双联或三联化验水嘴 | 30 | 50 |

**宿舍（Ⅲ、Ⅳ类）、工业企业的生活间、公共浴室、职工食堂或营业餐馆的厨房、体育场馆、剧院、普通理化实验室等卫生器具同时给水百分数（%）　　表 1-24**

| 卫生器具名称 | 宿舍（Ⅲ、Ⅳ类） | 工业、企业生活间 | 公共浴室 | 影剧院 | 体育场馆 |
|---|---|---|---|---|---|
| 洗涤盆（池） | — | 33 | 15 | 15 | 15 |
| 洗手盆 | — | 50 | 50 | 50 | 70（50） |
| 洗脸盆、盥洗槽水嘴 | 5～100 | 60～100 | 60～100 | 50 | 80 |
| 浴盆 | — | — | 50 | — | — |
| 无间隔淋浴器 | 20～100 | 100 | 100 | — | 100 |
| 有间隔淋浴器 | 50～80 | 80 | 60～80 | （60～80） | （60～100） |
| 大便器冲洗水箱 | 5～70 | 30 | 20 | 50（20） | 70（20） |
| 大便槽自动冲洗水箱 | 100 | 100 | — | 100 | 100 |
| 大便器自闭式冲洗阀 | 1～2 | 2 | 2 | 10（2） | 5（2） |
| 小便器自闭式冲洗阀 | 2～10 | 10 | 10 | 50（10） | 70（10） |
| 小便器（槽）自动冲洗水箱 | — | 100 | 100 | 100 | 100 |
| 净身盆 | — | 33 | — | — | — |
| 饮水器 | — | 30～60 | 30 | 30 | 30 |
| 小卖部洗涤盆 | — | — | 50 | 50 | 50 |

注：1. 表中括号内的数值系电影院、剧院的化妆间、体育场馆的运动员休息室使用。
2. 健身中心的卫生间可采用本表体育场馆运动员休息室的同时给水百分率。

采用式（1-13）时应注意以下几点：

①如计算所得流量值小于该管段上一个最大卫生器具给水额定流量时，应采用一个最大的卫生器具给水额定流量作为设计秒流量。

②大便器延时自闭冲洗阀应单列计算，当单列计算值小于 1.2L/s 时，以 1.2L/s 计；大于 1.2L/s 时，以计算值计。

## 二、给水管路的水力计算

给水管路的水力计算，是在绘出管网系统图（轴测图）后进行的。其目的是求出各管段设计秒流量后，经济合理地确定出给水管网中各管段的管径、水头损失，确定给水系统所需压力和给水方式。

1. 水头损失的概念

室内给水管网在正常使用时总是充满着具有一定压力的水，水在流动过程中所表现出的复杂性，在一定程度上是由于其具有水头损失。水头损失是指水在流动过程中，单位重量的水为克服各种阻力所消耗的能量。如图 1-57 中，当水流动时，管道设置的各测压管水位高度依次下降，表明水在克服各种阻力流动，测压管中水位下降的程度反映了水头损失的大小。若此时将管道上的阀门关闭，除测压管 5 以外，其余测压管及容器内的水位趋于一致。可见，只有当水流动时，才具有水头损失。

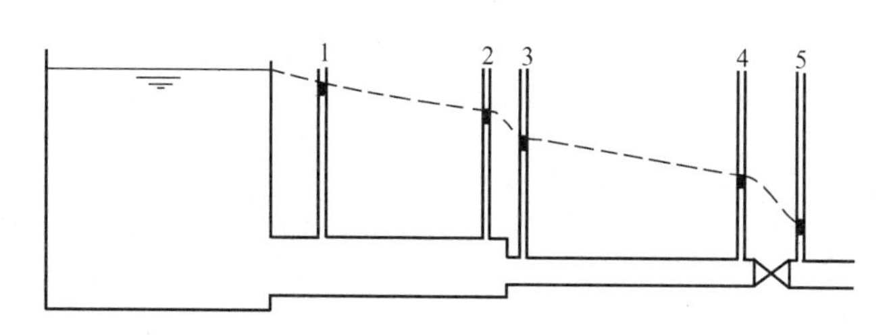


图 1-57　水头损失

1）沿程阻力和沿程水头损失

水在直管（或明渠）中流动时，所受的摩擦阻力称为沿程阻力。为了克服沿程阻力而消耗的单位重量流体的机械能量，称为沿程水头损失。图 1-30 中测压管 1、2 之间和 3、4 之间的水头损失即为该管段上的沿程水头损失。是室内给水管网中水头损失的主要部分。

在实际工程中，沿程水头损失的主要部分 $h_y$（单位 $mH_2O$），可按下式计算：

$$h_y = iL \tag{1-12}$$

式中　$L$——计算管道长度（在平面图中量取），m；

　　$i$——管道单位长度的沿程水头损失，$mmH_2O/m$（kPa/m）。

对于管道单位长度的水头损失 $i$ 值，主要根据水力学中的相应公式计算的。其中影响管道单位长度沿程水头损失的因素有：管道材料、流速、输送水的温度等。

式（1-12）的计算结果一般列于相应的水力计算表中。在实际工程设计计算时，往往是在一定条件下，确定管道管径的同时，从表中查得 $i$ 值，并计算得出沿程水头损失。

参见附录 1-4、附录 1-5、附录 1-6。

2）局部阻力和局部水头损失

由于在管道中局部区域或附件处水流速度的大小和方向发生急剧变化，甚至形成强烈的漩涡，水流质点间发生剧烈地碰撞所形成的阻力称为局部阻力。为了克服局部阻力而消耗的单位重量流体的机械能量，称为局部水头损失。在给水管网中，局部水头损失多发生在阀门、弯头、三通、四通、异径接头等管径突弯处或流线发生急剧变化的局部区域，如图 1-57 中测压管 2、3 和 4、5 之间发生的水头损失即为局部水头损失。

$$h_j = \Sigma\xi \frac{v^2}{2g} \tag{1-13}$$

式中 $h_j$ ——局部水头损失，$mH_2O$；

$\Sigma\xi$ ——局部阻力系数之和，各种不同的管件和附件由于构造不同有不同的值；

$v$ ——沿水流方向局部阻力下游的流速，m/s；

$g$ ——重力加速度，$m/s^2$。

局部水头损失一般与流速和管道配件、附件的类型等因素有关，而在建筑给水管网中，各种管道配件、附件的类型和数量都很多，对管道中的每个阀门、三通、四通及弯头等处局部水头损失逐个进行计算是不现实的。因而，在实际工程中，通常只计算管网的沿程水头损失，对不同类型的给水系统，按照沿程水头损失的一定百分比取值，作为管网的局部水头损失，取值如下：

生活给水管网：25%～30%；

生产给水管网：20%；

消火栓消防给水管网：10%；

自动喷水灭火系统消防给水管网：20%；

生活、消防共用给水管网：20%；

生产、消防共用给水管网：15%；

生活、生产、消防给水管网：20%。

3）水头损失的计算

管网的总水头损失等于各管段管道上的沿程水头损失与各处局部水头损失之总和，即：

$$H=\Sigma h_y+\Sigma h_j=\Sigma(1+\alpha)iL \tag{1-14}$$

式中 $H$——管网的总水头损失，kPa；

$\Sigma h_y$——计算管路上的各段管道沿程水头损失之和，kPa；

$\Sigma h_j$——计算管路上的各处局部水头损失之和，kPa；

$\alpha$ ——局部水头损失占沿程水头损失的百分比。

2. 管径的确定

1）管径的确定

在求得管网中各设计管段的设计秒流量 $q_g$ 后，根据水力学中的流量公式 $q=\frac{\pi d^2}{4}\times v$，得到：

$$d=\sqrt{\frac{4q_g}{\pi v}} \tag{1-15}$$

上式中，只需选定设计流速 $v$，便可求得管径 $d$。也可按表 1-25 给水管允许负担的当量数估选管径。

**给水当量与管径的关系** **表 1-25**

| 给水管允许负担的 $N$ 值 | 管径 $DN$（mm） | 给水管允许负担的 $N$ 值 | 管径 $DN$（mm） |
|---|---|---|---|
| 1～2 | 15 | 11～16 | 32 |
| 3～5 | 20 | 17～25 | 40 |
| 6～10 | 25 | 26～50 | 50 |

2）设计规定

管段设计流速的选择应考虑工程造价、运行管理及建筑对噪声要求等因素，经过技术经济比较后确定。设计中应满足表 1-26 的要求。

**生活给水管道的水流速度** **表 1-26**

| 公称直径（mm） | 15～20 | 25～40 | 50～70 | ≥80 |
|---|---|---|---|---|
| 水流速度（m/s） | ≤1.0 | ≤1.2 | ≤1.5 | ≤1.8 |

（1）生活和生产给水管道内的水流速度，接卫生器具的支管取 0.6～1.2m/s；干管、立管和横管取 1.0～1.8 m/s；干管不宜大于 2.0m/s；当有防噪声要求，且管径小于或等于 25mm 时，生活给水管道内的水流速度可采用 0.8 ～1.0m/s。

（2）消火栓给水管道的水流速度不宜大于 2.5m/s。

（3）自动喷淋系统管道内的水流速度不宜大于 5.0m/s，但配水支管内的水流速度不得大于 10.0m/s。

（4）给水引入管的管径，不宜小于 20mm。

（5）建筑给水硬聚氯乙烯管道水力计算除执行《建筑给水排水设计规范》GB 50015 的规定外，还应遵守《建筑给水硬聚氯乙烯管道设计与施工验收规范》CECS 41 的规定。施工中应遵守《建筑给水排水及采暖工程施工质量验收规范》GB 50242 的规定。

## 第六节 建筑中水系统

“中水”一词来源于日本，就因其水质介于“上水（供水）”和“下水（排水）”之间，相应的技术为中水道技术。对于淡水资源缺乏、城市供水严重不足的缺水地区，采用中水道技术既能节约资源，又能使污水无害化，是防治水污染的重要途径。

2002 年，制定了《建筑中水设计规范》GB 50336 国家标准。

### 一、建筑中水的概念

中水是各种排水经适当处理后达到规定的水质标准后回用的水。建筑中水是指民用建筑或建筑小区使用后的较洁净的水：淋浴、洗脸等排水，经处理后用于建筑物或建筑小区作为杂用的供水系统，可用于生产、生活、市政、环境等范围内冲厕、洗车、绿化、消防、道路浇洒、空调冷却的杂用水。

使用中水，既可以节约水资源，又可以减轻水污染的环境。具有明显的经济效益和社会效益。

### 二、中水系统的基本类型

中水系统根据其服务范围可以分为三类：建筑中水系统、小区中水系统和城镇中水系统。

建筑中水系统是指单幢建筑物或几幢相邻建筑物所形成的中水系统，系统框图如图 1-58 所示。建筑中水系统适用于建筑内部的系统采用分流制的情况，生活污水单独排入城市排水管网或化粪池。水处理设施设在地下室或邻近建筑物的外部。目前，建筑中水系统主要在宾馆、饭店中使用。

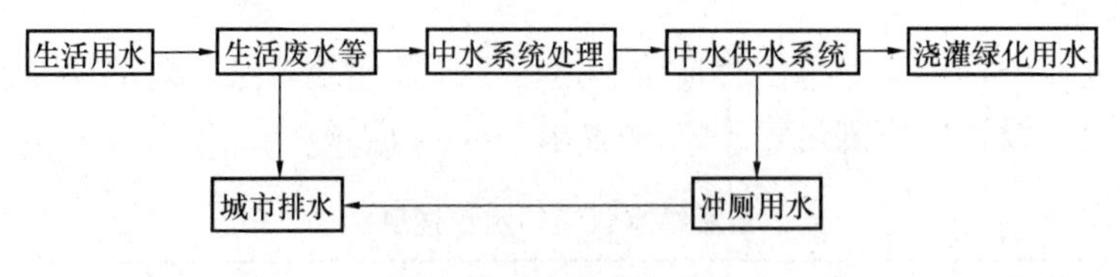


图 1-58　建筑中水系统

根据居住小区所在城镇排水设施的完善程度，确定室内排水系统，但应使居住小区给水排水系统与建筑内部给水排水系统相配套。居住小区和建筑内部供水管网分为生活饮用水和杂用水双管配水系统。此系统多用于居住小区、机关大院和高等院校等，系统如图1-59所示。

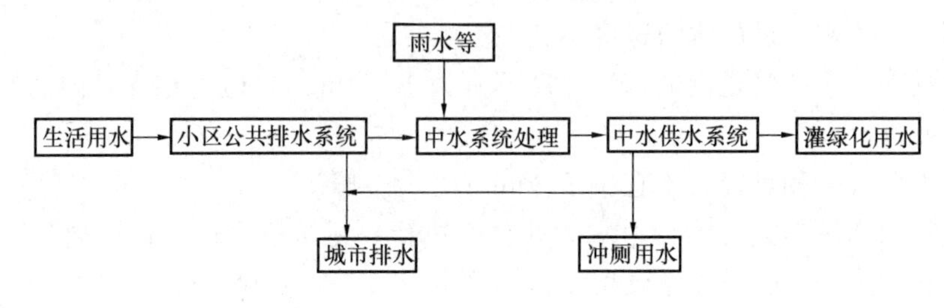


图 1-59　小区中水系统

图1-60为城镇中水系统框图，该系统以城镇二级生物处理污水厂的出水和部分雨水为中水水源，经提升后送到中水处理站，处理达到生活杂用水水质标准后，供本城镇作杂水使用。

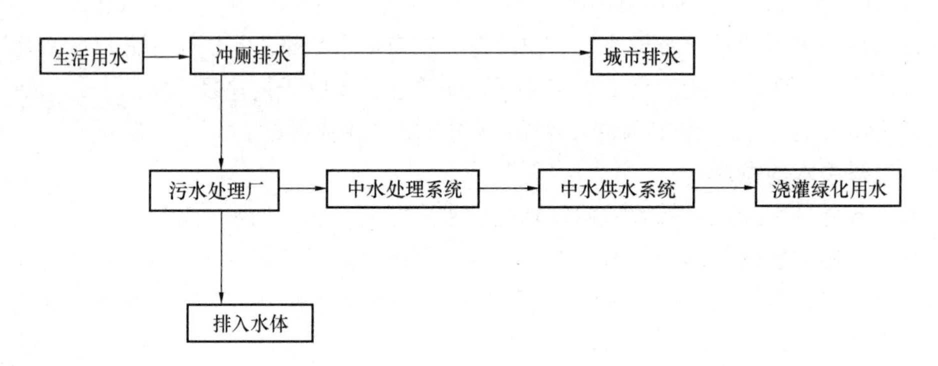


图 1-60　城镇中水系统

**三、中水系统的组成**

中水系统由中水水源、中水处理设施和中水供水三部分组成。中水水源部分是指收集、输送中水源水到中水处理设施的管道系统和一些附属构筑物。根据中水源水的水质，中水源水系统可分为污废水分流和合流制两类。合流制是以全部排水为中水水源，集取容易，不需要另设污水、废水分流排水管道，管网建设费用大大减少。我国的中水试点工程是以生活排水作为中水水源的，后经不断实践，发现中水水源系统宜采用污、废水分流制。

建筑物、居住小区、城镇排放的优质杂排水或杂排水经处理后，可以满足其自身杂用水水量的需求。中水处理流程简单，处理设施少，占地面积小，降低了造价；同时，还减少了污泥处理困难及产生臭气对环境的影响，容易实现处理设施设备化、管理自动化；另外，可保障处理后的中水供水水质，特别是以优质杂排水或杂排水作为中水水源容易被用户接受。所以，采用分流制的中水水源系统适合我国的经济水平和管路水平。

中水处理设施的设置应根据中水源水水量、水质和使用要求等因素，经过技术经济比较后确定。一般将整个处理过程分为预处理、主处理和后处理三个阶段。

预处理主要截留大的漂浮物、悬浮物等杂物。其工艺包括格栅或滤网截留、油水分离、毛发截留、调节水量、调整 pH 等。

主处理是去除水中的有机物、无机物等。按采用的处理工艺，构筑物有沉淀池、混凝池、生物处理技术、消毒设施等。

后处理是对中水供水水质很高时进行的深度处理，常用的工艺有过滤、膜分离，活性炭吸附等。

中水供水系统应单独设立，包括配水管网、水中贮水池、中水高位水箱、中水泵站或中水气压给水设备。中水供水系统的供水方式、系统组成、管道敷设方式及水压力计算与给水系统基本相同，只是在供水范围、水质、使用等方面有些限定和特殊要求。

**四、中水水质**

中水水质必须符合《建筑中水设计规范》GB 50336 国家标准的要求。

## 第七节 建筑消防给水

建筑消防系统根据使用灭火剂的种类和灭火方式不同分为：消火栓灭火系统、自动喷水灭火系统、水喷雾灭火系统和其他使用非水灭火剂的固定灭火系统。相对于二氧化碳、干粉、泡沫、卤代烷等灭火剂，水具有使用方便、灭火效果好、来源广泛、价格便宜、器材简单等优点。因此，建筑消防给水用于扑灭建筑物中一般物质的火灾，是最经济有效的方法。

火灾统计资料表明，设有消防给水设备的建筑物内，初期火灾，主要是由室内消防给水设备控制和扑灭的。根据我国常用消防车的供水能力，十层以下的住宅建筑、建筑高度不超过 24m 的其他民用建筑和工业建筑的室内消防给水系统，属于低层建筑消防给水系统，主要用于扑灭建筑物初期火灾。十层及十层以上的住宅、建筑高度超过 24m 的其他民用建筑和工业建筑的室内消防给水系统，则属于高层建筑消防给水系统。高层建筑物灭火必须立足于自救，因此高层建筑物的室内消防给水系统应具有扑灭建筑物大火的能力。

为了节约投资，并考虑到消防人员赶到火场扑救民用建筑物初期火灾的可能性，并不要求任何建筑物都设置室内消防给水系统。根据我国《建筑设计防火规范》GB 50016 规定。下列建筑物必须设置室内消火栓给水系统：

（1）厂房、库房、高度不超过 24m 的科研楼（但对耐火等级为一、二级且可燃物较少的丁、戊类厂房和库房（高层工业建筑除外）；耐火等级为三、四级且建筑体积不超过

3000m³的丁类厂房和建筑体积不超过5000m³的戊类厂房除外）和科研楼（储存有与水接触能引起燃烧、爆炸的物品除外）。

（2）超过800个座位剧院、电影院、俱乐部和超过1200个座位的礼堂、体育馆。

（3）体积超过5000m³车站、码头、机场建筑物以及展览馆、商店、病房楼、门诊楼、图书馆、书库等。

1）消防管道

建筑物内消防管道是否与其他给水系统合并或独立设置，应根据建筑物的性质和使用要求经技术经济比较后确定。当消防用水与生活用水合并时，消防给水管材应采用衬塑镀锌钢管；当为消防专用时，一般采用无缝钢管、热镀锌钢管、焊接钢管。但最大工作压力超过1.0MPa时，应采用无缝钢管或镀锌无缝钢管。

2）消防水池

消防水池用于无室外消防水源的情况下，储存火灾持续时间内的室内消防用水量。消防水池可设于室外地下或地面上，也可设在室内地下室。根据各种用水系统供水水质要求是否一致，可将消防水池与生活或生产贮水池合用，也可单独设置。

3）消防水箱

消防水箱对扑救初期火灾起着重要作用，为确保其自动供水的可靠性，应采用重力自流供水方式。消防水箱宜与生活（或生产）高位水箱合用，以保证水箱内水质良好。水箱的安装高度应满足室内最不利消火栓所需的水压要求，消防水箱的容积，《建筑设计防火规范》规定：消防水箱（包括气压水罐、水塔、分区给水系统的分区水箱）应储存10min的消防用水量。而《建筑设计防火规范》规定：高位水箱的储水量，一类公共建筑不应小于18m³；二类公共建筑和一类居住建筑不应小于12m³；二类居住建筑不应小于6m³。

**一、消火栓灭火系统**（普通消防系统）

1. 组成

建筑消火栓消防给水系统通常由消防供水水源（市政给水管网、天然水源、消防水池），消防供水设备（消防水箱、消防水泵、水泵接合器），室内消防给水管网（进水管、水平干管、消防立管等）和室内消火栓（水枪、水带、消火栓、消火栓箱等）四部分组成。如图1-61所示。

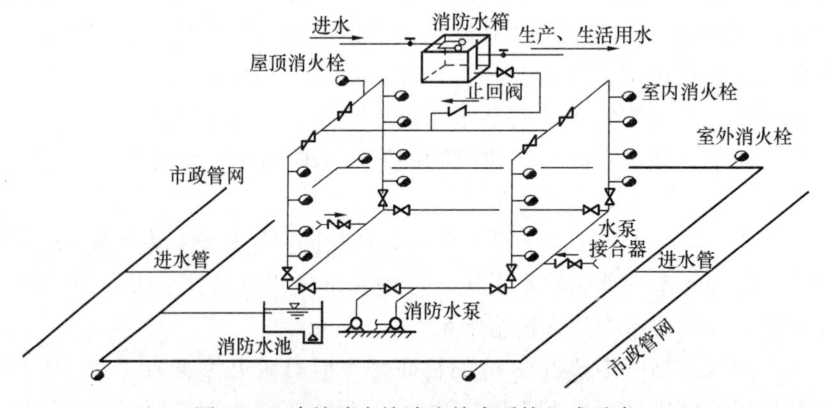


图1-61　建筑消火栓消防给水系统组成示意

2. 系统

1）低压消火栓消防给水系统（见图 1-62）。

在该系统中，市政管网供水量能满足消防室外用水要求，水压大于等于 0.1MPa；但不能满足室内消防水压要求，故需借助消防车从室外消火栓取水灭火或利用室内消防水泵加压后灭火。该系统消防管网一般与生产、生活给水合并使用，适用于各类建筑。

2）高压消火栓消防给水系统（见图 1-63）。

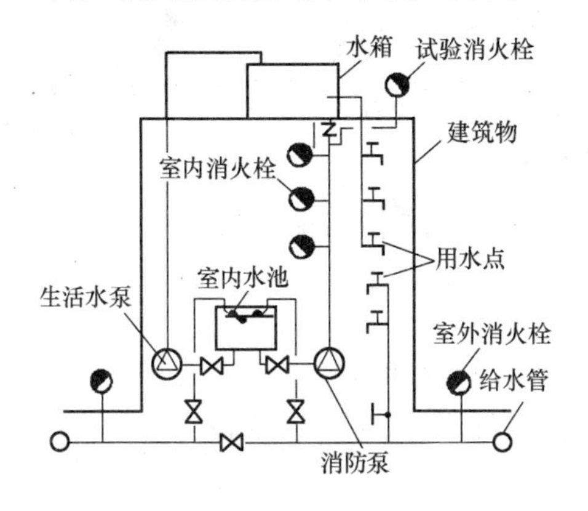


图 1-62　低压消火栓消防给水系统

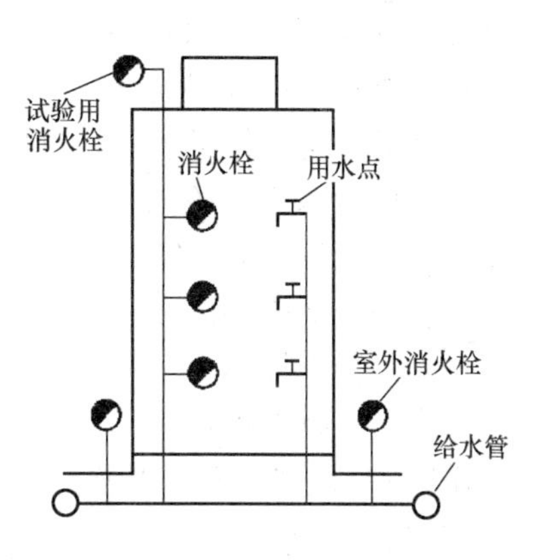


图 1-63　高压消火栓消防给水系统

在该系统中，市政给水管网或室外高位水池（水塔）的供水量和供水压力能满足室内外消防时的用水要求，一般采用与生产、生活给水合并的给水系统；但当最大供水压力大于 0.6MPa 或大于平时生产、生活用水要求的水压时，系统应分开设置。

3）设有水箱的室内消火栓给水系统（见图 1-64）。

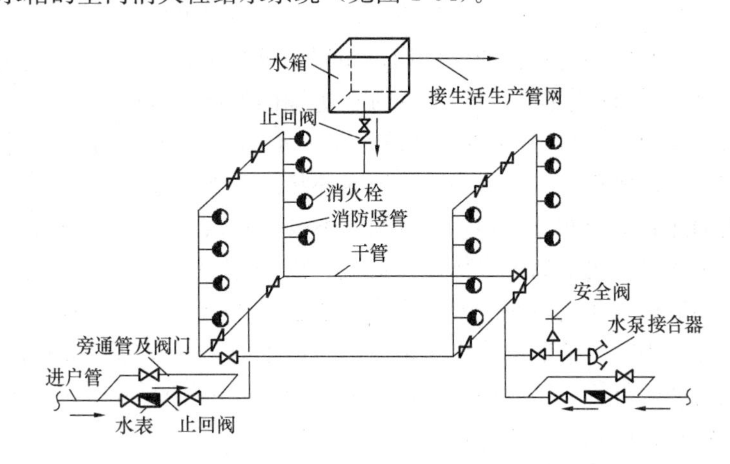


图 1-64　设有水箱的室内消火栓给水系统

常用在水压变化较大的城市或居住区。当生活、生产用水量达到最大时，室外管网不能保证室内最不利点消火栓的压力和流量；而当生活、生产用水量较小时，能向高位水箱补水。因此，常设水箱调节生活、生产用水量，同时储存 10min 的消防用水量，水箱应有确保消防用水不被挪作他用的技术措施。

4）设有消防水泵和消防水箱的室内消火栓给水系统（见图 1-65）

当室外给水管网的水压和水量经常不能满足室内消火栓给水系统的水压和水量要求，

或室外采用消防水池作为消防水源时，室内应设置消防水泵加压，同时设置消防水箱，储存 10min 的消防用水量。

3. 消防用水量

室内消防用水量为同时使用的水枪数和每支水枪用水量的乘积。根据消防灭火效果统计，在火灾现场一支水枪的控制率为 40%，同时两支水枪的控制率为 65%。因而初期火灾一般不宜少于两支水枪同时出水，只有建筑物容积较小时才考虑一支水枪。室内消火栓给水系统的用水量与建筑类型、规模、高度、结构、耐火等级和生产性质等因素有关，其数值见附录 1-7 和附录 1-8。

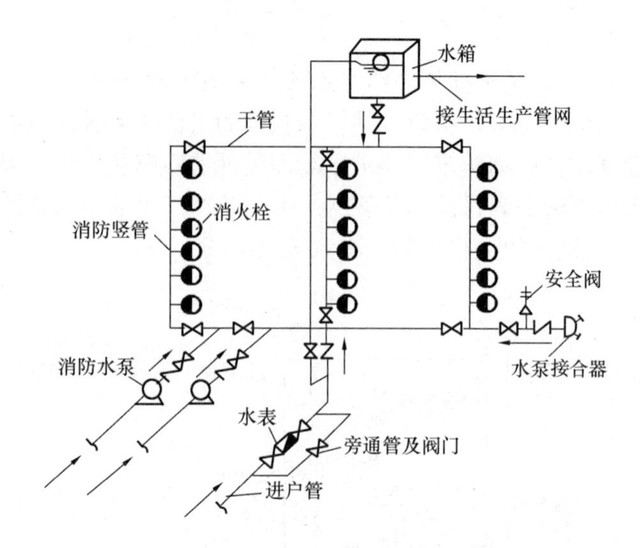

图 1-65　设有消防水泵和水箱的室内消火栓给水系统

对生活、生产、消防三者共用的室内给水管网，当生活、生产用水达到最大用水量时，应能保证消防用水量。

室外消防用水量是提供消防车使用的水量。消防车通过从室外消火栓或消防水池取水，用于直接扑灭火灾或通过水泵接合器向室内管网供水，增强室内消防管网的供水能力，以便更有效的扑灭火灾。

室外消火栓的数量按室外消防用水量确定，每个室外消火栓的供水量为 10%～15%。室外消火栓应沿消防道路靠建筑物的一侧均匀布置，间距不小于 120m，室外消防栓距路边不应超过 2m，距房屋外墙不宜小于 5m。在此范围内的市政消火栓可记入总量。

当室内消火栓超过 10 个，且室外消防用水量大于 15L/s 时，室内消防管网至少应有两条进水管与室外管网相连，并将室内管网连成环状或将进水管与室外管网连成环状。高层民用建筑室内消防管道应布置成环状，进水管不少于两条。当环状管网的一条进水管发生故障时，其余进水管应仍能通过全部设计流量。两条进水管应从建筑物的不同侧引入。超过六层的塔式和通廊式住宅、超过五层或体积超过 10000m$^3$ 的其他民用建筑，以及超过四层的厂房和库房；当室内消防竖管为两条或两条以上时，至少每两条竖管应组成环状；高层工业建筑室内消防竖管应组成环状，且管道直径不小于 100mm；7～9 层的单元式住宅，室内消防给水管道可设计成环状，设一根进水管。

室内消防给水管网应采用阀门分隔成若干独立的管段，当某管段损坏或检修时，停止使用的消火栓在同一层内不超过 5 个，关闭的竖管不超过一条；当竖管为 4 条或 4 条以上时，可关闭不相邻的两条竖管。一般按管网节点的管段数 $n-1$ 的原则设计阀门，如图 1-66所示。

消防阀门平时应开启，并有明显的启闭标识。室内消火栓给水系统与自动喷水灭火系统宜分开设置。

根据消防要求，从水枪喷口射出的水流，不但要射及火焰，而且还应有足够的力量扑灭火焰，因而计算时只采用射流中最有效的一段作为消防射流，此段射流称为充实水柱，如图 1-67 中的 $H_m$。充实水柱按规定应在 26～38mm 直径圆断面内，包含全部水量的75%～90%，充实水柱的上部一段在灭火时不起作用，计算时可不予考虑。按一般规定在居住、公共建筑内，充实水柱长度不小于 7m；六层以上的单元式住宅、六层的其他民用建筑、超过四层的库房内不小于 10m；在某些情况下，需要较大的充实水柱（如剧院的舞台部分），则由计算确定。

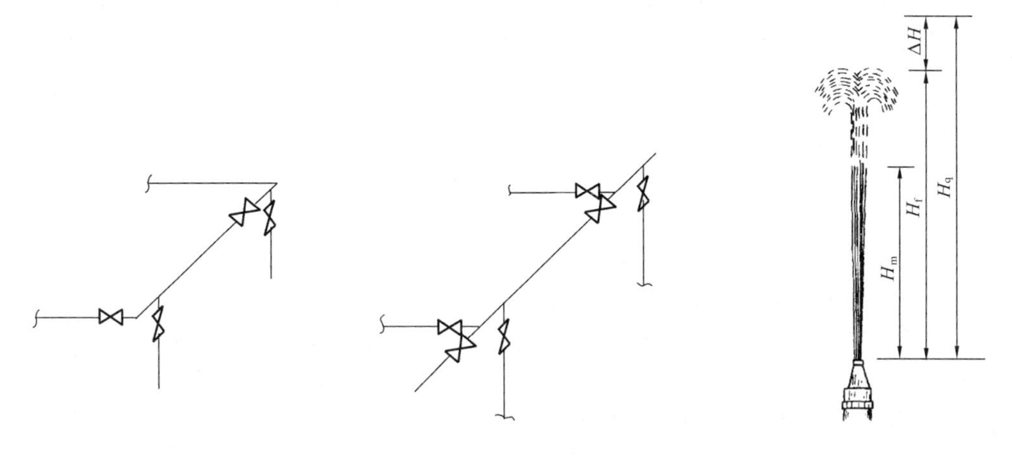


图 1-66　消防管网节点阀门布置图

图 1-67　垂直射流组成

消防管网的水力计算方法与给水管网计算相同；但按照“防火规范”的规定消防管网的直径应不小于 100mm，且消防立管的管径上下不变。因此，需将实际消防流量通过管道计算确定其水头损失。当设计水柱股数为两股或两股以上时，应以最不利情况考虑，按一根消防立管上相邻两层两个消火栓同时使用计算。在生活、生产、消防给水共用系统中，其消防流量为三者之和。按生活和生产用水时的管中流速计算管径，并按消防时计算的管径损失选择消防泵。

设置室外消火栓的消防给水管道最小直径不应小于 100mm。

**二、自动喷水灭火系统**

自动喷水灭火系统是一种在发生火灾时，能自动喷水灭火并同时发出火警信号的消防灭火设施。据资料统计，自动喷水灭火系统扑灭初期火灾的效率在 97%以上。由于自动喷水灭火系统是在当火灾发生时能自动开启的消防灭火系统，故在设备的投入上较高，技术难度也较大，在消防系统中越来越受到工程技术人员的重视。

根据喷头的开、闭形式和管道充水与否分为以下几种自动喷水灭火系统：

1. 闭式自动喷水灭火系统

闭式自动喷水灭火系统是利用火场达到一定温度时，能自动地将喷头打开，扑灭或控制火势并发出火警信号的室内消防给水系统。该系统根据我国《建筑设计防火规范》GB 5006 的规定，应布置在以下部位：

（1）火灾危险性较大、起火蔓延快的场所；

（2）容易自燃而无人管理的仓库；

（3）对消防要求较高的建筑物或个别房间内，如大于或等于 50000 纱锭的棉纺厂开包、清花车间；面积超过 1500m² 的木器厂房。

闭式自动喷水灭火系统由闭式喷头、管网 、报警阀门系统、探测器、加压装置等组成。发生火灾时建筑物内温度升高，达到作用温度时自动打开闭式喷头喷水灭火，并发出火警信号。

闭式自动喷水灭火系统管网，主要有以下四种类型：

1）湿式自动喷水灭火系统

湿式自动喷水灭火系统，如图 1-68 所示。湿式自动喷水灭火系统管网中报警阀前后管道内平时充满有压力的水，发生火灾时，闭式喷头一经打开，则立即喷水灭火。这种系统适用于常年室内温度不低于 4℃，且不高于 70℃的建筑物、构筑物内。系统结构简单、使用可靠、比较经济，因此应用比较广泛。

2）干式自动喷水灭火系统

如图 1-69 所示。该系统管网中平时不充压力水，而充满空气或氮气，只在报警前的管道中充满有压力的水。发生火灾时，闭式喷头打开，首先喷出压缩空气或氮气，配水管内气压降低，利用压力差将干式报警阀打开，水流入配水管网，再从喷头流出，同时水流到达压力继电器令报警装置发出报警信号。在大型系统中，还可以设置快开器，以加速打开报警阀的速度。干式自动喷水灭火系统适用于采暖期超过 240 天的不采暖房间和室内温度在 4℃以下或 70°以上的场所，其喷头宜向上设置。

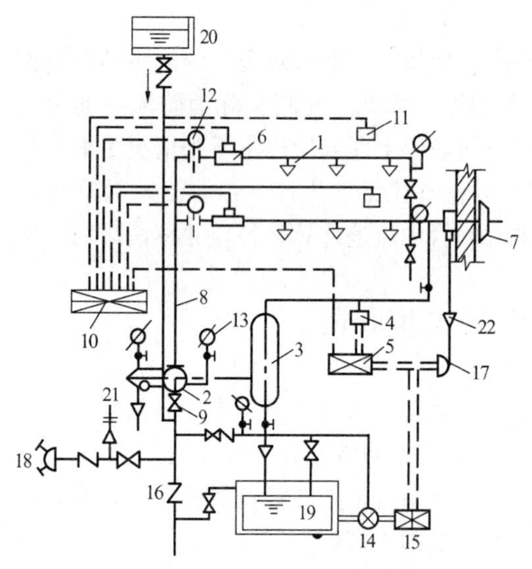


图 1-68 湿式自动喷水灭火系统

1—闭式喷头；2—湿式报警阀；3—延迟器；4—压力继电器；5—电气自控箱；6—水流指示器；7—水力警铃；8—配水管；9—阀门；10—火灾收信机；11—感烟、感温火灾探测器；12—火灾报警装置；13—压力表；14—消防水泵；15—电动机；16—止回阀；17—按钮；18—水泵接合器；19—水池；20—高位水箱；21—安全阀；22—排水漏斗

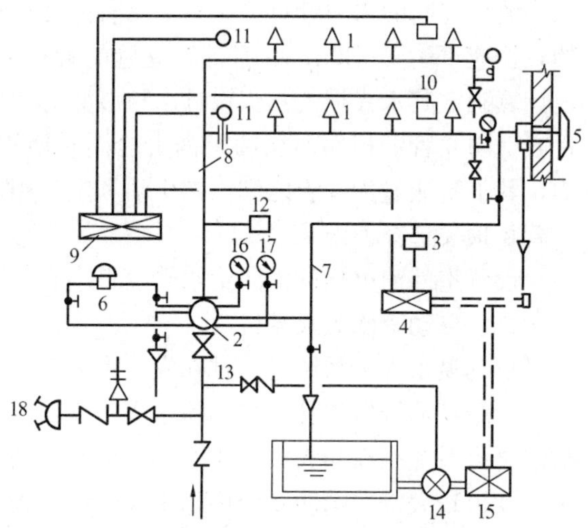


图 1-69 干式自动喷水灭火系统示意

1—闭式喷头；2—干式报警阀；3—压力继电器；4—电气自控箱；5—水力警铃；6—快开器；7—信号管；8—配水管；9—火灾收信机；10—感温、感烟火灾探测器；11—报警装置；12—气压保持器；13—阀门；14—消防水泵；15—电动机；16—阀后压力表；17—阀前压力表；18—水泵接合器

3）干湿式自动喷水灭火系统

干湿式自动喷水灭火系统适用于采暖期少于 240 天的不采暖房间。冬季管网中充满有压气体，而在温暖季节则改为充水，其喷头宜向上设置。

4）预作用自动喷水灭火系统

如图 1-70 所示。喷水管网中平时不充水，而充以有压或无压的气体，发生火灾时，接收到火灾探测器信号后，自动启动预作用阀而向管网充水。当起火房间内温度继续升高，闭式喷头的闭锁装置脱落时，喷头则自动喷水灭火。预作用阀还可以设有手动开启装置。

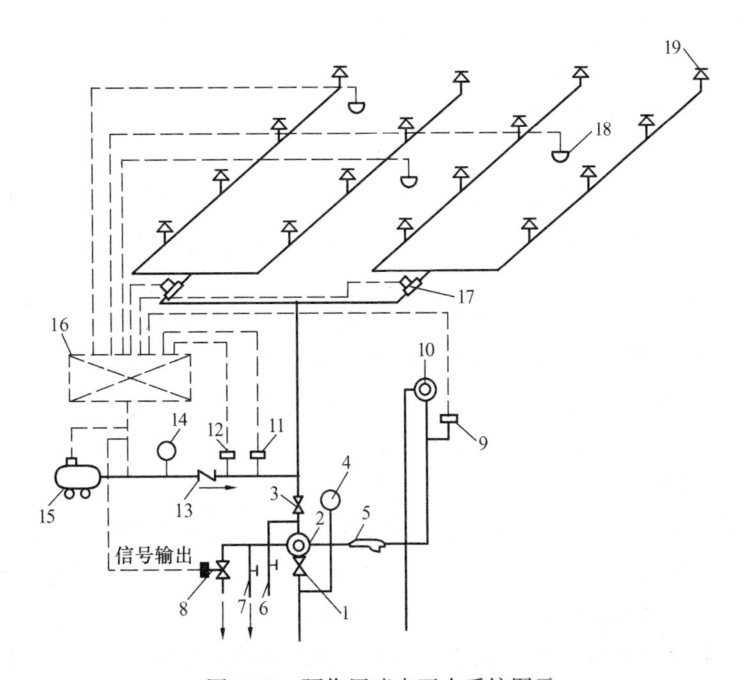


图 1-70　预作用喷水灭火系统图示

1—总控制阀；2—预作用阀；3—检修闸阀；4—压力表；5—过滤器；6—截止阀；7—手动开启截止阀；8—电磁阀；9—压力开关；10—水力警铃；11—压力开关；12—低气压报警压力开关；13—止回阀；14—压力表；15—空压机；16—火灾报警控制箱；17—水流指示器；18—火灾探测器；19—闭式喷头

预作用自动喷水灭火系统一般适用于平时不允许有水渍损失的重要建筑物内或干式自动喷水系统适用的场所。

2. 开式自动喷水灭火系统

开式自动喷水灭火系统由火灾探测自动控制传动系统、自动控制组成作用阀门系统、带开式喷头的自动喷水灭火系统三部分组成。按其喷水形式的不同可分为雨淋灭火系统、水幕灭火系统和水喷雾灭火系统。

（1）雨淋喷水灭火系统

是喷头常开的灭火系统。建筑物发生火灾时，由自动控制装置打开集中控制阀门，使整个保护区域所有喷头喷水灭火。该系统具有出水量大，灭火及时的优点。适用于火灾蔓延快、危险性大的建筑或部位。如火柴厂的氯酸钾压碾车间；超过 1200 个座位的剧院和超过 2000 个座位的会堂舞台的葡萄架下部，建筑面积超过 400m$^2$ 的演播室，建筑面积超过 500m$^2$ 的电影摄影棚等。

(2) 水幕灭火系统

水幕系统喷头沿线状布置，发生火灾时主要起阻火、隔火、冷却防火隔断和局部灭火作用。该系统适用于需防火隔断的开口部位，如舞台与观众之间的隔断水帘、消防防火卷帘的冷却等。

(3) 水喷雾灭火系统

水喷雾灭火系统是用喷雾喷头把水粉碎成细小的雾状水滴后喷射到正在燃烧的物质表面，通过表面冷却实现灭火。由于水喷雾具有多种灭火机理，使其具有适用范围广的优点，还可以提高扑灭固体火灾的灭火效率，而且由于水雾具有电气绝缘不会造成液体飞溅的特点，在扑灭可燃液体火灾、电气火灾中均得到了广泛的应用。

3. 自动循环启闭喷水灭火系统

该系统是一种全自动系统，最初国外是作为水喷洒预作用系统的改进型进行研制的。成型后的自动循环启闭喷水灭火系统与预作用自动喷水灭火系统仍然没有大的差别。主要的不同在于将预作用阀改为循环启闭的水流控制阀，将普通火灾探测器改为循环火灾探测器。

该系统的喷头不像预作用系统那样只用闭式喷头，它也用开式喷头。所以循环启闭系统不仅可代替预作用系统，同时也可代替原来的水雾系统、水幕系统和雨淋系统。采用开式喷头的时候，自动控制灭火指令的下达，必须探测系统输送两个独立的火灾信号。而采用闭式喷头的时候，控制系统只要接收一个火灾信号就可以了。

4. 智能型水喷淋灭火系统

在固定式消防系统中，水喷淋灭火系统因能及时有效地抑制和扑灭早期火灾而得到广泛使用。目前的水喷淋灭火系统主要分为两大类：一类是机械自动喷淋系统，火灾发生时，当烟气上升到喷头处且温度达到某一定值时，阻塞水喷淋出口的易熔金属熔化，或玻璃管内的液体受热膨胀而使玻璃管破裂，从而打开阻水塞，水喷淋开始工作。灾后需更换新的水喷头。另一类是水喷淋灭火系统与火灾自动报警系统联动，一旦火灾探测器发现火情就给出报警，同时启动水喷淋系统使其工作。水喷淋灭火系统普遍存在的不足是：

水喷淋区域固定，水与火灾之间通常不能取得很好的协调效果。一般的水喷淋一旦启动就无法自动停止，因此火灾之后往往造成水渍损害。

火灾发生时，一般会出现如下几种情况：

(1) 在一个房间中，为了获得最大的监测和保护面积，通常是将火灾探测器和水喷淋头安装在顶棚正中部位，而火灾则往往很少在房间正中部位发生。

(2) 居室或写字间经常有人来往，若发现早期火灾，人力及时扑救将会减少或避免水渍。

(3) 水喷淋作用后，火或被扑灭，或被减弱。对于第一种情况，需及时关闭水喷淋，避免水的浪费和因水造成的损失；对于第二种情况，则需要进一步喷水灭火。

因此，“智能型”水喷淋灭火系统应当具备如下功能：

①及时发现火灾和对火灾定位，引导水向火灾发生区域喷淋；

②具有适时切断水喷淋的功能和根据火情继续进行喷淋灭火的功能；

③兼顾到人在火灾扑救中的能动作用。如图 1-71 所示。

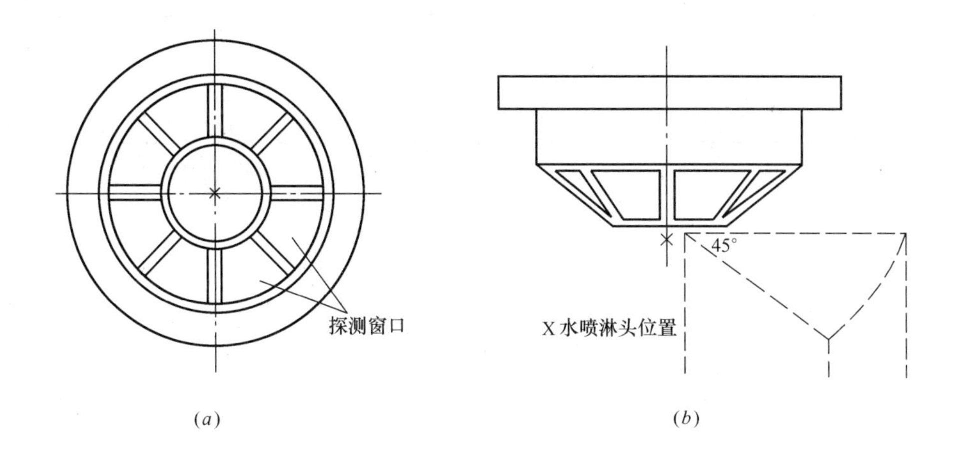


图 1-71　智能型水喷淋灭火系统图

(a) 探测器分布示意图；(b) 水喷淋形状示意图

5. 管网的布置和敷设

自动喷水灭火管网的布置，应根据建筑平面的具体情况布置成侧边式和中央布置式两种形式，如图 1-72 所示。

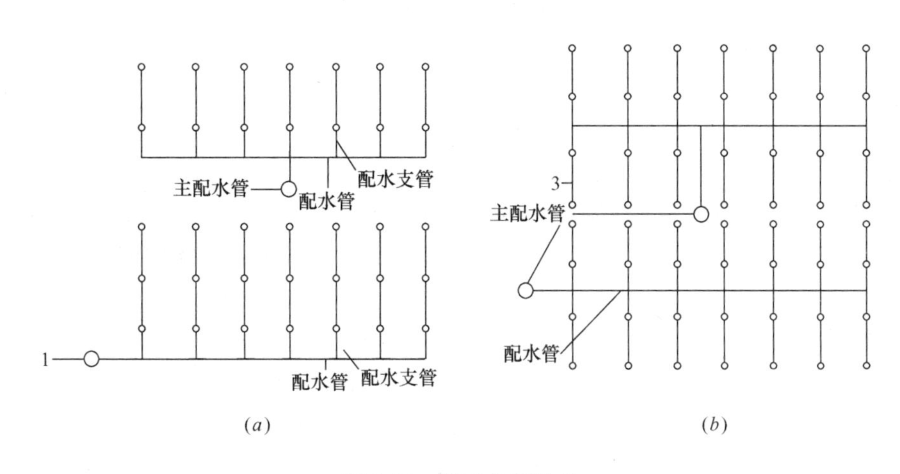


图 1-72　管网布置形式

(a) 侧边布置；(b) 中央布置

一般情况下，每根支管上设置的喷头数不宜多于 8 个；对于闭式喷水灭火系统，每个报警装置控制的喷头数不宜超过如下规定：湿式和预作用喷水灭火系统为 800 个；干式喷水灭火系统为 500 个。自动喷水灭火系统应采用镀锌钢管或无缝钢管。湿式系统的管道，可用丝扣连接或焊接。对于干式、干湿式或预作用系统管道，宜采用焊接连接，避免采用补心，而应采用异径管，采用卡箍连接。

自动喷水灭火系统分支管路多，同时作用的喷头数较多，且喷头出流量各不相同，因而管道水力计算繁琐。在进行初步设计时可参考表 1-27 进行估算。

**管道估算表** 表 1-27

| 管径 (mm) | 危险等级 | | | 管径 (mm) | 危险等级 | | |
| --- | --- | --- | --- | --- | --- | --- | --- |
| | 轻危险级 | 中危险级 | 严重危险级 | | 轻危险级 | 中危险级 | 严重危险级 |
| | 允许安装喷头数/个 | | | | 允许安装喷头数/个 | | |
| DN25 | 2 | 1 | 1 | DN70 | 18 | 16 | 12 |
| DN32 | 3 | 3 | 3 | DN80 | 48 | 32 | 20 |
| DN40 | 5 | 4 | 4 | DN100 | 按水力计算 | 60 | 40 |
| DN50 | 10 | 10 | 8 | DN150 | 按水力计算 | 按水力计算 | >40 |

## 三、高层建筑消防的特点及消防给水方式

### （一）高层建筑消防的特点

高层建筑一般多为钢筋混凝土框架结构或钢结构，耐火等级一般较高，因而人们往往容易忽视其发生火灾的可能性。但实践表明，国内外高层建筑发生火灾的事例并不罕见，而且一旦发生火灾其危害性更大，原因如下：

（1）高层建筑中的人员众多，人流频繁，相互隔开的房间数又多，这给严密控制火灾的发生造成困难并带来一定的难度，加之建筑物内大装修，家具设备、窗帘、地毯等易燃品多，因此常因烟火的余星、电气设备走火和检修时工具（如焊枪）的使用不当等因素而引起火灾。

（2）高层建筑的竖井多，诸如电梯井、管道井、楼梯间和垃圾管井等，这些竖井和横向的通风管道正好是促使火势蔓延的有利条件，加上楼高风大，火焰的扩散更加迅速。

（3）由于目前我国消防设备能力所限，24m 以上建筑发生火灾时从室外扑救困难，消防队员身负消防设备沿楼梯或云梯登高救火，体力明显下降，还需在热辐射强、烟雾浓的环境下工作，均增加了控火、灭火的难度。

（4）由于我国登高消防车辆不能满足高层安全疏散的需要，室内普通电梯又因火灾时切断电源而停止工作，楼梯成为疏散的主要通道，因人多，火灾时楼梯拥挤，疏散速度缓慢，而烟气扩散迅速，又含有一氧化碳等多种有害气体，在浓烟中 2～3min 人就会窒息晕倒，楼梯间串入了烟气，必将进一步增加人员、物资疏散的困难。

由于登高消防车的工作高度有限，一般高度在 24m 以下的裙房在“外救”的能力范围内，应以“外救”为主；高度在 24～50m 的部位，室外消防设施仍可通过水泵接合器升压送水，应立足“自救”并借助“外救”两者同时发挥作用；50m 以上部位已超过了室外消防设施的供水能力，则应完全依靠“自救”灭火。

### （二）高层建筑的消防给水方式

（1）高层建筑消防给水系统有分区、不分区两种给水方式，后者为一栋建筑采用同一消防给水系统供水。消火栓给水系统中，消火栓口处压力超过 0.8MPa、自动喷水灭火系统中管网压力超过 1.2MPa 时，则需分区供水，否则消防给水系统压力过高，必然带来以下弊病：灭火时，水枪、喷头出水量过大，高位水箱中的消防贮水量会很快用完，不利于扑救初期火灾；消防管道易漏水；消防设备、附件易损坏。一般自动喷水灭火系统中报警阀的工作压力为 1.2MPa，若管网中的压力过高，将造成报警阀损坏，影响系统的正常工作，而室内使用的水龙带一般工作压力不超过 1MPa，当室内最低处消火栓口静水压为

0.8MPa时，为满足最不利消火栓所需压力，消防管道的工作压力已接近1MPa，若最低处消火栓口压力大于0.8MPa，消防水泵启动时可能造成水龙带损坏，使系统失去救火能力。同时管网压力过高，水枪水压过大，救火人员也不易把握，不利于救火操作。

（2）实际应用中，消防给水方式常采用串联分区消防给水方式和并联分区消防给水方式。其中并联供水特点是水泵集中布置，便于管理，适用于建筑高度不超过100m的情况；串联供水特点是系统内设中转水箱（池），中转水箱的蓄水由生活给水补给，消防时生活给水补给流量不能满足消防要求，随水箱水位降低，在水位继电器的作用下形成的信号使下一区的消防水泵自动开泵补给。

（3）不论是分区或不分区的消防给水系统，若为高压消防给水系统，均不需设置水箱，由室外高压管网直接供水。若为临时高压消防给水系统，为确保消防初期灭火用水，均需设高位水箱；高度超过100m的高层建筑贮水量可适当增加。水箱的设置高度应满足最不利喷头处工作压力不低于0.05MPa和建筑高度不超过100m，最不利点消火栓静水压不低于0.07MPa或建筑高度超过100m，最不利点消火栓静水压不低于0.15MPa的要求。否则，应在系统中设增压设备，以保证火灾初起消防水泵开启前消防系统的水压要求。增压设备可采用稳压泵，也可采用气压给水设备。

（4）消火栓给水系统和自动喷水灭火系统中增压泵、稳压泵的出水量可分别以1个消火栓的出水量5L/s和1个喷头的出水量不小于1L/s计。气压给水设备在系统中既可升压又可起到控制消防泵启动的作用，当救火放水时，气压罐压力下降，压力传感器动作控制水泵起动，所以气压罐只需保证消防水泵启动前所需水量，一般火灾初起以2支水枪、5个喷头工作考虑，消防泵启动时间以30s计，故气压水罐容积宜为450L；若以两个消防给水系统分别设置气压水罐，其容积则应按以上原则分别确定。

**四、消防给水系统安装施工要点**

（一）材料、设备管理

1）自动喷水灭火系统施工前应对采用的系统组件、管件及其他设备、材料进行现场检查，并应符合下列要求：

① 系统组件、管件及其他设备、材料，应符合设计要求和国家现行有关标准的规定，并应具有出厂合格证或质量认证书；

②喷头、报警阀组、压力开关、水流指示器、消防水泵、水泵接合器等系统主要组件，应经国家消防产品质量监督检验中心检测合格；稳压泵、自动排气阀、信号阀、多功能水泵控制阀、止回阀、泄压阀、减压阀、蝶阀、闸阀、压力表等，应经相应国家产品质量监督检验中心检测合格。

2）喷头的现场检验应符合下列要求：

（1）喷头的商标、型号、公称动作温度、响应时间指数（RTI）、制造厂及生产日期等标志应齐全；

（2）喷头的型号、规格等应符合设计要求；

（3）喷头外观应无加工缺陷和机械损伤；

（4）喷头螺纹密封面应无伤痕、毛刺、缺丝或断丝现象；

（5）闭式喷头应进行密封性能试验，以无渗漏、无损伤为合格。试验数量宜从每批中抽查1%，但不得少于5只，试验压力应为3.0MPa；保压时间不得少于3min。当两只及两只以上不合格时，不得使用该批喷头。当仅有一只不合格时，应再抽查 2%，但不得少于 10 只，并重新进行密封性能试验；当仍有不合格时，亦不得使用该批喷头。

3）阀门及其附件的现场检验应符合下列要求：

（1）报警阀除应有商标、型号、规格等标志外，尚应有水流方向的永久性标志；

（2）报警阀和控制阀的阀瓣及操作机构应动作灵活、无卡涩现象，阀体内应清洁、无异物堵塞；

（3）水力警铃的铃锤应转动灵活、无阻滞现象；传动轴密封性能好，不得有渗漏水现象；

（4）报警阀应进行渗漏试验。试验压力应为额定工作压力的 2 倍，保压时间不应小于 5min。阀瓣处应无渗漏。

4）压力开关、水流指示器、自动排气阀、减压阀、泄压阀、多功能水泵控制阀、止回阀、信号阀、水泵接合器及水位、气压、阀门限位等自动监测装置应有清晰的铭牌、安全操作指示标志和产品说明书；水流指示器、水泵接合器、减压阀、止回阀、过滤器、泄压阀、多功能水泵控制阀尚应有水流方向的永久性标志；安装前应进行主要功能检查。

（二）供水设施安装与施工

1）室内消火栓系统安装完成后应取屋顶层（或水箱间内）试验消火栓和首层取两处消火栓做试射试验，达到设计要求为合格。

2）安装消火栓水龙带，水龙带与水枪和快速接头绑扎好后，应根据箱内构造将水龙带挂放在箱内的挂钉、托盘或支架上。

3）箱式消火栓的安装应符合下列规定：

（1）栓口应朝外，并不应安装在门轴侧。

（2）栓口中心距地面为 1.1m，允许偏差±20mm。

（3）阀门中心距箱侧面为 140mm，距箱后内表面为 100mm，允许偏差±5mm。

（4）消火栓箱体安装的垂直度允许偏差为 3mm。

4）消防水泵、消防水箱、消防水池、消防气压给水设备、消防水泵接合器等供水设施及其附属管道的安装，应清除其内部污垢和杂物。安装中断时，其敞口处应封闭。

5）供水设施安装时，环境温度不应低于 5℃。

6）消防水泵和稳压泵的安装

（1）消防水泵、稳压泵的安装，应符合现行国家标准《机械设备安装工程施工及验收规范》TJ 231 的有关规定。

（2）吸水管及其附件的安装应符合下列要求：

① 吸水管上的控制阀应在消防水泵固定于基础上之后再进行安装，其直径不应小于消防水泵吸水口直径，且不应采用没有可靠锁定装置的蝶阀；

②当消防水泵和消防水池位于独立的两个基础上且相互为刚性连接时，吸水管上应加设柔性连接管；

③ 吸水管水平管段上不应有气囊和漏气现象。变径时应用偏心异径管件，连接时应保持其管顶平直。

7）消防水箱安装和消防水池施工

（1）消防水池、消防水箱的施工和安装应符合《给水排水构筑物工程施工及验收规范》GB 50141 的有关规定。

（2）消防水箱的容积、安装位置应符合设计要求：安装时，消防水箱间的主要通道宽度不应小于 1.0m；钢板消防水箱四周应设检修通道，其宽度不小于 0.7；消防水箱顶部至楼板或梁底的距离不得小于 0.6m。

（3）消防水池、消防水箱的溢流管、泄水管不得与生产或生活用水的排水系统直接相连。

（4）管道穿过钢筋混凝土消防水箱或消防水池时，应加设防水套管；对有振动的管道尚应加设柔性接头。进水管和出水管的接头与钢板消防水箱的连接应采用焊接，焊接处应做防锈处理。

8）消防气压给水设备和稳压泵安装

（1）消防气压给水设备的气压罐，其容积、气压、水位及工作压力应符合设计要求。

（2）消防气压给水设备安装位置、进水管及出水管方向应符合设计要求；出水管上应设止回阀，安装时其四周应设检修通道，其宽度不宜小于 0.7m，消防气压给水设备顶部至楼板或梁底的距离不宜小于 0.6m。

9）消防水泵接合器安装

（1）组装式消防水泵接合器的安装，应按接口、本体、连接管、止回阀、安全阀、放空管、控制阀的顺序进行，止回阀的安装方向应使消防用水能从消防水泵接合器进入系统；整体式消防水泵接合器的安装，按其使用安装说明书进行。

（2）消防水泵接合器的安装应符合下列规定：

①应安装在便于消防车接近的人行道或非机动车行驶地段，距室外消火栓或消防水池的距离宜为 15～40m。

②自动喷水灭火系统的消防水泵接合器应设置与消火栓系统的消防水泵接合器区别的永久性固定标志，并有分区标志。

③地下消防水泵接合器应采用铸有“消防水泵接合器”标志的铸铁井盖，并在附近设置指示其位置的永久性固定标志。

④墙壁消防水泵接合器的安装应符合设计要求。设计无要求时，其安装高度距地面宜为 0.7m；与墙面上的门、窗、孔、洞的净距离不应小于 2.0m，且不应安装在玻璃幕墙下方。

⑤ 地下消防水泵接合器的安装，应使进水口与井盖底面的距离不大于 0.4m，且不应小于井盖的半径。

（三）管网及系统组件安装

1）管网采用钢管时，其材质应符合现行国家标准《输送流体用无缝钢管》GB/T 8163、《低压流体输送用焊接钢管》GB/T 3091 的要求。当使用铜管、不锈钢管等其他管材时，应符合相应技术标准的要求。

2）管道连接后不应减小过水横断面面积。热镀锌钢管安装应采用螺纹、沟槽式管件或法兰连接。

3）管网安装前应校直管道，并清除管道内部的杂物；在具有腐蚀性的场所，安装前应按设计要求对管道、管件等进行防腐处理；安装时应随时清除管道内部的杂物。

4）沟槽式管件连接应符合下列要求：

(1) 选用的沟槽式管件应符合《沟槽式管接头》CJ/T 156 要求，其材质应为球墨铸铁，并符合《球墨铸铁件》GB/T 1348 要求；橡胶密封圈的材质应为 EPDN（三元乙丙胶），并符合《金属管道系统快速管接头的性能要求和试验方法》ISO 6182—12 要求。

(2) 沟槽式管件连接时，其管道连接沟槽和开孔应用专用滚槽机和开孔机加工，并应做防腐处理；连接前应检查沟槽和孔洞尺寸，加工质量应符合技术要求；沟槽、孔洞处不得有毛刺、破损性裂纹和脏物。

(3) 橡胶密封圈应无破损和变形。

(4) 沟槽式管件的凸边应卡进沟槽后再紧固螺栓，两边应同时紧固，紧固时发现橡胶圈起皱应更换新橡胶圈。

(5) 配水干管（立管）与配水管（水平管）连接，应采用沟槽式管件，不应采用机械三通。

(6) 埋地的沟槽式管件的螺栓、螺帽应做防腐处理。水泵房内的埋地管道连接应采用挠性接头。

5）螺纹连接应符合下列要求：

(1) 管道宜采用机械切割，切割面不得有飞边、毛刺；管道螺纹密封面应符合《普通螺纹 基本尺寸要求》GB 196、《普通螺纹 公差与配合》GB 197、《管路旋入端用普通螺纹尺寸系列》GB/T 1414 的有关规定。

(2) 当管道变径时，宜采用异径接头；在管道弯头处不宜采用补心，当需要采用补心时，三通上可用 1 个，四通上不应超过 2 个；公称直径大于 50mm 的管道不宜采用活接头。

(3) 螺纹连接的密封填料应均匀附着在管道的螺纹部分；拧紧螺纹时，不得将填料挤入管道内；连接后，应将连接处外部清理干净。

6）法兰连接可采用焊接法兰或螺纹法兰。焊接法兰焊接处应做防腐处理，并宜重新镀锌后再连接。焊接应符合《工业金属管道工程施工及验收规范》GB 50235、《现场设备、工业管道焊接工程施工及验收规范》GB 50236 的有关规定。螺纹法兰连接应预测对接位置，清除外露密封填料后再紧固、连接。

7）管道的安装位置应符合设计要求。当设计无要求时，管道的中心线与梁、柱、楼板等的最小距离应符合表 1-28 的规定。

**管道的中心线与梁、柱、楼板的最小距离　　表 1-28**

| 公称直径（mm） | 25 | 32 | 40 | 50 | 70 | 80 | 100 | 125 | 150 | 200 |
|---|---|---|---|---|---|---|---|---|---|---|
| 距离（mm） | 40 | 40 | 50 | 60 | 70 | 80 | 100 | 125 | 150 | 200 |

8）喷水系统管道支架或吊架间距不应大于表 1-29 规定。

**喷水灭火系统管道支架或吊架之间的距离　　表 1-29**

| 公称直径（mm） | 25 | 32 | 40 | 50 | 70 | 80 | 100 | 125 | 150 | 200 | 250 | 300 |
|---|---|---|---|---|---|---|---|---|---|---|---|---|
| 距离（m） | 3.5 | 4.0 | 4.5 | 5.0 | 6.0 | 6.0 | 6.5 | 7.0 | 8.0 | 9.5 | 11.0 | 12.0 |

9）管道支吊架安装位置不应妨碍喷头喷水效果，与喷头之间距离不宜小于 300mm，与末端喷头距离不宜大于 750mm，配水之间距离小于 1.8m 时，可隔断设置，但吊架间

距不宜大于 3.6m。成排喷淋管、喷头及支架应成一直线，安在吊平顶的喷头高度应一致。

10）喷水灭火系统中当管道直径等于或大于 50mm 时，每段配水管上设置防晃支架不应少于 1 个，管道改方向时，应设防晃支架。

11）喷头及管道附件的型号、规格、自动喷洒消防喷头和水幕喷头位置、间距和方向必须符合设计要求和施工规范规定。

12）喷头支管直径不应小于 25mm，喷头与支管连接应直接用异径管接头（大小头）连接。吊架与喷头位置不小于 300mm，距末端喷头不大于 750mm。

13）安装室内消火栓、栓口应朝外，阀门中心距地面 1.2m，允许偏差 20mm。阀门距箱侧面为 140mm，距箱后 100mm，允许偏差 5mm。注意消火栓阀启闭灵活，关闭严密，密封填料好。

上述系统设计施工安装详见国家标准：《建筑设计防火规范》GB 50016、《自动喷水灭火系统设计规范》GB 50084、《自动喷水灭火系统施工及验收规范》GB 50261。

## 第八节　建筑热水系统

### 一、系统分类

建筑热水供应系统按其热水供应范围的大小可分为局部热水供应系统、集中热水供应系统和区域性热水供应系统。各种系统的选用主要根据建筑物所在地区热力系统完善程度和建筑物使用性质、使用热水点的数量、水量和水温等因素确定。

1. 局部热水供应系统

供局部范围内的一个或几个用水点使用的热水系统称局部热水供应系统。

局部热水供应系统供水范围小，热水分散制备，一般靠近用水点设置小型加热设备供一个或几个配水点使用。用水设备要尽量靠近设有炉灶的房间；特点是热水管路短，热损失小，适用于热水用水量较小、单户或单个房间且较分散的建筑；如采用小型燃气加热器、蒸汽加热器、电加热器、炉灶、太阳能加热器等，将冷水加热供给单个厨房、浴室、生活间等用水。

局部热水供应系统的基本组成有加热套管或盘管、储存箱及配水管等三部分。选用这种方式，应使装置和管道布置紧凑、热效率高。

这里着重提出的是管式太阳能热水器的热水供应方式。这是一种即节约能源又不污染环境的热水供应方式，但在冬季日照时间短或阴雨天气时效果较差，需要备有其他热源或设备加热冷水装置。太阳能热水器的管式加热器和热水箱，可设置在屋顶上，也可以设在地面上，安装时应注意其对水压和水量的要求。

2. 集中热水供应系统（如图 1-73 所示）

集中热水供应系统是在专用锅炉房、热交换站或加热间将冷水集中加热，通过室外热水管网输送至整幢或几幢建筑，再通过室内管道输送至各配水点。其供应范围比局部热水供应系统大得多。由于热水集中制备，集中热水供应系统适用于使用要求高、热水量较大，用水点多且分布比较集中的建筑。如较高级居住建筑、旅馆、公共浴室、医院、疗养院、体育馆、游泳池、大型饭店等公共建筑。加热设备一般为锅炉和热交换器等。

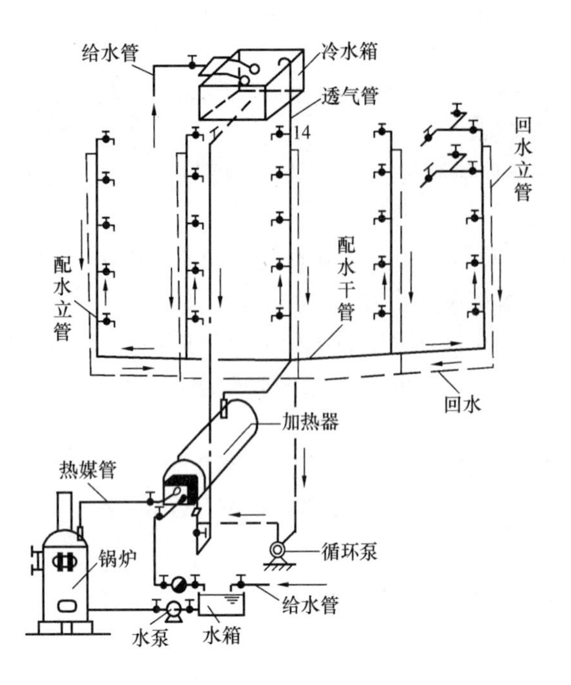


图 1-73　集中热水供应系统

## 二、系统组成

集中热水供应系统（如图 1-73）是目前我国采用较多的一种方式。它主要由以下几部分所组成。

1. 热媒管道

它是锅炉和水加热设备之间的连接管道。如果热媒为蒸汽时，就不存在循环管路，而只有蒸汽和凝结水管及其他设备。

2. 配水管路

它是连接水加热器和用水点配水龙头之间的管路，有配水管和回水管之分。

3. 加热设备

为加热冷水的设备，如锅炉、热水器、各种水加热器等。

4. 给水管路

为热水供应系统补充冷水的管路及锅炉补给水的管道。

5. 其他附件及设备

如循环水泵、各种器材及仪表等。

集中热水供应系统的工作流程为：锅炉生产的蒸汽（或热水）经蒸汽管道（热媒管）送到水加热器把水加热，蒸汽散热形成的凝结水经凝结水管排至凝水池，由凝结水泵压入锅炉补充供水；冷水在水加热器中被加热后，经配水干管、立管送入各配水点，多余的热水经循环水泵压入水加热器，重新加热使用。水加热所需要的冷水由给水箱补给。为了保证热水温度，补偿配水管路的散热损失，回水管和配水管中必须具有一定的循环流量。

## 三、热水供应方式

建筑热水供应方式按照加热冷水的方法不同，可分为直接加热和间接加热；按照管网有无循环管道，可分为全循环、半循环和不循环方式；按照循环方式的不同，可分为机械循环和自然循环方式；按照配水干管在建筑内布置位置的不同，可分为下行上给和上行下给方式，同建筑给水，如图 1-32、图 1-46 所示。

1. 全循环供水方式

图 1-73、图 1-74（*a*）为干管下行上给全循环供水方式，由两大循环组成。锅炉、水加热器、凝结水箱、水泵及热媒管道等构成第一循环系统，其作用是制备热水；储水箱、冷水管、热水管、循环管及水泵等组成第二循环系统，其作用是输配热水。该系统适用于热水用水量大、要求较高的建筑。如果把热水输配干管敷设在系统上部，就是上行下给式系统，此时循环立管是由每根热水立管下部延伸而成。这种方式适用于五层以上，并且对热水温度的稳定性要求较高的建筑。

2. 半循环供水方式

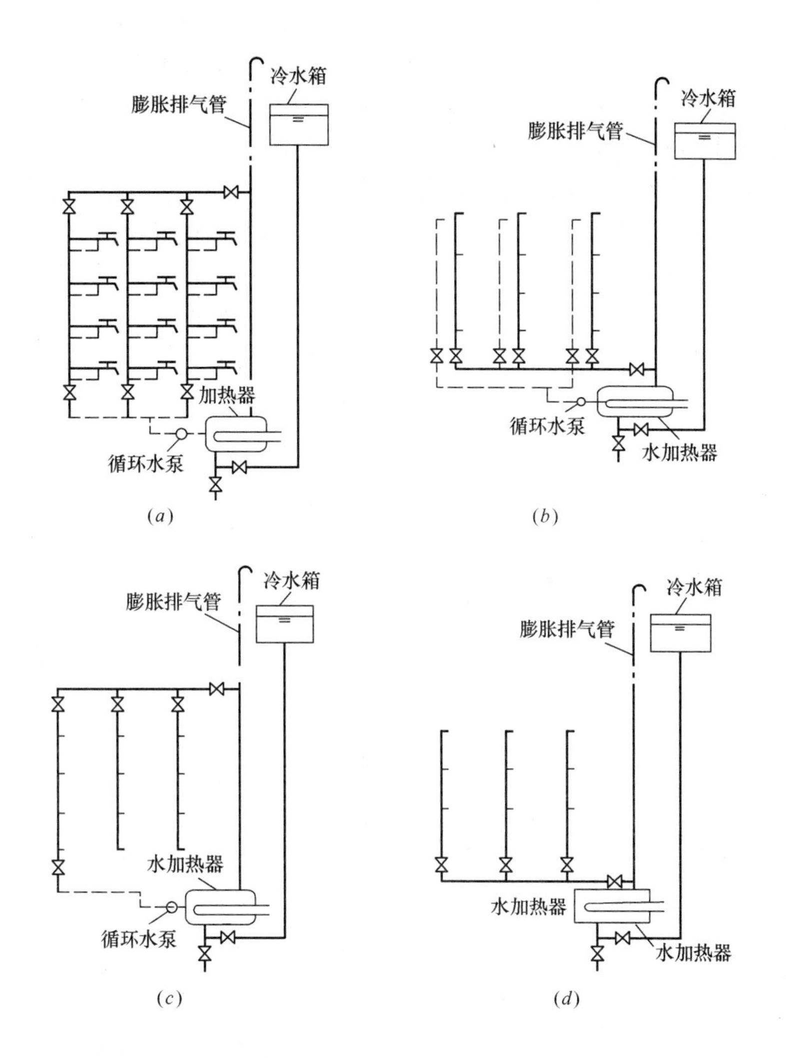


图 1-74　循环方式

（a）全循环；（b）主管循环；（c）干管循环；（d）无循环

图 1-74（b）、1-74（c）为下行上给半循环方式，适用于对水温的稳定性要求不高的五层以下建筑物，比全循环方式节约管材。

3. 不设循环的供水方式

图 1-74（d）为不设循环管道的下行上给供水方式，适用于浴室、生产车间等建筑内。这种方式的优点是节约管材，缺点是每次供应热水前需排泄掉管中的冷水。

选择热水供应系统的形式，要根据建筑物性质、卫生器具种类和数量、热水供应标准，热源等情况，进行技术经济比较后确定。

**四、热水管网的布置与敷设**

1. 热水管网的布置应在满足用户使用、便于维修管理的前提下，管线尽可能最短。干管可敷设在室内地沟、地下室顶部、建筑物最高层或专用设备技术层内。

2. 热水管道常采用明装或暗装。一般建筑物采用明装，只有卫生设备标准要求高的建筑物及高层建筑才采用暗装。明装管道尽可能布置在卫生间或非居住人的房间。暗装管道一般布置在建筑物的预留沟槽、管道井内。

3. 热水管网的配水立管始端，回水立管末端，支管上配水龙头多于 5 个时，均应装设阀门。管道穿楼板及墙壁应加套管，楼板套管应高出地面 50～100mm。为防止热水在输水过程中发生倒流或串流，应在加热器或储水罐给水管上，机械循环的循环管上，直接加热所用的混合器的冷水和热水管道上装设阀门。

4. 横管直线段应设足够的伸缩器，上行式配水横干管的最高点设置排气装置，管网的最低点应有泄水装置或利用最低配水点泄水。所有横管应有与水流相反的坡度，便于排水和泄水，坡度一般不小于 0.003。下行上给式全循环系统中的回水立管应在最高配水点以下（约 0.5m）与配水立管连接，以防配水管网中分离出来的气体被带回循环管。立管与水平干管的连接方法如图 1-75（*a*）～（*d*）所示，以消除管道受热伸长时的各种影响。

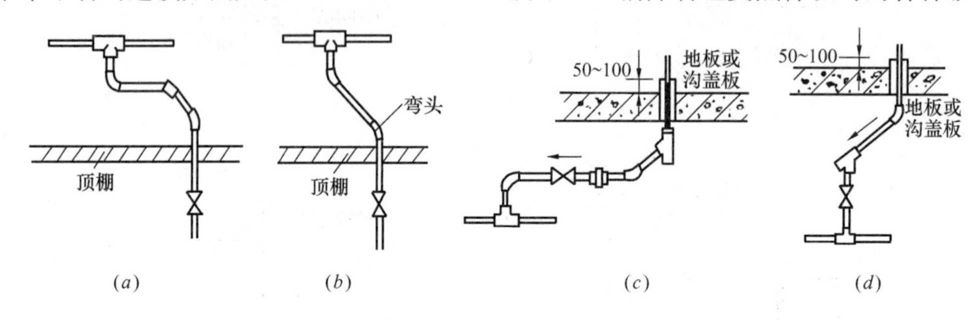


图 1-75 热水立管与横管的连接方式

5. 热水锅炉、水加热器、储水箱、热水配水干管、机械循环回水干管及有冻结可能的自然循环回水管均应保温，以减少热损失。保温材料要求导热系数小，耐热性能好，价格便宜。保温做法有涂抹式、预制式及包扎式等。保温厚度应通过计算确定。

## 思考题及习题

**一、简答题**

1. 建筑设备系统包括哪些？它们的作用是什么？何谓建筑设备工程？按其作用和专业划分分为哪些设备？其任务是什么？学习建筑设备的目的是什么？

2. 试述建筑设备与建筑其他专业的联系。

3. 常用的与建筑设备工程相关的规范有哪些？

4. 建筑给水系统常用管材有哪几种？试述它们的特点和使用范围。新型的给水管材有哪些？请简述之。

5. 何谓给水附件？它分为哪几类，各自的作用是什么？试述其各自的适用范围。

6. 常用建筑给水设备有哪些？试述其工作原理、作用和适用范围。

7. 建筑给水系统按用途可分为哪几类？各有何用途？

8. 室内给水系统的任务是什么？试述建筑给水系统所需水压及各符号意义。

9. 何谓引入管？何谓水表节点？何谓流出水头？沿程损失、局部损失？给水当量？

10. 水表的作用是什么？它分为哪几种？各自的适用范围如何？

11. 水表损失如何计算？请写出其计算公式并述之。

12. 试述建筑给水系统水压估算规定和水压估算的意义。

13. 建筑给水方式有哪几种？其适用范围如何？试述之。

14. 已知某建筑层高为 3.3m，共 9 层，室外水压 $H_0=3.5\sim4.2\text{kg/cm}^2$。请问室外水压 $H_0$ 能否满足室内所需水压要求，并选择给水方式。

15. 简述给水管道的布置与敷设的主要要求。

16. 简述建筑给水设计秒流量计算公式及其适用范围。

17. 何谓中水系统？试述中水系统的分类和组成。

18. 室内消火栓、消防管道的布置要求有哪些？

19. 室内消火栓给水系统主要配件有哪些？有哪几部分组成？

20. 水泵结合器的形式有哪几种？水泵接合器的作用是什么？

21. 室内消火栓给水系统有哪几种给水方式？并绘出相应的图示。

22. 消火栓的充实水柱长度如何计算？有哪些规定？设计时如何确定？

23. 自动喷水灭火系统常用的设备有哪些，请简述之。

24. 简述自动喷水灭火系统的类型、适用范围，并绘出相应的图示。

25. 热水供应方式有哪几种？各有何特点？

26. 在集中热水供应系统中，设置循环管的作用是什么？

27. 热水供应系统中常用设备有哪些？

28. 高层建筑给水有哪些特点？其给水方式有哪几种？简述其各自特点和适用范围。

**二、单选题**

1. 室外给水管网水压周期性满足室内管网的水量、水压要求时，采用 ________ 给水方式。

A. 直接给水　　B. 设高位水箱

C. 设贮水池、水泵、水箱联合工作　　D. 设气压给水装置

2. 竖向分区的高层建筑生活给水系统中，最低卫生器具配水点处的静水压力不宜大于 ______ MPa。

A. 0.45　　B. 0.5　　C. 0.55　　D. 0.6

3. 若室外给水管网供水压力为 300kPa，水量能满足建筑用水需求，建筑所需水压 400kPa，且考虑水质不宜受污染，则应采取______ 供水方式。

A. 直接供水　　B. 设高位水箱

C. 设贮水池、水泵、水箱联合工作　　D. 无负压给水装置

4. 引入管穿越承重墙，应预留洞口，管顶上部净空不得小于建筑物最大沉陷量，一般不得小于 ______ m。

A. 0.15　　B. 0.1　　C. 0.2　　D. 0.3

5. 引入管和其他管道要保持一定距离，与排水管的垂直净距不得小于 ______ m。

A. 0.5　　B. 0.15　　C. 1.0　　D. 0.3

6. 高层建筑是指 ______ 层及______ 层以上的住宅建筑或建筑高度超过 24m 的其他民用建筑等。

A. 6　　B. 8　　C. 10　　D. 11

7. 室内消火栓栓口距地面的高度为 ______ m。

A. 0.8　　B. 1.0　　C. 1.1　　D. 1.2

8. 仅用于防止火灾蔓延的消防系统是 ______ 。

A. 消火栓灭火系统　　B. 闭式自喷灭火系统

C. 开式自喷灭火系统　　D. 水幕灭火系统

9. 湿式自动喷洒灭火系统用于室内常年温度不低于 ______ 的建筑物内。

A. 0 ℃　　B. 4℃　　C. 10℃　　D. －5℃

10. 消防水箱与生活水箱合用，水箱应储存______ min 消防用水量。

A. 7　　B. 8　　C. 9　　D. 10

11. 室内消防系统设置 ______ 的作用是使消防车能将室外消火栓的水能接入室内。

A. 消防水箱　　B. 消防水泵　　C. 水泵接合器　　D. 消火栓箱

12. 室内消火栓系统的用水量是 ______。

A. 保证着火时建筑内部所有消火栓均能出水

B. 保证 2 支水枪同时出水的水量

C. 保证同时使用水枪数和每支水枪用水量的乘积

D. 保证上下三层消火栓水量

13. 下面______ 属于闭式自动喷火灭火系统。

A. 雨淋喷水灭火系统　　B. 水幕灭火系统

C. 火喷雾灭火系统　　D. 湿式自动喷水灭火系统

14. 热水管道为便于排气，横管应有与水流相反的坡度，坡度一般不小于 ______ 。

A. 0.001　　B. 0.002　　C. 0.003　　D. 0.004

15. 为了保证热水供水系统的供水水温，补偿管路的热量损失，热水系统应设置______ 。

A. 供水干管　　B. 回水管　　C. 配水管　　D. 热媒管

16. 自带存水弯的卫生器具有：__________

A. 洗脸盆　　B. 坐式大便器　　C. 浴缸　　D. 洗涤盆

17. 镀锌钢管规格有 *DN*75、*DN*20 等。*DN* 表示 __________ 。

A. 内径　　B. 外径　　C. 公称直径　　D. 名誉直径

18. 以下错误的选项是______ 。

A. 截止阀安装时无方向性

B. 止回阀安装时有方向性，不可装反

C. 闸阀安装时无方向性

D. 旋塞的启闭迅速

19. 一般______ 管不可使用焊接。

A. 塑料管　　B. 无缝钢管　　C. 铜管　　D. 镀锌钢管

20. 住宅给水计量一般采用 __________ 水表。

A. 旋翼干式　　B. 旋翼湿式　　C. 螺翼干式　　D. 螺翼湿式

21. 用于管径由大变小或由小变大的接口处的管件称为 ______ 。

A. 活接头　　B. 管箍　　C. 补心　　D. 对丝

22. 为防止管道水倒流，需在管道上安装的阀门是 __________ 。

A. 截止阀　　B. 止回阀　　C. 闸阀　　D. 蝶阀

**三、多选题**

1. 建筑给水系统按用途可分 ______ 及共用给水系统等几类。

A. 生活给水系统　　B. 生产给水系统

C. 消防给水系统　　D. 中水给水系统

E. 凝结水系统

2. 当室外给水管网的水压、水量不足，或为了保证建筑物内部供水的稳定性、安全性，应根据要求而选择设置 ______ 等增压、储水设备。

A. 水泵　　B. 气压给水系统

C. 水箱　　D. 膨胀水箱

E. 水池

3. 在自动喷水系统中属于开式系统的有 ______ 。

A. 湿式自动喷水灭火系统　　B. 水幕系统

C. 雨淋系统　　D. 水喷雾系统

E. 干式自动喷水灭火系统

4. 建筑给水排水工程中常用到的管支架有 ______。

A. 管卡　　B. 角钢　　C. 托架　　D. 槽钢

E. 吊环

5. 室内热水管道受热伸缩补偿的措施有 ______ 。

A. 自然补偿　　B. 管道弯曲补偿

C. 伸缩器补偿　　D. 膨胀管补偿

E. 膨胀水罐补偿

6. 热水系统按照管网有无循环管道可分为 ______ 。

A. 全循环方式　　B. 机械循环

C. 半循环方式　　D. 自然循环

E. 不循环方式

7. 室内常用的消防水带规格有 ______ 。

A. *DN*40　　B. *DN*50　　C. *DN*65　　D. *DN*70

E. *DN*80

8. 应设置闭式自动喷水灭火设备的部位 ______ 。

A. 国家文物保护单位　　B. 旅馆

C. 建筑面积为 3000$m^2$ 的展览馆　　D. 2000 个座位的会堂

E. 藏书 30 万册的图书馆

9. 建筑内部给水系统中，水泵的选择是根据计算后所确定的 ______ 来决定的。

A. 流量　　B. 功率　　C. 流速　　D. 扬程

E. 转速

10. 钢管常用的连接方式有 ____________________ 。

A. 螺纹连接　　B. 焊接　　C. 法兰连接　　D. 卡箍连接

E. 粘结

11. 一般用于建筑内部热水管道系统的材料有________ 。

A. 硬聚氯乙烯给水管（UPVC）　　B. 聚丙烯管（PP—R）

C. 镀锌钢管　　D. 铜管

E. 铝塑复合管

# 第二章 建 筑 排 水

【学习要点】 掌握建筑排水常用管道材料的性能、特点、连接方式、选用和适用范围；熟悉各类卫生器具、附件、局部处理构筑物的基本作用和建筑排水系统安装施工要点以及与土建施工的联系和配合；了解排水系统的分类、系统组成、排水方式、排水管径选用方法、系统简略估算等基本概念和基本知识。

## 第一节 排水常用管材、附件、设备

### 一、排水常用管材

建筑排水常用管材分为：排水铸铁管、塑料管、钢管和耐酸陶土管。工业废水还可用陶瓷管、玻璃钢管、玻璃管等。

1. 铸铁管

1）特点：耐腐蚀性能强、具有一定的强度、使用寿命长、价格便宜等优点；缺点是质脆、耐压低等。常用排水铸铁管的规格，见表 2-1。

排水铸铁承插口直管规格 表 2-1

| 内径 $D_3$（mm） | $D_1$（mm） | $D_2$（mm） | $L_1$（mm） | $\delta$（mm） | $L_2$（mm） | 质量（kg/个） |
|---|---|---|---|---|---|---|
| 50 | 80 | 92 | 50 | 5 | 1500 | 10.3 |
| 75 | 105 | 117 | 65 | 5 | 1500 | 14.9 |
| 100 | 130 | 142 | 70 | 5 | 1500 | 19.6 |
| 125 | 157 | 171 | 75 | 6 | 1500 | 29.4 |
| 150 | 182 | 196 | 75 | 6 | 1500 | 34.9 |
| 200 | 234 | 250 | 80 | 7 | 1500 | 53.7 |

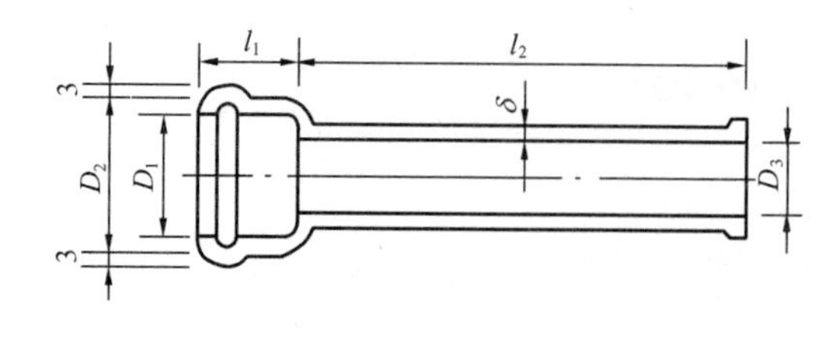

图 2-1 排水铸铁承插口直管

2）规格：管径为 50～200mm，直管长度一般为 1.0～1.5m。建筑排水铸铁管承插口直管及常用连接管件如图 2-1、图 2-2 所示。

3）连接方法及接口形式：

排水铸铁管连接方式为承插口连接，常用的接口材料有普通水泥接口、石棉水泥接口、膨胀水泥接口等。在高层建筑中，有抗震要求的建筑物排水管道连接应采用柔性接口。

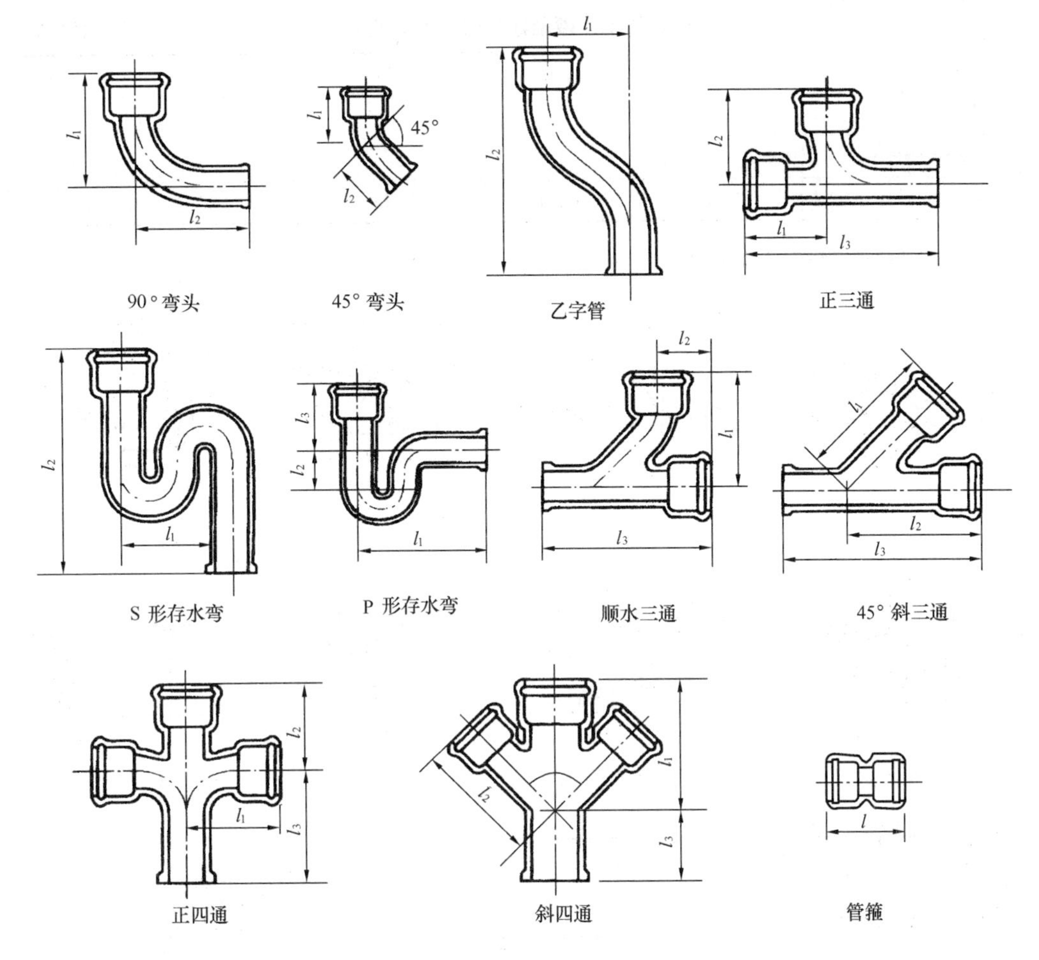


图 2-2 常用铸铁排水管件

卡箍式铸铁排水管是一种新型的建筑用排水管材，20 世纪 60 年代开始进入国际市场，经过几十年的推广和应用，这种管材已得到国际上的普遍认可。这种管材与传统的承插式铸铁排水管道相比有许多优点，是一种更新换代产品，但由于这种管材及配件价格相对较贵，所以在国内一直未能得到普及推广。

对于建筑内的排水系统管道材料，铸铁管正在逐渐被硬聚氯乙烯排水塑料管所取代，只有在某些特殊的地方使用，如高层建筑、有防震等要求的地区仍然使用。

2. 塑料管

分类：塑料管有硬聚氯乙烯管（UPVC）、高密度聚乙烯管（HDPE）、聚丙烯管（PP）、聚丁烯管（PB）和工程塑料管（ABS）等。

1）目前在建筑内使用最广泛的排水塑料管是硬聚氯乙烯塑料管（简称 UPVC 管）。它具有质量轻、水流阻力小，外表美观、不结垢、耐腐蚀、外壁光滑、容易切割、便于安装、可制成各种颜色、投资省和节能的优点，正在全国推广使用。但塑料管也有强度低、耐温性差（适用于连续排放温度不大于 40℃，瞬时排放温度不大于 80℃的生活排水）、立管产生噪声、暴露于阳光下管道易老化、防火性能差等缺点。硬聚氯乙烯管（UPVC），规格见表 2-2。

**建筑排水用硬聚氯乙烯塑料管规格　　　　表 2-2**

| 公称直径 *DN*（mm） | 40 | 50 | 75 | 100 | 150 |
|---|---|---|---|---|---|
| 外径 *dn*（mm） | 40 | 50 | 75 | 110 | 160 |
| 壁厚（mm） | 2.0 | 2.0 | 2.3 | 3.2 | 4.0 |
| 参考重量（kg/m） | 0.341 | 0.431 | 0.751 | 1.535 | 2.803 |

2）常用排水塑料管件如图 2-3 所示。

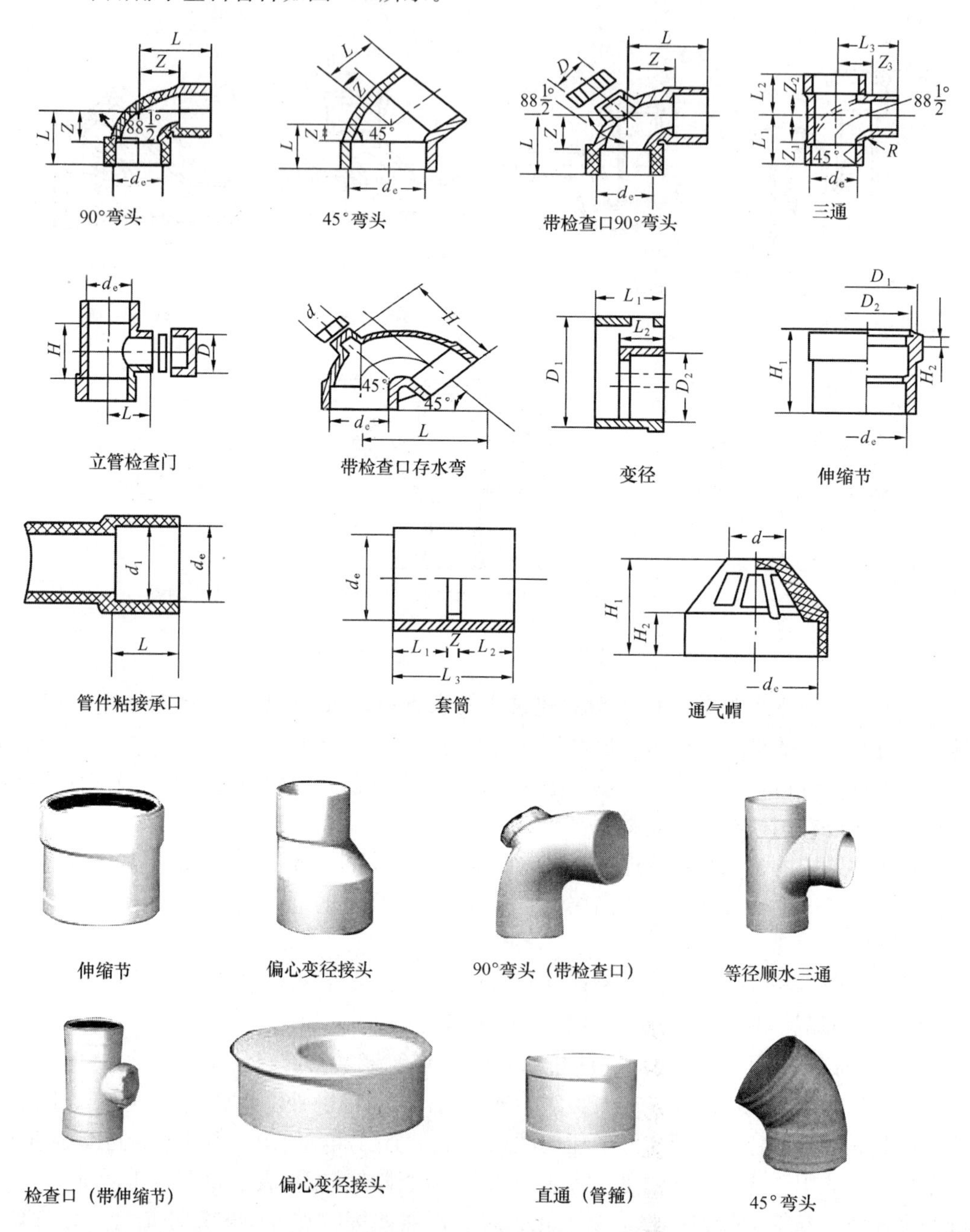


图 2-3　常用塑料排水管件

3）连接方法：粘接、橡胶圈连接、螺纹连接、热焊等。

目前，已淘汰砂模铸造铸铁排水管用于室内排水管道，推广应用聚氯乙烯（UPVC）塑料排水管和符合《排水用柔性接口铸铁管及管件》GB/T 12772 的柔性接口机制球墨铸铁排水管。

3. U-PVC 中空螺旋消声管和双壁螺旋消声管

U-PVC 中空螺旋消声管和双壁螺旋消声管，具备 U-PVC 实壁管的所有优点性能，尤其是隔声效果明显。它是一种螺旋消声管，其特征在于管材内壁上制有螺旋筋，螺旋筋呈直线斜向均布，并与消声管中心线的夹角为 8°～20°。其特点是在排水时，水流在螺旋筋的导流下，按螺旋筋的斜向直线沿管材内壁排出，不会对其内壁产生较强的冲击，因此噪声比较小。它比标准实壁管能降低 8～10 分贝，确实遏制了在污水排放过程中所产生的噪声，从而使您的居住环境更加温馨、安静。

优点：

1）造价费用低：该产品排水量大，比普通规格排水量增加 1/3，因而大量降低了材料成本，节约人工等安装费用，综合成本降低 30%以上，同时可以增加室内的使用面积。

2）减小水流阻力：排水立管中的水流呈明显的附壁流，降低了水流速度，减小水流阻力系数，使上下贯通，平稳管内压力波动，降低了排气量，气量降低约 15%～20%。

3）安全卫生：由于螺旋消声管和双壁螺旋消声管具有良好的减压性能，从而大大提高了高层建筑排水管道的安全系数。

4）安装维修方便：18 层以下建筑物螺旋消声管和双壁螺旋消声管不需安装通气管，H 管配件等，横立管均可拆卸，外观精美，抗震效果好，安装简便，快捷。

5）由于管内有畅通的空气柱，降低了管内压力的压力波动，提高了管道使用安全系数，管内壁六条三角形螺旋主筋具有显著的加强作用，可有效降低管道受外力冲击而导致的破裂现象，增加了管材强度。

6）采用空壁螺旋消声立管，可免去 H 型双立管通气方式，降低了工程造价。

4. 芯层发泡 U-PVC 复合管

U-PVC 芯层发泡管共分三层，内外壁为皮层，中部为芯层，采用共挤技术加工而成。皮层和芯层均以 PVC 树脂为主要成分，所不同的是芯层加入发泡剂及大量丙烯酸酯加工助剂、抗冲击改性剂和泡孔调节剂。最大特点是质轻、价廉。用胶粘剂粘接安装，方便快捷。它是一种新型的排水管材，在我国的应用刚刚起步，从目前的应用情况来看是成功的，特别是在降低水流噪声、耐热特性、使用温域宽、抗冲击性、施工方便、节约原材料等方面，较传统 UPVC 管显示出了其巨大的优越性。U-PVC 芯层发泡复合管的使用寿命为户外 30 年，户内 50 年。

5. 钢管

钢管主要用作洗脸盆、小便器、浴盆等卫生器具与横支管间的连接短管，管径一般为 32mm、40mm、50mm；在工厂车间内振动较大的地点也可采用钢管代替铸铁管。

6. 带釉陶土管

带釉陶土管耐酸碱腐蚀，主要用于腐蚀性工业废水排放。室内生活污水埋地管也可用陶土管。

7. 新型排水管道—铝合金 UPVC 复合排水管

铝合金 UPVC 复合排水管是在 UPVC 排水管的基础上，进行包覆铝带。其结构为三层管，内层为 UPVC 塑料管材，中间为铝合金管，外层为表面特殊防腐涂层。

具有抗紫外线及耐候性好、耐冲击性好、耐腐蚀性好、防火性能好、外观色彩多样化、连接可靠、方便、产品品种多等特点。

8. 高层建筑排水管材

高层建筑的排水立管高度大，管中流速高，冲刷能力强，应采用比普通排水铸铁管强度高的管材。对高度很大的排水立管应考虑采取消能措施，通常在立管每隔一定的距离装设消能装置，如乙字弯管等。由于高层建筑层间位变较大，立管接口应采用弹性较好的柔性材料连接，以适应变形要求。

目前，在建筑高度为 100m 以下的建筑物可采用排水塑料管，但各地区的使用情况很不平衡。

在建筑高度大于等于 100m 的高层建筑和不适宜采用排水塑料管的场合，可采用柔性抗震排水铸铁管。在建筑底层排水横管或局部承压管道可选用材质好的排水铸铁管或给水铸铁管（可保证质量）来满足承压要求。二层以上选用 UPVC 排水管，运行实践表明，此方法管理方便，能充分体现出 UPVC 排水管的优点。

立管底部弯头噪声最大，可采用在主管底部设置管道支墩，并用柔性材料（聚苯乙烯泡沫塑料板等）将弯头包裹起来，使立管中的水流落在实处并可达到消声除噪的目的。

**二、排水管道附件**

建筑排水系统常用的附件有：地漏、存水弯、清扫口、检查口、检查井、通气帽等。

1. 地漏

地漏主要用于排除地面积水。通常设置在地面经常清洗，如：食堂、餐厅等；或经常有水排泄处，如：厕所、浴室、盥洗室、卫生间及其他（如泵房等）需要从地面排水的房间内，家庭还可用作洗衣机排水口，如图 2-4 所示。地漏的材质有：铸铁、PVC 铜、不锈钢、锌合金在排水口处盖有箅子，用来阻止杂物进入排水管道。有带水封和不带水封两种，布置在不透水地面的最低处，箅子顶面应比地面低 5～10mm，水封深度不得小于 50mm，其周围地面应有不小于 0.01 的坡度坡向地漏（在施工中应特别关注）。

不同场所应设置不同类型的地漏。如手术室、设备层等非经常性排水场所，为防止排水系统气体污染室内空气，可设密闭地漏；卫生间设有洗脸盆、浴盆、洗衣机等设备时，应设多通道地漏；在食堂、厨房等污水中杂物较多时，宜设网格式地漏。每个男、女卫生间应设置 1 个 50mm 规格的地漏等。

地漏有扣碗式、多通道式、双箅杯式、防回流式、密闭式、无水式、侧墙式等多种类型。

**淋浴室地漏直径　　表 2-3**

| 地漏直径 *DN*（mm） | 淋浴器数量（个） |
|---|---|
| 50 | 1～2 |
| 75 | 3 |
| 100 | 4～5 |

淋浴室内一般采用地漏排水，地漏直径按表 2-3 选用；当采用排水沟排水时，8 个淋浴器可设一个直径为 100mm 的地漏。

2. 存水弯

存水弯是设置在卫生器具排水管上和生产污（废）水受水器的泄水口下方的排水附

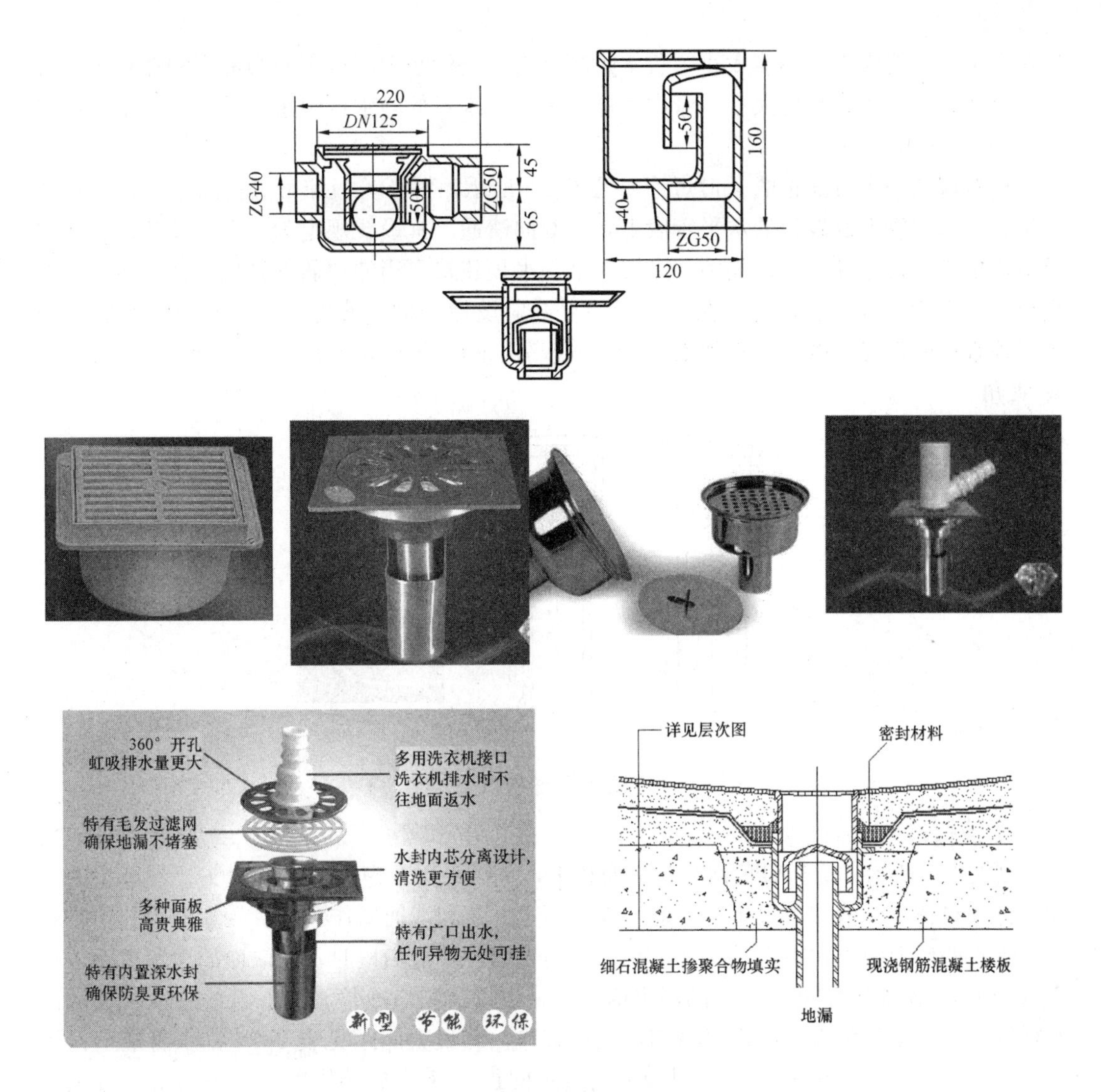


图 2-4 地漏的构造

件（坐便器除外），存水弯中的水柱 $h$ 称为水封高度，在弯曲段内存有 50～100mm 深的水，称作水封。其作用是利用一定高度的静水压力来抵抗排水管内气压变化，隔绝和防止排水管道内所产生的难闻有害气体和可燃气体及小虫等通过卫生器具进入室内而污染环境。存水弯有带清通丝堵和不带清通丝堵的两种，按外形不同，还可分为 P 形和 S 形两种，如图 2-5 所示。水封高度与管内气压变化，水蒸发率，水量损失，水中杂质的含量及

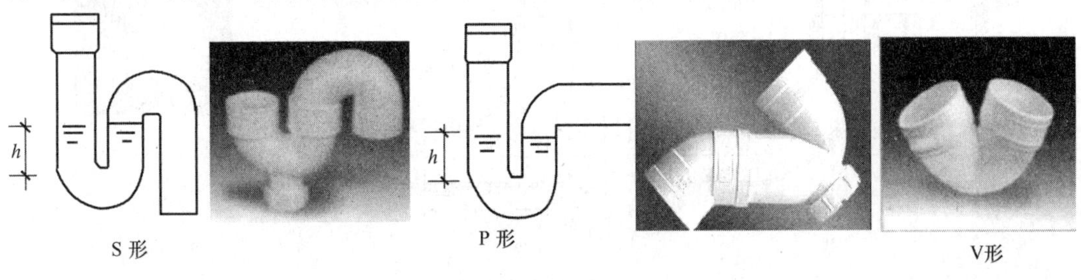


图 2-5 存水弯

比重有关，不能太大也不能太小，若水封高度太大，污水中固体杂质容易沉积在存水弯底部，堵塞管道；水封高度太小，管内气体容易克服水封的静水压力进入室内，污染环境。

3. 检查口

检查口是一个带盖板的开口短管，见图 2-6 所示，拆开盖板即可进行疏通工作。检查口设在排水立管上及较长的水平管段上，可双向清通。其设置规定为立管上除建筑最高层及最低层必须设置外，可每隔两层设置 1 个，平顶建筑可用伸顶通气管顶口代替最高层检查口。当立管上有乙字管时，在乙字管的上部应设检查口。若为二层建筑，可在底层设置。检查口的设置高度一般距地面 1m，并应高出该层卫生器具上边缘 0.15m，与墙面成 45°夹角。

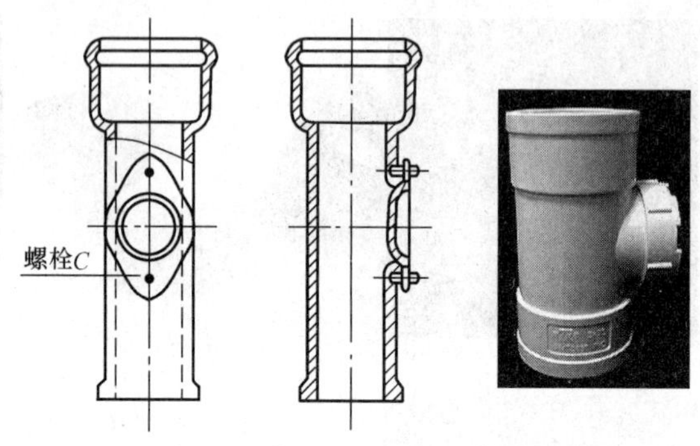


图 2-6　检查口

4. 清扫口

如图 2-7 所示。清扫口顶面宜与地面相平，也可采用带螺栓盖板的弯头、带堵头的三通配件作清扫口。清扫口仅单向清通。为了便于拆装和清通操作，横管始端的清扫口与管道相垂直的墙面距离，不得小于 0.15m；采用管堵代替清扫口时，与墙面的净距离不得小于 0.4m。在水流转角小于 135°的污水横管上，应设清扫口或检查口。直线管段较长的污水横管，在一定长度内也应设置清扫口或检查口，其最大间距见表 2-4。排水管道上设置清扫口时，若管径小于 100mm，其尺寸与管道同径；管径等于或大于 100mm 时，其尺寸应采用 100mm。

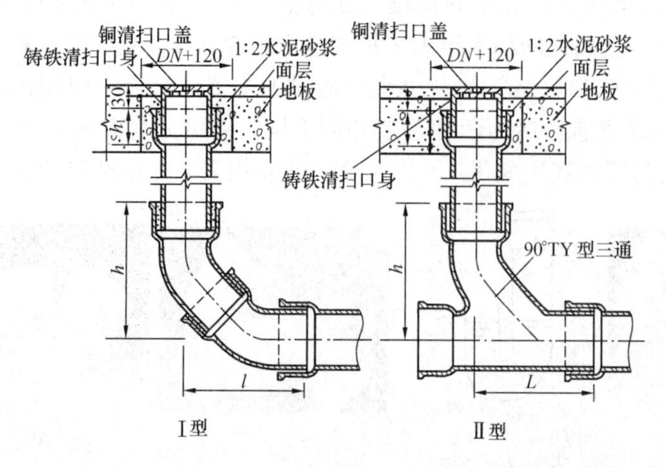


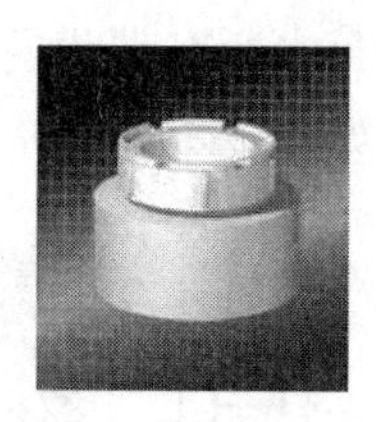


图 2-7　清扫口安装及实物图

污水横管的直线管段上检查口或清扫口之间的最大间距　　表 2-4

<table>
<tr><td rowspan="2">管　径<br>(mm)</td><td>生产废水</td><td>生活污水和与生活污水<br>成分接近的生产污水</td><td>含有大量悬浮物和<br>沉淀物的生产污水</td><td rowspan="2">清扫设备种类</td></tr>
<tr><td colspan="3">距　　离（m）</td></tr>
<tr><td rowspan="2">50～75</td><td>15</td><td>12</td><td>10</td><td>检查口</td></tr>
<tr><td>10</td><td>8</td><td>6</td><td>清扫口</td></tr>
<tr><td rowspan="2">100～150</td><td>20</td><td>15</td><td>12</td><td>检查口</td></tr>
<tr><td>15</td><td>10</td><td>8</td><td>清扫口</td></tr>
<tr><td>200</td><td>25</td><td>20</td><td>15</td><td>检查口</td></tr>
</table>

5. 通气帽

通气帽设在通气管顶端，其主要作用是以防杂物进入管内。其形式一般有两种，如图 2-8 所示。甲型通气帽采用 20 号钢丝按顺序编绕成螺旋形网罩，称为圆形通气帽（图 2-8$a$），可用于气候较温暖的地区；乙型通气帽采用镀锌薄钢板制作而成的伞形通气帽，称为伞形通气帽（图 2-8$a$），适用于冬季采暖室外温度低于－12℃的地区，它可避免因潮气结冰霜封闭钢丝网罩而堵塞通气口的现象发生。

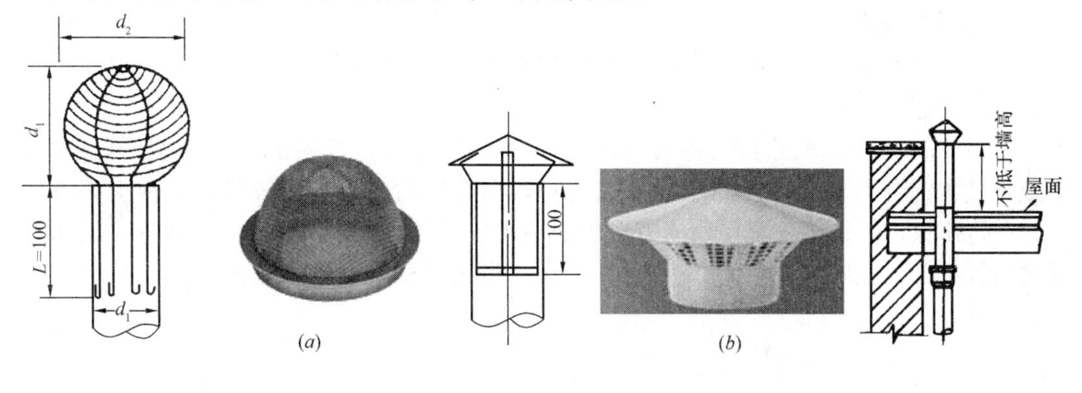


图 2-8　通气帽

（$a$）甲型；（$b$）乙型

6. 吸气阀

长期以来，我国的室内排水系统设计一直采用传统的双立管透顶式结构，不仅增加了建筑成本和施工难度，更主要的是由于排水立管必须伸出屋顶，给屋顶的防漏工作带来极大的困难，开发商每年对屋顶防漏要投入大量的人力和财力，后期成本大大增加。近年来，我国部分大城市的高层建筑已经开始设计采用吸气阀，彻底解决了上述问题。

伸顶通气管主要是吸气，排气的概率很小，在这一点上，吸气阀可以替代伸顶通气管。

一般正压出现在下游，不能通过伸顶通气管排气，如图 2-9（$a$）、（$b$）、（$c$）所示。

主要工作原理是：

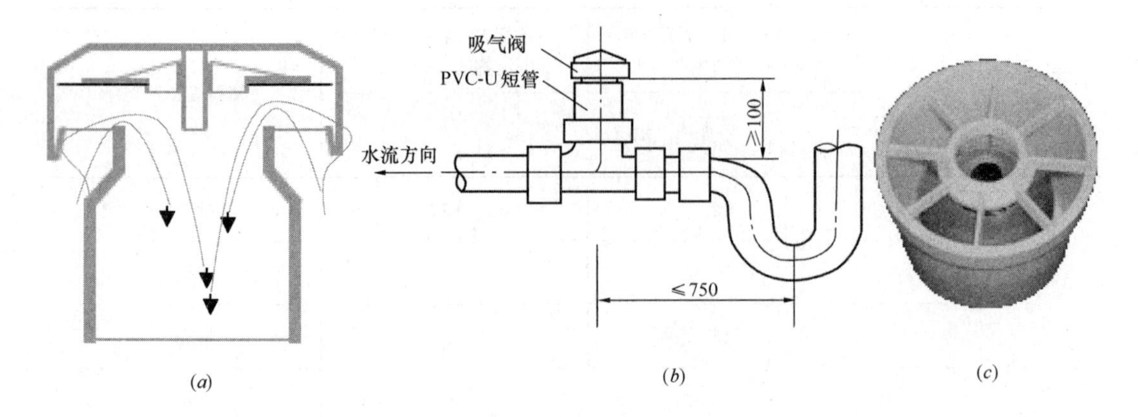


图 2-9　吸气阀

(*a*) 吸气阀工作原理图；(*b*) 吸气阀安装；(*c*) 吸气阀本体

(1) 当排水立管内出现负压时阀瓣沿中心导轨浮起，吸进空气，防止负压抽吸水封。

(2) 无负压时，阀瓣因自重沿中心导轨落下严密关闭阀口，阻止排水系统的臭气逸进室内。

(3) 提前报警排水堵塞：排水管下游堵塞时，上游的空气被封闭在管内，阻止排水。所以一旦发现器具排水水位下降较慢，说明下游出现堵塞，可提前清通，防患于未然。

7. 苏维脱排水系统

如图 2-10 所示。其特殊配件有：气水混合器和气水分离器。

1) 气水混合器

如图 2-11 所示。气水混合器为一长 80cm 的连接配件，装置在立管与每根横支管相接处，气水混合器有三个方向可接入横支管，混合器的内部有一隔板，隔板上都有约 1cm 高的孔隙，隔板的设置使横支管排出的污水仅在混合器内右半部形成水塞，此水塞通过隔板上部的孔隙从立管补气并同时下降，降至隔板下，水塞立即破坏而呈膜流沿立管流下。

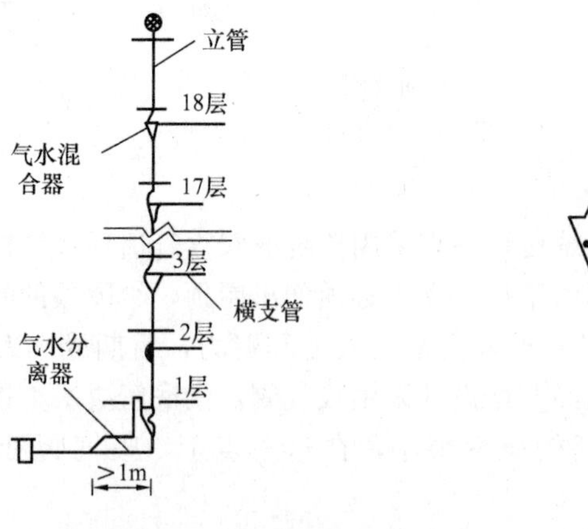


图 2-10　苏维脱排水系统

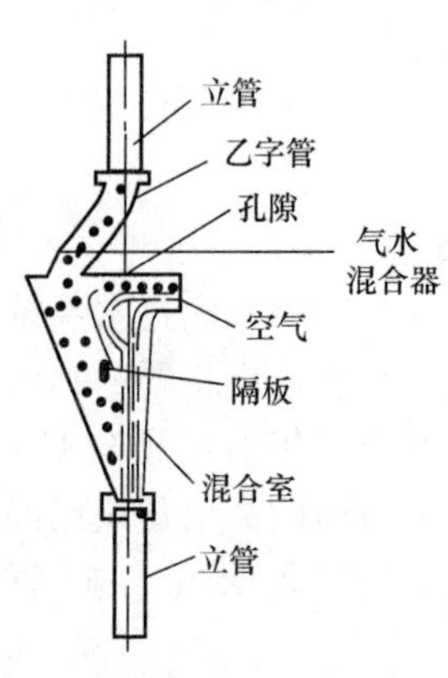


图 2-11　气水混合器

也就是自立管下降的污水，经乙字管时水流撞击分散与周围的空气混合，变成相对密度轻呈水沫状的气水混合物，下降流速减慢，可避免出现过大的吸抽现象。横支管排出的污水受隔板阻挡，只能从隔板右侧排出，在立管中不会出现气塞，能保持气流畅通。

2）气水分离器

如图 2-12 所示。气水分离器装置在立管底部转弯处。自立管下降气水混合物，遇突块被溅散，从而分离出气体，污水体积减小，分离的气体经跑气管引入干管下游，使立管底部不致形成过大正压，避免了底层卫生洁具出现污水喷冒现象。

苏维脱排水系统有减少立管气压波动，保证排水系统正常使用，施工方便，工程造阶低等优点。

8. 旋流排水系统

如图 2-13 所示。其特殊配件有：旋流接头和特殊排水弯头。

1）旋流接头　如图 2-14 所示。

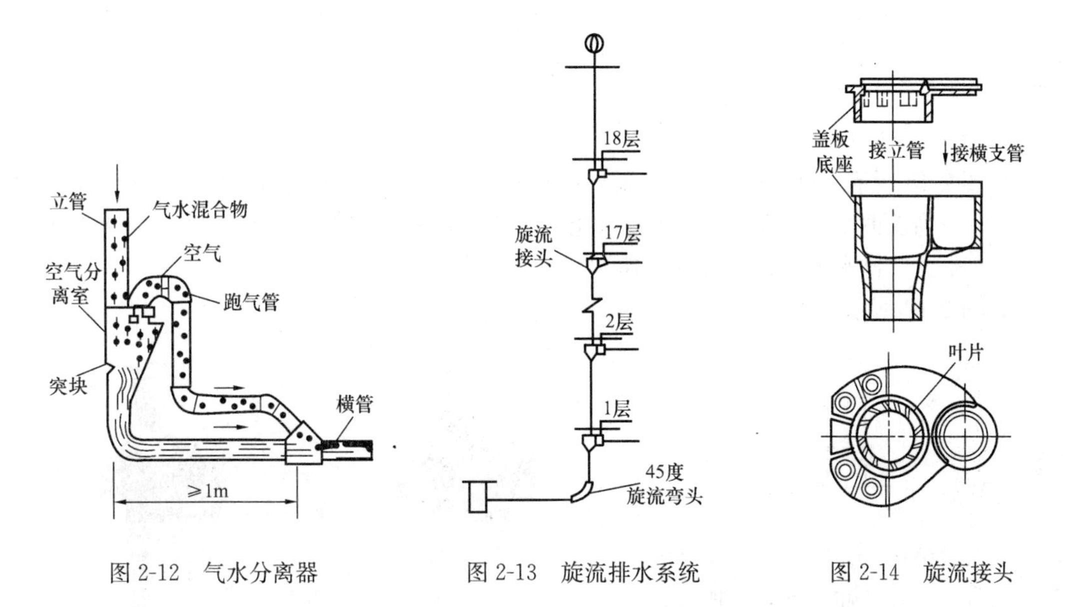


图 2-12　气水分离器　　图 2-13　旋流排水系统　　图 2-14　旋流接头

从横支管排出的污水，通过导流板或导流槽，从切线方向以旋转状态进入立管，立管下降水流经固定叶片沿壁旋转下降，所以立管上下始终保持气流畅通，压力变化很小。

2）特殊排水弯头　如图 2-15 所示。立管下降的水流，在叶片作用下，溅向弯头对壁，迫使水流沿弯头下部流入干管，可避免因干管内出现水跃而封闭气流造成过大正压。

此系统广泛用于十层以上的建筑物。

9. 芯型排水系统

如图 2-16 所示。其特殊配件有：环流器和角笛弯头。

1）环流器

如图 2-17 所示。横管排出的污水受内管阻挡，沿

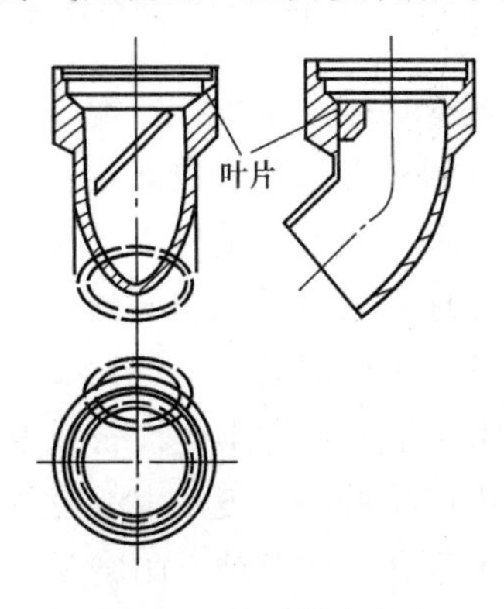


图 2-15　特殊排水弯头

壁下降，立管中的污水经内管入环流器，水流扩散，水气混合，流速减慢，沿壁呈水膜状下降，使管中心气流畅通，环形通路加强了立管与横管中的空气流通，从而减小了管道内的压力波动。

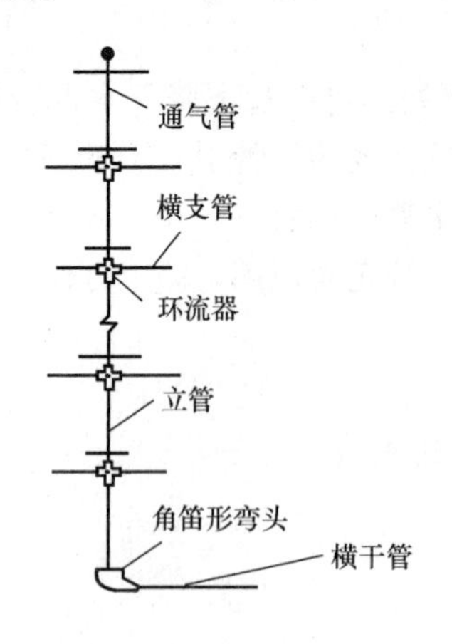


图 2-16　芯型排水系统

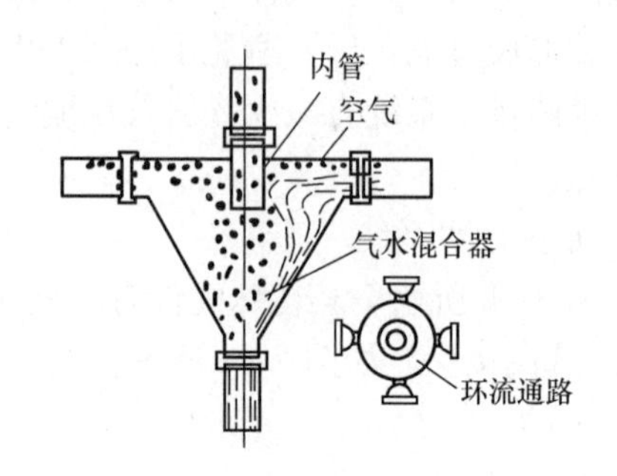


图 2-17　环流器

2）角笛弯头

如图 2-18 所示。自立管下降的水流，因过水断面扩大，流速变缓，掺杂在污水中的空气释放，且弯头曲率半径大，加强了排水能力，可消除水跃，避免立管底部产生过大正压。

10. 单立管排水系统特殊配件—速微特

如图 2-19 所示。

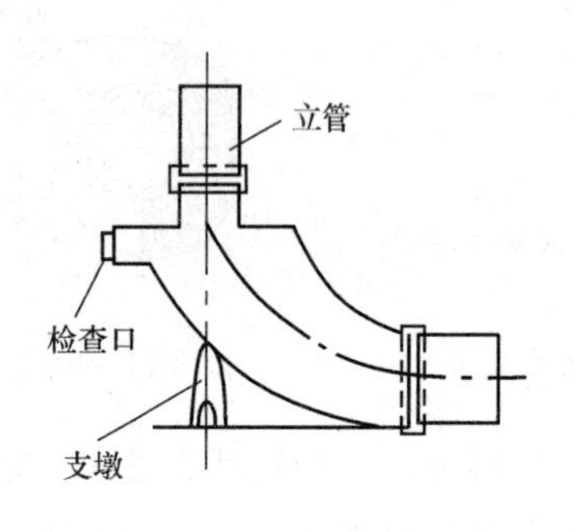


图 2-18　角笛弯头

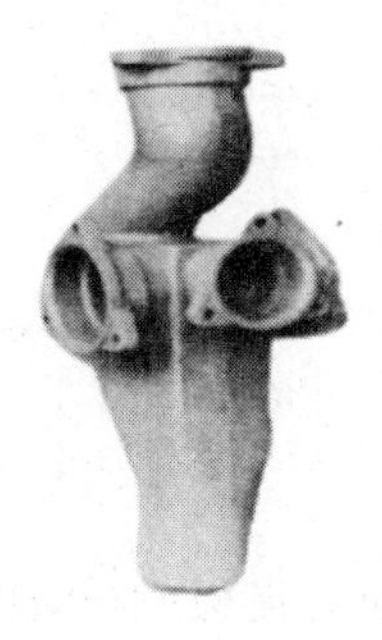

图 2-19　单立管排水系统特殊配件—速微特

速微特排水系统特殊配件特点：排水与通气兼用，气水分离、压力平衡性能好，排水量大、耐震可靠、复数支管、选用方便、省材、省工、省时、省空间，可降低排水工程造价；一般采用柔性接口。

原理：采用溢流切入分离装置，达到气水分离的目的。

**三、卫生器具**

卫生器具又称卫生设备或卫生洁具，是供人们洗涤和物品清洗以及收集和排除生活、生产中产生的污（废）水的设备。为满足卫生清洁的要求，对卫生器具的基本要求是不渗水、无气孔、耐腐蚀、耐磨损、耐冷热、表面光滑、易于清洗，具有一定的强度和刚度。高档次的卫生器具还应当考虑造型、色彩、节水、消声等方面的要求。卫生器具多由陶瓷、搪瓷、玻璃钢、塑料、不锈钢等材料制成。

为了防止粗大污物进入管道，发生堵塞，除了大便器外，所有卫生器具均应在排水口处设拦栅。

常用卫生器具，按其用途可分为以下几类：

便溺用卫生器具，包括大便器、大便槽、小便器和小便槽等。

盥洗、淋浴用卫生器具，包括洗脸盆、盥洗槽、浴盆、淋浴器等。

洗涤用卫生器具，包括洗涤盆、污水盆等。

专用卫生器具，包括饮水器、妇女卫生盆（妇女净身盆）、化验盆等。

1. 便溺用卫生器具

1）大便器

大便器有坐式、蹲式和大便槽三种类型。其中坐式大便器多设于住宅、宾馆类建筑，其他多设于公共建筑。大便器有直接冲洗式、虹吸式、冲洗虹吸联合式、喷射虹吸式和旋涡虹吸式等多种。直接冲洗式因粪便不易被冲洗干净，且臭气外逸，家用已逐渐淘汰，公共建筑中尚有使用。当前广泛采用的是虹吸式冲洗方式。大便器的冲洗设备有节能水箱、全自动感应和低位冲洗水箱等。节能水箱蹲式大便器安装如图 2-20 所示；全自动感应冲便器安装如图 2-21 所示；低水箱坐式大便器安装如图 2-22 所示。现在多采用大便、小便分别冲洗的冲洗水箱。

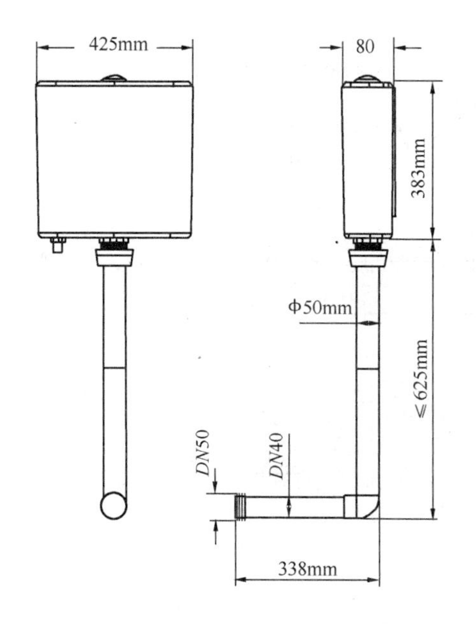

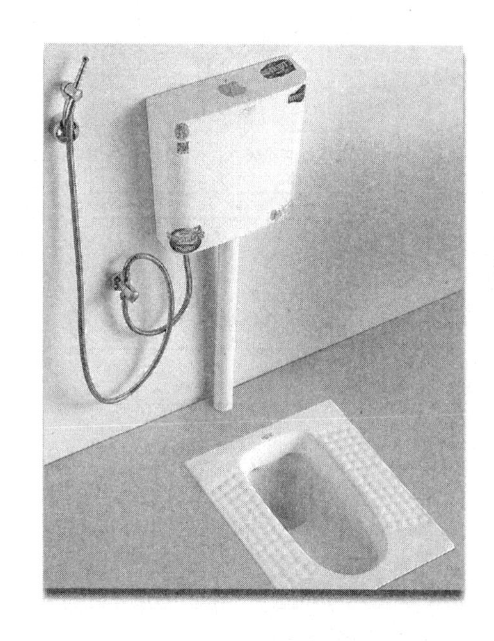

图 2-20　节能水箱蹲式大便器安装及实物图

卫生间大便槽多用于建筑标准不高的公共建筑，其冲洗设备最适宜采用自冲洗箱定时冲洗。由于卫生条件差，现已很少采用。

2）小便器

小便器有挂式、立式和小便槽三种，如图 2-23～图 2-25 所示。小便器的安装尺寸详见国家标准图集：《给水排水标准图集》。

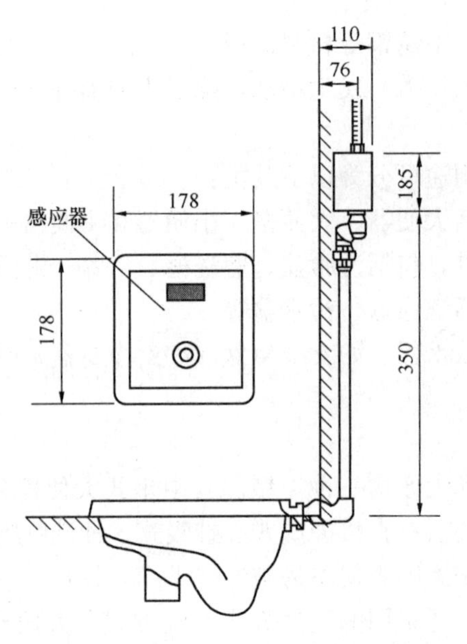


图 2-21　全自动感应冲便器安装示意图

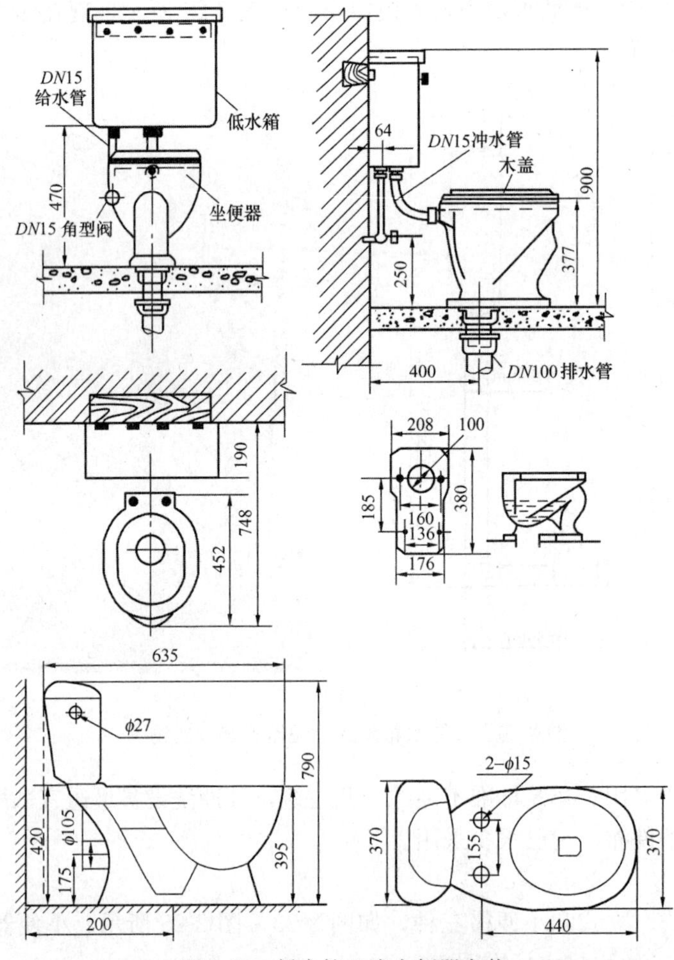


图 2-22　低水箱坐式大便器安装

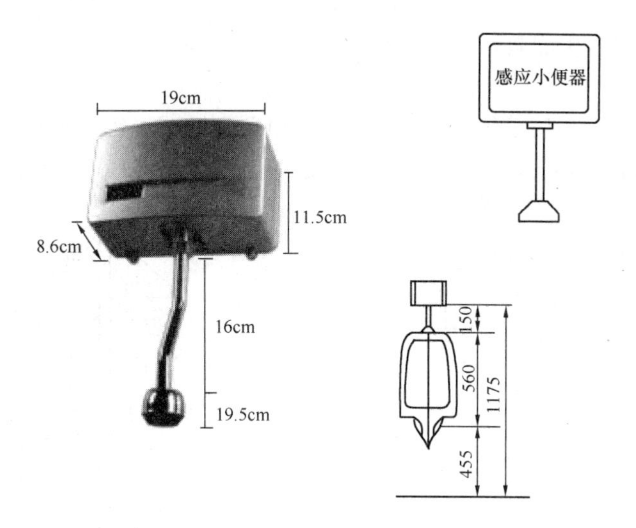


图 2-23　感应小便器安装示意及实物图

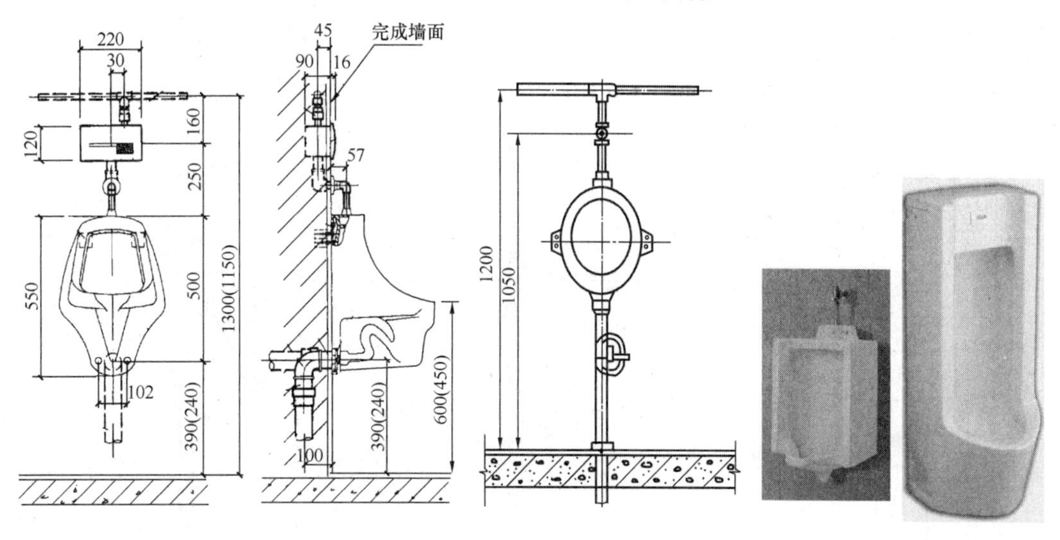


图 2-24　小便器安装及实物图

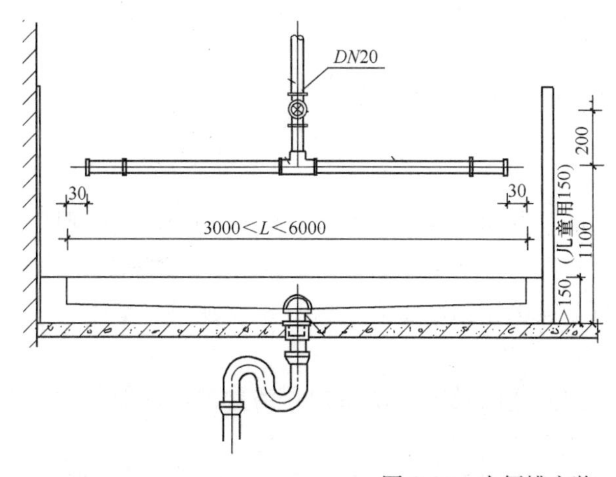


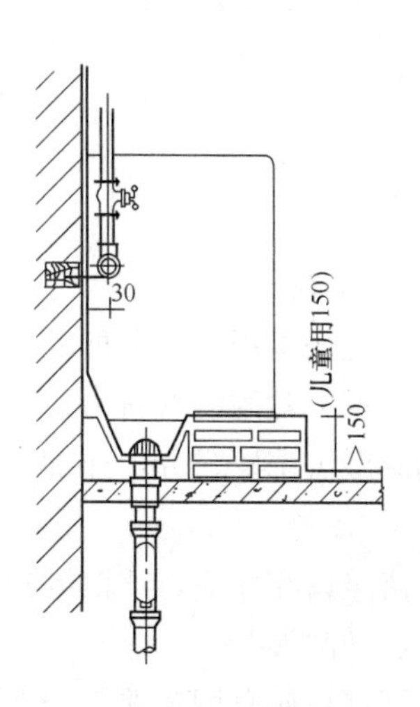


图 2-25　小便槽安装

2. 盥洗、沐浴用卫生器具

1）洗脸盆

洗脸盆结构形状可分为长方形、半圆形、三角形和椭圆形等类型；按安装方式可分为墙架式、柱脚式、台式等；墙架式洗脸盆安装如图 2-26 所示。

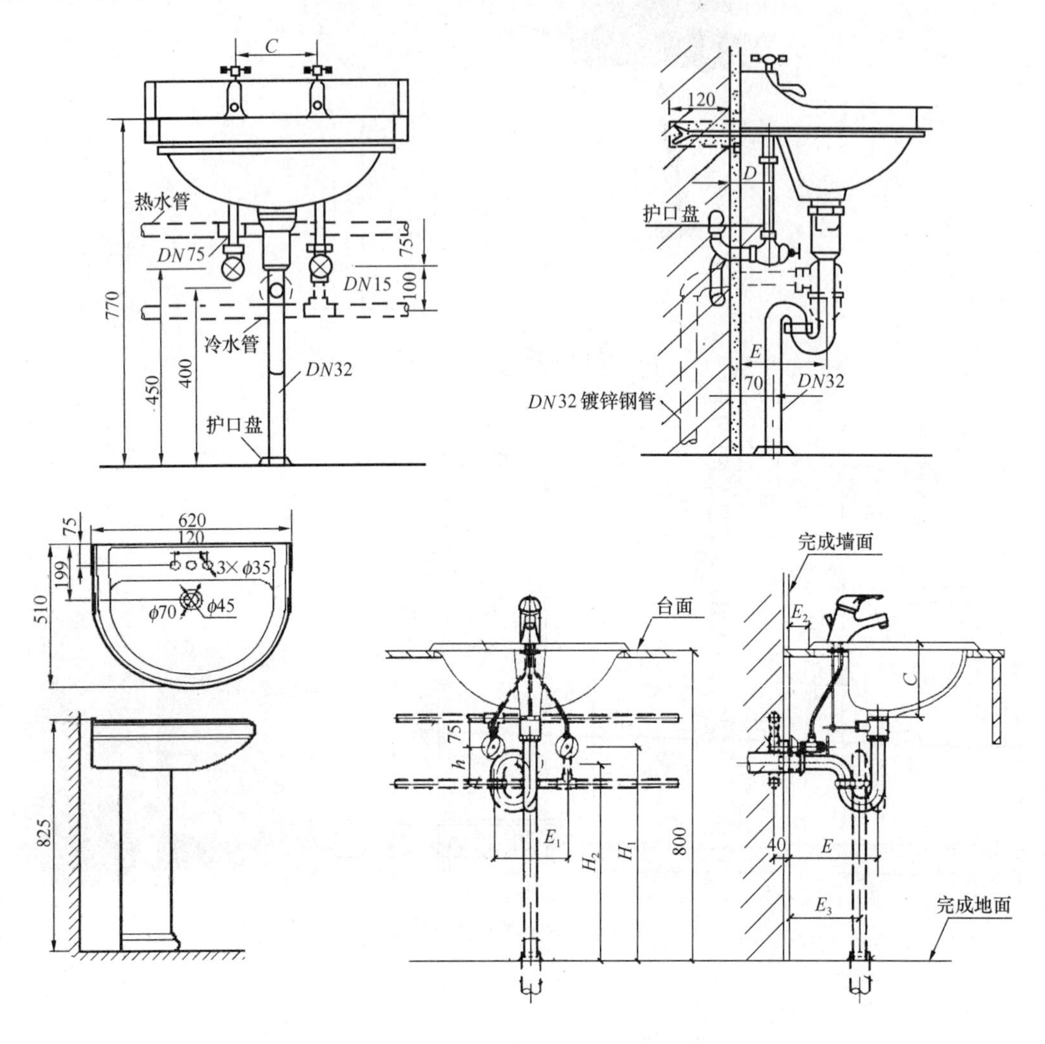


图 2-26 洗脸盆安装及图

2）盥洗槽

盥洗槽多用于卫生标准要求不高的公共建筑和集体宿舍等场所。盥洗槽为现场制作的卫生设备，常用的材料为瓷砖、水磨石等。形状有靠墙设的长条形盥洗槽和置于建筑物中间的圆形盥洗槽之分，详细安装图可参见国家标准图集，如图 2-27 所示。

3）浴盆

浴盆设在住宅、宾馆等建筑物的卫生间内及公共浴室内；浴盆外形一般分为长方形、方形、椭圆形等。

浴盆材质有钢板搪瓷、玻璃钢、人造大理石等；根据不同的功能可分为裙板式、扶手

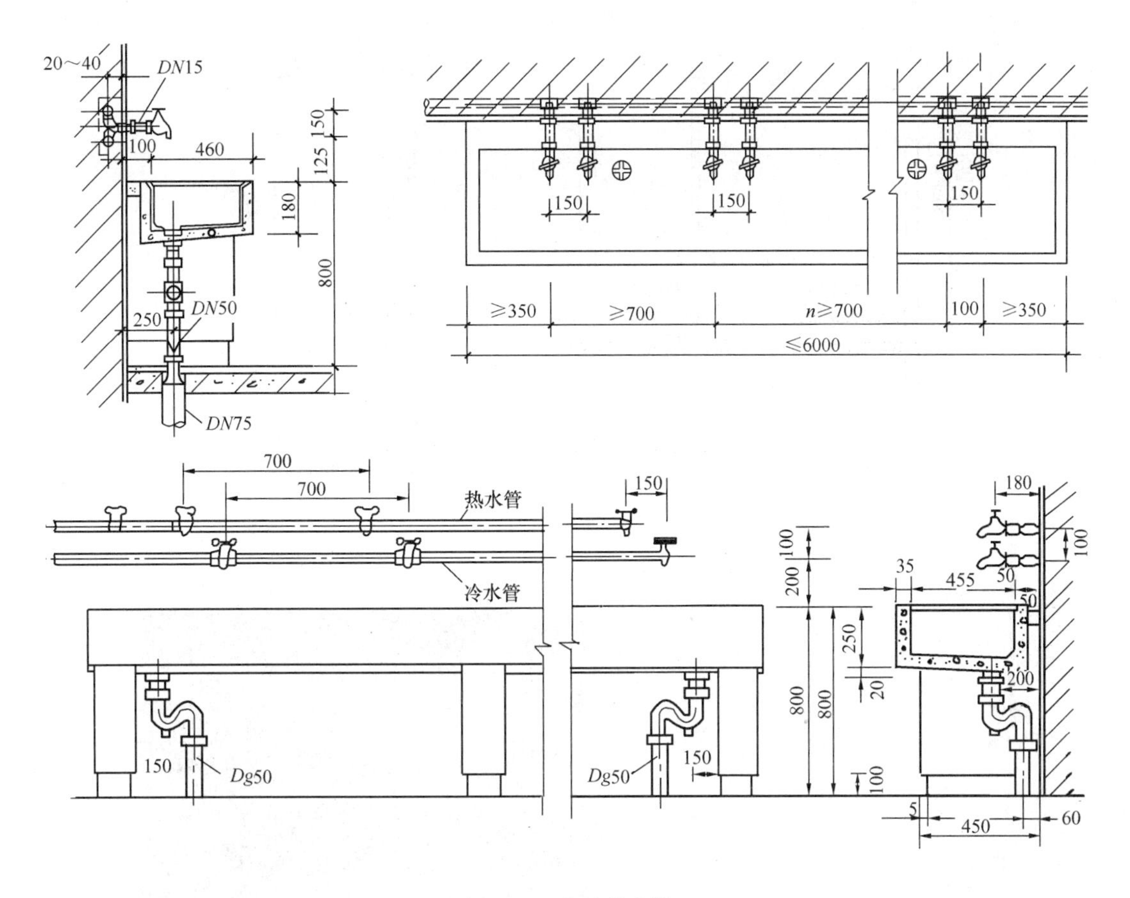


图 2-27　盥洗槽安装

式、防滑式、坐浴式、普通式等。随着人们生活水平的提高，具有保健功能的浴盆，如设有水力按摩装置的旋涡浴盆等，应运而生。

浴盆的一端设有冷、热水龙头或混合水龙头，有的还配有固定式或活动式淋浴喷头，浴盆安装如图 2-28 所示。

4）淋浴器

淋浴器一般装置在工业企业生活间、集体宿舍及旅馆的卫生间、体育场和公共浴室内。淋浴器具有占地面积小、使用人数多、设备费用低、耗水量小、清洗卫生等优点。按配水阀和装置不同分为普通式淋浴器、脚踏式淋浴器和光电淋浴器，淋浴器的安装如图2-29 所示。

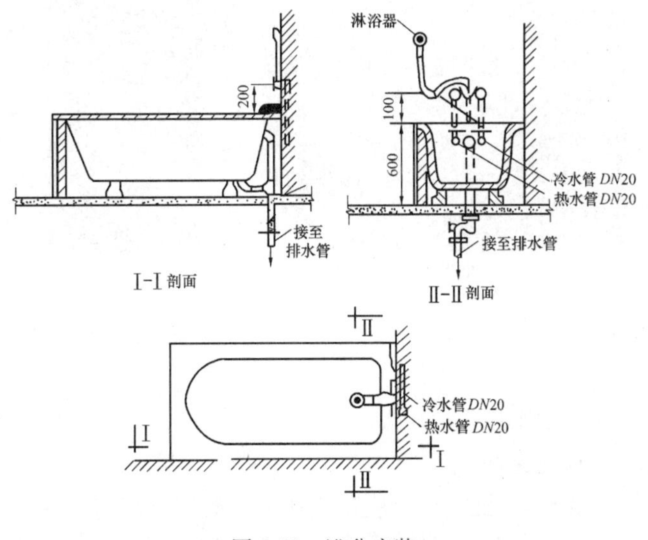


图 2-28　浴盆安装

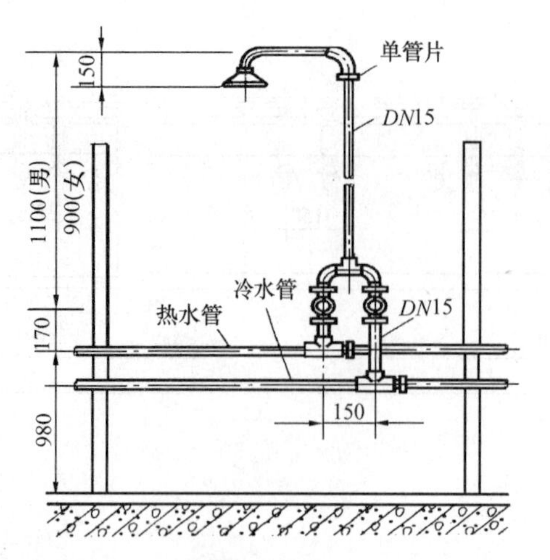


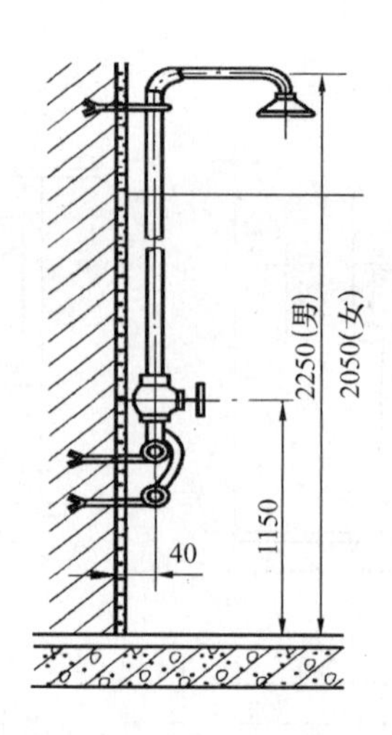


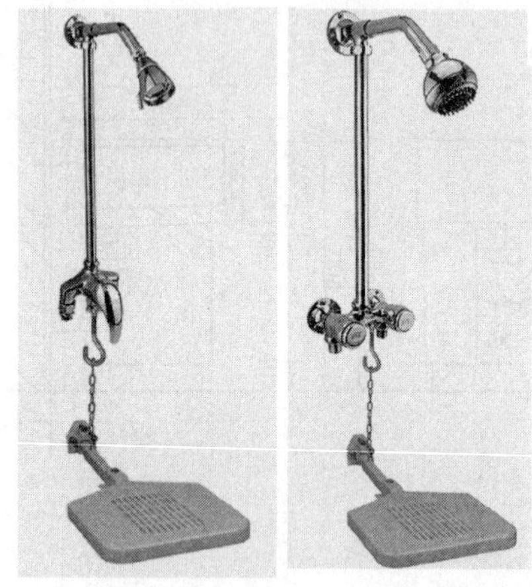

脚踏式淋浴器（冷热混合）

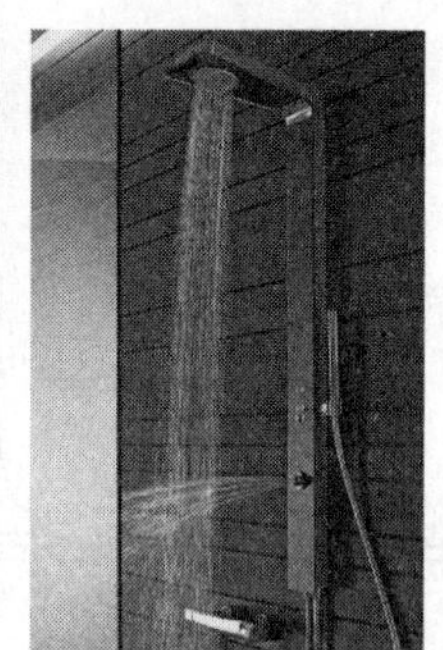

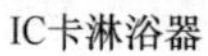

IC卡淋浴器　　全自动感应淋浴器

图 2-29　淋浴器安装

3. 洗涤用卫生器具

1）洗涤盆

洗涤盆（池）广泛应用于住宅的厨房、公共食堂等场所，具有清洁卫生、使用方便等优点。多为陶瓷、搪瓷、不锈钢和玻璃钢制品。洗涤盆可分为单格、双格和三格，有的还带有隔板和背衬。按安装方式，洗涤盆又可分为墙挂式、柱脚式和台式。双格洗涤盆安装如图 2-30 所示。

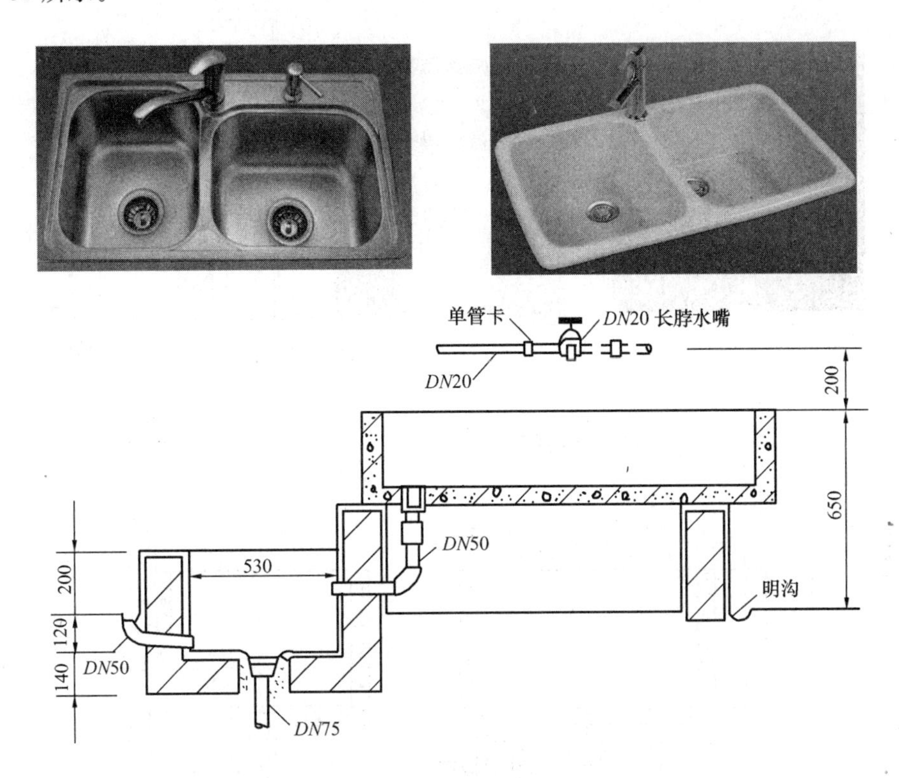


图 2-30　双格洗涤盆安装

2）污水盆

污水盆（池）一般设于公共建筑的厕所或盥洗室内，供洗涤清扫工具、倾倒污（废）水用。一般将材质为陶瓷、不锈钢、玻璃钢的称为污水盆；将钢筋混凝土、水磨石制作的称为污水池。按设置高度可分为挂墙式和落地式。污水盆（池）安装如图 2-31所示。

4. 专用卫生器具

1）直饮水器

直饮水器一般设置在工厂、学校、火车站、公园、体育场等公共场所，是供人们饮用冷水、冷开水的器具，具有卫生、方便等特点。

2）妇女卫生盆（妇洗器）

妇女卫生盆一般设在妇产科医院、工业企业生活间的妇女保健室、宾馆的卫生间及设有完善卫生设备的居住建筑内，专供妇女卫生冲洗用。妇洗器的安装如图 2-32 所示。

3）化验盆

化验盆一般设置在工厂、科研机关及学校的化验室和实验室内。根据需要可装置单联、双联、三联的鹅颈龙头。化验盆的安装，如图 2-33 所示。

另外，与卫生器具配套，设置在卫生间的器材还有烘干机、皂液供给器、手纸盒、肥皂缸等。

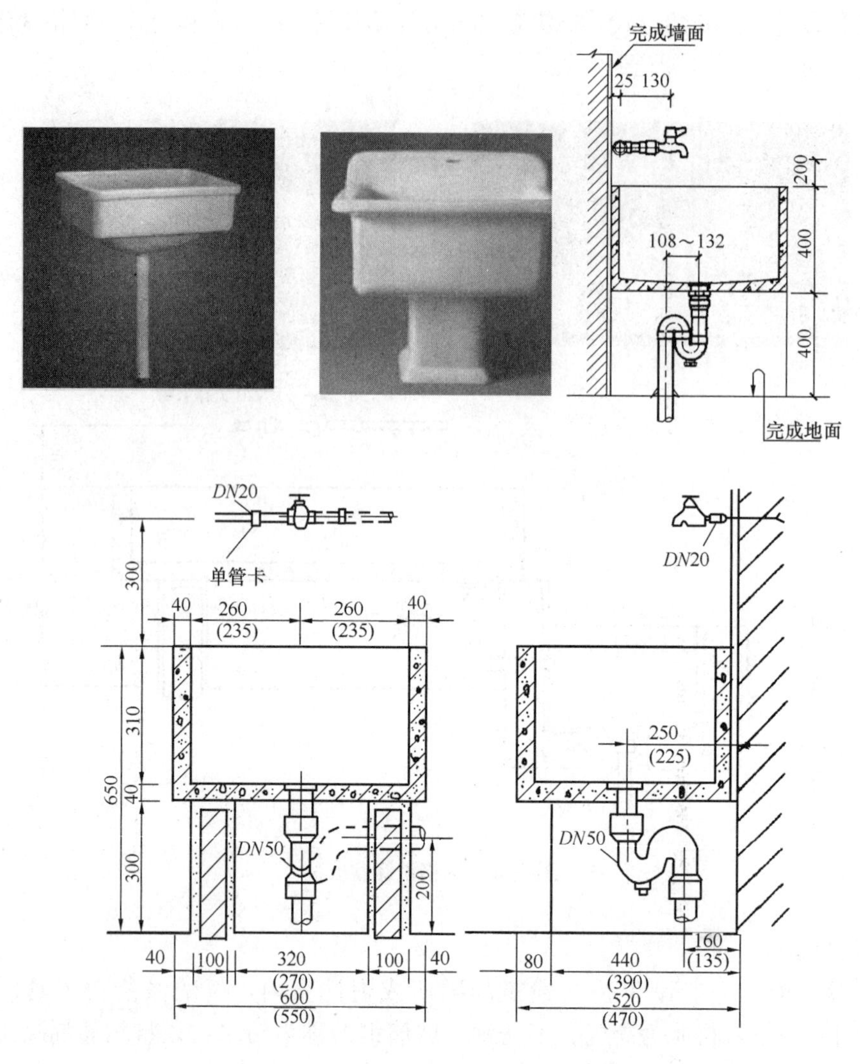


图 2-31　污水盆安装

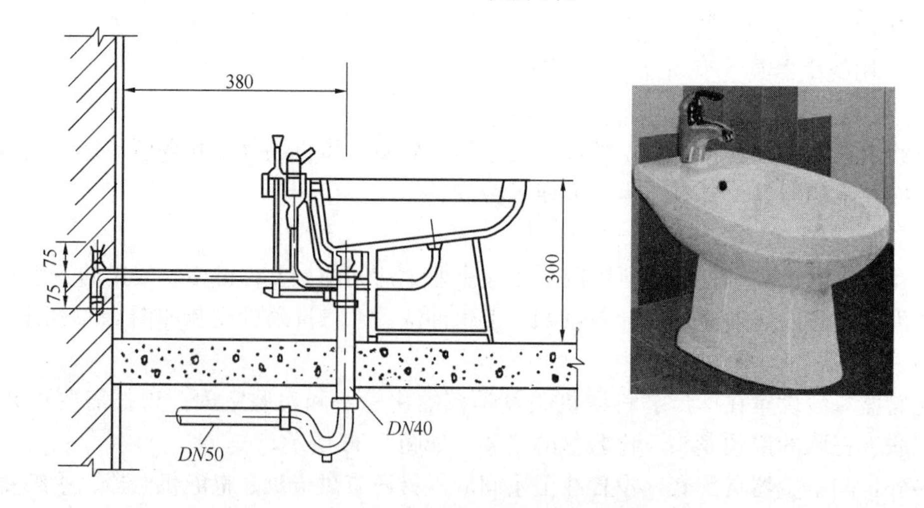


图 2-32　妇女卫生盆安装及实物图

卫生器具在卫生间的平面和高度方向的安装是否合理，直接关系到使用方便和保持良好的卫生间的环境；因此，安装位置的正确定位是非常重要的。

4）食品废物处理器

食品废物处理器一般安装在洗涤盆下，将洗涤排放的污水中所含的食物垃圾粉碎，如果核、碎骨、菜梗等被粉碎后随水排入下水道中；适用于家庭、宾馆、餐厅等厨房洗涤盆上，如图 2-34 所示。

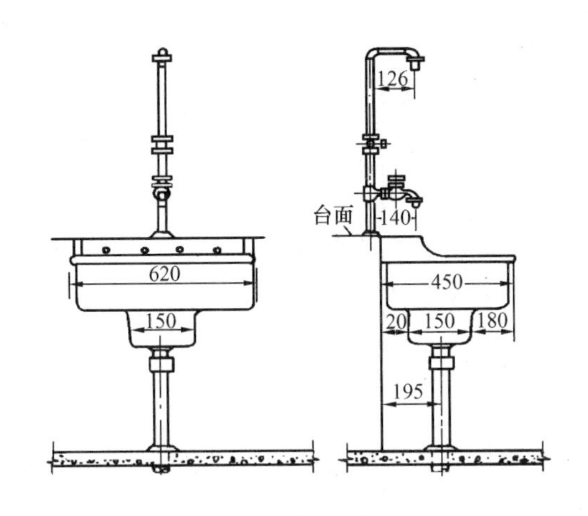


图 2-33　化验盆安装

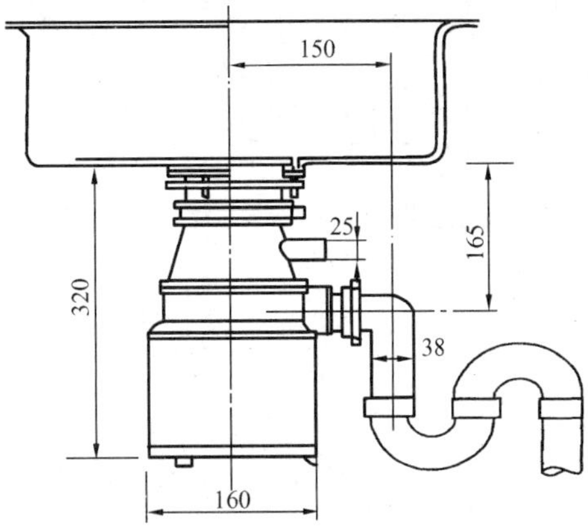

图 2-34　食品废物处理器

卫生器具的安装详见《给水排水标准图集》。

各种卫生器具安装高度见附录 2-1。

卫生器具给水配件安装高度见附录 2-2。

卫生器具排水管穿越楼板预留孔洞尺寸见表 2-5。

**卫生器具排水管穿越楼板预留孔洞尺寸**　　**表 2-5**

| 卫生器具名称 | | 预留孔洞尺寸（mm） | 卫生器具名称 | | 预留孔洞尺寸（mm） |
|---|---|---|---|---|---|
| 大便器 | | 200×200 | 小便器（斗） | | 150×150 |
| 大便槽 | | 300×300 | 小便槽 | | 150×150 |
| 浴　盆 | 普通型 | 100×100 | 污水盆、洗涤盆 | | 150×150 |
| | 裙边高级型 | 250×250 | 地　漏 | 50～75 | 200×200 |
| 洗　脸　盆 | | 150×150 | | 100mm | 300×300 |

注：如预留圆形洞，则圆洞内切于方洞尺寸。

塑料排水管安装与各种卫生设备的连接如图 2-35 所示。

上述排水附件、设备安装详见：《建筑排水设备附件选用安装》GJBT—77604S301。

**四、排水局部处理构筑物**

1. 化粪池（器）

国内化粪池的应用较为普遍，这是由于我国目前大多数城市或工矿企业区的排水系统多为合流制，生活污水处理厂较少的缘故。

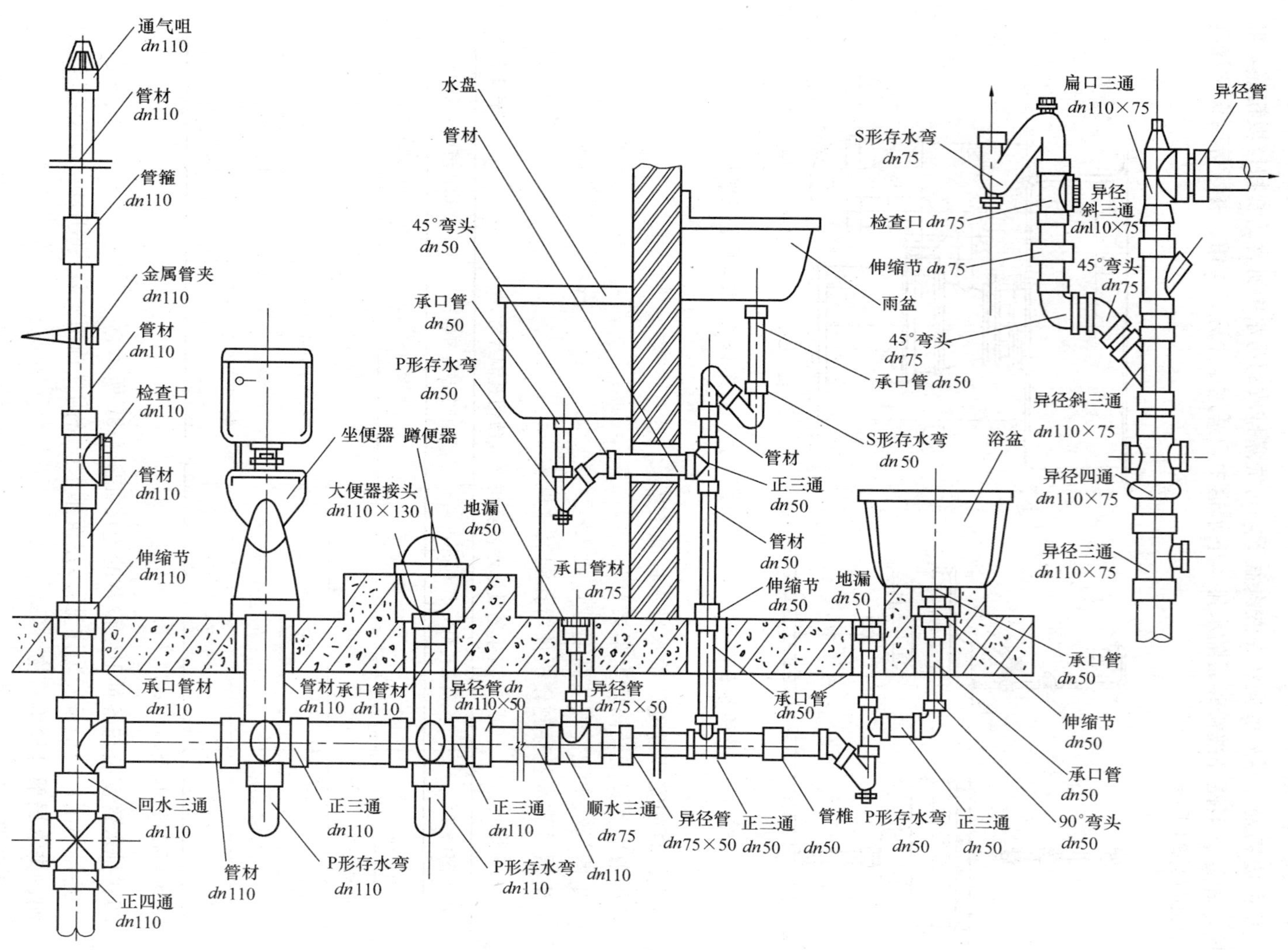


图 2-35　塑料排水管安装与各种卫生设备的连接

化粪池是较简单的污水沉淀和污泥消化处理构筑物。化粪池的作用主要是使生活粪便污水沉淀，使污水与杂物分离后进入排水管道。

生活污水中一般含有粪便、纸屑、病原体等杂质，经化粪池数小时的沉淀能去除60%左右，沉淀下来的污泥在缺氧及厌氧菌的作用下进行分解，使污泥中有机物无机化，不溶于水的有机物转化为溶解物，部分气化为 $CH_4$、$NH_3$、$CO_2$ 和 $H_2S$ 等气体，使污泥浓缩，同时还能消灭细菌、病毒的 25%～75%。污泥经 3 个月以上的时间发酵、脱水、熟化，发酵腐化，杀死粪便中的寄生虫卵后清淘，可作为肥料使用，也可作为污水处理厂活性污泥法的原料（底料）。

化粪池有：砖砌、钢筋混凝土、鹅卵形一体化玻璃钢、圆桶形整体玻璃钢和预制钢筋混凝土化粪池。

化粪池的形式有圆形和矩形两种。矩形化粪池由两格或三格污水池和污泥池组成，如图 2-36 所示。格与格之间设有通气孔洞。池的进水管口应设导流装置，使进水均匀分配。

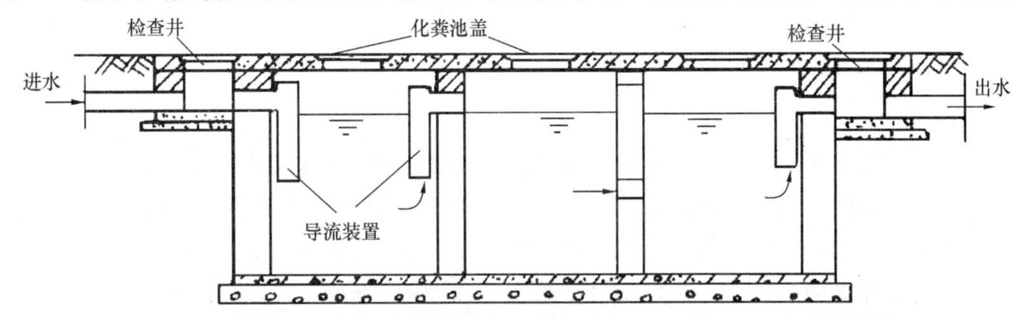


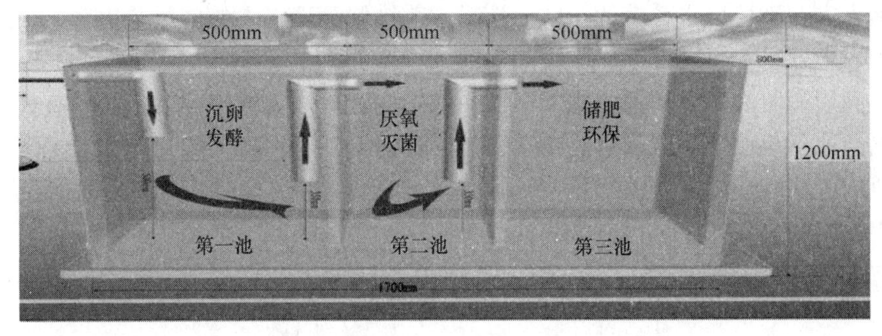


(a)

(b)

图 2-36 化粪池（器）

(a) 1.5$m^3$ 三格式化粪池构造图；(b) 化粪器

出水管口以及格与格之间应有拦截污泥浮渣的措施。化粪池的池壁和池底应有防止地下水、地表水进入池内和防止渗漏的措施。

化粪池容量的大小与建筑物的性质、使用人数、污水在化粪池中停留的时间等因素有关，通常应经过计算确定。实际工程中可采用估算法估算所需化粪池的容积。可参照表2-6所列数据选取。

**化粪池的最大使用人数** **表 2-6**

| 型　号 | 有效容积（m³） | 建筑物性质及最大使用人数 | | | |
|---|---|---|---|---|---|
| | | 医院、疗养院、幼儿园（有住宿） | 住宅、集体宿舍、旅馆 | 办公楼、教学楼、工业企业生活间 | 公共食堂、影剧院、体育馆 |
| 1 | 3.75 | 25 | 45 | 120 | 470 |
| 2 | 6.25 | 45 | 80 | 200 | 780 |
| 3 | 12.50 | 90 | 155 | 400 | 1600 |
| 4 | 20.00 | 140 | 250 | 650 | 2500 |
| 5 | 30.00 | 210 | 370 | 950 | 3700 |
| 6 | 40.00 | 280 | 500 | 1300 | 5000 |
| 7 | 50.00 | 350 | 650 | 1600 | 6500 |

2. 隔油池

隔油池是截流污水中油类物质的局部处理构筑物。公共食堂和饮食业排出的污水中含有较多的食用油脂，此类油脂进入排水管道后，随着水温下降，易凝固并附着在管壁上，缩小甚至堵塞管道，影响排水系统的正常工作。而含有汽油、煤油、柴油等轻质油类的污水，在进入室外管网之后，易挥发集聚于检查井和管道空间，当达到一定浓度后，易发生爆炸而引起火灾，破坏排水系统的正常工作，影响维修管理工人的健康与生命。因此，在上述污水进入室外排水管网之前，应设隔油池。

为便于利用积留油脂，粪便污水和其他污水不应排入隔油池内。污水中含有易挥发性油类时，隔油池不得设于室内。对夹带杂质的含油污水，应在排入隔油池前，经沉淀处理或在隔油池内考虑沉淀部分所需容积。隔油池应有活动盖板，进水管要便于清通。此外，车库等使用油脂的公共建筑，也应设隔油池去除污水中的油脂，如图2-37所示。

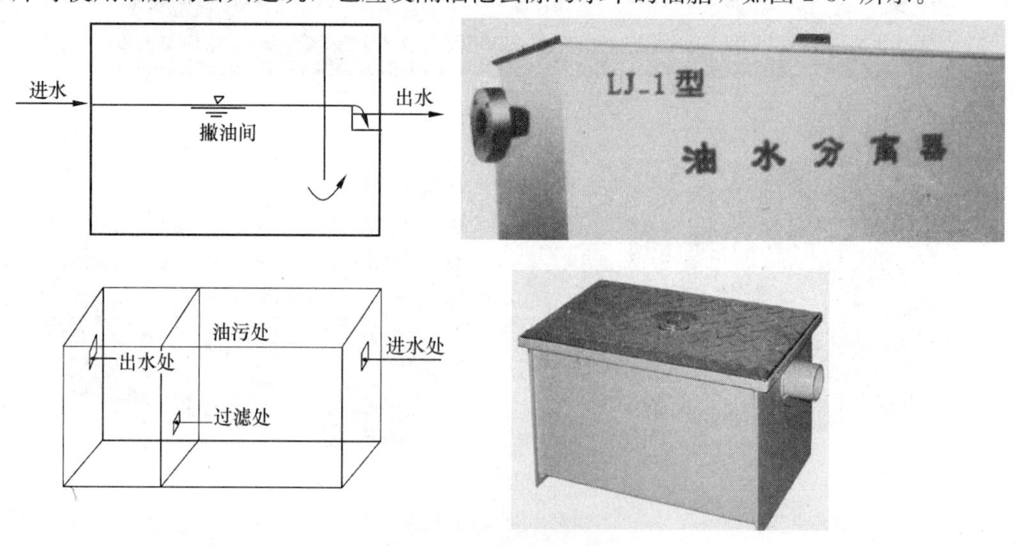


图2-37　隔油池器示意图

3. 沉砂池

汽车库内冲洗汽车或施工中的排水等的污水含有大量的泥砂，在排入城市排水管道之前，应设沉砂池，以除去污水中粗大颗粒杂质，小型沉砂池的构造如图 2-38 所示。

4. 降温池

排水温度高于 40℃的污水或废水，在排入室外排水管网之前，应采取降温措施，一般设降温池。

降温池通常设于室外，若设在室内，水池应密闭，并在池上设人孔和通往室外的排气管，图 2-39 为常见的一种隔板降温池。

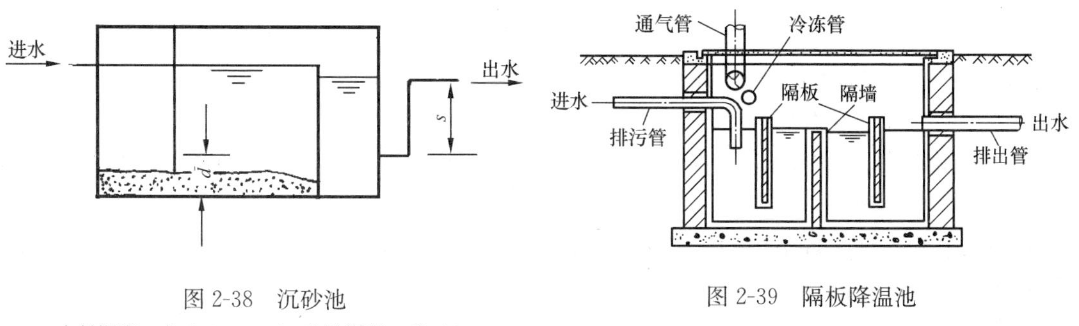


图 2-38　沉砂池

$s$—水封深度；$s \geqslant 100$mm；$d$—砂坑深度；$d \geqslant 150$mm

图 2-39　隔板降温池

5. 污水抽升设备

民用建筑中的地下室、人防建筑物，高层建筑的地下技术层、某些工业企业车间地下室或半地下室、地下铁道等地下建筑物内的污(废)水不能自流排到室外时，必须设置污水抽升设备，将建筑物内所产生的污(废)水抽升至室外排水管道。

常用的污水抽升设备有潜污泵、气压扬液器、手摇泵和喷射器等，如图 2-40 所示。采用何种抽升设备，应根据污（废）水性质、所需抽升高度和建筑物类型等具体情况来定。

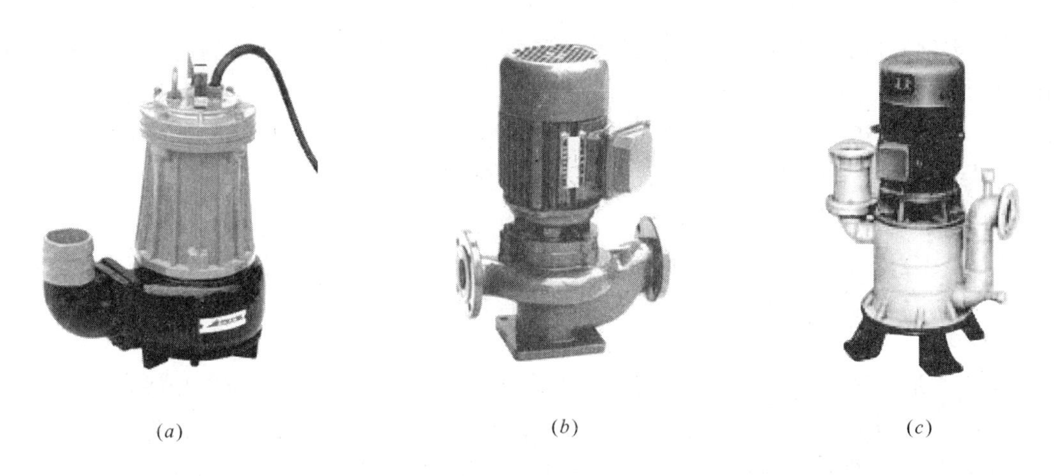


图 2-40　污水抽升设备

(a) 切割式潜污泵；(b) 无堵塞式潜污泵；(c) 自吸式污水泵

## 第二节　排水常用管道、附件及卫生器具选用、安装施工要点

### 一、进场及设计要求

（1）工程中使用的各种排水材料和设备必须符合设计要求。

（2）铸铁排水管及管件规格品种应符合设计要求。管壁厚薄应均匀，内外光滑整洁，无浮砂、包砂、粘砂，不得有砂眼、裂纹、飞刺和疙瘩。承插口内外径及管件应规格，法兰接口平整、光滑严密。

（3）建筑排水用硬聚氯乙烯（UPVC）管材和管件应有质量检验部门的产品合格证，并有明显标志标明生产厂的名称和产品规格。所用胶粘剂应是同一厂家配套产品，并必须有厂名、生产日期和有效期及出厂合格证和说明书。管材内外表层应颜色一致、光滑、无气泡、裂纹，管壁厚度均匀，直管段挠度不大于1%。管件造型应规格、光滑、无毛刺，承口和插口应配套。

（4）卫生洁具的规格、型号必须符合设计要求，并有出厂合格证。卫生洁具外观应规整，造型周正，表面光滑、美观、无裂纹、色调一致。卫生洁具零件质量规格符合要求，外表光滑，电镀均匀，螺纹清晰，螺母松紧适度，无砂眼、裂纹等缺陷。

（5）对高层建筑排水管必须符合设计要求，采用能承受一定压力的铸铁排水管或UPVC管。

### 二、施工要点

1）施工时必须对预留洞、预埋件的尺寸、位置、标高、坐标进行认真复核，未经土建同意严禁对楼板、墙板、梁柱随意开凿洞孔及切割结构钢筋。竣工前必须按防火要求将所有洞孔及套管两端封堵。

2）排水系统管道施工时，先进行预埋管道的敷设，然后进行垂直立管的安装，最后安装支管、水平支管和排出管。立管安装必须执行“下开上堵”的施工原则，确保管道畅通。

3）埋地管道必须铺设在未经扰动的坚实土层上，或铺设在经夯实的松散土层上。管道及管道支墩严禁铺设在冻土或未经处理的松土上。当管道需要垫层时，基础垫层应做在实土上，松土应进行夯实处理，绝不能把基础做在松土或冻土上。专业监理工程师应复查基础垫层的标高、坡度和坐标，并做好隐蔽工程记录。

4）埋地管和出墙管的安装要求

（1）UPVC管埋地立管转横管处应做C15混凝土基础支撑。

（2）注意按设计标高和坡度要求铺设埋地管，管沟坡度于管坡一致，回填土时注意不能把管道破坏。

（3）埋地管穿越基础时，应配合土建按设计要求进行，注意留洞位置和标高及管顶上部留有净空；当穿越地下室外墙时，注意防水要求，必须按设计预埋防水套管。

注意UPVC埋地管与室外检查井连接处管端外侧应涂刷胶粘剂后，滚粘干燥的黄砂，长度大于井壁厚度，相接部位应采用M7.5水泥砂浆分两次嵌实，不得有孔隙，外壁管周围做一止水圈。

5）管道接口形式应符合设计要求和施工工艺要求。

（1）对金属管道承插接口，承插和套箍接口环缝间隙应均匀，填料应先用麻丝填充，其填充量约占整个水泥接口深度的1/3。再用水泥或石棉水泥捻口。捻口应敲打密实、饱满，灰口平整光滑，并注意对捻口水泥的养护。

（2）对于塑料管承插粘接接口，在粘接前应先清除接口处油污水迹，涂上胶粘剂在5～15s之内插入承口，1min后胶粘剂固化后方可松手。胶粘剂涂刷应迅速、均匀、适量，不得漏涂。

6）管道的支、吊、托架所采用的形式和规格应符合设计要求和施工规范要求。

（1）金属排水管道上的吊钩或卡箍应固定在承重结构上。固定件间距：横管不大于2m；立管不大于3m。楼层高度小于或等于4m，立管可安装1个固定件。立管底部的弯管处应设支墩或采取固定措施。UPVC横管直线管段支承间距见表2-7。

**UPVC管横管直线管段支承间距** **表2-7**

| 管径（mm） | 40 | 50 | 75 | 90 | 110 | 125 | 160 |
| --- | --- | --- | --- | --- | --- | --- | --- |
| 间距（m） | 0.40 | 0.50 | 0.75 | 0.90 | 1.10 | 1.25 | 1.60 |

（2）管道支、吊、托架的安装、埋设应牢固，与管道接触应紧密，固定应牢固。

（3）室内立横管支架、支承、直线段、转弯、两端距离要相等，一般为200～300mm，中间等分。

（4）室内90°弯头及各卫生设备的受水口接口边50mm处应设吊架固定。如采用钢支、托、吊架与UPVC管的支承应采用软垫片（一盘用2mm厚的橡皮），单位工程中垫片宽度应一致。

7）在排水管施工中，要严格控制坡度，要符合设计要求，当设计无要求时，按施工规范要求。在安装时，管道坡度应均匀一致，不能出现高低起伏现象，严禁倒坡。隐蔽管道坡度情况应做好隐蔽工程记录。

8）在排水管道的施工过程中，专业监理工程师应随时检查管道的坡度、标高、水平和垂直状况，使之符合有关的质量评定标准。安装管道时，与墙之间距离要符合规范规定，不能出现吃墙现象。塑料管立管承口外侧与墙面间距应控制在20～50mm。

9）排水塑料管必须按设计要求及位置装设伸缩节。如设计无要求时，伸缩节间距不得大于4m。

高层建筑中明设排水塑料管道应按设计要求设置阻火圈或防火套管。

10）当UPVC塑料管与铸铁管或铸铁管件连接时，应将插入部分用砂纸打毛，再用油麻、石棉、水泥捻口，不得用水泥砂浆，操作时应防止塑料管变形。塑料管与钢管、排水栓连接时应采用专用配件。

11）注意UPVC管穿楼板、墙板、消防分区、管井壁时，对防火、阻燃、止水方面要求（尤其高层建筑），严格按设计要求施工，并按《建筑排水硬聚氯乙烯管道工程技术规程》CJJ/T 29和《建筑排水用硬聚氯乙烯内螺旋管管道工程技术规程》CECS 94中的具体做法进行检查验收。

（1）当UPVC管穿楼板后，应采用C20细石混凝土分两次浇捣密实，并结合土建面层施工，对楼板补洞，应采用C10细石混凝土分两次窝嵌密实，管道根部用M10水泥泥浆砌筑且做椎体的阻水圈。

(2) 高层建筑内的暗敷管道，立管管径大于或等于110mm时，当设计要求采取防止火灾贯穿措施时，防火套管长度不小于500mm。

(3) 高层建筑暗敷管径大于或等于110mm的横支管与暗设立管相连接时，墙体贯穿部位应设置阻火圈或长度不小于300mm的防火套管，且防火套管的暗露部分长度不宜小于200mm。

(4) 高层建筑内当横干管穿越防火墙时，管道穿越墙体的两侧应设置阻火圈或长度不小于500mm的防火套管。

12) 排水主立管及水平干管管道均应做通球试验，通球球径不小于排水管道管径的2/3，通球率必须达到100%。

13) 在各管道系统安装检查合格后，应注意管道与墙、板、屋面的缝隙或孔洞的修补，注意事前提醒施工单位安装人员与土建人员协调配合好，然后由土建人员实施。在实施时，注意不损坏管道、附件及设备，另一方面要防止渗漏。

14) 管道及管道附件与卫生器具的陶瓷件连接应垫胶皮、油灰等填料和垫料。

15) 卫生器具的安装应与土建施工配合，在卫生器具安装前，应要求土建做好墙面和地面的防渗漏措施。在卫生器具安装后，应要求土建做好产品保护。浴盆安装必须在抹灰底层以后，贴瓷砖之前就位，台式面盆必须与土建大理石台面的安装配合，其他卫生器具安装大多在粉刷完成后进行。安装时应把排水口临时堵塞好，防止水泥浆和其他垃圾进入而堵塞管道。卫生器具的排水管管径和最小坡度必须符合施工规范的要求。

16) 安装卫生器具时，宜采用预埋支架或用膨胀螺栓进行固定，不得使用木螺栓。

17) 卫生器具的陶瓷件与支架接触面应平稳妥帖，必要时加软垫。螺栓拧紧时不能用力过猛，防止陶瓷破裂，卫生器具的固定必须牢固无松动。坐便器与地坪之间的垫料宜用2∶8水泥纸筋封垫，比例不宜过高；接触部位平垫片和软垫片压紧，严禁使用弹簧垫片压紧，严禁在多孔砖或轻型隔墙中使用膨胀螺栓固定卫生器具。

18) 卫生器具位置应正确，允许偏差：单独器具10mm，成排器具5mm，安装应平直，器具垂直度应允许偏差不得超过3mm。器具水平度应允许偏差不得超过2mm。安装高度允许偏差：单独器具±15mm；成排器具±10mm。

19) 固定洗脸盆、洗手盆、洗涤盆、浴盆的排水口接口应通过螺母来实现，不得强行旋转水口，落水口应与盆底相平或略低。

20) 安装坐便器和妇女卫生盆时，要在其底部与所接触的地坪之间加进橡胶垫。

21) 大便器、小便器的排水口承插接头应用油灰填充，不得使用水泥砂浆填充。

22) 坐便器安装时，注意坐便器坐标超偏和冲水主管坐标超偏，橡胶软管弯瘪或伸接过紧，橡胶软管拉伸过紧，搭接过短或软管质量不好，严禁用镀锌钢丝捆绑软管与硬管搭接处，应用箍卡固定卡牢，以防此处漏水。

23) 地漏应安装最低处其箅子顶面应低于设置处地面5mm。多用地漏接入管与排水管应用三通水平连接，端部加丝堵，地漏面板应完好，带洗衣机排水的地漏必须安装反盖式地漏。在地面施工完后，地漏四周应做泼水试验，检查地漏是否畅通及地面有无渗漏，并做好记录。

24）管道安装完成后，应将所有管口妥善封闭，防止杂物进入造成堵塞。

25）严禁把安装好的管道当脚手架，严禁利用塑料管作为脚手架支点或安全带拉点，以及吊顶的吊点。

26）以各检查井的标高为控制点，再按两井之间高差定出管道坡度。在施工中，专业监理工程师应随时复测标高和坡度符合设计要求和施工规范规定。注意室外排水管标高误差应严格控制在±10mm 范围内。

## 第三节　建 筑 排 水 系 统

排水以卫生器具（受水器）——排水支管——排水横管——排水立管——排出管——检查井——化粪池——市政污水管网为循序的排放过程。

建筑排水又称室内排水，包括生活污水排放、生产污（废）水排放和雨（雪）水排放系统等。室内排水系统的主要任务就是汇集、接纳建筑物内各种卫生器具和用水设备排放的污（废）水以及屋面的雨、雪水，在满足排放要求的条件下，通过技术、经济比较，选择适用、经济、合理、安全、通畅、先进的排水系统排入室外排水管网。

### 一、污、废水的分类

（一）排水系统分类可按排除的污水性质分为：

（1）粪便污水排水系统：排除大、小便器（槽）以及与此相似的卫生设备排出的污水。

（2）生活废水排水系统：排除洗涤设备、淋浴设备、盥洗设备及厨房等废水。

（3）生活污水排水系统：排除粪便污水与生活废水的合流排水系统。

（4）雨水排水系统：排除屋面的雨雪水系统。

（5）工业废水排水系统：排除生产污水和生产废水的排水系统。

生产污水是指：①水质在生产过程中被化学杂质污染的水，如含氰污水、酸、碱污水等。水质被机械杂质（悬浮物及胶体物）污染的水，如水力除灰污水，滤料洗涤污水等。②生产废水是指：可循环或重复使用的较洁净的工业废水，如冷却废水等。

（二）生活污（废）水排水系统

用于排除居住建筑，公共建筑及工矿、企业生活间的洗涤污水和粪便污水等。这类污水的特点是有机物和细菌含量较高，应进行局部处理后才允许排入城市排水管道。洗涤废水经处理后，可作为杂用水，也称为中水，可用来冲洗厕所、浇洒绿地和道路、冲洗汽车等。医院污水由于含有大量病菌，在排入城市排水管道之前，除进行局部处理外，还应进行消毒处理。

（三）工业污（废）水排水系统

用于排除生产过程中所产生的污（废）水。因生产工艺种类繁多，所以产生污（废）水的成分十分复杂。有的污染较轻，如仅为水温升高的冷却水，称为生产废水；有的污染严重，如食品工业产生的被有机物污染的废水以及冶金、化工等工业排出的含有重金属等有毒物质和酸、碱性废水，称为生产污水。

（四）雨、雪水排水系统

用于排除建筑屋面的雨水和融化的雪水。随着环境污染的日益严重，初期雨、雪水经地面径流，含有大量的污染物质，也应进行集中处理。

（五）排水系统体制

排水系统可分为分流制和合流制，也称为排水体制。

1. 分流制：指上述各种污（废）水系统，分别设置管道各自独立排出建筑物外的系统。

2. 合流制：指上述各种污（废）水系统，合二为一或合三为一设置管道合流排出建筑物外。

（六）同层排水

同层排水是指卫生器具排水管不穿楼板，而排水横管在本层与排水立管连接的方式。同层排水技术的优点是：减少了卫生间地板预留孔洞，横支管维修不干扰下层住户，卫生间卫生器具布置灵活、安装方便、排水噪声小、管道不结露。主要适用于居住建筑卫生间和其他民用建筑。

**二、污（废）水排放条件**

1）建筑物内的下列排水系统（或设备），需经单独处理后方可排至城市污水管网：

（1）公共食堂的厨房洗涤废水及含油量较多的生活废水。

（2）汽车库及汽车修理间排出的含有泥砂、矿物质及大量机油类的废水。

（3）医院污水（包括传染病医院、结核病医院、专科性（如肿瘤）医院和医疗卫生机构的手术室、化验室、病房，以及畜牧兽医、生物制品等单位室内卫生洁具所排出的污水）需经单独处理后，符合《医疗机构水污染物排放标准》GB 18466 的要求。

（4）排水温度超过 40℃的锅炉、水加热设备等的污水。

（5）工业废水中含酸碱、有毒、有害物质的工业排水。

2）污水排入城市排水管网应符合《污水综合排放标准》GB 18918。

3）工业废水排入城市排水管网，应符合《工业企业设计卫生标准》GB Z1。

**三、排水系统的组成**

建筑排水系统的基本任务是迅速、通畅地排出生活和生产过程中产生的污（废）水。故建筑排水系统的组成应满足下列三方面的要求：（1）能顺畅地将污水排至室外；（2）气压稳定；（3）管线布置合理，工程造价低。因此，为了保证上述要求，一个完善的建筑排水系统应由卫生器具、排水横支管、立管、排出管、通气管、清通设备、污水抽升设备及污水局部处理设施等部分组成，如图 2-41 所示。

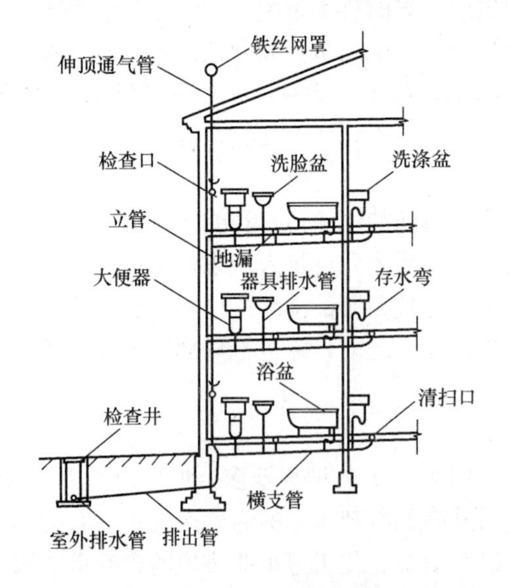

图 2-41　排水系统的组成

1. 卫生器具（或生产设备的受水器）

卫生器具是给水系统的终点，排水系

统的起点，用来满足日常生活和生产过程中各种卫生要求，收集和排除污（废）水的设备。污水从卫生器具排出经过存水弯和器具排水管排入横支管。

2. 排水横支管

排水横支管的作用是将各卫生器具排水管流来的污水排至立管。横支管中水的流动属重力流，因此，管道应有一定的坡度坡向立管。其最小管径应不小于 50mm，粪便排水管径不小于 100mm。

3. 排水立管

排水立管承接各楼层横支管流入的污水，然后再排入排出管。为了保证排水通畅，立管的最小管径不得小于 50mm，也不能小于任何一根与其相连的横支管的管径。

4. 排出管

排出管是室内排水立管与室外排水检查井之间的连接管段，它接受一根或几根立管注入的污水并排入室外排水管网。室内排水是否迅速、通畅，在很大程度上取决于排出管(在设计和施工中尤为重要)。排出管的管径不能小于任何一根与其相连的立管管径。排出管一般埋设在地下，坡向室外排水检查井。

5. 通气管

设置通气管的目的是使建筑内部排水管系统与大气相通，尽可能使管内压力接近大气压力，保持压力平衡，以保护存水弯内的水封不致因压力波动而遭到破坏；保证在正压状态下排放污（废）水；同时及时排出管道中的臭气及有害气体，保持卫生间的洁净和卫生。

最简单的通气管是将立管上端延伸出屋面，称为伸顶通气管，也称普通通气管；一般可用于多层建筑的单立管排水系统，如图 2-42 所示。这种排水系统的通气效果较差，排水量较小。

对于层数较多或卫生器具数量较多的建筑，因卫生器具同时排水的几率较大，只设伸顶通气管已不能满足稳定管内压力的要求，必须增设专门用于通气的管道。

不论是伸顶通气管、通气立管、器具通气管还是环形通气管，其作用都有三个：①向排水管系补给空气，使水流畅通，减少管道内气压变化幅度，平衡管内压力，保证管内气压稳定，防止存水弯的水封在管道系统内排放污水时因压力失调而被破坏；②使室内外排水管道中散发的臭气和有害气体能排到大气中去；③管道内经常有新鲜空气流通，可减轻管道内污（废）水对管道的腐蚀。

6. 清通设备

一般有检查口、清扫口、检查井以及带有清通门（盖板）的 90°弯头或三通接头等设备，作为疏通排水管道之用。

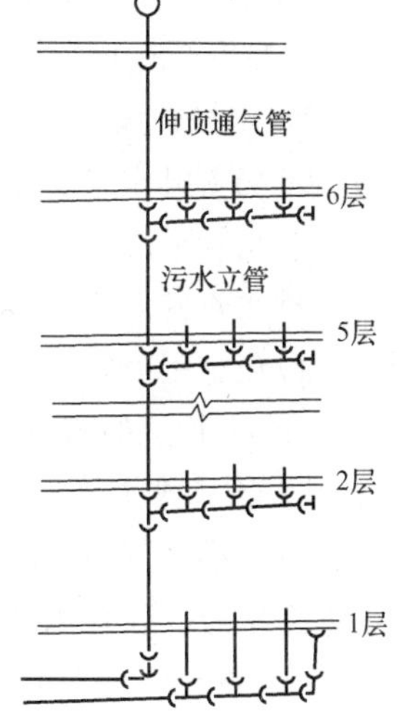


图 2-42 伸顶通气管排水系统

## 四、排水系统管路的布置与敷设

（一）基本要求

排水管道的布置应满足水力条件最佳，便于维护管理，保护管道不易受损坏，保证生产和使用安全以及经济、美观的要求。因此，排水管道的布置与敷设应符合以下基本要求：

1. 满足管道工作时的最佳水力条件

为满足管道工作时的最佳水力条件，排水立管应设在污水水质最差、杂质最多的排水点附近。管道要尽量减少不必要的转弯，宜作直线布置，并以最短的距离排出室外。

2. 保护管道不受损坏

为使管道不易受损，排水管道不得穿过建筑物的沉降缝、伸缩缝和防震缝、烟道和风道，如必须要穿过时，要采取相应的保护措施。埋地管不得布置在可能受到重压处或穿越设备基础。特殊情况需穿过以上部位时，则应采取保护措施。

3. 不得影响使用安全

为了不影响使用安全，排水管道不得布置在遇水能引起燃烧、爆炸或损坏的原料、产品和设备上面。架空管道不得设在食品和贵重商品仓库、通风小室、配电间以及生产工艺或卫生有特殊要求的厂房内，并尽量避免布置在食堂、主、副食操作烹调灶上方和通过公共建筑的大厅等建筑艺术和美观要求较高的场所。生活污水立管宜沿墙、柱布置，不得穿越对卫生、安静要求较高的房间。如卧室、病房等。避免靠近与卧室相邻的内墙，以免噪声干扰。

4. 便于安装和维修

排水管与建筑结构之间应保持一定的间距，一般立管与墙、柱的净距为 25～35mm；排水横管与其他管道共同埋设时的最小净距水平向为 1～3m，竖向 0.15～0.20m。清通设备周围应留有操作空间；排水横管端点的弯向地面清扫口与其垂直墙面的净距不应小于 0.15m，若横管端点设置堵头代替清扫口，则堵头与墙面的净距不应小于 0.4m。

5. 满足经济的要求

由于市场上排水管材较多，采用何种管材，应进行技术经济比较，既要满足排水的通畅，又要满足管道的最佳水力条件；既要有一定的强度，又要运输安装方便等。

由于排水管件均为定型产品，规格尺寸都已确定，所以管道布置时，宜按建筑尺寸组合管件，以免施工时安装困难。

（二）排水管道的布置

1. 卫生洁具排水管

凡有隔绝难闻气体要求的卫生洁具和生产污水受水器的泄水口下方的器具排水管上，均须设置存水弯。设存水弯有困难时，应在排水支管上设水封井或水封盒，其水封深度应分别不小于 100mm 和 50mm。器具排水管与排水横支管连接时，宜采用 45°三通或 90°斜三通。

2. 排水横支管

排水横支管的位置及走向，应视卫生洁具和立管的相对位置而定，可以沿墙敷设在地板上，也可用间距为 0.6～1.0m 的吊环悬吊在楼板下。排水横管支架的最大间距见表 2-8。底层横支管宜埋地敷设，其他楼层的横支管可以明装或暗装，但暗装时一定要考虑便于检修。

**排水塑料管道支吊架的最大间距**（单位：m）　　　　**表 2-8**

| 管径（mm） | 50 | 75 | 110 | 125 | 160 |
|---|---|---|---|---|---|
| 立管 | 1.2 | 1.5 | 2.0 | 2.0 | 2.0 |
| 横管 | 0.5 | 0.75 | 1.10 | 1.30 | 1. 6 |

排水横支管一般不得超过 10m，以防因管道过长而造成虹吸作用对卫生洁具水封的破坏；同时，要尽量少转弯，尤其是连接大便器的横支管，宜直线与立管连接，以减少阻塞及清扫口的数量。

排水立管仅设伸顶通气管时，最低排水横支管与立管连接处距排水立管管底的垂直距离，应符合表 2-9 的要求。底层的生活污水宜单独排出。排水支管连接在排出管或排水横干管上时，连接点距立管底部的水平距离，不宜小于 3.0m。排水管道的横管与横管、横管与立管的连接，宜采用 45°斜三通或 45°斜四通和顺水三通或顺水四通。

**最低横支管与立管连接处至立管底部的垂直距离**　　　　**表 2-9**

| 立管连接卫生器具的层数（层） | 垂直距离（m） | 立管连接卫生器具的层数（层） | 垂直距离（m） |
|---|---|---|---|
| ≤4 | 0.45 | 7～19 | 3.00 |
| 5～6 | 0.75 | ≥20 | 6.00 |

3. 排水立管

排水立管宜靠近杂质最多、最脏和排水量最大的卫生洁具设置，以减少管道堵塞的机会，并尽量使各层对应的卫生洁具中的污水用同一立管排出。排水立管一般不允许转弯，当上下层位置错开时，宜用乙字管或两个 45°弯头连接，错开位置较大时，也可有一段不太长的水平管段。排水立管与排出管连接宜采用两个 45°弯头或曲率半径大于 4 倍立管管径的 90°弯头。

排水立管一般沿墙角或柱垂直敷设。在有特殊要求的建筑物内，立管可设在管槽、管井内，但必须考虑安装与检修的方便，在检查口处应设检修门，如图 2-43 所示。

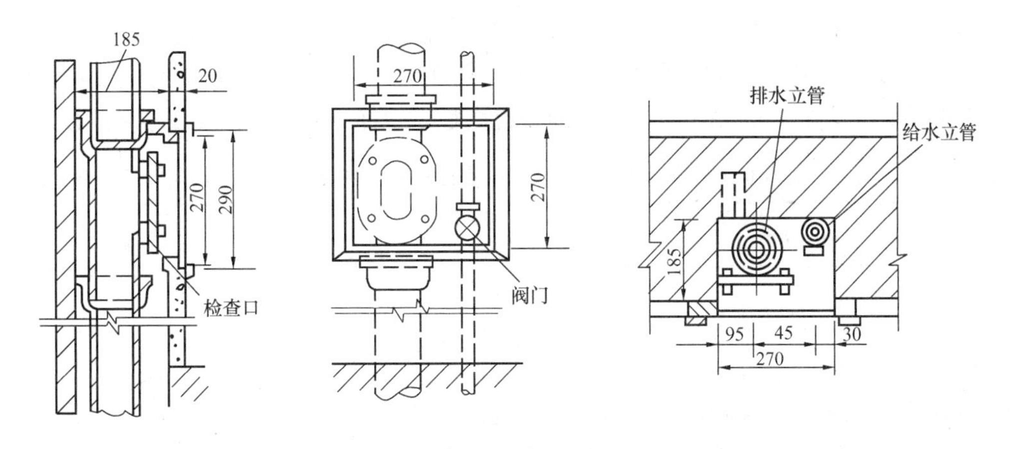


图 2-43　管道检修门

立管管壁与墙、柱等表面应有 35～50mm 的安装净距。立管穿楼板时，应加设套管，对于现浇楼板应预留孔洞或镶入套管，其孔洞尺寸较管径大50～100mm。立管的固定常采用管卡，管卡的间距不得超过3m，但每层必须设一个管卡，宜设于立管接头处。

为了便于管道清通，排水立管上应设检查口，其间距不宜大于10m；若采用机械疏通时，立管检查口的间距可达15m。

排水立管下端与排水横干管或排出管的连接处，宜采用两个45°弯头或弯曲半径大于等于4倍管径的90°弯头，以保证排水管道畅通。

4. 排水横干管与排出管

根据室内排水立管的数量和布置，以及室外检查井的位置情况，有时需设置室内排水横干管，将几条立管与排出管连接起来。排水横干管与排出管，一般埋设在底层地板下的土壤内，但要避免布置在可能受重物压坏处和穿过生产设备基础。在特殊情况下，可与有关专业协商处理。

为了防止埋地管道受到机械损坏，在一般厂房内，管顶的最小埋深见表2-10。

**排水管的最小埋设深度　　表2-10**

| 管材 | 管顶至地面的距离（m） | |
|---|---|---|
| | 素土夯实、碎石、砾石<br>大卵石、缸砖、木砖地面 | 水泥、混凝土、沥青混凝土地面 |
| 排水铸铁管 | 0.7 | 0.4 |
| 混凝土管 | 0.7 | 0.5 |
| 带釉陶土管 | 1.0 | 0.6 |
| 硬聚氯乙烯塑料管 | 1.0 | 1.0 |

为了保证水流畅通，横干管与排出管之间、排出管与其同一检查井内的室外排水管之间的水流方向的夹角不得小于90°；当落差大于0.3m时，可以不受此限制。排出管与室外管道是通过检查井进行连接的，排出管与室外排水管连接时，其管顶标高不得低于室外排水管管顶标高。

排出管出外墙后距检查井的距离不宜小于3.0m。排出管从排水立管或清扫口至室外检查井中心的最大长度应按表2-11确定，如果排出管长度大于表中所列数值，应在排出管上设检查口或清扫口。排出管在小区内敷设的最小管径和最小设计坡度参见附录2-3。

**排水立管或排出管上的清扫口至室外检查井中心的最大长度　　表2-11**

| 管径 *DN*（mm） | 50 | 75 | 100 | >100 |
|---|---|---|---|---|
| 排出管的最大长度（m） | 10 | 12 | 15 | 20 |

（三）排水管路的敷设

建筑内部排水管道的敷设有两种方式：明装和暗装。

为清通检修方便，排水管道应以明装为主。明装管道应尽量靠墙、梁、柱平行设置，以保持室内的美观。明装管道的优点是造价低、施工方便；缺点是卫生条件差，不美观。明装管道主要适用于一般住宅、公共建筑和无特殊要求的工厂车间。

室内美观和卫生条件要求较高的建筑物和管道种类较多的建筑物，应采用暗装方式。暗装管道的立管可设在管道竖井或管槽内，或用轻质材料围挡；横支管可嵌设在管槽内，或敷设在吊顶内；有地下室时，排水横支管应尽量敷设在顶棚下。有条件时可和其他管道一起敷设在公共管沟或管廊中。暗装的管道不影响卫生，室内较美观，但造价高，施工和维护均不方便。

排水管道埋地时，应有一个保护深度，防止被重物压坏。其保护深度不得小于0.4～1.0m。

排水立管穿越楼层时，应外加套管，预留孔洞的尺寸一般较通过的立管管径大50～100mm，见表2-12。套管管径较立管管径大1～2个规格时，现浇楼板可预先镶入套管。

**排水立管穿越楼板预留孔洞尺寸　　表2-12**

| 管径 *DN*（mm） | 50 | 75～100 | 125～150 | 200～300 |
|---|---|---|---|---|
| 孔洞尺寸（mm） | 100×100 | 200×200 | 300×300 | 400×400 |

排水管在穿越承重墙和基础时，应预留孔洞。预留孔洞尺寸见表2-13。安装时应使管顶上部的净空不小于建筑物的沉降量，且不得小于0.15m。

**排出管穿越基础预留孔洞尺寸　　表2-13**

| 管径 *DN*（mm） | 50～100 | >100 |
|---|---|---|
| 留洞尺寸（高×宽）（mm×mm） | 300×300 | （*DN*+300）×（*DN*+200） |

（四）塑料排水管的布置和敷设

建筑中的排水管现多采用硬聚氯乙烯（UPVC）塑料排水管，其布置与敷设除应符合前述基本原则外，还应考虑如下情况：

塑料排水管道应避免靠近热源布置，立管与家用灶具边缘的净距不得小于400mm，且管道表面受热温度不大于60℃，否则，应采取隔热措施。当最低横支管与立管连接处至排出管管底的距离小于表2-14中数值时，最低横支管应单独排至建筑物外；若不能单独排出，立管底部和排出管管径则应放大一号。排水立管转弯时，排水横支管可按图2-44方式连接，其*A*值应符合表2-14中的规定，*B*值不得小于1.5m，*C*值不得小于0.6m。

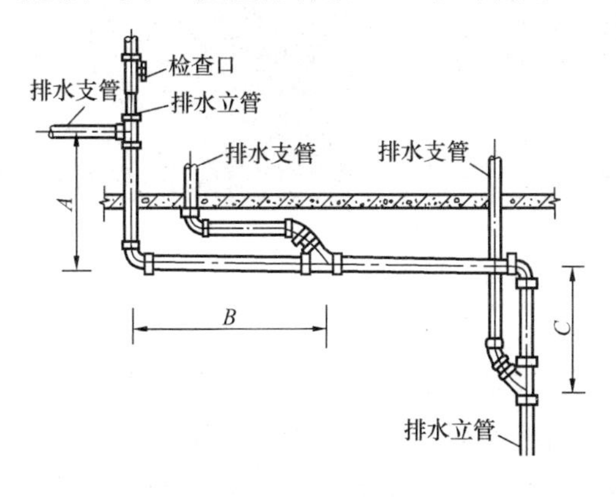

图2-44　立管转弯时排水支管接入示意图

**最低横支管与立管连接处至排出管管底的垂直距离　　表2-14**

| 建筑层数 | 垂直距离 *A*（mm） |
|---|---|
| ≤四层 | 450 |
| 五～六层 | 750 |
| 六层以上 | （底层单独排出） |

为了消除管道因温度所产生的伸缩对排水系统的影响，应根据要求在排水管上每隔适当距离设置伸缩节。但螺纹连接及胶圈连接的管道系统，可不设伸缩节。

立管穿越楼层处固定支承时，伸缩节不得固定，伸缩节承口应逆水流方向。管道的最大支承间距，应按表 2-15 确定；立管底部宜采取牢固的支承或固定措施。

**管道最大支承间距** **表 2-15**

| 外径 $dn$（mm） | 最大支承间距（m） | | 外径 $dn$（mm） | 最大支承间距（m） | |
|---|---|---|---|---|---|
| | 立　管 | 横　管 | | 立　管 | 横　管 |
| 40 | — | 0.4 | 110 | 2.0 | 1.10 |
| 50 | 1.5 | 0.5 | 1.60 | 160 | 2.0 |
| 75 | 2.0 | 0.75 | | | |

为了便于检查清扫，在排水管上应设置清扫口或检查口。立管的底层应设检查口，在最冷月平均气温低于−13℃的地区，还应在最高层设检查口。立管在楼层转弯处，应设置检查口或清扫口。在水流转角小于135°的横支管上，应设清扫口。公共建筑内在连接 4 个及 4 个以上大便器的污水横支管上，宜设置清扫口。直线管段上每隔适当距离，也应设置检查口或清扫口。其间距要求，见表 2-16。

**横管的直线管段上检查口或清扫口之间的最大距离** **表 2-16**

| 外径 $dn$（mm） | 50 | 75 | 110 | 160 |
|---|---|---|---|---|
| 距离（mm） | 10 | 12 | 15 | 20 |

外径小于 110mm 的排水管道上设置的清扫口，其尺寸应与管道同径；外径等于或大于 110mm 的排水管上设置的清扫口，其尺寸应为 110mm。

排水管道布置与敷设如图 2-45 所示。

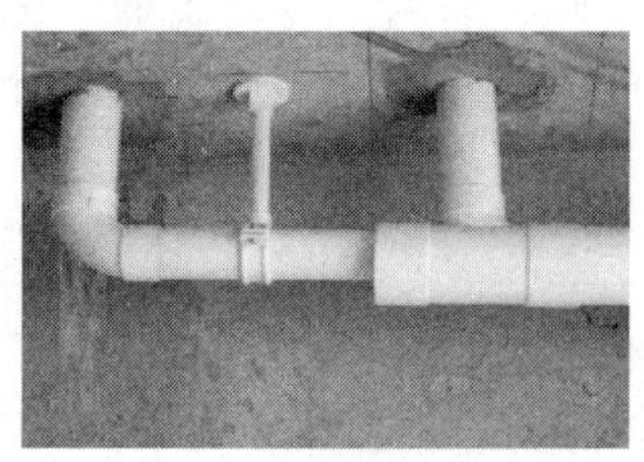

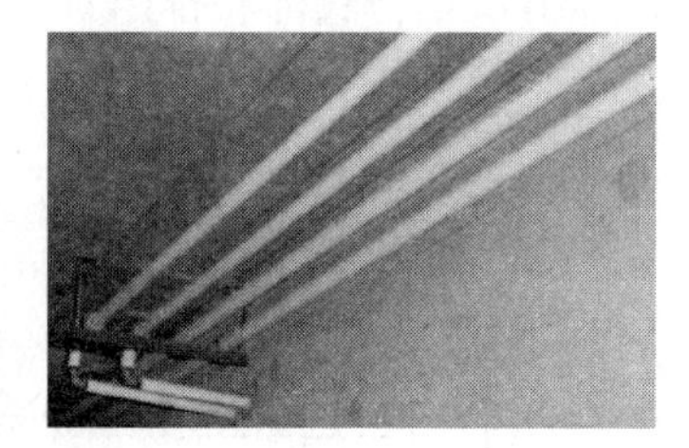

图 2-45　排水管道的布置与敷设

**五、建筑雨水排水系统**

降落在建筑物屋面的雨水和融化的雪水，特别是暴雨，在短时间内会形成积水，需要设置屋面雨水排水系统系统地、快速地、通畅地将屋面雨水及时予以排除，以免造成屋面积水、溢水和漏水，影响人们的正常生活和生产活动。屋面雨（雪）水的排除方式，按雨水管道设置的位置不同可分为内排水系统和外排水系统。

（一）内排水系统

内排水是指屋面设雨水斗，通过建筑物内部设置雨水管道的雨水排水系统，适用于大面积建筑屋面及多跨的工业厂房以及当采用外排水有困难时。此外，高层建筑、大面积平屋顶民用建筑以及对建筑立面处理要求较高的建筑物，也宜采用内排水系统。

1. 内排水系统的组成

内排水系统由雨水斗、连接管、悬吊管、立管、排出管、埋地横管、检查井及清通设备等组成，如图 2-46 所示。视具体建筑物构造等情况，可以组成悬吊管跨越厂房后接立管排至地面或雨水井，或不设悬吊管的单斗系统等方式。

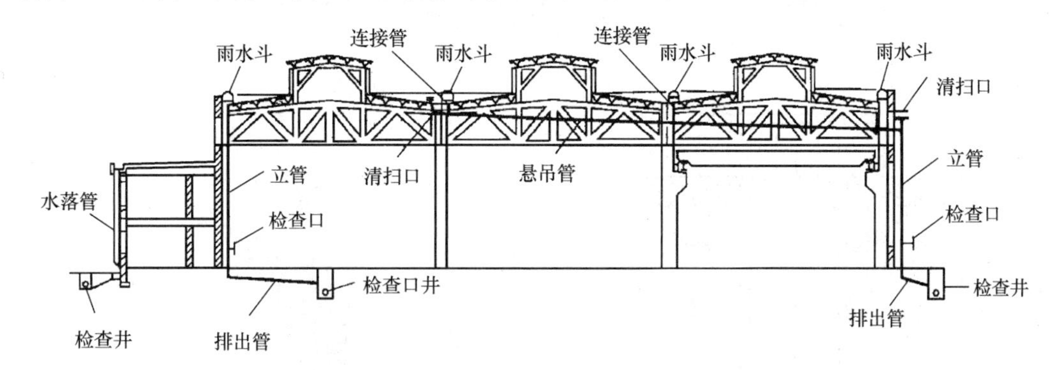


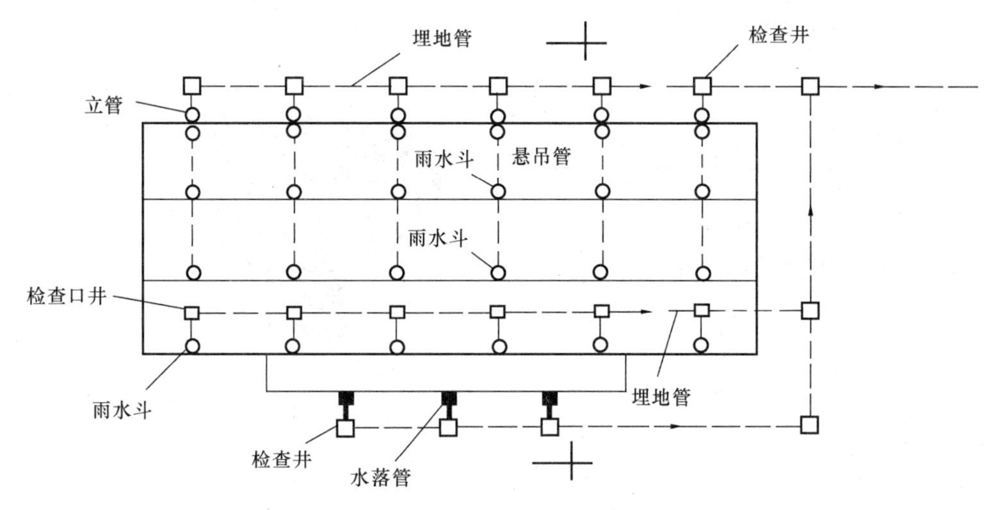


图 2-46　内排水系统

降落到屋面上的雨水，沿屋面流入雨水斗，经连接管、悬吊管，进入排水立管，再经排出管流入雨水检查井，或经埋地横管排至室外雨水管道。

2. 内排水系统的布置与敷设

1）雨水斗

雨水斗的作用是收集和排除屋面的雨（雪）水。要求其能最大限度和迅速地排除屋面雨（雪）水。同时要最小限度地掺气，并拦截粗大杂质。因此，雨水斗应做到：（1）在保证拦阻粗大杂质的前提下承担的泄水面积最大，且结构上要导流通畅，使水流平稳，阻力小；（2）不使其内部与空气相通；（3）构造高度要小（一般以 5～8cm 为宜），制造简单。目前，国内常用的雨水斗有 65 型、79 型和 87 型雨水斗，平箅雨水斗、虹吸式雨水斗等，如图 2-47 所示。

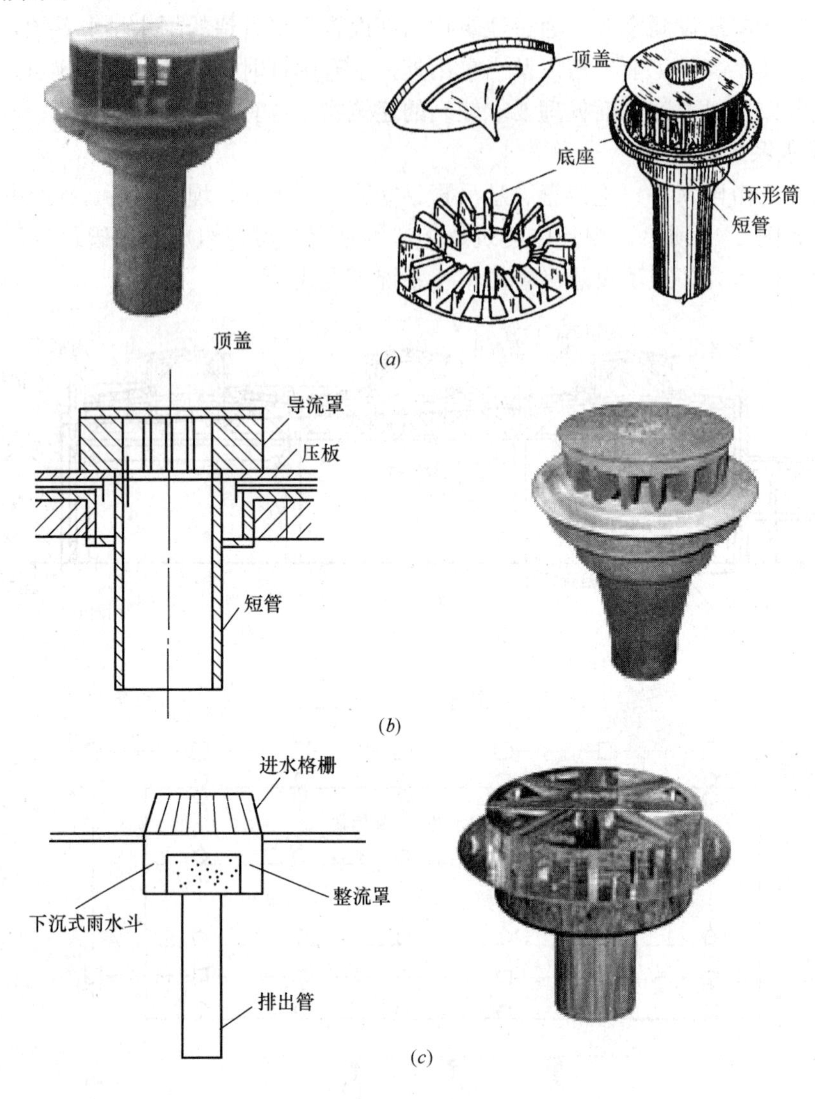


图 2-47　雨水斗

(a) 65 型雨水斗；(b) 87 型雨水斗；(c) 虹吸式雨水斗

65 型雨水斗为铸铁浇铸，具有导流性能好、排水能力大、泄流时天沟水位低且平稳、漩涡较少、掺气量较少的特点，65 型雨水斗的规格一般为 100mm。

87 型雨水斗为钢板焊制，其性能与 65 型雨水斗基本相同，规格有 75、100、150、200mm 四种。

上述雨水斗详见《给水排水设计手册》第 2 册（建筑给水排水）。

内排水系统雨水斗的布置应以伸缩缝、沉降缝（防震缝）和防火墙作为天沟分水线，各自自成排水系统。布置雨水斗时，除了按水力计算确定雨水斗的间距和个数外，还应考虑建筑结构特点使立管沿墙柱布置，以固定立管。当采用多斗排水系统时，雨水斗宜按立管对称布置。一根悬吊管上连接的雨水斗不得多于四个，且雨水斗不能设在立管顶端。雨水斗的安装见图 2-48 所示。

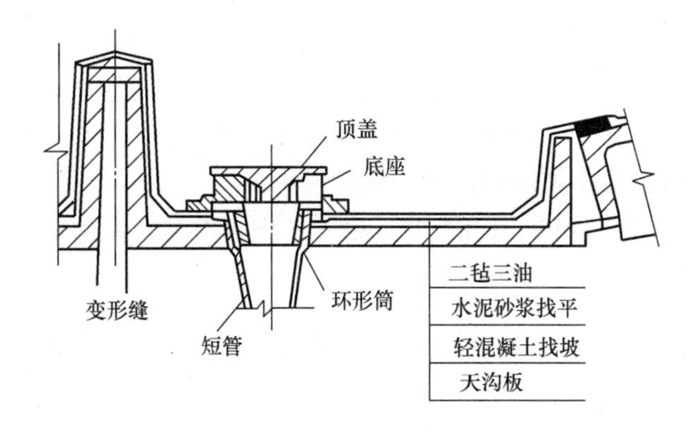


图 2-48　雨水斗的安装

常用雨水斗的基本性能见表2-17。

**常用雨水斗的基本性能　　表 2-17**

| 斗型 | 出水管直径(mm) | 进出口面积比 | 水力性能 | | | 材料 |
|---|---|---|---|---|---|---|
| | | | 斗前水深 | 稳定性 | 掺气量 | |
| 65 | 100 | 1.5∶1 | 浅 | 稳定，漩涡少 | 较少 | 铸铁（塑料） |
| 79 | 75、100、150、200 | 2.0∶1 | 较浅 | 稳定，漩涡少 | 少 | 钢板（塑料） |
| 87 | 75、100、150、200、250 | 2.5～3.0∶1 | 较深 | 稳定 | 少 | 铸铁、钢（塑料） |

2）连接管

连接管是连接雨水斗和悬吊管的一段竖向短管。连接管一般与雨水斗同径，但不宜小于100mm，连接管应牢固固定在建筑物的承重结构上，下端用斜三通与悬吊管连接。管材多采用铸铁管、钢管和给水 UPVC 塑料管。

3）悬吊管

悬吊管是连接雨水斗和排水立管的管段，是内排水雨水系统中架空布置的横向管道。其管径不小于连接管管径，也不应大于 300mm。

悬吊管采用铸铁管时，用铁箍、吊环等固定在建筑物的桁架、梁及墙上；在管道可能受振动或生产工艺有特殊要求时，可采用钢管，焊接连接。悬吊管沿屋架悬吊，坡度不小于 0.005 坡向立管。在工业厂房中，悬吊管应避免在不允许有滴水的生产设备上方通过。在悬吊管的端头及长度超过 15m 的悬吊管上，应设检查口或带法兰盘的三通，其间距不得大于 20m，位置宜靠近柱和墙。

连接管与悬吊管、悬吊管与立管间宜采用 45°三通或 90°斜三通连接。

悬吊管管材一般采用铸铁管（石棉水泥接口）和给水 UPVC 塑料管。

4）立管

雨水立管接纳悬吊管或雨水斗流来的雨水，通常沿柱布置，每隔 2m 用夹箍固定在柱子上。为便于清通，立管在距地面 1m 处要装设检查口。一根立管连接的悬吊管根数不多于两根，立管管径不得小于悬吊管管径。

5）排出管

排出管是立管和检查井间的一段有较大坡度的横向管道，其管径不得小于立管管径。排出管与下游埋地管在检查井中宜采用管顶平接，水流转角不得小于 135°。

6）埋地管

埋地横管敷设于室内地下，承接立管的雨水，并将其排至室外雨水管道。最小管径为200mm，最大不超过600mm。埋地管一般采用混凝土管、钢筋混凝土管或带釉的陶土管。按表2-26生产废水管道最小坡度值计算埋地管最小坡度。

埋地横管与立管的连接可采用检查井，也可采用管道配件。检查井的进出管道之间的交角不得小于135°，如图2-49所示。

7）附属构筑物

常见的附属构筑物有检查井、检查口井和排气井，用于雨水管道的清扫、检修、排气。检查井适用于敞开式内排水系统，设置在排出管与埋地管连接处，埋地管转弯、变径及超过30m的直线管路上。检查井井深不小于0.7m，井内接管采用管顶平接，水平转角不得小于135°。敞开式系统的检查井内，应做高流槽，流槽应高出管顶200mm，如图2-50所示。密闭内排水系统的埋地管上设检查口，将检查口放在检查井内，便于清通检修，称检查口井。埋地管起端间应设排气井，如图2-51所示。水流从排出管流入排气井，与溢流墙碰撞消能，流速减小，气水分离，水流经格栅稳压后平稳流入检查井，气体由放气管排出。

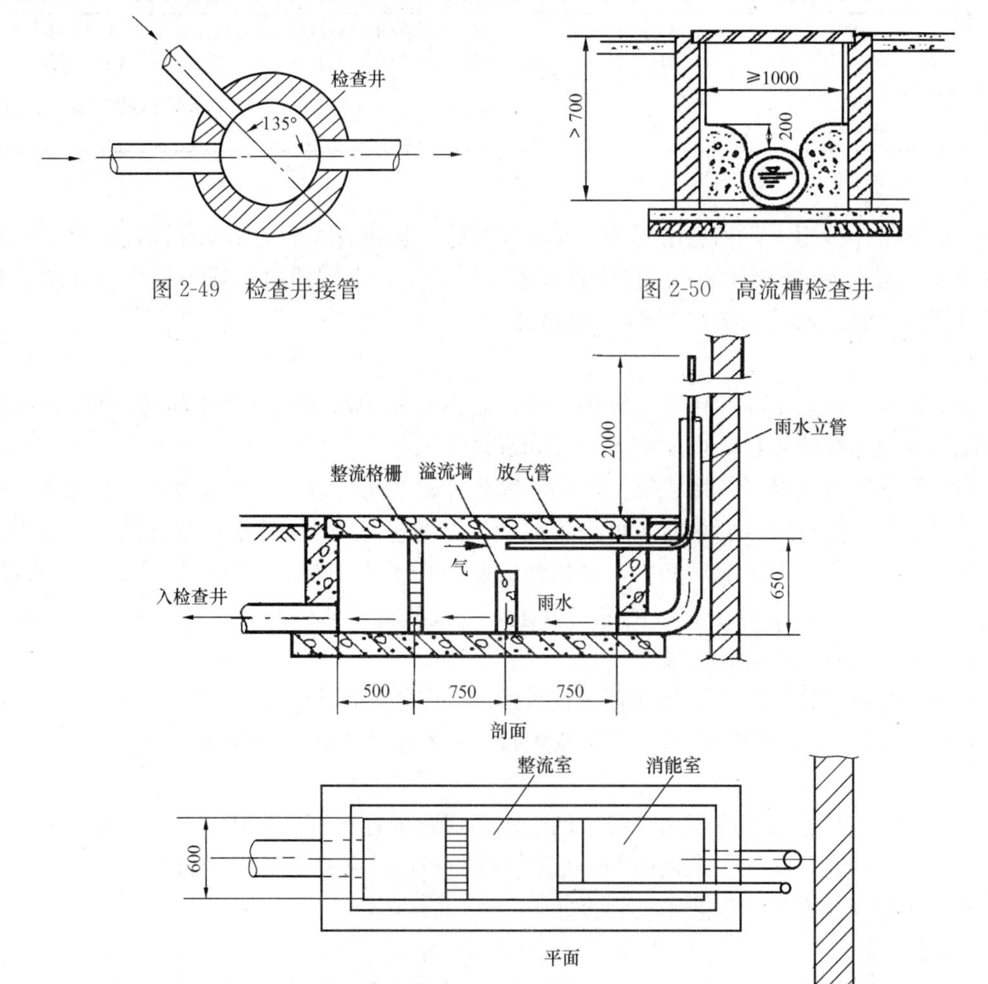


图2-49　检查井接管

图2-50　高流槽检查井

图2-51　排气井

（二）外排水系统（屋檐外排水）

如图 2-52 所示，外排水是指屋面不设雨水斗，建筑物内部没有雨水管道，雨水管道设置在建筑物外部的雨水排放方式。

按屋面有无天沟，外排水系统又分为普通外排水和天沟外排水两种方式。

1. 普通外排水（檐沟外排水、水落管外排水）

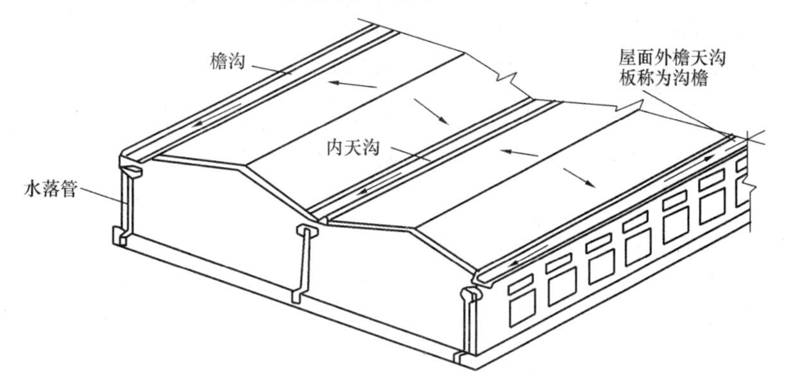


图 2-52　屋檐外排水

普通外排水系统由檐沟和水落管组成，如图 2-53 所示。降落到屋面的雨水沿屋面集流到檐沟，然后流入隔一定距离沿外墙设置的雨落管排至地面或雨水口。水落管多用镀锌钢管或塑料管，镀锌钢管为方形，断面尺寸一般为 80mm×100mm 或 80mm×120mm，塑料管管径为 75mm 或 100mm。

水落管应沿外墙布置，应根据降雨量和水落管的通水能力确定一根水落管服务的屋面面积，再根据屋面形状和面积确定水落管间距。根据经验，民用建筑雨落管间距为 8～16m，工业建筑为 18～24m。普通外排水方式适用于普通住宅、一般公共建筑和小型单跨厂房。

2. 天沟外排水

天沟外排水系统由天沟、雨水斗和排水立管组成，如图 2-54 所示。一般用于排除大型屋面的雨、雪水。特别是多跨度的厂房屋面，多采用天沟外排水。

所谓天沟是指在屋面的构造上形成的排水沟。天沟设置在两跨中间并坡向端墙，雨水斗沿外墙布置，降落到屋面上的雨水沿屋面汇集到天沟，沿天沟流至建筑物

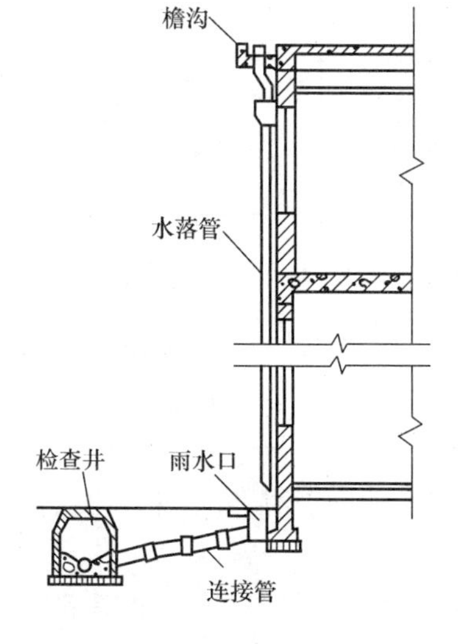


图 2-53　普通排水系统

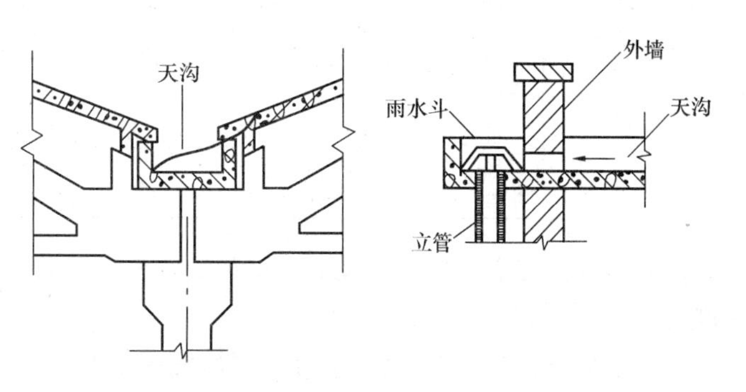


图 2-54　天沟外排水系统

两端（山墙、女儿墙），入雨水斗，然后流入雨落管，沿雨落管排泄到地面、明沟、地下管沟或通过排出管、检查井流入雨水管道。

天沟外排水系统适用于长度不超过100m的多跨工业厂房；天沟的排水断面形式根据屋面情况而定，一般多为矩形和梯形。天沟坡度不宜太大，以免天沟起端屋顶垫层过厚而增加结构的荷重，但也不宜太小，以免天沟抹面时局部出现倒坡，雨水在天沟中积聚，造成屋顶漏水，所以天沟坡度一般在0.003～0.006。

天沟内的排水分水线应设置在建筑物的伸缩缝、沉降缝和抗震缝处，天沟的长度应根据地区暴雨强度、建筑物跨度、汇水面积、屋面结构、天沟断面形式等进行水力计算确定，一般不要超过50m。为了排水安全，防止天沟末端积水太深，在天沟顶端设置溢流口，溢流口比天沟上檐低50～100mm，并伸出山墙0.4m。如图2-55所示为天沟布置示意图。

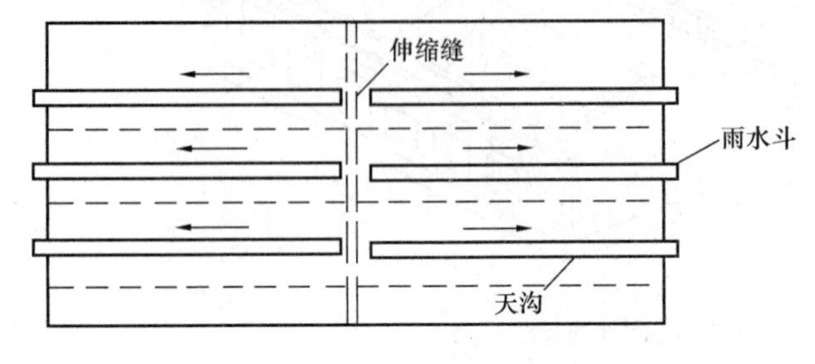

图 2-55　天沟布置示意图

采用天沟外排水方式，在屋面不设雨水斗，排水安全可靠，不会因施工不善造成屋面漏水；在室内没有管道、检查井，能消除厂房内检查井冒水的现象，可节约投资，节省管材，施工简便，有利于厂房内空间利用，也可减小厂区雨水管道的埋深。但因天沟有一定的坡度，而且较长，排水立管在山墙外，也存在着屋面垫层厚、结构负荷增大的问题，使得晴天屋面堆积灰尘多，雨天天沟排水不畅，在寒冷地区排水立管有被冻裂的可能。

## 六、高层建筑排水系统

### （一）高层建筑排水系统分类

高层建筑排水系统根据排出污（废）水性质分为五类，见表2-18。

**高层建筑排水系统分类**　　**表 2-18**

| 污废水种类 | 污（废）水来源及水质情况 | 排水系统 |
|---|---|---|
| 粪便污水 | 从大、小便器排出的污水，其中含有便纸和粪便杂质 | 粪便污水系统 |
| 生活废水 | 从脸盆、浴盆、洗涤盆、淋浴器、洗衣房等器具排出的污水，其中含有洗涤剂及一些洗涤下来的细小悬浮杂质，相对来说，比粪便污水干净一些 | 生活污水系统 |
| 冷却废水 | 从空调机、冷冻机等排出的冷却废水，水质一般不受污染，仅水温升高，可冷却循环使用，但长期运转后，其pH改变，需经水质稳定处理 | 冷却水系统 |
| 屋面雨水 | 水中含有从屋面冲刷下来的灰尘，一般比较干净 | 雨水系统 |
| 特殊排水 | 如公共厨房排出含油脂的废水、冲洗汽车的废水，一般需单独收集，局部处理后回用或排放 | 特殊排水系统 |

上述五类排水系统中，粪便污水和生活废水，根据水资源和回用情况，可分流或合流排出。

近年来在水资源紧张地区兴建的高层建筑和小区建筑群，为了节约用水，有的建筑物把洗涤污水和冷却废水或屋面雨水进行处理作为冲洗粪便、浇洒道路、冲洗汽车等用水，为综合利用水资源创造条件并收到了良好的效果。高层建筑排水系统一般采用分流排水系统。

（二）高层建筑排水特点和排水方式

1. 高层建筑排水特点

1）高层建筑排水立管长，排水量大，立管内气压波动大，排水系统功能的好坏很大程度上取决于排水管道通气系统是否合理，这也是高层建筑排水系统的特点之一。

2）高层建筑排水管道的布置应结合其建筑的特点，满足良好的水力条件并考虑维护的方便，保证管道正常运行以及经济和美观的要求。为此，在高层建筑排水管道的布置中应注意以下几点：

①对高层建筑排水管道系统，应考虑分区排出，首层的排水应单独设置排水出户管(排水横干管)，一般按坡度要求埋设于地下。设有地下室或地下设备层时，排水横干管可敷设在设备层内或敷设在地下室顶板下。

②二层以上的排水另行分区，根据建筑条件确定系统的形式，单独设立出户排水管。

③地下室以下的排水无法直接排入室外下水道时，应设置地下排水泵房，由污水泵提升排出。

④对布置在高层建筑管井内的排水立管，必须每层设置支撑架。高层建筑如旅馆、公寓、商业楼等管井内的排水立管，不宜每一根单独排出，往往在底层用水平管连接，连接多根排水立管的总排水横管，必须按坡度要求以支架固定。支架与建筑物砌体连接处，应设减振支架及橡胶垫。

⑤高层建筑排出管应考虑采取防沉陷措施，即将出墙至第一个排水检查井的排水管段布置在管沟内，并用弹性支架支撑。对有些高层建筑，采取待主体结构完成相当时间后，再与室外的排水管连接的方法。

2. 设通气管系的排水系统

当层数在 10 层及 10 层以上且承担的设计排水流量超过排水立管允许负荷时，应设置专用通气立管，如图 2-56、图 2-57 所示。排水立管与专用通气立管每隔两层用共轭管相连接，如图 2-57(*a*)所示；专用通气立管管径一般比排水立管管径小一至两号，图 2-57(*b*)为合流排

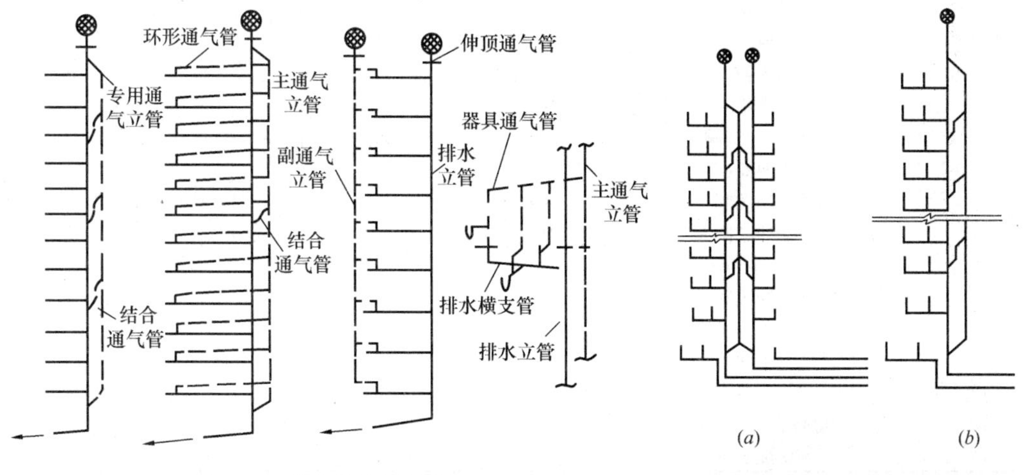


图 2-56　排水管道通气系统

图 2-57　专用通气立管系统
(*a*) 设有共轭管的排水通气系统；
(*b*) 合流排放专用通气立管系统

放专用通气立管。专用通气立管管径应与排水立管管径相同。

对于使用要求较高的建筑和高层公共建筑亦可设置环形通气管、主通气立管或副通气立管。对卫生、安静要求较高的建筑物内，生活污水管道宜设器具通气管，如图 2-54 所示。

## 第四节 建筑排水系统水力计算

### 一、排水设计秒流量

1. 排水定额

每人每日的生活污水量与气候、建筑物内卫生器具的完善程度以及生活水平、生活习惯等有关，建筑内部生活污水排除系统的排水定额及小时变化系数与建筑内部生活给水系统相同。工业污（废）水排除系统的排水定额及小时变化系数应按工艺要求确定。

为了确定排水系统的管径，首先应计算出通过各管段的流量。排水管段中某个管段的设计流量与接纳的卫生器具类型、数量及同时使用数量有关。为了计算上的方便，与给水系统一样，每个卫生器具的排水量也可折算成当量。与一个排水当量相当的排水量为 0.33L/s，为一个给水当量的 1.65 倍。这是因为卫生器具排放的污水具有突然、迅猛、流速较大的缘故。各种卫生器具的排水流量、当量和排水管的管径、最小坡度见表 2-19。

**卫生器具的排水流量、当量和排水管的管径、最小坡度　　表 2-19**

| 序　号 | 卫生器具名称 | 排水流量（L/s） | 排　水　管 | | |
|---|---|---|---|---|---|
| | | | 当　量 | 管径 *DN*（mm） | 最小坡度 |
| 1 | 污水盆（池） | 0.33 | 1.0 | 50 | 0.025 |
| 2 | 单格洗涤盆（池） | 0.67 | 2.0 | 50 | 0.025 |
| 3 | 双格洗涤盆（池） | 1.00 | 3.0 | 50 | 0.025 |
| 4 | 洗手盆、洗脸盆（无塞） | 0.10 | 0.3 | 32～50 | 0.020 |
| 5 | 洗脸盆（有塞） | 0.25 | 0.75 | 32～50 | 0.020 |
| 6 | 浴　盆 | 0.67 | 2.0 | 50 | 0.020 |
| 7 | 淋浴器 | 0.15 | 0.45 | 50 | 0.020 |
| 8 | 大便器 | | | | |
| | 高水箱 | 1.50 | 4.50 | 100 | 0.012 |
| | 低水箱 | 2.00 | 6.00 | 100 | 0.012 |
| | 自闭式冲洗阀 | 1.50 | 4.50 | 100 | 0.012 |
| 9 | 小便器 | | | | |
| | 手动冲洗阀 | 0.05 | 0.15 | 40～50 | 0.020 |
| | 自动冲洗阀 | 0.17 | 0.50 | 40～50 | 0.020 |
| 10 | 小便器（每米长） | | | | |
| | 手动冲洗阀 | 0.05 | 0.15 | — | — |
| | 自动冲洗阀 | 0.17 | 0.50 | — | — |
| 11 | 卫生盆 | 0.10 | 0.30 | 40～50 | 0.020 |
| 12 | 饮水器 | 0.05 | 0.15 | 25～50 | 0.010～0.020 |
| 13 | 化验盆（无塞） | 0.20 | 0.60 | 40～50 | 0.025 |
| 14 | 家用洗衣机 | 0.50 | 1.50 | 50 | — |

2. 排水设计秒流量的计算

1）宿舍（Ⅲ、Ⅳ类）工业企业生活间、公共浴室、洗衣房、职工食堂或营业餐厅的厨房、实验室、影剧院、体育场馆等建筑的生活排水管道的设计秒流量应按下式计算：

$$q_p = \Sigma q_0 n_0 b \quad (2\text{-}1)$$

式中 $q_p$——计算管段的排水设计秒流量，L/s；

$q_0$——同类型的一个卫生器具排水量，L/s；

$n_0$——同类型卫生器具数；

$b$——卫生器具的同时排水百分数，大便器的同时排水百分数按 12%计，其他同给水。

2）住宅、宿舍（Ⅰ、Ⅱ类）、旅馆、宾馆、酒店式公寓、医院、疗养院、幼儿园、养老院、办公楼、商场、图书馆、书店、会展中心、客运中心、航站楼、中小学教学楼、食堂或营业餐厅等建筑的生活排水管道的设计秒流量应按下式计算：

$$q_u = 0.12\alpha\sqrt{N_u} + q_{max} \quad (2\text{-}2)$$

式中 $q_u$——计算管段的排水设计秒流量，L/s；

$N_u$——计算管段的排水当量总数；

$\alpha$——根据建筑物用途而定的系数，按表 2-20 选取；

$q_{max}$——计算管段上排水量最大的一个卫生器具的排水流量，L/s。

采用上述公式计算排水设计秒流量时，如计算所得的流量值大于该管段上按卫生器具排水流量累加值时，应按卫生器具排水流量累加值计。

**根据建筑物用途而定的系数 $\alpha$　　表 2-20**

| 建筑物名称 | 宿舍（Ⅰ、Ⅱ类）、住宅、宾馆、酒店式公寓、医院、疗养院、幼儿园、养老院的卫生间等 | 旅馆和其他公共建筑的盥洗室和厕所间 |
|---|---|---|
| $\alpha$ 值 | 1.5 | 2.0～2.5 |

## 二、排水管路的水力计算

排水管道水力计算的目的是在排除所负担的污水流量的情况下，既适用、合理又经济地决定所需的管径和管道坡度，并确定是否需要设置专用或其他通气系统，以利于室内污（废）水迅速、通畅地排至室外，保证排水管道系统的正常运行。

1. 按经验确定排水管径和横支管坡度

为避免排水管道淤积、堵塞和便于清通，根据工程实践经验，对排水管道的管径的最小限值作了规定，称为排水管道的最小管径。根据所连接排放污（废）水的性质不同，各类排水管道的最小管径见表 2-21。当排水管段所连接卫生器具较少时，可不经计算直接以排水管的最小管径作为设计管径，横支管的坡度宜采用表中的通用坡度。

**排水管道的最小管径　　表 2-21**

| 序号 | 管道名称 | 最小管径 DN（mm） |
|---|---|---|
| 1 | 单个饮水器排水管 | 25 |
| 2 | 单个洗脸盆、浴盆、净身器等排泄较洁净废水的卫生器具排水管 | 40 |
| 3 | 连接大便器的排水管 | 100 |

续表

| 序　号 | 管 道 名 称 | 最小管径 DN（mm） |
|---|---|---|
| 4 | 大便槽的排水管 | 150 |
| 5 | 公共食堂厨房排水干管 | 100 |
| 6 | 公共食堂厨房排水支管 | 75 |
| 7 | 医院污物洗涤间内洗涤盆、污水盆排水管 | 75 |
| 8 | 小便槽或连接 3 个或 3 个以上小便器排水管 | 75 |
| 9 | 排水立管管径 | 不小于所连接的横支管管径 |
| 10 | 多层住宅厨房间立管 | 75 |

2. 按排水立管的最大排水能力确定立管管径

排水管道通过设计流量时，其压力波动不应超过规定控制值的±25mm$H_2O$，以防水封破坏。使排水管道的压力波动保持在允许范围内的最大排水量，即为排水管的最大排水能力。采用不同通气方式的生活排水立管最大排水能力见表 2-22、表 2-23、表 2-24。

求得生活排水立管的设计秒流量，查表 2-22、表 2-23、表 2-24 即可确定其立管管径。

采用硬聚氯乙烯塑料管道排水时，排水流量、当量、排水管管径，也可按表 2-19 确定；但大便槽和盥洗槽的排水流量、当量、排水管管径按表 2-25 确定。

**设有通气管系的铸铁排水立管最大排水能力　　表 2-22**

| 生活排水立管管径 DN（mm） | 排水能力（L/s） | |
|---|---|---|
| | 仅设伸顶通气管 | 有专用通气立管或主通气立管 |
| 50 | 1.0 | |
| 75 | 2.5 | 5 |
| 100 | 4.5 | 9 |
| 125 | 7.0 | 14 |
| 150 | 10.0 | 25 |

**不通气的排水立管的最大排水能力**（L/s）　　**表 2-23**

| 工作立管高度（m）＼管径 DN（mm） | 50 | 75 | 100 | 125 |
|---|---|---|---|---|
| ≤2 | 1.0 | 1.70 | 3.8 | 5.0 |
| 3 | 0.64 | 1.35 | 2.40 | 3.4 |
| 4 | 0.50 | 0.92 | 1.76 | 2.7 |
| 5 | 0.40 | 0.70 | 1.36 | 1.9 |
| 6 | 0.40 | 0.50 | 1.00 | 1.5 |
| 7 | 0.40 | 0.50 | 0.70 | 1.2 |
| ≥8 | 0.40 | 0.50 | 0.64 | 1.0 |

**设有通气管系的塑料排水立管最大排水能力** **表 2-24**

| 排水立管管径 $dn$ (mm) | 排水能力 (L/s) | | 排水立管管径 $dn$ (mm) | 排水能力 (L/s) | |
|---|---|---|---|---|---|
| | 仅设伸顶通气管 | 有专用通气立管或主通气立管 | | 仅设伸顶通气管 | 有专用通气立管或主通气立管 |
| 50 | 1.2 | — | 110 | 5.4 | 10.0 |
| 75 | 3.0 | — | 125 | 7.5 | 16.0 |
| 90 | 3.8 | — | 160 | 12.0 | 28.0 |

注：表内数据系在立管底部放大一号管径条件下的通水能力。如不放大时，可按表 2-20 确定。

**大便槽和盥洗槽排水流量、当量、排水管管径** **表 2-25**

| 卫生器具名称 | 排水流量 (L/s) | 当量 | 排水管管径 $De$ (mm) |
|---|---|---|---|
| 大便槽 | | | |
| 小于或等于 4 个蹲位 | 2.0～2.5 | 6.0～7.5 | 110 |
| 大于 4 个蹲位 | 2.5～3.0 | 7.5～9.0 | ≥160 |
| 盥洗槽（每个龙头） | 0.2 | 0.6 | 50～75 |

3. 通过水力计算确定排水横管的管径、坡度

当排水横管接入的卫生器具较多，排水负荷较大时，应通过水力计算确定管径、坡度。排水横管水力计算公式如下：

$$v=\frac{1}{n}R^{\frac{2}{3}}i^{\frac{1}{2}} \tag{2-3}$$

$$d=\sqrt{\frac{4q}{\pi v}} \tag{2-4}$$

式中 $v$——流速，m/s；

$R$——水力半径，m；

$i$——水力坡度，采用排水管的坡度；

$n$——粗糙系数，陶土管、铸铁管为 0.013，混凝土管、钢筋混凝土管为 0.013～0.014，钢管为 0.012，塑料管为 0.09；

$q$——计算管段的设计秒流量，$m^3/s$；

$d$——计算管段的管径，m。

为确保排水系统能在最佳的水力条件下工作，在确定管径时必须对直接影响管道中水流工况的主要水力因素如管道充满度、流速、坡度进行控制，并满足其相应的规定。实际工程中，首先计算出室内排水设计秒流量，在满足计算规定的条件下，直接查找附录2-4、附录 2-5 确定相应的管径和坡度。

（1）管道充满度

管道充满度是排水横支管内水深与管径的比值。重力流的管道上部需留有一定的空间，目的是使污（废）水中有害气体能通过排气管自由排出，调节排水系统的压力波动，防止水封被破坏；同时，还可用来接纳未预见的高峰流量。排水管道的设计充满度按表 2-26、表 2-27 确定。

（2）管内流速

为使悬浮在污（废）水中的杂质不致沉淀到管底，并使水流有足够的冲刷管壁上污物的能力必须有一个最小保证流速；管中的流速不得小于表 2-28 中的最小流速，也称为自清流速、自净流速或不淤流速。

为了防止过大的水流冲击，防止管壁因受污水中坚硬杂质高速流动的摩擦而损坏，各种管材的排水管道均有最大允许流速的限制，见表 2-29 的规定。

（3）管道坡度

为满足管道充满度及流速的要求，排水管道应有一定的坡度。工业废水管道和生活排水管道的通用坡度和最小坡度，应按表 2-30 确定。实际工程中生活排水管道宜采用通用坡度。通用坡度为正常工作条件下应予保证的坡度；最小坡度为必须保证的坡度。管道的最大坡度不得大于 0.15，但长度小于 1.5m 的管段可不受此限制。

为简化计算，根据相关公式制成了排水管道水力计算表，可直接由管道设计秒流量，控制充满度、流速、坡度在允许的范围内，查表确定排水横支管管径和坡度。排水管道水力计算表见附录 2-4、附录 2-5。

**排水管道最大计算充满度　　表 2-26**

| 排水管道名称 | 管径 *DN*(mm) | 最大计算充满度（*h*/*d*） |
| --- | --- | --- |
| 生活污水管道 | <125<br>150～200 | 0.5<br>0.6 |
| 生产污水管道 | 50～75<br>100～150<br>≥200 | 0.6<br>0.7<br>0.8 |
| 生产废水管道 | 50～75<br>100～150<br>≥200 | 0.6<br>0.7<br>1.0 |

注：1. 生活污水管道在短时间内排泄大量洗涤废水时（如浴室、洗衣房废水等），可按满流计算。
2. 生产废水和雨水合流的排水管道，可按地下雨水管道的设计充满度计算。

UPVC 建筑排水横管最大充满度，见表 2-27。

**UPVC 横管最大充满度　　表 2-27**

| 外径 *dn*（mm） | 50 | 75 | 90 | 110 | 125 | 160 | 200 |
| --- | --- | --- | --- | --- | --- | --- | --- |
| 壁厚 *t*（mm） | 2.0 | 2.3 | 3.2 | 3.2 | 3.2 | 4.0 | 5.0 |
| 内径 *d*（mm） | 36.0 | 70.4 | 83.6 | 103.6 | 118.6 | 152.0 | 190 |
| 充满度 *h*/*d* | 0.5 | 0.5 | 0.5 | 0.5 | 0.5 | 0.6 | 0.6 |

**排水管道的自清流速　　表 2-28**

| 管渠类别 | 生活排水管道（mm） | | | 明渠（沟） | 雨水管道及合流制排水管道 |
| --- | --- | --- | --- | --- | --- |
| | *DN*<150 | *DN*=150 | *DN*=200 | | |
| 自清流速（m/s） | 0.60 | 0.65 | 0.70 | 0.40 | 0.75 |

**排水管道的最大允许流速　　表 2-29**

| 管道材料 | 生活污水（m/s） | 含有杂质的工业废水、雨水（m/s） |
| --- | --- | --- |
| 金属管 | 7.0 | 10.0 |
| 陶土及陶瓷管 | 5.0 | 7.0 |
| 混凝土、钢筋混凝土及石棉水泥管 | 4.0 | 7.0 |
| 明渠（水深 0.4～1.0m） | 3.0（浆砌块石或砖） | 3.0 |
| | 4.0（混凝土） | 4.0 |

**排水管道的通用坡度和最小坡度** **表 2-30**

| 管　径 *DN* (mm) | 工业废水管道（最小坡度） | | 生活排水管道 | |
|---|---|---|---|---|
| | 生产废水 | 生产污水 | 通用坡度 | 最小坡度 |
| 50 | 0.020 | 0.030 | 0.035 | 0.025 |
| 75 | 0.015 | 0.020 | 0.025 | 0.015 |
| 100 | 0.008 | 0.012 | 0.020 | 0.012 |
| 125 | 0.006 | 0.010 | 0.012 | 0.010 |
| 150 | 0.005 | 0.006 | 0.010 | 0.007 |
| 200 | 0.004 | 0.004 | 0.008 | 0.005 |
| 250 | 0.0035 | 0.0035 | — | — |
| 300 | 0.003 | 0.003 | — | — |

注：1. 工业废水中含有铁屑或其他污物时，管道的最小坡度应按自清流速计算确定。
2. 成组洗脸盆至共用水封的排水管，坡度为 0.01。
3. 生活污水管道，宜按通用坡度采用。

4. 通气管管径的确定

通气管管径应根据排水管负荷、管道长度决定，通气管管径一般比相应的排水管管径小 1～2 级，一般不小于排水管管径的 1/2，其最小管径见表 2-31，复杂通气管系须详细计算后确定。

**通 气 管 最 小 管 径** **表 2-31**

| 通气管名称 | 污水管管径 *DN*（mm） | | | | | | |
|---|---|---|---|---|---|---|---|
| | 32 | 40 | 50 | 75 | 100 | 125 | 150 |
| 器具通气管（mm） | 32 | 32 | 32 | — | 50 | 50 | — |
| 环形通气管（mm） | — | — | 32 | 40 | 50 | 50 | — |
| 通气立管（mm） | — | — | 40 | 50 | 75 | 100 | 100 |

硬聚氯乙烯（UPVC）建筑排水横管最大、最小坡度，见表 2-32。

**UPVC 横管最大与最小坡度** **表 2-32**

| 外径 *dn*（mm） | 50 | 75 | 90 | 110 | 125 | 160 | 200 |
|---|---|---|---|---|---|---|---|
| 壁厚 *t*（mm） | 2.0 | 2.3 | 3.2 | 3.2 | 3.2 | 4.0 | 5.0 |
| 内径 *d*（mm） | 36.0 | 70.4 | 83.6 | 103.6 | 118.6 | 152.0 | 190 |
| 最小坡度 $i_{min}$ | 0.007 | 0.005 | 0.003 | 0.004 | 0.003 | 0.002 | 0.002 |
| 最大坡度 $i_{max}$ | 0.06 | 0.06 | 0.06 | 0.06 | 0.06 | 0.06 | — |

硬聚氯乙烯（UPVC）通气管最小管径见表 2-33。

**UPVC 通气管最小管径** **表 2-33**

| 通气管名称 | 污水管管径 *De*（mm） | | | | | | |
|---|---|---|---|---|---|---|---|
| | 40 | 50 | 75 | 90 | 110 | 125 | 160 |
| 器具通气管（mm） | 40 | 40 | — | — | 50 | — | — |
| 环形通气管（mm） | — | 40 | 40 | 40 | 50 | 50 | — |
| 通气立管（mm） | — | — | — | — | 75 | 90 | 110 |

建筑排水硬聚氯乙烯管道水力计算除执行《建筑给水排水设计规范》GB 50015 的规定外，还应遵守《建筑排水硬聚氯乙烯管道工程技术规程》CJJ/T 29 和《建筑给水排水及采暖工程施工质量验收规范》GB 50242 的规定。

## 思考题及习题

### 一、简答题

1. 常用的建筑排水管材有哪些？简述其各自的特点和适用范围。

2. 试述建筑排水管道布置与敷设的主要要求。

3. 排水管道的附件有哪些？新型的排水附件有哪些？

4. 存水弯有哪几种？其作用是什么？有何要求？

5. 建筑排水系统通气管道的作用是什么？有哪些形式的通气管？试述其各自的适用范围、建筑排水的任务是什么？

6. 试述建筑排水系统的分类。为什么采用同层排水？试述同层排水的优缺点。

7. 建筑排水的任务是什么？建筑排水体制有哪几种？

8. 试述工业废水和生活污水排入城市管道的要求。

9. 排水系统有哪几部分组成？

10. 化粪池、隔油池、沉砂池的主要作用是什么？并绘出相应的示意图。

11. 室内排水系统水力计算的任务和目的是什么？

12. 试述建筑排水管道管径的确定方法。

13. 采用水力计算的方法确定排水管管径时，有哪几种规定？

14. 试述高层建筑排水系统的特点。

15. 雨水排放系统有哪些？各有什么特点？屋面雨水排放有哪几种方式？各由哪几部分组成？

16. 雨水斗的作用是什么？有哪几种类型？

### 二、单选题

1. 分流制住宅生活排水系统的局部处理构筑物是____。

A. 隔油池　　B. 沉淀池　　C. 化粪池　　D. 检查井

2. 自带存水弯的卫生器具有____。

A. 污水盆　　B. 坐式大便器　　C. 浴缸　　D. 洗涤盆

3. 下面哪一类水不属于生活污（废）水____。

A. 洗衣排水　　B. 大便器排水　　C. 雨水　　D. 厨房排水

4. 对排水管道布置的描述，____条是不正确的？

A. 排水管道布置长度力求最短　　B. 排水管道不得穿越橱窗

C. 排水管道可穿越沉降缝　　D. 排水管道尽量少转弯

5. 高层建筑排水系统的好坏很大程度上取决于____。

A. 排水管径是否足够　　B. 通气系统是否合理

C. 是否进行竖向分区　　D. 同时使用的用户数量

6. 排水管穿越承重墙应预留洞口，管顶上部净空一般不得小于____ m。

A. 0.15　　B. 0.1　　C. 0.2　　D. 0.3

7. 当横支管悬吊在楼板下，接有 4 个大便器时，顶端应设____。

A. 清扫口　　B. 检查口　　C. 检查井　　D. 井

8. 检查口中心距地板面的高度一般为____ m。

A. 0.8　　B. 1.0　　C. 1.2　　D. 1.5

9. 上人屋面伸顶通气管应高出屋面____ m。

A. 1.3　　B. 1.5　　C. 1.9　　D. 2.1

10. 设置排水管道最小流速的原因是____。

A. 减小管道磨损　　B. 防止管中杂质沉淀到管底

C. 保证管道最大充满度　　D. 防止污水停留

**三、多选题**

1. 同层排水的优点是____。

A. 减少卫生间楼面留洞　　B. 安装在楼板下的横支管维修方便

C. 排水噪声小　　D. 卫生间楼面不需下沉

2. 以下器具排水管管径正确的有____。

A. 洗脸盆 $DN40$　　B. 浴盆 $DN40$

C. 大便器 $DN40$　　D. 单个小便器 $DN40$

3. 建筑物内排水管道布置符合要求的是____。

A. 排水管布置在食堂餐台上方

B. 排水管道不穿橱窗

C. 排水管道布置在配电柜上方

D. 塑料排水管表面受热温度大于 60℃，采取隔离措施

4. 污水排水检查井上、下游管道室外衔接采用____。

A. 管顶平接　　B. 水面平接　　C. 管底平接　　D. 管中心平接

5. 排水通气管的类型有____。

A. 伸顶通气管　　B. 主通气立管

C. 器具通气管　　D. 环形通气管

E. 通气帽

# 第三章 建筑给水排水施工图识图及施工

【学习要点】 掌握建筑给水排水施工图组成、主要内容、识读方法和建筑给水排水工程现行的施工与验收规范；熟悉建筑给水排水施工流程、施工过程中与土建工程的配合以及施工中的通病、病工质量、工期、进度的基本知识；了解建筑给水排水的施工安装要点。

## 第一节 给水排水施工图的基本内容

建筑给水排水施工图是指房屋内部的卫生设备或生产用水装置的施工图，图纸绘制应按《房屋建筑制图统一标准》GB 50001 执行。

建筑给水排水施工图主要反映了用水器具的安装位置及其管道布置情况，同时，也是基本建设概预算中施工图预算和组织施工的主要依据文件。一般由平面布置图、系统轴测图、施工详图、设计说明及主要设备材料表组成。

建筑给水排水施工图设计严格按《建筑给水排水制图标准》GB/T 50106、《建筑给水排水设计规范》GB 50015 和《给水排水设计手册》（第二版）第二册《建筑给水排水》执行。

### 一、给水排水平面图

1. 内容

建筑给水排水平面图表示建筑物内各层给水排水管道及卫生设备的平面布置情况，其内容包括：

（1）各用水设备的类型及平面位置；

（2）各干管、立管、支管的平面位置，立管编号和管道的敷设方式；

（3）管道附件，如阀门、消火栓、清扫口的位置；

（4）给水引入管和污水排出管的平面位置，编号以及与室外给水排水管网的联系。

2. 特点

1）比例

室内给水排水平面图一般采用与建筑平面图相同的比例，常用 1∶100，必要时也可采用 1∶50 或 1∶200 等。

2）数量

多层建筑物给水排水平面图，原则上应分层绘制。管道与卫生器具相同的楼层可以只绘制一张给水排水平面图，但底层必须单独绘出。当屋顶设水箱和管道时，应绘制屋顶给水排水平面图。

3. 给水排水平面图

给水排水平面布置图中的房屋建筑平面图，仅作为建筑内部管道系统及卫生器具平面布置和定位的基准。因此，仅需用细实线描绘建筑的墙身、柱、门窗、洞口等主要构件，至于建筑细部、门窗代号均可省略。在各层的平面布置图上，均需标注墙、柱的定位轴线编号和轴线尺寸以及各楼层地面标高。

4. 标准图例

给水排水工程图中，各种卫生器具、管件、附件及阀门等，均应按照《给水排水制图标准》GB/T 50106 中规定的图例绘制。其中常用的图例见附录 3-1。

5. 设备、管道布置平面图

卫生设备在房屋建筑平面图中一般已布置好，如施工安装上需要，可注出其定位尺寸。各种管道不论在楼面、地面或地下，均不考虑其可见性。安装在下层空间或埋设在地面下而为本层使用的管道，应绘制于本层平面图上。当管道为暗装时，管道线应绘制在墙身断面内。注意管道线仅表示其安装位置，并不表示其具体平面尺寸。一般都把室内给水排水管道用不同的线型表示画在同一张图上，但管道较为复杂时，也可分别画出给水和排水管道的平面图。

在底层给水排水平面图中，各种管道进出建筑物要按系统进行编号。一般给水管道的每一个引入管为一个系统，类别代号为大写字母“J”；排水管道以每一个排出管为一个系统，类别代号为“P”。如图 3-1 中$\frac{J}{1}$为第一个给水系统，$\frac{P}{2}$为第二个排水系统。

立管在平面布置图中用小圆圈（直径为 12mm）表示，并注明其类型和编号，如 PL—1表示排水立管 1。

管道的管径、标高、坡度均标注在系统轴测图中，在平面图中不必标注。

**二、建筑给水排水轴测图**

又称系统图，俗称透视图。

1. 内容

给水排水轴测图是能够反映管道、设备三维空间关系或在建筑中的空间位置关系的图样，注有各管段的管径、坡度、标高和立管编号。给水轴测图表明给水阀门、水龙头等的位置；排水轴测图表明存水弯、地漏、清扫口、检查口等管道附件的位置。

2. 特点

1）轴向选择

采用轴测投影原理绘制（一般采用 45°三等正面斜轴测）。

2）比例

轴测图通常采用与平面布置图相同的比例，也可不按比例绘制；必要时也可放大或缩小。

3）管道系统

轴测图一般应按给水、排水、热水供应、消防等各系统单独绘制，用单线表示管道，用图例表示卫生设备；各管道系统的编号应与平面图中的一致。对于卫生器具和管道完全相同的楼层，可只画一个有代表性楼层的所有管道，其他楼层只需在省略折断处标注“同某层”即可。当轴测图立管、支管在轴测方向重复交叉影响视图时，可标号断开移至空白处绘制。

3. 尺寸标注

轴测图中，各管段均注有管径，排水横管还应注明坡度，当采用标准坡度时，图中可省略标注，施工说明中作统一说明。

轴测图中的标高均为相对标高。在给水管道轴测图中，标注横管中心标高，以及地面、楼面、屋面、阀门和水箱各部位的标高。在排水系统中，一般不标注横管标高，只标出排出管起点管内底标高，以及地面、楼面、屋面、通气帽的标高等。

**三、详图**

凡是在以上图中无法表达清楚的局部构造或由于比例的原因不能表达清楚的内容，必须绘制施工详图。绘制施工详图的比例，以能清楚表达构造为原则选用。施工详图应优先采用标准图，通用施工详图系列；如卫生器具安装、阀门井、水表井、局部污水处理构筑物等，均有各种施工标准图供选用。详见《给水排水标准图集》$S_1 \sim S_4$。

**四、设计说明及主要设备材料表**

施工图上应附有图例及施工说明。凡是图纸中无法表达或表达不清的而又必须为施工技术人员所了解的内容，均应用文字说明。施工说明包括所用的尺寸单位、施工时的质量要求，采用材料、设备的型号、规格等，某些施工做法及设计图中采用标准图集的名称等内容。

为了使施工准备的材料和设备符合设计要求，便于备料和进行概预算的编制，设计人员还需编制主要设备材料明细表，施工图中涉及的主要设备、管材、阀门、仪表等均应一一列入表中。

## 第二节　给水排水施工图的识读

**一、建筑给水排水施工图的识读方法**

1. 熟悉图纸目录，了解设计说明，明确设计要求

设计说明有的写在平面图或系统图上，有的写在整套给水排水施工图的首页上。

2. 将给水排水的平面图和系统图对照识读

给水系统可从引入管起沿水流方向，经干管、立管、横管、支管到用水设备，将平面图和系统图一一对应识读。弄清管道的走向、分支位置，各管段的管径、标高，管道上的阀门、水表、升压设备及配水龙头的位置和类型。

排水系统可从卫生器具开始，沿水流方向，经支管、横管、立管、干管到排出管依次识读。弄清管道的走向，管道汇合位置，各管段的管径、坡度、坡向、检查口、清扫口、地漏的位置，通风帽形式等。

3. 结合平面图、系统图及设计说明看详图

室内给水排水详图包括节点图、大样图、标准图，主要是管道节点、水表、消火栓、水加热器、卫生器具、套管、开水炉、排水设备、管道支架的安装图及卫生间大样图等，图中须注明详细尺寸，供安装时直接使用。

4. 凡是图纸中无法表达或表达不清的而又必须为施工技术人员所了解的内容，均应用文字说明。文字说明应力求简洁。设计说明应表达如下内容：设计概况、设计内容、引用规范、施工方法等。例如：给水排水管材以及防腐、防冻、防结露的做法；节能方法；管道的连接、固定、竣工验收的要求；施工中特殊情况的技术处理措施；施工方法要求严

格遵循的技术规程、规定等。

工程中选用的主要材料及设备，应列表注明。表中应列出材料的类别、规格、数量，设备的品种、规格和主要尺寸。

此外，施工图还应绘制出图中所用的图例，详见附录 3-1；所有的图纸及说明应编排有序，写出图纸目录。

**二、施工图识读举例**

现对某综合楼给水排水施工图 3-1～图 3-6 进行识读。

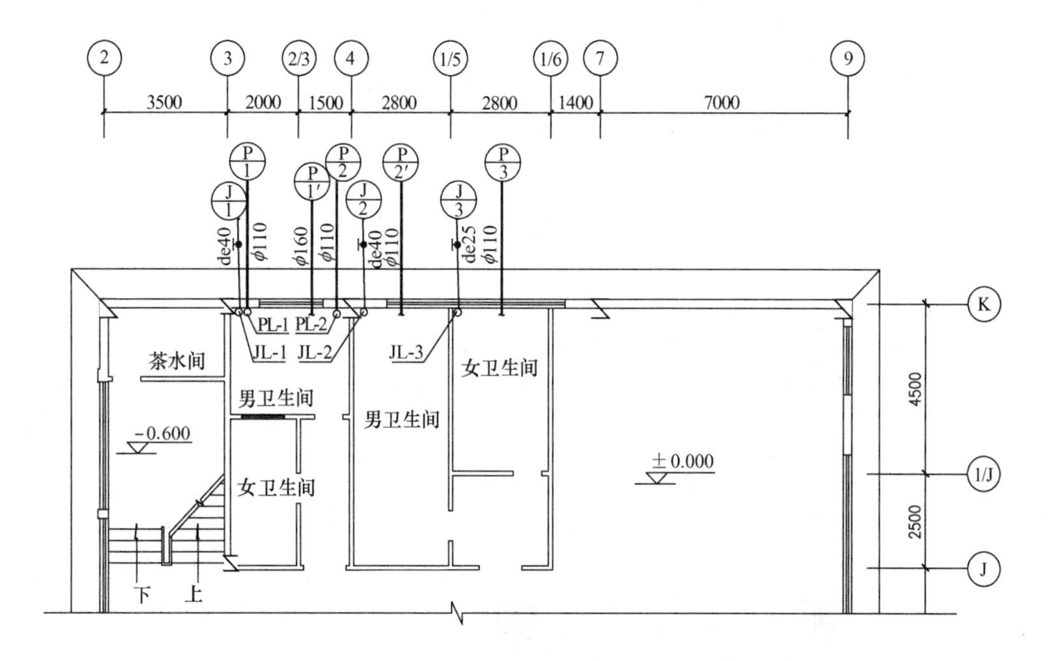


图 3-1　一层给水排水平面图

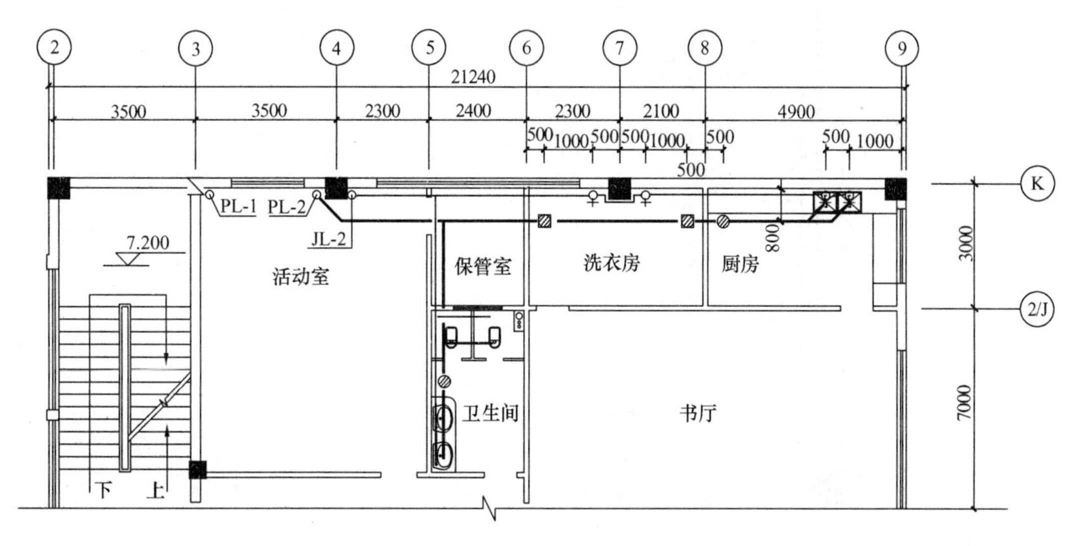


图 3-2　三层给水排水平面图

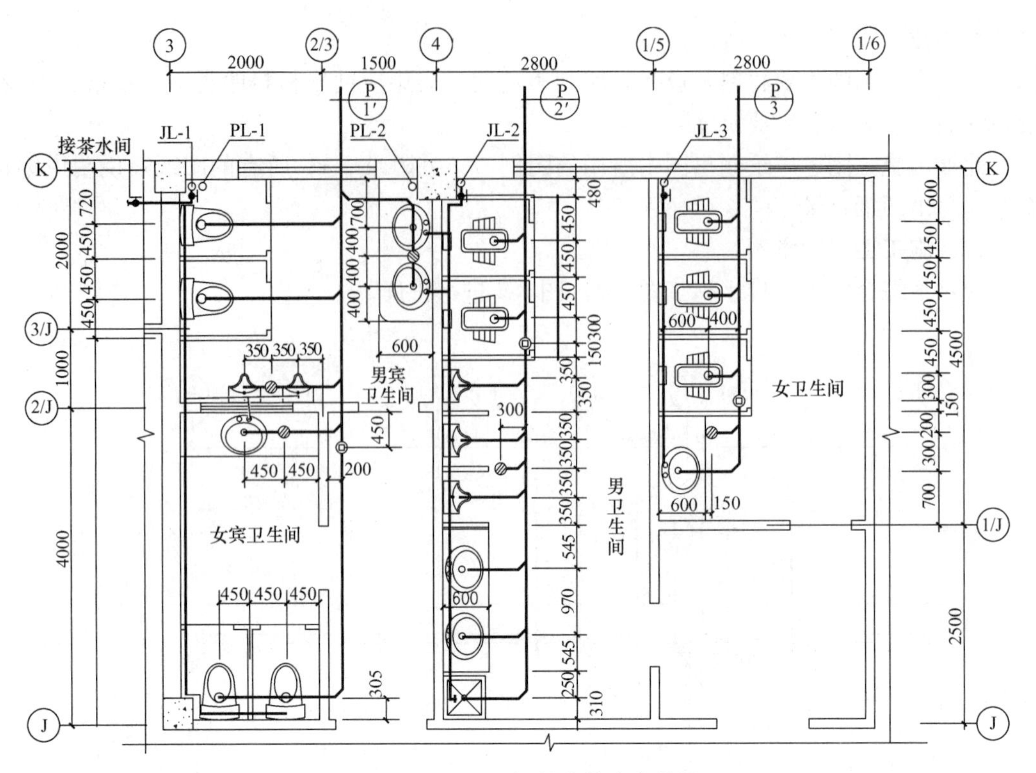


图 3-3　一层卫生间给水排水大样图

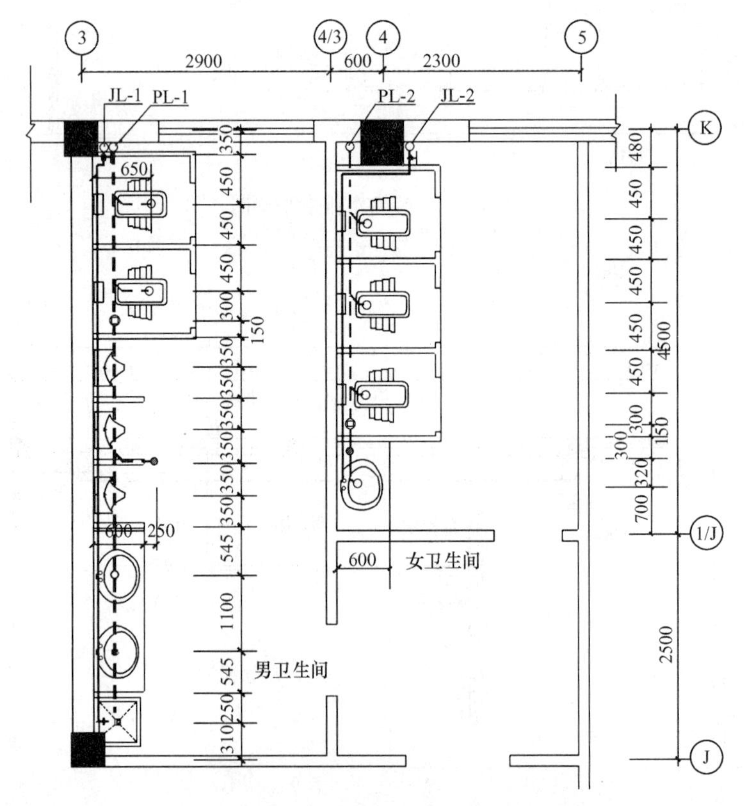


图 3-4　二层卫生间大样图

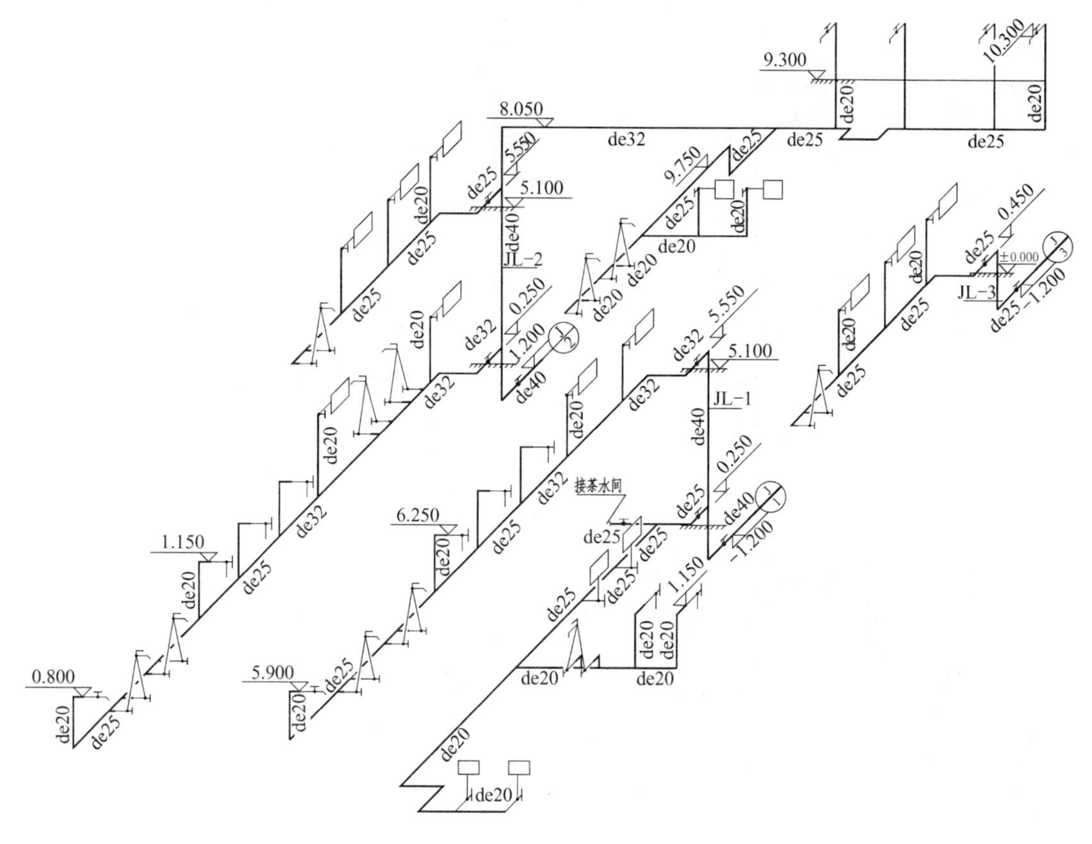


图 3-5　给水系统图

通过对平面图的识读可知该综合楼每层均设有卫生间，其中一层设有两套男女卫生间。男宾卫生间内有两个洗脸盆，两个立式小便器，两个坐式大便器和两个地漏，并设有给水立管 JL—1，排水立管 PL—1、PL—2，底层污水由 P/1 系统单独排出；女宾卫生间内有一个洗脸盆，两个坐式大便器和一个地漏；男卫生间内有两个蹲式大便器，三个立式小便器，两个洗脸盆，一个污水盆和一个地漏，并设有给水立管 JL—2，底层污水由 P/2 系统单独排出；女卫生间内有三个蹲式大便器，一个洗脸盆和一个地漏，并设有给水立管 JL—3，污水由 P/3 系统排出。二层设有男女公共卫生间各一间，通过大样图可知其卫生器具和管道的布置情况。三层洗衣房、厨房和一个公共卫生间都有给水排水设施，用水设备较分散，管线较长，应仔细理清水流的来龙去脉。

该综合楼，给水系统共分三个，排水系统分五个，均绘有系统轴测图，可一一对照平面图进行阅读。

附：设计说明

(1) 本工程为一栋三层综合楼，集办公、住宿、餐饮于一体。

(2) 本图标高以米计，其余单位以毫米计，给水、排水管均指管底标高。

(3) 给水管道采用 1.6MPa 级 PP-R 管（以“*dn*”表示），热（电）熔连接；室内排（雨）水管道采用 UPVC 排水塑料管（以“*dn*”表示），胶粘接；大便器冲洗管采用热镀锌钢管（以“*DN*”表示），法兰连接或丝扣连接。

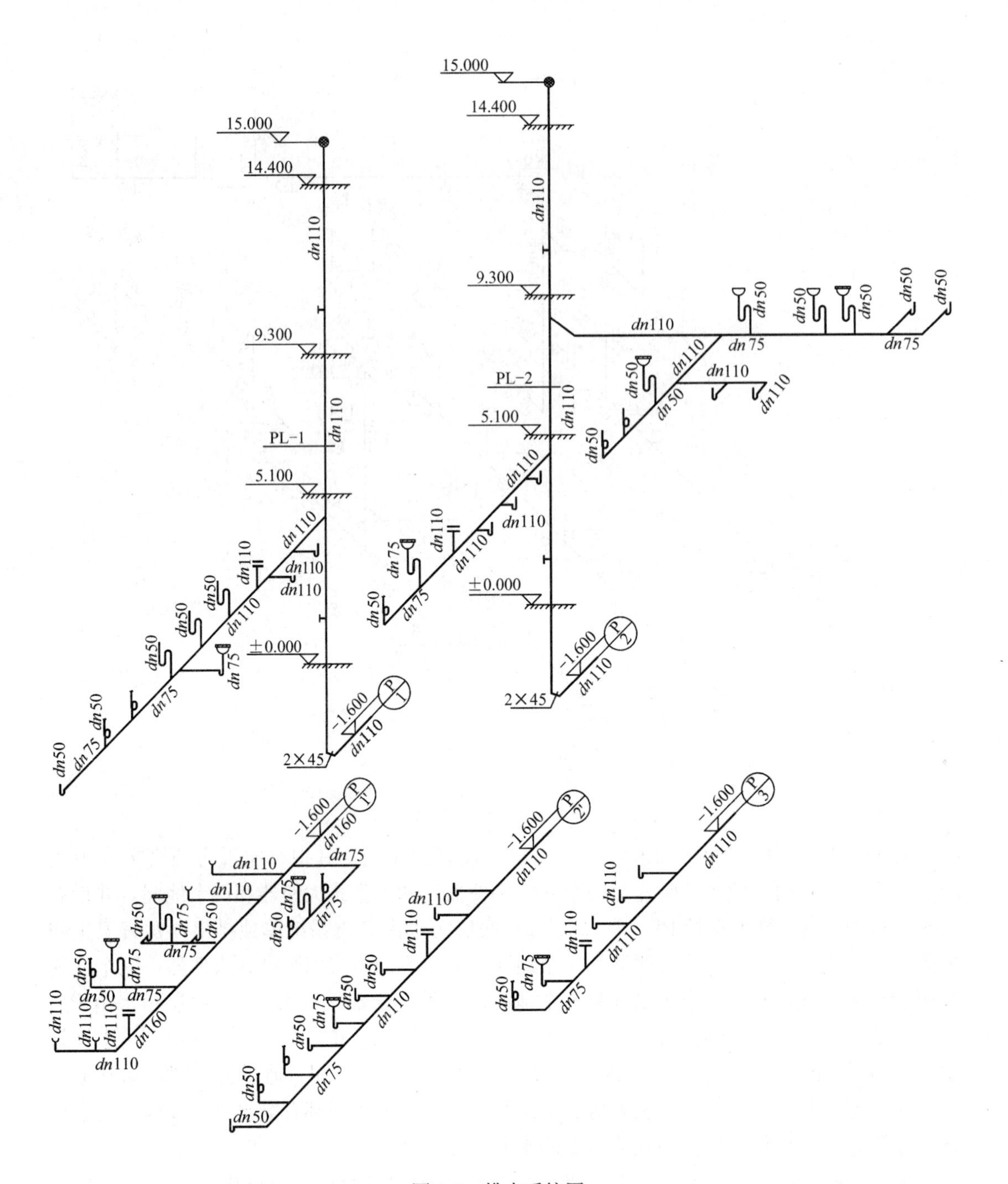

图 3-6　排水系统图

(4) 所有排水横管均按下列坡度施工：*dn*50 $i$=0.035；*DN*75 $i$=0.025；*dn*110 $i$=0.020；*DN*160 $i$=0.010；*dn*200 $i$=0.005。

(5) 管道安装完毕，给水管以 0.9MPa 水压进行试验，30 分钟压降不大于 50kPa，且管道无渗漏无变形为合格；排水管做灌水试验。

(6) 管道安装试压、试水合格后，埋地金属管外刷热沥青两道。

(7) UPVC 塑料管的伸缩节要求立管每层安装一个，安装高度距地面 2.0m；横管长度每超2m应安装一个，伸缩节的安装、支架的敷设等均参见《给水排水标准图集》02S404，03S402等。

（8）给水系统由市政管网直接供水，厨房排水需经隔油池处理后方可排入下水管道。

（9）所有穿越墙体及楼板的管道，均应埋设套管，并用不燃材料填堵管道与套管之间的缝隙。请参照套管大样图进行施工。套管规格如下表：

| 穿管 *DN* | 15 | 20 | 25 | 32 | 40 | 50 | 75 | 100 | 150 |
|---|---|---|---|---|---|---|---|---|---|
| 套管 *DN* | 50 | 50 | 50 | 50 | 80 | 80 | 100 | 150 | 200 |

（10）设计依据：

《建筑给水排水设计规范》GB 50015、《建筑设计防火规范》GB 50016、土建专业提供的配合图等。

（11）施工验收严格按《建筑给水排水及采暖工程施工质量验收标准规范》GB 50242执行。

（12）图中未尽事宜，严格按建筑给水排水有关规范执行。

**主要设备材料一览表**

| 编号 | 名称 | 规格 | 数量 | 单位 | 编号 | 名称 | 规格 | 数量 | 单位 |
|---|---|---|---|---|---|---|---|---|---|
| 1 | 截止阀 | *dn*40 | 2 | 个 | 8 | 立式小便器 | — | 8 | 套 |
| 2 | 截止阀 | *dn*32 | 2 | 个 | 9 | 地漏 | *dn*50 | 4 | 个 |
| 3 | 截止阀 | *dn*25 | 5 | 个 | 10 | 地漏 | *dn*75 | 7 | 个 |
| 4 | 水嘴 | *dn*20 | 6 | 个 | 11 | 清扫口 | *dn*100 | 5 | 个 |
| 5 | 洗脸盆 | — | 11 | 套 | 12 | 检查口 | — | 4 | 个 |
| 6 | 蹲式大便器 | — | 12 | 套 | 13 | 钢丝球通气帽 | — | 2 | 个 |
| 7 | 坐式大便器 | — | 4 | 套 | | | | | |

## 第三节　建筑给水排水施工

室内给水排水管道及卫生器具安装是在建筑主体工程完成后、内外墙装饰前（或根据实际情况也可同时进行）进行，应与土建施工密切配合，做好预留各种孔洞、管道预埋件等项施工准备工作。

施工时严格按《给水排水标准图集》和《建筑给水排水及采暖工程施工质量验收规范》GB 50242执行。

### 一、室内给水管道安装

室内给水管道一般安装程序可参照下列框图进行：

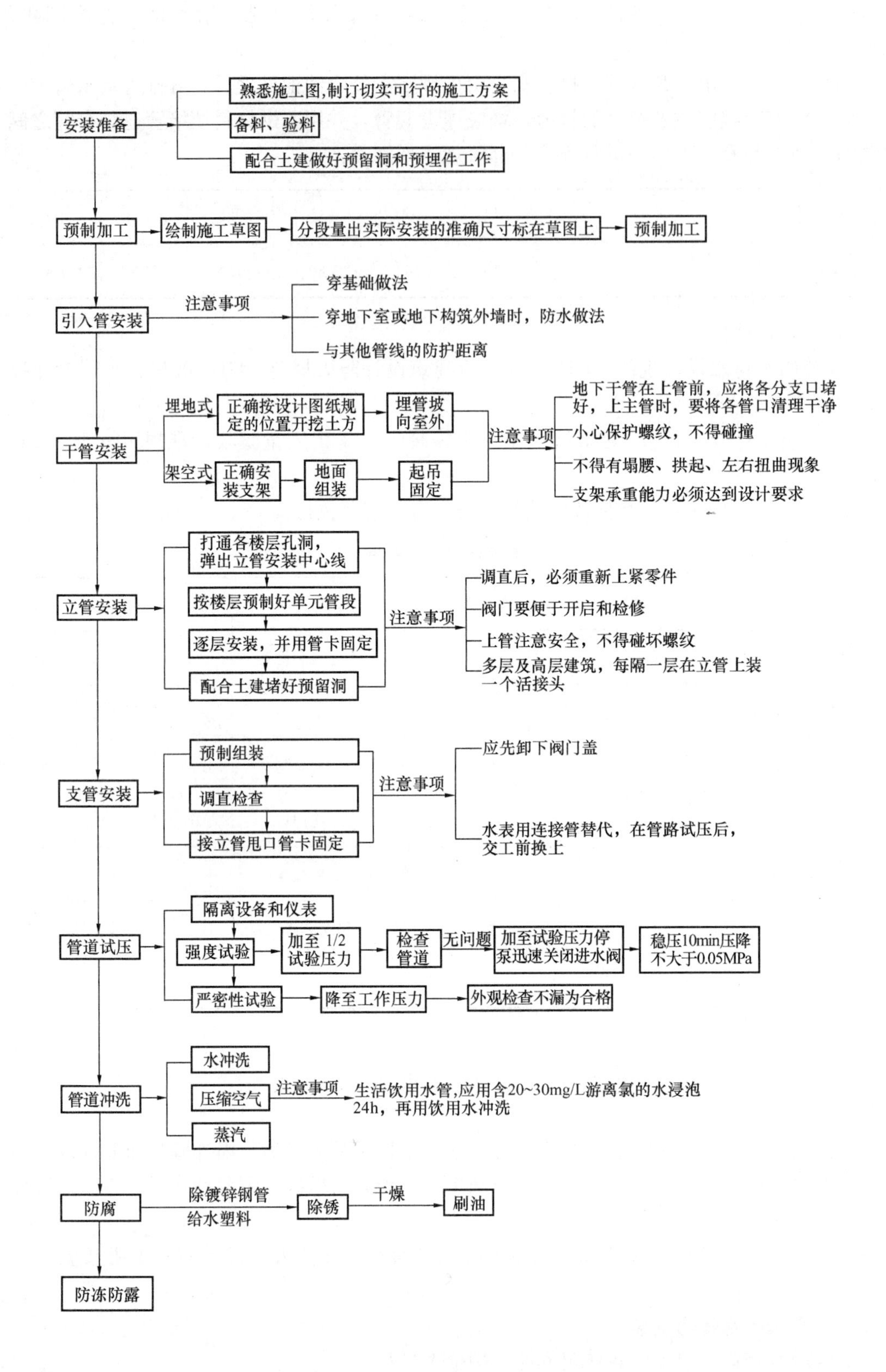

安装准备
熟悉施工图,制订切实可行的施工方案
备料、验料
配合土建做好预留洞和预埋件工作
预制加工
绘制施工草图
分段量出实际安装的准确尺寸标在草图上
预制加工
引入管安装
注意事项
穿基础做法
穿地下室或地下构筑外墙时，防水做法
与其他管线的防护距离
干管安装
埋地式
正确按设计图纸规定的位置开挖土方
埋管坡向室外
架空式
正确安装支架
地面组装
起吊固定
注意事项
地下干管在上管前，应将各分支口堵好，上主管时，要将各管口清理干净
小心保护螺纹，不得碰撞
不得有塌腰、拱起、左右扭曲现象
支架承重能力必须达到设计要求
立管安装
打通各楼层孔洞，弹出立管安装中心线
按楼层预制好单元管段
逐层安装，并用管卡固定
配合土建堵好预留洞
注意事项
调直后，必须重新上紧零件
阀门要便于开启和检修
上管注意安全，不得碰坏螺纹
多层及高层建筑，每隔一层在立管上装一个活接头
支管安装
预制组装
调直检查
接立管甩口管卡固定
注意事项
应先卸下阀门盖
水表用连接管替代，在管路试压后，交工前换上
管道试压
隔离设备和仪表
强度试验
加至 1/2 试验压力
检查管道
无问题
加至试验压力停泵迅速关闭进水阀
稳压10min压降不大于0.05MPa
严密性试验
降至工作压力
外观检查不漏为合格
管道冲洗
水冲洗
压缩空气
蒸汽
注意事项
生活饮用水管,应用含20~30mg/L游离氯的水浸泡24h，再用饮用水冲洗
防腐
除镀锌钢管
给水塑料
除锈
干燥
刷油
防冻防露

## 二、室内排水管道安装

室内排水管道安装可参照下列框图：

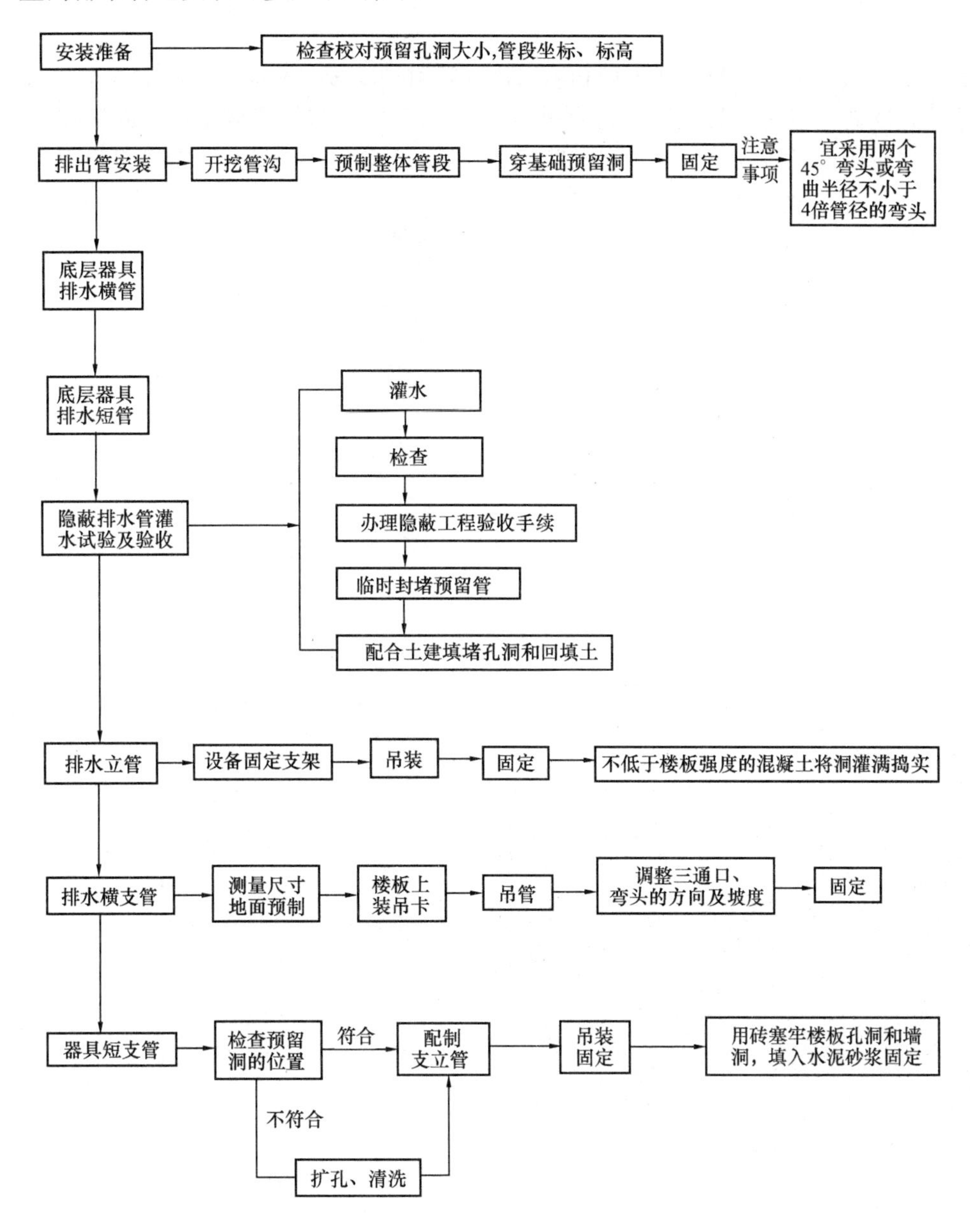


## 三、同层排水技术

同层排水技术是指卫生器具排水横管不穿楼板，而在本层敷设并与排水立管连接的排水方式。其优点是：管道维修不干扰下层住户，卫生间卫生器具布置灵活，安装方便，排水噪声小，管道不结露。住宅作为商品进入房地产市场以来，即作为业主的私有空间，有拒绝他人进入的权利，下排式卫生器具一旦堵塞，清通即成问题。为此，住宅排水管道同层布置设计，成为一个研究课题，一个发展方向。既要求卫生器具排水横管不穿楼层，又要满足重力流排水和排水通畅的要求。在同层排水设计中，坐便器排水如不穿楼板，目前的做法是采用后排式坐便器。

目前，国内同层排水技术按排水横管不同，敷设位置和管件不同，可分为两种类型：墙体隐蔽式和排水集水器式。

（一）墙体隐蔽式同层排水系统

其主要特点是坐便器的冲洗水箱和给水排水管道均隐蔽在墙体内。通常首先在墙体内设置隐蔽式支架，卫生洁具固定在隐蔽式支架上；坐式便器采用悬挂式（或称挂壁式），冲洗水箱采用隐蔽式；排水管采用高密度聚乙烯管，热熔和电熔连接，如图 3-7 所示。

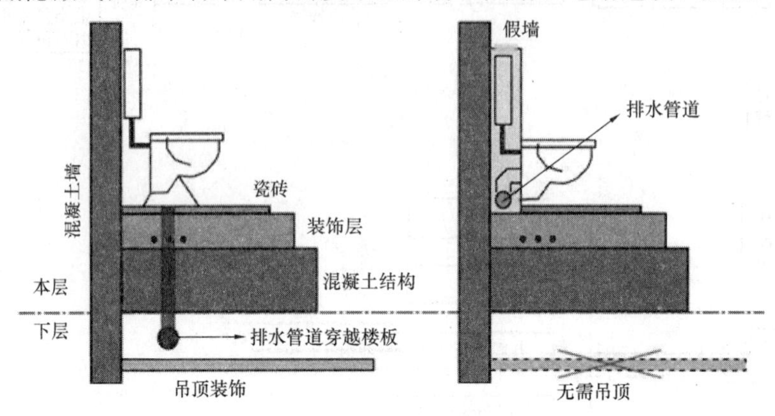


图 3-7　墙体隐蔽式同层排水系统

（二）排水集水器同层排水系统

其主要特点是在楼板架空层内设置排水集水器、卫生器具排水管的横管部分、集水器的排水管，排放污水的各卫生器具均接入排水集水器后集中排放。

图 3-8　排水集水器同层排水系统

安装顺序为：排水集水器→排水集水器接至排水立管的排水管→卫生器具至排水集水器的排水管→卫生器具→水嘴→排水集水器上方可开启的地板如图 3-8 所示。

建筑中水设计严格按《建筑中水设计规范》GB 50336 执行。建筑同层排水设计和施工严格按《建筑给水排水设计规范》GB 50015 和《建筑同层排水工程技术规程》CJJ 232—2016 执行。

## 四、卫生器具安装

安装工作应具备的条件：

（1）所有卫生器具连接的管道水压试验、闭水试验已完毕，并已完成隐检手续。

（2）浴盆的安装要等土建做完防水和保护层以后进行。

（3）其他卫生器具应在室内装修基本完成后进行稳装。

（4）其安装程序见下列框图：

安装准备→卫生器具及配件检验→卫生器具的安装→卫生器具配件预制→卫生器具稳装→卫生器具与墙、地之间的缝隙处理→外观检查→通水试验

## 五、建筑给水排水工程施工控制要点及通病

（一）控制要点

在建设工程施工过程中，给水排水安装工程的施工与其他工种的施工（如土建电气综合布线等）有着非常密切的关系，控制好它们之间的配合、协调施工，即能节省工料，又能加快施工进度，确保工程质量。

因此能否控制、协调好各工种的工作是衡量给水排水施工工作是否到位的重要标志之一。

1. 详细审核提交的施工组织设计

在施工准备阶段，施工技术负责人和专业工程师审查承包商提交的施工组织设计时，应重点审查其中的专业工程部分，特别是承包商的分包工程，了解施工单位的管理水平和技术水平以便有针对性地完善监理细则，加强预控力度，并对施工图进行有效的交底与会审。

2. 做好主体施工阶段的组织协调和监管工作

在土建主体施工阶段，给水排水专业涉及的专业面多，有时也涉及多个施工单位，给水排水专业与土建施工专业应做好组织协调管理工作。

（1）应抓住重点阶段，重点监控，通常包括地下室，转换层及标准层头两层的施工阶段，由于其工程量流水作业不够连续化，施工处于复杂变化的初期，很容易引起给水排水施工的混乱和错误，特别是地下室施工阶段，几乎所有的重要设备均设计安装在地下室，设备多，管线多，容易出现碰、漏、错、缺现象，此时各专业工程师应详细核对图纸，经核对无误后应严格按图施工。

（2）及时与业主、设计单位联系，解决施工过程中发现的有关技术问题，与此同时做好设备、材料选型与订货工作，特别是在高层建筑主体施工阶段给水排水与土建施工的配合尤为重要。

3. 土建基础主体结构施工阶段

（1）在排水系统的排出管及给水系统引入管穿越建筑物基础处、地下室或地下构筑物外墙处，工程技术人员应及时跟踪检查是否按设计及施工规范要求预留了孔洞和设置了合格的套管（对有严格防水要求的需采用柔性防水套管，一般防水要求的采用刚性防水套管，无防水要求的设预留孔即可），并要求管道安装完成后其上部净空不得小于建筑物的沉降量，一般不宜小于150mm等。

（2）在首层室内地面回填及捣制混凝土前，应要求施工单位安装完成埋地的给水排水管道，注意伸出地面管道的垂直度及对照图纸有无遗漏，安装位置是否符合现场要求。给水管必须做水压及通水试验，当符合要求时应及时给施工单位办理隐蔽工程验收手续，签发隐蔽验收记录。施工单位必须将各预留管临时封堵好，配合土建堵孔洞和回填土。

（3）要求所有埋地金属管，在安装前按设计要求做好防腐处理。敷设好的管道应及时进行灌水试验。检查管道过墙壁和楼板处，是否按要求设置了金属或塑料套管（排水立管穿楼板处需设置钢套管），注意检查各预留孔洞和套管位置及大小是否符合图纸及现场要求，有无遗漏。安装在一般楼板处的套管，其顶部高出装饰地 20mm 即可，而安装在卫生间及厨房内的套管其顶部应高出装饰地面 50mm，套管底部应与楼板底面平安装在墙壁

内的套管，其两端应与饰面平。

（4）主体装修施工阶段

主体装修施工阶段是给水排水设置系统安装的阶段，管道经过建筑物的结构伸缩缝、抗震缝及沉降缝时要求设置补偿装置；安装 U-PVC 塑料排水立管时必须按设计、图纸要求的位置设置伸缩节，如无设计要求，伸缩节间距不得大于 4m，在立管安装前，要求施工单位先打通该立管各楼层预留的孔洞，自上至下吊线，并弹出立管安装的垂直中心线，作为立管安装的基准线。立管安装后，均应检查其是否位于立管安装的垂直线上，在该立管垂直度及与墙之间的距离符合要求后，用管卡固定好。

及时将各层孔洞按施工规范及设计要求修补好。排水立管上应按规定设检查口，检查中心距地面一般为 1100mm，并应高于该层卫生器具上边缘 150mm；排水立管底部的弯管处需按要求设支墩。穿墙套管与管道之间缝隙宜用阻燃密实材料填实，且端面光滑。注意检查是否有管道的接口设置在套管内。

首层埋地管，地下室底板、电梯坑排水管，直接安装在楼板内的排水管，沉箱内排水管，吊顶内排水管，直接安装在墙体内的空调冷凝水管等排水管道在隐蔽前需做灌水试验，其灌水高度应不低于底层地面高度，满水 15min 后，再灌满延续 5min，液面不下降为合格。当符合要求时及时给施工单位办理隐蔽工程验收手续；排水立管及水平干管需做通球试验，通球直径不得小于排水管管径的 2/3，通球率必须达到 100%。

排水管道的各合流处应采用斜三通或顺水三通。要求生活污、废水排水管安装时不得穿越卧室、门厅等房间。雨水斗与基层接触处要留宽 20mm、深 50mm 的凹槽，嵌填密封材料；同时要求在水落口周围直径 500mm 范围内做成不小于 5%的坡度。厕所、盥洗室、卫生间、未封闭的阳台以及建筑物的管道技术层内应设置地漏，并应要求施工单位将其安装在地面的最低处，无存水弯的地漏应带水封且水封深度不能小于 50mm，当清扫口设置在楼板或地坪上时应与地面平，污水管起点的清扫口与污水横管相垂直的墙面的距离，不得小于 150mm。

（二）施工验收要点

给水排水工程应按分项、分部或单位工程验收，有关工程验收按国家有关规范和标准进行验收和质量评定。

（1）隐蔽工程验收

1）专业监理工程师应根据承包单位报送的隐蔽工程报验单申请表和自检结果进行现场检查，符合要求予以签认。

2）对未经监理人员验收或验收不合格的工序，监理人员应拒绝签认，并要求承包单位严禁进行下道工序的施工。

（2）分项工程验收

专业监理工程师应对承包单位报送的分项工程质量验评资料进行审核，符合要求后予以签认。

（3）分部工程验收

总监理工程师应组织监理人员对承包单位报送的分部工程质量验评资料进行审核和现场检查，符合要求后予以签认。

（4）给水排水系统竣工验收

建筑给水排水系统除根据外观检查、水压试验和灌水试验的结果进行验收外，还需对工程质量进行检查。

1）检查的主要内容

①管道的平面位置、标高、坡度、管径、管材是否符合设计要求；

②管道、支架、卫生器具位置是否正确，安装是否牢固；

③防腐和保温是否符合设计要求；

④阀件、水表、水泵等安装有无漏水现象，卫生器具排水是否通畅。

2）验收时，施工单位应提供下列资料：

①施工图、竣工图、技术审核单和有关变更文件；

②设备、制品和主要材料的合格证或试验记录；

③隐蔽工程验收记录、中间试验记录、敞口水箱满水记录和密闭水箱水压试验记录；

④管道水压试验记录、排水管灌水试验记录、排水管道通水试验记录、室外排水管道坡度、测量记录、卫生器具盛水试验记录、室内排水管道安装工程质量检验记录、卫生器具安装工程质量检验评定表、室内排水管道安装工程质量检测评定表、污水管道通球试验记录表和楼地面管道周边盛水试验记录等；

⑤管道冲洗或管道吹洗记录；

⑥设备试运转记录；

⑦工程质量事故处理记录；

⑧分项、分部、单位工程质量检验评定记录和质量检查评定表等；

⑨设备与材料出厂合格证；

⑩阀门试压记录和管道、设备强度焊口检查和严密性测试记录。

（5）管道试压冲洗

1）给水管道在隐蔽之前要进行水压试验，试验装置如图 3-9 所示，管道系统安装完毕后，要进行系统压力试验，试验压力一般为工作压力 1.5 倍，不应小于 0.6MPa，水压试验时放净空气，进行渗漏检查，10min 压力降不大于 0.05MPa，无渗漏，可办理验收手续。

2）对喷淋系统进行水压试验时，当工作压力小于等于 10MPa 时，试验压力为工作压力的 1.5 倍，并不应低于 1.4MPa；当工作压力大于 1.0MPa 时，试验压力应为该工作压力加 0.4MPa。试验测试点应在系统管网的最低点，注水需缓慢同时排气，达试验压力后

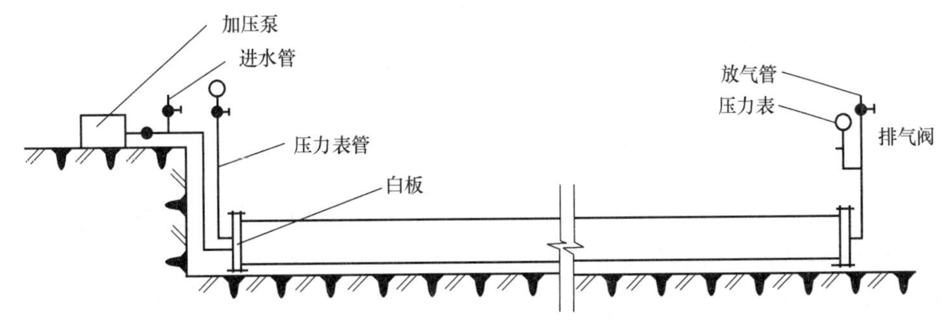


图 3-9　水压试验装置示意图

稳压 30min，且测无渗漏和无变形，压力降不应大于 0.05MPa。做完强度试验后，要进行水压严密性试验，它必须在管道冲洗后进行。试验压力为工作压力，稳压 24h 应无渗漏。

3）管道冲洗和消毒：管道在试压完成后即可进行冲洗，应保证充足水量冲洗，冲洗完毕后，采用每升水中含 20～30mg 的游离氯的水灌满管道系统，直至排出水质符合《生活饮用水卫生标准》，整个过程应做好验收记录。

4）对暗装、嵌装管道在隐蔽之前，应进行严格的水压试验，监理必须亲自参加水压试验，并在试验通过后即时做好书面记录。

5）排水管道安装完毕后，应进行灌水试验如图 3-10 所示。

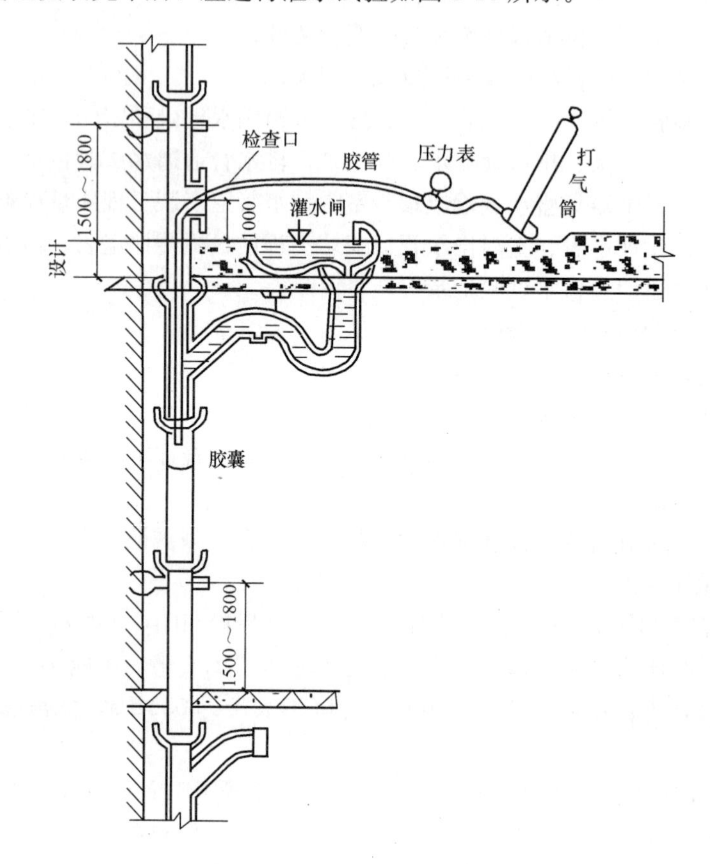


图 3-10　室内排水管灌水试验

注：灌水高度高于大便器上沿 5mm，观察 30min，无渗漏为合格

6）检查各给水系统的水箱、水池及各配管是否渗漏；各仪表仪器附件必须完好；运行设备经试运行都正常，管道和配件、附件无渗漏；卫生器具完好无损坏，水嘴、阀门等配件，启闭灵活，无损坏、渗漏。

7）在检查过程中，如有项目尚有问题，须整改，可写出纪要，列出须整改项，限承包方定时整改，然后再检查逐个消项，直至完全通过，进行签认手续，报质监站备案。

8）竣工图及其他文件资料

①竣工图的正确性、完整性及所依据的设计变更图纸和有关文件是否齐全；

②进场主要设备开箱检查、验收记录及设备基础复测记录；

③进场设备及主要材料的产品合格证、质保书以及塑料给水管及配件的准用证；

④给水系统各种隐蔽工程验收承包方原始记录及会签手续，必要处有示意图；

⑤水箱、水池的满水试验记录，给水、消防管道压力试验记录，电动机运转记录等。

9）组织对工程项目的质量等级评定

在竣工验收过程中，由承包方提出质量等级；项目监理机构应参加由建设单位组织的竣工验收，并提出相关监理资料。对验收中提出的整改问题，项目监理机构应要求承包单位进行整改。工程质量符合要求，由总监理工程师会同参加验收的各方签署竣工验收报告。

（三）通病及预防措施

1．建筑给水管道

（1）严禁用管钉，如果设计无明确要求时，一律用管卡，严禁用管钉。

（2）管道连接操作不当，造成漏水、渗水，必须根据以下几个原因采取有效的措施：

1）套螺纹过硬或过软而引起连接不严密；

2）填料缠绕不当；

3）活接头处漏放垫片；

4）焊接不牢；

5）法兰之间垫片摆放不正，法兰端面与垫板表面有污物，接触不好；

6）螺纹连接处蹬踩受力过大。

（3）给水立管和装有 3 个或 3 个以上配水点的支管始端，以及给水闸阀后面，均应设置可拆卸的连接件。

（4）硬塑料管焊接过程中应注意以下几个问题：

1）焊缝应缓慢冷却，以免焊缝裂开；

2）焊件和焊条上的赃物、油污应用丙酮或苯等擦洗干净。

（5）塑料管固定在卡箍接触处用弹性材料衬垫，管路避免暴露在阳光下，不要接近蒸汽和振动较厉害的地方。

（6）管道的管件必须保证中心线相重合，法兰盘必须和管中线垂直。

（7）当插接失败和尺寸有误时，必须在 30s 内拔出，擦净重新涂胶粘剂。

（8）聚丙烯管施工中应注意：

1）加热温度在 270～300℃，温度过低不能熔化，产生毛刺，温度过高易使树脂变质，接触不良；

2）仔细清除管子和管件接触部位的污物和油漆，以免降低强度；

3）坡口必须光滑，不得有毛刺；

4）聚丙烯管常用于输送剧毒或腐蚀性较强的液体介质，为保证连接强度和严密性，完成连接后，还必须用同种材质的树脂焊条在管口上进行焊接。

2．建筑排水管道

（1）排水管道容易造成堵塞，应注意预防：

1）接口时严格清理管内的泥土及污物，甩口应封好堵严；

2）卫生器具的排水口在未通水前应临时封堵，存水弯丝堵可后安装；

3）满足或大于最小坡度要求；

4）尽量采用阻力小的管件，如 Y 形或 TY 形三通、45°弯头。

（2）地下排水管漏水预防措施

1）埋地管段宜分段施工，第一段先做正负零以下室内部分，至伸出外墙为止；待土建施工结束后，再铺设第二段，即把伸出外墙处的管段接入检查井或管沟；

2）支墩牢靠、位置合适；

3）铸铁管段承插时，做好接口养护；

4）PVC-U 管下部管沟底面应平整，并应作 10～15cm 的细砂或细土垫层，管道上部 10cm 应用细砂或细土覆盖，然后分层回填，人工夯实；

5）冬期施工前应注意排除管内的积水，防止管道内结冰。

3. 卫生器具

（1）蹲坑上水进口处漏水。预防措施：

1）选用合格的胶皮碗；

2）正确处理胶皮碗与上水连接；

3）经试水无渗漏后再做水泥抹面。

（2）地漏汇集水效果不好。预防措施：

1）高度偏差在允许范围内；

2）保证地面、地漏周围有合理的坡度。

（3）卫生器具安装不牢固。预防措施：

1）尽量采取拧栽合适的螺钉；

2）卫生器具与墙面接触应严实。

（4）大便器与排水管连接处漏水。预防措施：

1）甩口高度必须合适；

2）保证蹲坑出口插入足够的深度；

3）蹲坑出口与排出管连接处要认真填抹严实；

4）安装应稳固、牢靠；

5）做好厕所地面防水；

6）安装前检查大便器的完好性。

4. 专业与工种间配合不当的通病

（1）在主体结构施工阶段，给水排水工程的预留、预埋，施工承包商从领导至项目负责人对此普遍不够重视。

（2）由于地面标高偏差，造成管道预留口、卫生器具和设备标高偏差。

（3）由于砖墙、柱、垛尺寸偏差，造成管道位移、吃墙或影响门窗扇启闭。

（4）由于水、电专业配合不当、施工审图不细，造成管道、设备与电气开关插座、线路等发生矛盾，甚至影响安全和使用。

（5）管道穿越楼板的洞，在补洞时不按规程做，造成地面渗漏。

（6）防水层做好后又剔槽打洞、埋设管道，容易造成渗漏。

（7）地漏埋设未考虑厕浴间与走廊地面高差，未考虑地面坡度，未考虑面层厚度，造成水流不入地漏或地面倒坡现象。

5. 管道安装过程中的通病

（1）预留洞位置不准，预留套管位置不准，甚至漏留洞口、漏埋套管，使得在管道及设备安装时，在楼板、剪力墙上凿洞，造成建筑主体结构千疮百孔，面目全非不仅浪费了大量的人力、物力、还降低了卫生间楼板等结构的承载能力；有些承包商因预留错误，在不能凿打梁柱时勉强使用原来的预留洞，勉强安装，致建筑外观留下永远的遗憾，有的还留下漏水的隐患。

（2）固定支架的位置、构成和固定做法不符合要求。

（3）支、托、吊架规格、间距、标高不符合要求，固定不牢，不平不正，与管道接触不好，制作粗糙。

（4）管道及支、托、吊架金属设备等未经除锈、防腐即进行安装，或除锈、防腐、清理灰浆不彻底，防腐、面漆遍数不够，局部漏刷。

（5）给水排水与采暖、燃气等管道的相互位置或间距不符合要求。

（6）管道坡度超偏，甚至倒坡或坡度小于设计最小坡度要求，预留口不准，局部塌落或压弯。

（7）管道承插口连接因捻口不良，造成管道渗漏。

（8）水平管段上采用直角三通或直角四通；立管与横管连接采用 90°弯头，使污水排放不畅通。

（9）托吊和铺设的管道塌腰或倒坡，高层建筑辅助通气管、连通管倒坡。

（10）清扫口、检查口放的位置不对，数量不够。

（11）管道安装过程中，管口没有临时封，造成水泥污水流入，土建施工的灰浆、垃圾掉入管内使管道堵塞或排水不畅。

（12）由于混凝土楼板补洞操作没按规程，防水层未补好，造成渗漏。

（13）由于土建砖墙、柱施工偏差或调整，使管道位偏、吃墙或影响门、窗扇的启闭。

（14）由于水电专业设计配合不当，施工审图不细，造成管道、设备和电气开关插座等设施距离过近或重叠。

（15）管道支架固定不牢，位置不正确，与管道接触时不严密，做法不符合要求，金属支架未经除锈防腐，或支架上有水泥砂浆等赃物未去除。

（16）管道穿越楼板处，没有用与楼板同强度等级混凝土按正式工序进行堵洞，或垃圾未清理干净，或混凝土没有密实，或防水处理不好或主筋切断未采取有效措施处理等，造成渗漏。

6. 卫生器具安装通病

（1）因产品未做好保护，排水管存水弯内存有水泥砂浆或建筑垃圾，造成卫生器具或地漏排水不畅。

（2）因补洞不仔细严密，地面水从管壁外漏至下层。

（3）由于没有核对好图纸，毛坯排水管未按建筑隔间中心安装，造成卫生器具与建筑隔间偏心。

（4）大便器漏水。由于水箱冲水管与大便器连接处渗漏，使水滴在地面上。大便器和排水管接口处渗漏，使水从排水口溢出淌至地面，如补洞不好，还会向下层滴水。

（5）由于地面标高超偏或调整，使得管道预留口卫生器具和设备等标高超值。

（6）卫生器具的固定不牢固、易松动，或固定在空心砖墙个轻质材料墙体上。

7. 地漏埋设

地漏埋设未考虑厕浴间与走廊地面高差，未考虑地面坡度，未考虑面层厚度，造成排水不入地漏以及地面流水倒坡现象，影响地面及墙面防水性能。

8. 图纸尺寸

图纸尺寸与设备底座尺寸不一致，或留孔时留孔用模板未固定，造成安放地脚螺栓时，螺栓不垂直甚至不能与泵底座连接。

## 思考题及习题

**一、简答题**

1. 建筑给水排水施工图包括哪些部分？它们各自表达的内容是什么？
2. 给水排水系统图常采用哪种轴测方式？需要标注哪些尺寸和数据？
3. 室内给水排水管道的安装顺序是怎样的？
4. 何为同层排水技术？有何优缺点？
5. 给水排水工程验收时，施工单位应提供哪些资料？
6. 试述建筑给水排水施工与土建施工的配合。
7. 试述建筑给水排水施工的通病。

**二、单选题**

1. 建筑给水排水施工图是指房屋内部的卫生设备或生产用水装置的施工图，图纸绘制应按《房屋建筑制图统一标准》（　　）执行。

A. GB 50001　　B. GB 50002　　C. GB 50003　　D. GB 50006

2. 建筑给水排水施工图设计严格按《建筑给水排水制图标准》（　　）、《建筑给水排水设计规范》（　　）和《给水排水设计手册》（第二版）第二册《建筑给水排水》执行。

A. GB/T 50103 GB 50013　　B. GB/T 50106、GB 50015

C. GB/T 50105、GB 50016　　D. GB/T 50107、GB 50017

3. 管道的管径、（　　）、（　　）均标注在系统轴测图中，在平面图中不必标注。

A. 标高、管材　　B. 连接方式、坡度

C. 标高、坡度　　D. 标高、水流流向和坡度

4. 给水排水平面布置图中的房屋建筑平面图，仅作为建筑内部（　　）平面布置和定位的基准。

A. 管道系统、给水排水设备　　B. 管道附件、卫生器具

C. 水泵、消防设施　　D. 管道系统及卫生器具

5. 给水排水工程图中，各种卫生器具、管件、附件及阀门等，均应按照（　　）GB/T 50106 中规定的图例绘制。

A.《建筑给水排水制图标准》　　B.《房屋建筑制图标准》

C.《机械设备制图标准》　　D.《建筑设备制图标准》

6. 给水排水设计依据有：《建筑给水排水设计规范》（　　）、《建筑设计防火规范》（　　）和（　　）提供的配合图等。

A. GB 50011、GB 50015 和建设单位　　B. GB 50015、GB 50016 和土建专业

C. GB 50013、GB 50015 和施工单位　　D. GB 50016、GB 50017—2006 和建筑专业

7. 施工验收严格按《建筑给水排水及采暖工程施工质量验收标准规范》（　　）执行。

A. GB 50342　　B. GB 50342　　C. GB 5024　　D. GB 50242

8. 室内给排水管道及卫生器具安装是（　　）进行，应与土建施工密切配合，做好预留各种孔洞、管道预埋件等项施工准备工作。

A. 在建筑基础工程完成后、内外墙装饰前

B. 在建筑主体工程完成后、内外墙装饰前

C. 在建筑主体工程完成后、内外墙装饰后

D. 在土建工程完成后、内外墙装饰前

9. 同层排水技术是指卫生器具排水立管不穿楼板，而在本层敷设并与（　　）连接的排水方式。

A. 排水立管　　B. 排水横管连接

C. 排水支管　　D. 排出管

10. 目前，国内同层排水技术按排水横管不同，敷设位置和管件不同，可分为（　　）类型。

A. 2种　　B. 3种　　C. 4种　　D. 5种

11. 给水管道在隐蔽之前要进行水压试验，管道系统安装完毕后，要进行系统压力试验，试验压力一般为工作压力的（　　）倍，不应小于0.6MPa。

A. 1.3　　B. 1.4　　C. 1.5　　D. 1.6

12. 水压试验时放净空气，进行渗漏检查，10min压力降不大于（　　），无渗漏，可办理验收手续。

A. 0.01MPa　　B. 0.03MPa　　C 0.05MPa　　D. 0.07MPa

13. 对喷淋系统进行水压试验时，当工作压力小于等于10MPa，时，试验压力为工作压力的（　　）倍，并不应低于1.4MPa。

A. 1.5　　B. 1.6　　C. 1.7　　D. 1.8

14. 管道在试压完成后即可进行冲洗和消毒；冲洗时应保证充足水量冲洗，冲洗完毕后，采用每升水中含（　　）的游离氯的水灌满管道系统，直至排出水质符合《生活饮用水卫生标准》，整个过程应做好验收记录。

A. 15～25mg　　B. 20～30mg　　C. 25～35mg　　D. 30～40mg

15. UPVC塑料管的伸缩节要求立管每层安装一个，安装高度距地面（　　）；横管长度每超两米应安装一个，伸缩节的安装、支架的敷设等均参见《给水排水标准图集》96S406。

A. 1.0m　　B. 1.5m　　C. 2.0m　　D. 2.2m

**三、多选题**

1. 建筑给水排水施工图主要由（　　）组成。

A. 平面布置图　　B. 施工详图　　C. 设计说明

D. 主要设备材料表　　E. 系统轴测图　　F. 标准图

2. 建筑给水排水平面图表示建筑物内，各层给水排水管道及卫生设备的平面布置情况，其内容包括：（　　）。

A. 各用水设备的类型及平面位置

B. 各干管、立管、支管的平面位置，立管编号和管道的敷设方式

C. 管道附件，如阀门、消火栓、清扫口的位置

D. 给水引入管和污水排出管的平面位置，编号以及与室外给排水管网的联系

3. 给水排水轴测图是能够反映管道、设备三维空间关系的图样或在建筑中的空间位置关系，标注有（　　）。

A. 各管段的管径、坡度、标高和立管编号

B. 给水阀门、水龙头等的位置

C. 存水弯、地漏、清扫口、检查口等管道附件的位置

D. 给水引入管和污水排出管的空间位置、编号等

4. 轴测图中的标高均为（　　）。在给水管道轴测图中，标注横管（　　），以及地面、楼面、屋面、阀门和水箱各部位的标高。在排水系统中，一般（　　）只标出排出管起点管内底标高，以及地

面、楼面、屋面、通气帽的标高等。(　　)

A. 相对标高、中心标高、不标注横管标高

B. 绝对标高、中心标高、标注横管标高

C. 几何高度、中心标高、标注横管标高

D. 黄海标高、中心标高、不标注横管标高

5. 在排水系统的排出管及给水系统引入管穿越建筑物基础处、地下室或地下构筑物外墙处，工程技术人员应及时跟踪检查是否按设计及施工规范要求预留了孔洞和设置了合格的套管，并要求管道安装完成后其上部净空不得小于建筑物的沉降量，沉降量的正确范围为（　　）。

A. 140mm　　B. 150mm　　C. 160mm　　D. 170mm

6. 厕所、盥洗室、卫生间、未封闭的阳台以及建筑物的管道技术层内应设置地漏，并应要求施工单位将其安装在地面的最低处，无存水弯的地漏应带水封且水封深度符合要求的是（　　）；当清扫口设置在楼板或地坪上时应与地面平，污水管起点的清扫口与污水横管相垂直的墙面的距离，不得小于150mm。

A. 50mm　　B. 60mm　　C. 65mm　　D. 70mm

7. 建筑给水排水系统除根据外观检查、水压试验和灌水试验的结果进行验收外，还须对工程质量进行检查。检查的主要内容有：(　　)。

A. 管道的平面位置、标高、坡度、管径、管材是否符合设计要求

B. 管道、支架、卫生器具位置是否正确，安装是否牢固

C. 防腐和保温是否符合设计要求

D. 阀件、水表、水泵等安装有无漏水现象，卫生器具排水是否通畅

# 第二篇　建筑暖通空调

## 第四章　建筑供暖工程

【学习要点】　掌握建筑供暖工程常用设备、附件和辅助设备的作用和适用范围；熟悉建筑供暖系统的分类、组成、管道布置与辐射要求和供暖系统所用散热器及主要辅助设备施工安装要点；了解建筑供暖工程施工图的组成、主要内容、识读方法和供暖系统分户计量、低温地板辐射供暖等相关知识。

### 第一节　供暖系统所用散热器及主要辅助设备

供暖系统是由热源、输热管道、散热设备三部分组成的。而它们之间的联系则是通过管路完成的，在管路系统上还需要有各种管件和阀件来进行管道的连接以及管路系统的控制。

在冬季，室外温度低于室内温度，房间的围护结构（墙、屋顶、地板、门窗等）不断向室外散失热量，使房间温度降低，影响人们的正常生活和工作，为使室内保持所需要的温度，就必须向室内供给相应的热量。为了保证向室内供给热量而设置的管道、设备和附件等称为供暖系统。

**一、集中供暖系统的散热设备**

散热设备的作用是向供暖房间供给热量，以弥补房间的热量损失，保证室内所需要的温度，达到供暖的目的。散热器是目前我国普遍使用的散热设备。

散热器是以对流和辐射两种方式向室内散热的。散热器应具有较高的传热系数，有足够的机械强度，能承受一定压力，耗金属材料较少，制造工艺简单，同时表面应光滑、易清扫，不易积灰，占地面积小，安装方便，美观，耐腐蚀等性能。

散热器按照材料不同分为铸铁散热器和钢制散热器两大类。

（一）铸铁散热器

1. 灰铸铁柱型散热器

如图 4-1 所示。柱型散热器传热性能较好、较美观、表面光滑易清扫、耐腐蚀、造价

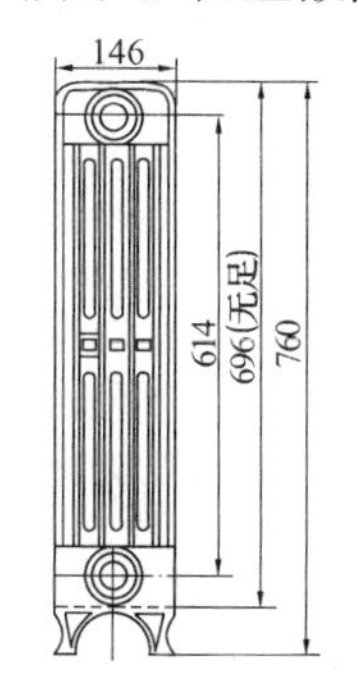

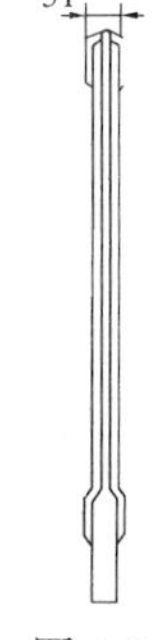

图 4-1　铸铁四柱型散热器和内对丝

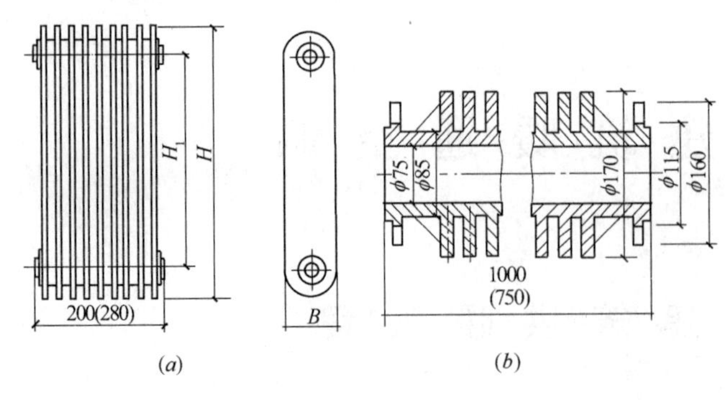


图 4-2　铸铁翼型散热器
(a) 长翼型铸铁散热器；(b) 圆翼型铸铁散热器

低，但施工安装比较复杂，承压能力低。

2. 灰铸铁翼型散热器

如图 4-2 所示。翼型散热器制造工艺简单、价格低、但不易清扫，不易组成所需要的散热面积。

铸铁散热器因其上述特点，被广泛应用于住宅建筑和公共建筑中。有关各种常用的铸铁散热器性能参数见表 4-1。

(二) 钢制散热器

1. 钢串片式散热器

如图 4-3 所示。钢串片式散热器体积小、重量轻、传热性能好，承压能力高，但易腐蚀、使用寿命较短。

**铸铁散热器性能参数**　　　　**表 4-1**

| 型号及性能<br>名称 | 尺寸 (mm) | | | 质量 (kg/片) | | 水容量 (L/片) | 工作压力 (MPa) | | 标准散热量 (W/片) |
|---|---|---|---|---|---|---|---|---|---|
| | $H_1$ | $H$ | $B$ | 足片 | 中片 | | 热水 | 蒸汽 | |
| 柱　型 | 582 | 660 | 143 | 6.2 | 5.4 | 1.03 | 0.5 | 0.2 | 112 |
| | 682 | 760 | 143 | 7.0 | 6.2 | 1.15 | 0.5 | 0.2 | 128 |
| 细四柱型 | 563 | 625 | 113 | 3.45 | — | 0.5 | 0.5 | — | 92.3 |
| | 663 | 725 | 113 | 4.16 | — | 0.52 | 0.5 | — | 109.4 |
| 长翼型 | 500 | 595 | 115 | 18 | | 5.7 | 0.4 | 0.2 | 336 |
| | 500 | 595 | 115 | 26 | | 8 | 0.4 | 0.2 | 444 |
| 圆翼型 | — | — | — | 24.6 | | 3.32 | 0.6 | 0.4 | 393 |
| | — | — | — | 30 | | 4.42 | 0.6 | 0.4 | 550 |

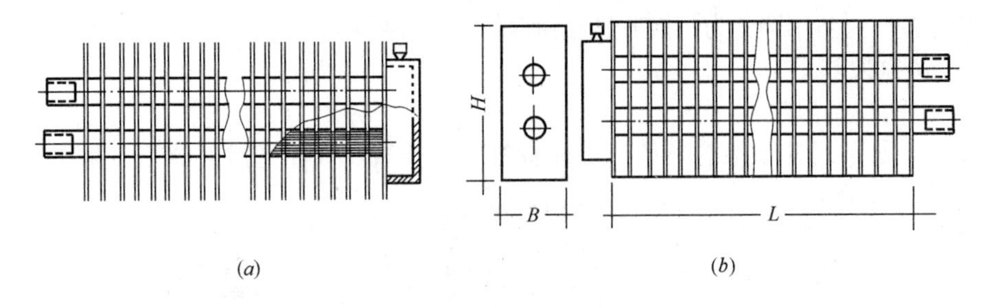


图 4-3　钢串片式散热器
(a) 直片式；(b) 闭式

钢制串片式散热器适用于承受较高压力的高温热水采暖系统或蒸汽采暖系统以及高层建筑采暖系统中。

2. 钢制板式散热器

图 4-4 所示为几种较为常用的钢制板式散热器。它的种类较多，总的特点是外形美

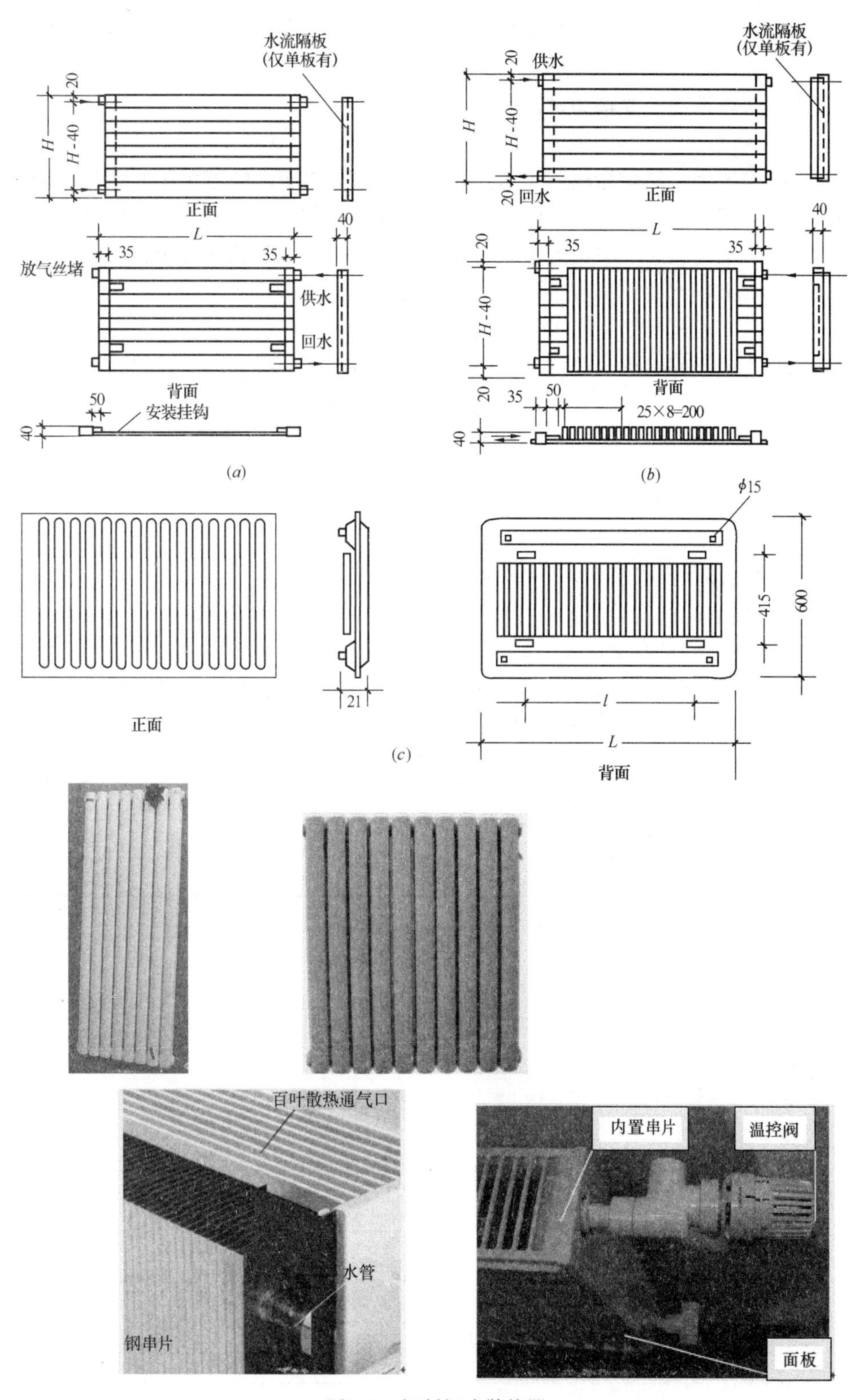


图 4-4　钢制板式散热器

(*a*) 板式散热器；(*b*) 扁管单板散热器；(*c*) 单板带双流扁管散热器

观，承压能力高；但水容量小、热稳定性较差。钢制板式散热器适用于民用住宅的热水采暖系统。

## 二、热水供暖系统主要辅助设备

（一）膨胀水箱

热水采暖系统中，热媒加热后热水体积将会膨胀，由于水的不可压缩性，多余出的膨胀水量将会在系统内部造成很大的内压力。为防止事故的发生，就要考虑如何容纳这部分膨胀水量，在热水采暖系统中设置膨胀水箱，正是解决这一问题的常用方法；系统温度降低，热媒体积收缩，或者系统水量漏失时，又可以由膨胀水箱将水补入系统。在自然循环系统中，膨胀水箱还起排除系统中空气的作用，一般连接在总供水立管上部；在机械循环系统中，膨胀水箱还起着重要的定压作用，一般连接在水泵吸入口附近的回水干管上。

膨胀水箱的形状有方形和圆形；根据是否与大气相通又可分为开式和闭式两种。

1. 膨胀水箱容积

水箱容积 $V$ 可按下式计算

$$V = \alpha \Delta t V_s = 0.0006 \times 75 \times V_s = 0.045 V_s \quad (L) \tag{4-1}$$

式中 $\alpha$——水的体积膨胀系数，$\alpha = 0.0006$，1/℃；

$\Delta t$——系统水温的波动值，对于低温热水供暖系统，$\Delta t = 75$℃；

$V_s$——系统内的水容量，L。

经上式计算后，可根据容积查阅国家标准图集，选择膨胀水箱型号。开式膨胀水箱应设置在供暖系统的最高点，并应有防冻措施。膨胀水箱规格参见表 4-2。

**膨胀水箱规格表** **表 4-2**

| 型号 | 方形 | | | | | 圆形 | | | |
|---|---|---|---|---|---|---|---|---|---|
| | 公称容积（$m^3$） | 有效容积（$m^3$） | 外形尺寸（mm） | | | 公称容积（$m^3$） | 有效容积（$m^3$） | 筒体（mm） | |
| | | | 长 | 宽 | 高 | | | 内径 | 高度 |
| 1 | 0.5 | 0.61 | 900 | 900 | 900 | 0.3 | 0.35 | 900 | 700 |
| 2 | 0.5 | 0.63 | 1200 | 700 | 900 | 0.3 | 0.33 | 800 | 800 |
| 3 | 1.0 | 1.15 | 1100 | 1100 | 1100 | 0.5 | 0.54 | 900 | 1000 |
| 4 | 1.0 | 1.20 | 1400 | 900 | 1100 | 0.5 | 0.59 | 1000 | 900 |
| 5 | 2.0 | 2.27 | 1800 | 1200 | 1200 | 0.8 | 0.83 | 1000 | 1200 |
| 6 | 2.0 | 2.06 | 1400 | 1400 | 1200 | 0.8 | 0.81 | 1100 | 1000 |
| 7 | 3.0 | 3.50 | 2000 | 1400 | 1400 | 1.0 | 1.1 | 1100 | 1300 |
| 8 | 3.0 | 3.20 | 1600 | 1600 | 1400 | 1.0 | 1.2 | 1200 | 1200 |
| 9 | 4.0 | 4.32 | 2000 | 1600 | 1500 | 2.0 | 2.1 | 1400 | 1500 |
| 10 | 4.0 | 4.37 | 1800 | 1800 | 1500 | 2.0 | 2.0 | 1500 | 1300 |
| 11 | 5.0 | 5.18 | 2400 | 1600 | 1500 | 3.0 | 3.3 | 1600 | 1800 |
| 12 | 5.0 | 5.35 | 2200 | 1800 | 1500 | 3.0 | 3.4 | 1800 | 1500 |
| 13 | — | — | — | — | — | 4.0 | 4.2 | 1800 | 1800 |
| 14 | — | — | — | — | — | 4.0 | 4.6 | 2000 | 1600 |
| 15 | — | — | — | — | — | 5.0 | 5.2 | 1800 | 2200 |
| 16 | — | — | — | — | — | 5.0 | 5.2 | 2000 | 1800 |

2. 膨胀水箱的配管

图 4-5 为一圆形膨胀水箱示意图。下面结合此图分述各管的功能及其安装位置。

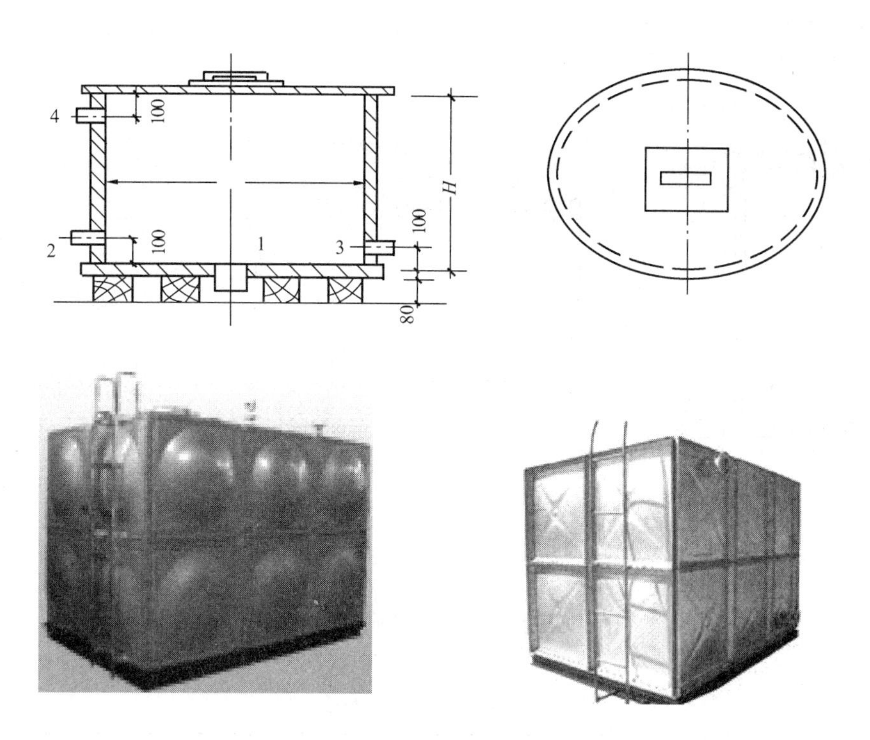


图 4-5　圆形膨胀水箱

1—膨胀管；2—检查管；3—循环管；4—溢流管

（1）膨胀管

与系统相连接，是系统膨胀水进入膨胀水箱和从膨胀水箱向系统补水的管道。机械循环系统中将其连接在循环水泵的吸入口侧。

（2）循环管

是为了防止水箱冻结而设置的。其作用是与膨胀管相配合，使膨胀水箱中的水在两管之间产生微循环，不致冻结。循环管一般连接在膨胀管前 1.5～3.0m 处。

（3）信号管

也叫检查管，通常引到锅炉房洗涤盆等容易观察及操作的地点，末端设有阀门，可以随时打开检查系统中的充水情况。

（4）溢流管

膨胀水箱中水量过多时，通过溢流管排出。

（5）排污管

检修或者清洗膨胀水箱时，通过设在水箱底部的排污管将水箱中的水泄空。

膨胀管、循环管和溢流管必须保持通畅，管道上均不得设置阀门。

（二）集气罐和自动排气阀

在热水采暖系统中，如散热器内存有空气，将会阻碍散热器的有效散热，空气积聚在管道中，就可能形成气塞，堵塞管道，破坏水循环，造成系统局部不热。另外，空气与钢管内壁接触会引起钢管内壁腐蚀，缩短管道使用寿命。为了保证采暖系统的正常工作，必须及时、快捷地将系统中的空气排出。集气罐和自动排气阀的作用就在于此。

一般情况下，集气罐可分为手动排气和自动排气两种。手动集气罐按其安装形式分为立式和卧式两种，如图4-6所示。集气罐规格尺寸见表4-3。

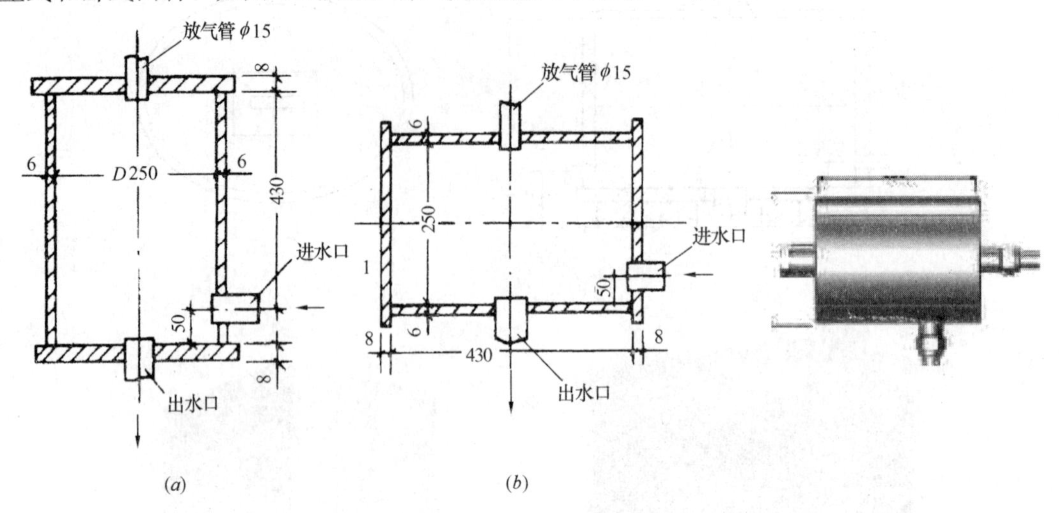


图4-6 集气罐示意图

(a) 立式；(b) 横式

**集气罐规格尺寸表** **表4-3**

| 型　号 | 1 | 2 | 3 | 4 | 备　注 |
| --- | --- | --- | --- | --- | --- |
| 直径 $D$ (mm) | 100 | 150 | 200 | 250 | 国标图 |
| 高度 $H$ (长度 $L$) (mm) | 300 | 300 | 320 | 430 | |

自动排气阀应设于系统的最高处，对热水采暖系统最好设于末端最高处。排气口可接管也可不接管；接管可用钢管也可用橡胶管，排气管上不应装阀门。另外，为便于检修，应在连接管上设一阀门，系统运行时应开启。

集气罐一般应设于系统的末端最高处，并使干管内气水同向流动有利于集气和排气。集气罐上引出的排气管一般取 $DN15$，并应安装阀门。

自动排气阀管理简便、节约能源、外形美观体积小，各类自动排气阀综合性能参见表4-4。

**各种自动排气阀性能表** **表4-4**

| 类　型 | 接管规格 $DN$ (mm) | 使　用　范　围 | 外形尺寸 $L\times B\times H$ (mm) |
| --- | --- | --- | --- |
| WZ85-$\frac{2}{3}$型 | 15、20、25 | 2型用于末端，3型用于中央或中间部位的排气<br>$P\leqslant0\sim800$kPa，$Q\leqslant2100$kg/h；$t\leqslant150$℃的冷热水系统 | 155×155×185 |
| ZP-Ⅰ、Ⅱ型 | 15、20、25 | Ⅰ型≤110℃；$P\leqslant700$kPa<br>Ⅱ型≤130℃；$P\leqslant1200$kPa<br>冷热水系统 | 158×90×125 |
| PQ-R-S型 | 15 | $P\leqslant400$kPa；$t\leqslant150$℃<br>冷热水系统 | ϕ70×115 |
| B23-T型 | 15、20、25 | 用于 $P<100$kPa 的蒸汽设备或管道上 | ϕ62×76 |

除上述排气装置外，还有主要安装在水平式或下供下回式系统中散热器上部的放气阀，用来排除散热器上部的空气。常用的手动、自动放气阀如图 4-7 所示。

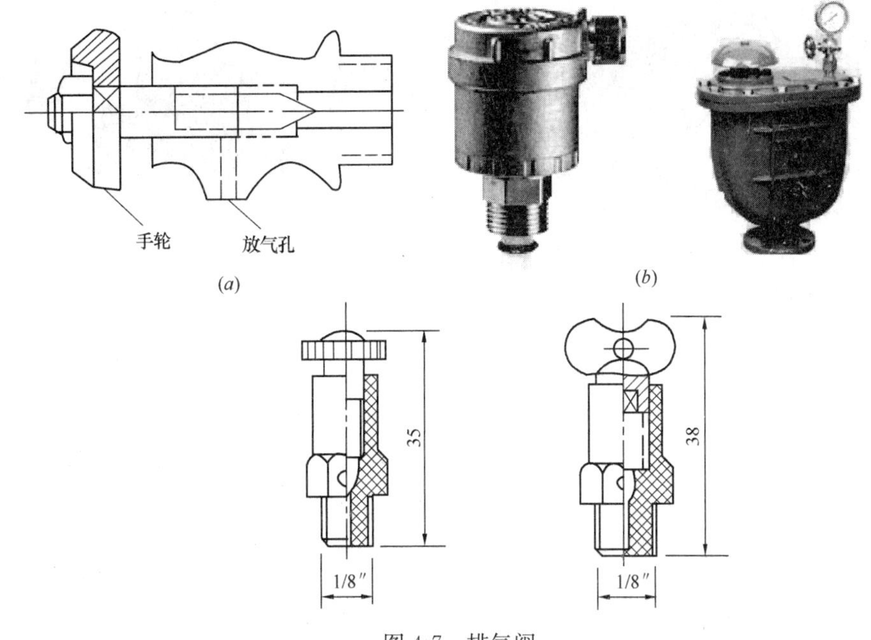


图 4-7　排气阀

(a) 手动放气阀；(b) 自动放气阀

## 三、温控与热计量装置

建筑节能是世界建筑技术发展的大趋势，是走可持续发展的必由之路。为实现建设部《夏热冬冷地区居住建筑节能设计标准》JGJ 75 节能 50%的目标，提高供热系统运行效率，采取供热按热计量收费是达到这一目标的重要手段。

为了实现室内温度控制和分户热量计量，必须要对我国传统的集中供热采暖形式进行改变，通过改变系统形式和增加一系列温度、流量、压力控制设备与热量计量仪表，将传统的静态供暖系统改变成为动态控制的系统。

### (一) 热量表

进行热量测量与计算，并作为结算热量消耗依据的计量仪器称为热量表（又称能量计、热表）。

目前，使用较多的热量表是根据管路中的供、回水温度及热水流量，确定仪表的采样时间，进而得出管道供给建筑物的热量。

热量表由一个热水流量计、一对温度传感器和一个积算仪三部分组成，如图 4-8 所示。热水流量计用来测量流经散热设备的热水流量；一对温度传感器分别测量供水温度和回水温度，进而确定供回水温差；积算仪（也称为积分仪），可以通过与其相连的流量计和温度传感器提供的流量及温度数据，计算得出用户从热交换设备中获得的热量。

#### 1. 热水流量计

应用于热量表的流量计根据测量方式的不同可分为机械式、电磁和超声波式、压差式三大类。目前，采用最多的是机械式流量计。机械式流量计与其他流量计相比有许多优点，如：耗电少、压力损失小、量程比大、测量精度高、抗干扰性好等；同时机械式流量

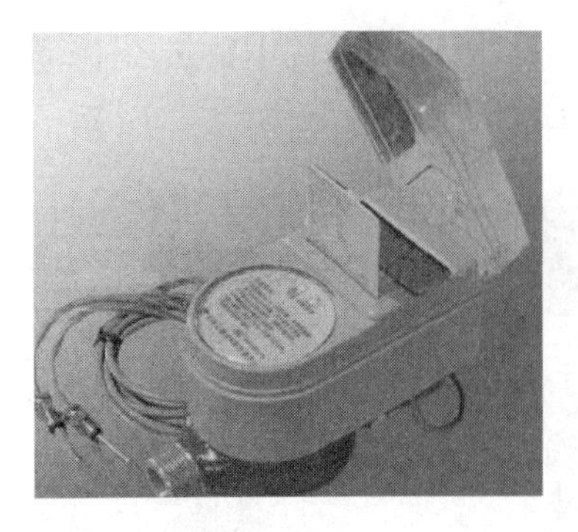

图 4-8　IC 卡热量表

计的安装维护方便、价格低廉，适用于小、中、大口径的管道。

2. 热量分配表

对于传统的垂直单管顺流式供暖系统，每户都会有几根立管分别通过各房间，如果为了分户热计量在各房间的散热器与立管连接处设置热量表，会使系统过于复杂，并且费用昂贵。为了对这类传统的供暖系统进行热计量，宜在各组散热器上设置热量分配表，测量计算每组散热器的用热比例，再结合设于建筑物引入口热量总表的总用热量数据，就可以计算得出各组散热器的散热分配量。对于新建的分户热计量系统不宜采用设置热量分配表的热计量方式。

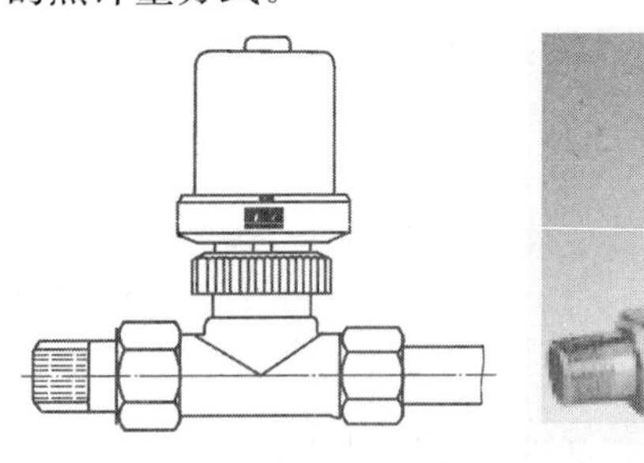

图 4-9　散热器温控阀

热量分配表有蒸发式和电子式两种。

（二）散热器温控阀

散热器温控阀是由恒温控制器、流量调节阀以及一对连接件组成，如图 4-9 所示。

1. 恒温控制器

恒温控制器的核心部件是传感器单元，即温包。恒温控制器的温度设定装置有内式和远程式两种，均可以按照窗口显示值来设定所要求的控制温度，并加以自动控制。

根据温包内灌注感温介质的不同，常用的温包主要有蒸汽压力式、液体膨胀式和固体膨胀式三类。

2. 流量调节阀

散热器温控阀的流量调节阀具有较佳的流量调节性能，调节阀阀杆采用密封活塞形式，在恒温控制器的作用下直线运动，带动阀芯运动以改变阀门开度。流量调节阀具有良好的调节性能和密封性能，长期使用可靠性高。

调节阀按照连接方式分为两通型（直通型、角型）和三通型，如图 4-10 所示。其中两通型流量调节阀根据流通阻力是否具备预设定功能可分为预设定型和非预设定型两种。

散热器温控阀应正确安装在供暖系统中，用户可根据对室温的要求自行调节并设定室温，既可以满足舒适度要求，又可以实现节能。散热器温控阀应安装在每组散热器的进水管上或分户供暖系统的总入口进水管上，内置式传感器不主张垂直安装，因为阀体和表面管道的热效应也许会导致恒温控制器的错误动作，应确保传感器能感应到室内环流空气的温度，传感器不得被暖气罩、窗帘盒等遮盖。

两通型（角型）　　两通型（直通型）　　三通型

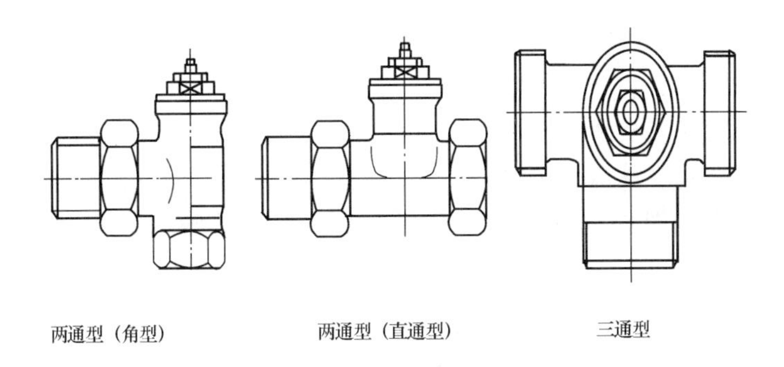

图 4-10　流量调节阀

除了散热器温控阀外，还有一种散热器手动温度调节阀，其工作原理为在球形阀的阀芯上开一小孔，使其在调节流量时不能完全关断。

## 四、补偿器

在供暖系统中，金属管道会因受热而伸长（如每米长的钢管，温度每升高 1℃时，长度便会伸长 0.012mm）。如直管道两端都被固定时，管道热胀冷缩会使管道弯曲或被拉断。这一问题的解决可以合理利用管道自身具有的弯曲（室内供暖系统中应尽量这样做）。这种利用管道系统的自然转弯来消除管道因通入热介质而产生的膨胀伸长量，称为自然补偿。

当伸缩量很大，管道本身无法满足补偿或管段上没有弯曲部分时，就要采用补偿器补偿管道的伸缩量。这种专用补偿器主要有：方形伸缩器、套筒伸缩器、波纹管伸缩器等。

方形伸缩器采用无缝钢管煨制而成，安装方便，补偿能力大，无须经常维修，应用较广，四种基本形式如图 4-11 所示。方形伸缩器安装时应设置伸缩井，施工时参见《国家标准图集》。

套筒伸缩器具有补偿能力大、占地面积小、安装方便、水流阻力小等特点，如图4-12 所示。使用中需经常维修、更换填料。

波纹管伸缩器具有体积小、结构紧凑、补偿量较大、安装方便等优点，如图 4-13 所示。

1 型 (*B*=2*A*)　　2型(*B*=*A*)　　3 型(*B*=0.5*A*)　　4 型(*B*=0)

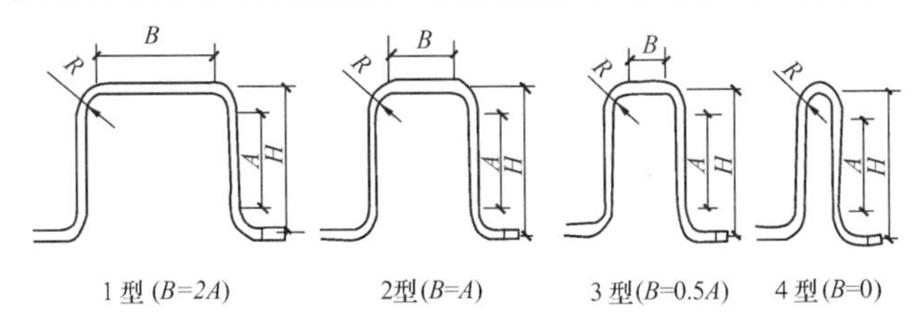

图 4-11　方形伸缩器

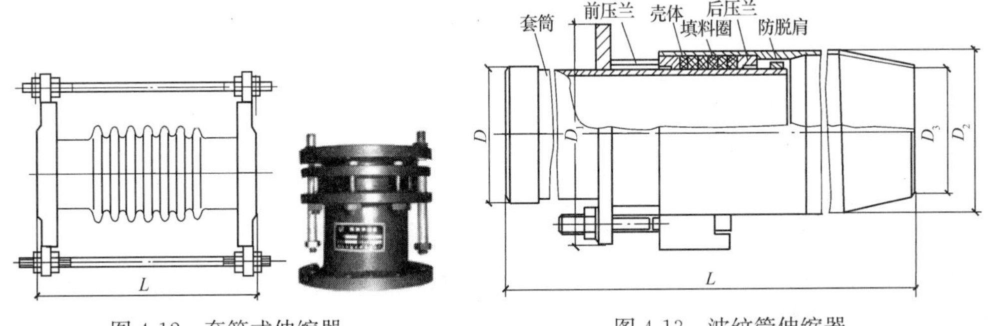

图 4-12　套筒式伸缩器

图 4-13　波纹管伸缩器

**五、疏水器**

蒸汽供暖系统中必须设有疏水装置，作用是排除系统的凝结水，阻止蒸汽进入凝结水管道。在低压蒸汽供暖系统中，每组散热器后部应安装疏水器，疏水器是阻止蒸汽通过，只允许凝结水和不凝性气体（空气）及时排往凝结水管路的一种装置。低压蒸汽供暖系统中常用恒温式疏水器。图 4-14 所示为疏水器构造示意及实物图。

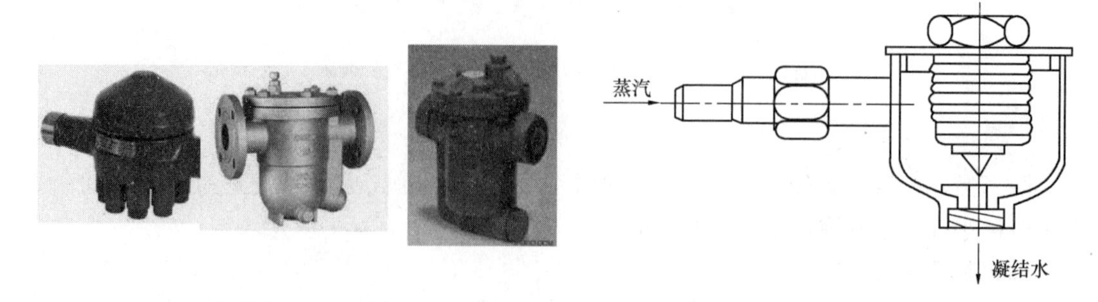


图 4-14　疏水器构造示意及实物图

**六、供暖系统所用散热器及主要辅助设备施工安装要点**

（一）供暖管路系统的安装

室内供暖管路系统的安装主要包括系统安装和系统试压、调试两部分。系统安装是指全部管道系统、设备、阀件以及管道防腐、保温等主要施工内容。而系统试压、调试则是指上述主要内容完成后采用水压试验的方法来检验整个管路系统是否漏水或渗水，并且利用阀件对整个系统进行调节。施工时应严格按《建筑给水排水及采暖工程施工质量验收规范》GB 50242 执行。

1. 管路系统安装工艺流程

安装准备→预制加工→支架安装→干管安装→立管安装→支管安装→试压→冲洗→防腐→保温→调试

2. 安装准备

供暖管道系统施工，通常是在建筑物土建主体结构完成、墙面抹灰后开始。为了加速工程进展，必须作好准备。安装准备工作主要包括以下几项内容：

（1）阅读工程施工图；（2）绘制管件加工图；（3）筹措安装器材。

3. 预制加工

预制加工的主要内容包括：

（1）整修预留孔洞

一般要求孔洞直径比套管外径大 50mm 左右。

（2）组装散热器

将散热器进行组装，试压检查无误后除锈防腐刷银粉。

（3）加工管段

根据管件加工管段。

（4）支管进行揻弯加工

依据管件加工图所标注的尺寸，对支管进行气焊或冷弯加工成型。

（5）支（托、吊）架加工

支架分为活动和固定支架两种，热力管道上固定支架之间设置若干活动支架。支架按结构形式分为托架（托钩）、吊架和管卡三种。

4. 焊接钢管的连接

管径小于或等于32mm，应采用螺纹连接；管径大于32mm，采用焊接。

5. 管道安装坡度

当设计未注明管道安装坡度时，应符合下列规定：

（1）汽、水同向流动的热水采暖管道和汽、水同向流动的蒸汽管道及凝结水管道，坡度应为3‰，不得小于2‰；

（2）汽、水逆向流动的热水采暖管道和汽、水逆向流动的蒸汽管道，坡度不应小于5‰；

（3）散热器支管的坡度应为1%，坡向应利于排气和泄水。

6. 补偿器

补偿器的型号、安装位置及预拉伸和固定支架的构造及安装位置应符合设计要求。

7. 平衡阀

平衡阀及调节阀型号、规格、公称压力及安装位置应符合设计要求。安装完后应根据系统平衡要求进行调试并作出标志。

8. 蒸汽减压阀

蒸汽减压阀和管道及设备上安全阀的型号、规格、公称压力及安装位置应符合设计要求。安装完毕后应根据系统工作压力进行调试，并做出标志。

检验方法：对照图纸查验产品合格证及调试结果证明书。

9. 方形补偿器

方形补偿器制作时，应用整根无缝钢管煨制，如需要接口，其接口应设在垂直臂的中间位置，且接口必须焊接。方形补偿器应水平安装，并与管道的坡度一致；如其臂长方向垂直安装必须设排气及泄水装置。

（二）供暖系统试压调试

（1）散热器组对后，以及整组出厂的散热器在安装之前应做水压试验。试验压力如设计无要求时应为工作压力的1.5倍，但不小于0.6MPa。试验时间为2～3min，压力不降且不渗不漏。

（2）辐射板在安装前应做水压试验，如设计无要求时试验压力应为工作压力1.5倍，但不得小于0.6MPa。试验压力下2～3min压力不降且不渗不漏。

（3）盘管隐蔽前必须进行水压试验，试验压力为工作压力的1.5倍，但不小于0.6MPa。稳压1h内压力降不大于0.05MPa且不渗不漏。

（4）采暖系统安装完毕，管道保温之前应进行水压试验。试验压力应符合设计要求。当设计未注明时，应符合下列规定：

1）蒸汽、热水采暖系统，应以系统顶点工作压力加0.1MPa做水压试验，同时在系统顶点的试验压力不小于0.3MPa。

2）高温热水采暖系统，试验压力应为系统顶点工作压力加0.4MPa。

3）使用塑料管及复合管的热水采暖系统，应以系统顶点工作压力加0.2MPa做水压试验，同时在系统顶点的试验压力不小于0.4MPa。

使用钢管及复合管的采暖系统应在试验压力下 10min 内压力降不大于 0.02MPa，降至工作压力后检查，不渗、不漏；

使用塑料管的采暖系统应在试验压力下 1h 内压力降不大于 0.05MPa，然后降压至工作压力的 1.15 倍，稳压 2h，压力降不大于 0.03MPa，同时各连接处不渗、不漏。

## 第二节 供 暖 系 统

### 一、热水供暖系统

热水供暖系统可按下述方法分类：

（一）按供暖的区域分为局部供暖系统和集中供暖系统；

（二）按热媒参数分，有低温热水供暖系统（热媒参数低于 100℃）、高温热水供暖系统（热媒参数等于或大于 100℃）；

（三）按系统循环动力分，有自然（重力）循环和机械循环系统；

（四）按系统的每组立管根数分，有单管和双管系统；

（五）按系统的管道敷设方式分，有垂直式和水平式系统。

1. 局部供暖系统

将热源和散热设备合并成一个整体，分散设置在各个房间，称为“局部供暖系统”。这类供暖系统包括火炉供暖、燃气供暖及电热供暖。它们的装置简单，容易实现，可作为下述的“集中供暖系统”的补充形式。但是火炉供暖和燃气供暖不够卫生，产生的烟尘会污染环境。电热供暖由于耗电量大，只作为局部的补充加热用。

2. 集中供暖系统

由远离供暖房间的热源、输热管道和散热设备等三部分组成的工程设施，称为“集中供暖系统”。

在集中供暖系统中，把热量从热源输送到散热器的物质叫“热媒”，这些物质有热水、蒸汽和热空气等。

以热水和蒸汽作为热媒的集中供暖系统，在工业和民用建筑中得到了普遍的应用。它们具有供热量大、节约燃料、污染较轻、运行调节方便、费用低等优点。

目前应用最普遍的是以热水和蒸汽作为热媒的集中供暖系统，如图 4-15 所示，主要由三部分组成。

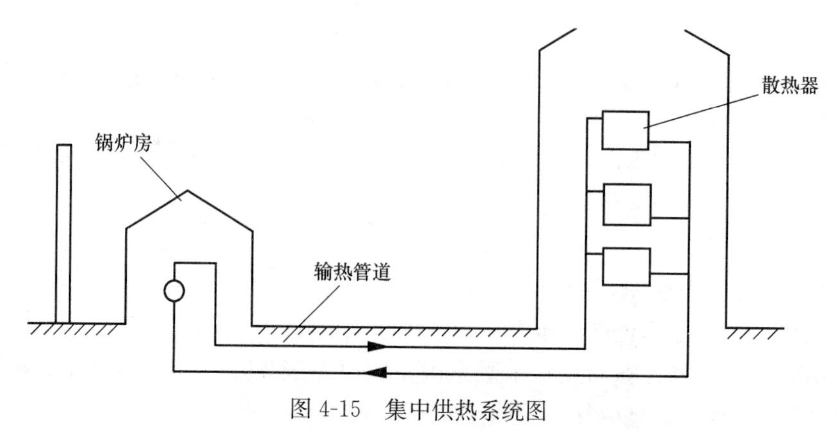


图 4-15 集中供热系统图

1）热源

使燃料燃烧产生热，将热媒加热成热水或蒸汽的锅炉房。

2）输热管道

由管道系统将热水或蒸汽输送至热用户。

3）散热设备

将热量传至所需空间的设备。

集中供暖系统的热媒可分为三类：热水、蒸汽和热风。

**二、自然循环热水供暖系统**

1. 自然循环热水供暖系统的工作原理

如图 4-16 所示，其工作原理为：自然循环热水供暖系统工作时，水在锅炉内被加热，水的密度减小，受密度较大的冷水向下挤压，热水向上悬浮并沿供水管道进入散热器，在散热器内水放热冷却，密度增大，返回锅炉重新得到加热。

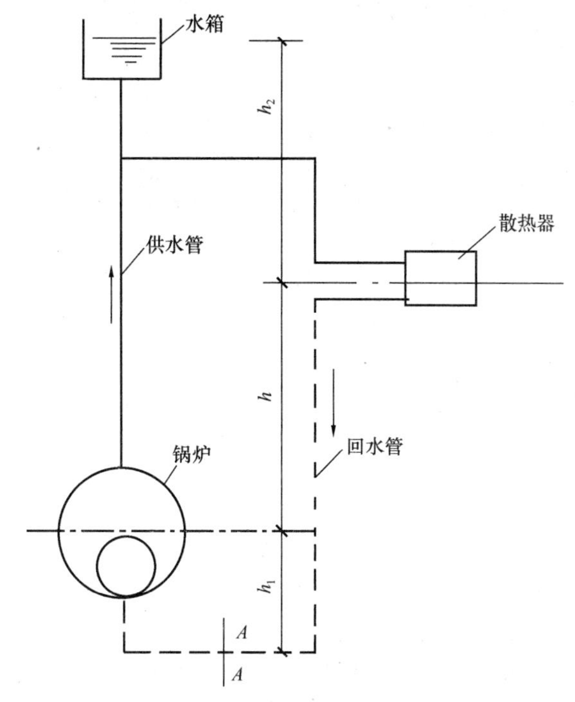


图 4-16　自然循环热水供暖系统

这种依靠供、回水密度差产生循环动力保持循环流动的系统称之为自然循环热水供暖系统，克服系统的阻力形成循环流动压力称为系统的作用压力。

图 4-16 中：$A$—$A$ 断面左侧 $\rho_g h_2 g+\rho_g hg+\rho_h h_1 g$

$A$—$A$ 断面右侧 $\rho_g h_2 g+\rho_h hg+\rho_h h_1 g$

自然循环热水供暖系统的作用压力为：

$$p=hg\ (\rho_h-\rho_g) \tag{4-2}$$

式中　$p$——系统的作用压力，Pa；

$h$——散热器中心与锅炉中心的高差，m；

$\rho_g$——供水密度，$kg/m^3$；

$\rho_h$——回水密度，$kg/m^3$；

$g$——重力加速度，$m/s^2$。

由此可见，自然循环热水供暖系统的作用压力与供回水密度差和散热器中心与加热中心的高差有关。

此外，为了保证系统正常工作，必须使系统内的空气顺利排出，系统的供水干管必须有向膨胀水箱方向上升的坡度，回水干管也要有向锅炉方向下降的坡度，其坡度均为 0.5%～1%，以保证水顺利返回锅炉。

2. 自然循环热水供暖系统的主要形式

自然循环热水供暖系统主要有单管和双管两类，如图 4-17 所示。图中（$a$）为双管上供下回式系统，(*b*) 为单管上供下回式系统。

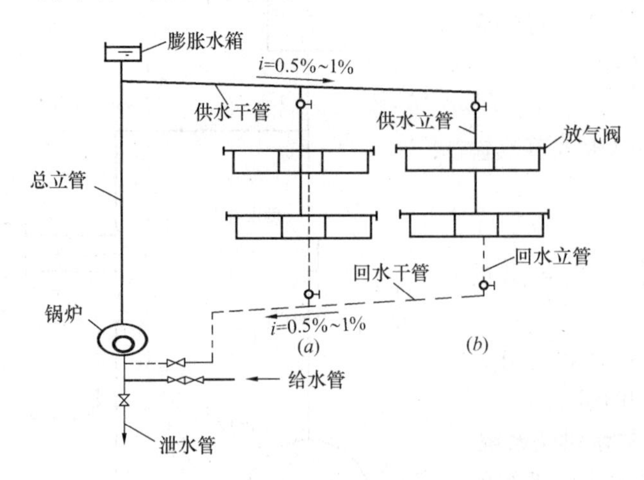


图 4-17　自然循环热水供暖系统

(*a*) 双管上供下回式系统；(*b*) 单管顺流式系统

双管上供下回式系统又称为双管上分式，这种系统较单管系统需多耗管材，但由于各层散热器都通过支管并联在立管上，每组散热器自成一独立的循环环路，所以可在供水支管上安装阀门，各组散热器可独立调节。但由于各楼层散热器到锅炉的垂直距离不同，故各楼层散热器环路形成的作用压力也不同，上层大下层小，因此往往造成上层过热下层过冷的所谓垂直失调现象。

单管上供下回式系统又称为单管上分式，即热水自上而下顺序地流入各层散热器，水温逐层降低。由于立管上的自然循环作用压力是相同的，单管系统就不存在像双管系统那样的垂直失调现象。

该系统上不可装设阀门，所以散热器不能个别调节。单管式比双管式系统简单，省管材，安装方便，造价较低，上下层之间冷热不均现象较少。

自然循环热水供暖系统具有构造简单，维护管理方便，无须消耗电能的优点。

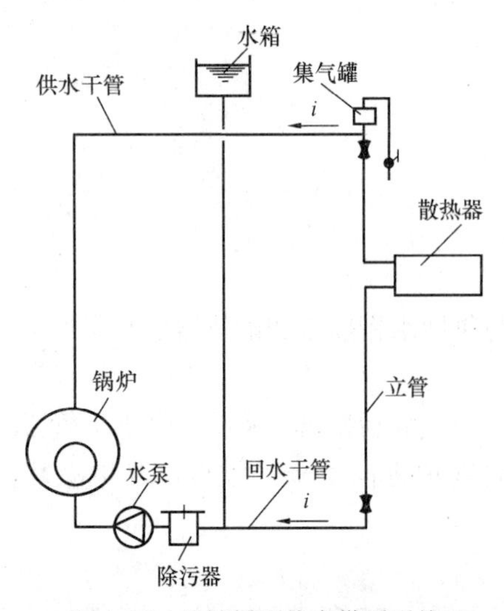


图 4-18　机械循环热水供暖系统

但由于作用压力小，管径相对较大，其作用半径受到限制，因此在集中供暖系统中很少采用。

## 三、机械循环热水供暖系统

1. 机械循环热水供暖系统的工作原理

图 4-18 所示为机械循环热水供暖系统的工作原理示意图。供暖系统主要依靠水泵的扬程产生作用压力推动热水循环流动。为排除系统中的空气，在供水干管高位点设置排气装置。膨胀水箱设置在系统的最高点，膨胀管路连接在水泵的吸入端，使整个系统处在正压状态下工作，保证了系统中的水不被气化，从而避免了因水气化而中断水循环的可能。机械循环中水流的速度常常超

过由水中分离出的空气气泡的浮升速度，为了使气泡不致被带至立管，在供水干管内要使气泡随着水流方向流动，应按水流方向设向上的坡度。气泡聚集在系统的最高点，最后通过设在最高点的排气装置将空气排至系统外。供水及回水干管的坡度根据设计规范规定 $i \geqslant 0.002$，一般常取 $i=0.003$。回水干管的坡向要求与自然循环系统相同。

机械循环热水供暖系统，由于水循环靠水泵驱动，因此系统的作用压力大，作用半径大，供热的范围就大；但系统运行耗电量大，系统管道设备的维修量也大。

2. 机械循环热水供暖系统常用的几种形式

(1) 双管系统

双管系统中每层散热器并联在立管上，每组散热器可以进行单独调节，双管系统运行时受自然循环作用压力影响，易造成上热下冷的垂直失调现象，如图 4-19 所示。

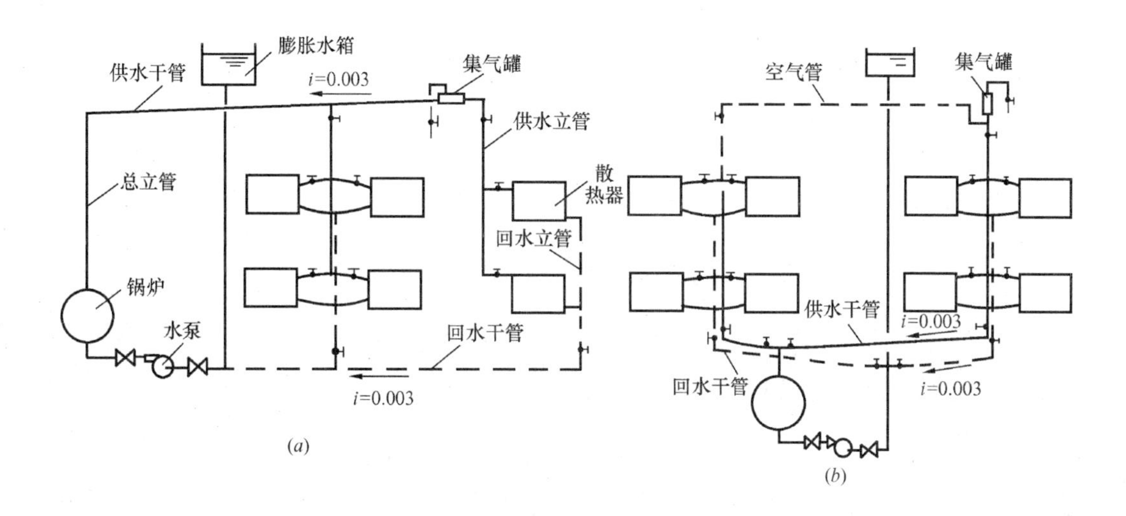


图 4-19 机械循环热水双管供暖系统

(a) 上供下回式；(b) 下供下回式

(2) 垂直单管系统

各层散热器串联在立管上，各立管并联于供、回水干管之间，热水逐次顺序进入各层散热器，如图 4-20 所示。

单管系统构造简单、节约管材、安装方便、造价较低；但各组散热器不能单独调节。

(3) 水平式系统

热水通过总立管沿水平方向供给各楼层散热器的系统，称之为水平式系统，如图4-21 所示。

这种供暖系统具有构造简单、节省管材、少穿楼板、便于施工与检修等优点；但是当散热器组数过多时，后部散热器内水温过低，需要增加散热器片数；管道热胀冷缩问题，若处理不好容易漏水；每组散热器都设有一个手动跑风门，管理不好容易失水。故此系统一般适用于单层工业厂房、大厅、商店等建筑。

(4) 同程式和异程式系统

如图 4-22 所示。在供暖系统中，各个循环环路热水流程基本相同的供暖系统，称之

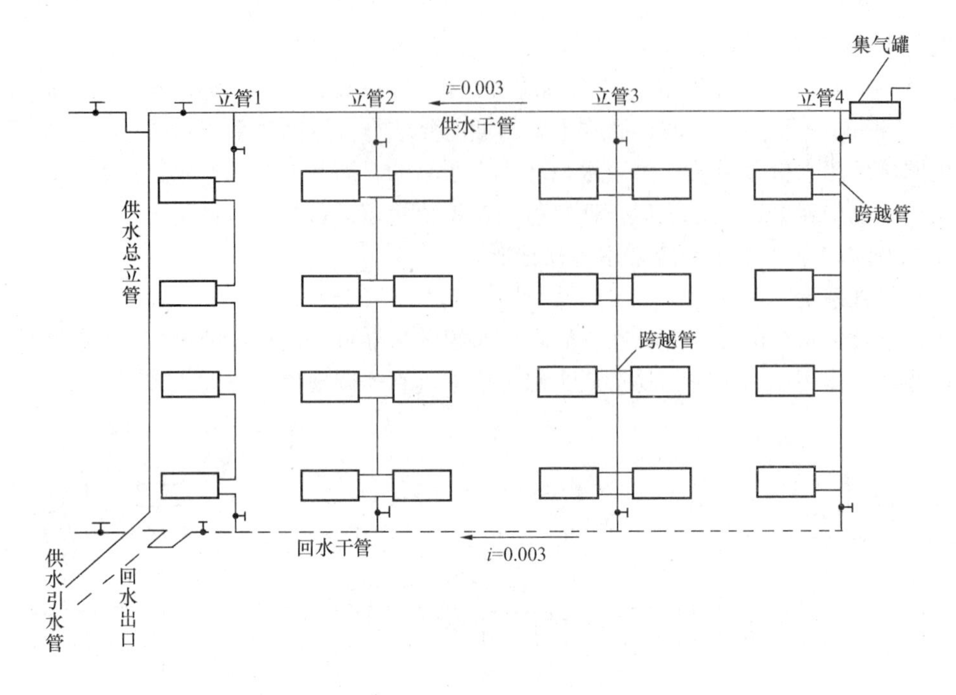


图 4-20　机械循环单管上供下回式热水供暖系统

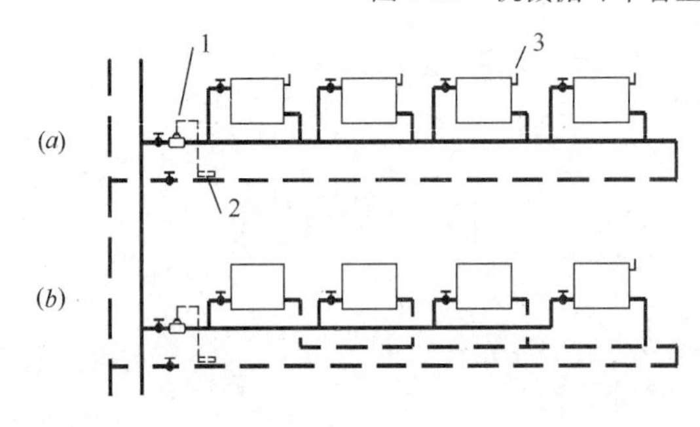


图 4-21　机械循环分户供暖水平式单、双管系统
（a）水平单管跨越式；（b）水平双管
1—热表；2—热表温度传感器；3—放气阀

为同程式系统，反之则称为异程式系统。从流体力学可知，管道对流体产生的阻力与流体流经的管道长度成正比，管道长度越长，流体的阻力越大。因此，如果各循环环路长度相差很大，就容易造成系统近热远冷的水平失调现象，即环路短的阻力小，流量大，散热多，房间热；环路长的阻力大，流量小，散热少，房间冷。

显然，同程式系统在管材消耗上以及安装的工程量上都较异程式系统要大，但是系统的水力平衡和热稳定性都较好。一般当系统较大时，多采用同程式系统。

（5）分户供暖水平放射式系统

随着我国对建筑节能要求的不断提高，对供暖进行分户计量的要求被写进了规范，热水供暖系统也随之出现了分户供暖系统。除水平式单管系统外，水平式双管系统由于可在实现分户供暖的同时对每一个散热器（通常住宅一个普通房间只有一个散热器）进行调节控制，因而在新建建筑中也得到了越来越多的应用。

分户热计量系统应便于分户管理及分户分室控制、调节供热量，这对建筑结构和供暖设计同时提出了新的要求。分户供暖系统在每户的入口需设置热计量装置，其系统常见形式如图 4-22 所示。

另有一种便于集中调节的供暖系统为水平放射式双管系统。这种系统在每户入口设置

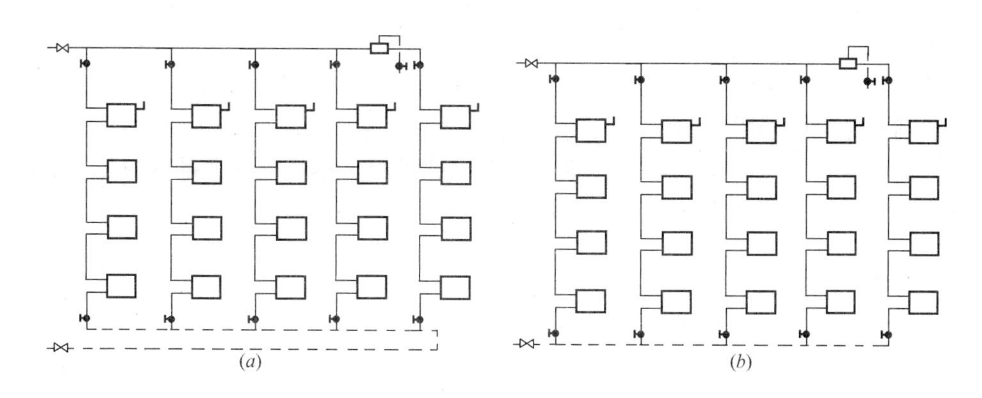


图 4-22 机械循环同程式与异程式系统
(a) 同程式；(b) 异程式

分集水器，通过从分集水器引出的散热器支管呈放射状埋地敷设至各房间散热器。散热器的调节集中在分集水器上，如图 4-23 所示。

在上述这两种分户供暖系统中，每组散热器的入口支管上应设置温控阀以控制室内温度，防止室内过热导致能量浪费。

**四、低温热水地板辐射采暖系统**

低温热水地板辐射采暖系统，是采用低于 60℃低温水作为热媒，通过直接埋入建筑物地板内的盘管散热而达到的一种方便灵活的采暖形式。低温热水地板辐射采暖系统，可以克服散热器采暖系统不便于按热计量、分户分室控温的缺点。

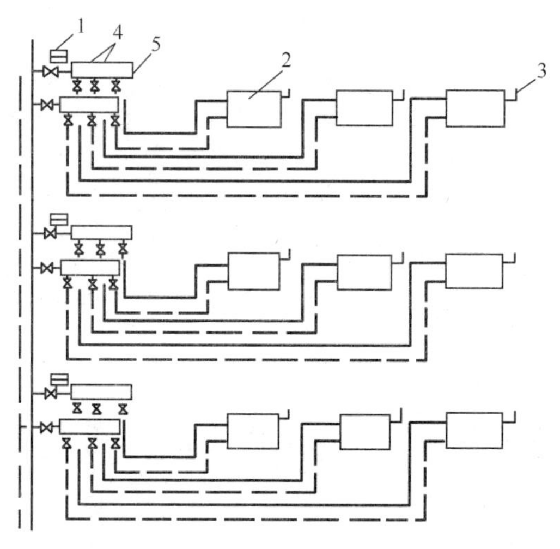


图 4-23 分户水平放射式系统
1—热表；2—散热器；3—放气阀；
4—分集水器；5—调节阀

目前，我国少数地区已尝试使用低温热水地板辐射采暖系统；国家也已制定了相关的设计规范和施工规范等技术标准，详见《辐射供暖供冷技术规程》JGJ 142。可以预见，低温热水地板辐射采暖系统将会在我国得到更加广泛的应用。

图 4-24 为低温热水地板辐射采暖系统的示意图。

（一）低温热水地板辐射采暖构造

辐射地板结构类型众多，常见的可分为湿式（混凝土埋管）和干式（无混凝土填埋层）两大类。图 4-25 为湿式辐射地板构造示意图。保温层直接铺设在楼板上，在保温层上面有一层带 50mm×50mm 格子的塑料膜，塑料管则利用勾钉固定在保温板及塑料膜上，其上覆以一定厚度的碎石混凝土，并埋以钢丝网加固防裂，然后再敷设地砖或地板。混凝土埋管层的厚度一般在 50mm 左右比较常见。保温板多采用聚苯乙烯泡沫塑料板（密度不小于 $20kg/m^3$）或聚苯乙烯挤塑板，一般厚度在 20～30mm。沿墙四周的边缘保温层可减少水平热损失。混凝土埋管结构还有多种做法。对于新建建筑，塑料管也可预先埋设在预制楼板中，与建筑结构结合成一体。这种做法既减少造价，也减小了地板的厚度，但日后维修困难。

混凝土埋管结构造价较低，是目前国内应用最多的辐射地板形式。

低温热水地板辐射采暖因水温低，管路基本不结垢，多采用管路一次性埋设于垫层中的做法，如图 4-24 所示。地面结构一般由楼板、找平层、绝热层（上部敷设加热管）、填充层和地面层组成。

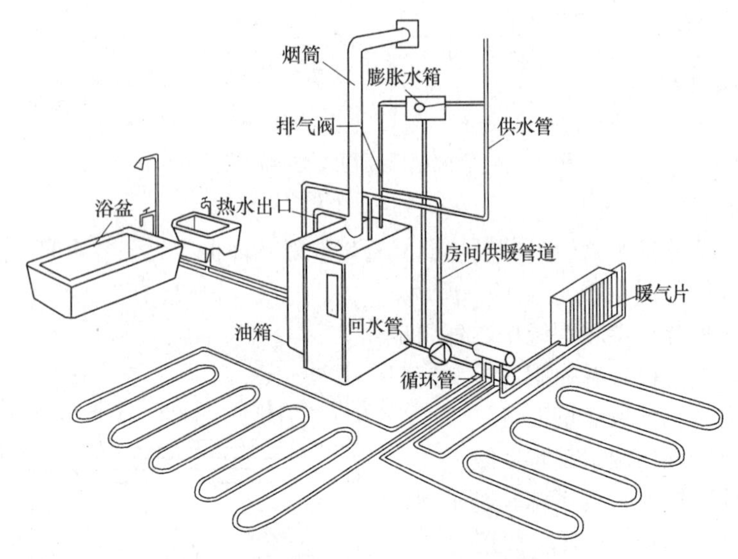


图 4-24　低温热水地板辐射采暖系统的示意图

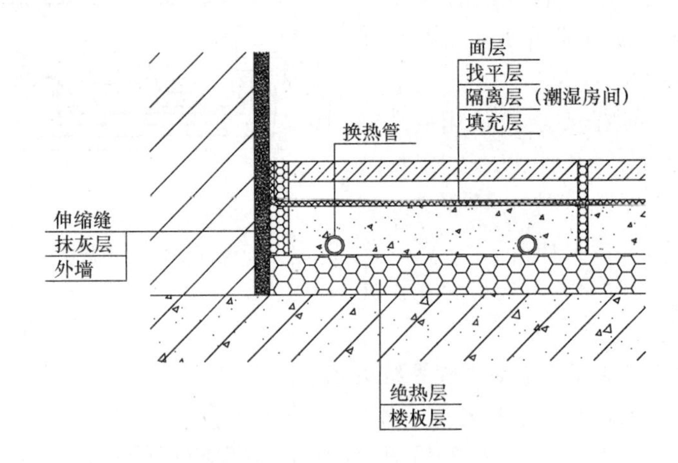


图 4-25　湿式（混凝土埋管）辐射地板构造

图 4-26 为干式（无混凝土填埋层）辐射地板构造示意图。这种结构的绝缘层一般为定制的聚苯乙烯泡沫塑料（密度不小于 $20kg/m^3$），其上有预制的凹槽，并铺设与其紧密接触的导热铝板。塑料管嵌入铝板凹槽后，地板可直接铺设在其上面。该结构的辐射地板最大优势是厚度较小，与普通铺设地板的木栊相近甚至更低，施工也较简单，但其造价较高。辐射地板各结构层及部件，均需在现场施工完成。其中

找平层是在填充层或结构层上进行抹平的构造层，绝热层主要用来控制热量传递方向，填充层用来埋置、保护加热管并使地面温度均匀；地面层指完成的建筑地面。如允许地面双向散热时，可不设绝热层。住宅建筑因涉及分户热计量，不应取消绝热层。如与土壤相邻则必须设置绝热层，并且绝热层下部应设置防潮层。对于潮湿房间如卫生间等，填充层上部宜设置防水层。

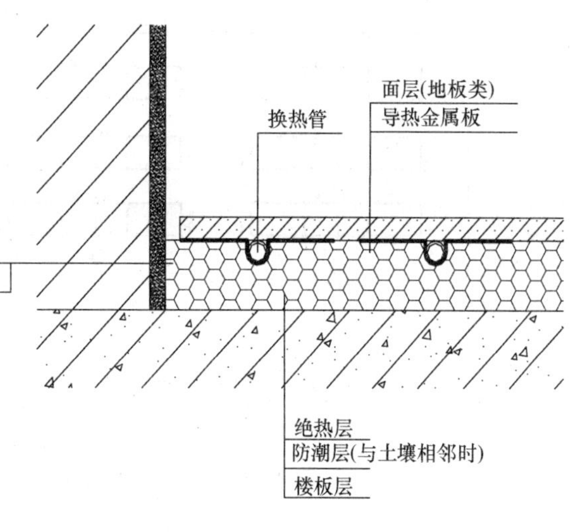

图 4-26　干式辐射地板构造

（二）低温热水地板辐射采暖系统管材

早期，低温热水地板辐射采暖系统均采用钢管或铜管，存在埋管接头多，施工困难而且渗漏不能彻底解决，管道膨胀较大，系统寿命短，安全性较差等缺点。目前，低温热水地板辐射采暖系统均采用塑料管，常采用的塑料管有：交联铝塑复合管、(PAP、XPAP)、聚丁烯（PB）管、交联聚乙烯（PE-X）管、无规共聚聚丙烯（PP-R）管等。这几种塑料管具有耐老化、耐腐蚀、不结垢、承压高、无污染、沿程阻力小等优点。

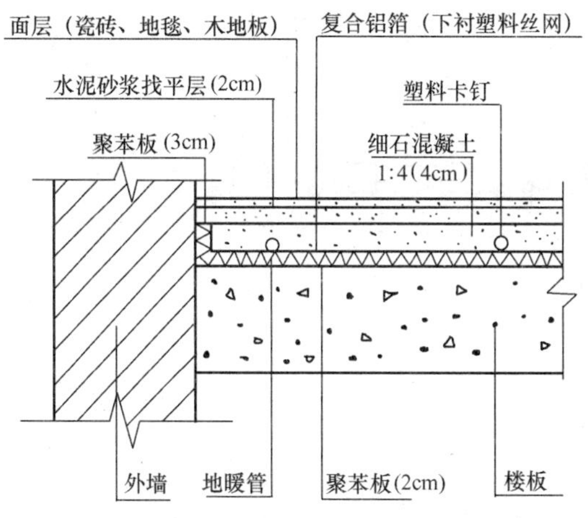

图 4-27　低温热水地板辐射采暖构造示意图

（三）低温热水地板辐射采暖系统的特点

由于辐射强度及温度的双重作用，人体所受冷辐射减少，户内地表温度均匀，室温自下而上逐渐减低，给人以脚暖头凉的良好感觉，具有很好的舒适感。同时，还具有节能、热稳定性好、便于实施分户热计量等优点。但是，低温热水地板辐射采暖系统初投资较大，对施工要求高，增加了楼板厚度、减小了室内净高，楼面的结构荷载增加。尽管低温热水地板辐射采暖使用寿命长，但一旦损坏，维修困难。如图 4-27 所示。

## 五、蒸汽供暖系统

蒸汽供暖系统的热媒是水蒸气，水变成水蒸气的过程称为汽化；反之，蒸汽变为水的过程称为凝结。汽化和凝结的过程中，伴随着吸热和放热，该热量称为汽化潜热。蒸汽供暖就是利用水在汽化和凝结时有大量汽化潜热吸入和放出这一特性实现的。

图 4-28 为单管上分式蒸汽供暖示意图。

（一）低压蒸汽供暖系统

低压蒸汽供暖系统是指蒸汽相对压力小于等于 70kPa 的蒸汽供暖系统。

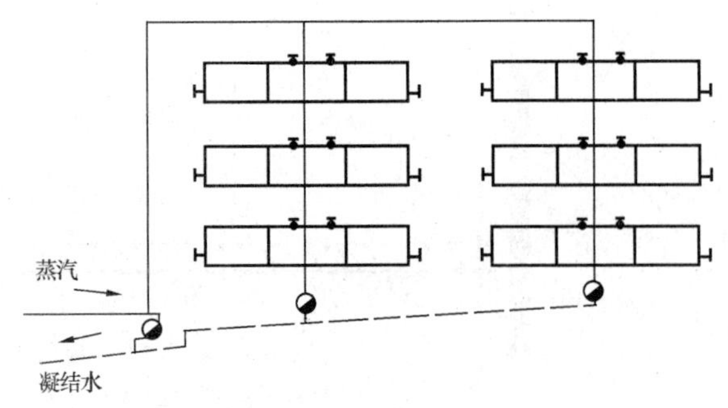

图 4-28　单管上分式蒸汽供暖系统

图 4-29 为低压蒸汽供暖系统。蒸汽锅炉产生的蒸汽经蒸汽管道输送到散热器中，凝结向房间放出热量，保证室内供暖要求。凝结水经疏水器沿凝结水干管流回凝结水箱，由凝结水泵送回锅炉重新加热。

在低压蒸汽供暖系统中，为了保证散热器正常工作，除了保证供汽外，主要还应解决排出空气和疏水两个方面的问题。

蒸汽供暖系统中，散热器上应安装自动排气阀排气，其位置在距散热器底 1/3 的高度处。

蒸汽在管道中流动时会在沿途产生凝结水，在高速流动的蒸汽推动下，形成水塞，再遇到阀门、弯头等改变流动方向的局部构件时，水流将与局部构件发生撞击，此现象称为“水击”现象（水击会发出噪声和振动，严重时可破坏管件接口的严密性及管路支架）。故在设计中蒸汽干管应沿蒸汽流动方向设有向下的坡度。蒸汽供暖系统中，无论是何种形式的系统，都应保持系统中的空气能及时排除，凝结水能顺利地送回锅炉，防止蒸汽大量逸入凝结水管，尽量避免“水击”现象。

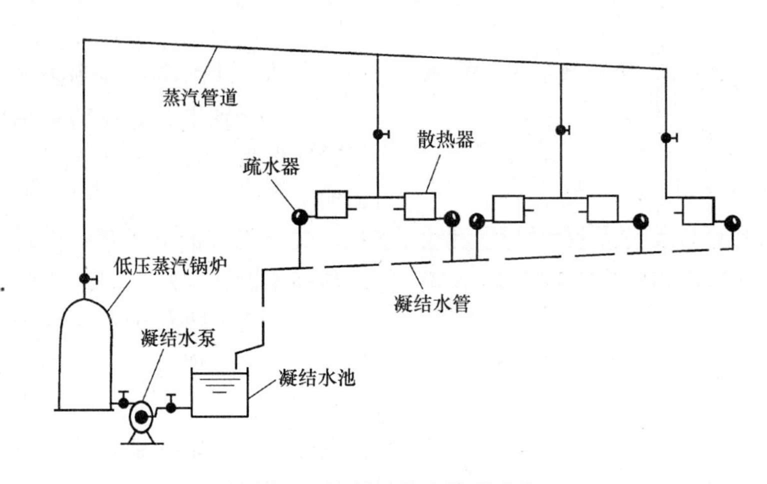

图 4-29　低压蒸汽供暖系统

（二）高压蒸汽供暖系统

高压蒸汽供暖系统是指蒸汽相对压力大于 70kPa 的蒸汽供暖系统。

高压蒸汽供暖系统由蒸汽锅炉、蒸汽管道、减压阀、散热器、凝结水管道、疏水器、凝结水箱和凝结水泵等组成。

高压蒸汽供暖系统一般采用双管上分式的系统形式，并尽量采用同程式系统。疏水器常用热力型，设置在凝结水干管上。

**六、建筑热负荷的估算**

在进行初步设计及规划设计时，或为了预定设备（如锅炉、散热器等）有时需要估算建筑物的供暖热负荷，一般可参照下列方法估算。

（一）单位面积热指标法

当只知道建筑面积时，供暖热负荷 $Q$ 可用下式计算

$$Q = q_h \cdot F \tag{4-3}$$

式中 $Q$——供暖热负荷，W；

$q_h$——供暖热指标，$W/m^2$，可按表 4-5 取用；

$F$——供暖建筑物的建筑面积，$m^2$。

（二）窗墙比公式法

当已知外墙面积、窗墙比及建筑面积时，供暖热指标可按下式计算：

$$q_h = \frac{6a + 1.5S}{F}(t_n - t_w) \quad (W/m^2) \tag{4-4}$$

式中 $a$——外窗面积与外墙面积（包括窗）之比；

$S$——外墙总面积，$m^2$；

$t_n$，$t_w$——室内外计算温度（参见附录 4-1、附录 4-2）。

**采暖热指标推荐值 $q_h$**（$W/m^2$） **表 4-5**

| 建筑物类型 | 住宅 | 居住区综合 | 学校办公楼 | 医院托幼 | 旅馆 | 商店 | 食堂餐厅 | 影剧院展览馆 | 大礼堂体育馆 |
|---|---|---|---|---|---|---|---|---|---|
| 未采取节能措施 | 58～64 | 60～67 | 60～68 | 65～80 | 60～70 | 65～80 | 115～140 | 95～115 | 115～165 |
| 采取节能措施 | 40～45 | 45～55 | 50～70 | 55～70 | 50～60 | 55～70 | 100～130 | 80～105 | 100～150 |

注：1. 表中数值适用我国东北、华北、西北地区。

2. 热指标中已包括 5%的管网热损失。

## 七、散热器供暖管路的布置与敷设

供暖管道一般采用水煤气钢管输送热媒，管道接口形式可采用螺纹连接、焊接、法兰连接。

在供暖系统的基本形式确定以后，还需根据建筑物的使用特点和要求进行管道的布置与敷设。

在布置供暖系统管网时，一般先在建筑平面图上布置散热器，然后布置干管，最后绘制出管网系统图。

管道的布置与敷设应遵循力求管路简单、系统阻力小、节省管材、便于维护管理并应考虑不影响房间美观等原则。

供暖管道的安装有明装和暗装两种形式。应用时要依建筑物的要求而定。在民用建筑、公共建筑以及工业建筑中一般都应采用明装。装饰要求较高的建筑物，如影剧院、礼堂、展览馆、宾馆及某些有特殊要求的建筑物（如：幼儿园、高级住宅）等常用暗装。

（一）散热器的布置和安装

散热器的布置应以容易造成室内冷、暖空气的对流，室外渗入的冷空气加热迅速，人们的停留区暖和舒适以及尽量少占用室内有效空间和使用面积为原则。通常，房间有外窗

时，散热器一般应安装在每个外窗的窗台下，这样可由散热器直接加热外窗渗入的冷空气，并能阻止和改善冷气流及玻璃冷辐射作用的影响。

楼梯间的散热器应尽量布置在底层。当散热器数量过多可适当合理地布置在下部几层。这是因为底层或下部几层散热器所加热的空气能够自由上升，从而补偿上部的热损失。

为了防止冻裂，双层外门的外室及门斗内不宜布置散热器。

一般情况下，散热器在室内应明装，这样散热效果好，而且易于清除灰尘。特殊情况（如幼儿园内的散热器）需要暗装时，装饰罩应有合理的气流通道和足够的通道面积，以方便维修。

（二）散热器的选择计算

散热器每小时放出的热量应等于供暖热负荷。

散热器的放热量 $Q$ 按下式计算

$$Q = KF(t_p - t_n)/\beta_1 \beta_2 \beta_3 (W) \quad (4\text{-}5)$$

式中 $K$——散热器的传热系数，W/（$m^2 \cdot ℃$）；

$F$——散热器的散热面积，$m^2$；

$t_p$——散热器内热媒的平均温度，℃；

$t_n$——室内供暖计算温度，℃；

$\beta_1$——散热器组装片数修正系数，见表 4-6；

$\beta_2$——散热器连接形式修正系数，见表 4-7；

$\beta_3$——散热器安装形式修正系数，见表 4-8。

**散热器组装片数修正系数 $\beta_1$** **表 4-6**

| 每组片数 | <6 | 6～10 | 11～20 | >20 |
|---|---|---|---|---|
| $\beta_1$ | 0.95 | 1.00 | 1.05 | 1.10 |

**散热器连接形式修正系数 $\beta_2$** **表 4-7**

| 连接方式 | 同侧上进下出 | 异侧上进下出 | 异侧下进下出 | 异侧下进上出 | 同侧下进上出 | 附注 |
|---|---|---|---|---|---|---|
| 四柱 813 型 | 1.0 | 1.004 | 1.239 | 1.422 | 1.426 | 1. 本表数值由原哈尔滨工业大学热工实验室提供；<br>2. 其他散热器可近似套用 |
| M-132 型 | 1.0 | 1.009 | 1.251 | 1.386 | 1.396 | |
| 方翼型（大 60） | 1.0 | 1.009 | 1.225 | 1.331 | 1.369 | |

**散热器安装形式修正系数 $\beta_3$** **表 4-8**

| 安装形式 | $\beta_3$ |
|---|---|
| 装在墙内凹槽内（半暗装）散热器上部距墙距离为 100mm | 1.06 |
| 明装，但散热器上部有窗台板覆盖，散热器距窗台板高度为 150mm | 1.02 |
| 装在罩内，上部敞开，下部距地 150mm | 0.95 |
| 装在罩内，上、下部开口，开口高度均为 150mm | 1.04 |
| 明装 | 1.0 |

1. 散热器面积 $F$

$$F=\frac{Q}{K(t_{\mathrm{p}}-t_{\mathrm{n}})}\beta_1\beta_2\beta_3 \quad (\mathrm{m}^2) \tag{4-6}$$

式中各符号意义同式（4-5）。

2. 散热器片数 $N$

$$N=\frac{F}{f} \quad (片) \tag{4-7}$$

式中　$f$——每片散热器的散热面积，$\mathrm{m}^2$/片。

（三）干管的布置

上供式系统中的热水干管与蒸汽干管，暗装时应敷设在平屋面之上的专门沟槽内或屋面下的吊顶内；明装时可沿墙、柱敷设在窗过梁以上和顶棚以下的地方，但不能遮挡窗户，同时到顶棚净距离的确定还应考虑管道的坡度、集气罐的设置条件等。

水平干管要有正确的坡度方向，对于机械循环热水供暖系统管道的坡度为 0.002～0.005，一般取 0.003；自然循环热水供暖系统的坡度一般为 0.005～0.01。对于蒸汽供暖系统，汽水同向流动时坡度为 0.002～0.005，一般取 0.003；汽水逆向流动时坡度一般取 0.005。同时应在供暖管道的高点设放气、低点设泄水装置。

下供式系统干管和上供式系统的回水干管，如果建筑物有不采暖的地下室时，则敷设于地下室的顶板下面。如无地下室，暗装时敷设在建筑物最下层房间地面下的管沟内，如图 4-30 所示。

为了检修方便，管沟在某些地点应设有活动盖板。无地下室明装时，可在最下层地面上沿墙敷设，从散热器下面通过，此时要注意保证回水干管应有的坡度。

当敷设在地面上的回水干管过门时，回水干管可以从门下的过门地沟内通过。热水系统可以按图 4-31 所示处理；蒸汽供暖系统，可按图 4-32 所示处理，这时凝水干管在门下已形成水封，空气不能顺利地通过，因此必须设置空气绕行管。

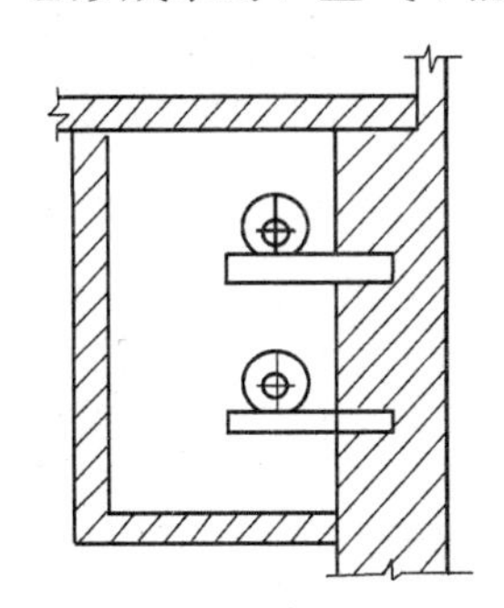

图 4-30　供暖系统的管沟

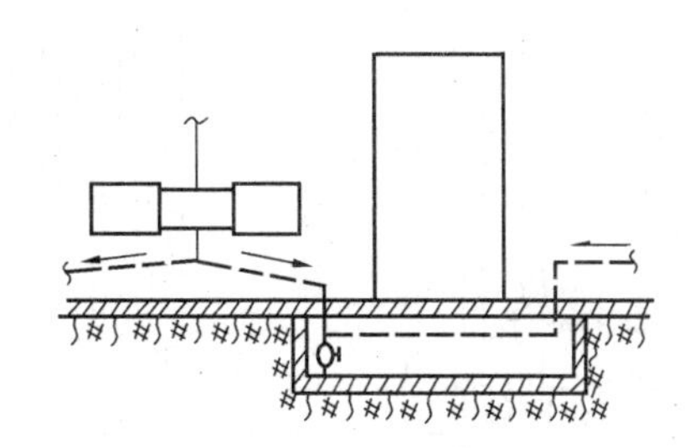

图 4-31　热水供暖系统回水干管过门

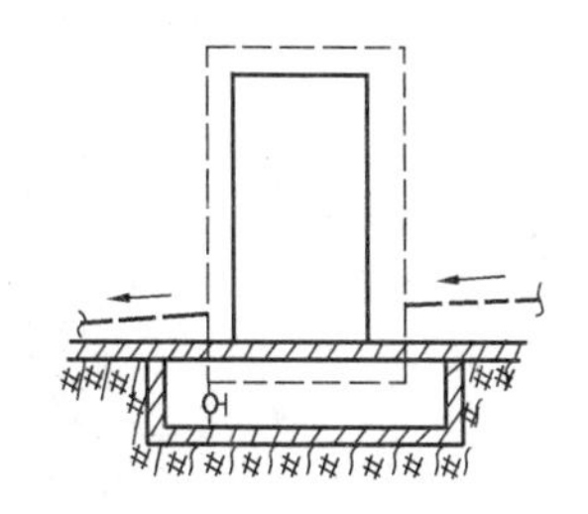

图 4-32　凝水干管过门

在管沟内布置很长的蒸汽干管时，常因管沟高度不够而影响蒸汽干管的坡度。采取的方法是，每隔 30～40m 宜设泄水装置，以保证所要求的坡度，如图 4-33 所示。在蒸汽干管抬高处应装疏水装置，用来排除前一段干管中的沿途凝结水。

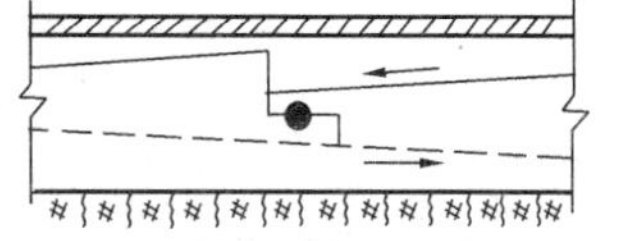

图 4-33　蒸汽干管升高处的处理

（四）立管布置

散热器的立管布置与系统形式、散热器布置位置等因素有关。

立管一般布置在房间的墙角处，或布置在窗间墙处，楼梯间的立管应单独设置，以免冻结而影响其他房间供暖。立管上下端均应设置阀门，以便检修。

立管暗装一般敷设在预留的墙沟槽内，也可敷设在专门的管道安装竖井内。立管穿越楼板时（水平管穿越隔墙时相同），为了使管道可以自由移动而且不损坏楼板或墙面，应在安装位置预埋钢套管。套管内径应稍大于管道的外径，管道与套管之间应填以石棉绳，如图 4-34、图 4-35 所示。管道穿越墙壁，套管两端与墙壁相平；管道穿越楼板，套管上端应高出地面 20mm，下端与楼板底面相平。

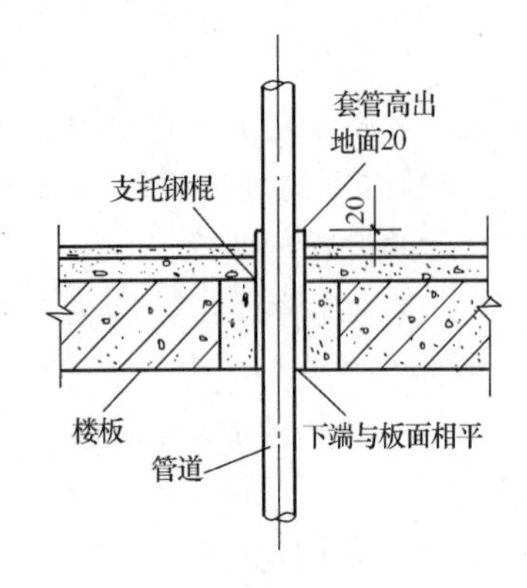


图 4-34　管道穿越楼板

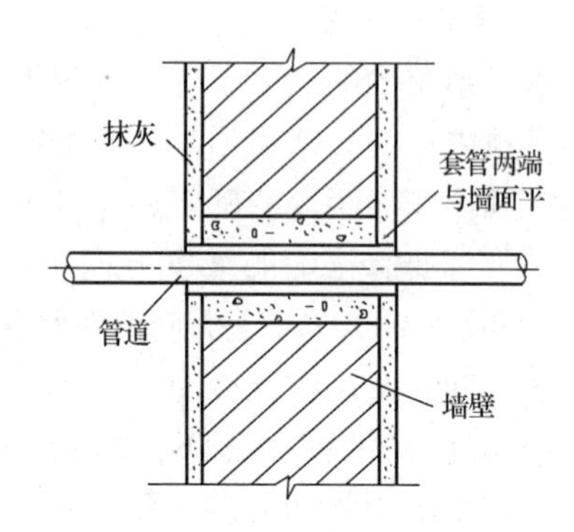


图 4-35　管道穿越墙壁

（五）立管与散热器的连接

在垂直系统中，每组散热器应直接与立管连接，也可以采用串联方式。散热器的间距不应超过 1.5m；机械循环热水采暖系统串联管的管径不小于 25mm。

另外，散热器支管应尽量同侧连接，水平支管应有一定的坡度。要求支管长度小于或等于 500mm 时，坡降为 5mm；支管长度若大于 500mm 时，坡降为 10mm。支管与墙面的距离应同立管一致。图 4-36 为立管与散热器连接的安装详图。

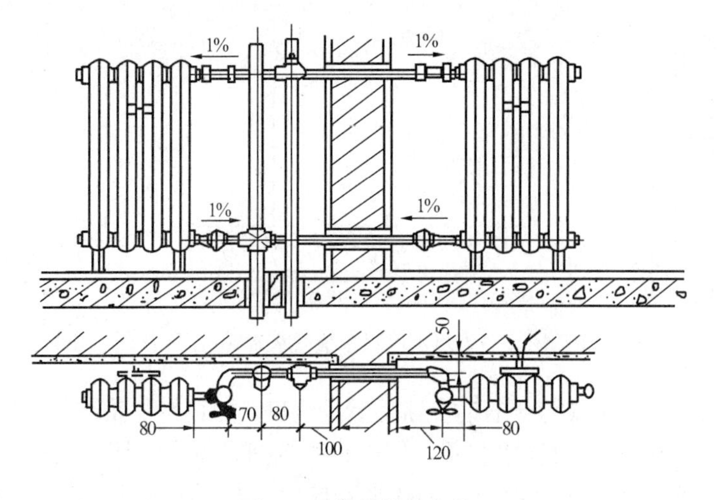


图 4-36　散热器的安装

（六）供暖系统的入口装置

供暖系统的入口是指室外供热网路向热用户供热的连接装置，设有必要的设备、仪表以及控制设备，用来调节控制供向热用户的热媒参数，计量热媒流量和用热量。一般我们称之为热力入口，设有压力表、温度计、循环管、旁通阀、平衡阀、过滤器和泄水阀等。建筑物可设有一个或多个热力入口，供暖管道穿过建筑物基础、墙体等围护结构时，应按规定尺寸预留孔洞。

图 4-37 为热水供暖系统热力入口装置示意图。蒸汽供暖系统室外蒸汽压力高于室内蒸汽系统的工作压力时，系统热力入口的供汽管道上需要设置减压阀、安全阀等。

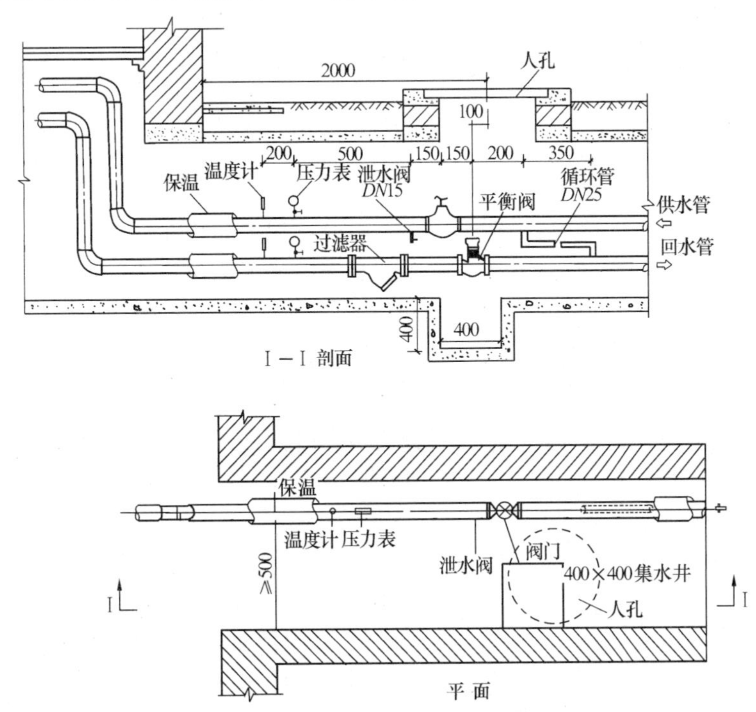


图 4-37　热水供暖系统入口装置

## 八、高层建筑供暖系统

根据《建筑设计防火规范》GB 50016 的规定，10 层及 24m 以上的建筑物我们称其为高层建筑。高层建筑的供暖系统从设计计算到系统设置都有需要特殊考虑的问题。

（一）高层建筑供暖负荷的特点

1. 高层建筑围护结构传热系数增大

影响围护结构传热系数的因素之一是建筑外表面换热系数，而外表面换热系数与外表面的对流放热量和辐射放热量有关。室外风速随高度增加而增大。风速增大将引起建筑外表面换热系数增大。通常对于风速为 3m/s 时，计算传热系数用的外表面换热系数为 23.3W/（$m^2$·℃）；高度为 100m 处，风速为 6.45m/s 时，外表面换热系数将达到 34.9W/（$m^2$·℃）。故高层建筑的传热系数将增大。

2. 夜间辐射增大

建筑物表面有一定温度，以长波辐射形式向大气辐射，同时从大气中接受辐射热。两者之差为建筑物向天空发散的辐射热，称为有效辐射或夜间辐射。

冬季，建筑物被加热而户外温度很低。地面上的建筑群，由于相互产生辐射，因此可以认为部分夜间辐射相互抵消；但是对于高层建筑而言，伸入天空，周围无障碍物时，夜间辐射将大得多，这一辐射量有时高达 31.7W/m²，对于 24 小时连续供暖的高层建筑来讲，这一热损失是不可忽视的。

3．热压和风压引起的冷空气渗透增加

建筑物的热压大小与室内外空气温度差及建筑物高度有关。室内温度一定，则建筑物越高，所形成的热压越大，因此引起的冷风渗透量增加；而且，作用于建筑物的风压与风速呈平方关系，故高层建筑由风压和热压引起的冷风渗透耗热量也增加。

4．建筑热负荷的变化

高层建筑为了减少结构自重，往往采用轻型结构材料。因此，热容量比传统结构要小。这就使得高层建筑物蓄热能力降低，当室外空气温度和太阳辐射变化时，室内供暖负荷发生变化。

（二）高层建筑热水供暖系统

高层建筑热水供暖系统的静水压力较大，因此高层建筑供暖系统的形式和与室外热网的连接方式，必须充分考虑散热器的承压能力及外网的压力等因素。同时，还必须解决垂直失调的问题。

高层建筑热水供暖系统的主要形式有以下几种：

1．分区供暖系统

高层建筑热水供暖系统，在垂直方向分成两个或两个以上的系统称为竖向分区供暖系统，如图 4-38 所示。

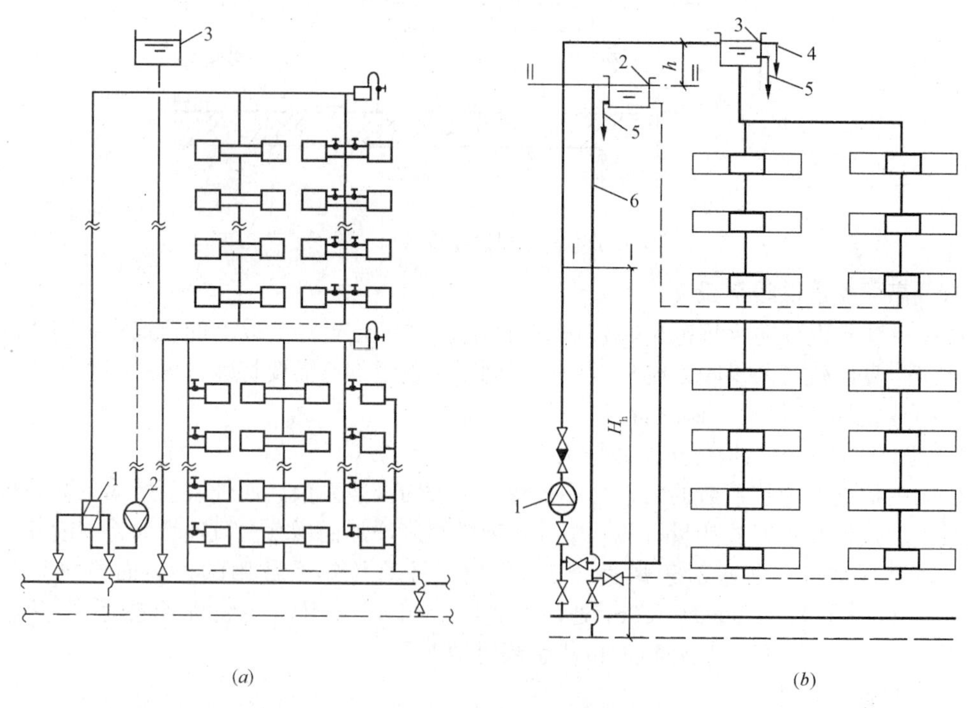


图 4-38　分区式热水供暖系统

(a) 设热交换器；

1—热交换器；2—循环水泵；3—膨胀水箱

(b) 设双水箱

1—加压水泵；2—回水管；3—进水管；4—进水箱溢流管；5—信号管；6—回水箱溢流管；$H_h$—室外回水管网压力

竖向分区供暖系统中的低区通常直接与室外热网相连接，一般应根据室外热网的压力和散热器的承压能力来确定其层数。高区与外网的连接形式主要有以下几种：

1）设热交换器的分区系统

图 4-38（*a*）中的高区水与外网水通过热交换器进行热量交换，热交换器作为高区热源，高区又设有水泵、膨胀水箱，使之成为一个与室外管网压力隔绝的、独立的完整系统。该方式是目前高层建筑供暖系统中常用的一种形式，适用于外网水为高温水的供暖系统。

2）设双水箱的分区系统

图 4-38（*b*）所示为双水箱的分区式供暖系统。该系统将外网水直接引入高区，当外网压力低于该高层建筑的静水压力时，可在供水管上设加压水泵，使水进入高区上部的进水箱。高区的回水箱设非满管流动的溢流管与外网回水管相连，利用进水箱与回水箱之间的水位差 $h$ 克服高区阻力，使水在高区内自然循环流动。

该系统利用进、回水箱，使高区压力与外网压力隔绝，降低了系统造价和运行费用。但由于水箱是开式的，易使空气进入系统，加剧管道和设备的腐蚀。

3）设阀前压力调节器的分区系统

图 4-39 所示，为设阀前压力调节器的分区式热水供暖系统。该系统高区水与外网水直接连接，在高区供水管上设加压水泵，水泵出口处设有止回阀，高区回水管上安装阀前压力调节器。阀前压力调节器可以保证系统始终充满水，不出现倒空现象。

图 4-40 所示，为阀前压力调节器，只有当回水作用在阀瓣上的压力超过弹簧的平衡压力时，阀孔才开启，高区水与外网直接连接，高区正常供暖。网路循环水泵停止工作时，弹簧的平衡拉力超过用户系统的静水压力，阀前压力调节器的阀孔关闭，与安装在供水管上的止回阀一起将高区水与外网隔断，避免高区水倒空。弹簧的选定压力应大于局部系统静压力 30～50kPa。

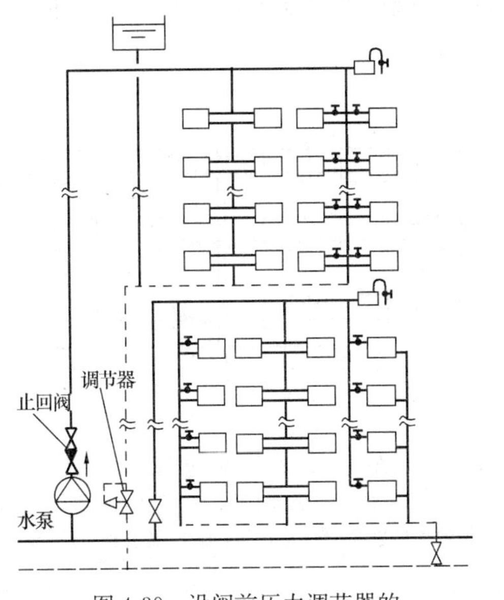


图 4-39　设阀前压力调节器的分区式热水供暖系统

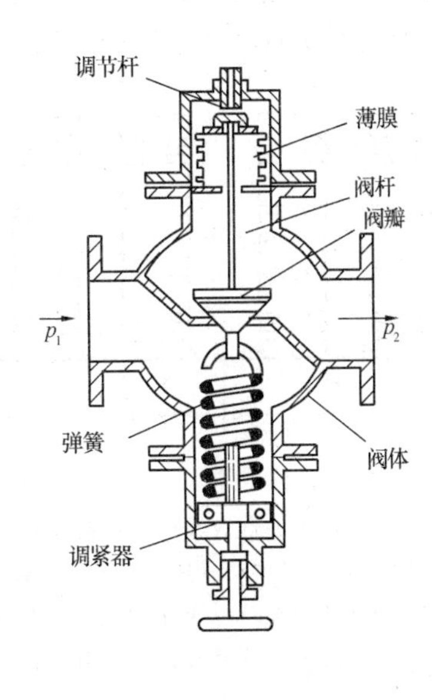


图 4-40　阀前压力调节器

高区采用这种直接连接的形式后，高、低区水温相同，在高层建筑的低温水供暖用户中，可以取得较好的供暖效果，而且便于运行调节。

4）设断流器和阻旋器的分区式系统

图 4-41 所示为设断流器和阻旋器的分区热水供暖系统，该系统高区水与外网水直接连接。在高区供水管上设加压水泵，以保证高区系统所需压力，在水泵出口处设有止回阀。高区采用倒流式系统形式，有利于排除系统内的空气；供水总立管短，无效热损失小，可减少高层建筑供暖系统上热下冷的垂直失调问题。

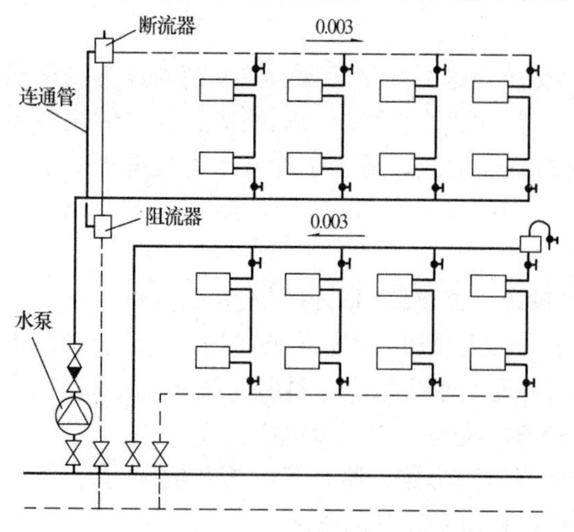

图 4-41　设断流器和阻旋器的分区热水供暖系统

该系统高低区热媒温度相同，系统压力调控自如，运行平衡可靠，便于运行管理，有利于管网的平衡，适用于不能设置热交换器和双水箱的高层建筑低温水供暖用户。该系统中的断流器和阻旋器需要设置在管道井和辅助房间（水箱间、走廊等）内，以防止噪声。

2. 双线式系统

高层建筑的双线式供暖系统分为垂直双线单管热水供暖系统和水平双线单管供暖系统两种形式。

1）垂直双线单管热水供暖系统

垂直双线单管热水供暖系统散热器立管由上升立管和下降立管组成，各层散热器的热媒平均温度近似相同，这有利于避免垂直方向的热力失调。但由于各立管阻力较小，易引起水平方向的热力失调，可考虑在每根回水立管末端设置节流孔板，以增大立管阻力或采用同程式系统减轻水平失调现象，如图 4-42 所示。

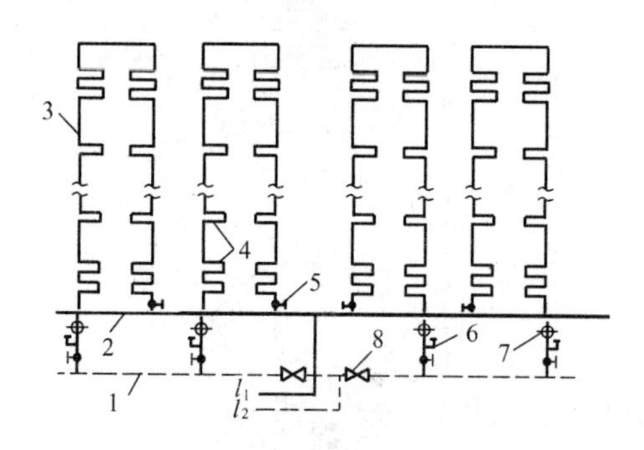

图 4-42　垂直双线单管供暖系统

1—回水干管；2—供水干管 ；3—双线立管；4—散热器与加热盘管；5—截止阀；6—立管冲洗；排气阀 ；7—节流孔板；8—调节阀

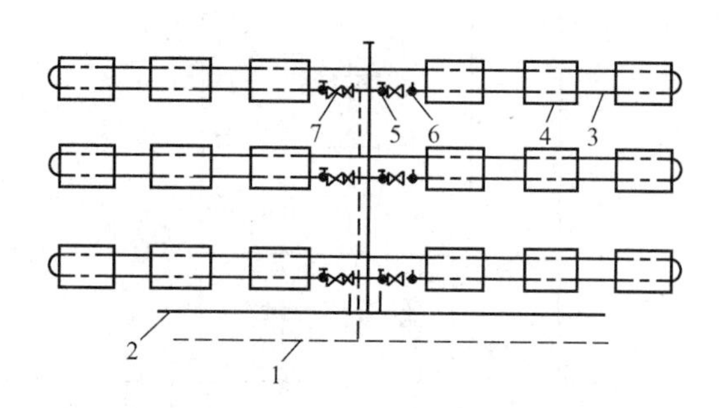

图 4-43　水平双线单管供暖系统

1—回水干管；2—供水干管；3—双线水平管；4—散热器或加热盘管；5—截止阀；6—节流孔板；7—调节阀

2）水平双线单管供暖系统

水平双线单管供暖系统的水平方向各组散热器内热媒平均温度近似相同，可避免水平失调问题，但容易出现垂直失调问题，可在每层供水管线上设置调节阀进行分层流量调节，或在每层的水平支管线上设置节流孔板，增加各水平环路的阻力损失，减少垂直失调问题，如图 4-43 所示。

3. 单、双管混合式系统

如图 4-44 所示。若将散热器沿垂直方向分成若干组，每组 2～3 层；在每组内采用双管式，而组与组之间则采用单管连接，就组成了单双管混合式系统。

这种系统既避免了双管系统由于楼层过多出现的垂直失调，又避免了散热器支管管径过大的缺点。而且克服了单管系统中散热器不能进行单个调节的弊端。

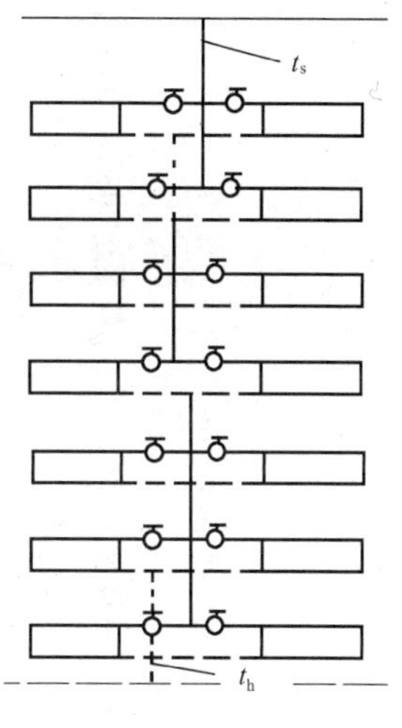


图 4-44 单双管混合式系统

## 第三节 供暖工程施工图识读

### 一、供暖工程施工图的组成

供暖施工图一般由设计说明、平面图、系统图（轴侧图）、详图、设备及主要材料明细表组成。供暖施工图设计应严格按照国家建设标准《采暖通风与空气调节设计规范》GB 50019 和《暖通空调制图标准》GB/T 50114 执行。

（一）设计说明

设计说明包括的主要内容有：供暖系统所承担的采暖面积、热源的种类、热媒的参数、散热器形式以及安装方式、管材选用、管道敷设方式、管道防腐、保温以及竣工要求等。另外，还应说明设计上对施工安装的特殊要求和其他不能够用图纸表达清楚的问题。在施工图中有无法表达的问题，一般也由设计说明来完成。图 4-45 所示为某办公楼采暖工程设计与施工说明。

（二）平面图

供暖施工平面图一般分层表示，它反映了建筑物各层管道及设备的布置情况。一般情况下，可只画出建筑物首层、标准层及顶层的平面图即可，如图 4-46、图 4-47、图 4-48 所示。

1. 首层平面图

首层平面图应反映供暖引入口的位置、管径、坡度及所选用标准图号。下分式系统应标明供回水干管的位置、管径、坡度；上分式系统应标明回水干管的位置、管径、坡度。标明散热设备的设置位置、规格、数量以及安装形式，立管位置及其编号。在首层平面图中还要标明地沟位置、地沟主要尺寸以及地沟上活动盖板的设置位置。

2. 标准层平面

指建筑物中间层平面，标明散热设备的安装位置、规格、片数以及安装方式，各立管的设置位置及其编号。

3. 顶层平面图

# 采暖工程设计及施工说明

一、工程概况

本工程为一框架结构办公楼，总建筑面积为 1385.26m²，地上四层，各层层高均为 3.30m。

采暖热负荷 W 为 83.0kW，建筑平面热指标为 52W/m²。

二、设计依据

《采暖通风与空气调节设计规范》GB 50019—2003；

山东省《公共建筑节能设计标准》DBJ 14—036—2006；

甲方提供的设计委托及设计要求。

三、设计内容

办公楼的冬期采暖。

四、设计参数

设计地点：烟台

室外采暖计算温度：−9℃

冬季室外风速：4.2m/s

室内采暖设计温度：办公室：20℃　门厅：16℃　卫生间：16℃

五、供暖系统

1. 供暖热媒采用热水，（供水 80℃，回水 55℃）由热力公司集中供应。供暖入口处，设置热力管道井，安装方法见热力公司通用图集。

2. 供暖方式为双管异程式式。供水干管及回水干管敷设在首层顶板下。干管的坡度 $i$=0.02，坡向见设计图。

3. 散热器采用铸铁定向对流 TDD1-6-5（8）型。

4. 图中未注明供暖管道及支管管径均为 $DN$20。

六、施工

1. 卫生间采用挂壁式安装，安装见 L90N92-23；其余房间采用落地式安装，安装见 L90N92-24。

2. 采暖管道采用热镀锌钢管，螺纹连接。

3. 管道穿墙及楼板设钢套管，做法见 L90N91-18。

4. 散热器、钢管及其支架除锈后，刷防锈漆两道，干燥后明装部分再刷银粉两道。

5. 管道和系统安装间断或完毕的敞口处，应随时封堵；钢管镀锌层破坏处应做好防腐。

6. 管道上必须配置必要的支吊架或托架，具体形式由安装单位根据现场实际情况确定，做法参见 91SB 暖气。

7. 系统安装完毕后应进行水压试验，试验压力为 0.90MPa。

8. 冲洗：供暖系统安装竣工并经试压合格后，应对系统反复注水排水，直至排出水中不含泥沙，铁屑等杂质，且水色不浑浊方为合格。

9. 试调：系统经试压和冲洗合格以后，即可进行试运行和调试，调试的目的是使各环路的流量分配符合设计要求，以各房间的室内温度与设计温度相一致或保持一定的差值方为合格。

10. 施工中应与土建密切配合，预留孔洞。

11. 设计未详处，按国家有关的施工及验收规范严格执行。

图 4-45　某办公楼采暖工程设计与施工说明

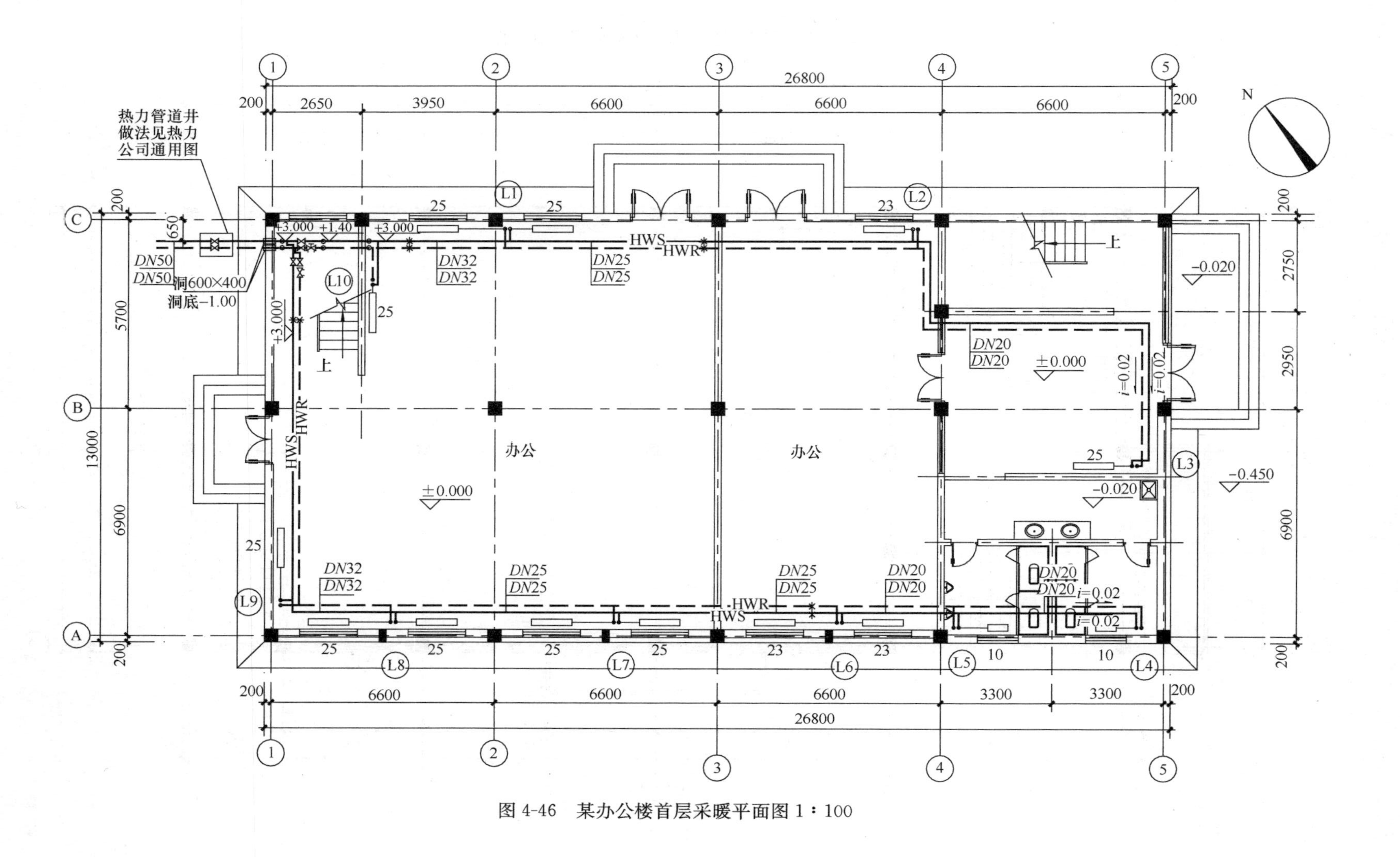


图 4-46 某办公楼首层采暖平面图 1：100

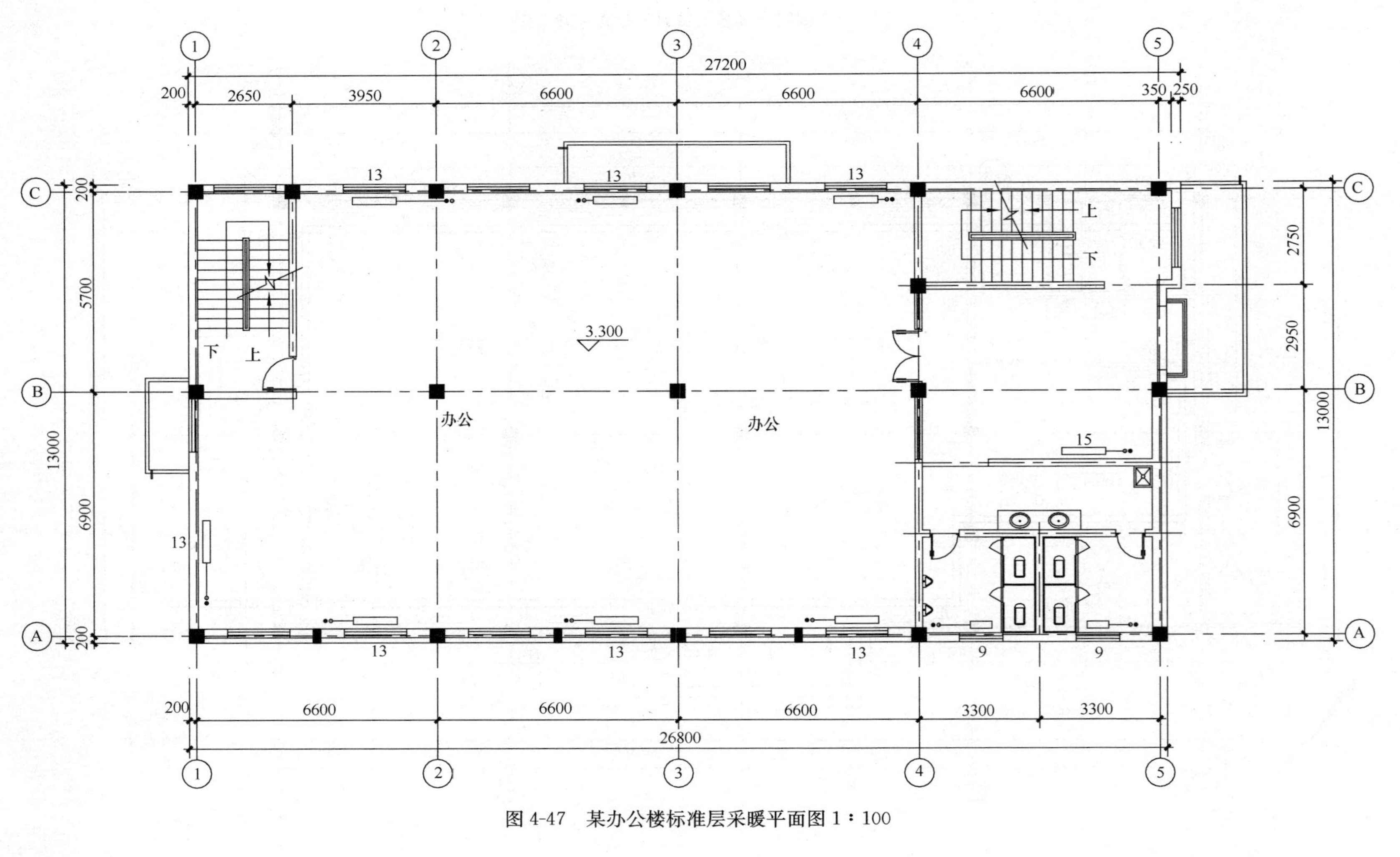

图 4-47　某办公楼标准层采暖平面图 1：100

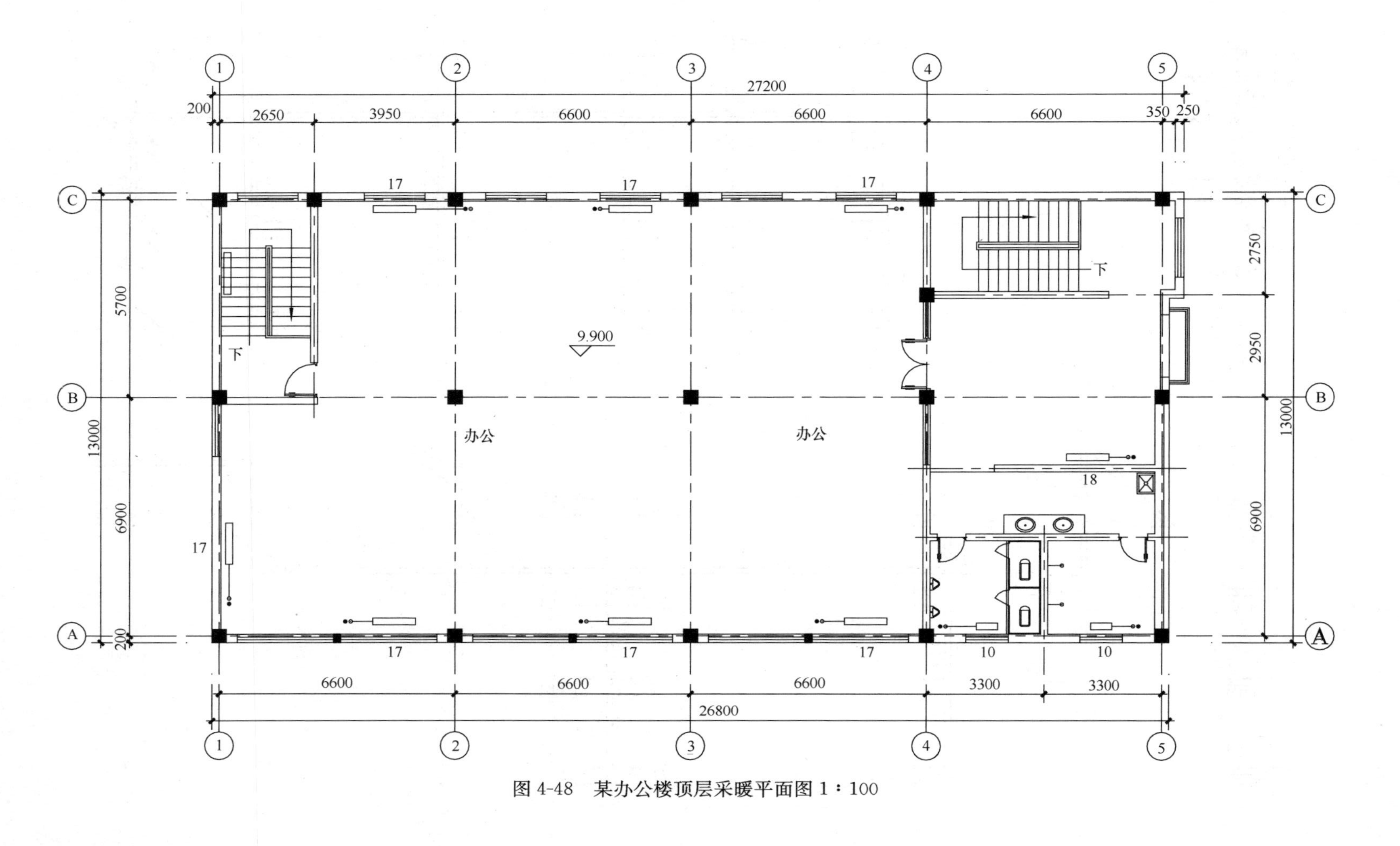


图 4-48　某办公楼顶层采暖平面图 1：100

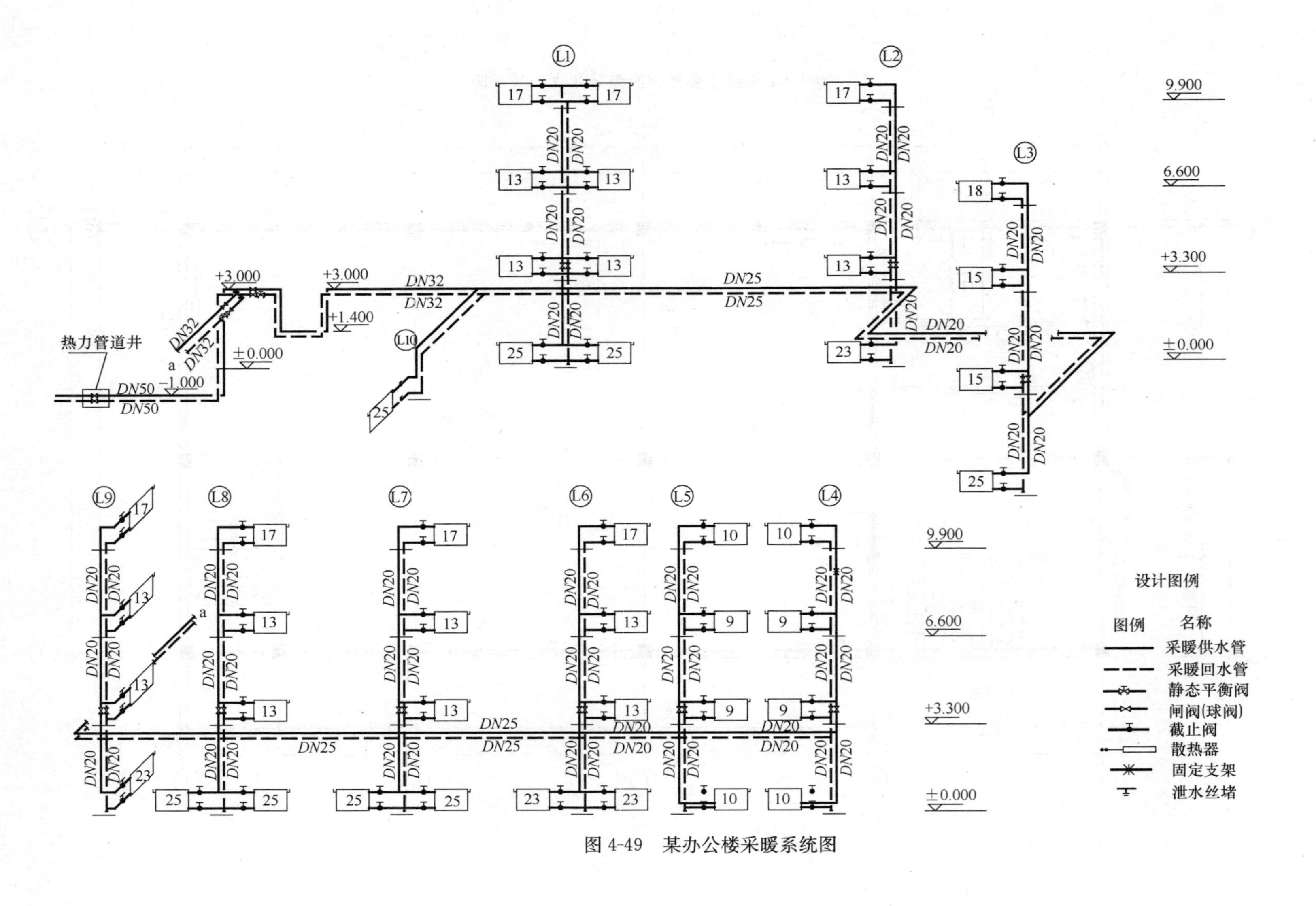


图 4-49　某办公楼采暖系统图

除与标准层平面图相同的内容外，对于上分式系统，应标明总立管、水平干管的位置；干管管径、管道坡度等内容；如设置膨胀水箱、集气罐等设备，还应标明这些设备的位置、规格以及管道连接等情况。

散热器在各平面图中一般用窄长的小长方形表示，同时，无论散热器由多少片数组成，其大小应一致。采暖立管无论其管径大小，均画成同样大小的小圆圈。

（三）系统图（轴侧图）

供暖系统图（轴侧图）如图 4-49 所示。反映的主要内容有：

1. 反映出供暖工程管道系统各楼层之间的关系；标明管道系统中干管、立管、支管、散热器以及阀门之间的空间的连接位置。

2. 标明供暖管道系统中各管段的直径、标高、散热器片数以及各立管的编号、供回水干管的坡度等。

3. 膨胀水箱、集气罐等设备的规格、尺寸以及安装形式等。

4. 各节点详图的图号。

（四）详图

供暖施工图中需要详尽表示的设备或管道节点，一般用详图来表示。

除以上组成外，施工图中还用许多图例来标明各种设备和管件。附录 4-1 为暖通空调燃气施工图常用图例。

**二、供暖工程施工图识读中应注意的问题**

在供暖工程施工图识读中一般应注意以下问题：

（1）通常立管与水平干管在安装时与墙面距离是不相等的，也就是说立管和干管不属于同一平面，但在实际作图中为了简化作图，并没有将立管和干管的拐弯连接处表示出来。

（2）在热水供暖系统的上分式系统中最高点设有集气罐，因此，顶层房间的高度应考虑保证集气罐（或自动排气阀）的安装空间。

（3）热水采暖系统和蒸汽采暖系统水平干管具有相反的管道坡向，并且各自的坡度值要求严格，因此在预留支架、孔洞位置时应准确。

另外，识读过程中除熟悉本系统施工图外，还应了解土建图纸中的地沟、预留孔洞、沟槽预埋件的位置是否相符，与其他专业（如水、电）图纸的管道布置及走向有无碰撞的矛盾等，如发现问题应及时与相关专业人员协商配合解决。

**三、供暖管路系统的安装**

室内供暖管路系统的安装主要包括系统安装和系统试压、调试两部分。系统安装是指全部管道系统、设备、阀件以及管道防腐、保温等主要施工内容。而系统试压、调试则是指上述主要内容完成后采用水压试验的方法来检验整个管路系统是否漏水或渗水，并且利用阀件对整个系统进行调节。施工时应严格按《建筑给水排水及采暖工程施工质量验收规范》GB 50242—2002 执行。并严格按《建设工程监理规范》GB 50319—2000 和《建筑设备工程施工质量监理实施细则》进行监理。

（一）供暖管路系统的安装

管路系统安装工艺流程为：

安装准备⟶预制加工⟶支架安装⟶干管安装⟶立管安装⟶支管安装⟶试压⟶冲洗⟶防腐⟶保温⟶调试

1. 安装准备

供暖管道系统施工，通常是在建筑物土建主体结构完成、墙面抹灰后开始。为了加速工程进展，必须作好准备。安装准备工作主要包括以下几项内容：

（1）阅读工程施工图；（2）绘制管件加工图；（3）筹措安装器材。

2. 预制加工

预制加工的主要内容包括：

（1）整修预留孔洞

一般要求孔洞直径比套管外径大 50mm 左右。

（2）组装散热器

将散热器进行组装，试压检查无误后除锈防腐刷银粉。

（3）加工管段

根据管件加工管段。

（4）支管进行摵弯加工

依据管件加工图所标注的尺寸，对支管进行气焊或冷弯加工成型。

（5）支（托、吊）架加工

支架分为活动和固定支架两种，热力管道上固定支架之间设置若干活动支架。支架按结构形式分为托架（托钩）、吊架和管卡三种。

关于干管、立管以及支管等的安装，在第三节中已有详述。

（二）供暖系统试压调试

室内供暖管道采用水压试验方法的具体内容如下：

系统加压中，一般分 2～3 次升到试验压力，每加压到一定数值时，应停下来对管道进行全面检查，无异常情况再继续加压（如发现异常情况应立即停止试压，紧急时应把水放尽）。

蒸汽供暖系统，工作压力小于等于 0.07MPa 时（表压力），试验水压应为工作压力的 2 倍，在管道系统的低点表压力大于等于 0.25MPa。如为热水供暖系统（低温）或蒸汽供暖系统的工作压力大于 0.07MPa 时，应以管道系统顶点的工作压力加上 0.1MPa 为试验压力。同时系统顶点的试验压力应大于等于 0.3MPa。如果系统低点的压力大于散热器所能承受的最大试验压力，则应分别进行水压试验。

试压时，管道在试验压力状态下，其保持时间应大于等于 10min，然后将压力降到工作压力，进行全面检查，对有漏水或渗水的接口做上记号，进行修复，在 5min 内压力降小于等于 0.02MPa 为合格。

## 思考题及习题

### 一、简答题

1. 供暖系统所用散热器及主要辅助设备有哪些？试述之。
2. 散热器是如何分类的？常用的散热器有哪些？
3. 简述热水供暖系统的分类。
4. 试述自然循环和机械循环热水供暖系统的工作原理。
5. 供暖系统由哪几部分组成？
6. 供暖系统按作用范围或热媒如何分类？
7. 机械循环热水供暖系统由哪几部分组成？

8. 机械循环热水供暖系统常用的形式有哪些?
9. 膨胀水箱在热水供暖系统中的作用是什么? 有哪些配管?
10. 集气罐的作用是什么? 常用的集气排气装置有哪些?
11. 与传统供热相比，低温热水地面辐射供暖系统有什么优点?
12. 简述供暖系统所用散热器及主要辅助设备施工安装要点。
13. 试述供暖施工图的组成及识图中应注意的问题。
14. 试述室内供暖系统安装的工艺流程。
15. 试述室内供暖系统水压试验的内容。
16. 城市燃气分为哪几类?
17. 我国城市燃气管道根据输气压力分为几类?
18. 居民生活用气对燃气压力有何规定?
19. 什么情况下需设置调压装置?
20. 应如何选择调压器，选择时应符合什么要求?

**二、单选题**

1. 材质（　　）一般不用于制造散热器。

A. 铸铁　　B. 钢　　C. 铝合金　　D. 不锈钢

2. 散热器表面涂料为（　　）时，散热效果最差。

A. 银粉漆　　B. 自然金属表面
C. 乳白色漆　　D. 浅蓝色漆

3. 与铸铁散热器比较，钢制散热器用于高层建筑采暖系统中，在（　　）方面占有绝对优势。

A. 美观　　B. 耐腐蚀　　C. 容水量　　D. 承压

4. 散热器不应设置在（　　）。

A. 外墙窗下　　B. 两道外门之间　　C. 楼梯间　　D. 走道端头

5. 热水采暖系统中膨胀水箱的作用是（　　）。

A. 加压　　B. 减压　　C. 定压　　D. 增压

6. 为了满足建筑节能的标准，新建住宅热水集中采暖系统应设置（　　）。

A. 分户热计量和室温控制装置　　B. 集中热计量装置
C. 室温控制装置　　D. 分户热计量装置

7. 为消除管道受热变形产生的热应力，应尽量利用管道上的（　　）进行热伸长的补偿。

A. 方形补偿器　　B. 自然转弯　　C. 波纹管补偿器　　D. 截止阀

8. 以下这些附件中，（　　）不用于热水供热系统。

A. 疏水器　　B. 膨胀水箱　　C. 集气罐　　D. 除污器

9. 集中供暖系统不包括（　　）。

A. 散热器采暖　　B. 热风采暖　　C. 辐射采暖　　D. 通风采暖

10. 民用建筑集中采暖系统的热媒（　　）。

A. 应采用热水　　B. 宜采用热水　　C. 可采用热水　　D. 热水、蒸汽均可

11. 作为供热系统的热媒，（　　）是不对的。

A. 热水　　B. 热风　　C. 电热　　D. 蒸汽

12. 集中供热系统是由（　　）组成。

A. 热源与用户　　B. 热源与管网
C. 热源、管网和用户　　D. 管网和用户

13. 集中供热的民用建筑，如居住、办公医疗、托幼、旅馆等可选择的热媒是(　　)。

A. 低温热水、高压蒸气　　B. 110℃以上的高温热水、低压蒸气

C. 低温热水、低压蒸汽、高压蒸汽　　　　D. 低温热水

14. 采暖管道设坡度主要是为了（　　）。

A. 便于施工　　　　B. 便于排气

C. 便于放水　　　　D. 便于水流动来源

15. 热水采暖自然循环中，通过（　　）可排出系统的空气。

A. 膨胀水箱　　B. 集气罐　　C. 自动排气阀　　D. 手动排气阀

16. 试问在下述有关机械循环热水供暖系统的表述中，（　　）是错误的。

A. 供水干管应按水流方向有向上的坡度

B. 集气罐设置在系统的最高点

C. 使用膨胀水箱来容纳水受热后所膨胀的体积

D. 循环水泵装设在锅炉入口前的回水干管上

17. 异程式采暖系统的优点在于（　　）。

A. 易于平衡　　B. 节省管材　　C. 易于调节　　D. 防止近热远冷现象

18. 当热水集中采暖系统分户热计量装置采用热量表时，系统的共用立管和入户装置应设在管道井内，管道井宜设在（　　）。

A. 邻楼梯间或户外公共空间　　　　B. 邻户内主要空间

C. 邻户内卫生间　　　　D. 邻户内厨房

19. 低温热水地板辐射采暖系统的散热设备是（　　）。

A. 散热器　　B. 地面　　C. 分集水器　　D. 保温层

20. 低温热水地面辐射采暖系统中，敷设在地面下的埋地加热管通常采用（　　）。

A. 非镀锌钢管　　B. 镀锌钢管　　C. 塑料管　　D. 铜管

21. 以下这些附件中，（　　）不用于蒸汽供热系统。

A. 减压阀　　B. 安全阀　　C. 膨胀水箱　　D. 疏水器

22. 当热媒为蒸气时，宜采用下列哪种采暖系统？（　　）

A. 水平单管串联系统　　　　B. 上行下给式单管系统

C. 上行下给式双管系统　　　　D. 下供下回式双管系统

23. 与蒸气采暖比较，（　　）是热水采暖系统明显的优点。

A. 室温波动小　　　　B. 散热器美观

C. 便于施工　　　　D. 不漏水

24. 在机械循环热水供暖系统中，为了系统排气，水平干管敷设时一般采用（　　）的坡度。

A. 0.02　　B. 0.001　　C. 0.01　　D. 0.003

25. 采暖系统的立管穿楼板时，应采取哪项措施？（　　）

A. 预埋套管　　B. 采用软接　　C. 保温加厚　　D. 不加保温

**三、多选题**

1. 膨胀水箱的各配管中，（　　）不得设置阀门。

A. 膨胀管　　B. 循环管　　C. 信号管

D. 溢流管　　E. 排污管

2. 集中供热的公共建筑，生产厂房及辅助建筑物等，可用的热媒是（　　）。

A. 低温热水　　B. 高压蒸汽　　C. 高温热水

D. 低压蒸汽　　E. 热风

3. 热水采暖系统中存有空气未能排除，会产生（　　）。

A. 系统回水温度过低　　B. 局部散热器不热　　C. 热力失调现象

D. 系统无法运行　　E. 引起气塞

4. 以下哪些系统会存在“垂直失调”的现象？(　　)

A. 机械循环上供下回式单管系统　　B. 机械循环上供下回式双管系统

C. 机械循环下供上回式单管系统　　D. 机械循环下供上回式双管系统

E. 水平式单管系统

5. 低温热水地板辐射供暖系统的地板结构分为湿式和干式两种，其中干式辐射地板结构包括(　　)内容。

A. 绝热层　　B. 混凝土填充层　　C. 面层

D. 找平层　　E. 加热管

6. 以下哪个描述不是低温热水地板辐射供暖系统的优点？(　　)

A. 节能，热稳定性好　　B. 便于实施分户热计量　　C. 使用寿命长，维修方便

D. 人体所受冷辐射减少，具有很好的舒适感　　E. 系统初投资较大，施工要求高

7. 集中供热的公共建筑，生产厂房及辅助建筑物等，可用的热媒是（　　）。

A. 低温热水　　B. 低压蒸汽、高压蒸汽

C. 高温热水　　D. 低压蒸汽

8. 热水采暖系统中存有空气未能排除，会产生（　　）。

A. 系统回水温度过低　　B. 局部散热器不热　　C. 热力失调现象

D. 系统无法运行　　E. 引起气塞

# 第五章 建筑通风工程

【学习要点】 掌握建筑通风系统常用管材的类型及适用场合，设备、附件的作用和适用范围；熟悉通风的概念、功能、通风管道的布置与敷设要求以及建筑通风系统的组成、分类等基本知识和基本概念；了解高层建筑防排烟的类型和作用。

人类生活在空气的环境中，创造良好的空气环境条件对保障人们的健康，提高劳动生产率，保证产品质量是不可或缺的。这一任务的完成就是由通风来实现的。

通风就是将室内被污染的空气直接或经净化后排出室外，再将新鲜的空气补充进来，从而保证室内的空气环境符合卫生标准和满足生产工艺的要求。

## 第一节 通风系统常用设备、附件

自然通风的设备装置比较简单，它只需进、排风窗以及附属的启闭装置。而机械通风系统则由较多的构件和设备组成。机械通风系统除利用管道输送空气以及使用通风机形成空气流通的作用压力外，一般的机械排风系统，是由有害物收集和净化除尘设备、风道、通风机、排风口或伞形风帽等组成。机械送风系统由进气室、风道、通风机、进气口组成。在整个机械通风系统中，除上述设备和附件外还设有阀门用来调节和启闭进、排气量。

### 一、风机

是通风系统中的主要设备，主要用来为通风系统提供空气流动的动力，以克服风道以及其他设备、附件等产生的空气流动阻力。主要有离心式和轴流式两种类型。

（一）离心式风机

如图 5-1 所示，它主要由叶轮、机壳、机轴、吸气口、排气口以及轴承和底座等部件组成。离心式风机的工作原理主要是借助于叶轮旋转使气体获得压能和动能。

在一些特殊场合，为降低噪声及便于安装，在离心式风机外面加一个风机箱，即称为柜式

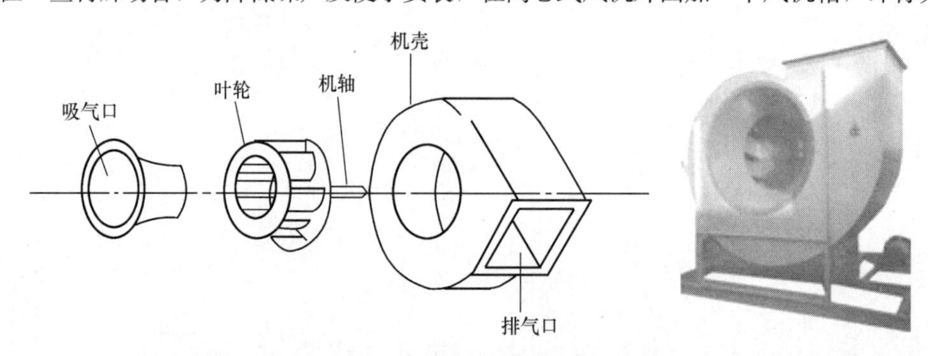


图 5-1 离心式风机的构造

风机。其进风与出风方向可以有多个选择，可以吊装，有的柜式风机直接用风机箱代替蜗壳。如图 5-2 所示为排烟柜式风机。

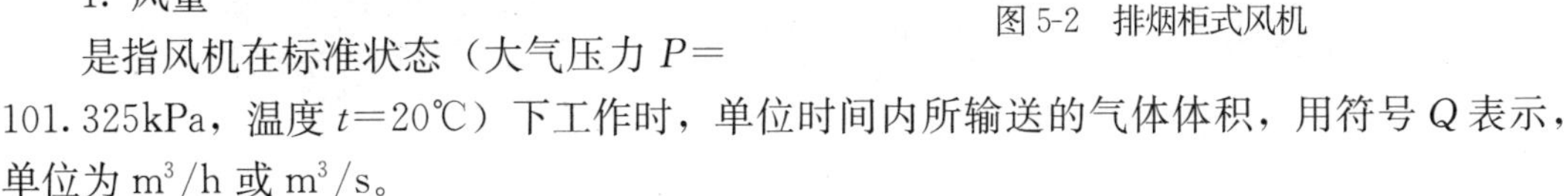

图 5-2 排烟柜式风机

离心式风机的主要性能参数有以下几项：

1. 风量

是指风机在标准状态（大气压力 $P=101.325\text{kPa}$，温度 $t=20℃$）下工作时，单位时间内所输送的气体体积，用符号 $Q$ 表示，单位为 $m^3/h$ 或 $m^3/s$。

2. 风压

是指风机在标准状态（同上）下工作时，空气进入风机后所升高的压力（包括动压和静压），用符号 $H$ 表示，单位为 Pa。

3. 功率（有效功率）、轴功率

功率是指在单位时间内风机传递给气体的能量，用符号 $N_y$ 表示，单位为 W。

$$N_y = \frac{QH}{3600} \tag{5-1}$$

式中 $N_y$——风机的有效功率，W；

$Q$——风机所输送的风量，$m^3/h$；

$H$——风机所产生的风压，Pa。

由于风机在运行中自身要损失一部分能量，因此电动机传递给风机轴的功率要大于风机的有效功率，这个功率称为风机的轴功率，用符号 $N_z$ 表示。

4. 效率

风机的效率是指风机的有效功率与轴功率之比，用符号 $\eta$ 表示。

$$\eta = \frac{N_y}{N_z} \tag{5-2}$$

式中 $\eta$——风机的效率，%；

$N_y$——风机的有效功率，W；

$N_z$——风机的轴功率，W。

离心式风机按其产生的作用压力分为三类：低压风机（$H \leqslant 1000\text{Pa}$），一般用于送排风系统或空调系统；中压风机（$1000\text{Pa} < H \leqslant 3000\text{Pa}$），一般用于除尘系统或管网较长，阻力较大的通风系统；高压风机（$H > 3000\text{Pa}$），用于大型加热炉等的空气或物料的输送。

在实际工程的应用中，通风空调系统常用的风机主要是低、中压风机。

（二）轴流式风机

如图 5-3 所示，轴流式通风机主要由叶轮、外壳、电动机和支座等部分组成。

轴流风机的叶片与螺旋相似，其工作原理是：电动机带动叶片旋转时，空气产生一种推力，促使空气沿轴向流入圆筒形外壳，并与机轴平行方向排出。

轴流风机与离心风机在性能上最大、最主要的区别是轴流风机产生的全压较小，离心风机产生的全压较大。因此，轴流风机一般只用于无需设置管道的场合以及管道阻

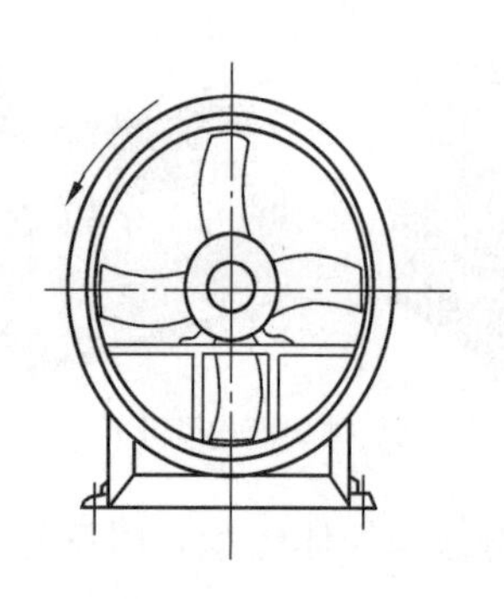
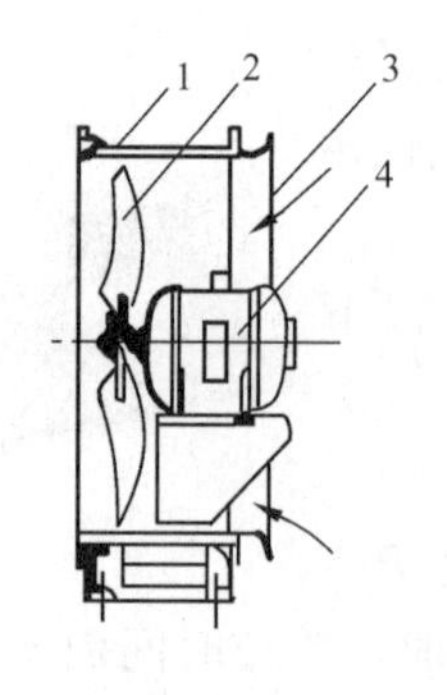

图 5-3　轴流式风机的构造简图

1—圆筒形机壳；2—叶轮；3—进口；4—电动机

力较小的系统或用于炎热的车间作为风扇散热设备；而离心风机则往往用在阻力较大的系统中。

（三）斜流及混流式风机

斜流式风机与混流式风机较相似，但比混流式风机更接近轴流式风机，如图 5-5 所示。其叶轮为轴流式风机的变形，气流沿叶片中心为散射形，并向气流方向倾斜。同机号相比，斜流式风机流量大于离心式风机，全压高于轴流式风机；斜流式风机体积小于离心式风机，具有高速运行宽广、噪声低、占地少、安装方便等优点。斜流式风机不影响管道布置和管道走向，最适宜于为直管道加压和送排风。对于空间狭小的机身，尤其显示出斜流式风机的结构紧凑的优越性。

图 5-4　混流式风机

图 5-5　斜流式风机

混流式风机和斜流式风机有单速和双速两种，双速风机可以用于通风和排烟合二为一的系统。它们均有可以根据不同的使用场合，采用改变安装角度、改变叶片数、改变转速、改变机号等方法达到多方面使用要求的特点。

**二、排风净化处理设备**

为防止大气污染以及回收可以利用的物质，排风系统的空气排入大气前，应根据实际情况采取必要的净化、回收以及综合利用措施。

一般情况下排风的处理主要有净化、除尘及高空排放。

消除有害气体对人体及其他方面的危害，称之为净化。净化设备有各种吸收塔及活性炭吸附器等。

除尘是指使空气中的粉尘与空气分离的过程。常用的除尘设备有旋风除尘器、湿式除尘器、过滤式除尘器等。

根据其除尘机理一般可以分为重力沉降室、旋风除尘器、湿式除尘器、过滤式（袋式）除尘器和电除尘器等。

1. 重力沉降室

重力沉降室是利用重力作用使粉尘自然沉降的一种最简单的除尘装置，是一个比输送气体的管道增大了若干倍的除尘室。如图 5-6 所示，含尘气流由沉降室的一端上方进入，由于断面积的突然扩大，使流动速度降低，在气流缓慢地向另一端流动的过程中，气流中的尘粒在重力的作用下，逐渐向下沉降，从而达到除尘的目的。净化后的空气由重力沉降室的另一端排出。

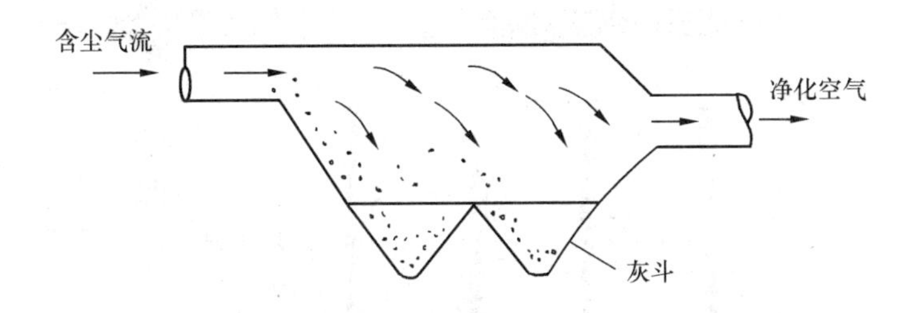


图 5-6　重力沉降室

重力沉降室主要用于净化密度大、颗粒粒径大的粉尘，特别是磨损性很强的粉尘，能有效地捕集 50μm 以上的尘粒。

重力沉降室的主要缺点是占地面积大、除尘效率低。优点是结构简单、投资少、维护管理方便以及压力损失小（一般为 50～150Pa）等。

2. 旋风除尘器

旋风除尘器是利用气流旋转过程中作用在尘粒上的惯性离心力，使尘粒从气流中分离出来，从而达到净化空气的目的，如图 5-7 所示。

旋风除尘器是由筒体、锥体、排出管等组成，含尘气流通过进口起旋器产生旋转气流，粉尘在离心力作用下脱离气流向筒锥体边壁运动，到达筒壁附近的粉尘在重力的作用下进入收尘灰斗，去除了粉尘的气体汇向轴心区域由排气芯管排出。

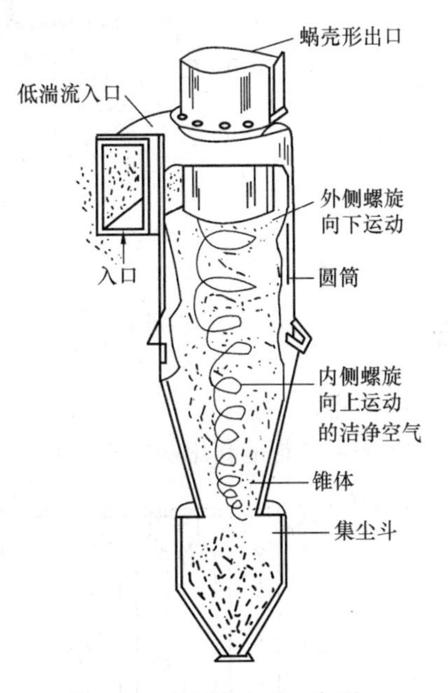


图 5-7　旋风除尘器示意图

旋风除尘器结构简单、体积小、维护方便，对于 10～20μm 的粉尘，去除效率为 90%左右，是工业通风中常用的除尘设备之一，多应用于小型锅炉和多级除尘的第一级除尘中。

3. 过滤式（袋式）除尘器

过滤式除尘器是利用多孔的袋状过滤元件从含尘气体中捕集粉尘的一种除尘设备。主要由过滤装置和清灰装置两部分组成。前者的作用是捕集粉尘，后者则用以定期清除滤袋上的积尘，保持除尘器的处理能力。通常还设有清灰控制装置，使除尘器按一定的时间间隔和程序清灰。

按清灰方式袋式除尘器的主要类型有：气流反吹类、脉冲喷吹类、机械振打类。

图 5-8、图 5-9 分别为脉冲喷吹清灰式除尘器和机械振打式袋式除尘器示意图。清灰方式在很大程度上影响着袋式除尘器的性能，也是袋式除尘器的分类依据。

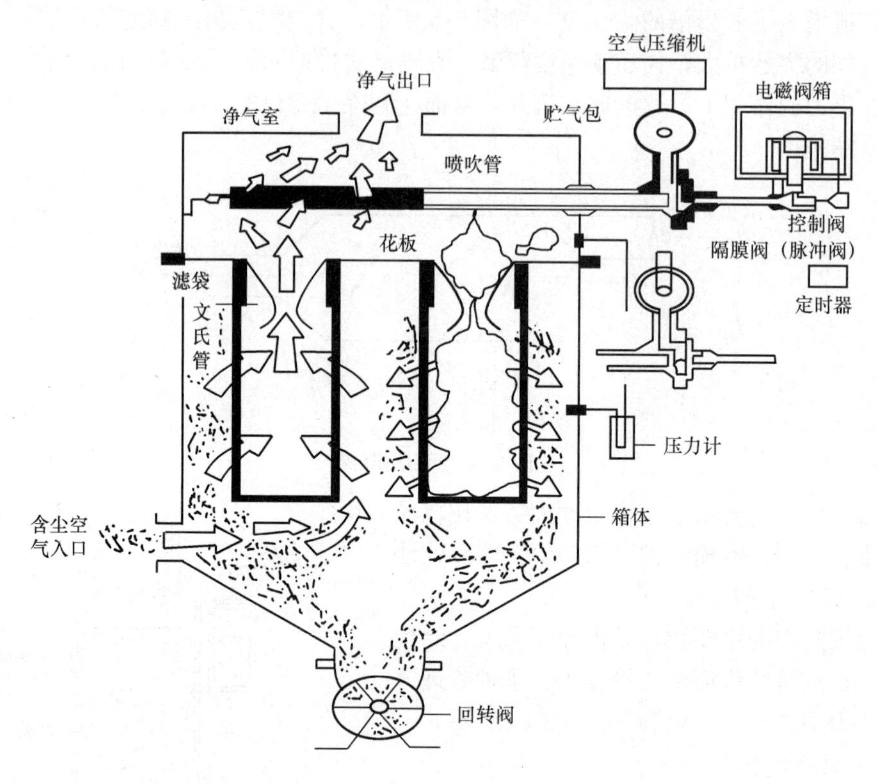


图 5-8　脉冲喷吹清灰

4. 静电除尘器

静电除尘器是利用静电将气体中粉尘分离的一种除尘设备，简称电除尘器。

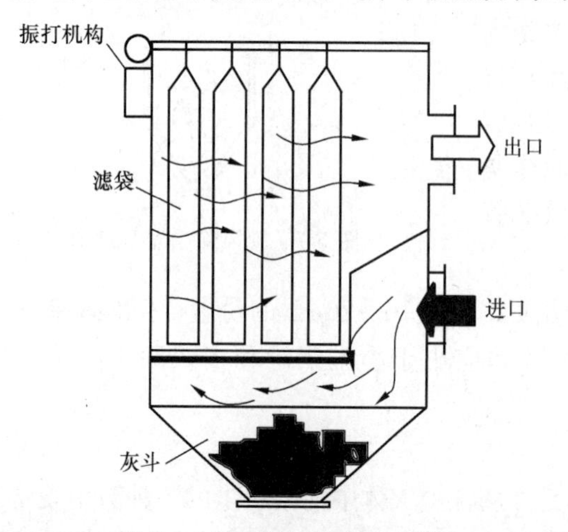


图 5-9　机械振打袋式除尘器

电除尘器由本体及直流高压电源两部分构成。本体中排列有数量众多的、保持一定间距的金属集尘极（又称极板）与电晕极（又称极线），用以产生电晕，捕集粉尘。还设有清除电极上沉积粉尘的清灰装置、气流均布装置、存输灰装置等。图 5-10 所示为静电除尘器的工作原理图。

静电除尘器是一种高效除尘器，理论上可以达到任何要求的去除效率。但随着去除效率的提高，会增加除尘设备造价。静电除尘器压力损失小，

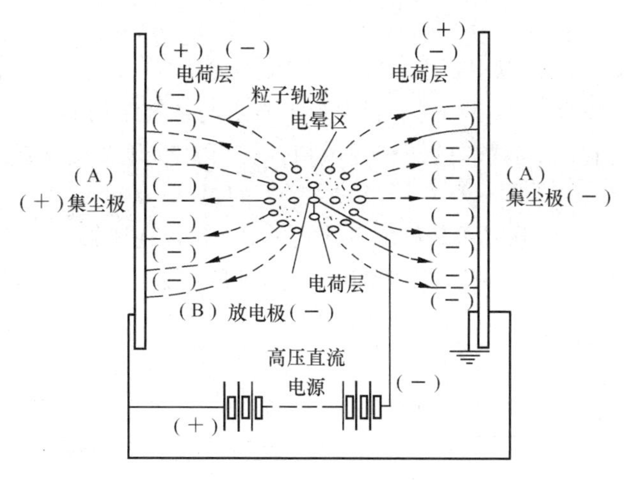


图 5-10 静电除尘器的工作原理图

运行费用较节省。

5. 湿式除尘器

湿式除尘器主要利用含尘气流与液滴或液膜的相互作用实现气尘分离。其中粗大尘粒与液滴（或雾滴）的惯性碰撞、接触阻留（即拦截效应）得以捕集，而细微尘粒则在扩散、凝聚等机理的共同作用下，使尘粒从气流中分离出来达到净化含尘气流的目的，图5-11 所示为水浴除尘器示意图。

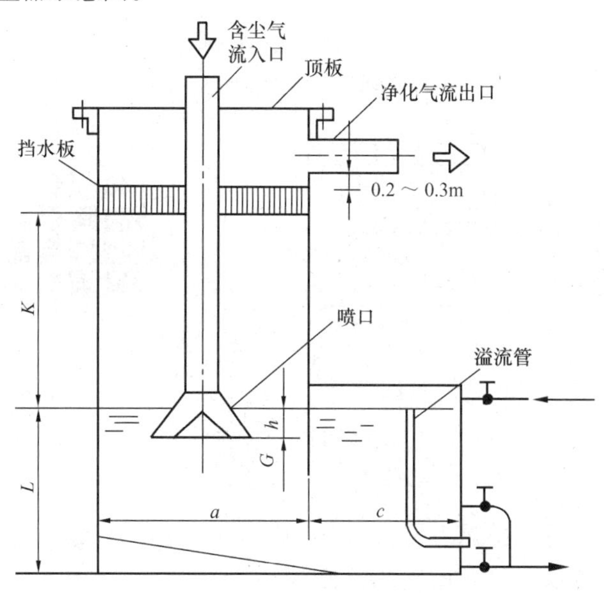


图 5-11 水浴除尘器示意图

湿式除尘器的优点是结构简单，投资低，占地面积小，除尘效率较高，并能同时进行有害气体的净化。其缺点主要是不能干法回收物料，而且泥浆处理比较困难，有时需要设置专门的废水处理系统。

## 三、室内送、排风口以及室外的进、排风装置

### （一）室内送、排风口

室内送、排风口是分别将一定量的空气，按一定的速度送到室内，或由室内将空气吸

入排风管道的构件。

送、排风口一般应满足以下要求：风口风量应能够调节；阻力小；风口尺寸应尽可能小。在民用建筑和公共建筑中室内送、排风口形式应与建筑结构的美观相配合。

图 5-12 所示为构造最为简单的两种送风口，孔口直接开设在风管上，用于侧向或下向送风。

图 5-13 所示是常用的一种性能较好的百叶式风口，可以在风管上、风管末端或建筑物墙上安装，其中双层百叶式风口不但可以调节出口气流速度，而且可以调节气流的角度。

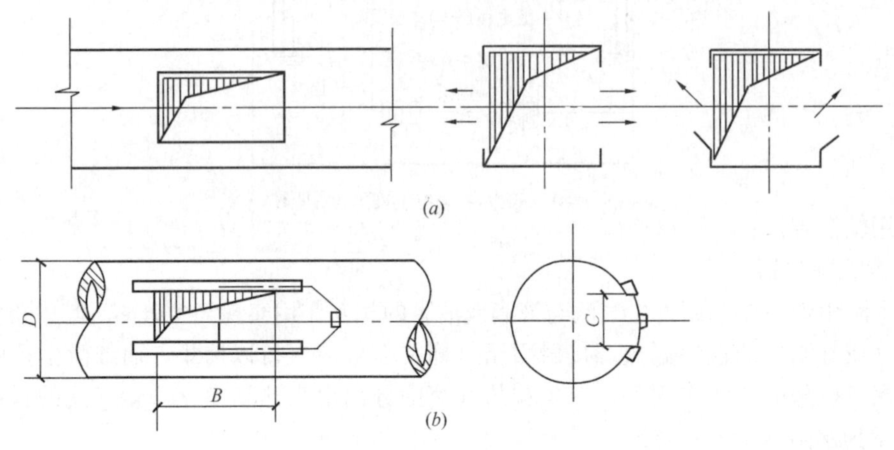


图 5-12　最简单的两种送风口

（a）风管侧送风口；（b）插板式送、吸风口

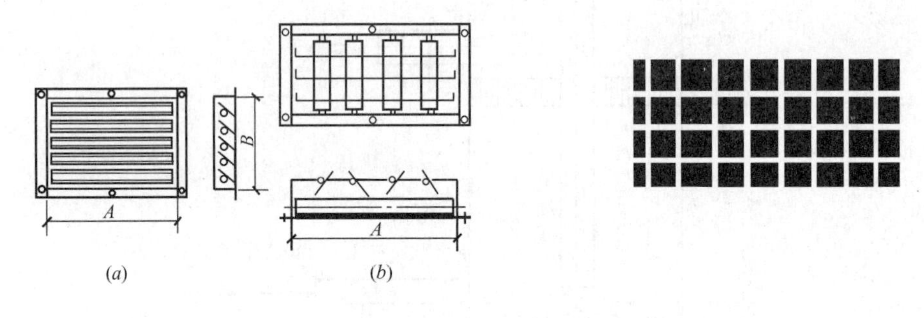


图 5-13　百叶式送风口

（a）单层百叶风口；（b）双层百叶风口

室内排风口同样是全面排风系统的一个组成部分，室内被污染的空气由排风口进入排风管道。排风口种类较少，通常做成百叶式。

室内送、排风口的布置，是决定通风气流方向的一个重要因素，而气流方向是否合理，将直接影响全面通风效果。

在组织通风气流时，应将新鲜空气直接送到工作地点或洁净区域，而排风口则要根据有害物的分布规律布设在室内浓度最大的地方。

（二）室外的进、排风装置

1. 进风装置

进风装置应尽可能设置在空气较洁净的地方，可以是单独的进风塔，也可以是设在外墙上的进风窗口，如图 5-14 所示。

进风口的位置一般应高出地面 2.5m，设置在屋顶上的进风口应高出屋面 1m 以上。进风口上一般装有百叶风格以防止杂质吸入，在百叶格里面装有保温门，作为冬季关闭使用，进风口尺寸应由百叶格的风速确定，百叶窗进风口风速一般为 2～5m/s。

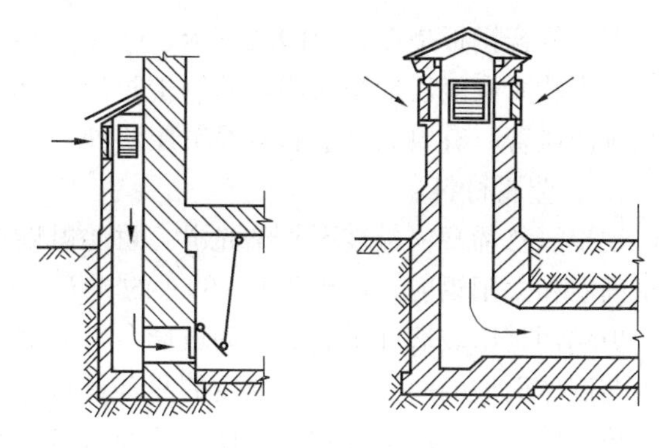

图 5-14　室外进风装置

2. 排风装置

排风装置即排风道的出口，经常做成风塔形式安装在屋顶上。要求排风口高出屋面 1m 以上，以避免污染附近空气环境，如图 5-15 所示。为防止雨、雪或风沙倒灌，在出口处应设有百叶格或风帽。机械排风时可以直接在外墙上开口作为风口，如图 5-16 所示。

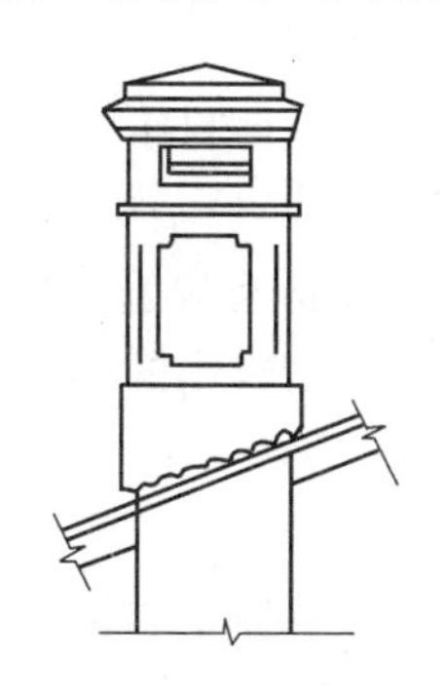

图 5-15　屋顶上的排风装置

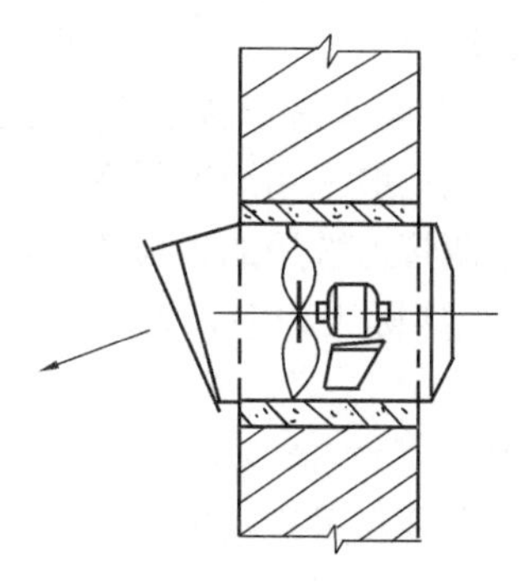

图 5-16　外墙上的排风口

**四、风管**

（一）风管常用材料

风管的材料有很多种，但常用的主要有以下几种。

1. 金属薄板

金属薄板是制作风管部件的主要材料。通常采用普通薄钢板、镀锌薄钢板、不锈钢钢板、铝板和塑料复合钢板。他们易于工业化加工制作、安装方便、能承受较高温度。

普通薄钢板由碳素软钢经热轧或冷轧制成，一般用于工业通风。热轧钢板表面为蓝色发光的氧化铁薄膜，性质较硬而脆，加工时易断裂；冷轧钢板表面平整光洁无光，性质较软，易于现场加工。由于表面易生锈，制作时需进行防腐处理。

镀锌薄钢板是用普通薄钢板表面镀锌制成，俗称“白铁皮”。在引进工程中常用镀锌钢板卷材，对风管的制作甚为方便。由于表面锌层起防腐作用，故一般不刷油防腐，因而常用作输送不受酸雾作用的潮湿环境中的通风系统及空调系统的风管和配件。

不锈钢钢板耐锈耐酸、美观，常用于输送含腐蚀性介质（如硝酸类）的通风系统或制作厨房排油烟风管等。

铝和铝合金板加工性能好，耐腐蚀，常用于有防爆要求的通风系统。使用铝板制作风管，一般以纯铝为主。

塑料复合钢板是在普通的薄钢板（Q215、Q235钢板）表面上喷一层0.2～0.4mm的软质或半软质聚氯乙烯塑料层，常用于防尘要求较高的空调系统和－10～70℃温度下耐腐蚀系统的风管，有单面覆层和双面覆层两种。

2. 非金属材料

硬聚氯乙烯塑料板表面平整光滑，耐酸碱腐蚀性强，物理机械性能良好，制作方便，不耐高温和太阳辐射，适用于0～60℃的环境、有酸性腐蚀作用的通风管道。

玻璃钢是以玻璃纤维制品（如玻璃布）为增强材料，以树脂为粘结剂，经过一定的成型工艺制作而成的一种轻质高强度的复合材料。它具有较好的耐腐蚀性、耐火性和成型工艺简单等优点，常用于排除腐蚀性气体的通风系统中。

保温玻璃钢风管将管壁制成夹层，夹心材料可以为聚苯乙烯、聚氨酯泡沫塑料、蜂窝纸等保温材料，用于需要保温的通风系统。

（二）风管的形状和规格

通风管道的断面有圆形和矩形两种，在同截面积下，圆断面风管周长最短，在同样风量下，圆断面风管压力损失相对较小，因此，一般工业通风系统都采用圆形风管（尤其是除尘风管）。矩形风管易于和建筑配合，占用建筑层高较低，且制作方便，所以空调系统及民用建筑通风一般采用矩形风管。

通风、空调管道选用的通风管道应规格统一，优先采用圆形风管或长、短之比不大于4的矩形截面。实际工程中，为减少占用建筑层高，往往采用较小的厚度，风管尺寸会超过标准宽度。

**五、风阀**

风阀一般安装在风道或风口上，用于调节风量、关闭支风道、分隔风道系统的各个部分，还可以启动风机或平衡风道系统的阻力，常用的风阀有：蝶阀、插板阀、多叶调节阀等。

蝶阀，如图5-17所示。只有一块阀板，转动阀板即可调节风量。蝶阀严密性差，不

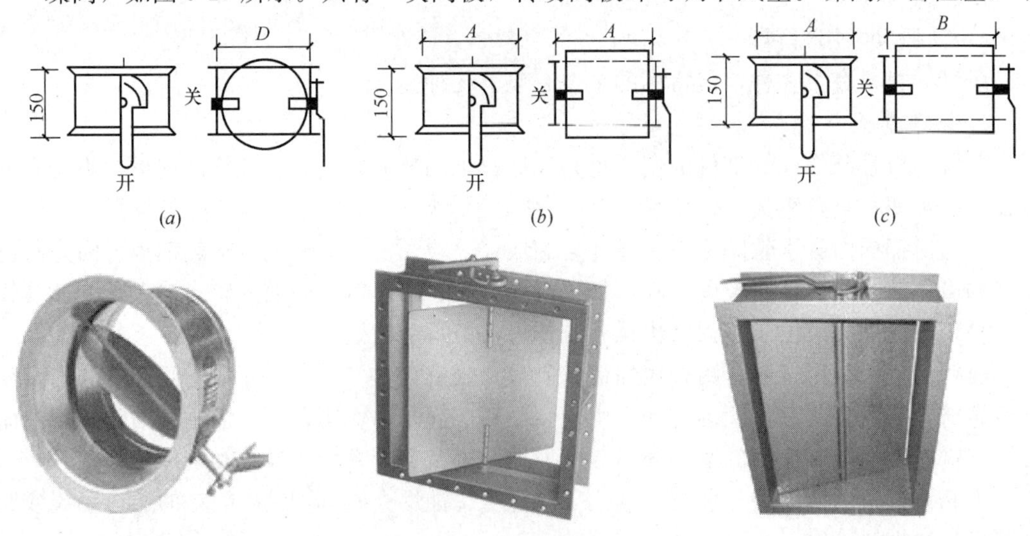


图5-17　蝶阀构造示意图

(a) 圆形；(b) 方形；(c) 矩形

宜作为关断阀用，一般多设置在分支风道或送风口前。

插板阀又叫闸板阀，如图 5-18 所示。拉动手柄，改变插板位置，即可调节通过风道的风量大小。插板阀关闭严密，一般多设置在风机出口或主干风道上。体积大，能上下移动（有槽道）。

多叶调节阀，如图 5-19 所示。外形类似活动百叶，通过调节叶片的角度来调节风量大小。一般多用于风机出口和主干风道上。

图 5-18　插板阀构造实物图

图 5-19　对开多叶调节阀

## 六、防排烟装置

### （一）排烟风机

机械加压送风输送的是室外新鲜空气，而排烟风机输送的是高温烟气，因此对风机的要求是不同的。

机械加压送风可采用轴流风机或中、低压离心式风机；排烟风机可采用排烟轴流风机或离心风机，并应在入口处设有当烟气温度达到 280℃时能自行关闭的排烟防火阀。同时，排烟风机应保证在 280℃时能连续工作 30min。表 5-1 为 HTF 系列专用排烟轴流风机的规格性能表。

**HTF 专用排烟轴流风机规格性能表**　　**表 5-1**

| 型号 | 风机叶轮（mm） | 流量（$m^3/h$） | 全压（Pa） | 转速（r/min） | 装机容量（kW） | 重量（kg） |
|---|---|---|---|---|---|---|
| HTF-5 | 500 | 8000 | 588 | 2900 | 3 | 125 |
| HTF-6 | 600 | 14500 | 637 | 2900 | 5.5 | 150 |
| HTF-7 | 700 | 22000 | 637 | 1450 | 7.5 | 200 |

### （二）防排烟阀门

用于防火防排烟的阀门种类很多，根据功能主要分为防火阀、正压送风口和排烟阀三大类，如图 5-20 所示。

1. 防火阀

防火阀一般安装在通风空调管道穿越防火分区处，平时开启，火灾时关闭用以切断烟、火沿风道向其他防火分区蔓延。这类阀门可分为四种：

（1）由安装在阀体中的温度熔断器带动阀体连动机械动作的防火阀，其温度熔断器的易熔片或易熔环的熔断温度一般为 70℃，是使用最多的一类阀；

(a)

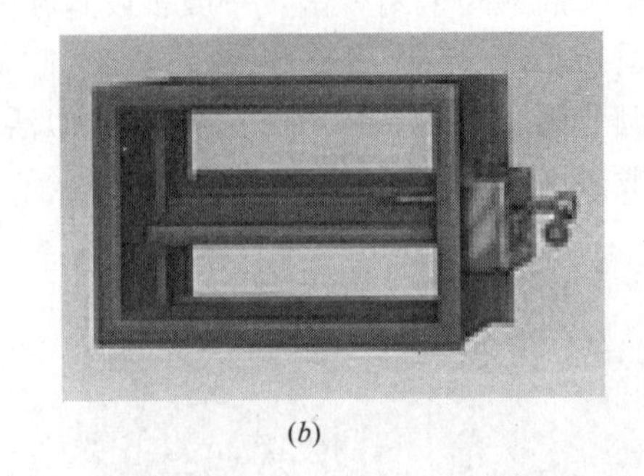

(b)

图 5-20　防、排烟阀

(a) 防火排烟阀；(b) 排烟防火阀

(2) 防火调节阀：防火阀内带有 0～90℃无级调节功能；

(3) 由设在顶棚上的烟感器连动的称之为防烟防火阀；

(4) 由设在顶棚上的温感器连动的防火阀，这类阀门在国内工程中很少使用。

2. 正压送风口

前室的正压送风口由常闭型电磁式多叶调节阀组成，每层设置。楼梯间的送风口多采用自垂式百叶风口。

3. 排烟阀

安装在专用排烟管道上，按防烟分区设置。排烟阀分为排烟口和排烟防火阀。

常用自垂式百叶风口以及排烟阀、排烟防火阀的规格分别见附录 5-2、附录 5-3。

## 七、消声器

在通风空调系统中，当风机的噪声在经过各种自然衰减后仍然不能满足室内噪声标准时，就必须在管路上设置专门的消声装置。消声器是一种具有吸声内衬或特殊结构形式、能够有效降低噪声的气流管道，在噪声控制技术中应用最多、最广泛。

消声器的种类很多，根据消声原理不同，大致可以分为以下四类：

(1) 阻性消声器（图 5-21、图 5-22）

图 5-21　阻性管式消声器

图 5-22　阻性片式消声器

阻性消声器利用敷设在气流通道内的多孔吸声材料（又称阻性材料）吸收声能、降低噪声而起到消声作用。它具有良好的中、高频消声性能，体积较小，广泛应用于空气动力设备的噪声控制技术中。常用的阻性消声器主要有管式消声器、片式消声器、蜂窝式消声器、折板式消声器等。

(2) 抗性消声器

抗性消声器利用声波通道截面的突变（扩张或收缩），使沿通道传播的声波反射回声源，从而起到消声作用。它具有良好的低频或低中频消声性能。由于抗性消声器不需要多孔消声材料，因此不受高温和腐蚀性气体的影响。但这种消声器消声频程较窄，空气阻力大且占用空间多，一般宜在小尺寸的风管上使用。

(3) 共振性消声器

共振性消声器是一段开有一定数量小孔的管道同管外一个密闭的空腔连通而构成的一个共振系统。当外界噪声的频率和共振吸声结构的固有频率相同时，会引起小孔孔颈处空气柱强烈共振，空气柱与颈壁剧烈摩擦，从而消耗了声能，起到消声的作用。这种消声器具有较强的频率选择性，消声效果显著的频率范围很窄，一般用以消除低频噪声。

(4) 复合式消声器

复合式消声器是将阻性消声器与抗性或共振消声器原理组合设计在一个消声器中，克服了阻性消声器低频消声性能较差和抗性消声器高频消声性能较差的缺点，具有较宽的消声频率特性。在通风空调系统消声、空气动力设备的消声等噪声控制工程中得到广泛的应用。如图 5-23 是常用的国标 T701-6 型阻抗复合式消声器，图 5-24 是在共振式消声结构的基础上发展而来的微穿孔板消声器。

图 5-23　阻抗复合式消声器

图 5-24　微穿孔板消声器

当因空调机房面积窄小而难以设置消声器，或需对原有建筑物改善消声效果时，可采用消声弯头（图 5-25）；在风机出口处或在空气分布器前可设置消声静压箱（图 5-26）并贴以吸声材料，除了可以起到消声的作用外，还可以起到稳定气流的作用。

图 5-25　消声弯头

图 5-26　消声静压箱

## 第二节　通　风　系　统

建筑通风包括从室内排除污浊的空气和向室内补充新鲜空气。前者称为排风，后者称为送风。通风系统就是为了实现送、排风而采用的一系列设备、装置等的总称。

### 一、按通风系统的作用范围分为全面通风和局部通风系统

（一）全面通风系统

全面通风也称为稀释通风，是对整个车间或房间进行通风换气。它一方面用新鲜空气稀释整个车间或房间内空气的有害物浓度，同时，不断地将污浊空气排至室外，保证室内空气中有害物浓度低于卫生标准所规定的最高允许浓度。

全面通风所需风量比较大，相应的通风设备也比较庞大。全面通风系统适用于有害物分布面积广以及不适合采用局部通风的场合。在公共建筑以及民用建筑中广泛采用全面通风。图 5-27 是一种较为简单地使用轴流式风机排风的全面通风系统。图 5-28 是利用离心式风机送风的全面通风系统。图 5-29 为既有送风机送风，又有排风机排风的全面通风系统。

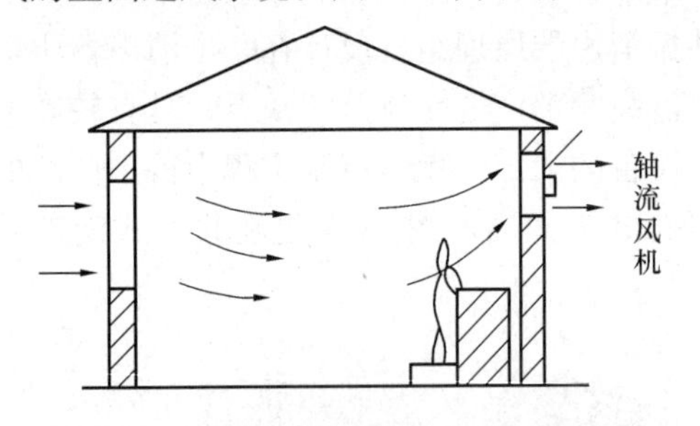


图 5-27　用轴流式风机排风的全面通风

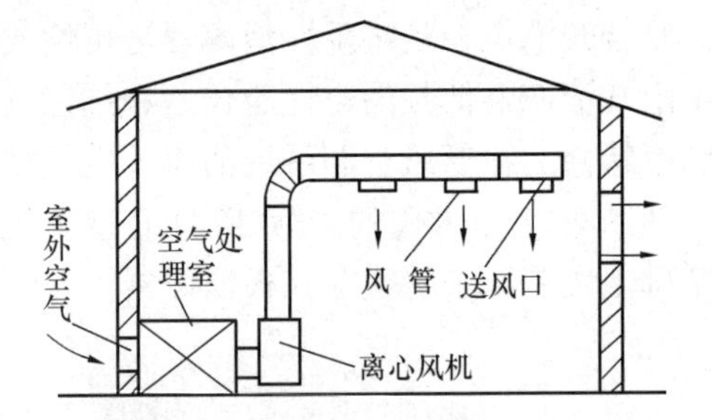


图 5-28　用离心式风机送风的全面通风

（二）局部通风系统

局部通风系统分为局部送风和局部排风两大类，它们都是利用局部气流，使局部工作地点不受有害物的污染，从而创造良好的空气环境。

局部送风是将新鲜空气或经过处理后的空气送到车间的局部地区，以改善局部区域的空气环境。而局部排风是将有害物在产生的地点就地排除，以防止有害物扩散。图 5-30 所示为局部送风系统示意图；图 5-31 为局部排风系统示意图。

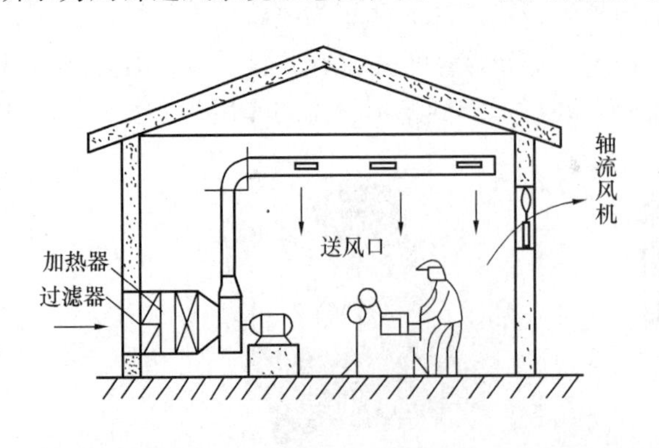


图 5-29　设有送、排风机的全面通风系统

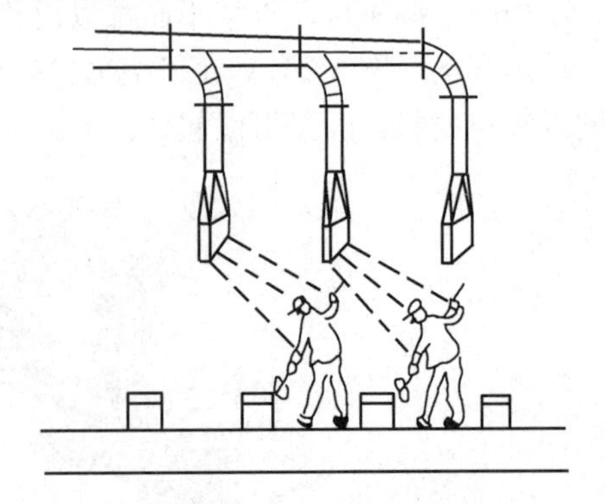

图 5-30　局部送风系统

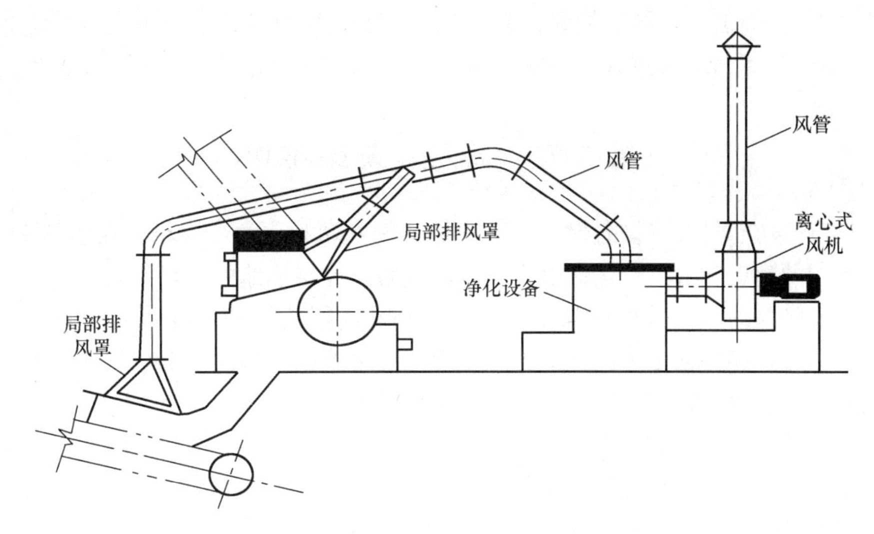


图 5-31　局部排风系统示意图

## 二、按通风系统的空气流动动力不同可分为自然通风和机械通风系统

（一）自然通风

自然通风是借助于风压和热压作用使室内外的空气进行交换，从而实现室内空气环境的改变。风压是由空气流动而形成的压力，如图 5-32 所示。在风压作用下，室外空气通过建筑物迎风面的门缝、窗孔口进入室内，而室内空气则通过背风面的门缝、窗孔口排出。

热压作用是指室内热空气密度小而上升排出，室外温度低而密度略大的空气不断补充进来形成自然循环而达到通风换气的目的，如图 5-33 所示。

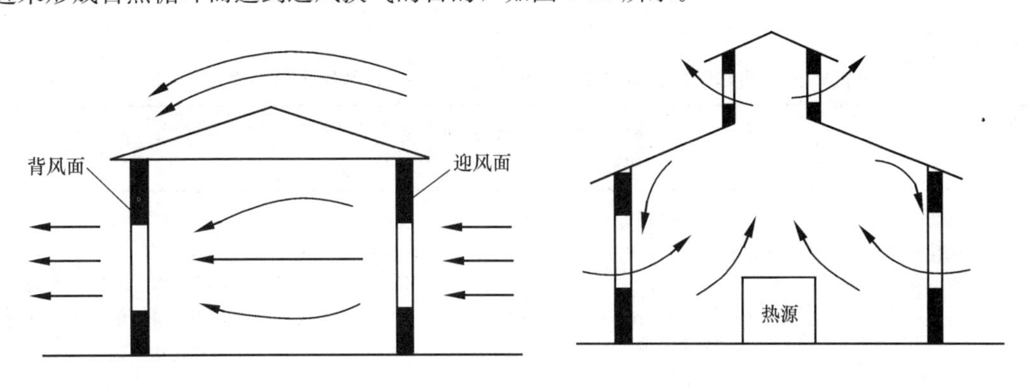


图 5-32　风压作用的自然通风　　　　图 5-33　热压作用的自然通风

总之，自然通风不消耗机械动力，是一种经济的通风方式，对于产生大量余热的车间利用自然通风可达到巨大的通风换气量。由于自然通风易受室外气象条件的影响，因此，自然通风难以有效控制，通风效果也不够稳定。主要用于热车间排除余热的全面通风。

（二）机械通风

机械通风就是利用通风机所产生的吸力或压力，并借助于通风管道进行室内外空气交换的通风方式。按其作用范围，也可分为如前所述的局部通风和全面通风。

机械通风与自然通风相比较，由于机械通风有通风机的压力作用，故往往可和一些阻力较大并对空气进行加热、冷却、加湿、干燥、净化等处理过程的设备用风管连接起来，共同组成一个机械通风系统，经过处理并将达到一定质量和数量的空气输送到指定的地点。

## 第三节　高层建筑防排烟

高层建筑的功能复杂，设备繁多，特别是一些可燃和化学合成材料在装修上的应用，更增加了火灾的隐患和对人们生命财产安全的威胁。高层建筑内一旦起火，楼梯间、电梯间、管道井等竖井的烟囱效应助长了火势；另外，高层建筑的高度大，层数多，人员集中，因此进行疏散和扑救更为困难，容易造成大的财产损失和人员伤亡事故。为减少火灾造成的损失，高层建筑内应有完善的防火与排烟设施。

高层建筑的防火与排烟，由暖通专业所承担的部分是针对空调和通风系统而言的，其目的是阻止火势通过空调和通风系统蔓延；而所承担的防排烟任务是针对整个建筑物的。目的是将火灾产生的烟气在着火处就地予以排出，防止烟气扩散到其他防烟分区中，从而保证建筑物内人员的安全疏散和火灾的顺利扑救。

### 一、防火分区与防烟分区

高层建筑中，防火分区与防烟分区的划分是极其重要的。在高层建筑设计时，将建筑平面和空间划分为若干个防火分区与防烟分区，一旦起火，可将火势控制在起火分区并加以扑灭，同时，对防烟分区进行隔断以控制烟气的流动和蔓延。因此我们首先要了解建筑的防火分区与防烟分区。

（一）防火分区

防火分区的划分通常由建筑构造设计阶段完成。防火分区之间用防火墙、防火卷帘和耐火楼板进行隔断。每个防火分区允许最大建筑面积见表 5-2。

**不同耐火等级建筑的允许建筑高度或层数、防火分区最大允许建筑面积　　表 5-2**

<table>
<tr><th>名称</th><th>耐火等级</th><th>允许建筑高度或层数</th><th>防火分区的最大允许建筑面积（m²）</th><th>备注</th></tr>
<tr><td>高层民用建筑</td><td>一、二级</td><td>按《建筑设计防火规范》GB 50016—2014 第 5.1.1 条确定</td><td>1500</td><td rowspan="2">对于体育馆、剧场的观众厅，防火分区的最大允许建筑面积可适当增加</td></tr>
<tr><td rowspan="3">单、多层民用建筑</td><td>一、二级</td><td>按《建筑设计防火规范》GB 50016—2014 第 5.1.1 条确定</td><td>2500</td></tr>
<tr><td>三级</td><td>5 层</td><td>1200</td><td>—</td></tr>
<tr><td>四级</td><td>2 层</td><td>600</td><td>—</td></tr>
<tr><td>地下或半地下建筑（室）</td><td>一级</td><td>—</td><td>500</td><td>设备用房的防火分区最大允许建筑面积不应大于 1000m²</td></tr>
</table>

注：1. 表 5-2 中规定的防火分区最大允许建筑面积，当建筑内设置自动灭火系统时，可按本表的规定增加 1.0 倍；局部设置时，防火分区的增加面积可按该局部面积的 1.0 倍计算。

2. 裙房与高层建筑主体之间设备防火墙时，裙房的防火分区可按单、多层建筑的要求确定。

高层建筑通常在竖向以每层划分防火分区，以楼板作为隔断。如果建筑内设置自动扶梯、敞开楼梯等上、下层相连接的开口时，其防火分区的建筑面积应按上、下层相连通的建筑面积叠加计算；当叠加计算后的建筑面积大于表 5-2 的规定时，应划分防火分区。

（二）防烟分区

防烟分区的划分通常也由建筑专业在建筑构造阶段完成，但由于防烟分区与暖通专业的防排烟设计关系紧密，设计者应根据防排烟设计方案提出意见。防烟分区应在防火分区内划分，其间用隔墙、挡烟垂壁等进行分隔，每个防烟分区建筑面积不宜超过 $500m^2$。

**二、建筑物的防排烟**

高层建筑发生火灾时，建筑物内部人员的疏散方向为：

房间→走廊→防烟楼梯间前室→防烟楼梯间→室外，由此可见，防烟楼梯间是人员唯一的垂直疏散通道，而消防电梯是消防队员进行扑救的主要垂直运输工具。为了疏散和扑救的需要，必须确保在疏散和扑救过程中防烟楼梯间和消防电梯井内无烟，因此，应在防烟楼梯间及其前室、消防电梯间前室和两者合用前室设置防烟设施。为保证建筑内部人员安全进入防烟楼梯间，应在走廊和房间设置排烟设施。排烟设施分为机械排烟设施和可开启外窗的自然排烟设施。另外，高度在 100m 以上的建筑物由于人员疏散比较困难，因此还应设有避难层或避难间，对其应设置防烟设施。

（一）防烟设施

防烟设施应采用可开启外窗的自然排烟设施或机械加压送风设施。如能满足要求，应优先考虑采用自然排烟，其次，再考虑采用机械加压送风。

1. 自然排烟设施

自然排烟是利用烟气的热压或室外风压的作用，通过与防烟楼梯间及其前室、消防电梯间前室和两者合用前室相邻的阳台、凹廊或在外墙上设置便于开启的外窗或排烟窗进行无组织的排烟。

自然排烟无需专门的排烟设施，其构造简单、经济，火灾发生时不受电源中断的影响，而且平时可兼做换气用。但因受室外风向、风速和建筑本身密闭性或热压作用的影响，排烟效果不够稳定。

2. 机械加压送风设施

机械加压送风是通过通风机所产生动力来控制烟气的流动，即通过增加防烟楼梯间及其前室、消防电梯间前室和两者合用前室的压力以防止烟气侵入。机械加压送风的特点与自然排烟相反。没有条件采用自然排烟方式时，在防烟楼梯间、消防电梯间前室或合用前室、采用自然排烟措施的防烟楼梯间、不具备自然排烟条件的前室以及封闭避难层都应设置独立的机械加压送风防烟措施。

防烟楼梯间与前室或合用前室采用自然排烟方式与机械加压送风方式的组合有多种形式。它们之间的组合关系以及防烟设施的设置部位，见表 5-3。

（二）排烟设施

排烟设施应采用可开启外窗的自然排烟设施或机械排烟设施。如果能够满足要求，应优先考虑采用自然排烟，然后再考虑采用机械排烟。

1. 自然排烟设施

如设计在走廊、房间、中庭或地下室采用自然排风，内走廊长度不超过 60m，而且可

垂直疏散通道防烟部位的设置 **表 5-3**

| 组 合 关 系 | 防 烟 部 位 |
|---|---|
| 不具备自然排烟条件的防烟楼梯间 | 楼梯间 |
| 不具备自然排烟条件的防烟楼梯间与采用自然排烟的前室或合用前室 | 楼梯间 |
| 采用自然排烟的防烟楼梯间与不具备自然排烟条件的前室或合用前室 | 前室或合用前室 |
| 不具备自然排烟条件的防烟楼梯间与合用前室 | 楼梯间、合用前室 |
| 不具备自然排烟条件的消防电梯间前室 | 前 室 |

开启外窗面积不小于该走廊面积的 2%；需要排烟的房间可开启外窗面积不小于该房间面积的 2%；中庭的净高不小于 12m，而且可开启天窗或高侧窗的面积不小于该中庭地面面积的 5%。

2. 机械排烟设施

机械排烟是通过降低走廊、房间、中庭或地下室的压力将着火时产生的烟气及时排出建筑物。建筑中下列部位应设置独立的机械排烟设施：

（1）长度超过 60m 的内走廊或无直接自然通风，而且长度超过 20m 的内走廊；

（2）面积超过 $100m^2$，而且经常有人停留或可燃物较多的地上无窗房间或设置固定窗的房间；

（3）不具备自然排烟条件或净高超过 12m 的中庭；

（4）除具备自然排烟条件的房间外，各房间总面积超过 $200m^2$ 或一个房间面积超过 $50m^2$，而且经常有人停留或可燃物较多的地下室。

## 思考题及习题

**一、简答题**

1. 通风系统的主要设备及构件有哪些？简述其分类和作用。
2. 简述通风系统的分类和工作原理。
3. 根据除尘机理不同，除尘器一般可以分为哪几种？
4. 简述局部通风和全面通风的特点。
5. 自然通风和机械通风的区别是什么？
6. 如何划分防火分区和防烟分区？
7. 为什么要设置防排烟系统？
8. 高层建筑应在哪些部位设置防排烟设施？

**二、单选题**

1. 高级饭店厨房的通风方式宜采用（　　）。

A. 自然通风　　B. 机械通风　　C. 不通风　　D. 机械送风

2. 可能突然放散大量有害气体或爆炸危险气体的房间通风方式应为（　　）。

A. 平时排风　　B. 事故排风　　C. 值班排风　　D. 自然排风

3. 设计事故排风时，在外墙或外窗上设置（　　）风机最适宜。

A. 离心式　　B. 混流式　　C. 斜流式　　D. 轴流式

4. 以下哪种除尘器不能干法回收物料（　　）。

A. 重力除尘器　　B. 旋风除尘器　　C. 湿式除尘器　　D. 电除尘器

5. 公共厨房、卫生间通风应保持(　　)。

A. 正压　　B. 负压　　C. 常压　　D. 无压

6. 机械送风系统的室外进风装置应设在室外空气比较洁净的地点，进风口的底部距室外地坪不宜小于(　　) m。

A. 3　　B. 2　　C. 1　　D. 0.5

7. 在通风管道中能防止烟气扩散的设施是(　　)。

A. 防火卷帘　　B. 防火阀　　C. 排烟阀　　D. 空气幕

8. 高层民用建筑的下列哪组部位应设防烟设施(　　)。

A. 防烟楼梯间及其前室和合用前室封闭避难层

B. 无直接自然通风，且长度超过 20m 的内走道

C. 面积超过 $100m^2$ 且经常有人停留或可燃物较多的房间

D. 高层建筑的中庭

9. 机械排烟管道材料必须采用(　　)。

A. 不燃材料　　B. 难燃材料　　C. 可燃材料　　D. 不燃、难燃材料均可

10. 多层和高层建筑的机械排风系统的风管横向设置应按(　　)分区。

A. 防烟分区　　B. 防火分区　　C. 平面功能分区　　D. 沉降缝分区

11. 高层建筑的防烟设施应分为(　　)。

A. 机械加压送风的防烟设施　　B. 可开启外窗的自然排烟设施

C. 包括 A 和 B　　D. 包括 A 和 B 再加上机械排烟

12. 在排烟支管上要求设置的排烟防火阀起什么作用?(　　)。

A. 烟气温度超过 280℃自动关闭

B. 烟气温度达 70℃自动开启

C. 与风机连锁，当烟温达 280℃时关闭风机

D. 与风机连锁，当烟温达 70℃时启动风机

13. 高层民用建筑的排烟口应设在防烟分区的(　　)。

A. 地面上　　B. 墙面上

C. 靠近地面的墙面　　D. 靠近顶棚的墙面上或顶棚上

**三、多选题**

1. 离心式风机的性能参数主要包括(　　)。

A. 风量　　B. 风速　　C. 风压　　D. 功率　　E. 效率

2. 对室内外进、排风装置描述正确有(　　)。

A. 室内送、排风口的布置，是决定通风气流方向的一个重要因素

B. 室外进风口的位置一般应高出地面 2.5m，设置在屋顶上的进风口应高出屋面 1m 以上

C. 室内送、排风口一般应满足阻力大、尺寸小的要求

D. 双层百叶式风口不但可以调节出口气流速度，而且可以调节气流的角度

E. 排风装置经常做成风塔形式安装在屋顶上，要求排风口高出屋面 2m 以上

3. 对风管的描述正确的有(　　)。

A. 风道的布置应考虑运行调节和阻力平衡

B. 空调风管断面都采用矩形

C. 风管材料可以是镀锌钢板

D. 风道一般布置在吊顶内、建筑的剩余空间、设备层

E. 风管材料可以是复合材料

4. 对通风系统描述正确的有(　　)。

A. 在公共建筑以及民用建筑中广泛采用局部通风
B. 全面通风所需风量比较大，相应的通风设备尺寸也较大
C. 自然通风不消耗机械动力，是一种经济的通风方式
D. 机械通风需要借助风压和热压作用进行通风换气
E. 机械通风按其作用范围大小，可分为局部通风和全面通风
5. 建筑中下列哪些部位应设置独立的机械排烟设施？（　　）。
A. 不具备自然排烟条件或净高超过 12m 的中庭
B. 长度超过 60m 的内走廊
C. 封闭式避难层
D. 无直接自然通风，且长度超过 20m 的内走道
E. 面积超过 200m²，且经常有人停留或可燃物较多的地上无窗房间

# 第六章　建 筑 空 调 工 程

【学习要点】　掌握建筑空调工程常用的设备和附件的特性和作用；熟悉建筑空调系统的任务和作用，系统组成、分类、制冷系统原理和风道的布置与安装等基本知识和基本概念；了解空调系统防腐与保温的通病、施工验收规范以及空调系统施工图的组成、主要内容、识读方法和建筑通风、空调工程施工安装要点。

## 第一节　空调工程常用设备、附件

空气调节的含义就是对某一房间或空间内的温度、湿度、洁净度和空气流速等参数进行调节和控制，并提供足够量的新鲜空气，来满足生产工艺或人体舒适的要求。因此需要通过各种设备和附件来完成不同的空气处理过程。

**一、空气处理设备**

（一）空气过滤器

由于空调房间对空气的洁净度有一定的要求，因此新风或室内回风均需经空气过滤器加以净化。

根据过滤器效率可以将其分为初效、中效和高效过滤器三种。一般的空调系统，通常只设置一级初效过滤器；有较高要求时，设置初效和中效两级过滤器；有超净要求时，在两级过滤后，再用高效过滤器进行第三级过滤。下面介绍几种常用过滤器。

1. 浸油金属网格过滤器（图 6-1）

由不同孔径网眼的多层波浪形金属网格叠配而成，在使用前浸上黏性油，气流通过时，灰尘被油膜表面粘住而被阻留，从而达到除尘过滤的目的。图 6-2 示意了此种过滤器的安装方式。

图 6-1　金属网格浸油空气过滤器图

2. 高效过滤器

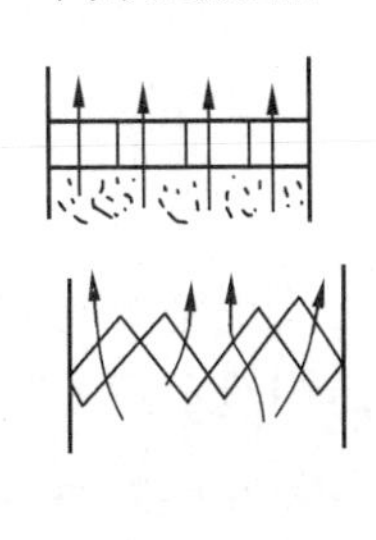

平面图

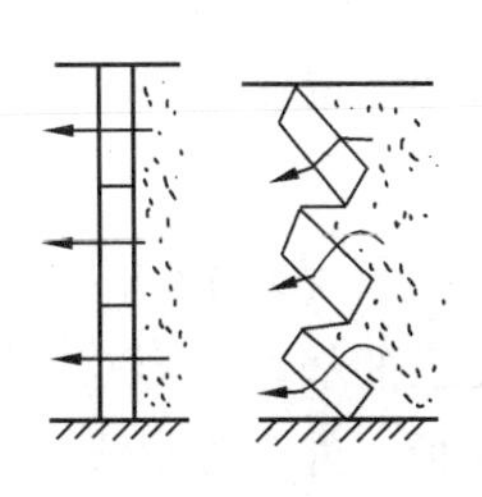

剖面图

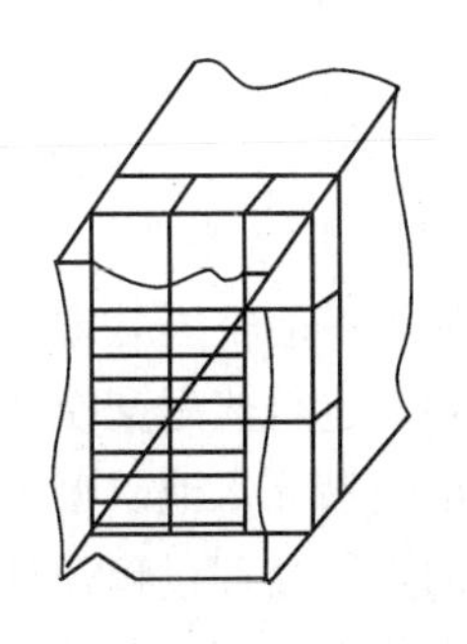

图 6-2　浸油金属网格空气过滤器的安装方式

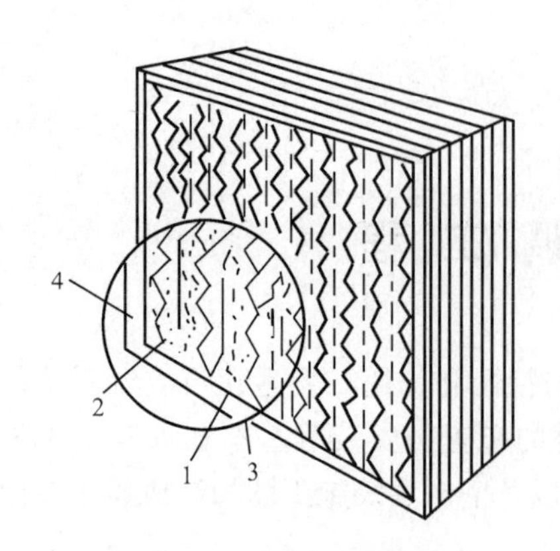


图 6-3　高效过滤器外形
1—滤纸；2—隔片；3—密封胶；
4—木制外框

高效过滤器用于有超净要求的空调系统的终级过滤，应在初级、中级过滤器的保护下使用。它的滤料用超细玻璃纤维和超细石棉纤维制成。高效过滤器的外形以及构造如图 6-3 及图 6-4 所示。

（二）表面式换热器

表面式换热器是空调工程中最常用的空气处理设备，其外形如图 6-5 所示。该设备构造简单、占地少、水质要求低。常用的表面式换热器有空气加热器和表面式冷却器两类。空气加热器是用热水或蒸汽作为热媒，而表面式冷却器则是以冷水或制冷剂作为冷媒。

表面式换热器多用肋片管，肋片管如图 6-6 所示。管内流通冷、热水、蒸汽或制冷剂，空气掠过管外与管内介质换热。例如前面所述风机盘管机组中的盘管就是一种表面式换热器。

（三）电加热器

电加热器在空调工程中常用的有裸露电阻丝（裸露式）和电热元件（管式电加热器）两类。实际工程中，电加热器经常作成抽屉式，如图 6-7 所示。电加热器表面温度均匀，供热量稳定、效率高、体积小、反应灵敏、控制方便。除在局部系统中使用外，还普遍应用在室温允许波动范围较小的空调房间中，主要将送风由蒸汽或热水加热器加热到一定温度后再进行“精加热”。

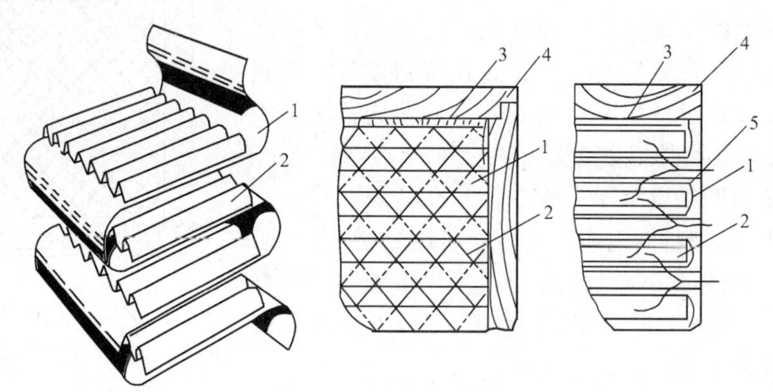


图 6-4　高效过滤器构造原理图
1—滤纸；2—隔片；3—密封胶；4—木制外框；5—滤纸护条

（四）喷水室

喷水室的空气处理方法是向流过的空气直接喷淋大量的水滴，被处理的空气与这些水滴接触，进行热湿交换从而达到所要求的状态。图 6-8 所示为喷水室的构造示意。喷水室主要由喷嘴、水池、喷水管道、挡水板、外壳等组成。喷水室的主要特点是能够实现多种不同的空气处理过程，具有一定的空气净化能力，耗费金属最少，比较容易加工，但它的占地面积大，对水质要求高，水系统较为复杂并且水泵电耗大等。

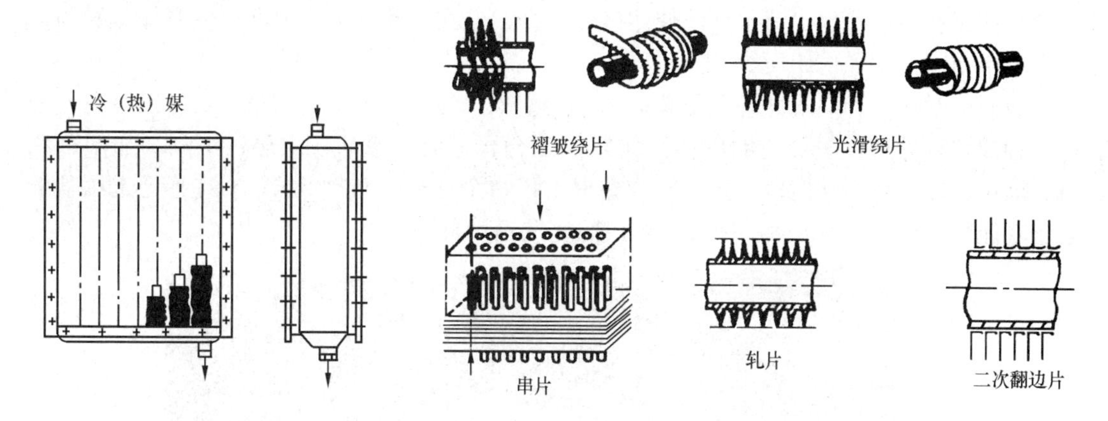


图 6-5　表面式换热器外形　　　图 6-6　各种形式的肋片换热器

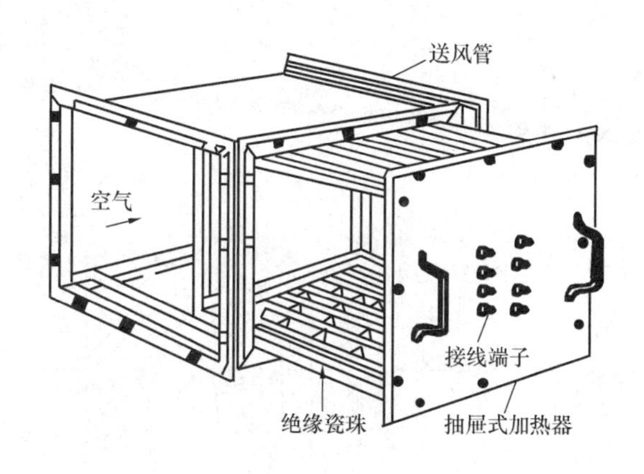


图 6-7　抽屉式电加热器外形

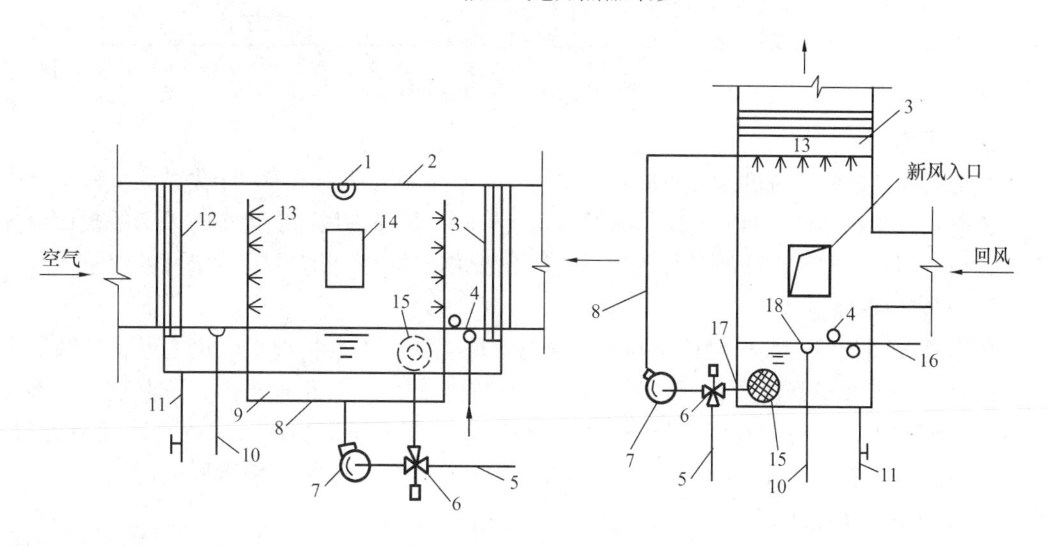


图 6-8　喷水室构造示意图

1—防水灯；2—外壳；3—后挡水板；4—浮球阀；5—冷水管；6—三通混合阀；7—水泵；8—供水管；9—底池；10—溢水管；11—泄水管；12—前挡水板；13—喷嘴与排管；14—检查门；15—滤水器；16—补水管；17—循环水管；18—溢水器

目前，在一般建筑中喷水室的使用已经很少，但在一些以调节湿度为主要任务的场合还在大量使用。例如纺织厂等。

我们经常把各种空气处理段组装成为一个整体，称为组合式空调箱。它可以对空气进行一种或几种处理，主要功能包括：新回风混合、过滤、冷却、加热、中间、加湿、风机、消声、热回收等功能段。选用时应根据工程的需要和业主的要求，有选择地选用其中若干功能段。图 6-9 为若干功能段组合成的空调箱示意图。

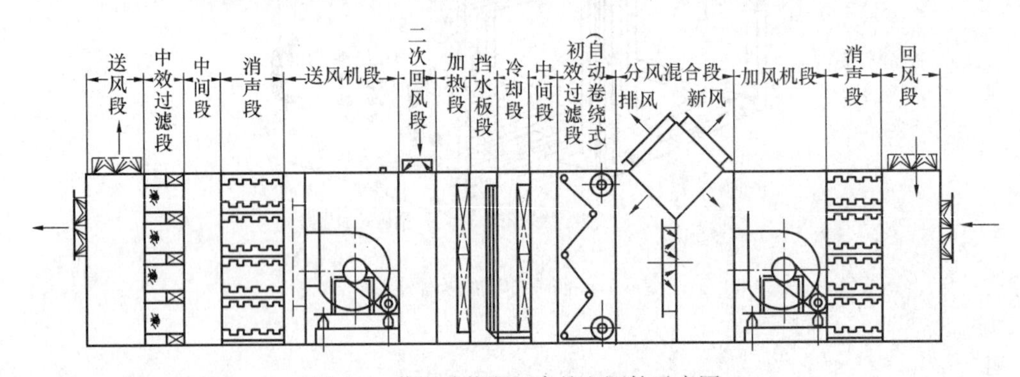


图 6-9　若干功能段组合的空调箱示意图

## 二、风道

风道是空气输配系统的主要组成部分之一。对于集中式空调系统和半集中式空调系统来说，风道的尺寸对建筑空间的使用与布置有重大影响。风道内风速的大小与风道的敷设情况不仅影响空调系统空气输配的动力消耗，而且对建筑物的噪声影响有着决定性的作用。

（一）风道形状选择

风道选择应从风道的形状以及材料两个方面来考虑。一般情况下风道的形状有圆形和矩形两种，圆形风道强度大，耗材量小；但占有效空间大，管路中弯头、三通较大，不易布置，影响美观，宜设置在阁楼等空间内隐蔽布置。矩形风道的风管阻力小、耗材量省，占有效空间较小、易于布置，明装较为美观。因此，空调风管多采用矩形风道。

（二）风道材料选择

风道材料选择时应考虑经济、适用、管内壁光滑、便于安装、就地取材等因素。制作风道的材料很多，一般空调系统的风管采用涂漆的薄钢板或镀锌薄钢板制作。在制作过程中，为便于机械化加工风管，风管尺寸应按《全国通用通风管道计算表》中的统一规格选用。另外，民用和公共建筑中，为节省钢材和便于建筑装饰，也常利用建筑空间或地沟敷设钢筋混凝土风道、砖砌风道等。但其表面应抹光，要求较高时还要涂漆。

目前复合材料制成的风管也大量使用，如聚氨酯复合保温风管、酚醛泡沫超级复合风管、复合铝箔玻璃纤维风管、玻镁平板等。这些风管根据其组成材料的特性，具有消声、保温、防火、防潮、漏风量小、经济适用等优点。

（三）风道断面的选择

风道断面的选择应根据下式确定：

$$F=\frac{L}{3600v} \tag{6-1}$$

式中 $F$——风道断面积，$m^2$；

$L$——风量，$m^3/s$；

$v$——风速，m/s。

由式（6-1）可知，空调系统风量确定后，风速决定风管断面积。因此，确定风道断面时，必须先确定风道内的流速。如果选择流速较大，可以减小风道断面，节省所占建筑空间，但是会增加风机电耗，同时也会提高风机噪声、风道气流噪声以及送风口噪声。故在实际工程中应通过技术经济比较后确定风道流速。

表 6-1 为低速风管内的风速，表 6-2 为钢板风道在低风速下的壁厚选择。

**低速风管内的风速** **表 6-1**

| 频率为 1000Hz 时的室内允许声压级（dB） | 风　速　（m/s） | | |
|---|---|---|---|
| | 总管和总支管 | 无送、回风口的支管 | 有送、回风口的支管 |
| 40～60 | 6～8 | 5～7 | 3～5 |
| 60 以上 | 7～12 | 6～8 | 3～6 |

**低速钢板风管的壁厚**（mm） **表 6-2**

| 圆形风管直径或矩形风管的大边边长（mm） | ≤200 | >200<br>≤500 | >500<br>≤1120 | 1250～2000 |
|---|---|---|---|---|
| 不保温风管 | 0.5 | 0.75 | 1.0 | 1.2 |
| 保温风管 | 0.7 | 1.0 | 1.2 | 1.5 |

## 三、空调房间的送、回风口

在空调房间中，经过空调系统处理的空气经送风口进入空调房间，与室内空气进行热交换后由回风口排出。空气的进入与排出，必然会引起室内空气的流动，形成某种形式的气流流型和速度场。

气流组织设计任务是合理地组织室内空气流动，使室内工作区的温度、相对湿度、速度和洁净度满足工艺要求和舒适要求。影响气流组织的主要因素有送回风口的形式、数量和位置、送风参数、风口尺寸、空间几何尺寸等，其中以送风口的空气射流及送风参数对气流组织影响最大。

根据空调精度、气流形式、送风口安装位置以及建筑装修的艺术配合等方面的要求，可以选用不同形式的送风口。送风口种类繁多，按送出气流形式可分为辐射形送风口（如盘式散流器、片式散流器等）、轴向送风口（如格栅送风口、百叶送风口、喷口、条缝送风口等）、线形送风口（如长宽比很大的条缝形送风口）、面形送风口（如孔板送风口）四种类型。下面介绍几种常见的送风口和回风口。

1. 侧送风口

从空调房间上部将空气横向送出。常见的类型有百叶风口（图 6-10）等。风口可设立在房间侧墙上部，与墙面齐平；也可在风管一侧或两侧壁面上开设若干个孔口，或者将该风口直接安装在风管一侧或两侧的壁面上。侧送风是最常用的气流组织方式，它结构简单，布置方便，投资省。

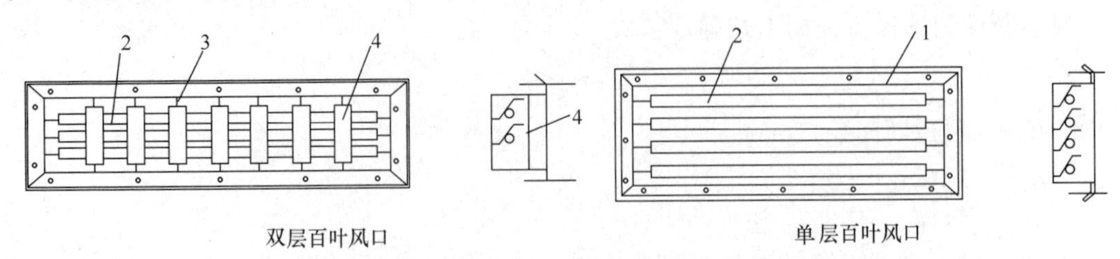


图 6-10　百叶式送风口

1—外框；2—水平百叶片；3—百叶片轴；4—垂直百叶片

2. 散流器

安装在顶棚上的送风口，有平送和下送两种方式，送风射程和回流流程都比侧送短，通常沿着顶棚和墙形成贴附射流。平送散流器送出的气流贴附着顶棚向四周扩散，适用于房间层高低，恒温精度较高的场合（图 6-11）；下送散流器送出的气流向下扩散（图 6-11），适用于房间层高较高、净化要求较高的场合。散流器的形式有盘式散流器、圆形直片散流器、方形片式散流器、直片形送吸式散流器和流线型散流器等。

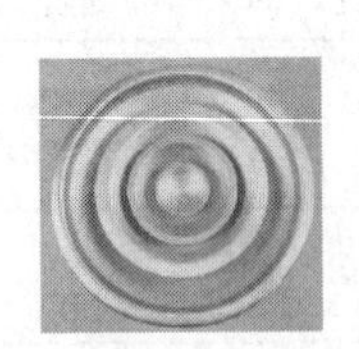
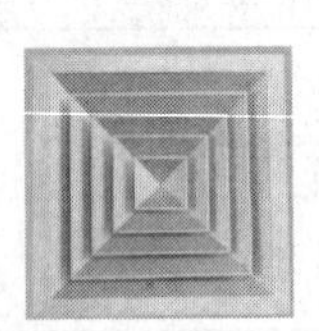
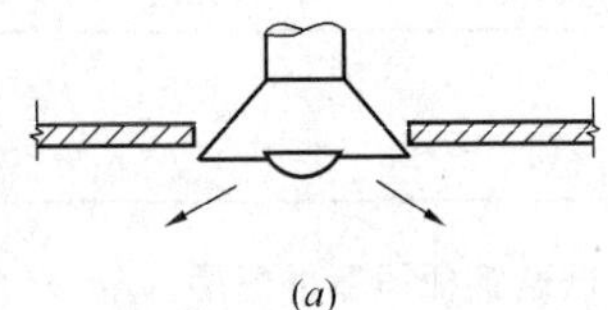

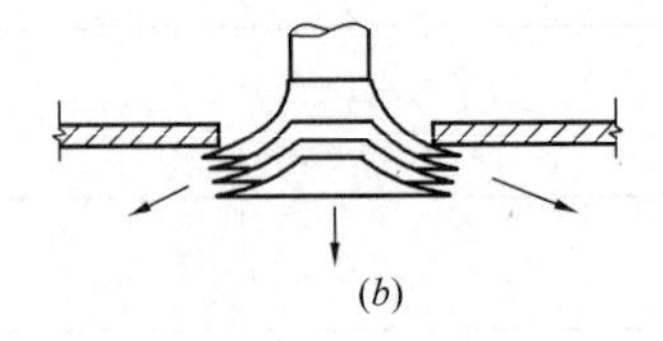


图 6-11　散流器送风

3. 孔板送风口

空气由风管进入稳压层后，再靠稳压层的静压作用，流经风口面板上若干圆形小孔进入室内，孔板上孔较小还能起到稳压作用。孔板送风口一般装在顶棚上，向下送风，如图 6-12 所示。孔板送风口与单、双百叶送风口，方形散流器相比，具有送风均匀，速度衰减较快的特点，消除了使人不适的直吹风感觉。适用于要求工作区域气流均匀、速度小、区域温差小和洁净度要求高的场合，如高精度的恒温室。

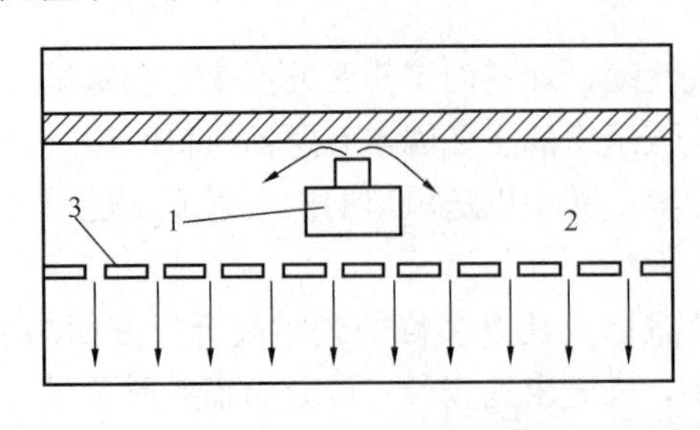

图 6-12　孔板送风

1—风管；2—静压箱；3—孔板

4. 喷射式送风口

喷射式送风口是大型的生产车间、体育馆、电影院等建筑常采用喷射式送风口，由高速喷口送出的射流带动室内空气进行强烈混合，使室内形成大回旋气流，工作区一般处在回流区内，如图 6-13 所示。这种送风方式射程远、系统简单、节省投资，广泛用于高大空间和舒适性空调建筑中。

5. 旋流送风口

旋流风口具有诱导比大、风速和温度衰减快、风口阻力低、流型可变等特点，尤其适用于送风温差从－10～15K 范围内变化的场合，是多功能的新型风口。如图 6-14 所示是一种可用于高大空间下送风的旋流送风口。

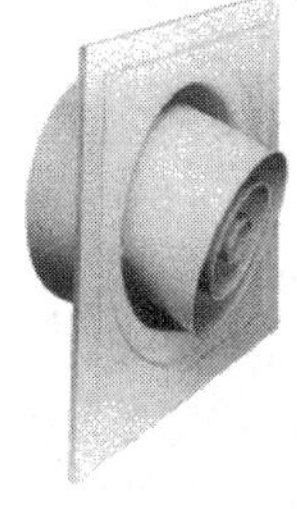

图 6-13　喷射式送口

图 6-14　旋流送风口

6. 回风口

回风口由于汇流速度衰减很快，作用范围小，回风口吸风速度的大小对室内气流组织的影响很小，因此回风口的类型不多。空调常用的回风口有格栅、单层百叶、金属网格等形式（如图 6-15 所示）。

**四、蒸汽压缩式制冷设备**

（一）压缩机

压缩机是用来压缩和输送制冷剂蒸汽，以达到制冷循环的动力装置，称为主机。制冷压缩机根据工作原理不同可以分为容积式和离心式。

容积式制冷压缩机靠改变工作腔容积将周期性吸入的定量气体压缩。常用的容积式制冷压缩机有往复活塞式制冷压缩机和回转式制冷压缩机。图 6-16 所示。

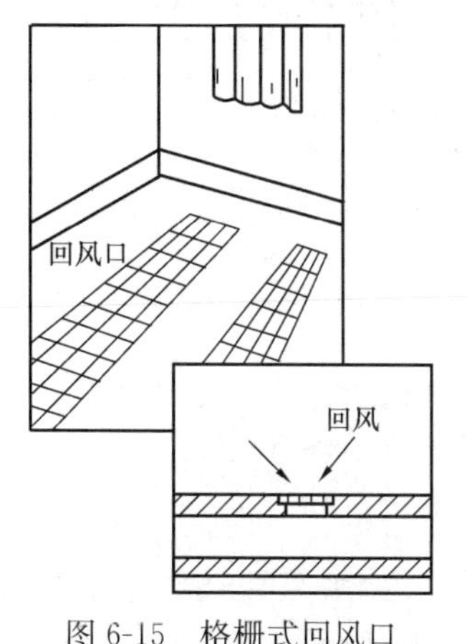


图 6-15　格栅式回风口

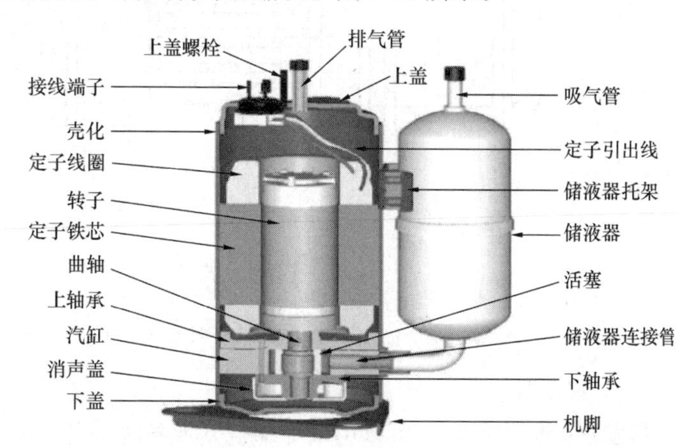


图 6-16　容积式回转活塞压缩机剖面图

离心式制冷压缩机是靠离心力的作用，连续地将所吸入的气体压缩。这种制冷压缩机转数高，制冷能力大，如图 6-17 所示。

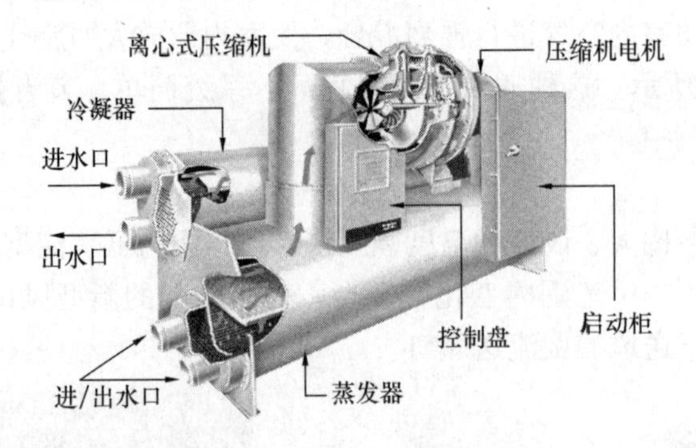


图 6-17　离心式制冷压缩机组剖面图

（二）冷凝器

冷凝器的任务是将压缩机排出的高温高压气态制冷剂予以冷却使之液化。根据冷却剂种类不同，冷凝器可归纳为四类，即：水冷、空冷、水-空气冷却（蒸发式和淋水式）以及靠制冷剂蒸发或其他工艺介质进行冷却的冷凝器。空气调节用制冷装置中主要使用前三类冷凝器。

水冷式冷凝器一般可以得到比较低的冷凝温度，在制冷装置中多采用这种冷凝器。常用的水冷式冷凝器有立式壳管冷凝器、卧式壳管冷凝器及套管式冷凝器等。图 6-18 所示为卧式壳管冷凝器示意图。

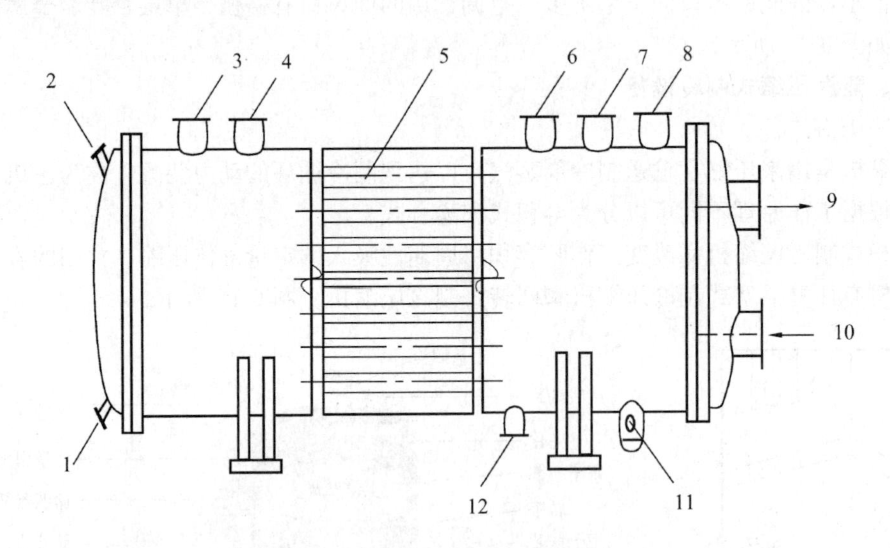


图 6-18　卧式壳管冷凝器

1—泄水管；2—放空气管；3—进气管；4—均压管；5—无缝钢管；6—安全阀接头；7—压力表接头；8—放气管；9—冷却水出口；10—冷却水入口；11—放油管；12—出液管

（三）蒸发器

蒸发器的形式很多，可以用来冷却空气或各种液体（如水、盐水等）。根据供液方式不同可分为满液式、非满液式、循环式、淋激式四种，如图 6-19 所示。按被冷却介质种类又可分为冷却空气和冷却液体两大类。冷却空气的蒸发器适用于氟利昂系统，直接装于空气处理室中冷却空气。

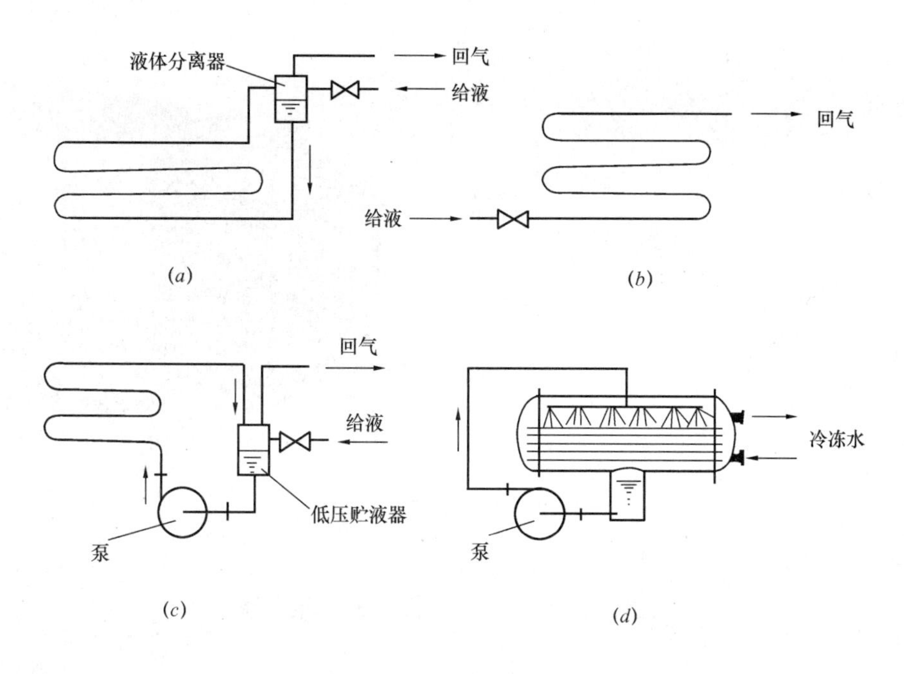


图 6-19 蒸发器的形式

(a) 满液式；(b) 非满液式；(c) 循环式；(d) 淋激式

### 五、空调机房水系统的主要设备

（一）水泵

用于空调冷冻水和冷却水系统的水泵，功率较小时可以采用立式泵，功率较大时应采用卧式泵。空调冷冻水一次泵的台数应按冷水机组的台数一对一设置，一般不设备用泵。一次泵的水流量应为对应的冷水机组的额定流量。

冷却水泵的台数应按冷水机组的台数一对一设置，一般不设备用泵。

水泵的出口一般设置止回阀、截止阀，入口设置 Y 形过滤器、闸阀。当管径较大时截止阀和闸阀一般改用碟阀。水泵进出口应设置压力表，以便观察水泵的运行状况。

（二）冷却塔

冷却塔可分为开式和闭式。通常采用的开式冷却塔是一种蒸发式冷却装置，其工作原理为：冷凝器的冷却回水通过喷嘴喷淋在塔内填充层的填料表面，与空气接触后因温差产生传热，同时少量水蒸发，吸收汽化潜热，从而将冷却水冷却。冷却后从填充层流至下部水池内，再送回冷凝器循环使用。冷却后水温一般可降至比空气的湿球温度高 3～5℃。

冷却塔有多种类型。按通风方式可分为自然通风冷却塔、机械通风冷却塔和混合通风冷却塔。其中机械通风冷却塔应用最广泛。

冷却塔的外形有圆形和方形两种，由于方形冷却塔一般做成模块化结构，可以紧密连接在一起构成更大容量的冷却塔，因此大型冷却塔均为方形，一般冷却塔布置在屋顶上。图 6-20 所示为方形横流式冷却塔结构图和实物图。

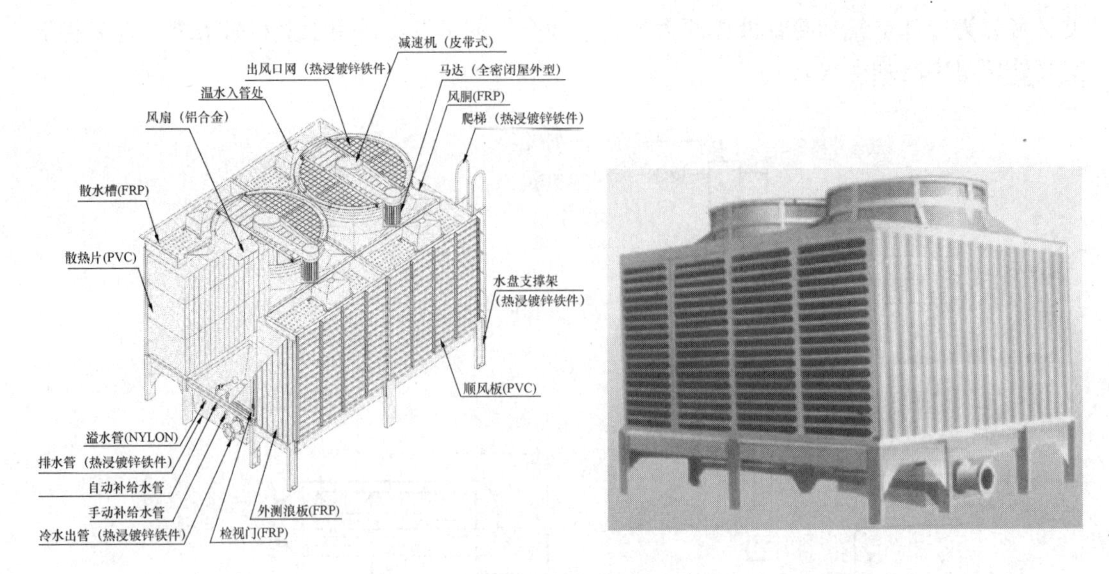


图 6-20　方形横流式冷却塔

## 第二节　空 气 调 节 系 统

空调就是采用技术手段把某种特定内部的空气环境控制在一定状态之下，使其能够满足人体舒适或生产工艺的要求。通风与空调的区别在于空调系统往往将室内空气循环使用，把新风与回风混合后进行热湿处理，然后再送入被调房间；通风系统不循环使用回风，而是对送入室内的室外新鲜空气不作处理或仅作简单处理，并根据需要对排风进行除尘、净化处理后排出或是直接排出室外。

### 一、空气调节的任务与作用

空气调节（简称空调）是用人工的方法把某种特定空间内部的空气环境控制在一定状态下，使其满足生产、生活需求，改善劳动卫生条件。而对空气控制的内容主要包括温度、湿度、空气流速、压力、洁净度以及噪声等参数。

对上述参数产生干扰的来源主要有两个：一是室外气温变化，太阳辐射通过建筑围护结构对室温的影响和外部空气带入室内的有害物；二是内部空间的人员、设备与工艺过程产生的热、湿与有害物。

为此，我们需要采用一定的技术手段和方法消除室内的余热、余湿，从而清除空气中的有害物，保持内部空间具有足够的新鲜空气。

一般我们将为生产或科学实验过程服务的空调系统称为“工艺性空调”；将为保证人体舒适的空调系统称为“舒适性空调”。工艺性空调往往同时需要满足工作人员的舒适性要求，所以二者又是相互关联的、统一的。

舒适性空调主要应用于公共和民用建筑中，对空气的要求除了保证一定的温、湿度以外，还要求保证足够的新鲜空气、适当的空气成分，以及一定的空气洁净度和流速。

工艺性空调对于现代化生产来说，是必不可少的。工艺性空调一般来说对新鲜空气量没有特殊要求，而主要是对温度、湿度、洁净度的要求比舒适性空调要高。

## 二、空调参数的控制指标

不同使用目的的空调房间其参数控制指标是不同的。一般来说，工艺性空调的参数控制指标是以空调参数基数加波动范围的形式给出的。如：精密机械加工业与机密仪器制造业要求空气温度的变化范围不超过±0.1～0.5℃，相对湿度变化范围不超过±5%。另外，电子工业中，不仅要保证一定的温、湿度，还要保证空气的洁净度；药品工业、食品工业以及医院的病房、手术室则不仅要求一定的空气温、湿度，还需要控制空气洁净度与含菌数。

附录 6-1 给出了部分民用建筑所需要的空调温、湿度参数指标。

## 三、空调系统的分类

空调系统类型很多，分类方法也有多种。我们主要介绍以下两种。

（一）按处理空调负荷的介质（无论何种空调系统，都需要一种或几种流体作为介质带走作为空调负荷下室内余热、余湿或有害物，从而达到控制室内环境的目的）分

1. 全空气系统

是指完全由处理过的空气作为承载空调负荷的介质的系统。这种系统要求风道断面较大或是风速较高，会占据较多的建筑空间。

2. 全水系统

是指完全由处理过的水作为承载空调负荷的介质的系统。这种系统管道所占建筑空间较小，但是无法解决房间的通风换气，所以通常不单独使用这种方法。

3. 空气-水系统

是指由处理过的空气承担部分空调负荷，再由水承担其余部分负荷的系统。例如风机盘管加新风系统。这种系统既可以减少对建筑空间的占用，同时又可保证房间内的新风换气要求。

4. 直接蒸发机组系统

是指由制冷剂直接作为承载空调负荷的介质的系统。例如分散安装的空调器内部带有制冷机，制冷剂通过直接蒸发器与室内空气进行热湿交换，达到冷却去湿的目的，属于制冷剂系统。由于制冷剂不宜长距离输送，因此不宜作为集中式空调系统使用。

（二）按空气处理设备的集中程度分

1. 集中式空调系统

是指空气处理设备（过滤器、冷却器、加热器、加湿器等）集中设置在空调机房内，空气经过集中处理后，经风道送入各个房间的系统。

2. 半集中式空调系统

是指除了有集中处理的空气处理设备外，在各个空调房间内还分别有处理空气的末端装置，例如风机盘管加新风系统，多联机加新风系统，诱导器系统等。

3. 分散式空调系统（也称局部系统）

是指不设集中空调机房，而是把冷热源、空气处理设备与风机整体组装后的空调器直接设置在被调房间内或被调房间附近，控制局部、一个或几个房间空气参数的系统。

## 四、空调系统的组成

根据上述各种空调系统的分类，可以看到不同的空调系统组成是不同的。一般来说，一个完整的空调系统应由冷、热源、空气处理设备、空气输配系统以及被调房间等四个基本部分组成，如图 6-21 所示。

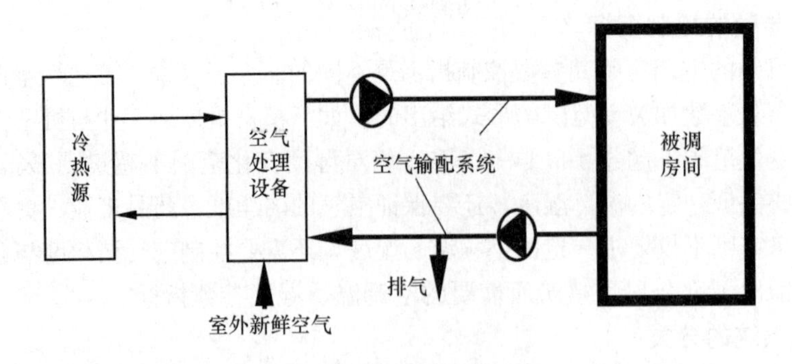


图 6-21 空调系统的组成

以下针对各空调系统分别加以介绍。

(一) 集中式空调系统

集中式空调系统属于典型的全空气系统，它的组成及原理示意如图 6-22 所示。集中式空调系统的工作过程如下：

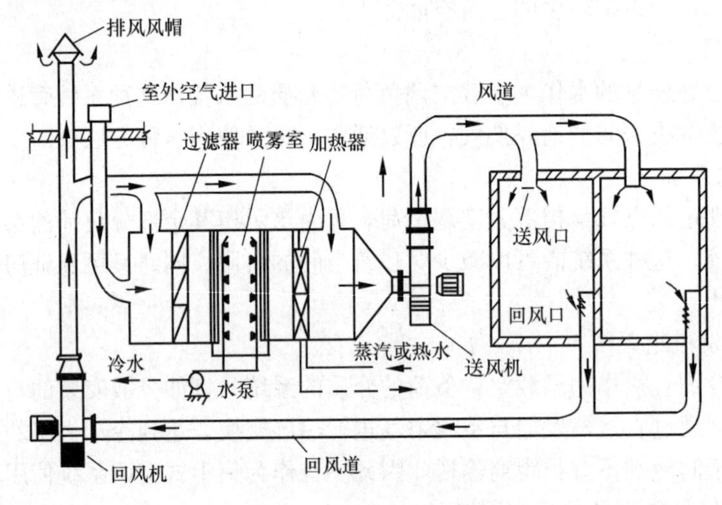


图 6-22 集中式空调系统

室外空气通过进风口进入空调机房，经过过滤、加湿（或除湿）、加热（或冷却）等处理，由送风机经送风风道送至各空调房间，送入的空气由设在空调房间上部的送风口送入室内；回风口设在房间的下部，空气由回风口进入回风风道，通过回风机，一部分排出室外，另一部分回到空调机房。

利用一部分室内回风，可减少室外进风，目的是减少处理新风的能量消耗。根据利用回风的程度不同，集中式空调系统又可分为三种类型：

1. 直流式空调系统

如图 6-23（*a*）所示。这种系统的送风全部来自室外，不利用室内回风。室外空气经过处理达到所需的温、湿度和洁净度后，再由风机送入空调房间。送风在室内吸收房间余热、余湿后全部经排风口排至室外。直流式空调系统的优点在于送风洁净。其缺点是，因系统送风全部利用室外空气，冷、热消耗量大，所以设备投资和系统运行费用高。这种系统一般用于不允许使用室内回风的场合；例如放射性实验室以及散发大量有害物的车间等。

2. 回风式系统

如图 6-23（$b$）、图 6-23（$c$）所示是集中式空调系统的另一种形式，即带有回风的回风式系统。这种系统的特点是送风中除了一部分室外空气外，还利用了一部分室内回风。由于利用了一部分回风，使得设备投资和系统运行费用大为减少，也因此得到广泛的应用。

根据新风、回风混合过程的不同，工程中常见的回风式空调系统有两种形式：将回风全部引至空气处理设备之前，与室外空气混合，称为一次回风系统，如图 6-24（$b$）所示；另一种是将回风分为两部分，一部分回风与新风在空气处理设备之前混合并经处理后再与另一部分回风混合，称为二次回风系统，如图 6-24（$c$）所示。二次回风系统进一步减少了回风处理量，比一次回风系统更加经济，但系统构造及运行管理却比较复杂。

3. 封闭式空调系统

如图 6-23（$d$）所示。系统送风全部来自空调房间，全部使用室内再循环的空气，不补给新鲜空气，空调房间与空气处理设备之间形成一个封闭的系统。这种系统不用补给新风，所以，系统运行费用最低、节约能源，但卫生条件差。

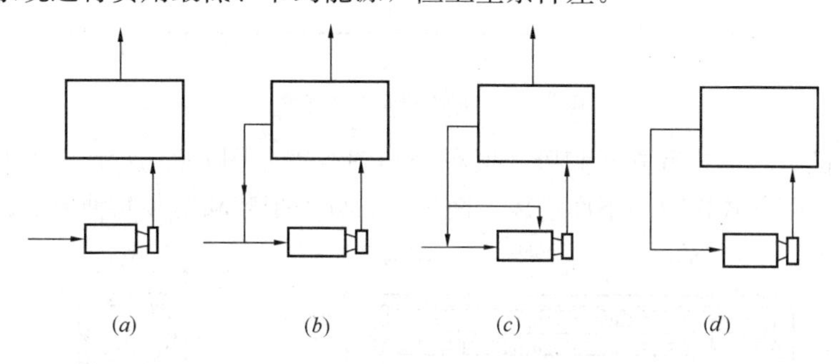


图 6-23　各类集中式空调系统

（$a$）直流式；（$b$）一次回风式；（$c$）二次回风式；（$d$）封闭式

（二）局部式空调系统

局部式空调系统又称为空调机组，图 6-24 为局部空调系统示意图。局部空调系统优点主要是安装方便、灵活性大，并且各房间之间没有风道相通，有利于防火。但是机械故障率高，日常维护工作量大，噪声大。

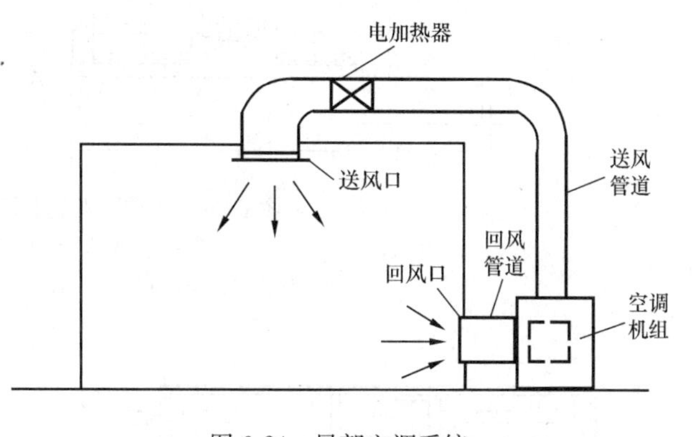


图 6-24　局部空调系统

（三）半集中式空调系统

这种系统除有集中空调机房里的空气处理设备外，还有分散在空调房间的空气处理设备，它们可以对室内空气进行就地处理或对来自集中处理设备的空气再进行补充处理，又称为混合式系统。该系统有诱导式空调系统和风机盘管式系统两种形式。它兼有集中式与局部式空调系统的优点，既减轻了集中处理和风道的负荷，又可以满足用户对不同空气环境的要求。目前，风机盘管系统得到了广泛的应用。

所谓风机盘管就是由风机、电机、盘管、空气过滤器、室温调节装置和箱体组成的机组，它可以布置于窗下、挂在顶棚下或是暗装于顶棚内，如图 6-25 所示。保持风机转动，就能使室内空气循环，并通过盘管冷却或加热，以满足房间的空调要求。由于冷热媒是集中供应的，所以是一种半集中式系统。

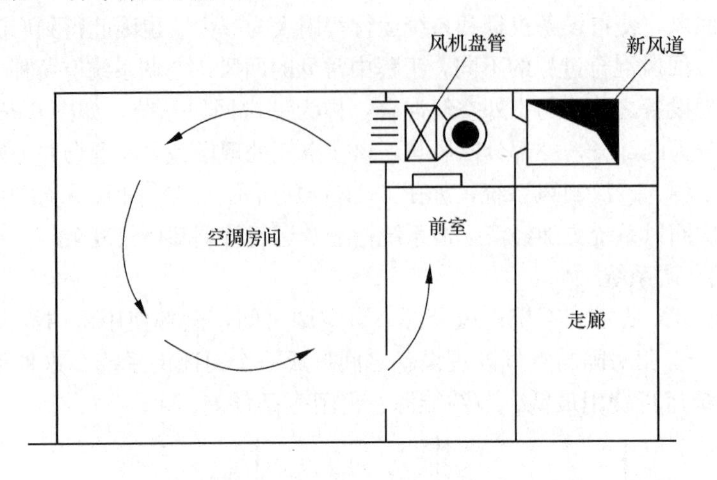


图 6-25　风机盘管空调系统

风机盘管机组的形式有立式和卧式两种。如图 6-26、图 6-27 所示。卧式机组为前面出风后面进风，而立式机组为下面进风上面出风。分为暗装和明装两种形式。

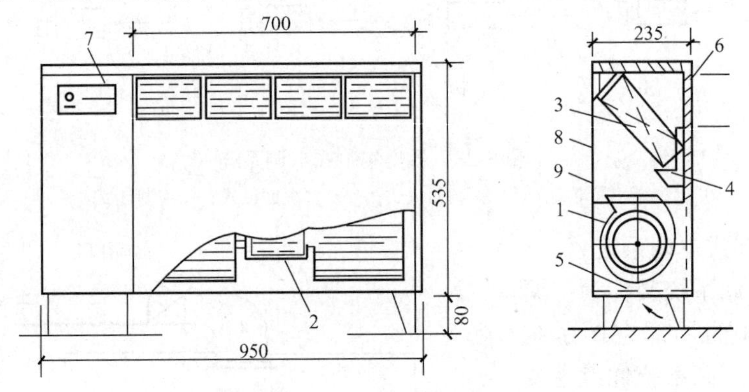


图 6-26　立式风机盘管机组

1—风机；2—电机；3—盘管；4—凝水管；5—循环风进口及过滤器；6—出风格栅；7—控制器；8—吸声材料；9—箱体

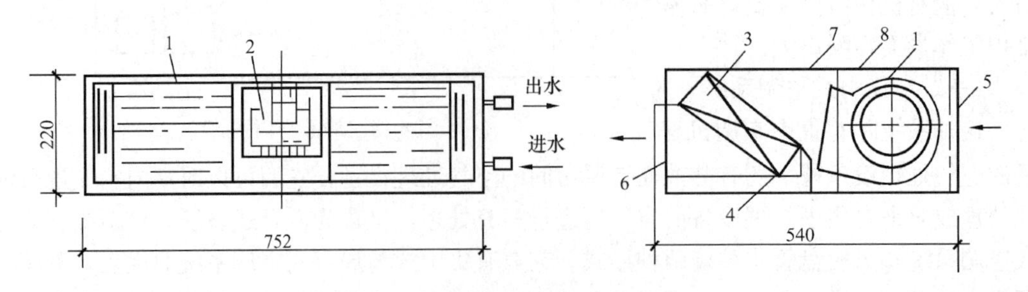


图 6-27　卧式风机盘管机组

1—风机；2—电机；3—盘管；4—凝水管；5—循环风进口及过滤器；6—出风格栅；7—吸声材料；8—箱体

风机盘管机组式空调系统具有布置灵活、占用建筑空间小、单独调节性能好、各房间空气互不串通，避免相互污染等优点，适应高层建筑。另外，对于需要增设空调的一些小面积、多房间的旧建筑改造，采用这一种方式也是比较可行的。

## 五、空调的各种处理过程

空气调节工程中，需要将空气处理到某个送风状态点，然后向室内送风。对空气的主要处理过程包括热湿处理和净化处理两大类，其中热湿处理是最基本的处理方式。

空气热湿处理过程可以简单地分为四种：加热、冷却、加湿、除湿。实际的空气处理过程都是上述各个单一过程的组合，或者说往往为了得到同一个送风状态点，可以有不同的空气热湿处理途径。

表 6-3 是各种可能采用的空气处理方案。

为了达到一种送风状态，可以采用不同的空气热湿处理方案。实际工程中应经过技术经济比较分析后综合确定。

**空气处理方案** **表 6-3**

| 季节 | 处理方案 |
|---|---|
| 夏季 | 1. 喷水室喷冷水（或用表冷器）冷却减湿→加热器再热 |
| | 2. 固体吸湿剂减湿→表冷器冷却 |
| | 3. 液体吸湿剂减湿冷却 |
| 冬季 | 1. 加热器预热→喷蒸汽加湿→加热器再热 |
| | 2. 加热器预热→喷水室绝热加湿→加热器再热 |
| | 3. 加热器预热→喷蒸汽加湿 |
| | 4. 喷水室喷热水加热加湿→加热器再热 |
| | 5. 加热器预热→部分喷水室绝热加湿→与另一部分未加湿空气混合 |

## 六、空气调节制冷原理

对于降温去湿的空调系统，必须配备冷源。冷源有天然冷源和人工冷源两大类。

如适合空调的天然冷源有地下水和地道风等，均具有廉价并且无需复杂技术设备的特点。但是往往受地理条件等限制。

人工冷源（人工制冷）以消耗一定的能量（如机械能或热能）为代价，实现使低温物体的热量向高温物体转移。

人工制冷的设备称为制冷机或冷冻机。在空调系统中应用最为广泛的是蒸气压缩式制冷机。

### （一）蒸气压缩式制冷的基本原理

液体物质蒸发时吸收周围物体的热量，而周围物体因失去热量导致本身温度下降，达到制冷的目的。蒸气压缩式制冷技术的基本原理就是利用某些低沸点的液体在气化时吸收热量，同时自身维持不变的性质来实现的。而这种液体物质是用以实现制冷工艺过程的工作物质，我们称之为制冷剂或制冷工质。

目前，常用的制冷剂有氨和卤代烃（商品名氟利昂），它们各自具有不同的特点。在中小型空调制冷系统中，一般多采用氟利昂作为制冷剂。如 R12（$CF_2Cl_2$）和 R22（$CHF_2Cl$）最为常用。但 R12 和 R22 如扩散到大气层中受强烈辐射会分解出氯，将会使臭氧层衰减。因此，现在已有 R-134a 的环保型离心式、螺杆式制冷压缩机问世。

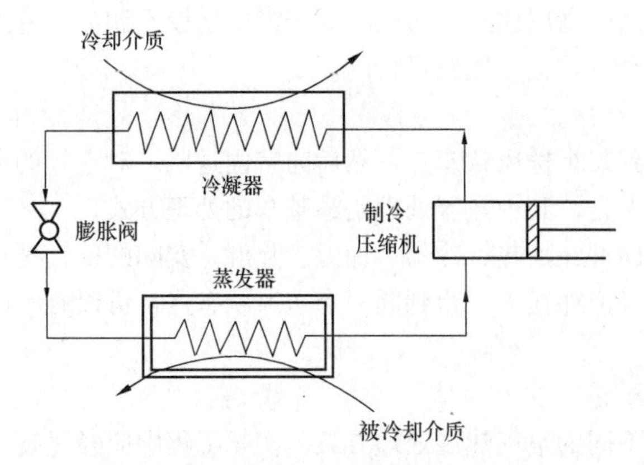


图 6-28 蒸气压缩式制冷循环原理图

R-134a 是一种新型制冷剂，其主要热力性质与 R12 相似，是比较理想的 R12 替代品，但目前价格较贵。

如图 6-28 所示，蒸气压缩式制冷系统是由压缩机、冷凝器、膨胀阀和蒸发器四个关键设备组成，并且用管道连接成一个封闭的循环系统。制冷剂在上述四个热力设备中进行压缩、放热、节流和吸热四个主要热力过程，以完成制冷循环。

工作原理是：在蒸发器中，低压低温的制冷剂液体吸收被冷却介质（如冷水）的热量，蒸发成为低压低温的制冷剂蒸汽；低压低温的制冷剂蒸汽被压缩机吸入，并被压缩成高温高压的蒸汽后进入冷凝器；在冷凝器中，高温高压的制冷剂蒸汽被冷却水冷却，冷凝成高压液体放出热量；冷凝器排出的高压液体，经膨胀阀节流后变成低温低压液体，进入蒸发器再进行蒸发制冷，如此循环。

（二）蒸气压缩式制冷系统

该系统按制冷剂可以分为氨制冷系统和氟利昂制冷系统两类。而在这两类系统中除具备图 6-28 所述四个主要部件外，还需配备一些辅助设备，如：油分离器（分离压缩后制冷剂蒸气夹带的润滑油）、贮液器（存放冷凝后的制冷剂液体，并调节和稳定液体的循环量）、过滤器和自动控制装置等。另外，氨系统配有集油器和紧急泄氨器等；氟利昂系统配有热交换器和干燥器等。图 6-29、图 6-30 所示分别为氨制冷系统及氟利昂制冷系统流程图。

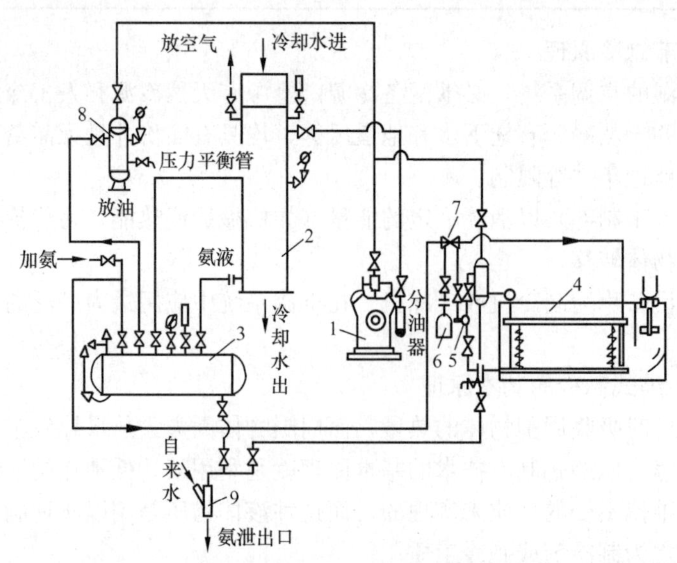


图 6-29 氨制冷系统流程图

1—氨压缩机；2—立式冷凝器；3—氨贮液器；4—螺旋管式蒸发器；5—氨浮球调节阀；6—滤氨器；7—手动调节阀；8—集油器；9—紧急泄氨器

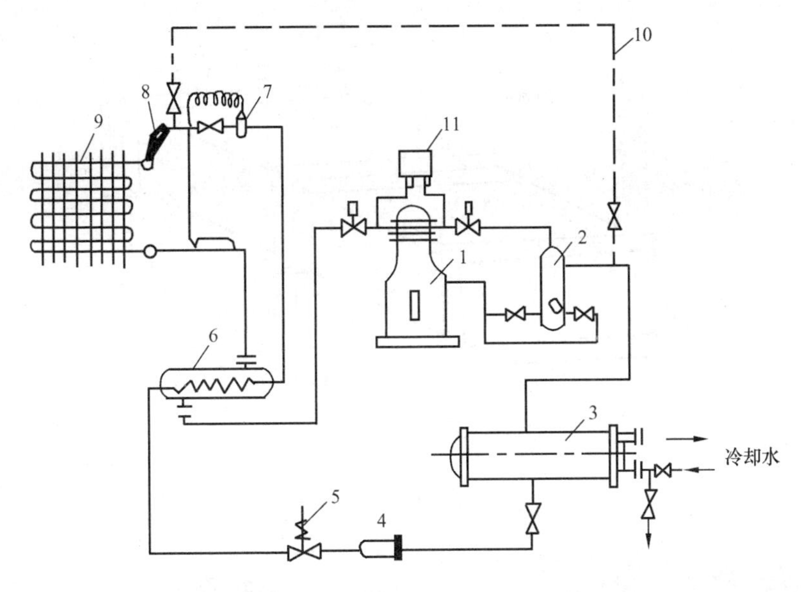


图 6-30　氟利昂制冷系统流程图

1—压缩机；2—油分离器；3—冷凝器；4—干燥过滤器；5—电磁阀；6—气液热交换器；
7—热力膨胀阀；8—分液器；9—蒸发器；10—热氟冲霜管；11—高低压力继电器

## 第三节　空调系统管路布置与施工图识读

### 一、风道的布置与安装

风道的布置与安装应符合以下原则：

(1) 风道应布置整齐、美观、便于检修及测试。同时，应考虑各种管道的装拆方便。

(2) 风道布置应尽量减少其长度以及不必要的弯头，这样可以减小系统阻力。同时弯管的中心曲率半径应不小于风管直径或边长，通常采用 1.25 倍直径或边长。对于大断面风道，为减少阻力，还可以作导流叶片。

(3) 风道一般布置在吊顶内、建筑的剩余空间、设备层吊顶内，净空高度至少为风道高度加 100mm。

(4) 钢板风管各段之间采用法兰连接，法兰间应放置具有弹性的垫片，如橡皮、海绵橡胶、浸油纸板等，以防止漏风。较长的风管应采用角钢加固，如图 6-31 所示。另外，钢板风管内外表面均应涂刷防锈漆。

(5) 不在空调房间内的送、回风管以及可能在外表面结露的新风管均需进行保温。保温材料应采用热阻大、重量轻、不易腐蚀和不易燃烧的材料。如聚苯乙烯泡沫塑料板、岩棉板等。

### 二、空调系统水管的布置与安装

空调系统水管的布置与给水排水、热水管道要求相近。但在管道支架处要注意防止冷桥的产生，因此在管道和支架固定处需采用木哈夫（木托），如图 6-32 所示。

实际工程中，空调冷冻水管道安装时经常出现以下一些通病，要特别注意：

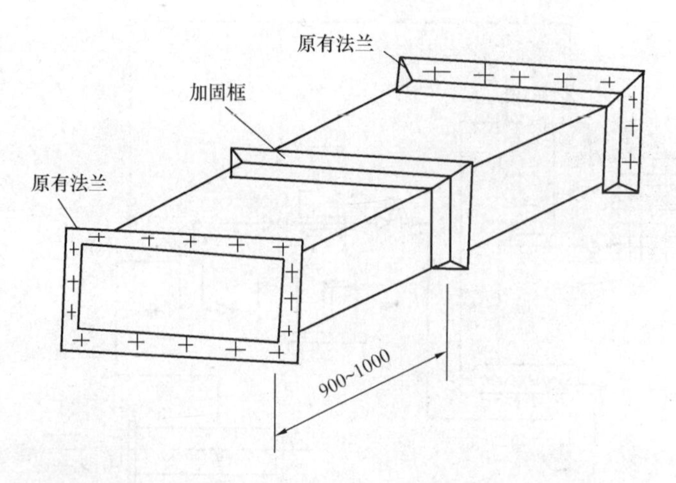


图 6-31　风管的加固图

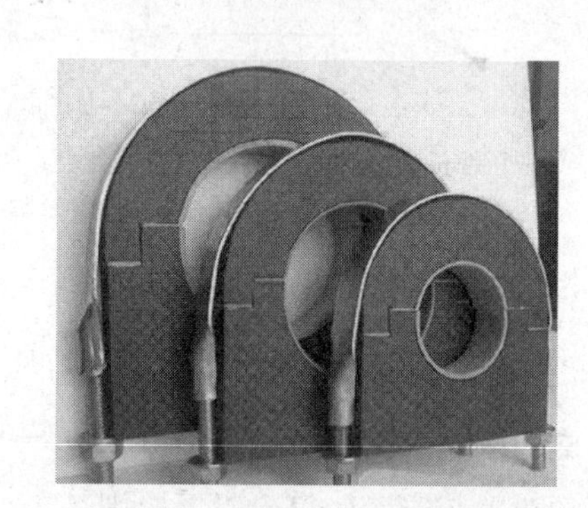

图 6-32　木托

（1）管道上安装成“⌒”形；

（2）管道穿越墙体、楼板处未放钢制套管，管道与套管之间的空隙未用隔热或其他不燃材料填塞；

（3）镀锌钢管采用焊接连接；

（4）镀锌钢管丝口连接时，内、外露麻丝未做清除处理；

（5）焊接钢管的焊缝成型不好，出现高低不平、宽窄不均、咬肉、烧穿、未焊透等缺陷；

（6）支架木托未浸沥青防腐；

（7）管子安装前未进行清理，有锈蚀、杂物；在系统投入使用时又未按规定进行反复冲洗，管道局部阻塞，流水不畅；

（8）系统注水方法不对，自动放气阀设置数量不足，排气不尽形成气塞，管路内水流量减少，影响空调效果。

**三、空调系统制冷剂管道的布置与安装**

空调系统中制冷剂管道的布置与安装应符合以下原则：

（1）与压缩机或其他设备相连接的制冷机管道不得强迫对接；

（2）制冷机管道的弯管弯曲半径宜为 $(3.5\sim4)D$，椭圆率不应大于 8%，不得使用焊接弯管及褶皱弯管；三通的弯管应按介质流动方向弯成90°弧形与主管相连，不得使用弯曲半径为1*D*或1.5*D*的压制弯管；

（3）制冷机管道穿过墙或楼板时应设钢制套管，焊缝不得置于套管内。钢制套管应与墙面或楼板地面平齐，但应高出地面20mm。套管与管道的空隙应用隔热材料填塞，不得作为管道的支撑；

（4）直接蒸发式制冷系统中采用的铜管，切口表面应平整，不得有毛刺、凹凸等缺陷；弯管可用热弯或冷弯，椭圆率不应大于8%；管口翻边后应保持同心，不得出现裂纹、分层豁口及褶皱等缺陷；铜管可采用对焊、承插式焊接及套管式焊接。

**四、空调系统防腐与保温的通病**

实际工程中，空调系统在做防腐与保温时经常出现以下一些通病，要特别注意：

（1）风管、管道和设备喷涂底漆前，未清除表面的灰尘、污垢与锈斑，也不保持干燥；

（2）漆面卷皮、脱落或局部表面油漆漏涂；

（3）保温钉单位面积数量过少或分布不均；

（4）保温钉粘接不牢、压板不紧，保温材料下陷和脱落；

（5）保温材料厚度不够或厚薄不匀；保温表面不平，缝隙过大；

（6）保温材料离心玻璃棉外露，橡塑卷材接缝口开裂；

（7）风机盘管金属软管、冷冻水管道阀门保温不到位；

（8）散流器或百叶风口隐藏在吊顶内的部分，没有连同风管、风阀一起加以保温。

**五、空调系统施工图的识读**

空调施工图一般有设计说明、平面图、系统图（轴侧图）、详图、设备及主要材料明细表组成，设计时应严格按照国家建设标准《民用建筑供暖通风与空气调节设计规范》GB 50736和《暖通空调制图标准》GB/T 50114执行。

（一）空调施工图的组成

空调工程的施工图是由图纸目录、设计与施工说明、设计图纸、设备材料表等组成。

1. 设计与施工说明

施工图的设计与说明应包括以下内容：

（1）工程的性质、规模、工程服务对象以及设计标准。

（2）空调系统的工作方式、原理，系统划分和组成，系统总送风、回风、新风、排风和各风口的送、回（排）风量。

（3）空调系统的设计参数。如室外气象参数和室内温度、湿度、室内含尘浓度、换气次数以及各工况空气状态参数点。

（4）空调系统设备安装的要求，对风管材料、保温和安装的要求，系统施压和排污情况，图例等。

如图6-33所示，为某写字楼空调设计施工总说明。

通风、空调系统施工图中常用图例参见附录4-1。

2. 设计图纸

设计图纸一般包括平面图、剖面图、系统轴侧图、系统原理图和详图等。

1. 本工程依据下列国家规范进行设计

GBJ 19—87　采暖通风与空气调节设计规范
GB 50045—95　高层民用建筑设计防火规范
GB 50067—97　汽车库，修车库，停车场设计防火规范
GB 50243—2002 通风与空调工程施工质量验收规范
GB 50038 — 94 人民防空地下室设计规范

2. 设计范围

本工程空调设计范围包括商场，办公，餐厅，酒店式公寓等；通风设计范围为地下汽车库，设备用房，厨房，卫生间等。

3. 空调室内设计参数

| 房间名称 | 室内温度（℃） | | 室内相对湿度（%） | 新风量（m³/（时·人）） |
|---|---|---|---|---|
| | 夏季 | 冬季 | | |
| 商场 | 25～28 | 18～20 | ＜60 | |
| 办公 | 25～28 | 18～22 | ＜60 | 30 |
| 餐厅 | 25～27 | 18～20 | ＜60 | |
| 酒店式公寓 | 25～28 | 18～22 | ＜60 | |

4. 空调负荷及空调冷热源配置

本大楼建筑面积约为58000m². 经计算，夏季空调冷负荷为 6279 千瓦（540 万大卡/时），冬季空调热负荷为 3767 千瓦（324 万大卡/时），根据业主要求及扩初会审意见，本工程商场及餐厅采用小型风冷热泵机组，局部商场及管理用房采用分体空调形式；酒店式公寓采用一对一分体空调，室内机采用卧式暗装吊装形式；写字楼根据每层不同的分隔单元及具体情况设计有2～6 套小型风冷热泵机组．另外，本工程设计有一台制热量为 1511 千瓦的燃气热水炉供公寓卫生热水所需。

5. 空调系统

（1）大楼商场及餐厅等采用全空气处理系统，空调机采用吊挂安装形式；办公等采用风机盘管加独立新风系统；酒店式公寓采用分体空调形式。

（2）大楼空调水循环系统采用一次泵定水流量系统。

6. 空调通风风管及配件

（1）空调风管采用镀锌钢板制做，咬口连接。镀锌钢板的厚度及其法兰角钢用材的规格详见 GB 50243 — 2002 中有关内容。

（2）排烟及送排风管均采用不燃，耐潮，防腐 BWG 无机玻璃钢风管制做，耐火时间不小于 1.5 小时。风管的厚度及其法兰角钢用材的规格详见 JG/T 117—1999中有关内容。

（3）空调风管水平安装支吊架间距不大于 3m，垂直安装不大于 4m；玻璃钢风管水平安装支吊架间距不大于 3m，垂直安装不大于 3m。

（4）风管法兰间垫片应采用不燃材料，厚度不小于 3mm；风管与其吊架之间须垫入与保温保冷层同等厚度的经过防腐处理之木质垫块以防止产生冷桥。

（5）燃气热水炉烟囱采用厚度为 2.0mm 的 SUS316 不锈钢制作。

（6）人防部分通风管材料及配件详见人防设计图纸。

7. 空调水管及配件

（1）空调循环水管采用镀锌钢管，其中公称直径小于或者等于 100mm 的采用丝扣连接：公称直径大于 100mm 的采用一次热镀锌无缝钢管，卡箍连接。

（2）空调循环水管水平安装支吊架间距参照GB 50243—2002中有关规定：垂直安装采用夹环固定支承，间距不大于 3m。

（3）空调循环水管丝扣连接和卡箍连接采用专用配件：水管与其吊架之间须垫入与保温保冷层同等厚度的经过防腐处理之配套垫块以防止产生冷桥。

（4）空调凝结水管采用 UPVC 给水管，标准管道配件粘结连接。施工时必须保证空调凝结水管坡向排水处。空调凝结水管安装完毕必须逐个排水点做凝结水排水试验，不允许漏水。空调凝结水管采用夹环固定支承，水平安装间距不大于 1.5m，垂直不大于 3m。

8. 空调水系统压力

（1）本工程空调水系统根据不同用户相对独立，工作压力为 0.6 兆帕，试验压力为 0.9 兆帕。

（2）空调水管安装就位连接结完毕进行保冷及保温前要按照 GB 50243—2002 中有关规定进行试压检验，不合格者不允许进入下道保冷及保温工序，试压范围包括空调循环水管的所有配件和阀门。

9. 空调管道保温和保护

（1）空调风管外用防火等级为难燃 B1 级的一级福乐斯保冷和保温，厚度为 19mm（以供货商计算为准）。保温保冷层接缝处用配套胶水粘结，不允许外露保温保冷层。空调风管穿越防火墙和变形缝两侧 2m 范围内用厚度为 30mm 的带复合铝箔不燃离心玻璃棉板保冷和保温。

（2）空调水管外用防火等级为难燃 B1 级的一级福乐斯保冷和保温，厚度为 32mm（以供货商计算为准）。保温保冷层接缝处用配套胶水粘结，不允许外露保温保冷层。空调水管穿越防火墙和变形缝两侧 2m 范围内用厚度为 50mm 的带复合铝箔不燃离心玻璃棉管瓦保冷和保温，保温和保冷范围包括空调循环水管的所有配件，法兰和阀门。

（3）空调凝结水管外用防火等级为难燃 B1 级的一级福乐斯保冷和保温，厚度为 9mm，保温保冷层接缝处用配套胶水粘结，不允许外露保温保冷层。

（4）吊平顶内排烟风管外用厚度为 50mm 的带复合铝箔不燃离心玻璃棉板保温及隔热。

（5）燃气热水炉烟囱采用厚度为 100mm 的干法硅酸铝纤维保温。

（6）室外空调风管及循环水管的保温保冷层外再用 0.5mm 厚的铝合金板做保护壳，铝合金板保护壳的接缝采用相互搭接起鼓加强并联结。

10. 空调冷热源主机安装

（1）空调冷热源主机为小型风冷热泵机组，一般放于屋顶或室外平台（如空中花园），业主设备定货时须复核安装位置或通道尺寸是否满足设备就位所需。

（2）冷热源主机均不设土建固定基础而采用钢制基础，下设橡胶减振垫．安装时应当首先较正地面的水平度，水平度偏差不允许超过 1/1000。

（3）冷热源主机设备进出口管均设计有橡胶减振软接头或不锈钢波纹管软接头，并设计有压力表，温度计，蝶阀，过滤器，排水球阀等相关配件，具体要求详见设计图纸。

11. 空调循环水泵安装

（1）循环水泵均不设土建固定基础而采用钢制弹簧减振基础，基础四周设有排水明沟。安装时应当首先较正地面的水平度，水平度偏差不允许超过 1/1000。

（2）循环水泵进出口管均设计有橡胶减振软接头，并设计有压力表，蝶阀，平衡阀，止回阀，过滤器，排水球阀等相关配件，具体要求详见设计图纸。

（3）循环水泵应采用机械密封，轴封处漏水量不大于 5 mL/小时。

12. 通风机安装

（1）通风机座地安装采用钢制弹簧减振基础，水平度偏差不允许超过 1/1000。通风机吊挂安装采用减振吊架并用不小于10号槽钢制作横担。

（2）通风机进出口管均应设不长于 200mm 的夹筋复合铝箔减振软接头，夹筋复合铝箔减振软接头与风机间用法兰固定。

（3）通风机安装时必须检查风机的转动方向是否与设计气流方向相符。

（4）通风机采用风机箱的，其箱体耐火时间不小于 2 小时。

13. 空气处理机安装

（1）空气处理机座地安装采用钢制基础，下设橡胶减振垫，水平度偏差不允许超过 1/100。空气处理机吊挂安装采用减振吊架并用不小于 10 号槽钢制作横担。

（2）空气处理机风管进出口均应设不长于 200mm 的带保温夹筋复合铝箔减振软接头，夹筋复合铝箔减振软接头与空气处理机间用法兰固定。

（3）空气处理机循环水管进出口均设橡胶减振软接头，并设计有压力表，温度计，蝶阀，过滤器，排水球阀等相关配件，凝结水管设计有水封，具体要求详见设计图纸。

（4）空气处理机单独设置机房的机房墙体一般待空气处理机就位后再砌。

14. 风机盘管安装

（1）风机盘管一般设计吊挂安装，采用圆钢减振吊架，吊杆下端攻丝长度不少于 100mm，以便于调整安装标高。

（2）风机盘管风管进出口与风管连接首选硬连接，有安装难度处可选用带保温夹筋复合铝箔减振软接头，用法兰或 M3 自攻螺丝固定。

（3）风机盘管循环水管进出口均设不锈钢软接管和全铜球阀，球阀与盘管之间的循环水供水短管安装一个全铜水过滤器：凝结水管与风机盘管连接用一段 150mmUPVC 软管套接，定型抱箍固定。

15. 空调相关配件安装

（1）管道和设备吊挂安装固定一般采用金属膨胀螺栓固定：若管道与设备重量较大或有特殊要求，则做预埋钢椒固定，钢板规格为 250mm×250mm，厚度为 10mm。

（2）各类风阀应安装在便于操作及检修的部位，防火阀和排烟阀应采用单独支吊架并能顺气流方向关闭。

（3）风管穿越混凝土墙一般预埋 3mm 厚钢框，宽度超过 800mm 设钢支撑：管道穿越楼板或混凝土墙体处应预埋防水钢套管，钢套管与墙体饰面或楼板底部平齐，上部高出楼板地面 20～50mm；钢框和钢套管不得作为管道支撑。

（4）管道穿墙或楼板安装完毕后，间隙处均用不燃绝热材料填塞紧密。

（5）水管上各类阀门安装位置，高度，进山口方向必须符合设计要求，手动阀门安装手柄均不得向下。

（6）外墙防雨风口一般安装于预制钢框或木框内，自攻螺钉必须设于风口的内侧面；风口材料如无特殊要求选用铝合金风口，喷塑与外墙颜色相同。

（7）室内空调通风风口安装须与装修单位互相配合；各类散流器和百叶风口均带对开式钢制蝶阀，条缝型散流器带条形静压箱。

（8）室内平顶上空调风口与风管连接管采用自带保温层钢丝骨铝箔复合软管，抱箍夹紧连接。

（9）消声器及消声弯头如无特殊要求选用微穿孔板型；安装位置和方向应正确，与风管连接应紧密并应设独立支吊架。

（10）空调循环水管立管根据设计要求顶部应装设集气罐或进口自动排气阀，底部应装设 DN50 全铜排水球阀．空调膨胀水管上不得装设任何阀门。

16. 本说明未及之处，施工单位按照《通风与空调工程施工质量验收规范》GB 50243—2002 执行。

17. 本工程采用主要标准图集

（1）94K101-1　轴流式通风机安装
（2）98K101-3　离心式通风机安装图
（3）99K103　防排烟设备安装图
（4）96K120-1　钢制蝶阀（手柄式）
（5）92K232　汽水集配器
（6）94K402-1　集气罐制作安装
（7）97R412　室外热力管道支座
（8）95R417-1　室内热力管道支吊架
（9）98R418　管道及设备保温
（10）98R419　管道及设备保冷
（11）88T264　圆形散流器设计选用及安装图
（12）88T265　方形散流器设计选用及安装图
（13）89T311　对开式多叶调节阀门
（14）T614　风管检查孔
（15）615　温度，风量测定孔
（16）616　风管支吊架
（17）T905（-）　方形膨胀水箱
（18）N105　水泵进出口软性接头
（19）N106　方形伸缩器

图 6-33　某写字楼空调设计施工总说明

（1）平面图

通风、空调平面图是施工的主要依据。在通风、空调工程中，平面图上要表明系统主要设备和风管、部件及其他附属设备在建筑物内的平面位置，一般包括以下内容：

1）用双线绘出风管、送（回）风口、风量调节阀、测孔等部件和附属设备的位置；用单线绘出空调水系统管道及设备的位置。

2）注明系统编号，通用图、标准图索引号等。

3）注明通风、空调系统各设备的外形轮廓尺寸、定位尺寸和设备基础主要尺寸；注明各设备、部件的名称、规格和型号等。

4）注明风管及风口尺寸、标高；空调水系统管道的管径大小、标高、坡度和坡向；标注消声器、调节阀等各部件的位置及风管、风口的气流方向等。

如图 6-34 所示，为某写字楼标准层空调风系统平面图。

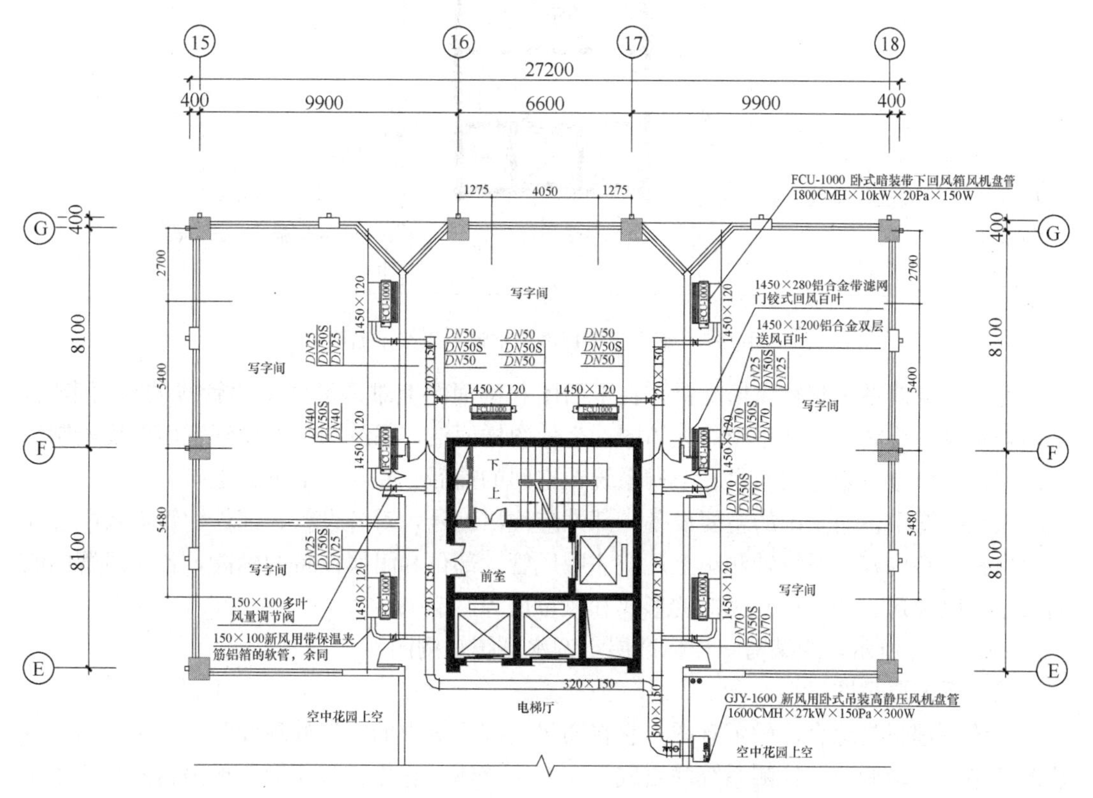


图 6-34　某写字楼标准层空调风系统平面图

如图 6-35 所示，为某写字楼标准层空调水系统平面图。

（2）剖面图

在通风、空调施工图中，当其他图纸不能表达出一些复杂管道的相对关系及竖向位置时，应绘制剖面图或局部剖面图来表示清楚风管、附件或附属设备的立面位置以及安装的标高尺寸。施工当中应与平面图、系统图等其他图纸相互对照进行识读。

（3）系统轴测图

系统轴测图又称为透视图，是通风空调施工图的重要组成部分，也是区别于建筑、结构施工图的一个主要特点。

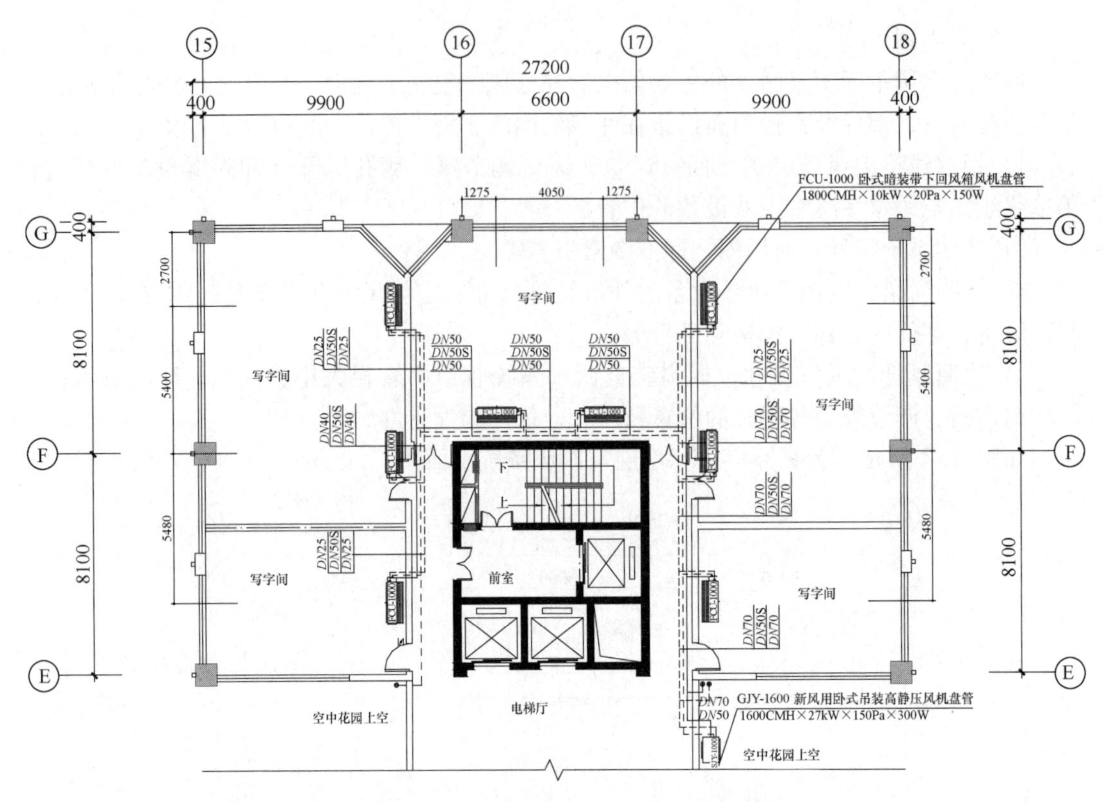


图 6-35 某写字楼标准层空调水系统平面图

通风、空调系统管路纵横交错，在平面图和剖面图上难以清楚表达管线的空间走向，采用轴侧投影绘制出管路系统的立体图（为使图样简洁，系统图中的风管宜用单线绘制），可以完整而形象地表达出通风、空调系统在空间的前后、左右、上下的走向。

在系统图中，对系统的主要设备、部件应注出编号，对各设备、部件、管道及配件应表示出其完整内容。系统轴侧图上还应注明风管、部件和附属设备的标高，各段风管的断面尺寸，以及送、回（排）风口的形式和风量值等。

如图 6-36 所示，为某写字楼标准层空调水系统轴测图。

（4）系统原理图

系统原理图是综合性的示意图，它将通风空调系统中的空气处理设备、通风管路、冷热源管路、自动调节及检测系统联结成一个有机整体，它能完整而形象地表达系统的工作原理以及各环节之间的有机联系。

了解了系统的工作原理后，就可以在施工过程中协调各环节的进度；尤其是在系统试运转、试验调整阶段，可根据系统的特点以及工作原理，安排好各环节试运转和调试的程序。

图 6-37 所示某一空调系统原理方框图。

（5）详图

包括部件的加工制作和安装的节点图、大样图以及标准图；如果采用国家标准图、省（市）或设计部门标准图以及参照其他工程的标准图时，在图纸目录中应附有说明，以便查阅。

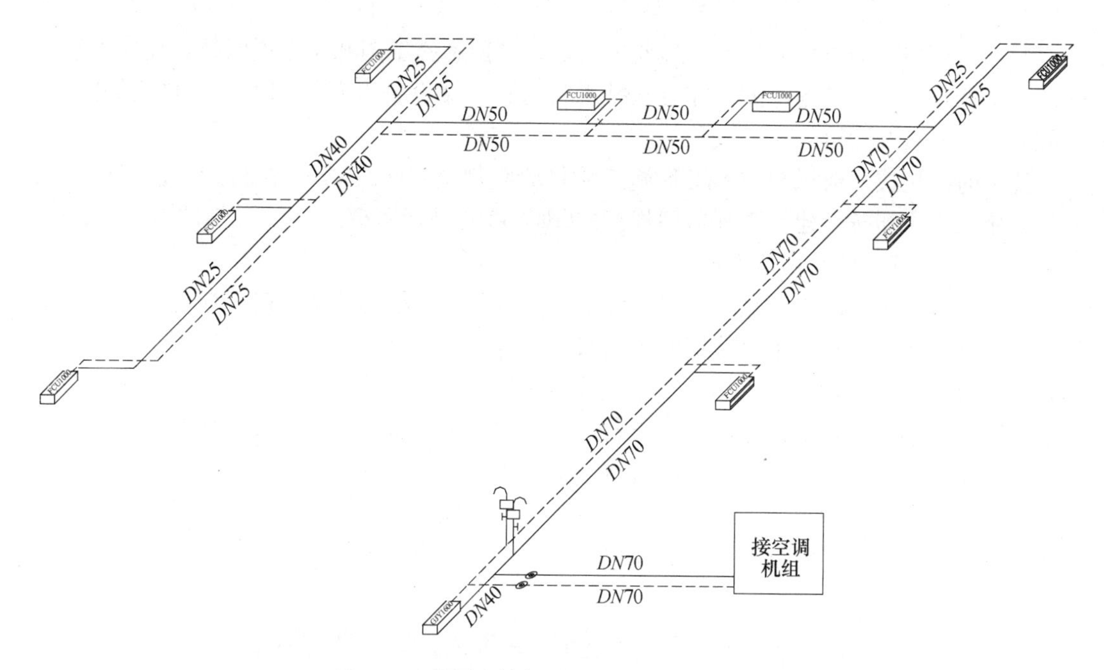


图 6-36　某写字楼标准层空调水系统轴测图

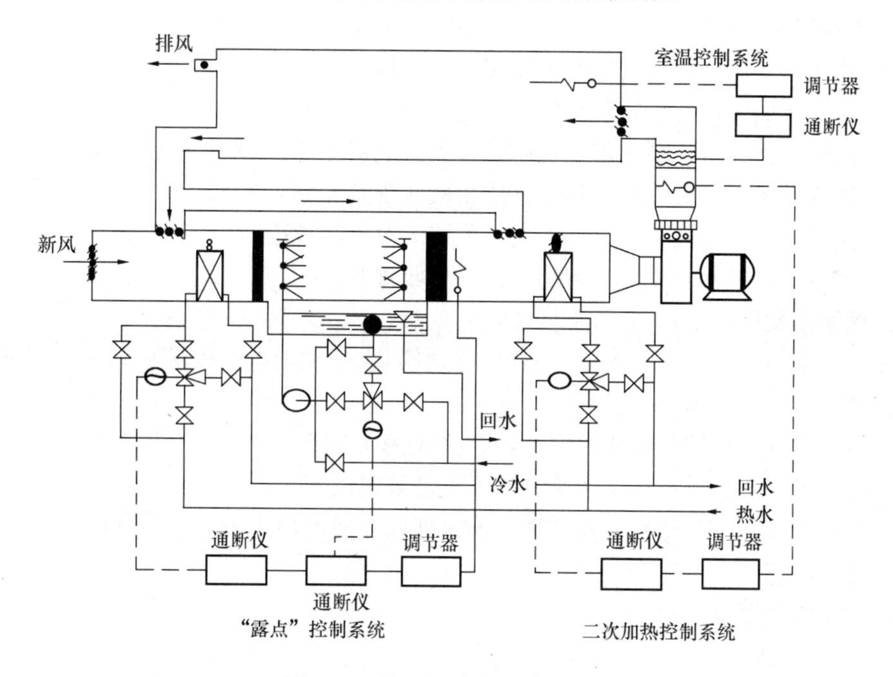


图 6-37　某空调系统原理方框图

在通风、空调系统施工图中，详图是表示风管、部件以及附属设备制作和安装的具体形式和方法，作为确定施工工艺的主要依据。对于通用性的工程设计详图，通常使用国家标准图。对于特殊性工程设计，则由设计部门设计施工详图，用以指导施工安装。

3. 设备和材料明细表

空调施工图上所附的设备和材料明细表，是将工程中各系统选用的设备和材料一一列出规格、型号、数量等，作为订货的依据和进行施工概（预）算的参考。

对于组织施工的技术人员和工程监理人员，除熟悉施工图和技术说明外，还应了解与通风、空调系统有关的施工图，如给水排水管道、采暖设备以及空调电气、自控等图纸，以便在施工中相互配合。

施工时严格按《通风与空调工程施工质量验收规范》GB 50243 执行。为了保证施工质量，施工中严格按《建设工程监理规范》GB 50319 进行监理。

（二）空调施工图的识读方法

空调工程施工图的识读顺序，对图纸而言，看到剖面图与系统图时，应与平面图对照进行。看平面图以了解设备、管道的平面布置位置及定位尺寸；看剖面图以了解设备、管道在高度方向上的位置情况，标高尺寸及管道在高度方向上的走向；看系统图以了解整个系统在空间上的概貌；看详图以了解设备、部件的具体构造、制作安装尺寸与要求等。

对系统而言，可按空气流动方向进行，如对于全空气空调系统，识图顺序为：新风口→新风管道→空气处理设备→送风机→送风干管→送风管→送风口→空调房间→回风口→回风机→回风管道（同时读排风管、排风口）→一、二次回风管→空气处理设备。

## 第四节　通风、空调工程施工安装要点

### 一、常用规范、标准

（1）《通风与空调工程施工质量验收规范》GB 50243；

（2）《工业金属管道工程施工及验收规范》GB 50235；

（3）《压缩机、风机、泵安装工程施工及验收规范》GB 50275；

（4）《工业设备及管道绝热工程施工质量验收规范》GB 50185；

（5）《制冷设备、空气分离设备安装工程施工及验收规范》GB 50274；

（6）《建筑给水排水及采暖工程施工质量验收规范》GB 50242。

### 二、质量控制目标

在通风与空调工程施工过程中，通过对风管、水管和设备的安装质量进行事先预控、事中监控和事后控制，确保：

（1）每个分项工程质量检验评定达到合格或优良等级；

（2）分部工程观感质量评定达到合格或优良等级；

（3）工程安全性、可靠性、操作性、维修性以及使用功能和效果均符合设计要求；

（4）业主满意。

### 三、质量控制要点

（一）事先预控

（1）熟悉设计图纸和组织施工的设计交底会。

（2）审核承包单位提交的施工方案及技术交底单。承包单位应根据总承包的施工组织方案、空调工程方面的专业施工方案，监理工程师要着重审核施工方法和技术组织措施。

（3）安装开始之前应对主体工程基面的外形尺寸、标高、坐标、坡度以及预留洞、预埋件要对照图纸进行核验，防止遗漏。

（4）工程使用的各种材料、配件及设备，承包单位自检后，报监理工程师认定。使用的各种管材、设备必须符合设计要求。

1）制作风管及部件所使用的各种板材、型钢应具有产品合格证或质量鉴定文件；所有镀锌薄钢板表面不得有裂纹、结疤及水印等缺陷；不锈钢板、铝板板面不得有划痕、刮伤、锈斑及磨损凹穴等缺陷，所用硬聚氯乙烯塑料板应符合轻工业部颁布标准，板材厚薄均匀，板面应平整、不含有气泡裂缝。各种板材的规格及物理机械性能符合技术规定。

2）专业成套设备进场应由建设单位、承包单位和监理单位共同开箱验收，按设计要求和装箱单核查设备型号、规格及有关设备性能技术参考。进口设备，除按上述规定外，还应有国家商检局商检证明和中文安装使用说明书，确认无误后，监理工程师签字认可，方可用于工程。

（5）水、电、风工种交叉作业，应遵循先上后下、先大后小、先内后外、先风后水再电的原则，做到交叉有序。

（二）事中监控

工程管理人员应针对通风与空调工程施工过程中的质量通病进行监控。

（1）风管制作与安装的质量监控要点

1）在风管制作下料过程中，对矩形板材应严格控制角方，并检查每片板材的长度、宽度及对角线，使其误差在允许范围内。

2）薄钢板风管及管件咬接前必须清除表面的尘土、污垢和杂物，然后在钢板上先涂刷一层防锈漆，以免咬缝内出现漏涂现象。

3）当矩形风管大边长大于或等于630mm和保温风管边长大于或等于800mm，其管段长度超过1250mm时，均应采取加固措施。

4）风管法兰铆钉孔间距，当系统洁净度的等级为1～5级时，不应大于65mm，为6～9级时不应大于100mm。

5）风管与法兰连接的翻边量不小于6mm，翻遍应平整、宽度一致、四角不得有开裂与孔洞。

（2）支吊架间距如设计无要求时，应符合表6-4规定。

（3）在风口、阀门、检查门及自控机构等部位不得设置支、吊架。

（4）保温风管的支、吊架宜设在保温层外部，并不得损坏保温层。

**风管支、吊架间距** **表6-4**

| 直径或长边尺寸（mm） | 水平风管间距（m） | 垂直风管间距（m） | 最少吊架数（个） |
|---|---|---|---|
| 大于400 | 不大于3 | 不大于4 | 2 |
| 小于等于400 | 不大于4 | 不大于4 | 2 |

（5）当水平悬吊的主干风管长度超过20m时，应设置防止摆动的固定点，每个系统不应少于1个。

（6）不锈钢风管用普通碳素钢支架时，应在支架上喷涂防锈漆或垫以非金属垫片。

（7）硬聚氯乙烯塑料风管穿墙或楼板处应设防护套管。

（8）空气净化系统应在土建粗装修完毕、室内基本无灰尘飞扬或有防尘措施下进行安装。

（9）风管和空气处理室内，不得敷设电线、电缆以及输送有毒、易燃、易爆气体或液体的管道。

（10）风管与配件可拆卸的接口及调节机构，不得装设在墙或楼板内。

（11）风管穿出屋面外应设置防雨罩。穿出屋面高度 1.5m 的立管应设拉索固定，拉索不得固定在风管法兰上，严禁拉在避雷针或避雷网上。

（12）部件制作与安装的质量监控要点

1）百叶风口的叶片要布放均匀，两端轴同心，开闭自如。

2）旋转式风口的旋转应轻便灵活，轴与轴套的配合松紧适宜。

3）风口安装时要注意美观、牢固、位置正确，在同一房间内安装成排同类型风口时必须拉线找直找正，间距相等或匀称。

4）散流器或高效过滤器风口应与吊顶面齐平，位置对称。

5）净化系统风口安装前应清扫干净，其边框与建筑顶棚或墙面间的接缝要加密封垫料或填嵌密封胶，不得漏风。

6）风口与风管软或硬连接，风口必须固定。

（13）设备安装的质量监控要点

1）设备开箱检查，核对设备名称、规格、型号是否符合设计要求；产品合格证、产品说明书、设备技术文件是否齐全；设备有无损坏、锈蚀、受潮现象；手牌转动部件与机壳有无金属摩擦；主机附件、专用工具是否齐全等。

2）喷水室的水池不得渗漏，壁板拼接顺水流方向。

3）设备基础需进行基础验收，检查其标高、位置、水平度及几何尺寸与设备是否相配。

4）空调机组凝结水管应设水封装置，水封高度由风压大小来确定。

5）卧式风机盘管应由支、吊架固定，上、下螺母拼接。

6）消声器、消声弯头要单独设支架，重量不得有风管来承受。

7）除尘器安装应位置准确、牢固平稳，进出口方向符合设计要求。

8）管道风机需配隔振支、吊架，并安装平稳、牢固。

9）风机进口、出口风管应用柔性短管连接，并配单独的支撑架。

10）固定通风机的地脚螺栓，除带有垫圈外，应有防松装置。

（14）制冷系统安装的质量监控要点

1）制冷机组安装的混凝土基础应达到养护强度，表面平整，位置、尺寸、标高、预留孔洞及预埋件等均符合设计要求。

2）整体安装的活塞式制冷机组，其机身纵、横向水平度允许偏差为 0.2/1000，测量部位应在主轴外露部分或其他基准面上，对于有公共底座的冷水机组，应按主机结构选择适当位置作基准面。

3）制冷机的辅助设备，单体安装前必须吹污，并保持内壁清洁。

承受压力的辅助设备，应在制造厂进行强度试验，并具有合格证，在技术文件规定的期限内，设备无损伤和锈蚀现象条件下，可不做强度试验。

4）辅助设备的安装

① 辅助设备安装位置应正确，各管口必须畅通；

② 立式设备的垂直度，卧式设备的水平度允许偏差均为 1/1000；

③ 卧式冷凝器、管壳式蒸发器和贮液器，应坡向集油的一端，其倾斜坡为 1/1000～2/1000。

5）卧式及组合式冷凝器、贮液器在室外露天布置时，应有遮阳与防冻措施。

6）冷却塔安装应平稳、牢固，出水管口及喷嘴的方向和位置应正确，布水均匀。有转动布水器的冷却塔，其转动部分必须灵活，喷水出口宜向下与水平呈 30°夹角，且方向一致，不应垂直向下。凡用玻璃钢和塑料制品作填料的冷却塔，安装时要严格执行防火规定。

7）管道系统安装完毕后，必须试压。对于冷热水、冷却水系统的试验压力，当工作压力小于等于 1.0MPa 时，为 1.5 倍工作压力，当工作压力大于 1.0MPa 时，为工作压力加 0.5MPa；分区、分层试压：对相对独立的局部区域的管道进行试压，在试验压力下，稳压 10min，压力不得下降，再将系统压力降至工作压力，在 60min 内压力不得下降、外观检查无渗漏为合格。

8）冷凝水的水平管坡度宜大于或等于 8‰，冷凝水软管不得有压瘪和扭曲现象，塑料管的最大支撑间距不得大于表 6-5 规定。

**塑料管最大支撑间距**（mm） **表 6-5**

| 外径 | 20 | 25 | 32 | 40 | 50 |
|---|---|---|---|---|---|
| 水平管 | 500 | 550 | 650 | 800 | 950 |
| 立管 | 900 | 1000 | 1200 | 1400 | 1600 |

9）水泵进出口通过柔性接头与管道连接，并在管道上设置独立支架。

10）连接制冷机吸、排气的管道须设独立支架。

11）冷冻水管在系统最高处，且便于操作的部位设排气装置；底部设排污装置。

（15）防腐与保温的质量监控要点

1）保温设备及管道的附件和管道端部或有盲板的部位均应按设计规定进行保温。

2）管道穿墙、穿楼板套管处的绝热，应采用不燃或难燃的软散绝热材料填实。

3）管道绝热层的粘贴应牢固，铺设平整，绑扎紧密，无滑动、松弛、断裂现象。

4）管道防潮层应紧密粘贴在绝热层上，封闭良好，不得有虚粘、气泡、折皱、裂缝等缺陷。

（三）事后控制

（1）组织竣工预验收，发现安装质量问题，要求及时逐条整改。

（2）参与系统调试和系统综合效能试验的测定，实测的风量、风速、温度、噪声等参数达不到设计指标，必须分析原因，提出纠正的具体措施。

（3）审核竣工图及其他技术文件资料。

（4）组织对工程项目进行质量评定。

（5）整理工程技术资料并编目建档。

**四、施工质量通病**

1. 专业与工种配合不当的通病

（1）由于风、水、电专业设计配合不够，施工审图不细，造成管道间距过近或重叠，影响施工质量和工程进度。

（2）管道穿墙、过楼板或层面时，未预留孔洞或尺寸、位置不符合设计要求，临时现场开凿，有损结构强度。

（3）竖向管无分层隔断，不符合消防要求。

（4）施工现象多工种交叉作业，不能做到交叉有序，成品损坏较为严重。

2. 风管安装通病

（1）风管支、吊架间距过大，吊杆太细，支、吊架形式不符合设计要求和施工规范规定。

（2）吊杆焊接拼接不用双侧焊，且搭接长度达不到吊杆直径的 6 倍要求。

（3）风管与风口、风口与吊顶的连接不严密、不水平、不牢固。

（4）风管过伸缩缝、沉降缝未用柔性接头。

（5）风管穿出屋面外未加设防雨罩。

（6）无法兰连接的风管插条间隙过大，系统运行时有明显的漏风现象。

3. 部件安装通病

（1）散流器、高效过渡器风口与顶棚连接未垫密封垫。

（2）柔软短管安装不当，出现扭曲现象。

（3）空气净化系统的阀门，其活动件、固定件、拉杆以及螺钉、螺母、垫圈等表面均未做防腐处理（如镀锌等），阀体与外界相通的缝隙也未采取密封措施。

（4）矩形弯头导流片的迎风侧边缘不圆滑，其两端与管壁的固定不牢固。

（5）风机盘管送风散流器与回风口距离过近，气流短路。

4. 通风与空调设备安装通病

（1）通风机安装的地脚螺栓无防松装置，螺栓倾斜，螺母拧紧力不够。

（2）通风机进口、出口风管不设单独支撑、传动装置外露部分缺防护罩。

（3）消声器、消声弯头不单独设支、吊架，其重量由风管承受。

（4）风机盘管凝结水管坡度不足，甚至出现倒坡，柔性接管有折弯或压瘪现象。

（5）卧式风机盘管吊杆上仅用单只螺母固定。

（6）组合式空调器功能段连接不严，密封垫片薄，螺栓紧固松、漏风量大。

## 思考题及习题

### 一、简答题

1. 空气处理的基本设备有哪些？
2. 集中式与半集中式空调系统的区别在哪里？
3. 简述送风口的类型和特点。
4. 简述开式冷却塔的工作原理。
5. 简述空调系统的组成及分类。
6. 简述集中式空调系统的工作过程。
7. 简述直流式、回风式和封闭式空调系统的特点和适用场合。
8. 简述风机盘管空调系统的组成及特点。
9. 试述空气处理的基本手段有哪些。
10. 蒸气压缩式制冷的基本原理是什么？
11. 蒸气压缩式制冷系统中有哪些主要设备？简述其工作过程。

12. 什么是制冷剂？常用的制冷剂有哪些？

13. 空调系统风道的布置与安装应注意什么问题？

14. 试述施工质量通病。

**二、单选题**

1. 旅馆客房宜采用的空调方式是(　　)。

A. 风机盘管加新风　　B. 全新风

C. 全空气　　D. 风机盘管

2. 空调系统不控制房间的(　　)。

A. 温度　　B. 湿度

C. 气流速度　　D. 发热量

3. 写字楼、宾馆空调是(　　)。

A. 舒适性空调　　B. 恒温恒湿空调

C. 净化空调　　D. 工艺性空调

4. 放射性实验室以及散发大量有害物的车间宜采用(　　)空调系统。

A. 直流式　　B. 一次回风式

C. 二次回风式　　D. 封闭式

5. 压缩式制冷机由下列哪组设备组成？(　　)。

A. 压缩机、蒸发器、冷却泵、膨胀阀

B. 压缩机、冷凝器、冷却塔、膨胀阀

C. 冷凝器、蒸发器、冷冻泵、膨胀阀

D. 压缩机、冷凝器、蒸发器、膨胀阀

6. 试问在下述有关冷却塔的记述中，(　　)是正确的。

A. 是设在屋顶上，用以贮存冷却水的罐

B. 净化被污染的空气和脱臭的装置

C. 将冷凝器的冷却水所带来的热量向空中散发的装置

D. 使用冷媒以冷却空气的装置

7. 房间较多且各房间要求单独控制温度的民用建筑，宜采用(　　)。

A. 全空气系统　　B. 风机盘管加新风系统

C. 净化空调系统　　D. 恒温恒湿空调系统

8. 空调系统空气处理机组的粗过滤器应装在哪个部位？(　　)。

A. 新风段　　B. 回风段

C. 新回风混合段　　D. 出风段

9. 普通风机盘管不具备(　　)功能。

A. 加热　　B. 冷却

C. 加湿　　D. 去湿

10. 影响室内气流组织最主要的是(　　)。

A. 回风口的位置和形式　　B. 送风口的位置和形式

C. 房间的温湿度　　D. 房间的几何尺寸

11. 在高层建筑中，为了减少制冷机组承压，一般采用(　　)。

A. 冷媒水泵设于机组出水口　　B. 冷媒水泵设于机组进水口

C. 设减压阀　　D. 不采取措施

12. 某房间 $t=(20\pm0.5)$℃，空调精度为(　　)℃。

A. 20　　B. 0.5

C. −0.5　D. ±0.5

13. 风机盘管式加新风空调系统属于(　　)空调系统。

A. 集中式　B. 局部式

C. 半集中式　D. 分散式

**三、多选题**

1. 空气参数中四度指的是(　　)。

A. 温度　B. 空气流速

C. 洁净度　D. 压力

E. 相对湿度

2. 空调冷冻水和冷却水系统的水泵出口一般应设置(　　)。

A. 止回阀　B. 截止阀

C. 过滤器　D. 压力表

E. 减压阀

3. 对集中式空调系统描述正确的是(　　)。

A. 空调设备集中设置在专用空调机房里，管理维修方便，消声防振容易

B. 可根据季节变化调节空调系统的新风量，节约运行费用

C. 占有建筑空间小，房间单独调节难

D. 一个系统只能处理一种状态的空气，便于运行调节

E. 使用寿命长，初投资和运行费比较小

4. 对半集中式空调系统描述正确的是(　　)。

A. 只对新风集中数处理，空调机房面积小，新风管小

B. 风机盘管在空调房间内，调节的灵活性大

C. 室内温、湿度控制精度高

D. 设备布置分散、管线复杂，维护管理不便

E. 风机盘管必须采用低噪声风机

# 第三篇　建　筑　电　气

## 第七章　建 筑 电 气 设 备

【学习要点】　掌握建筑电气设备的分类、常用设备的功能、型号和作用、配电线路电线、电缆类型和选择及常用的绝缘导线的型号、名称和主要用途；熟悉建筑电气系统的分类、基本组成。

### 第一节　常用建筑电气设备的构成及选择

**一、建筑电气设备的分类**

根据建筑电气设备在建筑中所起的作用范围不同，可将其分为以下几类：

1. 创造环境的设备

保证人们在建筑物内进行正常的工作、生活，就必须创造一个满足人的基本生理要求的生活环境。而基本的环境因素是光、温湿度、空气和声音等，这些方面常常是由建筑电气设备所创造的。在进行相应建筑电气设计时，要依据建筑物的性质、要求，达到建筑环境标准。

（1）创造光的设备

在人工采光方面，无论是满足人们生理需要为主的视觉照明，还是满足人们心理需要为主的气氛照明，均是采用电气照明装置实现的。

（2）创造温、湿度环境的设备

为使室内温、湿度不受外界自然条件的影响，可采用空调设备实现，而空调设备的工作是靠消耗电能才能得以实现的。

（3）创造空气环境的设备

使室内保持良好的空气环境，及时排除烟尘、废气等有害气体，需要通过通风换气设备实现，而这些设备，多是靠电动机驱动来工作的。

（4）创造声音环境的设备

可以通过广播系统形成背景音乐，将悦耳的乐曲或所需的音响送入相应的房间、门厅、走廊等建筑空间。

2. 追求方便性的设备

（1）方便工作和生活的设施

满足人们生活基本需要的给水排水设施，其中增压设备等都是由电动机驱动的；使人们方便上下楼的电梯；保证随时随地可以使用的各种电源插座等。

（2）提高信息传递速度的系统

满足个人间交换信息用的电话系统；满足个别人和群体、多用户间沟通信息的广播系统；供各用户统一时间的辅助电钟和显示器系统；用于迅速传递火灾信息的报警系统；随时监测门户的防盗报警系统等。以上系统的设置应与建筑物的功能和等级相适应。

3. 增强安全性的设备

保护人身与财产安全的设备，如自动排烟、自动化灭火设备、消防电梯、事故照明等；提高设备和系统本身可靠性的设备，如备用电源自投、过电流保护、欠电压保护等。

4. 提高控制性能的设备

增设提高控制性能和管理性能的设备，可以使建筑物的使用年限延长，并使建筑物各项使用费用降低。具有这样功能的设备是各种局部自动控制系统，如消火栓消防泵自动灭火系统、自动空调系统等。当考虑控制方案时，应树立对建筑物进行整体控制的观念，设计中心调度室，把局部控制通过集中调度合理地协调统一起来。例如，当前建筑大楼设置的计算机管理系统已得到越来越多的应用，国外正在开发的"钥匙住宅"就是这种系统的高级阶段。只要用"钥匙"启动计算机系统，就可以对建筑物内的全部设备和系统随时进行监测、控制和调节，使之处于最佳运行状态，从而使建筑物达到发挥功能、延长寿命、减少损耗、降低费用等效果。

综上所述，建筑电气不仅是建筑物内必要和重要的组成部分之一，而且其作用和地位也日益提高。

**二、常用设备**

建筑工程中常用的电气设备有动力设备、照明设备、低压控制设备、保护设备、变压器设备、导线和电缆等。

（一）低压控制设备

1. 隔离开关

隔离开关适用于配电设备中作为不频繁手动接通和切断或隔断电路之用，分为可带负载操作、不带负载操作和熔断器式开关等。

（1）可带负载操作隔离开关

可带负载操作隔离开关能通断一定的负荷电流和过负荷电流，但不能断开短路电路，具有简单的灭弧装置，可带负载分、合电路。

常见型号有 HGL 型、HH15A 型等。额定电流范围 100～1600A，如图 7-1 所示。

（2）不允许带负载操作的隔离开关（又称刀型隔离器）

刀型隔离器主要功能是隔离电源，因此不允许带负载操作，没有保护功能，有明显的断开点，不能分断短路电流。

常见型号有 HD 系列（单投隔离开关）、HS 系列（双投隔离开关）等，如图 7-2 所示。

铁壳闸刀开关一般作为电动机的电源开关，不宜频繁操作。其铁壳盖与操作手柄有机械连锁，只有操作手柄处于停电状态，才能打开铁壳盖，比较安全。

铁壳闸刀开关的型号有 HH3 型、HH4 型、HH10 型、HH11 型等系列。HH3 型的额定电流有 10A、15A、20A、30A、60A、100A、200A。铁壳闸极数一般为三极开关。

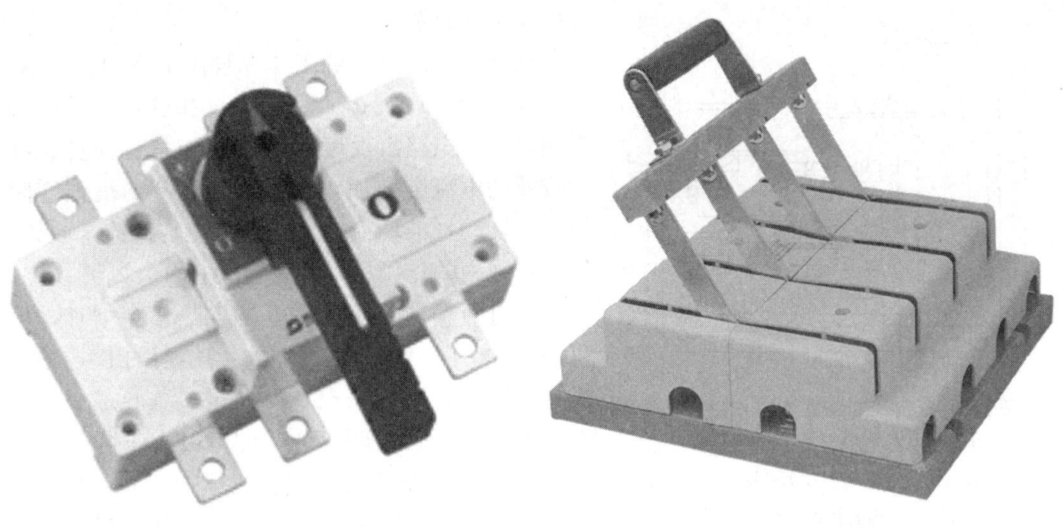

图 7-1　HGL 型隔离开关　　　　图 7-2　HS 型双投隔离开关

铁壳闸刀开关的额定电流 $I_N$ 一般按电动机额定电流的三倍确定，额定电压 $U_N$ 应大于电路中的工作电压。

（3）熔断器式开关

熔断器式开关也称刀熔开关，是将刀开关的闸刀换成 RT0 型熔断器，它兼有刀开关和熔断器的功能，主要型号有 HR 系列，其结构及外形如图 7-3 所示。

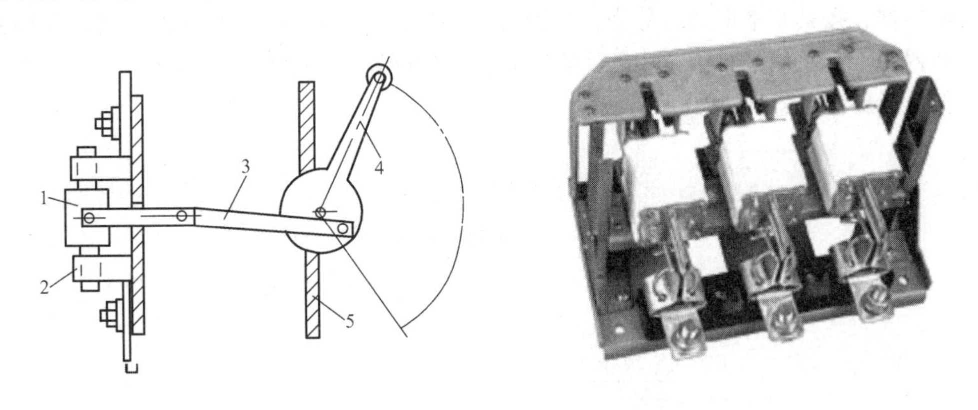


图 7-3　HR 型刀开关结构示意图及外形图

1—RT0 型熔断器的熔管；2—HD 型刀开关的弹性触座；
3—连杆；4—操作手柄；5—配电装置面板

2. 低压断路器（自动空气开关）

低压断路器又称为自动空气开关，是应用最广泛的低压控制设备。它的结构较复杂，价格也较贵，但功能多，操作方便，且体积越来越小。较完整的低压断路器不但可以接通和分断电路的正常工作电流，还具有过载保护、短路保护、欠压及失压保护、远地控制、跳闸报警等功能，这些功能是由双金属片或电磁线圈等感应元件受到电路的不正常情况或其他外界信号的作用后，通过机械传递机构的传递，最终使脱扣机构脱扣、打开开关、断开电路来实现的。

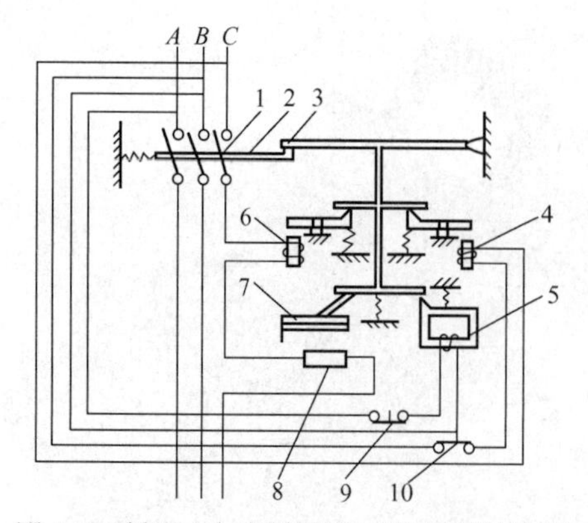


图 7-4　低压空气断路器的工作原理结构图
1—主触头；2—跳钩；3—锁扣；4—分励脱扣器；5—失电压脱扣器；6—过电流脱扣器；7—热脱扣器；8—热元件；9、10—按钮

低压空气断路器的工作原理图如图 7-4 所示，当手动合闸后，跳钩 2 和锁扣 3 扣住，开关的触头闭合，当电路出现短路故障时，过电流脱扣器 6 中线圈的电流会增加许多倍，其上部的衔铁逆时针方向转动，推动锁扣 3 向上，使其跳钩 2 脱钩，在弹簧弹力的作用下，开关自动打开，断开线路；当线路过负荷时，热元件 8 的发热量会增加，使双金属片 7 向上弯曲程度加大，托起锁扣 3，最终使开关跳闸；当线路电压不足时，失压脱钩器 5 中线圈的电流会下降，铁芯的电磁力下降，不能克服衔接铁上弹簧的弹力，使衔铁上跳，锁扣 3 上跳，与锁钩 2 脱离，致使开关打开。按钮 9 和 10 起分励脱扣作用，当按下按钮 9 时，开关的动作过程与线路失压时是相同的；按下按钮 10 时，使分励脱扣器线圈通电，最终使开关打开。

低压断路器有许多新的种类，结构和动作原理也不相同，上面所述的只是其中一种。

低压断路器按其用途可分为：配电用低压断路器、电动机保护用低压断路器、照明用低压断路器；按其基本形式可分为：装置式、框架式（万用式）。塑料外壳式低压断路器属于装置式，是民用建筑中常用的，它具有保护性能好，安全可靠等优点。

低压断路器型号含义如下：

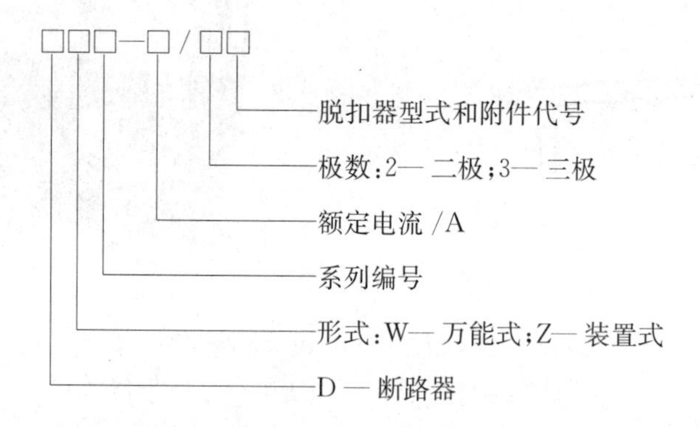


低压断路器型号有 DZ 系列、DW 系列等，还有国外引进的 C 系列小型空气断路器、ME 系列框架式空气断路器等多种系列产品。近年来我国成功开发了 HA 系列智能型低压万能式新一代断路器，它具有智能化选择动作的高分断能力，其技术性能达到了国际同类产品先进水平。

图 7-5 所示为 CDB7 系列小型断路器及 HA 系列智能型低压万能式断路器外形图。

低压空气断路器一般作为照明线路和动力线路的电源开关，不宜频繁操作，并作为线路过载、短路、失压等多种保护电器使用。

(a)

(b)

图 7-5　低压断路器外形图

(a) CDB7 系列小型；(b) HA 系列智能型万能式断路器

（二）低压保护设备

低压保护设备主要有低压熔断器、漏电保护器、低压断路器中的保护元件、热继电器等，在这里主要介绍低压熔断器、漏电保护器。

1. 低压熔断器

(1) 低压熔断器的种类

低压熔断器是最简单的保护电器，当线路严重过载或短路时，其熔丝将会过热而熔断，断开故障电流，从而保护线路和设备。熔断器具有反时限特性，即熔体熔断时间与电流的平方成反比，电流越大，熔断越快。保护特性曲线如图 7-6 所示，当电流略大于其最小熔断电流 $I_{min}$ 时，要经过较长时间熔断；当电流很大时，熔丝的熔断时间很短。

熔断器具有结构简单，体积小，重量轻，价格便宜等优点，在建筑电气系统中仍然较广泛的应用，尤其是快速熔断器，能在短路电流未达到冲击值之前完全熄灭电弧，具有限流作用。

1) 瓷插式熔断器

瓷插式熔断器的结构如图 7-7 所示，它由瓷底座、瓷插件（瓷盖）、触头和熔丝（熔体）组成，熔丝为铅锡合金，它装在瓷盖上，当把瓷盖拔出后，熔断器内部线路就断开。

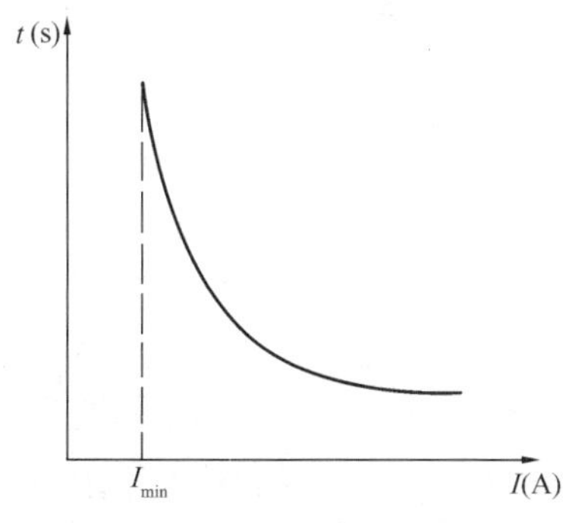


图 7-6　熔断器保护特性曲线

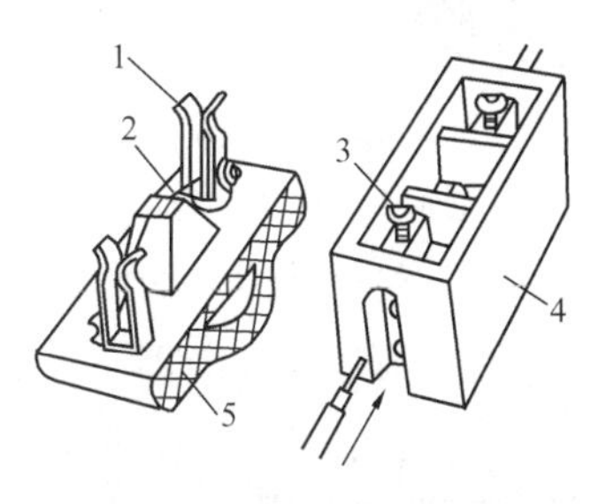


图 7-7　瓷插式熔断器结构图

1—动触头；2—熔丝；3—静触头；4—瓷座；5—瓷插

在电气照明线路中，瓷插式熔断器是应用较广泛的一种，但由于它的灭弧能力较差，极限分断能力低，故只适用于负载不大的照明线路中。

瓷插式熔断器有 RC1A 等系列，一般用于交流 50Hz/380V 或 220V 的低压线路末端，作为电气设备的短路保护。在使用时熔丝的额定电流不能大于熔断器的额定电流。

2）螺旋式熔断器

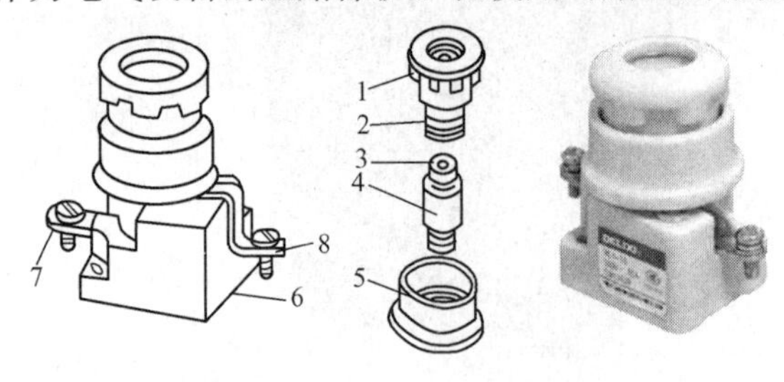

图 7-8　螺旋式熔断器结构图

1—瓷帽；2—金属管；3—色片；4—熔丝；5—瓷套；6—底座；7—上接线端；8—下接线端

螺旋式熔断器的结构如图 7-8 所示，由底座、带螺纹的瓷帽和熔管组成，熔管内装有熔丝，并充满石英砂，熔丝的一端焊有指示器，当熔丝中电流过大时，会发热而熔断，熔断过程中会产生电弧，由于把熔丝埋在石英砂中，电弧在缝隙中穿过，因此，很快就熄灭了。所以，这种熔断器的灭弧能力很强，在熔丝熔断时，与熔丝连在一起的指示器会脱落，从而知道熔管内部的熔丝已经熔断。

螺旋式熔断器有 RL1 系列，一般用于交流 50Hz 或 60Hz、额定电压为 500V 以下，额定电流为 2A 到 200A 的配电线路中，作严重过载及短路保护使用。

3）封闭式熔断器

封闭式熔断器结构如图 7-9 所示，它有耐高温的密封保护管（纤维管），内装熔片。当熔片熔化时，封闭管内气压很高能起到灭弧作用，还能避免相间短路。这种熔断器常用于额定电压交流 500V 或直流 400V 的电力网和成套配电设备上，作为短路保护和连续过载保护。RT14 系列圆筒形帽熔断器外形如图 7-10。

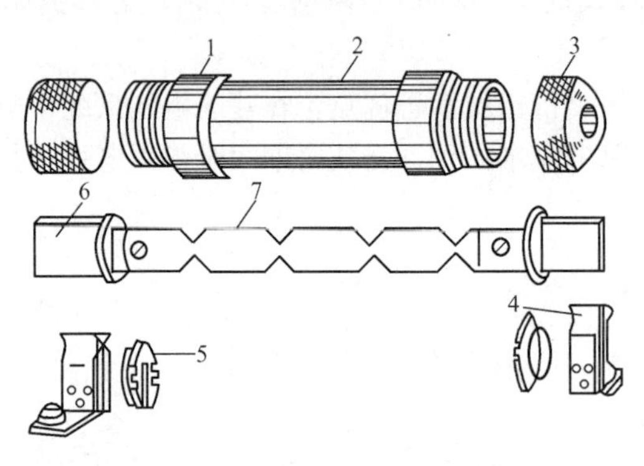

图 7-9　封闭式熔断器结构图

1—黄铜圈；2—纤维管；3—黄铜帽；4—刀座；5—特种垫圈；6—刀形接触片；7—熔片

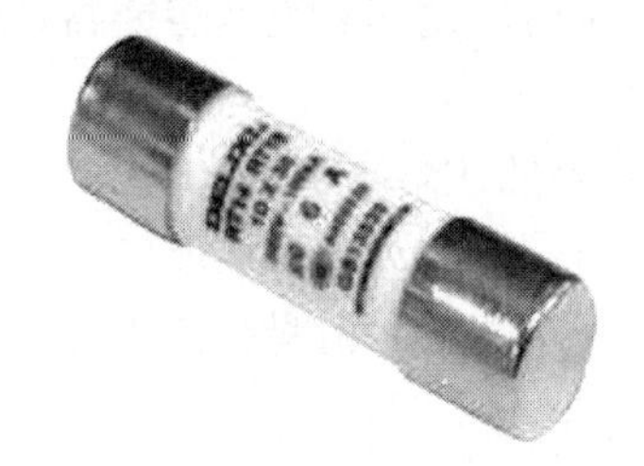
图 7-10　RT14 系列圆筒形帽熔断器外形

4）有填料封闭式熔断器

有填料封闭式熔断器结构如图 7-11 所示，它具有限流作用及较大的极限分断能力。瓷管内填充硅砂，起灭弧作用。其熔体用两个冲压成栅状铜片和低熔点锡桥连接而成，具有限流作用，并采用分段灭弧方式，具有较大的断流能力。该熔断器有熔丝指示器，当其色片不见了表示熔体已熔断，需及时更换。这种熔断器常用于具有较大短路电流的电力系

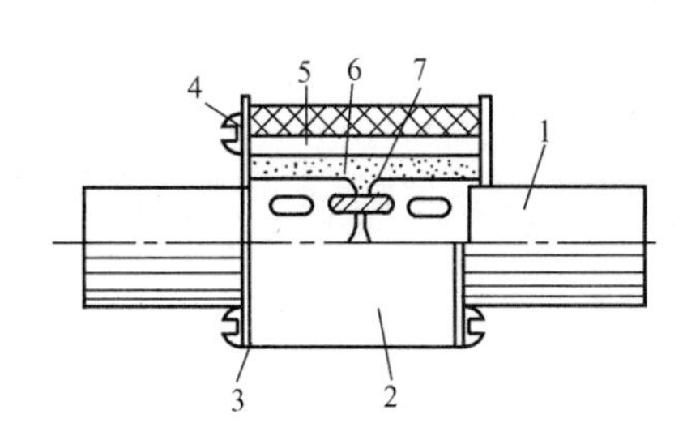

图 7-11　RTO 系列有填料封闭式熔断器结构图

1—闸刀；2—瓷管；3—盖板；4—指示器；

5—熔丝指示器；6—硅砂；7—熔体

统和成套配电装置中。

（2）熔断器的型号含义

1）瓷插式熔断器

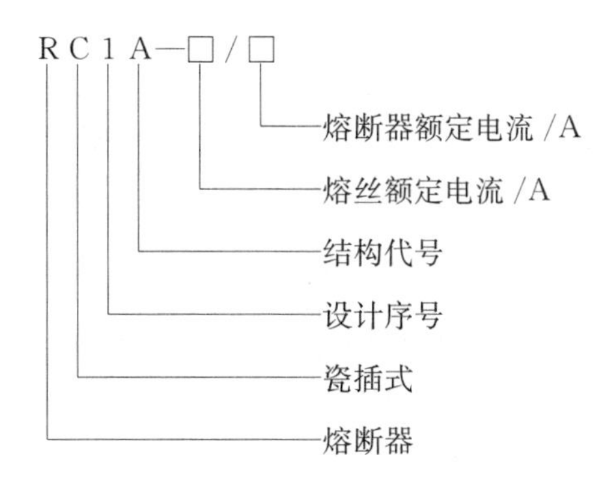


2）螺旋式熔断器

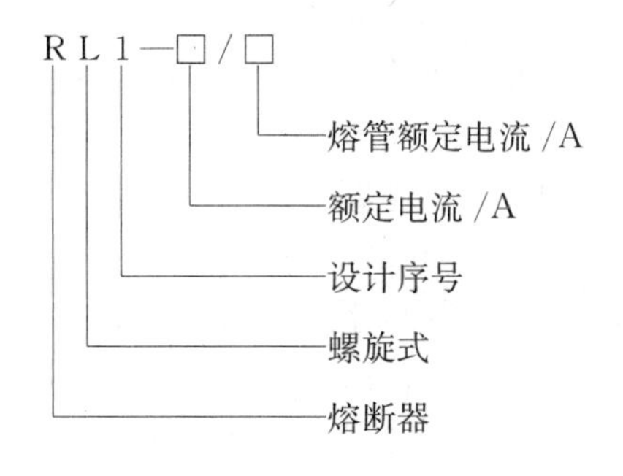


3）封闭式熔断器

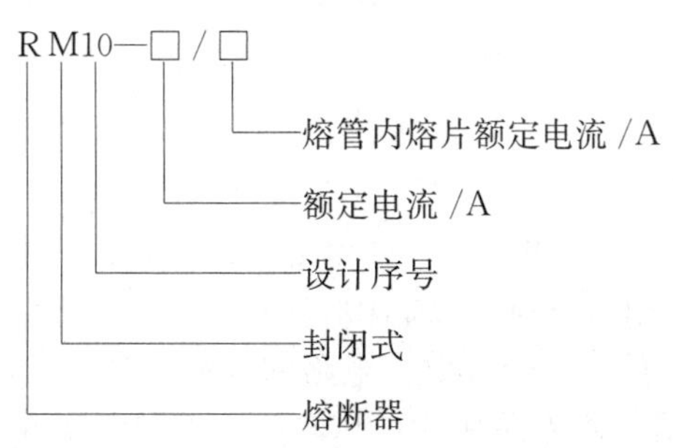


4）有填料封闭式熔断器

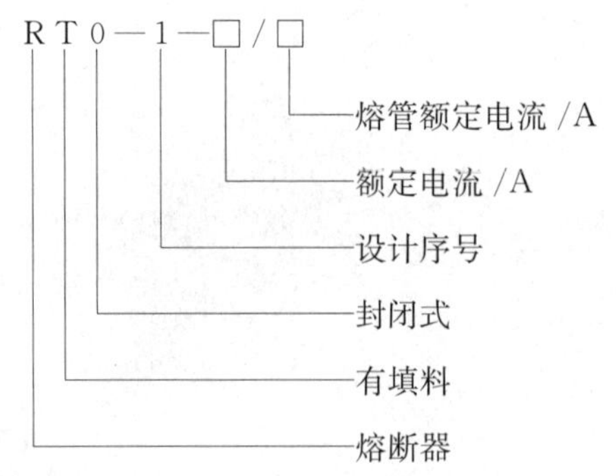


（3）熔断器熔丝的选择

1）对于照明负载，熔断器的熔丝额定电流$I_{RD}$应不小于负荷电流$I_{is}$即$I_{RD} \geqslant I_{is}$。

2）对于电动机负载，熔断器的熔丝额定电流$I_{RD}$应按电动机的额定电流$I_N$的1.5～1.25倍来选择，即

$$I_{RD} = (1.5 \sim 1.25) I_N \tag{7-1}$$

对于多台电动机负载，其供电干线总保险的熔断器的熔丝额定电流$I_{RD}$可按下式选择：

$$I_{RD} = (1.5 \sim 1.25) I_M + \Sigma I_{N(n-1)} \tag{7-2}$$

式中 $I_M$——额定电流最大的电动机电流；

$\Sigma I_{N(n-1)}$——除电流最大的电动机的额定电流以外的其余电动机额定电流之和。

常见的熔断器和熔体额定电流见附录7-1。

2. 漏电保护断路器

漏电保护断路器又称漏电保护开关。当在低压线路或电气设备上发生触电、漏电和单相接地故障时，设有漏电保护断路器就可以快速自动切断电源，保护人身和设备的安全。触电是指人体不慎触及电网或电气设备的带电部分，流经人体的电流称为触电电流；而漏电一般是指电网或电气设备对地的泄漏电流。

漏电保护断路器有许多种类，按动作原理，可分为电压型、电流型和脉冲型；按结构形式可分为电磁式和电子式。电磁式漏电保护断路器主要由检测元件、灵敏继电器元件、主电路开断执行元件以及试验电路等几部分组成；电子式漏电保护断路器主要由检测元件、电子放大电路、执行元件以及试验电路等几部分组成。

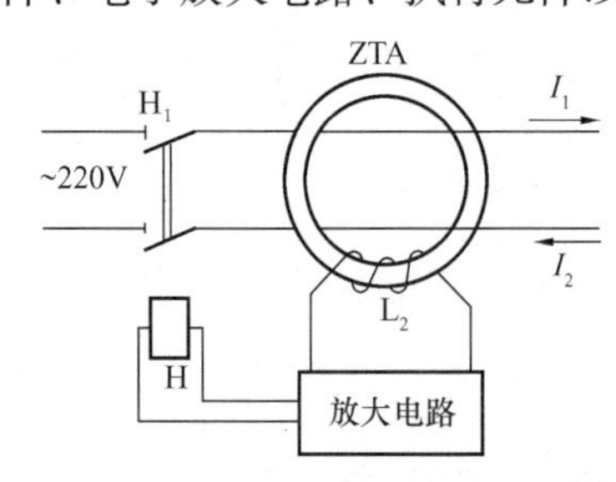


图7-12 单相电流型漏电保护断路器原理

现以常用的电流型漏电保护断路器为例，简述其工作原理。图7-12所示为单相电流型漏电保护断路器原理图。图中ZTA为电流互感器，H为执行元件（即吸引线圈），$H_1$为执行元件的常闭触点。当线路正常工作时，流经电流互感器ZTA中间的电流$I_1$与$I_2$大小相等，方向相反，因此在电流互感器铁芯中产生的合成磁通等于零，在互感器的二次侧$L_2$中没有信号输出，$H_1$处在闭合位置，电气设备正常工作。当发生触电或漏电故障时，由于有一个流经人体的触电电流或漏电电流，使得电流$I_1$与$I_2$不再相等，这样在电流互感器铁芯中就会产生一个交变磁通，并在互感器的二次侧$L_2$中产生感应电动势，该信号经过放大电路的放大，当达到整定值时，执行元件H动作，推动触点$H_1$断开，将故障电路切除，从而避免了触电或漏电事故的发生。漏电保护器的动作电流从十几毫安到几百毫安等多个规格，动作时间在0.1～0.2s之间。

这种漏电保护断路器广泛用于中性点直接接地的低压电网线路中。三相漏电断路器可作为低压电网的总保护；单相漏电断路器可作为低压电网的单相线路的总保护、末端保护、电机和家庭用电保护等。

漏电保护断路器常用的型号主要有 DZL18-20、DZ15L 等，应根据具体需要参照产品技术参数合理选用。图 7-13 所示为 DZL18-20 型漏电断路器外形图。

图 7-13 DZL18-20 型漏电断路器外形

在使用漏电保护器时要注意，通常正常工作电流的相线和零线接在漏电开关上，而保护接地线绝不能接在漏电开关上。

（三）三相电力变压器

三相电力变压器是建筑供电系统的重要电源设备，它的主要作用是将高压电能变换为低压电能向建筑物供电。

1. 三相电力变压器的种类

变压器按其绝缘介质可以分为油浸式、干式、气体绝缘介质式、电力电子式等。

（1）油浸式变压器

绝缘介质为油，该类变压器具有绝缘电压高、性能稳定，成本低等特点，在电力系统中广泛应用。但由于绝缘介质油为可燃性的，只能在独立式变电所和厂房附设式变电所中选用，在高层民用建筑内严禁使用。国外有种叫硅油的变压器油，该油具有燃点高、性能稳定、无毒等优点。硅油变压器在采取消防措施后，可以进入大楼。

油浸式变压器的冷却主要采用自然风冷、强迫风冷两种，一般独立式变电所内的变压器采用自然风冷，即变压器室墙、门上开足够的进风窗和出风窗，通过热空气自然上升的原理使变压器冷却。强迫风冷主要用于进风窗和出风窗面积不够或变压器增容情况。油浸式变压器如图 7-14 所示。

（2）干式变压器

环氧树脂浇铸干式变压器（简称干变），国外从 20 世纪 60 年代生产，技术日趋成熟。这种变压器有带填料的（石英粉）、纯树脂的、绕包的，各种工艺、结构并存。干式变压器的主要特色是可靠性高，安全性好，无爆炸危险，因此在国内高层建筑中，10kV 电压等级的变压器普遍采用干式变压器。由于干式变压器的耐热等级高，变压器的体积小、重量轻，特别适合于高原、沿海地区及运行条件比较恶劣的环境。干式变压器采用风机冷却。干式变压器如图 7-15 所示。

图 7-14 三相油浸式变压器

图 7-15 干式变压器

(3) 气体绝缘介质变压器

主要为 $SF_6$ 变压器，$SF_6$ 气体是一种惰性气体，它作为绝缘介质具有不燃、无毒、无臭、优越的耐电弧性、很高的绝缘性能。该变压器在国外应用很广泛，在国内近几年也有使用。

(4) 电力电子配电变压器

电力电子变压器又称固态变压器，是近年来随着电力电子技术发展而引起人们关注的新型配电变压器，它采用最新的电力电子变流技术，将工频交流电转换为高频交流电或直流电，然后用高频变压器进行隔离以实现电压电流的变换，最后将高频交流电转化为工频交流电或将直流电逆变为工频交流电供电网用户使用。由于电力电子变压器使电网与用户隔离，所以消除了来自电网侧的电压波动、电压波形失真以及电网频率的波动，也消除了由用户端所产生的无功、谐波、瞬时短路对供电电网的影响。电力电子变压器可以避免传统变压器由于铁芯磁饱和而造成系统中电压、电流的波形畸变，从而改善了供电质量。

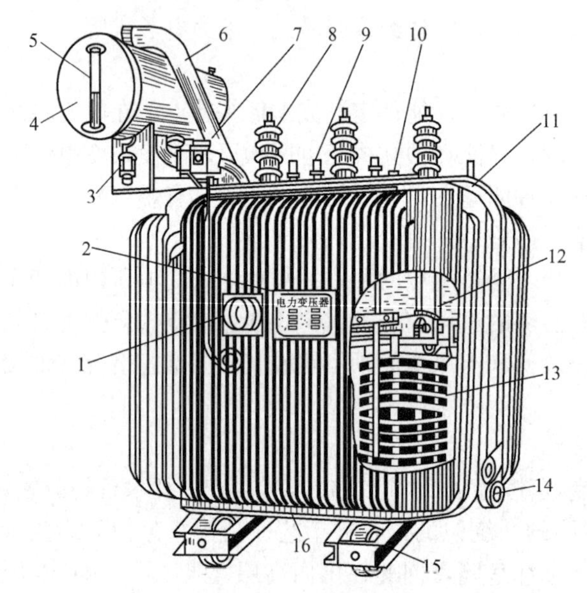


图 7-16　三相油浸式变压器

1—信号温度计；2—铭牌；3—吸湿器；4—油枕(贮油柜)；5—油位指示器(油标)；6—防爆管；7—瓦斯继电器；8—高压套管；9—低压套管；10—分接开关；11—油箱；12—铁芯；13—绕组及绝缘；14—放油阀；15—小车；16—接地端子

电力电子变压器采用了高频变压器，体积将大大减小，价格也将不断下降而低于传统工频变压器。

2. 三相油浸式变压器的结构

三相油浸式变压器的结构如图 7-16 所示。

3. 三相电力变压器额定容量的选择

1) 采用一台主变压器供电的电力负荷变压器的选择

电力变压器额定容量 $S_N$ 不小于电力用户的计算容量 $S_{js}$，即

$$S_N \geqslant S_{js}$$

2) 采用两台主变压器供电的电力负荷变压器的选择

(1) 两台主变压器若一用一备的供电方式，每台主变压器的额定容量 $S_N$ 不小于电力用户的计算容量 $S_{js}$，即

$$S_N \geqslant S_{js}$$

(2) 两台主变压器若采用互为备用的供电方式，每台主变压器的额定容量 $S_N$ 不小于电力用户的计算容量 $S_{js}$ 的 70%，即

$$S_N \geqslant 0.7S_{js}$$

**三、配电线路电线、电缆类型的选择**

1. 导体材料的选择

建筑配电系统中常用的导体材料有铜芯和铝芯；从自然资源的角度看，铜比铝要稀

少；从节能的角度看为了减少电能传输时引起的线路损耗，要求减少导线的阻抗，则使用铜要比铝好；但在下列情况下，应采用铜芯线缆。

2. 绝缘及护套选择

（1）塑料绝缘电线

该电线绝缘性能好，制造方便，价格便宜，可取代橡胶绝缘电线；缺点是对气候适应性能较差，低温时易变硬发脆，高温或日光下绝缘老化加快，因此该电线不宜在室外敷设。

（2）橡胶绝缘电线

橡胶绝缘电线的外包层为玻璃丝及棉纱或两者相互配合制成，价格较塑料绝缘电线高。现已逐步被塑料绝缘电线取代，一般不宜采用。

（3）氯丁橡胶绝缘电线

氯丁橡胶绝缘电线具有很好的耐油性能，不易霉、不延燃、气候适应性也好，即使在室外高温和阳光下暴晒，老化速度缓慢，老化时间约为普通橡胶绝缘电线的两倍，因此适宜在室外敷设。缺点是绝缘层机械强度较差，不宜穿管敷设。在截面为 35mm$^2$ 以下的电线中，将取代普通橡胶绝缘电线。

（4）聚氯乙烯绝缘及护套电力电缆

该电缆主要优点是制造工艺简单，没有敷设高差限制，重量轻，弯曲性能好，接头制造简单，耐油、耐酸碱腐蚀，不延燃，价格便宜，因此普遍使用于民用建筑低压配电系统中。

（5）交联聚乙烯、绝缘聚乙烯护套电力电缆

该电缆性能优良，结构简单，制造工艺不复杂，外径小，重量轻，载流量大，敷设水平高差不受限制，但是价格较贵，且有延燃缺点。

（6）橡胶绝缘电力电缆

该电缆优点是弯曲性能好，耐寒能力强，特别适合于水平高差大和垂直敷设的场合。橡胶绝缘橡胶护套软电缆还可用于直接移动式电气设备；缺点是允许运行温度低，耐油性能差，价格较贵，一般室内配电使用不多。

图 7-17　VV22 型电缆

3. 电线、电缆型号表示及含义

（1）常用的绝缘导线型号、名称和主要用途见表7-1所示。

电力电缆的线芯分为三芯、四芯、五芯等多种。VV22 型电缆如图 7-17 所示

例如：BX-16 表示导线的标称截面为 16mm$^2$ 的橡胶绝缘铜芯导线。

BV-150 表示导线的标称截面为 150mm$^2$ 的聚氯乙烯塑料绝缘铜芯导线。

BVL-95 表示导线的标称截面为 95mm$^2$ 的聚氯乙烯塑料绝缘铝芯导线。

ZQ22-10（3×70）表示油浸纸介质绝缘内铅包护套外钢带铠装铜芯电缆，三芯，10kV 电压，每芯标称截面为 70mm$^2$。

VV22-1.0（3×95＋1×50）表示聚氯乙烯绝缘与护套钢带铠装铜芯电缆，四芯，1kV 电压，其中有三芯导线标称截面为 95mm$^2$，一芯导线标称截面为 50mm$^2$。

**常用的绝缘导线的型号、名称和主要用途** **表 7-1**

| 型　号 | 名　　称 |
| --- | --- |
| BV<br>BLV | 铜芯聚氯乙烯塑料绝缘电线<br>铝芯聚氯乙烯塑料绝缘电线 |
| BVV<br>BLVV | 铜芯聚氯乙烯绝缘聚氯乙烯护套线<br>铝芯聚氯乙烯绝缘聚氯乙烯护套线 |
| RV<br>RVS | 铜芯聚氯乙烯塑料绝缘软线<br>铜芯聚氯乙烯塑料绝缘绞型软线 |
| BVR | 铜芯聚氯乙烯塑料绝缘软线 |
| BX<br>BLX | 铜芯橡胶绝缘线<br>铝芯橡胶绝缘线 |
| BXF<br>BLXF | 铜芯氯丁橡胶绝缘电线<br>铝芯氯丁橡胶绝缘电线 |

（2）电力电缆型号含义见表 7-2。

**电力电缆型号含义** **表 7-2**

| 类　别 | 导　体 | 内护套 | 特　征 | 外　护　套 |
| --- | --- | --- | --- | --- |
| V：聚氯乙烯绝缘<br>YJ：交联聚乙烯绝缘<br>X：橡胶绝缘 | L：铝芯<br>T：铜芯<br>（一般不注） | Q：铅包<br>L：铝包<br>V：聚氯乙烯护套 | P：滴干式<br>D：不滴流式<br>F：分相铅包式 | 02：聚氯乙烯套<br>03：聚氯乙烯套<br>20：裸钢带铠装<br>22：钢带铠装聚氯乙烯套<br>23：钢带铠装聚乙烯套<br>30：裸细钢丝铠装<br>32：细圆钢丝铠装聚乙烯套<br>33：细圆钢丝铠装聚乙烯套<br>41：粗圆钢丝铠装纤维外被<br>441：双粗圆钢丝铠装纤维外被 |

BLX-50 表示导线的标称截面为 $50mm^2$ 的橡胶绝缘铝芯导线。

4. 配电线路导线截面的选择

（1）选择导线截面的原则

首先导线要满足所能承担的最低机械强度的要求；导线应满足其通过最大工作电流的要求；导线上的电压损失应在规定的允许电压损失之内。

（2）按机械强度选择导线截面

按机械强度选择导线截面时，导线的最小截面应满足表 7-3 的要求。

**按机械强度选择导线截面（$mm^2$）** **表 7-3**

| 敷设环境 \ 导线类型 | 铜线 | | 铝线 | | |
|---|---|---|---|---|---|
| | 绝缘线 | 裸线 | 绝缘线 | 铝绞线 | 铜芯铝绞线 |
| 室外 | 10 | 16 | 16 | 25① | 16 |
| 室内 | 1 | — | 2.5 | — | — |

注：高压线用 $35mm^2$。

（3）按导线的安全载流量选择导线截面

导线的安全载流量是指在其额定温升时通过的允许电流。通过导线的工作电流超过安全载流量时，导线的温升就会超过额定温升，会使导线过热而受损。导线的安全载流量与导线的型号、标称截面及敷设条件有关。敷设条件是指环境温度、导线敷设方式及穿管敷设的导线根数等，其中环境温度是指敷设地点的最高月平均温度。

按导线的安全载流量选择导线截面的原则是：导线的安全载流量不小于导线的计算电流。不同型号导线的安全载流量可参考有关电气手册。

导线的计算电流

$$I_{js} = K_X \frac{P_c}{\sqrt{3}U_N\cos\phi}\text{（三相电路）} \tag{7-3}$$

$$\text{或 } I_{js} = K_X \frac{P_c}{U_N\cos\phi}\text{（单相电路）} \tag{7-4}$$

式中 $K_X$——用电设备组的需要系数；

$P_c$——用电设备组的设备总容量；

$U_N$——线路的额定电压；

$\cos\phi$——用电设备组的功率因数。

（4）按允许电压损失选择导线截面

配电线路通过工作电流时，由于导线存在阻抗，必然使线路产生电压降（电压损失）。线路越长，线路上的有功负荷越大，电压损失就越大，同时电压损失还与导线的材质有关。对于一般低压线路，如按线路的允许电压损失 $\Delta U\%$选择导线截面时，可用如下公式计算导线的截面：

$$S = K_X \frac{\Sigma PL}{C\Delta U} \tag{7-5}$$

式中 $S$——导线截面；

$K_X$——需要系数；

$\Sigma PL$——线路上功率矩之和；

$C$——计算系数；在 380V/220V 的三相四线制供电线路中，铜导线的 $C_{铜}=77$，铝导线的 $C_{铝}=46.3$；在单相 220V 的供电线路中，$C_{铜}=12.8$，$C_{铝}=7.75$；

$\Delta U$——线路上允许电压损失百分点。在一般的照明供电系统和动力供电系统中，$\Delta U\%\leqslant5\%$。

## 第二节　建筑电气系统、分类及基本组成

### 一、建筑电气系统

建筑电气系统从电能的供入、分配、输送和消耗使用的观点来看，可分为供电系统和用电系统两大类。用电系统又根据用电设备的特点和系统中传送能量的类型不同可分为电气照明系统、动力及控制系统和建筑弱电系统三种。建筑弱电系统包括火灾自动报警与联动控制系统、建筑通信系统、有线电视系统、建筑音响系统、安保监视系统和建筑物智能化系统。

### 二、建筑电气系统的分类

（一）建筑的供配电系统

供配电系统是建筑电气的最基本系统，它对电能起着接受、变换和分配的作用，向各种用电设备提供电能。

1. 供电电源

供电电源应根据建筑物内的用电负荷的大小和用电设备的额定电压数值，以及供电可靠性要求等因素确定。一般有如下几种方式：

（1）单相220V电源

用于建筑物较小或用电设备负荷量较小，而且均为单相、低压用电设备的场合。

（2）三相380V/220V电源

用于建筑物较大或用电设备的容量较大，但全部为单相和三相低压用电设备而且总设备功率在240kW以下的场合。

（3）10kV高压供电电源

用于建筑物很大或用电设备的容量很大，虽全部为单相和三相低压用电设备但采用高压供电在技术和经济上合理且满足供电部门要求的场合。此时，在建筑物内应装设变压器，布置变电室。若建筑内有高压用电设备时，应引入高压电源供其使用，同时装设变压器，满足低压用电设备的电压要求。

2. 供配电设备

供配电设备主要有变压器、高压配电装置、低压配电装置。

（1）变压器

变压器起着变换电压的作用，常用的10kV变电所中变压器将高压10kV变为低压380V/220V。根据冷却方式不同，通常采用的配电变压器有油浸式变压器和干式变压器。

（2）高压配电装置

高压配电装置是用于安放高压电器设备的柜式成套装置，起着接受电能、分配电能的作用，柜内安装有高压开关设备、测量仪表、保护设备及一些操作辅助设备。按其结构可分为固定式和手车式两种。

（3）低压配电装置

低压配电装置是用于安放低压电器设备的成套柜式装置，可分为固定式和抽屉式。

（二）电气照明系统

使用可以将电能转换为光能的电光源进行采光，保证人们在建筑物内正常从事生产、

科研和生活活动，满足其特殊需要的照明设施，称“建筑电气照明系统”。电气照明系统由电气和照明两个部分组成，其中电气系统分为供电系统和配电系统，系统应满足用电设备对供电可靠性和对供电质量的要求，并适应建筑的发展；照明系统由照明器、照明线路、照明控制电器及保护电器等组成。有关具体内容详见第七章。

（三）动力及控制系统

动力及控制系统，是指应用电机拖动的机械设备，为整个建筑提供舒适、方便的生产、生活条件而设置的各种系统。如供暖、通风、供水、排水、热水供应、运输等系统。维持这些系统工作的机械设备，都是靠电动机来拖动的，因此，动力及控制系统实质上就是给电动机配电以及对电动机进行控制的系统。这里简要介绍电动机的种类及动力设备配电和控制的基本知识。

1. 电动机的种类及其在建筑中的应用

电动机的分类见表 7-4。

**电动机的分类表** **表 7-4**

<table>
<tr><th colspan="7">电　动　机</th></tr>
<tr><th colspan="3">交流电动机</th><th colspan="4">直流电动机</th></tr>
<tr><td rowspan="2">同步电动机</td><td colspan="2">异步电动机</td><td rowspan="2">他励式直流电动机</td><td colspan="3">自励式直流电动机</td></tr>
<tr><td>鼠笼式异步电动机</td><td>绕线转子异步电动机</td><td>串励式</td><td>并励式</td><td>复励式</td></tr>
</table>

同步电动机构造复杂、价格较贵，在建筑动力系统中很少采用。

直流电动机构造也复杂、价格也较贵，而且需要直流电源，因此除在对调速性能要求较高的客运电梯上应用外，其他场所也很少应用。

异步电动机构造简单、价格便宜、启动方便，在建筑动力系统中得到广泛应用。其中鼠笼式用得最多。当启动转矩较大，或负载功率较大，或需要适当调速的场合，多采用绕线转子异步电动机。

2. 动力设备的配电

建筑物内动力设备的种类繁多，总的负荷容量大。动力设备的容量大小也参差不齐，空调机组可达到 500kW 以上，而有些动力设备只有几百瓦至几千瓦的功率。另外，不同动力设备的供电可靠性要求也是不一样的。因此，在确定动力设备的配电方式时，应根据设备容量的大小、供电可靠性要求的高低，并结合电源情况设备位置，注意接线简单、操作维护方便等因素综合考虑。

（1）消防用电设备的配电

消防用电设备应采用专用（即单独的）供电回路，即由变压器低压出口处与其他负荷分开自成供电体系，以保证在火灾时切除非消防电源后消防用电不停，确保灭火扑救工作的正常进行。配电线路应按防火分区来划分。应有两个电源供电并且应尽可能地取自变电所的两段不同的低压母线；或采用两级配电，即从变电所低压母线引两路电源到配电（切换）箱，再向各设备供电。消防设备的配电线路可以采用普通电线电缆，但应穿在金属管或阻燃塑料管内，并应埋设在不燃烧结构内。当采用明敷时，应在金属管或金属线槽上涂防火涂料。敷设在竖井内的线路，采用不延燃性材料作绝缘和护套的电缆电线。

（2）空调动力设备的配电

在动力设备中，空调动力是最大的动力设备，它的容量大，设备种类多，包括空调制冷机组（或冷水机组、热泵）、冷却水泵、冷却塔风机、空调机、新风机、风机盘管等。空调制冷机组（或冷水机组、热泵）的功率很大，大多在200kW以上，有的超过500kW，因此多采用直配方式配电，即从变电所低压母线直接引来电源到机组控制柜。冷却水泵、冷冻水泵的台数较多，且留有备用，单台设备容量有几十千瓦，多数采用降压起动，对其配电一般采用两级配电方式，即从变电所低压母线引来一路或几路电源到泵房动力配电箱，再由动力配电箱引出线至各个泵的起动控制柜。

空调机、新风机的功率大小不一，分布范围比较大，可以采用多级配电。

盘管风机为220V单相用电设备，数量多，单机功率小，只有几十瓦到一百多瓦。因此，一般可以采用像灯具那样的供电方式，一个支路可以接若干个盘管风机。盘管风机也可以由插座供电。

（3）电梯和自动扶梯的配电

电梯和自动扶梯是建筑物中重要的垂直运输设备，必须安全可靠。考虑到运输的轿厢和电源设备在不同的地点，维修的人员不可能在同一地点观察到两者的运行情况。虽然单台电梯的功率不大，但为了确保电梯的安全及各台电梯之间互不影响，每台电梯应由专用回路供电 ，并不得与其他配电导线敷设在同一电线管中。

电梯和自动扶梯的电源线路，一般用电缆或绝缘导线。电梯的电源一般引至机房电源箱；自动扶梯的电源一般引至高端地坑的扶梯控制箱。

（4）生活给水装置的配电

生活给水装置主要包括水泵，一般变压器出口处引一路电源送至泵房动力配电箱，然后送至各泵控制设备。

3. 动力设备的控制

对电动机的控制应用最广泛的是采用各种继电器和接触器组成的继电—接触控制系统。在系统中通过各种控制电器之间动作的连锁关系（如自锁、顺序连锁和互斥连锁等），达到不同的控制目的。

控制电器是一种用于接通和断开电路中电流的电器。按其性能和用途可分为四种：

（1）接触器

用于远距离频繁接通和分断交直流主电路（大电流电路）或大容量控制电路。接触器本身具有低压、失压保护作用。

（2）继电器

根据一定的信号如电压、电流或时间来接通或断开小电流电路，通常有用来接通和断开接触器的线圈电路的中间继电器（扩大接通控制电路数目）、电压继电器（失压、欠压保护）、电流继电器（短路和过载保护）、热继电器（过载保护）和时间继电器（延时通断）等。

（3）控制器

用来转换电路中的电阻。

（4）主令电器

用来在控制电路中发布命令，有按钮、行程开关和转换开关等。

控制电器的基本组成有触头（点）系统和驱动系统两部分。在驱动系统未受作用力时，闭合着的触点，称为“动断触点”；开启着的触点，称为“动合触点”。另外，按钮的作用力为人工手力；行程开关的作用力为撞块的机械力；接触器和电磁型继电器等的作用力为电磁吸力；热继电器的作用力为热效应力等。当驱动系统受到作用力（作用人力或机械力、电磁线圈通电）时，动断触点断开，动合触点闭合；当作用力消失时，动合触点恢复断开，动断触点恢复闭合。

（四）建筑弱电系统（详见第九章）

**三、建筑电气系统的基本组成**

建筑电气系统虽然各类型作用不同，但它们一般都是由用电设备、配电线路、控制和保护设备三大基本部分所组成。

用电设备如照明灯具、家用电器、电动机、电视机、电话、电脑等，种类繁多，作用各异，分别体现出各类系统的功能特点。

配电线路用于传输电能和信号能。各类系统的线路均为各种型号的导线或电缆，其敷设方式也大致相同。

控制和保护设备是对相应系统实现控制保护等作用的设备。这些设备常集中安装在一起，组成如配电盘、柜等。若干配电盘、柜常集中安装在一个房间中，即形成各种建筑电气专用房间，如变配电室、消防中心控制室、公共电视天线系统前端控制室等。这些电气房间均需结合具体功能，在建筑设计中统一安排布置。

## 思考题及习题

**一、简答题**

1. 建筑电气设备按其作用分为哪几类？
2. 试述电力负荷的分级与供电要求。
3. 建筑电气系统分哪几类？
4. 试述建筑电气系统的基本组成。
5. 常用的低压控制设备有哪些？
6. 低压熔断器有哪些种类？
7. 变压器按其绝缘介质可以分为哪几种？各有什么特点？
8. 何谓动力设备控制电器？试述其种类。
9. 试述低压断路器的分类和形式。
10. 配电线路导线截面选择的原则有哪些？
11. 配电线路中电线、电缆按绝缘及护套材料分为哪些类型？
12. 高压隔离开关主要功能是什么？
13. 电力变压器的额定容量如何选择确定？
14. 高压熔断器在电路中重要的作用是什么？

**二、单选题**

1. 瓷插式熔断器有 RC1A 等系列，一般用于交流（　　）的低压线路末端，作为电气设备的短路保护。在使用时熔丝的额定电流不能大于熔断器的额定电流。

A. 50Hz/380V 或 220V　　B. 60Hz/380V 或 110V

C. 50Hz/220V 或 110V　　D. 50Hz/110V 或 220V

2. 低压熔断器是最简单的保护电器，当线路严重过载或短路时，其熔丝将会过热而熔断，从而保护线路和设备。熔断器具有反时限特性，即熔体熔断（　　），电流越大，熔断越快。

A. 时间与电流的成反比

B. 时间与电流的平方成正比

C. 时间与电流的立方成反比

D. 时间与电流的平方成反比

3. 铁壳闸刀开关的型号有 HH3 型、HH4 型、HH10 型、HH11 型等系列。HH3 型的额定电流有 10A、15A、20A、30A、60A、100A、200A。铁壳闸极数一般为(　　)开关。

A. 二极

B. 三极

C. 四极

D. 一极

4. 铁壳闸刀开关的额定电流 $I_n$ 一般按电动机额定电流的(　　)确定，额定电压 $U_n$ 应大于电路中的工作电压。

A. 一倍

B. 二倍

C. 三倍

D. 四倍

5. 螺旋式熔断器有 RL1 系列，一般用于交流 50Hz 或 60Hz、额定电压为(　　)以下，额定电流为 2A 到 200A 的配电线路中，作严重过载及短路保护使用。

A. 200V

B. 300V

C. 400V

D. 500V

6. 漏电保护器的动作电流从十几毫安到几百毫安等多个规格，动作时间在(　　)之间。

A. 0.1s 到 0.2s

B. 0.2s 到 0.3s

C. 0.3s 到 0.4s

D. 0.4s 到 0.5s

7. 氯丁橡胶绝缘电线具有很好的耐油性能，不易霉、不延燃、气候适应性也好，即使在室外高温和阳光下暴晒，老化速度缓慢，老化时间约为普通橡胶绝缘电线的两倍，因此适宜在室外敷设。缺点是绝缘层机械强度较差，不宜穿管敷设。在截面为(　　)以下的电线中，将取代普通橡胶绝缘电线。

A. $20mm^2$

B. $25mm^2$

C. $30mm^2$

D. $35mm^2$

8. 电力电缆的线芯分为（　　）等多种。

A. 一芯、二芯、三芯

B. 二芯、三芯、四芯

C. 三芯、四芯、五芯

D. 四芯、五芯、六芯

9. BX-16 表示导线的标称截面为（　　）的橡胶绝缘铜芯导线。

A. $2\times8mm^2$

B. $16mm^2$

C. $160mm^2$

D. $16mm^3$

10. VV22－1.0（3×95＋1×50）表示聚氯乙烯绝缘与护套钢带铠装铜芯电缆，四芯，(　　)电压，其中有三芯导线标称截面为 $95mm^2$，一芯导线标称截面为 $50mm^2$。

A. 1kV

B. 2kV

C. 3kV

D. 221kV

11. 三相 380V/220V 电源用于建筑物较大或用电设备的容量较大，但全部为单相和三相低压用电设备而且总设备功率在(　　)以下的场合。

A. 200kW

B. 230kW

C. 240kW

D. 250kW

12. 变压器起着变换电压的作用，常用的 10kV 变电所中变压器将高压 10kV 变为低压（　　）。根据冷却方式不同，通常采用的配电变压器有油浸式变压器和干式变压器。

A. 220/110V

B. 250/220V

C. 380/220V

D. 390/220V

**二、多选题**

1. 三相 380V/220V 电源主要用于建筑物较大或用电设备的容量较大，但全部为单相和三相低压用电设备而且总设备功率在（　　）的范围内的场合。

A. 220kW
B. 230kW
C. 235kW
D. 250kW

2. 建筑物内动力设备的种类繁多，总的负荷容量大。动力设备的容量大小也参差不齐，空调机组可达到(　　)范围，而有些动力设备只有几百瓦至几千瓦的功率。

A. 400kW
B. 500kW
C. 600kW
D. 700kW

3. 控制电器是一种用于接通和断开电路中电流的电器。按其性能和用途可分为(　　)。

A. 接触器
B. 继电器
C. 控制器
D. 主令电器
E. 副令电器

4. ZQ22－10（3×70）表示(　　)。

A. 油浸纸介质绝缘内铅包护套外钢带铠装铜芯电缆
B. 三芯
C. 10kV 电压
D. 每芯标称截面为 $70mm^2$

# 第八章　建筑供配电及照明系统

【学习要点】掌握建筑供配电系统的基本知识、配电线路敷设方式、常用电光源与灯具的选用、照明供电线路的布置、电梯和自动扶梯的分类、型号和基本构造、建筑施工现场的供电及要求，电气安全和建筑防雷；熟悉照明的基本概念、灯具的分类和选择、布置与安装；了解建筑低压配电系统和低压配电线路的敷设方式、照明和施工电力负荷的计算、建筑电气施工图的组成、主要内容、识读方法以及电气工程施工安装要点。

## 第一节　供 配 电 系 统

### 一、电力系统简介

（一）电力系统的构成

电力在现代社会中已经成为主要的动力，用电部门除自备发电机补充供电外，几乎都是由电力系统供电的。由于发电厂往往距用户较远，为此发电厂只有通过输电线路和变电所等中间环节，才能把电力输送给用户。由发电厂、电力网和电力用户组成的统一整体称为电力系统。

1. 发电厂

发电厂是将自然界中的水力、火力、风力、太阳能、地热、核能和沼气等一次能源转换为用户可以直接使用的二次能源—电能。

2. 电力网

电力网是连接发电厂和用户的中间环节，主要作用是变换电压、传送电能。一般由变电所、配电所及与之相连各种电压等级的电力线路组成。

（1）变电所、配电所

为了实现电能的经济输送和满足用电设备对电压的要求，需要对发电机发出的电压进行多次的变换。变电所就是接受电能、变换电压的场所。根据任务不同，变电所分为升压变电所和降压变电所两大类。

单纯用来接受和分配电能而不改变电压的场所称为配电所。一般变电所和配电所建在同一地点。

（2）电力线路

电力线路是输送电能的通道，一般分为输电线路和配电线路。发电厂生产的电能通过各种不同电压等级的电力线路源源不断输送到电力用户，是发电厂、变电所和电力用户之间的联系纽带。

通常，把35kV及以上的高压电力线路称为输电线路；把发电厂生产的电能直接分配给用户或由降压变电所分配给用户的10kV及以下的电力线路称为配电线路。如果用户电压是380V/220V，则称为低压配电线路；如果用户是高压电气设备，则供电线路称为高压配电线路。

3. 电力用户

电力用户是指一切消耗电能的用电设备，它们将电能转化为其他形式的能量，以实现某种功能。据统计，用电设备中 70%是电动机类设备，20%是照明设备。

电力用户根据供电电压分为高压用户和低压用户，高压用户的额定电压在 1kV 以上，低压用户的额定电压一般为 380V/220V。

图 8-1 所示是由发电厂、电力网和电力用户组成的电力系统示意图。

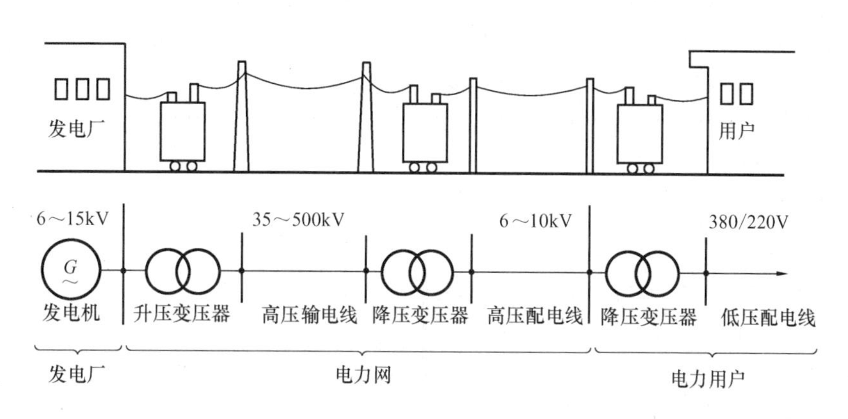


图 8-1 电力系统示意图

（二）电力系统的电压和频率

1. 电压等级

电力系统中不同用途的电力网需要有不同的电压等级。对于输电线路，在输送功率和距离一定的情况下，提高输电电压可以减小线路电流，这样既可以减少线路上的电能损失和电压损失，又可以减小导线截面；但同时电压愈高线路的绝缘要求愈高，变压器和开关设备的价格愈高。因此选择电压等级要权衡经济和技术两个重要因素。但从用电角度来看，为了人身安全和降低用电设备的制造成本，在满足要求的前提下，希望电压低一些为好。

根据我国规定，交流电力网的额定电压等级有 220V、380V、3kV、6kV、10kV、35kV、110kV、220kV、330kV、500kV 等。习惯上把 1kV 及以上的电压称为高压，1kV 以下的电压称为低压。

2. 各种电压等级的适用范围

在我国电力系统中，220kV 及以上的电压等级都用于大电力系统的主干输电线，输送距离为几百 km；110kV 电压等级用于中、小电力系统的主干输电线，输送距离为 100km 左右；35kV 电压等级用于电力系统的二次电网中以及大型工厂的内部供电，输送距离为 30km 左右；6～10kV 电压等级用于送电距离 10km 左右的城镇和工业与民用建筑施工供电；电动机、照明等用电设备，一般采用 380V/220V 三相四线制供电。

3. 额定电压和频率

电气设备如要正常工作，则需要有适宜的电压和频率。系统的电压和频率会直接影响着电气设备的运行，因此电压和频率是衡量电力系统电能质量的两个基本参数。我国规定，一般交流电力设备的额定频率（俗称工频）为50Hz，允许偏差为±0.5Hz。

电气设备在使用时所接受的实际电压与额定电压相同时才能获得最佳的经济效果。如与其额定电压有偏移时，其运行特性恶化。例如，白炽灯在低于额定值10%电压下运行，其使用寿命大大增长，但其光通量却较额定电压时降低了30%左右。反之，升高电压10%，则其光通信量增加30%，但其使用寿命将缩短70%。

在供电网络的所有运行方式中，维持电气设备的端电压不变并等于它们的额定值，事实上是很困难的。因此，在网络设计和运行时，必须规定用电设备端电压的容许偏移值。根据我国现行规定，在配电设计中，电压偏移一般按表8-1的要求验算。

**用电设备端子电压偏移允许值** **表8-1**

| 名　称 | 电压偏移允许值（%） | 名　称 | 电压偏移允许值（%） |
| --- | --- | --- | --- |
| 照明： | | 电动机： | |
| 视觉要求较高的场所 | +5～−2.5 | 在正常情况下 | +5～−5 |
| 一般工作场所 | +5～−5 | 在特殊情况下 | +5～−10 |
| 事故照明、道路和警卫照明 | +5～−10 | 其他用电设备无特殊要求时 | +5～−5 |

注：对于远离变电所的小面积工作场所，允许为±10%。

### 二、电力负荷的分级与供电要求

现代建筑的用电设备多、负荷大、对供电的可靠性要求很高，因此应准确划分负荷等级，做到安全供电，节约投资。民用建筑的电力负荷按其使用性质和重要程度划分为三级，并以此采取相应的供电措施来满足对供电可靠性的要求。

1. 一级负荷

1）中断供电将造成人身伤亡的。

2）中断供电将在经济上造成重大影响或损失的。

3）中断供电将影响有重要用电单位的正常工作。

在一级负荷中，当中断供电后将影响实时处理重要的计算机及计算机网络正常工作以及特别重要场所中不允许中断供电的负荷，为特别重要的负荷。

对一级负荷应由两个以上的独立电源供电，以确保供电的可靠性和连续性。独立电源是指：两个电源之间无联系；或两个电源之间虽有联系，但在任一个电源发生故障时，另一个电源应不致同时受到损坏。

一级负荷较大或有高压用电设备时，应采用两路高压电源。如一级负荷容量不大时，应优先采用电力系统或邻近单位取得第二电源。

一级负荷中特别重要的负荷，除上述两个电源外，还必须增设应急电源，如独立发电机组、蓄电池、专门供电线路等。

2. 二级负荷

（1）中断供电将造成较大经济损失的；

（2）中断供电将影响重要用电单位的正常工作，或造成公共场所的秩序混乱的。

二级负荷的供电系统应做到当发生变压器故障或线路常见故障时不致中断供电（或中断供电后能迅速恢复供电）。二级负荷宜由两个电源或两回路送到适宜配电点供电，但对电源的独立性要求不如一级负荷。在地区供电条件困难或负荷较小时，可由一条 6kV 及以上的专用架空线路供电。

3. 三级负荷

供电中断仅对工作和生活产生一些影响，不属于一级或二级负荷的。

三级负荷对供电无特别要求。负荷容量大时可由一路 10kV 供电，容量小时可由 0.4kV 供电。

**三、建筑供电系统**

（一）建筑供电系统的基本方式

（1）对于 250kW 以下的用电负荷，一般不需单独设变压器，通常采用 380V/220V 低压供电即可，只需设立一个低压配电室。

（2）小型民用建筑的供电，一般只需要设立一个简单的降压变电所，把电源进线 6～10kV 经过降压变压器变为 380V/220V。

（3）对于用电负荷较大的民用建筑，有多台变压器时，一般采用 10kV 高压供电，经过高压配电所，分别送到各变压器，降为 380V/220V 低压后，再配电给用电设备。

（4）大型民用建筑，供电电源进线可为 35kV，经过两次降压，第一次先将 35kV 的电压降为 6～10kV，然后用高压配电线送到各建筑物变电所，再降为 380V/220V 低压。

（二）变配电所

建筑供电系统由高压电源、变配电所和输配电线路组成。变配电所的主要任务是用来变换供电电压，集中和分配电能，并实现对供电设备和线路的控制与保护。

1. 变配电所的基本组成

变配电所包括变压器和配电装置两部分，主要设备由电力变压器、高压开关柜（断路器、电流互感器、计量仪表等）、低压开关柜（隔离刀闸、空气开关、电流互感器、计量仪表等）、母线及电缆等组成。根据变配电所的布置要求，应设置变压器室、高压配电室、低压配电室。

2. 变配电所的类型

变配电所按设置的位置可分为：

（1）独立式变配电所

独立式变配电所设置在独立的建筑物内。其造价高，供电可靠性好，适用对几个分散建筑物供电。现在还有一种新型的箱式变电站，它将高、低压配电装置及变压器集中安装在一个大型防护箱内，特点是结构紧凑，体积小，安装方便，维修也方便，此种变电所多用于对环境有一定要求的住宅小区内。如图 8-2 所示为户外组合箱式变电站。

（2）附设变配电所

附设变配电所设置在与车间等主要建筑物相毗连的建筑物内。

（3）户内变配电所

户内变配电所设置在建筑物的地下室或设备层。此种变配电所不但供电可靠性好，且便于管理，不影响环境美观，但要占用一定的建筑面积。对于一般高层和大型民用建筑均采用。

(4) 户外杆上或台上变配电所

将容量较小的变压器（315kVA 及以下）安装在室外电杆上或者台墩上。其通风良好，造价低，但有碍于周围的环境。一般用于环境允许的中小城镇居民区和工厂生活区。如图 8-3 所示为户外杆上变压器。

图 8-2　箱式变电站

图 8-3　户外杆上变压器

3. 变配电所的位置确定

在确定变配电所的位置和数量时要遵循以下原则：接近负荷中心，进出线方便；尽量避免设在多尘和有腐蚀性气体的场所；避免设在有剧烈振动的场所和低洼积水地区；尽可能结合土建工程规划设计，以减少建造投资和电能损耗。

**四、建筑低压配电系统**

低压配电系统是由配电装置（配电柜或屏）和配电线路（干线及分支线）组成。低压配电系统又分为动力配电系统和照明配电系统。

（一）低压配电方式

低压配电方式是指低压干线的配线方式，低压配出干线一般是指变电所低压配电屏（盘）分路开关至各大型用电设备或楼层配电盘的线路。低压配电方式有放射式、树干式及混合式三种。

1. 放射式

放射式配电是由总低压配电屏直接供给分配电屏或负载，如图 8-4（*a*）所示。该配电方式优点是各负荷独立受电，一旦发生故障只局限于本身而不影响其他回路，供电可靠性较高；但系统灵活性较差，有色金属材料消耗量较多，一般用在供电可靠性高的场所、单台设备容量较大的场所及容量比较集中的地方。

2. 树干式

树干式配电是指总低压配电屏与分配电屏之间采用一条链式连接，如图 8-4（*b*）所示。优点是投资费用低、施工方便，但供电可靠性差，故障影响范围大，一般适用于用电设备比较均匀，容量不大，又无特殊要求的场合，常用于照明电路。

3. 混合式

在大型配电系统中，经常是放射式与树干式混合方式。如大型商场的照明配电系统，其变电所的配出是放射式，分支为树干式。如图 8-4（*c*）所示。

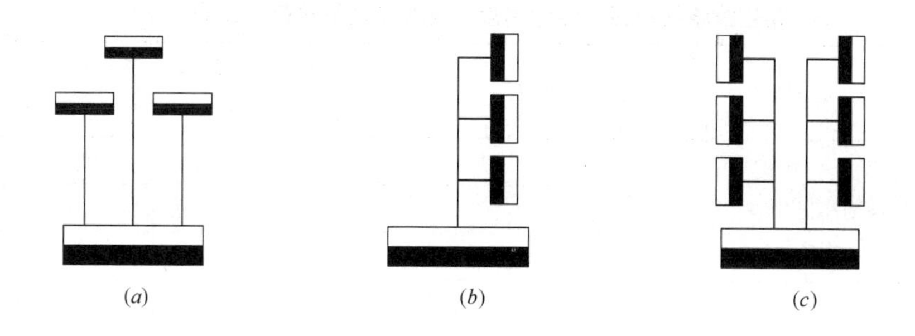


图 8-4　低压配电方式
(a) 放射式配电；(b) 树干式配电；(c) 混合式配电

（二）低压配电线路的敷设方式

低压供电线路是指由市电电力网（6～10kV）引至受电端（变电所）的电源引入线。低压配电线路是指由变电所的低压配电柜中引出至分配电盘和负载的线路，分为室外和室内配电线路。

1. 室外配电线路

室外配电线路有架空线路和电缆地下暗敷设线路。

1）架空线路

架空线路的特点是设备材料简单，成本低，维修方便，容易发生故障，容易受外界环境的影响。如风、雨雪、覆冰等机械损伤，供电可靠性较差。

架空线路的组成主要有电杆、导线、横担、绝缘子（瓷瓶）、拉线机具等。

架空线路有电杆架空和沿墙架空两种形式。

（1）电杆架空线路

电杆架空线路是将导线（裸铝或裸铜）或电缆架设在电杆的绝缘子上的线路，如图 8-5 所示。电杆有钢筋混凝土杆和木杆两种，现多采用钢筋混凝土杆及角钢横担。架空线路的挡距（电杆的距离）、架空线距地的高度和架空线路导线与建筑物的最小距离，见表 8-2。在繁华地区，进户线多采用电缆架空敷设。

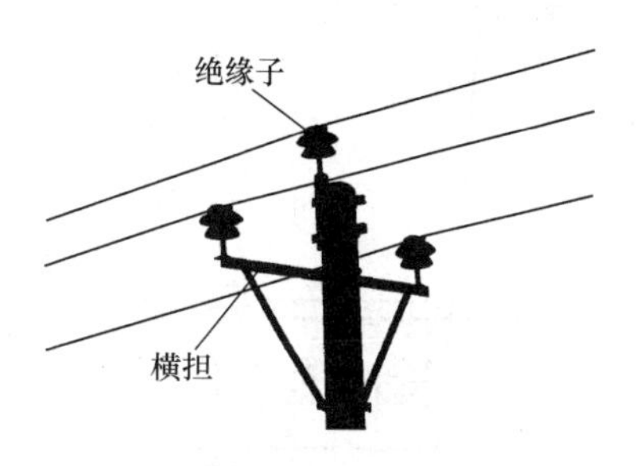


图 8-5　电杆架空线路

（2）沿墙架空线路

沿墙架空线路是将绝缘导线或电缆沿建筑外墙架设在绝缘子上的线路。由于与建筑物之间的距离较小，无法埋设电杆，这时可采用导线穿钢管或电缆沿墙架空明设。架设的部位距地面高度应大于 2.5m。

2）电缆线路

电缆线路的特点是不受外界风、雨、冰雹及人为损伤，供电可靠性高；供电容量可以较大；有利于环境美观；材料和安装成本都高，造价约为架空线路的 10 倍。

电缆敷设方式有直接埋地、电缆沟敷设、电缆桥架（托盘）和沿墙敷设等几种。此外，在大型发电厂和变电所等电缆密集的场所，还采用电缆隧道、电缆排管和专用电缆夹层等方式。

架空线路的挡距、距地高度、导线与建筑物最小距离（m）　　表 8-2

| 挡距、高度、距离 | 地区、部位 | 线路电压 | |
|---|---|---|---|
| | | 高压（6～10kV） | 低压（380/220V） |
| 架空线路的挡距 | 城　区 | 40～50 | 30～45 |
| | 郊　区 | 50～100 | 40～60 |
| | 住宅区或院墙区 | 35～50 | 30～40 |
| 架空线距地高度 | 居民区 | 6.5 | 6.0 |
| | 非居民区 | 5.5 | 5.0 |
| | 交通困难地区 | 4.5 | 4.0 |
| 架空导线与建筑物最小距离 | 建筑物的外墙 | 1.5 | 1.0 |
| | 建筑物的外窗 | 3 | 2.5 |
| | 建筑物的阳台 | 4.5 | 4 |
| | 建筑物的屋顶 | 3 | 2.5 |

（1）直接埋地

如图 8-6 所示。这种方式投资省、散热好，但不便检修和查找故障，且易受外来机械损伤和水土侵蚀，一般用于户外电缆不多的场合。

（2）电缆桥架敷设

如图 8-7 所示，这是电缆桥架的一种，它由支架、托臂、线槽及盖板组成。电缆桥架在户内和户外均可使用，这种方式整齐美观、便于维护，槽内可以使用价廉的无铠装全塑电缆。电缆桥架亦称电缆托盘，有全封闭与半封闭等形式。

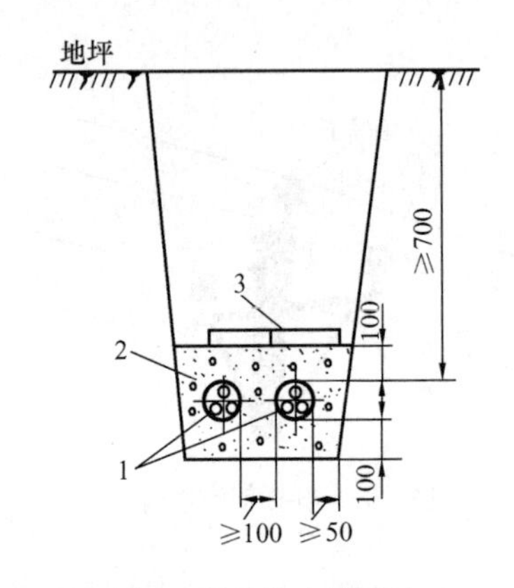


图 8-6　电缆直接埋地

1—10kV 以下电力电缆；2—砂或软土；3—保护板

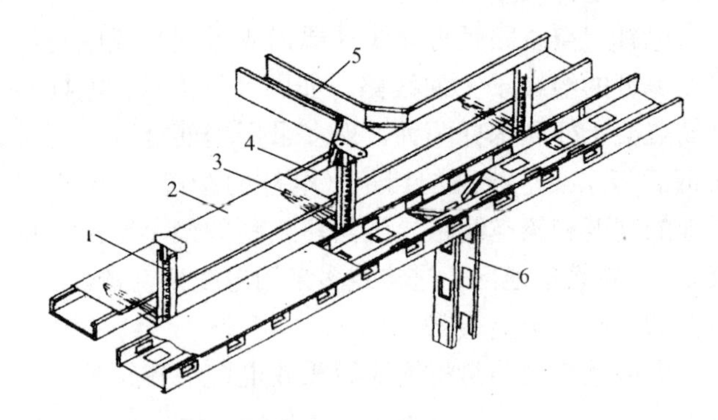


图 8-7　电缆桥架

1—支架；2—盖板；3—支臂；4—线槽；5—水平分支线槽；6—垂直分支线槽

（3）电缆沟敷设

如图 8-8 所示，这种方式在沟内可敷设多根电缆，占地少，且便于维修。

2. 室内配电线路

室内配电支线的敷设方式通常分为两种：明线敷设与暗线敷设。

1）明线敷设

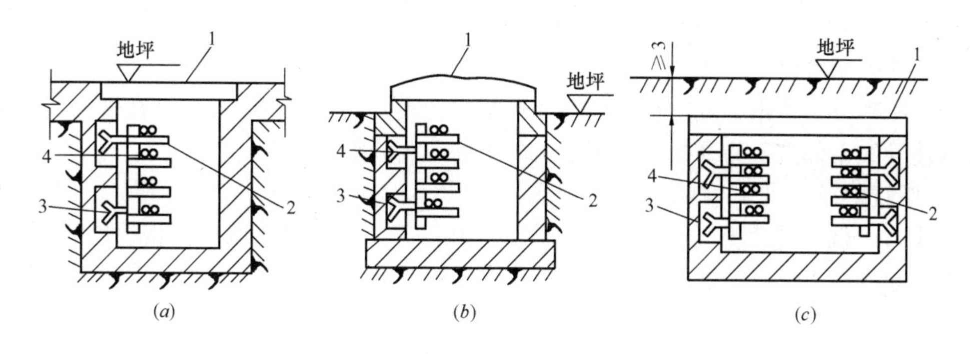


图 8-8　电缆沟

（a）户内的；（b）户外的；（c）厂区的

1—盖板；2—电缆支架；3—预埋铁件；4—电缆

明线敷设就是把导线沿建筑物的墙面或天花板表面、桁架、柱子等外表面敷设，导线裸露在外。这种敷设方式的优点是工程造价低、施工方便、维修容易；缺点是由于导线裸露在外，容易受到有害气体的腐蚀和机械损伤而发生事故，同时也影响室内的美观。明线敷设主要用于原有建筑物的电气改造或因土建无条件而不能暗敷设线路的建筑。

明线敷设的方式一般有以下几种：瓷夹板、瓷柱、槽板、铝皮卡钉、穿管等敷设方法。明配线走向横平竖直，转弯处要垂直，采用粘接、射钉螺栓及胀管螺栓等固定线路。

（1）瓷夹板敷设

导线用瓷夹板固定，敷设时要求导线的走向横平竖直。线路水平敷设时离地面高度不得小于2.3m，线路垂直敷设时最下端离地面高度不得小于2m，导线敷设时不要与建筑物接触。在直线段敷设时，两瓷夹板之间的距离一般为0.6～0.8m，导线穿墙或穿板时，应将导线穿在瓷管内，避免导线与墙壁楼板直接接触。由于这种敷设方式简单，造价低廉，在一般的民用建筑中仍得到采用，主要用于负荷小、干燥的场所。

（2）瓷柱敷设

导线固定在瓷柱或瓷瓶上，其安装注意事项与瓷夹板相类似。当导线截面为1～4$mm^2$时，两个相邻瓷瓶之间的最大允许距离为2m；当导线截面为6～10$mm^2$时，最大允许距离为2.5m。敷设的导线不得与建筑物相接触，绑扎线不得用裸铜线。这种敷设方式适用于负荷较大、潮湿的场所。

（3）槽板敷设

把导线敷设在木槽板或塑料槽板内，外加盖板，使导线不外露。敷设时，其走向应尽量沿墙角或边缘。这种敷设方式整齐美观，使用安全，但工程造价较高。它适用于负荷小，干燥的民用、公共建筑的照明线路。安装时，每个槽内只允许敷设一根导线，在槽内不准有接头，如需接头，应使导线穿过盖板在外边联结，或者在分支处使用接线盒。

（4）铝皮卡钉敷设

用铝皮卡钉来固定导线，一般是用来固定带有护套的导线。安装时，两个相邻的铝皮卡钉之间的距离不小于0.15m，也不能大于0.3m。这种敷设方式也很简单，目前应用也比较广泛。

(5) 穿管明敷设

穿管明敷设是将钢管或塑料管固定在建筑物的表面或支架上，导线穿在管内。这种敷设方式使导线不外露不易受损，多用于工厂车间和实验室。

2) 暗线敷设

暗线敷设就是将管子（如焊接钢管、硬塑料管等）预先埋入墙内、楼板内或顶棚内，然后再将导线穿入管内。这种敷设方式的优点是不影响室内的美观，而且能防潮和防止导线受到有害气体的腐蚀和机械损伤。缺点是安装费用高，要耗费大量的管材。由于导线穿在管内，而管子又是埋在墙内，在使用过程中检修比较困难，所以在安装过程中要求比较严格。暗线敷设主要用于新建筑物、装修要求较高的场所及一些特殊场所，如潮湿、易引起火灾和爆炸的场所，这种方式现普遍采用。

暗线敷设一般有穿钢管、PVC 阻燃硬塑料管、半硬塑料管、波纹塑料管等方法。由于钢管施工困难、造价高，一般用于一类建筑电气配线及特殊场合（如锅炉房等动力）的配线。由于半硬塑料管具有可挠性，硬度好，具阻燃性，且施工方便，现采用较多。

暗线敷设时应注意以下几点：

①钢管弯曲直径不得小于该管径的 6 倍，钢管弯曲的角度不得小于 90°。

②管内所穿导线的总面积不得超过管内截面的 40%，为了防止管内过热，在同一根管内，导线数目不应超过 8 根。

③管内导线不允许有接头和扭拧现象，所有导线的接头和分支都应在接线盒内进行。

④考虑到安全的因素，全部钢管应有可靠的接地，为此安装完毕后，必须用兆欧表检查绝缘电阻是否合理，方能接通电源。

## 第二节　民用建筑电气照明技术与设计

### 一、照明的基本概念

照明分天然照明和人工照明两大类。天然照明受自然条件的限制，不能根据人们的需要得到所需的采光。当夜幕降临之后或天然光线达不到的地方，都需要采取人工照明的措施。现代人工照明是用电光源来实现的。电光源具有随时可用、光线稳定、明暗可调、美观洁净等一系列优点，因而在现代建筑照明中得到广泛的应用。

（一）光的基本物理量

1. 光通量

光源在单位时间内，向周围空间辐射出的、使人眼产生光感觉的能量称为光通量。符号为 $\phi$，单位为流明（lm）。

2. 发光强度（光强）

光源在某一个特定方向上的单位立体角（每球面度）内的光通量，称为光源在该方向上的发光强度。它是用来反映光源发出的光通量在空间各方向或选定方向上的分布密度，用符号 $\boldsymbol{I}$ 表示，单位为坎德拉（cd）。

3. 照度

照度是单位被照面积上所接受到的光通量，它表示被照物体表面被照亮程度的量，用

符号 $E$ 表示，单位为勒克司（lx）。

详见《建筑照明设计标准》GB 50034 规定。

照度是决定物体明亮程度的直接指标。在一定的范围内，照度增加可使视觉能力得以提高。为了保护视力，提高工作效率，各种不同类别的房屋在工作面上的照度不能低于表 8-3、表 8-4、表 8-5 所给定的标准值。

**居住建筑照明标准值** **表 8-3**

| 房间和场所 | | 参考平面及其高度 | 照明标准值（lx） | Ra |
|---|---|---|---|---|
| 起居室 | 一般活动 | 0.75m 水平面 | 100 | 80 |
| | 书写、阅读 | | 300* | |
| 卧室 | 一般活动 | 0.75m 水平面 | 75 | 80 |
| | 床头、阅读 | | 150* | |
| 餐厅 | | 0.75m 餐桌面 | 150 | 80 |
| 厨房 | 一般活动 | 0.75m 水平面 | 100 | 80 |
| | 操作台 | 台面 | 150 | 80 |
| 卫生间 | | 0.75m 水平面 | 100 | 80 |

注：* 宜用混合照明。

**办公建筑照明标准值** **表 8-4**

| 房间和场所 | 参考平面及其高度 | 照度标准值（lx） | UCR | Ra |
|---|---|---|---|---|
| 普通办公室 | 0.75m 水平面 | 300 | 19 | 80 |
| 高档办公室 | 0.75m 水平面 | 500 | 19 | 80 |
| 会议室 | 0.75m 水平面 | 300 | 19 | 80 |
| 接待室、前台 | 0.75m 水平面 | 300 | — | 80 |
| 营业厅 | 0.75m 水平面 | 300 | 22 | 80 |
| 设计室 | 实际工作面 | 500 | 19 | 80 |
| 文件整理、复印、发行室 | 0.75m 水平面 | 300 | — | 80 |
| 资料、档案室 | 0.75m 水平面 | 200 | — | 80 |

**学校建筑照明标准值** **表 8-5**

| 房间和场所 | 参考平面及其高度 | 照度标准值（lx） | UCR | Ra |
|---|---|---|---|---|
| 教室 | 课桌面 | 300 | 19 | 80 |
| 实验室 | 试验桌面 | 300 | 19 | 80 |
| 美术教室 | 桌面 | 500 | 19 | 90 |
| 多媒体教室 | 0.75 水平面 | 300 | 19 | 80 |
| 教室黑板 | 黑板面 | 500 | — | 80 |

4. 亮度

物体被光源照射后，将照射来的光线一部分吸收，其余反射或透射出去。当反射或透射的光在眼睛的视网膜上产生一定的照度时，才可以形成人们对该物体的视觉。被视物体在视线方向单位投影面上的发光强度称为该物体表面的亮度。用符号 $L$ 表示，单位为坎德拉/平方米（$cd/m^2$）。

相近环境的亮度应当尽可能低于被观察物的亮度，CIE 推荐被观察物的亮度为它相近环境的 3 倍时，视觉清晰度较好。

照明质量的好坏，除了上述诸因素外，还需考虑照度的稳定性、消除频闪效应等。

（二）照明的方式和种类

1. 照明方式

照明方式是指照明设备按照其安装部位或使用功能而构成的基本制式。一般分为以下四类。

（1）一般照明

为照亮整个场所所设置的均匀照明称为一般照明。适用于观众厅、会议室、办公厅等场所，如图 8-9（*a*）所示。

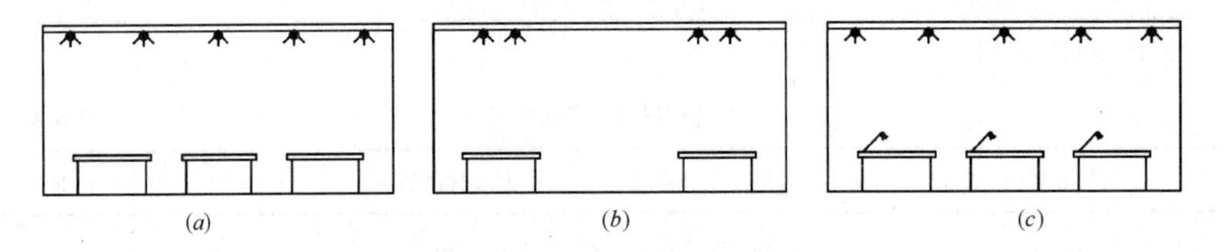


图 8-9　照明方式

（*a*）一般照明；（*b*）分区一般照明；（*c*）混合照明

（2）分区一般照明

对某一部分或某一特定区域，如进行工作的地点，设计成不同的照度来照亮该区域的一般照明称为分区一般照明，如图 8-9（*b*）所示。

（3）局部照明

局限于特定工作部位的固定或移动照明称为局部照明。其特点是能为特定的工作面提供更为集中的光线，并能形成有特点的气氛和意境。客厅、书房、卧室、展览厅和舞台等使用的壁灯、台灯、投光灯等都属于局部照明。

（4）混合照明

由一般照明、分区一般照明和局部照明共同组成的照明称为混合照明。混合照明实质上是在一种照明的基础上，在需要另外提供光线的地方布置特殊的照明灯具。这种照明在装饰与艺术照明中应用很普遍。商店、办公楼、展览厅等大都采用这种比较理想的照明方式，如图 8-9（*c*）所示。

2. 照明种类

1）按照照明的实际使用的性质分为以下五类：

（1）正常照明

正常照明是指在正常情况下使用的室内外照明。

（2）应急照明（也称事故照明）

应急照明是指在正常照明失效时而启用的照明。包括备用照明、疏散照明和安全照明。备用照明是指为继续工作或暂时继续工作而设置的照明；疏散照明是指为确保疏散通道被有效辨认和使用的照明；安全照明是指为确保处于潜在危险之中人员安全的照明。

（3）值班照明

照明场所在无人工作时所保留的一部分照明称为值班照明。

（4）警卫照明

警卫照明是指用于警卫地区周围附近的照明。是否设置警卫照明，应根据被照场所的重要性和当地治安部门的要求来决定。

（5）障碍照明

障碍照明是为了保障航空飞行安全，在高大建筑物和构筑物上安装的障碍标志灯。应按民航和交通部门的有关规定装设。

2）按照照明的目的与处理手法分为以下两类：

（1）明视照明

明视照明的目的主要是保证照明场所的视觉条件。其处理手法要求工作面上有充分的亮度，亮度应均匀，尽量减少眩光，光源的显色性要好等。例如教室、实验室、工厂车间、办公室等场所一般都属于明视照明。

（2）气氛照明

气氛照明也称环境照明。照明的目的是为了给照明场所造成一定的特殊气氛，它与明视照明不能截然分开，气氛照明场所的光源，同时也兼明视照明的作用，但其侧重点和处理手法往往较为特殊。目前最为典型的是，建筑物的泛光照明、城市的夜景照明、灯光雕塑等，这些照明不仅满足了视觉功能的需要，更重要的是获得了良好的气氛效果。

**二、光源与灯具**

（一）电光源的分类

可以将电能转换为光能的设备称为电光源。电光源按发光原理可分为热辐射光源和气体放电光源两大类。

1. 热辐射光源

热辐射光源是指利用电流的热效应将灯丝加热到白炽程度而发光的光源。其灯丝一般采用钨丝，具有耐高温低挥发特性，从而可保证其使用寿命。如钨丝白炽灯、卤钨灯等。

2. 气体放电光源

气体放电光源是指利用气体或蒸气放电而发光的光源。气体放电光源又可分为金属、惰性气体、金属卤化物三种。

1）金属气体放电光源

（1）汞灯

汞灯按其灯管内气压高低分为低压汞灯和高压汞灯。一般的荧光灯属于低压汞灯。

（2）钠灯

钠灯分为低压钠灯和高压钠灯。

2）惰性气体放电光源

有：氙灯、汞氙灯和霓虹灯。

3）金属卤化物气体放电光源有：钠铊铟灯和金属卤素灯。

（二）电光源的主要技术指标

1. 额定电压、额定电流和额定功率

（1）额定电压是指电光源正常工作电压。

（2）额定电流是指电光源在额定电压下工作通过的正常工作电流。

（3）额定功率是指电光源在额定工作状态下所消耗的有功功率。

2. 额定光通量和发光效率

（1）额定光通量是指电光源在额定工作状态下所发出的全部光通量。

（2）发光效率是指电光源在额定工作状态下每消耗 1W 的有功功率所发出的光通量，其单位是流明/瓦（lm/W）。电光源发光效率越高越节约能量。

3. 平均寿命

电光源的平均寿命是指该型号的电光源有效寿命的平均值。电光源的有效寿命是指其发光效率下降到原来额定值的 70%时的使用时间，以小时表示。

4. 色表

电光源发出的可见光的颜色称为色表，它一般用色温表示。色温是指电光源发出光的颜色，与黑体（能吸收全部光能的物体）被加热到一定温度时，发出的可见光的颜色相同，那么这个温度就称为该电光源的色温。色温用绝对温度表示，其单位是 K（绝对温度单位）。

5. 显色性

电光源发出的光照射在物体上，对物体呈现的颜色的真实程度称为该光源的显色性，显色性可用显色指数 *Ra* 表示。几种常见电光源的一般显色指数见表 8-6。

**常见电光源的一般显色指数 *Ra*** **表 8-6**

| 光　　源 | 显色指数 *Ra* | 光　　源 | 显色指数 *Ra* |
|---|---|---|---|
| 三基色节能灯 | 80～98 | LED 灯 | 70～80 |
| 卤钨灯 | 80～94 | 荧光高压汞灯 | 22～51 |
| 日光色荧光灯 | 75～85 | 高压钠灯 | 20～30 |
| 白色荧光灯 | 80～90 | 钠铊铟灯 | 60～65 |
| 暖白色荧光灯 | 95～99 | 镝　灯 | 85 以上 |
| 氙　灯 | 95～97 | 卤化锡灯 | 93 |

6. 频闪效应

频闪效应是指电光源采用交流电源供电时，其发出的光通量随交流电压做周期性变化，使人眼产生闪烁感觉，气体放电频闪效应比较明显。频闪效应会使人对转动的物体运动状态发生错觉，应尽量消除之。

（三）几种常见的电光源

1. 三基色节能灯

三基色节能灯，全称三基色节能型荧光灯，是一种预热式阴极气体放电灯，分直管形、单 U 形、双 U 形和 H 形几种，如图 8-10 所示。优点是体积小、光色柔和、显色性好、造型别致、发光效率较高。

2. 卤钨灯

图 8-10　三基色节能灯

卤钨灯是一种管状光源，是一种热辐射光源。它是在具有钨丝且耐高温的石英灯管中充以微量卤化物，利用卤钨循环，减少了管壁上钨的沉积，改善了透光率；又因灯管工作温度提高，辐射的可见光量增加，从而使发光效率大大提高，发光效率比普通钨丝白炽灯高 30%。同时卤钨灯中充填惰性气体，可以抑制钨蒸发，使灯的寿命有所提高。卤钨灯具有体积小、功率大、可调光，能瞬间点燃，无频闪现象等特点。其缺点是对电压波动比较敏感，耐振性也较差，灯管表面温度较高（在 600℃左右），卤钨灯的构造如图 8-11 所示。

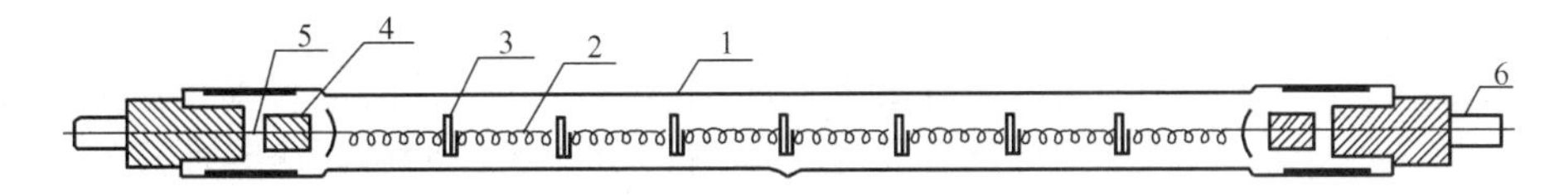


图 8-11　管状卤钨灯的构造

1—石英玻璃管；2—螺旋状钨丝；3—钨质支架；4—钼箔；5—导线；6—电极

3. 荧光灯

荧光灯（俗称日光灯）也是一种管状光源，是光源发展史上第二代光源的代表。它是靠汞蒸气放电时发出可见光和紫外线，后者又激发管内壁的荧光粉而发光，二者混合光色接近白色，改变荧光粉的成分即可获得不同的可见光谱。

荧光灯是由荧光灯管、镇流器和启辉器所组成，如图 8-12 所示。荧光灯管是具有负电阻特性的放电光源，为了保证灯管的稳定性，必须用镇流器来克服负阻效应，限制和稳定通过灯管的工作电流，目前在电气照明中被广泛应用。

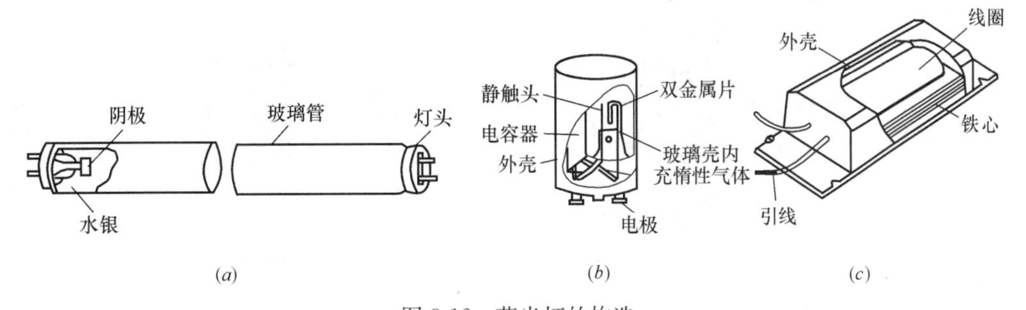


图 8-12　荧光灯的构造

(a) 灯管；(b) 启辉器；(c) 镇流器

4. 荧光高压汞灯

荧光高压汞灯又称高压汞灯，其构造如图 8-13 所示。其发光原理与荧光灯一样，但结构却有很大的差异。该灯灯管由内外两管组成，内管为石英放电管。由于它的内管的工作气压为 2～6MPa，故定名高压汞灯。

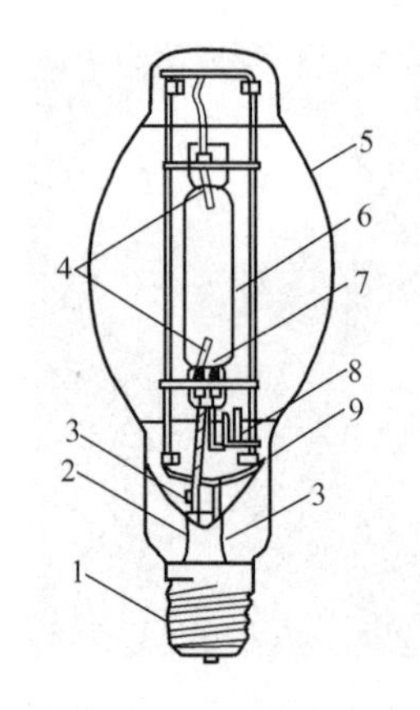


图 8-13 高压汞灯构造

1—灯头；2—抽气管；3—导线；4—主电极 E1、E2；5—玻璃壳；6—石英放电管；7—辅助电极 E3；8—启动电阻；9—支架

在高压汞灯的外管上加有反射膜，形成反射型的照明高压汞灯，使光集中投射，作为简便的投光灯使用。在外管内将钨丝与放电管串联者为自镇流式高压汞灯，不必再配用镇流器，否则需配用镇流器。

高压汞灯具有功率大、光效高、耐振、耐热、寿命长等特点。常用于空间高大的建筑物中，悬挂高度一般在 5m 以上。

5. 钠灯

在放电发光管内除了充有适量的汞和惰性气体氩或氙以外，并加入足够的钠，使其放电管内以钠的放电发光为主，这种光源称为高压钠灯。视其放电管内气压不同分为低压钠灯和高压钠灯。高压钠灯构造如图 8-14 所示。

低压钠灯发出的光谱接近人眼最敏感的黄光，这种光透雾能力强，发光效率最高，显色性差，适于街道、航道、机场跑道等照明。

高压钠灯由于提高钠蒸汽压力，光色得到改善，呈金白色。高压钠灯具有发光效率高，紫外线辐射小，透雾性好，寿命长，耐振等优点，广泛用于道路、广场和建筑物泛光照明。

6. 金属卤化物灯

金属卤化物灯是近年来发展起来的一种新型光源。它是在高压汞灯的放电管内添充一些金属或卤化物（如碘、溴、铊、铟、镝等），利用卤化物的循环作用，彻底改善了高压汞灯的光色。

使其发出的光谱接近天然光，同时还提高了发光效率，是目前比较理想的光源，人们称之为第三代光源。

当选择适当的金属卤化物并控制它们的比例，可以制成不同光色的金属卤化物灯，如白色的钠铊铟灯和日光色的镝灯。镝灯构造如图 8-15 所示。

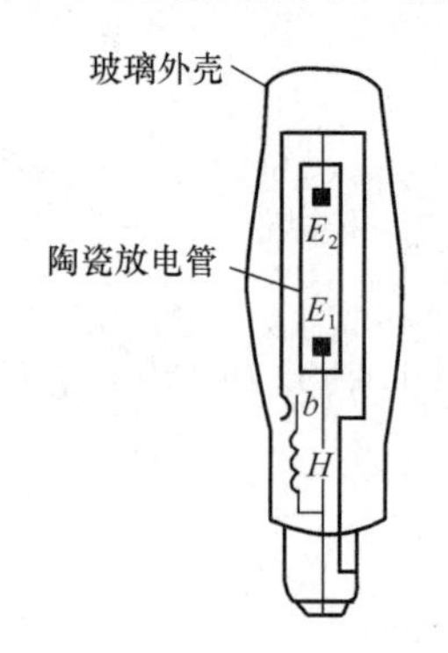


图 8-14 高压钠灯构造

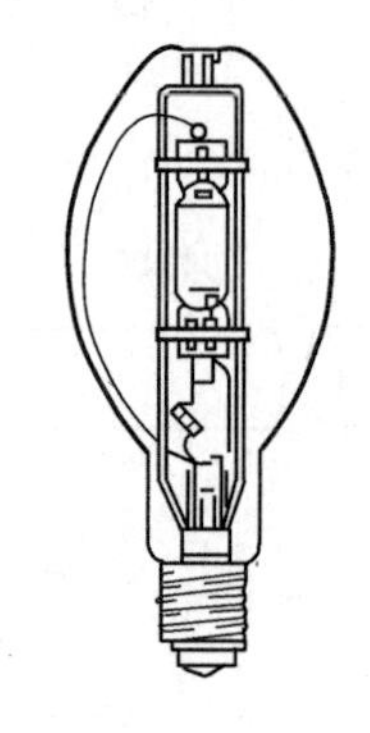

图 8-15 镝灯构造

7. LED 节能灯

LED 即半导体发光二极管，LED 节能灯是用高亮度白色发光二极管发光源，光效高、耗电少，寿命长，易控制，免维护，安全环保，是新一代固体冷光源，比管形节能灯省

电，亮度高，投光远，投光性能好，使用电压范围宽，光源通过微电脑内置控制器，可实现LED七种色彩变化，光色柔和、艳丽、丰富多彩，低损耗，低能耗，绿色环保，适用家庭、商场、银行、医院、宾馆、饭店等各种公共场所长时间照明。

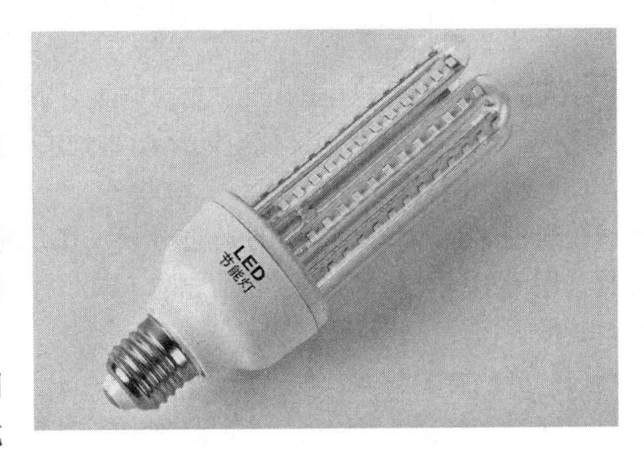

图8-16 LED节能灯

特点：与白炽灯管或低压荧光灯管相比，LED的稳定性和长寿命有其明显优势：白炽灯的连续工作时间很少超过1000小时，采用电子驱动器的荧光灯管的连续工作时间可超过8000小时，但LED无故障工作50000小时，具有安全系数高，所需电压、电流较小，发热较小等特点。省电：同样亮度的节能灯它的耗电量仅为白炽灯的1/5，省电近80%；耐用：节能灯的寿命一般是普通节能灯的8倍，如图8-16所示。

常用电光源的性能指标见附录8-1。

（四）照明灯具的分类

灯具也称照明器，包括灯泡（管）、灯罩和灯座。灯座的功能是固定灯泡（管），并提供电源通道；灯罩的功能是保护光源，并使光源发出的光线能按所需要的方向投射，可以遮挡光源产生刺眼的眩光，可以装饰和美化环境。因此要创造舒适的照明环境，就必须选择合适的灯具。

灯具的类型是很复杂的，大体可以按以下几种情况进行分类：

1. 按光通量在空间的分布情况进行分类

按灯具光通量在空间的分布情况的分类如图8-17所示。

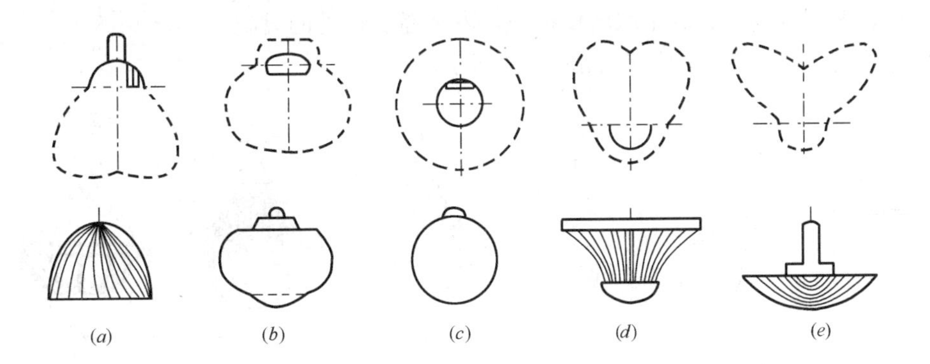

图8-17 按光通量在空间的分布情况分类的灯型

(a) 直射型；(b) 半直射型；(c) 漫射型；(d) 半间接型；(e) 间接型

（1）直射型灯具

直射型灯具90%～100%的光通向下，其余向上，即光通集中在下半球，直射型灯具效率高，但灯的上半部几乎没有光线，顶棚很暗，与明亮灯光容易形成对比眩光；又由于它的光线集中，方向性强，产生的阴影也较浓。直射型灯具又根据光线的分布是否集中分成广照型、匀照型、配照型、深照型和特深照型五种。

（2）半直射型灯具

半直射型灯具60％～90％的光通向下，其余向上，向下光通仍占优势，它能将较多的光线照射到工作面上，又使空间环境得到适当的亮度，阴影变淡。

（3）漫射型灯具

漫射型灯具40％～60％的光通向下，其余向上，向下和向上的光通大致相等。这类灯具是用漫射透光材料做成封闭式的灯罩，造型美观，光线均匀柔和，但光的损失较多，光效较低。

（4）半间接型灯具

半间接型灯具10％～40％的光通向下，其余向上，这类灯具上半部用透明材料，下半部用漫射透光材料做成，由于上半球光通量的增加，增强了室内反射光的照明效果，光线更加均匀柔和，但灯具的效率低。

（5）间接型灯具

间接型灯具0～10％的光通向下，其余向上，这类灯具全部光线都由上半部射出，经顶棚反射到室内，因此能最大限度地减弱阴影和眩光，室内光线均匀柔和，但光的损失大，不经济，适用于剧场、展览馆等。

2. 按灯具结构特点分类

（1）开启型灯具　光源与外界环境直接接触（无灯罩）。

（2）闭合型灯具　将光源包合起来，但内外空气仍能自由流通，如乳白玻璃球形灯等。

（3）密闭型灯具　透明灯罩固定处严密封闭，与外界隔绝相当可靠，内外空气不能流通，如防水防尘灯等。

（4）防爆型灯具　符合《防爆电气设备制造检验规程》要求，安全地在有爆炸危险性介质的场所使用。

（5）防振型灯具　灯具采取防振措施，安装在有振动的设施上。

按灯具结构特点分类的灯型如图8-18所示。

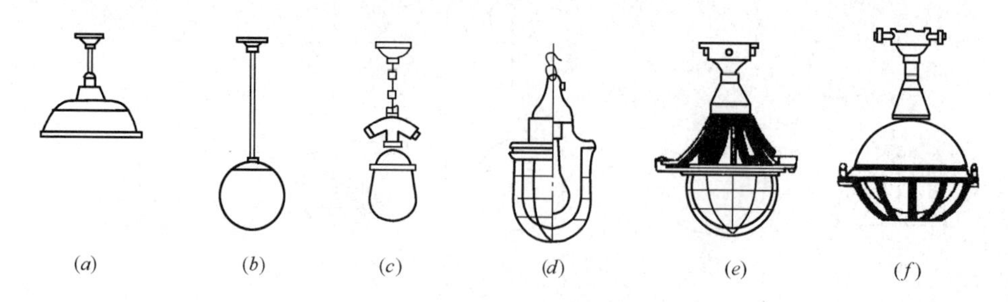


图8-18　按灯具结构特点分类的灯型

（a）开启型；（b）闭合型；（c）密闭型；（d）防爆型；（e）隔爆型；（f）安全型

3. 按灯具的安装方式分类

（1）悬吊式

悬吊式是最普通的，也是应用最广泛的安装方式。它是利用吊杆、吊链、吊管、吊灯线等将灯具悬挂在室内顶棚上。对于房间高大、空间显得单调的场所，安上吊灯就能消除这种感觉。

（2）吸顶式

吸顶式是将灯具直接紧贴在顶棚上。一般适用于空间高度较低的室内照明。

（3）壁式

壁式是将灯具安装在墙壁、柱子及其他竖立面上。主要用作局部照明和装饰照明。

（4）嵌入式

嵌入式是指在有吊顶的房间内，将灯具嵌入顶棚内安装。这种安装方式能够消除眩光，使顶棚整体效果好，简洁完整，具有良好的装饰效果。缺点是顶棚较暗，照明经济性较差，室内环境有阴暗感。因此常与其他灯具配合使用。

（5）可移动式

这种灯具通常是作为辅助性灯具，如桌上的台灯、地上的落地灯、床头灯等。选择灯具时要注意其稳定性。

（五）灯具的选择

灯具的种类繁多，选择时要根据建筑物的使用特点，从实际出发，既要适用，又要经济，在可能的条件下注意美观。选择灯具一般可以从以下几个方面来考虑：

1. 技术性　主要是指满足配光和限制眩光的要求。高大的厂房宜选择深照直射型灯具，宽大的车间宜选择广照型、配照型灯具，使绝大部分光线直接照到工作面上。一般公共建筑可选半直射型灯具，较高级的可选漫射型灯具，通过顶棚和墙壁的反射使室内光线均匀、柔和。豪华的大厅可考虑选用半反射型或反射型灯具，使室内无阴影。

2. 经济性　应综合从初投资和年运行费用全面考虑。在满足室内照度要求的情况下，电功率的消耗、设备投资、运行费用的消耗都应适当控制，以获得较好的经济效益。故应选择光效高、寿命长的灯具为宜。

3. 使用性　应结合环境条件、建筑结构情况等安装使用中的各种因素加以考虑。

1）环境条件。干燥、清洁的房间尽量选开启式灯具；潮湿处（如厕所、卫生间）可选防水灯头保护式；特别潮湿处（如厨房、浴室）可选密闭式（防水防尘灯）；有易燃易爆物场所（如化学车间）应选防爆灯；室外应选防雨灯具；易发生碰撞处应选带保护网的灯具；振动处应选卡口灯具。

2）安装条件。应结合建筑结构情况和使用要求，确定灯具的安装方式，选用相应的灯具。如一般房间为线吊，门厅等处为杆吊，门口处为壁装，走廊为吸顶安装等。

4. 装饰性。灯具的造型与周围的环境相协调，通过灯具来渲染烘托气氛。

（六）照明灯具的布置

1. 室内灯具布置原则

灯具的布置就是确定灯具在房间内的空间位置，包括灯具的高度布置和平面布置两部分内容。灯具布置是否合理，对照明质量有重要影响。在布置时应配合建筑、结构形式、工艺设备、其他管道布置情况以及满足安全维修等要求。

室内灯具作一般照明用时，大部分采用均匀布置的方式，只在需要局部照明或定向照明时，才根据具体情况采用选择性布置。为使照度均匀，灯具应按正方形、矩形和菱形等形式布置。线光源多为按房间长的方向成直线布置。对工业厂房，应按工作场所的工艺布置排列灯具。

总之，室内灯具布置应遵循的原则是满足以下几个方面的要求：规定的照度及工作面上照度均匀；光线的射向适当，无眩光、无阴影；灯泡安装容量减至最小；维修方便；布置整齐美观并与建筑空间相协调。

2. 灯具的高度

1）灯具的计算高度

房间高度 $H$ 减去垂度 $h_c$ 即为灯的悬挂高度 $h_s$，悬挂高度 $h_s$ 减去工作面高度 $h'_s$ 即得灯的计算高度 $h$。

$$h = H - h_c - h'_s \tag{8-1}$$

$$h_s = H - h_c \tag{8-2}$$

2）对灯具悬挂高度的要求

（1）灯具最低悬挂高度的规定

灯具悬挂高度首先取决于房间的层高，因为灯具都安装在屋架下弦或顶棚下方；其次要避免对工作人员产生眩光；此外，还要保证生产活动所需的空间、人员的安全（防止因接触灯具而触电）等。因此灯具最低悬挂高度应满足表 8-7 的规定。

**照明灯具距地面最低悬挂高度规定** **表 8-7**

| 光源种类 | 灯具形式 | 光源功率（W） | 最低悬挂高度（m） |
|---|---|---|---|
| 卤钨灯 | 有反射罩 | ≤500<br>1000～2000 | 6.0<br>7.0 |
| 荧光灯 | 无反射罩 | ＜40<br>＞40 | 2.0<br>3.0 |
| | 有反射罩 | ≥40 | 2.0 |
| 荧光高压汞灯 | 有反射罩 | ≤125<br>250<br>≥400 | 3.5<br>5.0<br>6.5 |
| 高压汞灯 | 有反射罩 | ≤125<br>250<br>≥400 | 4.0<br>5.5<br>6.5 |
| 金属卤化物灯 | 搪瓷反射罩<br>铝抛光反射罩 | 400<br>1000 | 6.0<br>14.0 |
| 高压钠灯 | 搪瓷反射罩<br>铝抛光反射罩 | 250<br>400 | 6.0<br>7.0 |

注：1. 表中规定的灯具最低悬挂高度在下列情况可降低 0.5m，但不应低于 2.0m。
（1）一般照明的照度低于 30lx 时；
（2）房间长度不超过灯具悬挂高度的 2 倍；
（3）人员短暂停留的房间。
2. 当有紫外线防护措施时，悬挂高度可适当降低。

（2）灯具垂度

灯具垂度要适宜，过大易使灯具摆动，影响照明质量。一般为 0.3～1.5m，通常取 0.7～1m。

3. 灯具的平面布置

灯具的平面布置一般分为均匀布置和选择布置两种形式。

1）灯具的均匀布置

灯具的均匀布置是指灯具间距按一定规律进行均匀排列的方式。它不考虑房间内或工作场所内的设备、设施的具体位置，只考虑房间内或工作场所内获得较均匀的照度。均匀布置方式适用于一般公共建筑的室内灯具的布置，如教室、实验室、会议室等。

灯具均匀布置常见方案有三种：正方形、矩形和菱形布置，如图 8-19 所示。

2）灯具的选择布置

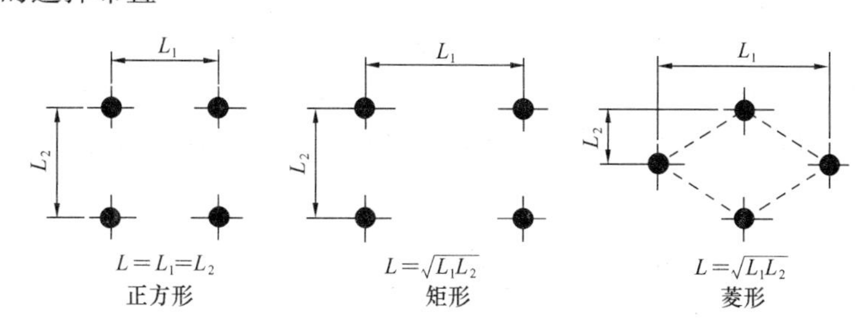


图 8-19 灯具均匀布置三种方案

灯具的选择布置是指灯具的位置是根据工作面的安排来确定的。在大多数情况下，取决于生产设备的布置。在民用建筑中，如大厅、商场等场所，应采用选择性布置，并考虑装饰美观和体现环境特点，采用多种形式的光源和灯具作不均匀布置方式，以达到加强部分区域的照度，突出视觉效果。

4. 距高比 $L/h$ 的确定

距高比（$L/h$）是指灯具的间距 $L$ 和计算高度 $h$ 的比值。灯具布置是否合理，主要取决于距高比是否恰当。在 $h$ 一定的情况下，$L/h$ 值小，照度均匀性好，但经济性差；$L/h$ 值大，则不能保证照度的均匀度。通常每个灯具都有“较合理的距高比”见表 8-8，只要实际采用的 $L/h$ 值不大于此允许值，都可认为照度均匀度是符合要求的。

为了使整个房间有较好的亮度分布，灯具的布置除了选择合理的距高比外，对于采用上半球有光通分布的灯具，还应注意灯具与顶棚的距离。当采用均匀漫射配光的灯具时，灯具与顶棚的距离和工作面与顶棚的距离之比宜在 0.2～0.5 范围内。

在公共建筑中，特别是大厅、商店等场所，不能要求照度均匀，而主要考虑装饰美观和体现环境特点，以多种形式的光源和灯具做不对称布置，创造豪华富丽的气氛。

**三、照明供电线路的布置**

（一）照明供电系统

对于一般建筑物的电气照明供电，现在通常采用 380V/220V 三相五线制供电系统。即由配电变压器的低压侧引出三根相线（$L_1$、$L_2$、$L_3$）、一根工作零线（N）和一根保护零线（PE）（详见第七章第五节）。这样供电方式最大优点是可以同时提供两种不同的电源电压，对于动力负载可以使用 380V 的线电压，对于照明负载可以实现 220V 的相电压，同时这种系统安全可靠。

照明供电系统一般由以下几部分组成：

1. 进户线

进户线的引入方式有架空引入和电缆引入两种。

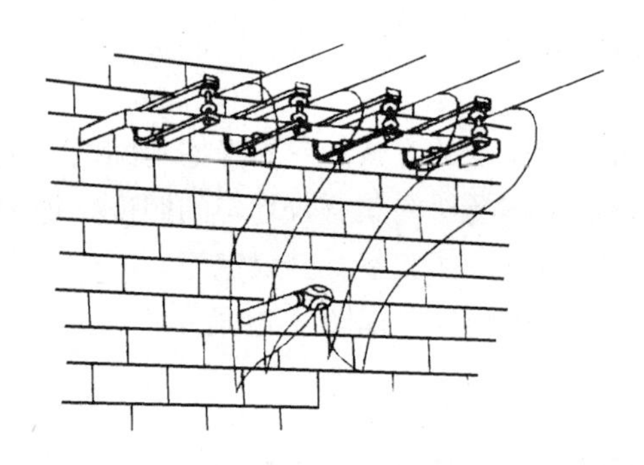

图 8-20　架空引入

（1）架空引入，即由室外低压架空供电线路的电杆上将电线接到建筑物外墙横担的绝缘子上，这段线路称为架空接户线。横担固定在外墙上，绝缘子固定在横担上。架空引入如图 8-20 所示从绝缘子上引出电线经防水弯头穿入钢管内，到建筑物内的总配电箱这段线路称为进户线。架空引入投资少，但不美观，且有碍交通。

（2）电缆引入，即将电缆由室外埋地穿过基础进入室内总配电箱，电缆进入建筑物时穿钢管保护。电缆进线美观，无碍周围的环境，但造价高，施工麻烦。

**各种灯具较合理的距高比 *L*/*h***　　**表 8-8**

| 灯　具　类　型 | 距高比 L/h | | 单行布置时房间最大高度（m） |
|---|---|---|---|
| | 多行布置 | 单行布置 | |
| 配照型、广照型工厂灯 | 1.8～2.5 | 1.6～2.0 | 1.2h |
| 深照型 | 1.6～1.8 | 1.5～1.8 | 1.0h |
| 防爆型、吸顶灯、防水防尘灯 | 2.3～3.2 | 1.9～2.5 | 1.2h |
| 荧光灯（40W） | A-A 方向 | B-B 方向 | 注：光通量为 2400lm |
| | 1.62 | 1.22 | |

2. 配电箱

配电箱是接受和分配电能的装置。对于用电量小的建筑物，可以只安装一台配电箱；对于用电负荷大的建筑物，如多层建筑可以在某层设置总配电箱，而在其他楼层设置分配电箱。在配电箱中应装有用来接通和切断电路的开关、防止短路故障的熔断器及计量用电量的电度表等。如图 8-21 所示为 CDPZ60 系列配电箱，图 8-22 所示为进户总电源箱。

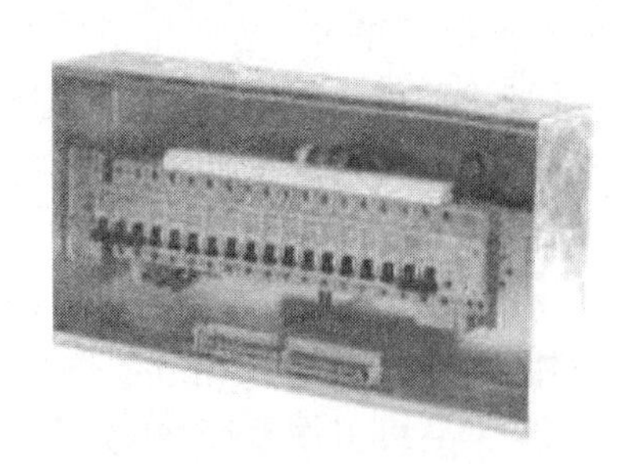

图 8-21　CDPZ60 系列配电箱

图 8-22　进户总电源箱

3. 干线和支线

从总配电箱到分配电箱的这段线路称为干线。从分配电箱到灯具或其他用电电器的这段线路称为支线。支线的供电范围一般不超过 20～30m，支线截面不宜过大，一般应在 1.0～4.0$mm^2$ 范围之内，若单相支线电流超过 15A 时，应改为三相或分成多条支线较为合理。

照明供电系统见图 8-23 所示。

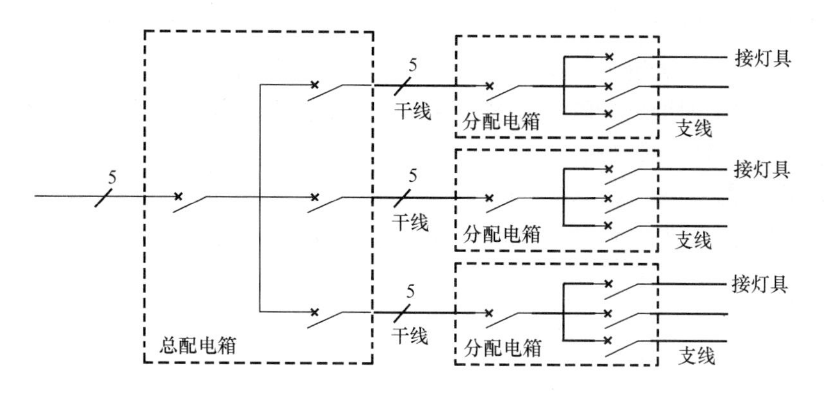


图 8-23　照明供电系统示意图

在图 8-23 中导线只用一根线条表示，线条上的数字（或斜短线数）表示导线的根数。由图中可以清楚看出，进户线由五根导线将电能引入总配电箱，从总配电箱分出三组干线，每组干线接至分配电箱，再由分配电箱引出若干组支线，电灯、插座及其他用电器就接在支线上。

（二）照明供电线路的布置

室内照明线路布置的原则，应力求线路短，以节约导线。但对于明敷导线要考虑整齐美观，必须沿墙面、顶棚作直线走向。对于同一走向的导线，即使长度要略微增加，也应采取同一线路合并敷设。

1. 进户线

进户线的位置关系到建筑物的立面美观，以及工程费用和安全问题。应根据供电电源的位置、建筑物的大小和用电设备的布置情况综合考虑确定。一般应尽量从建筑物的侧面和背面进户。进户点接近电源供电线路，同时考虑接近用电的负荷中心，进户线距室内地面不得低于 3.5m，对于多层建筑物，一般可以由二层进户。

2. 干线的布置

干线的布置方式有三种：放射式、树干式和混合式，如图 8-4 所示。

若需要提高照明供电的可靠性，可采用放射式布置；若为了节省导线和有关电气设备，降低工程造价，可以采用树干式布置；有时考虑到具体情况，如建筑物内某些重要部分要有相当可靠的照明供电，而又考虑到节约投资，就可采用混合式的布置方式。

3. 支线的布置

布置支线时，应先将电灯、插座或其他用电设备进行分组，并尽可能地均匀分成几组，每一组由一条支线供电，根据规范，每个供电回路设计灯具的套数不宜超过 25 个，工作电流不超过 15A，在采用高压气体放电灯时，每个供电回路的工作电流也不能超过 30A。插座和照明的供电回路必须分开，因为插座回路上必须安装漏电保护开关。一些较大房间的照明，如阅览室、绘图室等应专用回路，走廊、楼梯的照明也宜采用独立的支线供电。

**四、照明负荷计算**

照明负荷是选择导线和各种开关设备的依据，因此在进行照明供电系统设计时，必须对照明负荷进行合理的计算。

（一）照明的计算负荷

照明负荷计算的方法很多，在一般方案设计和初步设计阶段时，可采用单位面积容量法进行估算；在施工图设计阶段，通常采用需要系数法进行计算。下面就介绍这两种照明负荷计算方法。

1. 需要系数法

用需要系数法计算照明负荷 $P_c$ 就是将照明负荷安装总容量 $P_a$ 乘以一个需要系数 $K_d$ 而获得，其公式为：

$$P_c = K_d P_a \quad (8\text{-}3)$$

式中 $P_c$——照明计算负荷，W；

$P_a$——照明设备安装总容量，W；

$K_d$——需要系数。

1）照明设备安装总容量 $P_a$ 的确定

（1）白炽灯、卤钨灯

$$P_a = P_N \quad (8\text{-}4)$$

式中 $P_N$——灯泡标出的额定功率，W。

（2）有镇流器的气体放电光源

$$P_a = (1+\alpha)P_N \quad (8\text{-}5)$$

式中 $P_N$——气体放电光源的额定功率，W；

$\alpha$——镇流器的功率损耗系数，见表 8-9。

2）需要系数 $K_d$ 的确定

（1）对于照明灯具、照明支线以及单台设备需要系数 $K_d$ 取 1.0。

（2）计算照明干线负荷时采用的需要系数 $K_d$，见表 8-10。

**气体放电光源镇流器的功率损耗系数** **表 8-9**

| 光源种类 | 损耗系数 $\alpha$ | 光源种类 | 损耗系数 $\alpha$ |
|---|---|---|---|
| 荧光灯 | 0.2 | 金属卤化物灯 | 0.14～0.22 |
| 荧光高压汞灯 | 0.07～0.3 | 涂荧光物质的金属卤化物灯 | 0.14 |
| 自镇流荧光高压汞灯 | — | 低压钠灯 | 0.2～0.8 |
| 高压钠灯 | 0.12～0.2 | — | — |

**部分建筑的需要系数** **表 8-10**

| 建筑类别 | $K_d$ | 建筑类别 | $K_d$ |
|---|---|---|---|
| 住宅区、住宅楼 | 0.4～0.6 | 社会旅馆 | 0.7～0.8 |
| 医院 | 0.5～0.8 | 商业场所 | 0.85～0.95 |
| 办公楼、实验室 | 0.7～0.9 | 影、剧院 | 0.6～0.8 |
| 科研楼、教学楼 | 0.8～0.9 | 地下室 | 0.9～0.95 |
| 单身宿舍 | 0.6～0.7 | 厂区照明 | 0.8 |
| 体育馆 | 0.65～0.75 | 大型厂房（由几个大跨度组成） | 0.8～1.0 |
| 展览馆 | 0.7～0.8 | 由小房间组成的车间或厂房 | 0.85 |
| 食堂、礼堂 | 0.9～0.95 | 仓库、变电所 | 0.5～0.6 |
| 托儿所 | 0.8～0.9 | 应急照明、室外照明 | 1.0 |

从表 8-10 可知，由于不同性质的建筑对照明设备同时工作的情况不同，所以需要系数也不同。

2. 单位面积容量法

计算公式为

$$P_c = P_D A \tag{8-6}$$

式中 $P_D$——单位建筑面积照明功率密度，$W/m^2$，不同房间照明功率密度值详见有关电气手册；

$A$——被照建筑面积，$m^2$。

（二）照明线路的计算电流

计算电流是选择导线截面和各类控制、保护电器的直接依据。在进行照明供电设计时，要注意照明设备多数都是单相设备。若采用三相四线制 380V/220V 线路供电，单相照明负载应尽可能均衡分配到三相上，三相等效设备容量可按下列方法计算：

（1）均匀分配于三相线路相间的单相照明用电设备，其设备容量 $P_a$（三相等效设备容量）等于三相上全部单相用电设备容量的总和。

（2）非均匀分配于三相线路相间的单相照明用电设备，其设备容量 $P_a$（三相等效设备容量）等于最大负荷的一相上的单相用电设备容量的三倍。

照明线路的计算电流可按下列公式计算：

1. 线路为同一种光源时

（1）三相线路计算电流

$$I_c = \frac{\Sigma P_C}{\sqrt{3} U_N \cos\phi} \tag{8-7}$$

式中 $\Sigma P_C$——三相照明线路计算负荷，W；

$U_N$——照明线路的额定线电压，为 380V；

$\cos\phi$——光源的功率因数，见附录 7-1。

（2）单相线路计算电流

$$I_{ci} = \frac{P_C}{U_\phi \cos\phi} \tag{8-8}$$

式中 $P_C$——单相照明线路计算负荷，W；

$U_\phi$——照明线路的额定相电压，为 220V；

$\cos\phi$——光源的功率因数，见附录 7-1。

2. 白炽灯、卤钨灯与气体放电灯混合的线路

（1）三相线路计算电流

$$I_c = \frac{\Sigma P_C}{\sqrt{3} U_N \cos\phi} \tag{8-9}$$

式中 $\Sigma P_C$——三相照明线路计算负荷，W；

$U_N$——照明线路的额定线电压，为 380V；

$\cos\phi$——最大负荷相线路的光源功率因数。

（2）单相线路计算电流

$$I_{CI} = \frac{P_{CI}}{U_\phi} \sqrt{(I_{c1} + I_{c2}\cos\phi)^2 + (I_{c2}\sin\phi)^2} \tag{8-10}$$

$$I_{c2} = \frac{P_{C2}}{U_{\phi}\cos\phi} \tag{8-11}$$

式中 $I_{c1}$——混合照明线路中白炽灯、卤钨灯的计算电流，A；

$I_{c2}$——混合照明线路中的气体放电灯的计算电流，A；

$\phi$——气体放电灯的功率因数角。

## 第三节 建筑施工现场临时用电

### 一、建筑施工现场的供电及要求

建筑施工现场临时用电严格执行国家标准《施工现场临时用电安全技术规范》JGJ 46。

建筑施工现场的电力供应是保证实现高速度、高质量施工作业的重要前提，施工现场的用电设施，一般都是临时设施，但是它对整个施工的安全、质量、进度乃至对整个工程的造价都构成了直接影响。施工现场的用电设备主要是动力设备和照明设备，因此要采用380V/220V三相四线制供电方式。这种供电方式不但可以满足施工工地用电要求，还要有利于用电设备保护性接零和重复接地，符合安全用电的要求。

施工现场供电特点是，用电设备移动性大，临时用电多，负荷经常变化，用电环境差，所以供电时要注意到这个特点。建筑工地供电线路一般均采用架空线路，而很少采用电缆线路。架空线路的导线一般采用绝缘线，移动电气设备应采用铜芯橡胶套电缆线。

一般建筑工地用电量很大，需要通过配电变电所获得电能。建筑工地常见的配电变电所是杆式变电所，它主要是由杆上变电器、高压隔离开关、自动跌落式熔断器、阀式避雷器、低压配电箱组成。

在建筑施工工地的供配电设计中，主要有以下几方面的工作：

(1) 估算施工工地的电力负荷，并根据总的计算负荷选择工地变压器。

(2) 确定配电变电所最佳位置，布置施工现场供电线路。

(3) 根据供电线路配置情况及各线路的计算负荷来选择配电导线的截面。

(4) 根据施工现场的总平面图，绘制供电平面图。

### 二、建筑施工电力负荷的计算

电力负荷的计算主要是用来正确选择变压器、开关设备及导线的截面积。计算电力负荷的方法很多，常用的有需要系数法和二项式法，在此仅介绍需要系数法。需要系数法是根据统计规律，将某一用电设备的容量乘以一个小于1的系数，这个系数称为需要系数。其中考虑了下述因素：

(1) 同组用电设备中不同时工作；

(2) 同时工作的用电设备不同时满载运行；

(3) 电动机等用电设备通常以输出功率为其额定容量，所以应计及设备组的平均效率；

(4) 供电线路有损耗，应计及线路效率等。总之，将所有影响计算负荷的因素归并成为一个系数 $K_d$，称之为需要系数，见表8-11。

**建筑施工部分用电设备的需要系数 $K_d$ 和功率因数 $\cos\phi$** **表 8-11**

| 序 号 | 用电设备名称 | 用电设备数量 | $\cos\phi$ | 需要系数 $K_d$ |
|---|---|---|---|---|
| 1 | 混凝土搅拌机及砂浆搅拌机 | 10 以下 | 0.65 | 0.7 |
| 2 | 混凝土搅拌机及砂浆搅拌机 | 10～30 | 0.65 | 0.6 |
| 3 | 混凝土搅拌机及砂浆搅拌机 | 30 以上 | 0.60 | 0.5 |
| 4 | 破碎机、筛洗石机 | 10 以下 | 0.75 | 0.75 |
| 5 | 破碎机、筛洗石机 | 10～50 | 0.70 | 0.7 |
| 6 | 起重机、掘土机、升降机、卷扬机 | — | 0.70 | 0.25 |
| 7 | 给水排水泵、泥浆泵 | — | 0.8 | 0.8 |
| 8 | 电阻炉、干燥箱、加热器 | — | 1.0 | 0.8 |
| 9 | 电焊变压器 | — | 0.45 | 0.45 |
| 10 | 球磨机 | — | 0.70 | 0.7 |
| 11 | 运输机、传送机 | — | 0.65 | 0.52～0.6 |
| 12 | 通风机、水泵 | — | 0.8 | 0.75～0.85 |
| 13 | 振捣器 | — | 0.7 | 0.7 |
| 14 | X 光设备 | — | 0.5 | 0.5 |
| 15 | 皮带运输机（当机械连锁时） | — | 0.75 | 0.7 |
| 16 | 皮带运输机（当非机械连锁时） | — | 0.75 | 0.6 |
| 17 | 吸尘器、空气压缩机、电动打夯机 | — | 0.8 | 0.75 |
| 18 | 仓库照明 | — | 1.0 | 0.35 |
| 19 | 工地及户外照明 | — | 1 | 1 |

1. 按需要系数法确定同类用电设备的计算负荷

首先将用电设备进行分类，按下式分别求出各同类用电设备的有功和无功计算负荷：

$$P_c = K_d P_a \tag{8-12}$$

$$Q_c = P_c \tan\phi \tag{8-13}$$

式中 $P_c$——同类用电设备的有功计算负荷，kW；

$Q_c$——同类用电设备的无功计算负荷，kvar；

$P_a$——同类用电设备的总容量，kW；

$K_d$——同类用电设备的需要系数；

$\tan\phi$——同类用电设备的功率因数角的正切值。

2. 同类用电设备的总容量 $P_a$ 确定

在计算用电设备的总容量 $P_a$ 时不考虑备用设备的容量。

（1）三相用电设备的总容量 $P_a$ 的确定

$$P_a = P_N \tag{8-14}$$

式中 $P_N$——同类用电设备的额定功率，kW。

（2）单相用电设备的总容量 $P_a$ 的确定

单相用电设备应尽量可能均匀地分配在三相线路上，以保持三相负荷尽可能平衡。但在实际工作中往往三相负荷是不平衡的。下面根据单相负荷的两种接法分别来确定单相用电设备的总容量。

①接在三相线路相间（220V）的单相用电设备

a. 均匀分配于三相线路相间的单相用电设备，其设备容量 $P_a$（三相等效设备容量）等于三相上全部单相用电设备容量的总和。

b. 非均匀分配于三相线路相间的单相用电设备，其设备容量 $P_a$（三相等效设备容量）等于最大负荷的一相上的单相用电设备容量的三倍。

c. 对于只有一个单相用电设备接于相间时，其设备容量 $P_a$（三相等效设备容量）等于此单相用电设备容量的三倍。

②接在三相线路线间（380V）的单相用电设备

a. 当用电设备为一台时，其设备容量 $P_a$（三相等效设备容量）等于$\sqrt{3}$倍该单相用电设备容量。

b. 当用电设备为 2～3 台时，且接在不同的相间时，其设备容量 $P_a$（三相等效设备容量）等于两相间最大用电设备容量的三倍。

3. 总的计算负荷

因为总的计算负荷是由不同类型的多组用电设备组成，而各组用电设备的最大负荷往往不是同时出现的，所以在确定计算负荷时，要乘以同时系数 $K_{\Sigma}$，也叫参差系数。同时系数的数值也是根据统计确定的，一般取 $K_{\Sigma}=0.8\sim1.0$。

因此，总的计算负荷为

$$P_C = K_{\Sigma}\Sigma P_C \tag{8-15}$$

$$Q_C = K_{\Sigma}\Sigma Q_C \tag{8-16}$$

$$S_C = \sqrt{\Sigma P_C^2 + \Sigma Q_C^2} \tag{8-17}$$

式中 $P_C$——总的有功计算负荷，kW；

$Q_C$——总的无功计算负荷，kvar；

$\Sigma P_C$——各用电设备组有功计算负荷之和，kW；

$\Sigma Q_C$——各用电设备组无功计算负荷之和，kvar；

$S_C$——总的计算负荷，kVA。

4. 总的计算电流

为了正确选择开关及导线截面积，还应计算总电流：

$$I_C = \frac{S_C \times 1000}{\sqrt{3}U_N} \tag{8-18}$$

式中 $I_C$——总计算电流，A；

$S_C$——总的计算负荷，kVA；

$U_N$——额定线电压为 380V。

照明负荷是指施工现场及生活照明用电，一般占工地总负荷的比例很小，通常可以在动力负荷计算之后，再加上 10%作为照明负荷。

**三、施工现场的临时电源设施**

为保证施工现场合理供电，既安全可靠又能节约电能，首先要恰当地选择临时电源，并且要按规范要求安装和维护电源设施。

1. 施工现场临时电源的选择

(1) 施工现场临时电源的确定原则

①低压供电能满足要求时，尽量不再另设供电变压器。

②当施工用电能进行负荷调度时，应尽量减小申报的需用电源容量。

③工期较长的工程，应作分期增设与拆除电源设施的规划方案，力求结合施工总进度合理配置。

(2) 施工现场常用临时供电方案

①利用永久性的供电设施。对较大工程，在全面开工前，应完成永久性供电设施，包括送电线路、变电所和配电所等，使能由永久性配电室引出临时电源。如永久性供电能力远大于施工用电量，可部分完工，满足施工用电即可。

②借用就近的供电设施。若施工现场用电量较小或附近的供电设施容量较大并有余量，能满足临时用电要求时，施工现场可完全由附近的设施供电，但应采取必要的安全措施以保证原供电设备正常运行。

③安装临时变压器。对于用电量大，附近供电设施无力承担的供电设施，利用附近的高压电力网，向供电部门申请安装临时变压器。

2. 施工现场配电变压器的选择

配电变压器选择的任务是确定变压器的原、副边额定电压、容量、台数、型号等。

原、副边额定电压应由当地高压电源的电压和负载需要确定，一般配电变压器的额定电压，高压为6～10kV，低压为380V/220V。

变压器的台数由负荷的大小及对供电的可靠性的要求来确定。单台变压器的容量一般不超过1000kVA，一般情况下，选取一台变压器即可。但当负荷较大或重要负荷用电，需要考虑选两台以上的变压器。

变压器的容量应由用电设备的计算负荷确定，并按下式选择，即

$$S_N \geqslant S_{\Sigma C} \tag{8-19}$$

式中 $S_N$——变压器的容量，kVA；

$S_{\Sigma C}$——总的计算负荷，kVA。

例如，由例7-2负荷计算得知，总的计算负荷$S_{\Sigma C}=158.1$kVA，若附近高压电网的额定电压为10kV，查有关选择变压器型号表选取容量为160kVA，高压边额定电压为10kV，低压边额定电压为0.4kV的油浸自冷式铝线变压器，型号为SL1-160/10。

**四、施工现场低压配电线路和电气设备安装**

按规定施工现场内一般不许架设高压电线，必要的时候，应按当地电业局的规定，使高压电线和它所经过的建筑物或者工作地点保持安全的距离，并且加大电线的安全系数；或者在它的下边增设电线保护网。在电线入口处，还应设有带避雷器的油开关装置。

施工现场低压配电线路，绝大多数为三相四线制供电，它可提供380V、220V两种电压，供不同负荷选用，也便于变压器中性点的工作接地，用电设备的保护接零和重复接地，以利于安全用电。

1. 供电线路的敷设和要求

建筑工地的配电线路，其主干线一般均采用架空敷设方式，个别情况因架空有困难时

可考虑采用电缆敷设。

架空线路的敷设一般是利用水泥杆或木杆用瓷瓶将导线架设在电线杆的横担上。电杆应完全无损，不得倾斜、下沉及杆基有积水现象。两个电线杆相距25～40m，导线与导线相距40～60cm。架空线路尽量取直线，并保持水平。转变时要拉纤，防止电杆倾斜。分支线和进户线必须由电杆处接出，不得由两杆间接出。终点杆和分支杆的零线应采取重复接地，以减小接地电阻和防止零线断线而引起的触电事故。在建筑工程（含脚手架具）的外侧边缘与外电架空线路的边线之间必须保持安全操作距离。最小安全操作距离不小于表8-12所列数值。

**最小安全操作距离**（m） **表8-12**

| 外电线路电压（kV） | <1 | 1～10 | 35～110 | 154～220 | 330～500 |
|---|---|---|---|---|---|
| 最小安全距离（m） | 4 | 6 | 8 | 10 | 12 |

注：上、下脚手架斜道严禁搭设在有外电线路的一侧。

施工现场的机动车道与外电架空线路交叉时，架空线路的最低点与路面的垂直距离不小于表8-13所列数值。

**架空线路的最低点与路面的垂直距离** **表8-13**

| 外电线路电压（kV） | <1 | 1～10 | 35 |
|---|---|---|---|
| 最小垂直距离（m） | 6 | 7 | 7 |

旋转臂架式起重机的任何部位或被吊物边缘与10kV以下的架空线路边线最小水平距离不得小于2m。

施工现场内一般不得架设裸导线。小区建筑施工若利用原有的架空线路为裸导线时，应根据施工情况采取防护措施。架空线路与施工建筑物的水平距离一般不小于10m，与地面的垂直距离不得小于6m，跨越建筑物时与其顶部的垂直距离不得小于2.5m。各种绝缘导线均不得成束架空敷设。无条件做架空线路的工程地段，应采用护套缆线。缆线易受损伤的线段应采取防护措施。各种配电线禁止敷设在树上。所有固定设备的配电线路不得沿地面敷设，埋地敷设必须穿管（直埋电缆除外）。

施工用电气设备的配电箱要设置在便于操作的地方，并做到单机单闸。露天配电箱应有防雨措施，暂时停用的线路及时切断电源。工程竣工后，配电线路应随即拆除。

2. 施工现场电气设备安装及要求

施工现场电气设备主要包括配电箱、照明及动力设备。这里主要介绍配电箱及动力用电设备。

（1）配电箱

总配电箱应设在靠近电源的地方，箱内应装设总隔离开关、分路隔离开关和总熔断器、分路熔断器或总自动开关和分路自动开关，以及漏电保护器。总配电箱应装设有关仪表，如电压表、电度表等。

分配电箱应装设在用电设备相对集中的地方。动力、照明公用的配电箱内要装设四极漏电开关或防零线断线的安全保护装置。在总的开关和熔断器后面可按容量和用途的不同设置数条分支回路，并标以回路名称，每条支路也应设置容量合适的开关和熔断器。开关箱内应装漏电保护器，供控制单台用电设备使用。配电箱内必须装设零线端子板。

配电箱和开关箱应装设在干燥、通风、常温、无气体侵害、无振动的场所。金属箱体、金属电器安装板和箱内电器不应带电的金属底座、外壳等必须作保护接零。每台用电设备应有各自专用的开关箱，开关箱应做到每台机械有专用的开关箱，即："一机、一闸、一漏、一箱"的要求。严禁用同一个开关电器直接控制两台及以上用电设备（含插座）。进入开关箱的电源线严禁采用插销连接。所有配电箱、开关箱在使用中必须按照下述操作顺序。a 送电顺序：总配电箱→分配电箱→开关箱；b 停电顺序：开关箱→分配电箱→总配电箱（出现电气故障的紧急情况例外）。配电屏（盘）或配电线路维修时，应悬挂停电标志牌，停送电必须由专人负责。

（2）动力及其他电气设备的安装和使用要求

①露天使用的电气设备及元件，都应选用防水型或采取防水措施，浸湿或受潮的电气设备要进行必要的干燥处理，绝缘电阻符合要求后才能使用。

②每台电动机都应装设控制和保护设备，不得用一个开关同时控制两台及以上的设备。

③电焊机一次电源宜采用橡套缆线，其长度一般不应大于 3m，当采用一般绝缘导线时应穿塑料管或橡胶管保护。电焊机集中使用的场所，须拆除其中某台电焊机时，断电后应在其一次测验电，确定无电后才能进行拆除。

④移动式设备及手持电动工具，必须装设漏电保护装置，并要定期检查。其电源线必须使用三芯（单相）或四芯三相橡套缆线。接线时，缆线护套应在设备的接线盒固定。

⑤施工现场消防电源必须引自电源变压器二次总闸或现场电源总闸的外侧，其电源线宜采用暗敷设。

⑥机械化顶管或长距离顶管的施工，应采用周密的防触电安全措施。顶管电气设备必须装设漏电保护装置。

⑦起重机的所有电气保护装置，安装前应逐项进行检查，确认其完好无损才能安装。安装后应对地线进行严格检查，使起重机轨道和起重机机身的绝缘电阻不得大于 4Ω。

## 第四节　电气安全和建筑防雷

### 一、电气安全

（一）电气事故

1. 电气事故的特点

在现代社会中，电能已广泛应用于工农业生产和人民生活等各个领域，但是，如果人们不掌握电的安全知识，在用电过程中可能就会发生故障，甚至酿成事故。电气事故具有以下特点：

（1）电气事故危害大

电气事故的发生常伴随着危害和损失，严重的电气事故不仅带来重大的经济损失，甚至还可造成人员的伤亡；当电能脱离正常的通道，会形成漏电、接地或短路，成为火灾、爆炸的起因。统计资料表明：我国触电死亡人数占全部事故死亡人数的 5%左右，世界上每年电气事故伤亡人数不下几十万人。我国约每用 1.5 亿度电就触电死亡 1 人，而美、日等国约每用20亿～40亿度电才触电死亡1人。

（2）电气事故直观识别难

由于电看不见、听不见，其本身不具备人们直观识别的特征。由电所引起的危险也不易被人们察觉、识别。因此，电气事故常常来得猝不及防。

故在用电的同时必须考虑用电安全问题。

2. 触电事故的种类、方式和急救

电气事故是由于电能非正常地作用于人体或系统所造成的，根据电能的不同作用形式，可将电气事故分为触电事故、静电危险事故、雷电灾害事故、电磁场危害和电气系统故障危险事故等，下面主要介绍触电事故的有关知识。

（1）触电事故的种类

按照触电事故的性质，触电事故可分为电击和电伤。

①电击

电击是指电流直接流过人体，刺激肌体组织，使肌肉非自主的发生痉挛性收缩而造成的伤害。绝大多数（大约85%以上）的触电死亡事故都是由电击造成的。电击的主要特征有：伤害人体内部；在人体的外表没有显著的痕迹；致命电流小。

②电伤

电伤是一种外伤，是指皮肤局部的创伤，有灼伤、烙印和皮肤金属化三种。

电灼伤是由于电流的热效应而引起的伤害，电流并没有流过人体。

电烙印通常发生在人体与导电部分有良好接触的情况下，使受伤皮肤硬化，并在皮肤表面留下圆形或椭圆形的肿块痕迹，颜色呈灰色或淡黄色。

皮肤金属化是在电流的作用下，使熔化和蒸发的金属微粒渗入皮肤表面层，使皮肤的伤害部分形成粗浅粗糙的坚硬表面，日久会逐渐脱落。

（2）触电方式

按照人体接触带电体的方式和电流流过人体的途径，电击可分为单相触电、两相触电、跨步电压与接触电压触电。

①单相触电

当人体直接接触带电设备其中的一相时，电流通过人体流入大地，这种触电现象称为单相触电。对于高压带电体，人体虽未直接接触，但由于超过安全距离，高电压会对人体放电，造成单相接地而引起的触电，同样属于单相触电。

②两相触电

人体同时接触带电设备或线路中的两相导体，或在高压系统中人体同时接近两相带电导体，发生电弧放电，并且构成一个闭合回路，电流从一相导体通过人体流入另一相导体，这种触电现象称为两相触电。

③跨步电压与接触电压触电

当电气设备发生接地故障，接地电流通过接地体向大地流散，或电网的一相导线折断碰地，有电流入大地，这样在地面上形成电位分布，若人体进入地面带电的区域时，其两脚之间的电位差，即为跨步电压。由跨步电压引起的人体触电，称为跨步电压触电。下列情况和部位可能发生跨步电压触电。

a. 带电导体特别是高压导体故障接地、接地装置流过故障电流时；

b. 正常时有较大工作电流流过的接地装置附近时；

c. 防雷装置遭受雷击或高大设施、高大树木遭受雷击时。

跨步电压的大小受接地电流大小、鞋和地面特征、两脚的方位以及离接地点的远近等许多因素影响。人的跨距一般按 0.8m 考虑。图 8-24 中，$b$、$c$ 两人都承受跨步电压。

接触电压指电气设备的绝缘损坏时，在身体可同时触及的两部分之间出现的电位差。例如人站在发生接地故障的设备旁边，手触及设备的金属外壳，则人手与脚之间所承受的电位差，即为接触电压。图 8-24 中 $a$ 主要承受的是接触电压。显然离接地点越远，可能承受的接触电压越高。

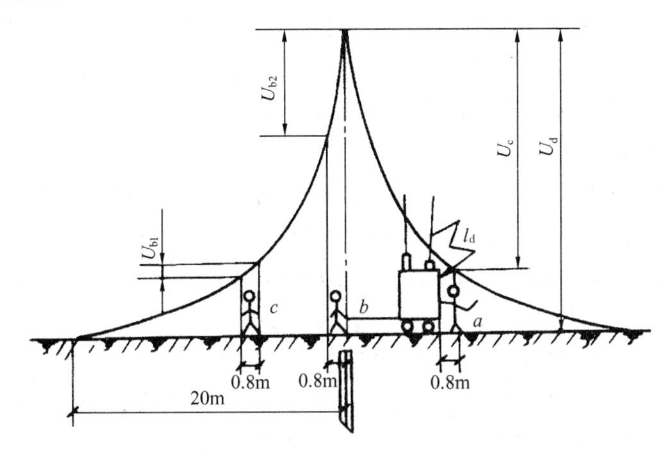


图 8-24 跨步电压与接触电压示意图

(3) 触电急救

如果发生触电事故，触电急救工作要做到动作迅速、方法得当，切不可惊慌失措、束手无策，必须争分夺秒进行急救。据统计，触电 1min 后开始急救 90%有良好的效果，6min 后 10%有良好效果，12min 后效果微乎其微，因此懂得触电急救的正确科学方法，尤为重要。触电急救的步骤如下：

迅速使触电者脱离电源。

脱离电源后的救护方法。

(二) 安全电压

1. 人体允许电流

人体允许电流是指对人体没有伤害的最大电流。电对人的伤害主要是电流流经人体后产生的，流过人体的电流越大，人体的生理反应越明显，感觉越强烈，引起心室颤动所需要的时间越短，危险性越大。通常把流过人体的电流分为感知电流、摆脱电流和心室颤动电流。

(1) 感知电流

感知电流是指人体开始有通电感觉的最小电流。感知电流流过人体时，对人体不会有伤害。对于不同的人、不同性别的人感知电流是不同的。一般来说，成年男性的平均感知电流大约：交流（工频）为 1.1mA，直流为 5.2 mA；成年女性的平均感知电流大约为：交流（工频）为 0.7mA，直流为 3.5 mA。

(2) 摆脱电流

摆脱电流是指人体触电后，在不需要任何外来帮助的情况下，能自主摆脱电源的最大电流。实验表明：在摆脱电流作用下，由于触电者能自行脱离电源，所以不会有触电的危险。成年男性的平均摆脱电流约为：交流（工频）为16mA，直流为76 mA；成年女性的平均摆脱电流约为：交流（工频）为10.5mA，直流为51 mA。

（3）心室颤动电流

心室颤动电流是指人体触电后，引起心室颤动概率大于5%的极限电流。通过大量的试验得出：当流过人体的电流大于30 mA时，才会有发生心室颤动的危险。

为了安全起见，成年男性的允许工频电流为9mA，成年女性的允许工频电流为6mA。在空中、水面等处可能因电击导致高空摔跌、溺死等二次伤害的地方，人体的允许工频电流为5mA。当供电网络中装有防止触电的速断保护装置时，人体的允许工频电流为30mA。对于直流电源，人体的允许电流为50mA。

2. 安全电压限值及应用

根据欧姆定律，电压越高，电流也就越大。因此把可能作用在人身上的电压限制在某一范围内，使得通过人体的电流不超过允许的范围，这一电压就叫做安全电压。

我国国家GB/T 3805规定的安全电压等级和选用举例如表8-14所示。

**安　全　电　压　　　　表8-14**

| 安全电压（交流电压有效值）(V) | | 选　用　举　例 |
|---|---|---|
| 额　定　值 | 空负荷上限值 | |
| 42 | 50 | 在有触电危险场所使用的手持式电动工具等 |
| 36 | 43 | 在矿井、多导电粉尘等场所使用的行灯等 |
| 24 | 29 | 可供某些具有人体可能偶然触及的带电体设备选用 |
| 12 | 15 | |
| 6 | 8 | |

安全电压与人体电阻有关。人体的电阻值，因人而异，差别很大，从触电安全角度考虑，人体电阻一般取1700Ω，在装有防止触电的速断保护装置的供电网络中，人体的允许工频电流为30mA，因此人体允许持续接触的安全电压为两者之积50V。

（三）防止触电的基本安全措施

1. 对于经常带电设备的防护

根据电气设备的性质、电压等级、周围环境和运行条件，要求保证防止意外的接触、意外的接近或可能的接触。因此，对于裸导线或母线应采用封闭、高挂或设置盖等，予以绝缘、屏护遮拦、保证安全距离的措施。应该注意对于高压设备，不论是否裸露，均应屏护遮拦和保证安全距离的措施。此外，还有不少情况可以采用连锁装置来防止偶然触及或接近带电体，一旦接触或走近时连锁装置动作，自动切断电源。

2. 对于偶然带电设备的防护

操作人员对于原来不带电部分的金属外壳的接触是难免的，有时接触还是正常的操作动作。操作手持电动工具，则在工作时要接触它的外壳，如果这些设备绝缘损坏，就会有电压产生，会出现意外触电的危险。为了减少或避免这种电压出现在设备外壳的危险，可以采用保护接地和保护接零等措施；或者将不带电部分采用双重绝缘结构；也可以采用使操作人员站在绝缘座或绝缘地毯上等临时措施。对于小型电动工具或经常移动的小型机组也可采取限制电压等级的措施，以控制使用电压在安全电压的范围之内。

3. 检查、修理作业时的防护

在进行电气线路或电气设备的检查、修理或试验时，为预防工作人员麻痹或偶尔丧失判断能力，应采用标志和信号来帮助作出正确的判断。标志用来分别电气设备各部分、电缆和导线的用途，可用文字、数字和符号来表示，并用不同的颜色区分，以避免在运行、巡视和检修时发生错误。用红绿信号向工作人员指示出电气装置中某设备的情况；用工作牌和告白牌等向其他人员警示和指示运行及正在检修的情况。如特殊情况需要带电检修时，应该使用适当的个人防护用具。属于电工技术的防护用具有：绝缘台、垫、靴、手套、绝缘棒、钳、电压指示器和携带式临时接地装置等；属于非电工技术的防护用具有护目眼镜、安全带等。

（四）接地和接零

1. 接地和接零的类型和作用

为了避免触电危险，保证人身安全和电气系统、电气设备的正常工作需要，需要采取各种安全保护措施，保护接地或保护接零就是最简单有效和可靠的技术保护措施。根据电气设备接地不同的作用，可将接地和接零类型分为以下几种：

（1）工作接地

在正常情况下，为保证电气设备的可靠运行，并提供部分电气设备和装置所需要的相电压，将电力系统中的变压器低压侧中性点通过接地装置与大地直接相连，这种接地方式称为工作接地。工作接地如图 8-25 所示。

（2）保护接地

将电气设备在正常情况下不带电的金属外壳或构架与大地相接，以保护人身安全，这种接地方式称保护接地。保护接地如图 8-26 所示。与土壤直接接触的金属体或金属体组，称为接地体或接地极；连接于接地体与电气设备之间的金属导线称为保护线（PE）或接地线；接地线和接地体合称为接地装置。要求接地电阻不得大于 4Ω。

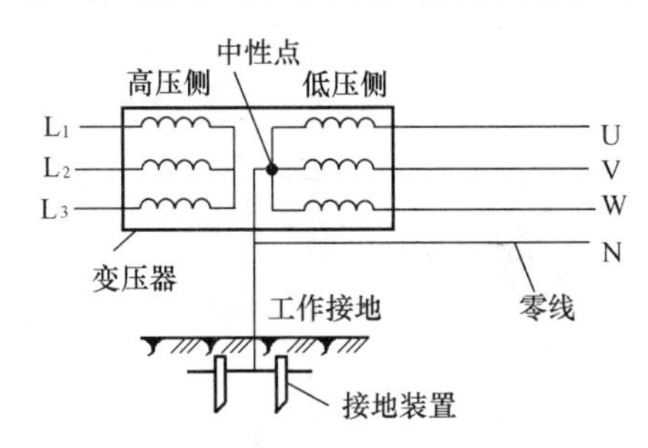

图 8-25　工作接地示意

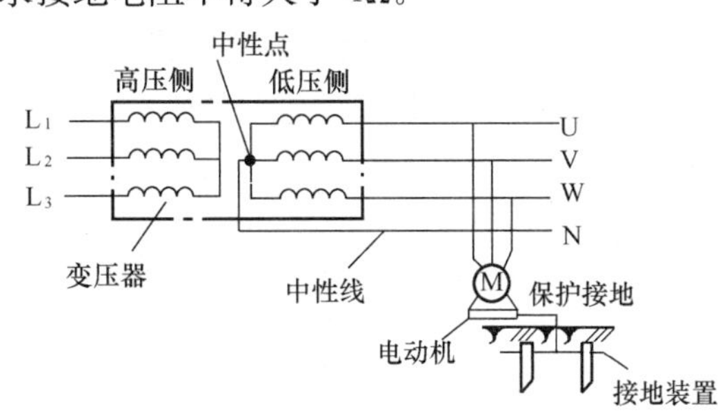

图 8-26　保护接地示意

在三相三线制供电系统中，当某电动机内部绝缘损坏而使外壳带电时，由于线路与大地之间存在着分布电容，如果人身体接触机壳，则将有电流通过人体与分布电容构成的电路，使人体触电。如果电动机外壳接地了，这时当人身体触及金属外壳时，人体电阻与接地装置电阻（$R$=4～10Ω）是并联的，因为人身体电阻大约为 500～1000Ω，比接地电阻大得多，所以只有很小的电流流过人体，大部分电流被接地电阻分流了，从而降低了人体触电程度，保证了人身安全。

保护接地适用于中性点不接地的三相三线制供电系统中。

(3) 工作接零

单相用电设备为获取相电压而接的零线，称为工作接零。其连接线称中性线（N）或零线，与保护线共用的称为 PEN 线。工作接零如图 8-27 所示。

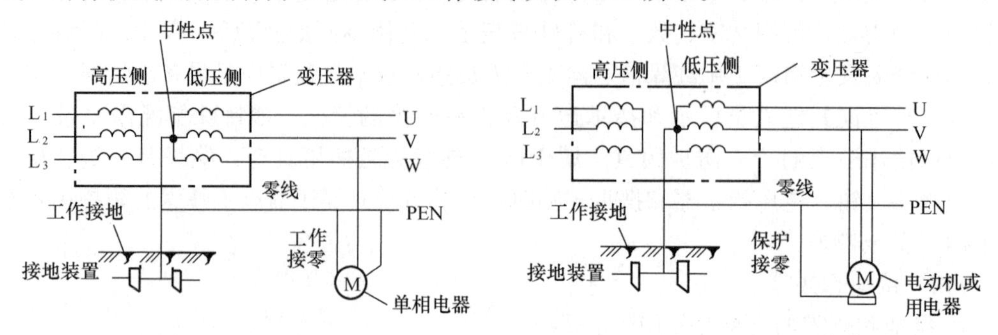


图 8-27 工作接零示意

图 8-28 保护接零示意

(4) 保护接零

在中性点直接接地的三相四线制供电系统中，将电气设备在正常情况下不带电的金属外壳与中性线（零线）相连接的方式称为保护接零。其连接线称保护线（PE）或保护零线。保护接零如图 8-28 所示。

当用电设备内部绝缘损坏时，相电压经过机壳接到零线上，形成通路，从而产生短路电流，这个电流远远大于保护电器的动作电流，使保护电器动作，将故障设备的电源切断，避免了人身触电事故的发生。

(5) 重复接地

当线路较长或要求接地电阻较低时，为尽可能降低零线的接地电阻，除变压器低压侧中性点直接接地外，将零线进行多次接地，叫重复接地，如图 8-29 所示。

(6) 防雷接地

防雷接地的作用是将雷电流迅速安全地引入大地，避免建筑物及其内部电器设备遭受雷电侵害。防雷接地如图 8-30 所示。

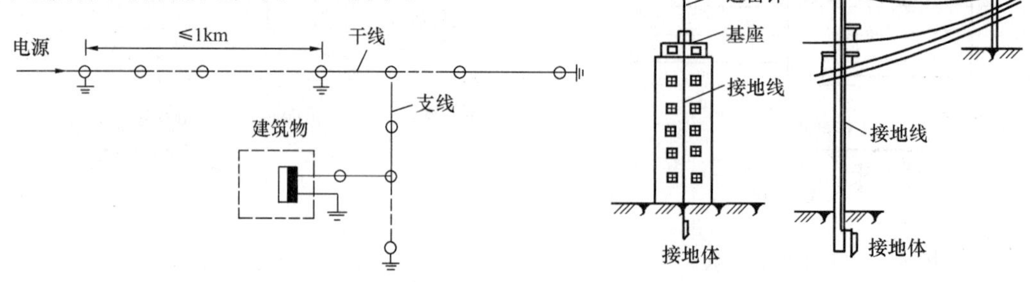


图 8-29 重复接地示意图

图 8-30 防雷接地示意图

(7) 屏蔽接地

由于干扰电场的作用会在金属屏蔽层感应电荷，而将金属屏蔽层接地，使感应电荷引入大地，称屏蔽接地，如专用电子测量设备的屏蔽接地等。

除上述接地外，还有逻辑接地、信号接地、防静电接地、防腐蚀接地等。

2. 低压供配电系统的保护接地

过去我国对供配电系统的运行和保护接地并无严格的规定，按习惯称三相三线制、三相四线制等，国际电工委员会（IEC）则对供配电系统的运行和保护接地形式作了统一规定，共分为三类：TN 系统、TT 系统和 IT 系统。

其字母的含义是：

T—表示低压配电网的中性点直接接地。

I—表示低压配电网的中性点不接地（或经高阻抗接地）。

T—表示电气设备的金属外壳直接接地，即采用保护接地的方式。

N—表示电气设备的金属外壳通过低压配电网的中性点接地，即采用保护接零的方式。

三种方式在运行和安全方面各有不同，下面分别进行介绍。

（1）TN 系

TN 系统是我国供配电系统中最常见的方式，按 IEC 的规定，这是采用中性点直接接地（有工作零线）和保护接零的配电系统。按照工作零线和保护零线的组合情况，TN 系统又分为：TN-C 系统、TN-S 系统和 TN-C-S 系统。

①TN-C 系统

TN-C 系统如图 8-31 所示，亦即所谓的三相四线制系统。这种系统工作零线（N）和保护零线（PE）是合一的，该线称为 PEN 线。其优点是简单经济，节省了一条导线。缺点是当三相负载不平衡或 PEN 线断开时会使所有用电设备的金属外壳都带上较高的电压；此外由于 PEN 线有电流，会对接在同一 PEN 线上的其他设备产生电磁干扰。在一般下，如保护装置和导线截面选择适当，TN-C 系统是能够满足要求的。我国过去采用这种方式较普遍，目前在民用建筑和建筑施工规范中，已不允许采用。

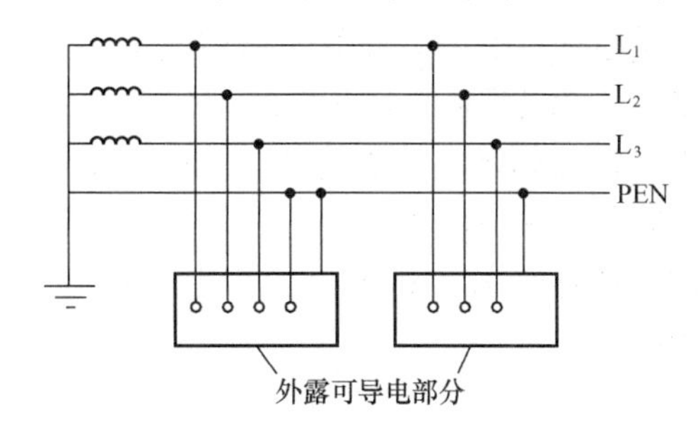


图 8-31　TN-C 系统

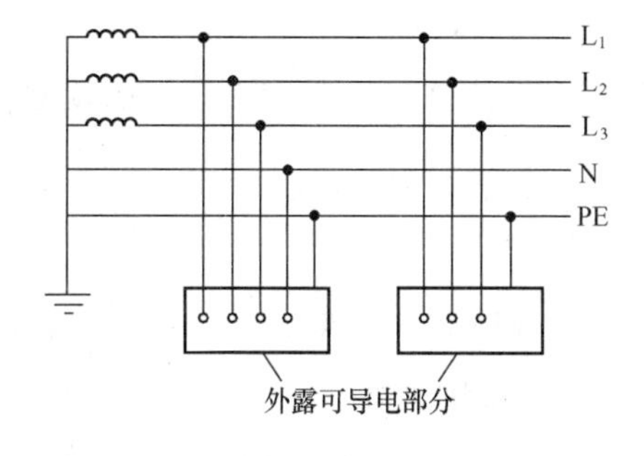


图 8-32　TN-S 系统

②TN-S 系统

TN-S 系统如图 8-32 所示，亦即所谓的三相五线制系统。这种系统工作零线（N）和保护零线（PE）是分开的，所有设备的金属外壳均与 PE 线连接。其优点是 PE 线在正常情况下没有电流，因此不会对接在同一 PE 线上的其他设备产生电磁干扰；此外由于 N 线和 PE 线是分开的，N 线断线也不会影响 PE 线的保护作用。缺点是消耗的材料多，投资较大。这是我国目前推广应用的系统。

③TN-C-S 系统

TN-C-S 系统如图 8-33 所示。这种系统中前一部分工作零线（N）和保护零线（PE）

是合一的，而后一部分是分开的，且分开后不允许再合并。该系统兼有 TN-C 系统和 TN-S 系统的特点，这种系统供电采用 TN-C 方式，在现场的总配电箱中分出 PE 线，其后面的供电变为 TN-S 方式。这种系统常用于只有 TN-C 方式供电，而规范要求必须采用 TN-S 方式的场所或配电系统末端环境较差及对电磁抗干扰要求较高的场所。

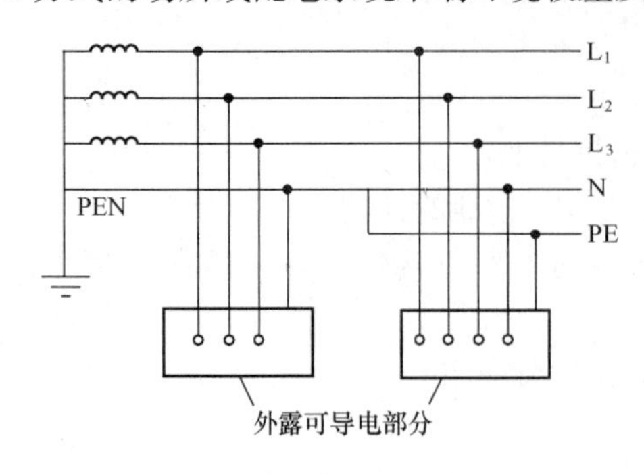


图 8-33　TN-C-S 系统

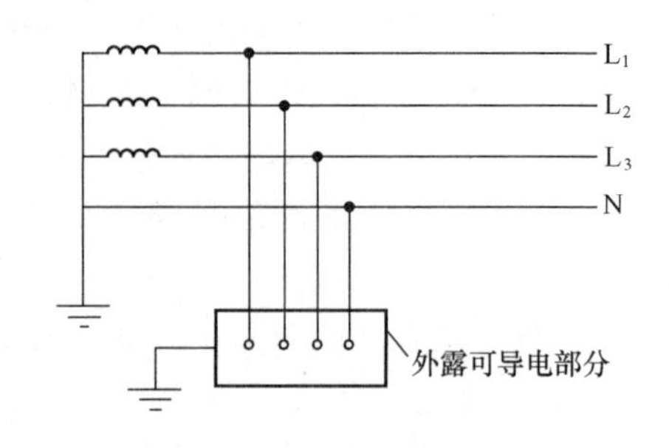


图 8-34　TT 系统

（2）TT 系统

TT 系统如图 8-34 所示。这种系统采用中性点直接接地（即有工作零线），而电气设备的金属外壳通过与系统无关的接地体直接接地，称为 TT 系统。这种系统必须安装灵敏的漏电保护装置作为单相接地故障保护，由于 PE 线是独立接地的，电磁兼容性好于 TN 系统。欧洲广泛采用这种系统，为满足各种通信信息设备对电磁兼容性的要求，这种系统在我国也有良好的应用前景。

（3）IT 系统

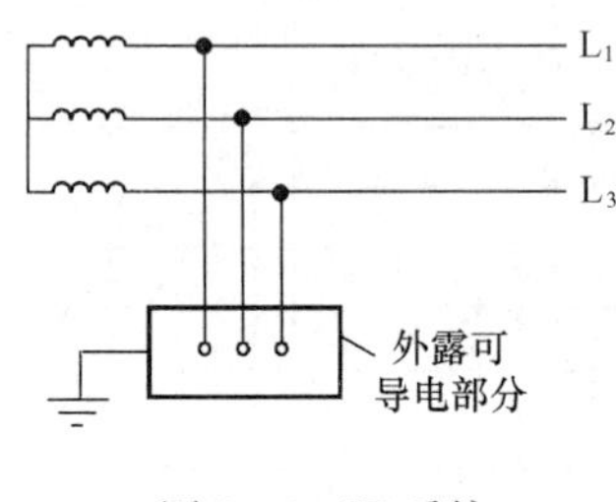


图 8-35　IT 系统

IT 系统如图 8-35 所示。这种系统采用中性点不接地（即无工作零线），而电气设备的金属外壳通过与系统无关的接地体直接接地，称为 IT 系统，亦即所谓的三相三线制系统。这种系统在供电距离不是很长时，供电的可靠性高、安全性好，电磁兼容性能也非常好，但只能对三相用电设备供电。这种方式在矿山、冶金等行业应用较多，在建筑供配电中应用较少。

**二、建筑防雷**

建筑防雷设计应严格执行国家标准《建筑防雷设计规范》GB 50057。

（一）雷电的形成及危害

1. 雷电的形成

雷电是一种大气中静电放电现象，每年从春季开始活动，到夏季最为频繁剧烈，到秋季则逐渐减少、削弱，以至消失。水蒸气受热上升，凝结成水滴，水滴逐渐变大，在自重作用下被上升的气流切割成带正电荷的较大水滴和带负电荷的微细水滴。较大的水滴一般落到地面变成雨，部分停留于空中。带不同电荷的水滴分别积聚，形成带电的雷云。随着雷云的积累，雷云之间以及雷云和大地之间的电场强度逐渐增强，当达到 25～30kV/cm 时，空气被击穿，开始放电。所谓放电现象，就是雷云和雷云之间，以及雷云和大地之间的一种放电现象。由于放电时的温度到达 20000℃，致使空气受热急剧膨胀而发出震耳的轰鸣，这就是闪电和雷声。闪电就是放电时产生的强烈的光和热；雷声，就是巨大的热量使空气在极短的时间内急剧膨胀，而产生的爆炸声响。

2. 雷电的危害

根据雷电造成危害的形式和作用，一般可以分为直击雷、感应雷和雷电波侵入三大类。

（1）直击雷

直击雷就是雷云对地面凸出物直接放电的过程。强大的雷电流通过物体产生巨大热量，使物体燃烧、金属材料熔化、使物体内部的水分急剧蒸发而造成劈裂等破坏；还能产生过电压破坏绝缘、产生火花、引起燃烧和爆炸等。它是雷电危害最严重的一种形式。

（2）感应雷

感应雷（雷电感应）是附近有雷云或落雷所引起的电磁作用的结果，分为静电感应和电磁感应两种。静电感应是由于雷云靠近建筑物，使建筑物顶部由于静电感应积聚了极性相反的电荷，雷云对地放电后，这些电荷来不及流散大地，因而形成很高的对地电位，能在建筑物内部引起火花；电磁感应是当雷电流通过金属导体流散大地时，形成迅速变化的强大磁场，能在附近的金属导体内感应出电势，而在导体回路的缺口处引起火花，发生火灾。

（3）雷电波侵入

架空线路或金属管道在直接受到雷击或因附近落雷会感应出过电压，如果在中途中不能使大量电荷导入大地，就会侵入建筑物内，破坏建筑物和电气设备。

（二）建筑物的防雷分级

以前的防雷分级是按民用建筑物、工业建筑物来划分的，现在按国家标准《建筑物防雷设计规范》GB 50057 统一划分，根据建筑物重要性、使用性质、发生雷电事故的可能性和后果，建筑物的防雷分为三级。

（1）遇下列情况之一时，应划为第一类防雷建筑物：

①凡制造、使用或贮存炸药、火药、起爆药、火工品等大量爆炸物质的建筑物，因电火花而引起爆炸，会造成巨大破坏和人身伤亡者。

②具有 0 区或 10 区爆炸危险环境的建筑物。

③具有 1 区爆炸危险环境的建筑物，因电火花而引起爆炸，会造成巨大破坏和人身伤亡者。

（2）遇下列情况之一时，应划为第二类防雷建筑物：

①国家级重点文物保护的建筑物。

②国家级的会堂、办公建筑物、大型展览和博览建筑物、大型火车站、国宾馆、国家级档案馆、大型城市的重要给水水泵房等特别重要的建筑物。

③国家级计算中心、国际通信枢纽等对国民经济有重要意义且装有大量电子设备的建筑物。

④制造、使用或贮存爆炸物质的建筑物，且电火花不易引起爆炸或不致造成巨大破坏和人身伤亡者。

⑤具有 1 区爆炸危险环境的建筑物，且电火花不易引起爆炸或不致造成巨大破坏和人身伤亡者。

⑥具有 2 区或 11 区爆炸危险环境的建筑物。

⑦工业企业内有爆炸危险环境的露天钢质封闭气罐。

⑧预计雷击次数大于 0.06 次/年的部、省级办公建筑物及其他重要或人员密集的公共建筑物。

⑨预计雷击次数大于 0.3 次/年的住宅、办公楼等一般性民用建筑物。

（3）遇下列情况之一时，应划为第三类防雷建筑物：

①省级重点文物保护的建筑物及省级档案馆。

②预计雷击次数大于或等于 0.012 次/年，且小于或等于 0.06 次/年的部、省级办公建筑物及其他重要或人员密集的公共建筑物。

③预计雷击次数大于或等于 0.06 次/年，且小于或等于 0.3 次/年的住宅、办公楼等一般性民用建筑物。

④预计雷击次数大于或等于 0.06 次/年的一般性工业建筑物。

⑤根据雷击后对工业生产的影响及产生的后果，并结合当地气象、地形、地质及周围环境等因素，确定需要防雷的 21 区、22 区、23 区火灾危险环境。

⑥在平均雷暴日大于 15 天/年的地区，高度在 15m 及以上的烟囱、水塔等孤立的高耸建筑物；在平均雷暴日小于或等于 15 天/年的地区，高度在 20m 及以上的烟囱、水塔等孤立的高耸建筑物。

（三）避雷装置

避雷装置的作用是将雷云电荷或建筑物感应电荷迅速引入大地，以保护建筑物、电气设备及人身不受损害。避雷装置主要由接闪器、引下线和接地装置等部分组成。

1. 接闪器

接闪器是引雷电流装置。接闪器的类型主要有避雷针、避雷线、避雷带、避雷网和避雷器等几种，一般建筑物均采用避雷网做接闪器。

（1）避雷针

避雷针是防止直接雷击的有效方法。避雷针一般用镀锌圆钢或镀锌钢管制成，圆钢直径不宜小于 25mm；钢管直径不宜小于 40mm，钢管壁厚不宜小于 2.75mm。避雷针装设在烟囱顶上时，考虑到烟气的腐蚀性，所用材料尺寸还必须适当加大。

（2）避雷线

避雷线一般采用截面不小于 $35mm^2$ 的镀锌钢绞线。主要用来保护架空线路，这种避雷线叫架空地线。避雷线也可用来保护狭长的设施。

（3）避雷带和避雷网

避雷带是沿建筑物易受雷击部位装设的带形导体；避雷网是在屋面上纵横敷设由避雷带组成的网格形状导体，对于民用建筑，可采用 6m×10m 的网格。避雷带和避雷网一般采用直径不小于 8mm 的圆钢，也可采用截面不小于 4mm×12mm 的扁钢。高层建筑常把建筑物内的钢筋连接成笼式避雷网。避雷带和避雷网主要用来对直击雷的防护，也作为防止静电感应的安全措施。

（4）避雷器

避雷器的类型有阀式避雷器、管式避雷器和保护间隙等。主要用来保护电力设备，也用作防止高电压侵入室内的安全措施。

《建筑电气工程施工质量验收规范》GB 50303—2015 中要求：建筑物顶部的避雷针、避雷带等必须与顶部外露的其他金属物体连成一个整体的电气通路，且与避雷引下线连接可靠。

2. 引下线

引下线是将雷电流引到埋入地下的接地导体（接地装置）。

引下线的材料宜采用镀锌圆钢或镀锌扁钢，圆钢直径不得小于 8mm，扁钢厚度不得小于 2.5mm，截面不得小于 $50mm^2$。引下线的敷设方式分为明敷和暗敷两种。暗敷在建筑物抹灰层内的引下线应有卡钉分段固定；明敷的引下线应平直、无急弯，与支架焊接处，油漆防腐，且无遗漏。在没有特殊要求时，允许用建筑物和构筑物的金属结构作为引下线，但必须连接可靠。明敷安装时，应在引下线距地面上 1.7m 至地面下 0.3m 的一段用塑料管或钢管加以保护。

3. 接地装置

接地装置可以把引下线引来的雷电流迅速疏散到大地中去。接地装置包括接地体和接地线，其材料应采用镀锌钢材。

接地装置可以利用自然接地体、基础接地体或采用人工接地体。

（1）自然接地体是利用埋于地下的、有其他功能的金属物体，作为防雷保护的接地装置。例如，直埋铠装电缆金属外皮、直埋金属水管、钢筋混凝土电杆等。

（2）基础接地体是利用建筑物中的基础钢筋作为接地装置。

（3）人工接地体是专门用于防雷保护的接地装置，分垂直接地体和水平接地体两类。垂直接地体可采用直径 20～50mm 的钢管（壁厚 3.5mm）、直径 19mm 的圆钢或截面为 20mm×3mm～50mm×5mm 的等边角钢做成。长度均为 2～3m 一段，间隔 5m 埋一根。顶端埋深为 0.5～0.8m，用接地线或水平接地体将其连成一体。水平接地体和接地线可采用截面为 25mm×4mm～40mm×4mm 的扁钢、截面 10mm×10mm 的方钢或直径 8～14mm 的圆钢做成。埋深一律为 0.5～0.8m。

埋接地体时，应将周围填土夯实，不得回填砖石、灰渣之类的杂土。各焊点必须刷樟丹油或沥青油，以加强防腐，接地电阻不大于 10Ω。

（四）建筑物防雷措施

要保护建筑物不受雷击危害，应针对雷击危害的成因进行防范，即对直击雷、雷电波侵入和感应雷三种雷击基本形式采取相应的防雷措施。

1. 防直击雷的措施

防直接雷击的方法是设置由接闪器、引下线和接地装置三部分组成的防雷装置，它能有效防止直击雷的危害。各组成部分的作用、要求详见前述。

2. 防雷电波侵入的措施

由于雷电对架空线路或金属管道的作用形成了雷电波，雷电波则会沿着管线侵入建筑物，造成设备损坏、人身安全受到危险。防雷电波侵入的一般措施是：凡进入建筑物的各种线路及金属管道采用全线埋地引入的方式，并在入户处将其有关部分与接地装置相连接。当低压线全线埋地有困难时，可采用一段长度不小于 50m 的铠装电缆直接埋地引入，并在入户端将电缆的外皮与接地装置相连接。当低压线采用架空线直接入户时，应在入户处装设阀式避雷器，该避雷器的接地线应与进户线的绝缘子铁脚、电气设备的接地装置连在一起。

3. 防感应雷的措施

最有效的方法是把建筑物内的一切导电体，如各种金属管道及部件、金属门窗、用电设备等，都可靠与接地体相连，消除感应过电压，同时把建筑物内所有的金属管道连接成接触良好的闭合回路，降低接触电压，并使感应的电荷迅速流入地中，避免电火花的发生，一般要求接地电阻在 4Ω 以下。

## 第五节　电气施工图识读

### 一、电气施工图的组成及识读方法

现代房屋建筑中，要安装许多电气设备，如照明灯具、电源插座、电视、电话、消防控制装置、各种动力装置、控制设备及避雷装置等。有关这些电气工程的设计图纸就是电气施工图（也叫电气安装图），按“电施”编号。电气施工图、给水排水施工图与采暖通风施工图总称为建筑设备施工图。

建筑电气施工图设计严格按《建筑电气制图标准》GB/T 50786《供配电系统设计规范》GB 50052、《低压配电设计规范》GB 50054 和《民用建筑电气设计规范》JGJ 16 等执行。

电气施工图中主要表达两方面的内容：一是表示供电、配电线路的规格与敷设方式；一是各种电气设备及配件的选型、规格及安装方式。其图示特点是用国际规定的图例、符号及文字来表示系统或设备中各组成部分之间的相互关系。故应严格按《电气简图用图形符号》GB/T 4728 系列国家标准和《建筑电气工程设计常用图形和文字符号》（图集号为 09DX001）绘制建筑电气施工图。

（一）电气施工图的组成

建筑电气施工图由文字说明和图样两大部分组成。

1. 文字说明部分

文字说明部分包括：

（1）图纸目录

对各图样依次编号，并注明图样的名称。从目录上可得知电气施工图的张数及每张的名称，可以区分新绘制图样、标准图样及重复使用图样等。

（2）设计说明

包括建筑概况、工程设计范围、工程类别、供电方式、电压等级、主要线路敷设方式、工程主要技术数据、施工和验收要求及有关事项。

（3）主要设备及材料表

包括工程所需的各种设备（如变压器、开关、照明器、配电箱等）、管材、导线等名称、型号、规格、数量等。

（4）工程概预算

确定该工程的造价。

2. 图样部分

图样部分主要包括：

（1）电气系统图

电气系统图也称原理图或流程图，是建筑电气施工图中重要的图样，系统图不是按比例投影画法示出，通常不表明电气设备的具体安装位置。通过系统图识读，可清楚地看到整个建筑物内配电系统的情况与配电线路所用导线的型号与截面，采用管径，以及总的设备容量等，可以了解整个工程的供电全貌和接线关系。

电气系统图内容包括：整个配电系统的联结方式，从主干线至各分支回路的路数；主要变、配电设备的名称、型号、规格及数量；主干线路及主要分支线路的敷设方式、型号、规格。

（2）电气平面图

电气平面图包括变、配电平面图、动力平面图、照明平面图、弱电平面图、室外工程平面图及防雷平面图等。

平面图详细、具体地标注了所有电气线路的具体走向及电气设备的位置、坐标，并通过图形符号将某些系统图无法表达的设计意图表达出来，具体指导施工。在图纸上主要表明电源进户线的位置、规格、穿线管径；配电盘（箱）的位置；配电线路的敷设方式；配电线的规格、根数、穿线管径；各种电器的位置；各支线的编号及要求；防雷、接地的安装方式以及在平面图上的位置等。

（3）详图

详图又称大样图，用来表示电气设备和电器元件的实际接线方式、安装位置、配线场所的形状特征等。对于某些电气设备或电器元件在安装过程中有特殊要求或无标准图的部分，设计者绘制了专门的构件大样图或安装大样图，并详细地标明施工方法、尺寸和具体要求，指导设备制作和施工。

（二）电气施工图的识读方法

识读电气施工图之前，首先必须熟悉建筑物的土建图（建筑、结构、总平面图）和工艺图，了解建筑物的外貌、结构特点、设计功能及与电气布置密切相关的部分，在熟悉常用电气设备工程的图例及文字符号的基础上，按图纸的“目录→设计说明→主要设备材料表→系统图→平面图→详图”顺序识读，重点弄清系统图与平面图。当然，在阅读中各种图纸和资料往往需结合起来，反复阅读，才能弄清每个部分。

读图时一般按“进线→变、配电所→开关柜、配电屏→各配电线路→车间或住宅配电箱（盘）→室内干线→支线及各路用电设备”这个主线来阅读，看电源从何而来，采用哪些供配电方式，有多少个回路，使用多大截面的导线，配电使用哪些电气设备，供电给哪些用电设备，各个设备和元件安装在什么位置、采用何种敷设方式等。

**二、常用图形符号及标注方式**

电气图纸中的电气图形符号通常包括系统图图形符号、平面图图形符号、电气设备文字符号和系统图的回路标号。

1. 常用电力及照明平面图图形符号（见附录 8-2）

2. 文字符号

（1）相序

$L_1$—交流系统电源第一相（黄色），$L_2$—交流系统电源第二相（绿色），

$L_3$—交流系统电源第三相（红色），$N$—中性线（淡蓝色），

PE—保护线（黄绿相间），PEN—保护和中性共用线（黄绿双间）。

（2）变压器的标注方法

$$a/b-c$$

式中 $a$——一次电压（V）；

$b$——二次电压（V）；

$c$——额定容量（VA）。

（3）开关及熔断器的标注方法

$$a-b-c/I$$

式中 $a$——设备编号；

$b$——设备型号；

$c$——额定电流（A）；

$I$——整定电流（A）。

（4）配电线路的标注方法

$$a-b(c\times d)e-f$$

式中 $a$——回路编号；

$b$——导线型号；

$c$——导线根数；

$d$——导线截面；

$e$——敷设方式及穿管管径；

$f$——敷设部位。

导线敷设方式的文字符号及敷设部位的文字符号见附录8-3、8-4、8-5。

例如：某照明系统图中标有BV（3×50＋2×25）SC50—FC，表示该线路是采用铜芯塑料绝缘线，三根相线的截面为50mm$^2$，两根线（N线和PE线）的截面为25mm$^2$，穿管径为50mm的焊接钢管沿地面暗敷设。

（5）照明灯具的标注方法

$$a-b\frac{c\times d\times L}{e}f$$

式中 $a$——灯具的数量；

$b$——灯具型号或编号，可以查阅施工的图册或产品样本，见表8-15；

$c$——每盏灯具内安装灯泡或灯管数量，一个可以不表示；

$d$——每个灯泡或灯管的功率（W）；

$e$——光源的安装高度（m）；

$f$——安装方式代号；

$L$——光源种类，在光源有其他说明时，此项也可省略。

例如某教室照明平面标有8—PKY508 $\frac{2\times 40}{2.7}Ch$，表示灯具的数量为8盏，型号是为PKY508型荧光灯，安装功率是双管40W，安装高度距地面为2.7m，安装方式为链吊式。

常用灯具型号的文字符号　　表 8-15

| 名　　称 | 文字符号 | 名　　称 | 文字符号 |
|---|---|---|---|
| 水晶底罩灯 | J | 碗形罩灯 | W |
| 搪瓷伞形罩灯 | S | 玻璃平盘罩灯 | P |
| 圆筒形罩灯 | T | | |

## 三、电气照明施工图实例与识读

1. 电气照明设计说明

（1）设计依据：《民用建筑电气设计规范》JGJ 16、甲方提供设计要求。

（2）电源电压：本系统采用 TN-C-S 380V/220V 三相均衡供电方式，电源进户处做重复接地处理，然后 PE 线与 N 线分开敷设。

（3）设备安装及导线敷设要求：各照明配电箱均采用铁制嵌墙暗设，中心距地 1.6m。导线连接均为挂锡焊接，应急疏散指示灯具每层采用专用回路，PE 线即保护接地线采用黄绿颜色相间绝缘导线，零线宜采用淡蓝色绝缘导线。

（4）照明器具：所选灯具的型号、规格、安装容量详见图例及电照平面图，不得随意变动，开关的安装高度为中心距地 1.4m，距墙边 0.2m，插座采用安全型，插座的安装高度为中心距地 0.5m。

（5）保护措施：利用建筑物基础作为共用接地装置，接地电阻 $R \leqslant 4\Omega$，若不满足应补打接地极，由照明配电箱重复接地端子至三孔插座段应设一专用保护零线。

（6）凡未尽事项均按《电气装置工程施工及验收规范》GB 50303 执行。

2. 照明配电系统图

图 8-36 为厂区办公楼照明配电系统图。三层办公楼由工厂变电所 11 路低压出线供电，采用三相四线制 380V/220V 电源供电，进户线采用 BV-500-4×16mm² 的铜芯塑料线

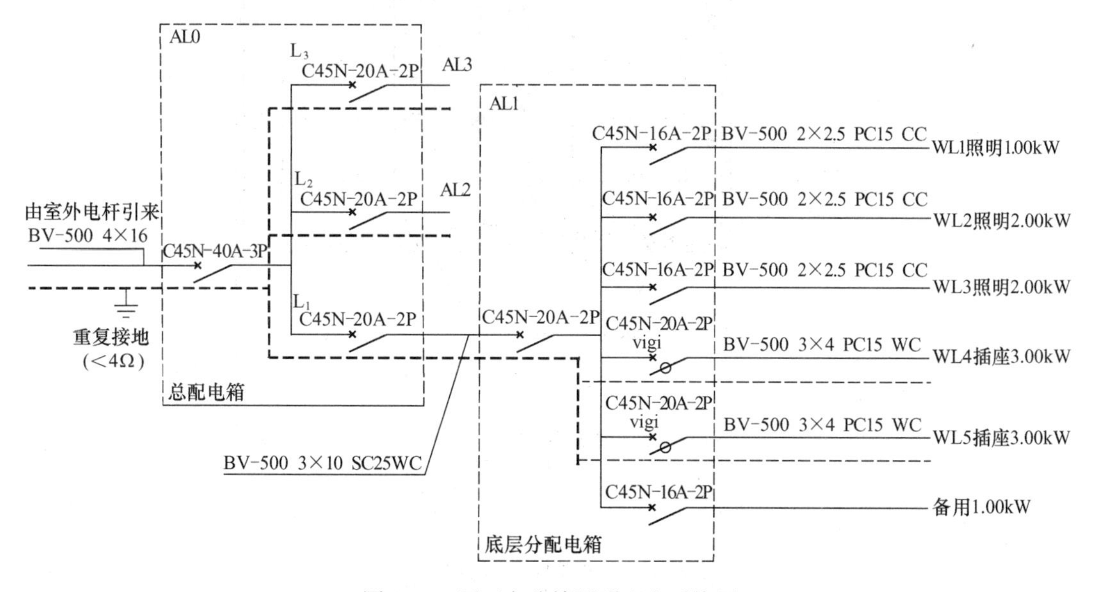


图 8-36　厂区办公楼照明配电系统图

由室外电杆架空引入，进户处重复接地，接地电阻小于 4Ω。

电源经总配电箱 AL0，将三相电源的 $L_1$ 相引至底层分配电箱 AL1，$L_2$、$L_3$ 相分别引至二层和三层的分配电箱 AL2、AL3。二层和三层的用电情况与底层相同，图中未详细画出。总配电箱引至各层分配电箱的墙内立管为 SC25 焊接钢管，管内穿 BV-10mm$^2$ 的塑料铜芯线 3 根。

在总配电箱中，三相电源经断路器 C45N-40A-3P 后分成三路，每路为一相，分别经断路器 C45N-20A-2P 引至分配电箱 AL1、AL2、AL3。分配电箱共有 6 路出线，其中有 3 路出线经断路器 C45N-16A-2P 引入照明支路 WL1、WL2、WL3；有 2 路出线经漏电保护引入插座支路 WL4、WL5，漏电保护采用可加装在 C45N-20A-2P 断路器上的 vigi 型组合式漏电保护附件实现；有 1 路出线经低压断路器 C45N-16A-2P 作为备用支路。照明支路的导线为 BV-2×2.5mm$^2$ 铜芯塑料线，插座支路的导线为 BV-3×4mm$^2$ 铜芯塑料线，穿管径为 15mm 的 PC 硬聚氯乙烯管沿顶棚或墙暗敷。如图 8-37 所示。主要材料明细见表 8-16。

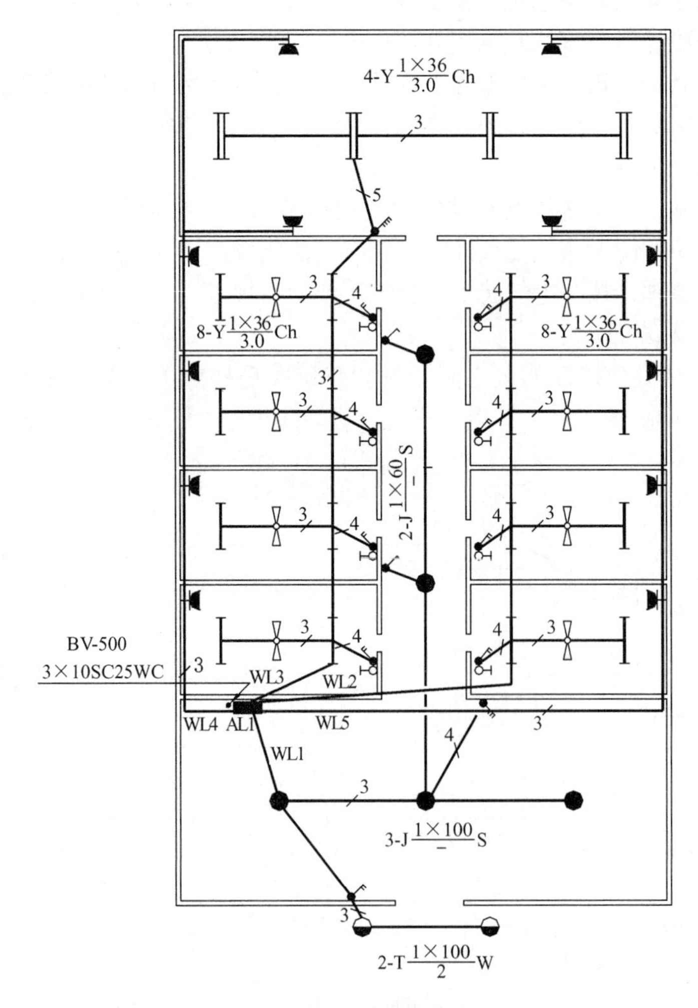


图 8-37　办公楼底层照明平面图

主要材料明细表　　表 8-16

| 名　　称 | 规　格　型　号 | 数量（个） | 参考单价（元） | 备　注 |
|---|---|---|---|---|
| 断路器 | C45N-63C/3P 40A | 1 | 120.00 | |
| 断路器 | C45N-63C/2P 20A | 4 | 90.00 | |
| 断路器 | C45N-63C/2P 16A | 4 | 80.00 | |
| 漏电保护断路器 | C45N-32CLE/2P 20A | 2 | 128.00 | |
| 总配电箱 AL0 壳体 | 300×160×300 | 1 | 120.00 | |
| 分配电箱 AL1 壳体 | 400×160×300 | 1 | 150.00 | |

3. 电气照明平面图

电气照明平面图是根据建筑物实际情况按比例绘制的，在图上标出电源进线位置、配电箱位置、开关、插座、灯具的位置以及设备和线路等有关数据、线路敷设方式等。电气照明平面图一般附有说明，以说明图中无法表达的一些内容。

如图 8-37 所示，该图是办公楼底层照明平面图。由图可见，进户线设在二楼，采用三相四线制 TN-C 系统。由二楼用三根 BV-10mm$^2$ 的铜芯塑料线引至底层分配电箱 AL1。三根导线中一根为相线，一根为工作零线，一根为保护接地线。门前安装 2 盏 100W 的圆筒形罩灯，壁装式，距地 2m；门厅和走廊共安装 5 盏乳白玻璃球型灯，其中 3 盏为 100W，2 盏为 60W，均为吸顶式；八个小房间内分别安装 2 盏 36W 的单管荧光灯，链吊式，距地 3m，还安装一把吊扇；大房间内安装 4 盏双管荧光灯，每盏有 2 只 36W 荧光灯，链吊式，距地 3m。插座均为暗装带接地插孔的单相插座，灯具由单极、双极、三极、四极暗装开关控制。每一支路的导线根数均在图上标出。

## 第六节　电气工程施工安装要点

### 一、概述

电气工程施工质量控制应在设备进场验收和土建交接检验合格的基础上，对上述施工内容逐项进行监控，保证各施工环节均达到设计要求和施工验收规范的要求。监控时应依据：《建筑电气制图标准》GB/T 50786《民用建筑电气设计手册》（第二版）、《建筑电气工程施工质量验收规范》GB 50303、《电梯工程施工质量验收规范》GB 50310、《电梯安装验收规范》GB/T 10060、《建筑物防雷工程施工与质量验收规范》GB 50601 等国家最新发布的标准。

电气安装的质量直接关系到建筑的使用功能以及生命财产的安全，因此监督承包单位确保电气安装工程质量是监理工程师的职责。电气专业监理工程师应根据设计图纸及有关文件编制电气安装工程进度控制计划，估算电气工程造价。在施工对质量、投资和进度做到控制在前，言而有据。

### 二、照明配电箱与控制电器的施工安装

1. 照明配电箱的安装

照明配电箱内包括照明总开关、总熔断器、电度表、各干线的开关和熔断器等；分配电箱上有分开关和支线熔断器等。

照明配电箱布置位置十分重要，若位置不当，对于设备费用、电能损耗、供电质量都会造成不良后果，同时给使用与维修也带来麻烦。选择配电箱位置时，应注意以下原则：尽量接近负荷中心；对于多层建筑，各层配电箱应尽量在同一平面位置上，以便于导线的敷设与管理；应设在操作方便，易于检修的地方，如一般设在楼梯口旁或走廊附近的墙壁上；应设在通风、干燥、采光良好的场所，并且注意不得妨碍观瞻。

配电箱的安装方式有明装、暗装和半暗装两种。明装配电箱分挂墙式和落地式两种。配电箱的引出、引入导线为了防止受到损伤，应加木槽板或钢管保护。暗装配电箱是嵌在建筑物的墙壁内，箱面要与墙面取平，导线都用暗管敷设。

照明配电箱安装的施工质量要求：

(1) 配电箱、盘的位置应符合设计，安装应横平、竖直、牢固、整齐，其垂直误差为：高度在 0.5m 以下的配电箱不应大于 1.5mm，高度在 0.5m 以上的配电箱不应大于 3mm，水平误差不得大于宽度的 1‰，成排盘面总的水平误差不应大于 5mm。

(2) 照明配电箱（板）不应采用可燃材料制成，在干燥无尘的场所，采用木制配电箱（板）应经阻燃处理。

(3) 导线引出面板时，面板孔应光滑无毛刺，金属面板应装设绝缘保护套。

(4) 照明配电箱（板）内的交流、直流或不同电压等级的电流，应具有明显的标志。

(5) 照明配电箱底边距地面宜为 1.3m；照明配电板距地面高度不宜小于 1.8m。室外电箱应有防雨设施，且应加锁。

(6) 照明配电箱（板）内应分别设置零线和保护地线（PE）汇流排，零线和保护地线应在汇流排上连接，不得铰接，并应有编号。

(7) 照明配电箱（板）内装设的螺旋熔断器，其电源线应接在中间触点的端子上，负荷线应接在螺纹的端子上。

(8) 照明配电箱上应标明用电回路名称。

2. 照明灯具的安装

照明灯具安装的施工质量要求：

(1) 首先检查灯具及其配件应齐全，无损伤变形、油漆剥落或灯罩破裂等缺陷。

(2) 安装时应检查灯位正确，吊盒在中心，灯罩清洁，成排灯具排列整齐，高差 ≤0.5mm，对称美观，同一场所灯具高差≤5mm。

(3) 在变电所内，高压、低压配电设备及母线的正上方，不应安装灯具。

(4) 室外安装的灯具，距地面高度不宜小于 3m；当在墙上安装时，距地面高度不应小于 2.5m。

(5) 螺口灯头的接线应符合下列要求：

相线应接在中心触点的端子上，零线应接在螺纹端子上。灯头的绝缘外壳不应有破损和漏电。

(6) 日光灯吊装时应与屋面墙面平行，两吊链平行，要用镀锌铁链，灯头软线要编到链中去，且应刷锡后连接，镇流器不得装在吊顶内。

(7) 楼道的壁灯与其开关在同一垂线上，标高正确、一致。

(8) 灯具重量≥3kg 时，加装 $\phi8$ 以上吊钩和螺栓安装；固定花灯的吊钩，其圆钢直径不应小于灯具吊挂销、钩直径且不小于 6mm。对大型花灯，吊装花灯的固定及悬吊装置应按灯具重量1.25倍做过载试验。灯具重量≤1kg时，可采用金属吊链。每个灯具固定用的螺钉、螺栓不应小于2个，严禁使用木楔固定。手术台无影灯预埋件应与主筋焊接。

(9) 开关应控制火线。即对螺口灯头的相线应接到灯头中心触点上；灯具吊管安装时，其钢吊管内径应≥10mm，吊管应垂直安装。

(10) 公共场所用的应急照明灯和疏散指示灯，应有明显标志。无人管的公用灯，如住宅楼梯等宜装自动节能开关。

(11) 事故照明线路和白炽灯泡在100W以上密封安装时均采用BV-105型耐热线；金属卤化灯具的安装高度宜在5m以上，灯管与触发器应配套使用；落地安装的反光照明灯具，应采取保护措施；100W以上白炽灯应采用瓷灯口。

(12) 行灯的电压不得超过36V，在特别潮湿场所或导电良好的地面上，或工作地点狭小、行动不便的场所（如在锅炉内、金属容器内），行灯电压不得超过12V。

3. 开关的安装

灯具开关是控制电器设备，常用的开关有拉线开关和扳把开关两种。拉线开关的特点是节约导线、安全可靠，所以在民用照明中得到广泛的应用；缺点是当停电时无法判断电路是否接通和断开。当导线采用暗敷设时，灯具开关可以暗装扳把开关。

开关安装的施工质量要求：

(1) 安装在同一建筑物、构筑物的开关，宜采用同一系列的产品，开关的通断位置应一致，且操作灵活、接触可靠，开关分、合位置应是下合上断，开关要控制切断相线。

(2) 开关安装的位置应便于操作，开关边缘距门框的距离宜为0.15～0.2m；开关距地面高度宜为1.3m；拉线开关距地面高度宜为2～3m，且拉线出口应垂直向下。

(3) 相同型号并列安装及同一室内开关安装高度一致，且控制有序不错位。并列安装的拉线开关的相邻间距不小于20mm。

(4) 暗装的开关应采用专用盖、专用盒，盖板紧贴墙面，四周无缝隙，安装牢固，表面光滑整洁，无碎裂、划伤。

(5) 民用住宅严禁装设床头开关。

4. 插座的安装

插座是移动电气设备（如电脑、台灯、电视、空调、洗衣机等）的供电点。插座的安装方式也有明装和暗装两种。插座的位置应根据用电设备的使用位置而定。

插座安装的施工质量要求：

(1) 插座的安装高度应符合设计，当设计无规定时应符合下列要求：

①插座距地面高度≥1.3m；托儿所、幼儿园及小学校≥1.8m，最好采用安全型的。同一室内安装的插座高度差不宜大于5mm；并列安装的相同型号的插座高度差不宜大于1mm。

②车间及试验室的插座安装高度距地面不宜小于0.3m；特殊场所暗装的插座不应小于0.15m。

③落地插座应具有牢固可靠的保护盖板。

(2) 插座的接线应符合下列要求：

①单相两孔插座，面对插座的右孔或上孔与相线相接，左孔或下孔与零线相接；单相三孔插座，面对插座的右孔与相线相接，左孔与零线相接。

②单相三孔、三相四孔及三相五孔插座的接地线（PE）或接零线（PEN）均应接在上孔。插座的接地端子不应与零线端子直接连接。同一场所的三相插座，其接线的相位必须一致。

③接地线（PE）或接零线（PEN）在插座间不串联连接。

(3) 当交流、直流或不同电压等级的插座安装在同一场所时，应有明显的区别，且必须选择不同结构、不同规格和不能互换的插座；其配套的插头，应按交流、直流或不同电压等级区别使用。

(4) 潮湿场所采用密封型并带保护地线触头的保护型插座。

(5) 备用照明、疏散照明的回路上不应设置插座。

**三、电气监控部位**

(1) 动力系统：包括低压配电箱（柜）、电动机、动力配管线等工程；

(2) 照明系统：包括照明配电箱、照明配管、灯具、开关、插座面板等安装工程；

(3) 消防报警系统：包括消防控制柜、消防配管线、消防广播、模块、探测器、报警器、显示、手报等安装；

(4) 弱电系统：包括电视、电话、网络布线等工程；

(5) 防雷接地保护系统：包括防雷装置系统安装。

**四、电气安装工程施工要点**

决定电气安装工程质量的三大因素为设计、施工及材料和设备制造。施工过程中监理控制是把好质量的最后一关，要坚持每道工序不验收合格，不准转入下道工序的原则。必须熟悉设计图纸，掌握供电方案及关键数据，对有关图纸会审记录和设计变更单，应及时标注在相应的施工图上。

(1) 落实电气安装施工条件，施工管理人员要以施工图纸和规范及工艺设计要求为依据，对施工方报来的各项工程及隐蔽工程报验单进行认真审查。问题、疑点、缺陷应及时处理，交代清楚，不得遗留到下道工序。

(2) 要严格执行规章制度，控制工程洽商。发生设计、工艺、材料、设备变动都应先办理工程洽商再施工。各项手续以文字为凭，及时填写日志，掌握施工动态。

(3) 检查监督施工单位质量保证体系是否健全，落实三检（自检、互检、交接检）制度，三按（按图纸、按工艺、按标准）制度执行情况。

(4) 对供电系统、切换系统主要设备的安装调试，监理工程师要亲自监督校验，掌握详细的技术资料及真实情况。检查是否满足设计要求和施工验收规范要求，做好记录。

(5) 对施工中的新技术、新设备、新工艺、新方法及代用器材，施工中必须修改的工艺及方案，监理工程师必须对照原设计要求，进行审核，并取得建设单位和设计单位的书面同意，及有关业务部门的认可。

(6) 定期参加工地例会，根据需要组织召开专业性协调会议，如加工订货专项会、建设单位直接分包的项目与总承包单位之间的专项会、专业性较强的分包单位进场协调会。

(7) 在承包单位质检人员自检合格的基础上，对承包单位报验的部位进行隐蔽工程验收。

(8) 结合供用电条件，必要时可协助建设单位拟定相应的运行规章制度，为初送电试运行创造条件，顺利地转入工程保修阶段。

(9) 电气施工与土建施工要注重配合及协调。在施工全过程中始终督促、检查、协调电气专业与其他专业的配合关系，明确职责分工，加快施工进度，保证工程质量。

1) 基础施工阶段

① 强、弱电进户及孔洞预留的配合：在基础工程施工时，应及时配合土建做好强、弱电专业的进户电缆穿墙管及止水挡板的预留预埋工作。这一方面要求电气专业应赶在土建做墙体防水处理之前完成，避免电气施工破坏防水层造成墙体渗漏；另外一方面要求格外注意预留的轴线、标高、位置、尺寸、数量、用材、规格等方面是否符合图纸要求。对需要预埋的铁件、吊卡、木砖、吊杆、基础螺栓及配电柜基础型钢等预埋件，应配合土建提前做好准备，土建施工到位及时埋入，不得遗漏。

② 接地装置的配合：根据图纸要求，安排好基础底板中的接地装置。如需利用基础主筋时，要将选定的主筋在基础根部散开与底板筋焊接，并做好红色标记，引出测接地电阻的干线及测试点。如还需人工接地极时，应在与防雷引下线相对应的室外埋深0.8～1m处，由被利用作为引下线的钢筋上焊出一根 16mm 镀锌圆钢，此导体伸向室外，距外墙面不宜小于 1m，以便焊接人工接地体。

2) 结构施工阶段

①电管敷设的配合：根据土建浇筑混凝土的进度要求及流水作业顺序，逐层逐段地做好电管暗敷工作。现浇混凝土楼板内配管时，在底层钢筋绑扎完、上层钢筋未绑扎前，可按施工图的要求和施工规范的规定，合理确定盒的正确位置以及管路的敷设部位和走向。土建浇筑混凝土时，应留人值守，以免振捣时损坏配管或使装置移位；遇有管路损坏时，应及时修复。

② 防雷引下线的配合：利用建筑物混凝土中的钢筋作为防雷引下线时，应配合土建施工按设计图纸要求找出各处作为主筋的两根钢筋，用油漆做好标记，保证每层钢筋上、下进行贯通性连接（焊接）。

3) 装修阶段

①砌筑隔墙和抹灰时的配合：在土建工程砌筑隔断墙之前，应会同土建人员将水平线及隔墙线核实一遍，确定各种灯具、开关、插座的位置、标高；在土建抹灰之前，电气施工人员应按内墙上弹出的水平线、墙面线将所有电气工程的预留孔洞按设计和规范要求查对核实一遍，符合要求后将箱盒稳好；全部暗配管路也应检查一遍，然后扫通管路，穿上带线，堵好管盒。抹灰时，配合土建做好配电箱的贴门脸及箱盒的收口。

②灯开关安装的配合：安装开关应首先考虑与门同轴线的位置和门的开启方向一侧。在普通砖砌体墙上为了配合瓦工的砌筑，开关盒可以设在距门框边缘的 0.18m 处（普通砖的七分头），如为了让开关盒内立管躲开门上方预制过梁支座并适合门旁装修贴面的宽度，开关边缘距门框边缘可取 0.24m。在建筑工程中由于建筑材料不同，门旁墙体、墙垛及柱的位置尺寸不一，开关盒的设置也应根据现场具体情况选择适当的位置。为了防止预埋时已确定好的开关位置不在施工后期出现变动，在开关盒预埋前，要查对土建专业建筑和结构施工图，并在施工预埋盒体时，注意门扇的尺寸和预留门洞的宽度，防止出现偏差。

③照明器具安装的配合：照明器具安装时，电气施工人员一定要保护好土建成品，防止墙面弄脏碰坏。当电气器具安装完毕、土建修补喷浆或墙面时，一定要保护好电气器

具，以防被污染。

电气工程的大部分施工应在墙面装饰完成后进行，但可能损害装饰层的工作必须在墙面工程施工前完成，因此，必须事先仔细核对土建施工中的预埋配合、预留工作有无遗漏，暗配管路有无堵塞，以便进行必要的修补。如果墙面工程结束后再凿孔打洞，会留下不易弥合的痕迹。

4）电气施工与土建配合时应掌握的几条线：

①轴线：通过轴线计算出管、线、箱、盒的平面位置及相互关系。

②水平线：一般为50线或1m线，电气器具以此位置定位。

③墙面线：抹灰前土建冲筋确定墙面，电气施工应以此标准，调整各种盒及箱位置。

④吊顶下皮线：精装修时，吊顶下皮线是调整安装嵌入式灯具及拉线开关，接线盒位置的基准。

⑤隔墙线及门中线：以此为据确定灯具，开关的位置。

## 思考题及习题

### 一、简答题

1. 照明器电光源的种类有哪些？试述其主要技术参数。
2. 建筑配电线路采用三相五线制，导线穿管敷设颜色规定是什么？
3. 《建筑工程施工现场供用电安全规范》GB 50194 中对施工现场内用电作了哪些规定？
4. 高压隔离开关主要功能是什么？
5. 导线截面选择的三个原则是什么？
6. 何谓 TN-S 、TT 系统、TN-C 方式？
7. 管内穿线有哪些要求？
8. 建筑物低压供电系统为什么必须采用 TN-S 系统供电？
9. 简述建筑电气安装工程中的预检主要内容是什么？
10. 为什么进户线在进户时要做重复接地？
11. 简述电缆单相接地继电保护装置工作原理？
12. 电光源的主要技术参数有哪些？
13. 高层建筑物防雷装置由哪些装置组成？
14. 导线接头的三个原则是什么？
15. 低压电力电缆敷设前应做哪些检查和试验？
16. 何谓接地电阻？降低接地电阻有哪些主要方式？
17. 试述防雷装置的组成及作用。
18. 试述重复接地及作用。
19. 降低接地电阻有哪些主要方式？
20. 施工现场电力变压器最佳位置的选择应考虑哪些因素？

### 二、单选题

1. 中断供电将造成人身伤亡、重大经济损失或将造成公共场所秩序严重混乱的负荷属于（　　）。

A. 一级负荷　　B. 二级负荷　　C. 三级负荷　　D. 四级负荷

2. 建筑电气系统一般都是由（　　）基本部分所组成。

A. 用电设备、配电线路

B. 配电线路、控制

C. 控制和保护设备

D. 用电设备、配电线路、控制和保护设备

3. 导线截面的选择必须按(　　)条件选择，它是导线必须保障的安全条件。

A. 不发热　　B. 发热　　C. 粗细　　D. 直径大小

4. 为了减少电能输送过程中电压损失和电能损耗，要求(　　)低压输电。

A. 低压　　B. 中压　　C. 高压　　D. 超高压

5. 电力系统有一点直接接地，装置的"外露可导电部分"用保护线与该点连接(　　)。

A. TT　　B. TN　　C. IT　　D. TC

6. 电力负荷按其使用性质和重要程度分为(　　)级。

A. 一　　B. 二　　C. 三　　D. 四

7. 建筑工程中所有安装的用电设备的额定功率的总和称为(　　)。

A. 设备容量　　B. 计算容量　　C. 装表容量　　D. 实际容量

8. 下列属于热辐射光源的是(　　)。

A. 荧光灯　　B. 金属卤化物灯　　C. 钠灯　　D. 卤钨灯

9. (　　)是带电云层和雷电流对其附近的建筑物产生的电磁感应作用所导致的高压放电过程。

A. 直击雷　　B. 感应雷　　C. 雷电波侵入　　D. 地滚雷

10. 交流系统电源第一相 $L_1$ 所采用的颜色是(　　)。

A. 绿色　　B. 红色　　C. 黄色　　D. 淡蓝色

11. 建筑电气安装工程中，保护线（PE 线）其颜色规定为(　　)。

A. 黄色　　B. 绿色　　C. 淡黄色　　D. 黄绿相间

12. 对千伏入及以下的电力电缆进行绝缘电阻摇测时，其最低绝缘电阻值不应低于(　　)。

A. 0.5MΩ　　B. 1MΩ　　C. 10MΩ　　D. 400MΩ

13. 建筑防雷装置的引下线，当采用明敷设计，其直径不能小于（　　）。

A. 6mm　　B. 8mm　　C. 10mm　　D. 12mm

14. 在正常或事故情况下，为保证电气设备可靠运行，而对电力系统中性点进行的接地，我们称为(　　)。

A. 保护接地　　B. 工作接地　　C. 重复接地　　D. 防雷接地

15. 对 10kV 电力电缆进行绝缘电阻摇测时，应选用电压等级为(　　)。

A. 250V　　B. 500V　　C. 1000V　　D. 2500V

16. 当采用 TN-S 供电系统时，当相线截面为 16 mm 及以下时，PE 线截面选择原则为相线截面的(　　)。

A. 1/3　　B. 1/2　　C. 等截面　　D. 1.5 倍

17. 建筑防雷装置的引下线采用暗敷设时，其直径不能小于（　　）。

A. 6mm　　B. 8mm　　C. 10mm　　D. 12mm

18. 施工现场，生活设施及加工厂地的供电工程，凡期限超过（　　）以上的均应按正式工程安装。

A. 3 个月　　B. 6 个月　　C. 12 个月　　D. 18 个月

19. 在建筑施工现场一般(　　)三相四线制供电方式。

A. 280/110V　　B. 380/220V　　C. 110/220V　　D. 380/110V

20. 电器安装施工规范规定在平原地区避雷针的保护角是 45 度，在山区是(　　)。

A. 45 度　　B. 40 度　　C. 37 度　　D. 35 度

21. 各种电气设备的金属外壳、线路的金属管、电缆的金属保护层、安装电气设备的金属支架等设置接地，称为(　　)。

A. 接地　B. 保护接地　C. 适度接地　D. 低压接地

**三、多选题**

1. 国家规定的交流工频额定电压(　　)伏及以下属于安全电压。

A. 100　B. 80　C. 50　D. 35

2. 10kV 电力电缆的绝缘电阻应在(　　)MΩ，1kV 低压电力电缆的绝缘电阻不小于 10MΩ。

A. 500　B. 450　C. 400　D. 350

3. 防雷装置由下列(　　)组成。

A. 接闪器　B. 引下线　C. 绝缘装置　D. 接地装置

4. 按照人体接触带电体的方式和电流流过人体的途径，电击可分为(　　)。

A. 单相触电　B. 两相触电　C. 跨步电压　D. 接触电压触电

5. 最基本的电路是由(　　)组成。

A. 导线　B. 开关　C. 电源　D. 负载

6. 供配电系统的运行和保护接地形式共分为(　　)。

A. TN 系统　B. TT 系统　C. TC 系统　D. IT 系统

7. 照明配电干线常用的接线方式有(　　)。

A. 树干式　B. 放射式　C. 混合式　D. 架空式

**四、识读题**

1. 识读 VV—1（3×95+1×50）SC100—FC。

2. 识读 VLV—（3×50+1×25）SC50。

3. XRM—C315。

4. 某二层别墅配电系统图（如图 8-38）及一层电气照明平面布置图（如图 8-39），试回答下列问题：

(1) 简说电气照明施工图的主要组成、电气照明平面图表达的内容。

(2) 说明进户线的型号及敷设方式。

(3) 干线的布置方式采用哪种方式？这种方式的特点如何？

(4) 从底层配电箱分出几条支线？其中有哪几条是照明支线？

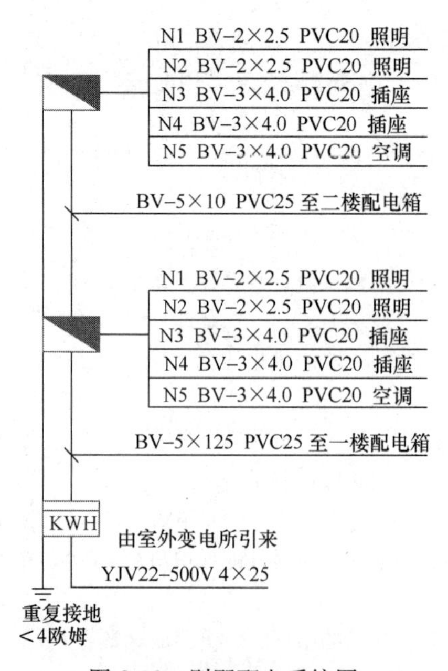


图 8-38　别墅配电系统图

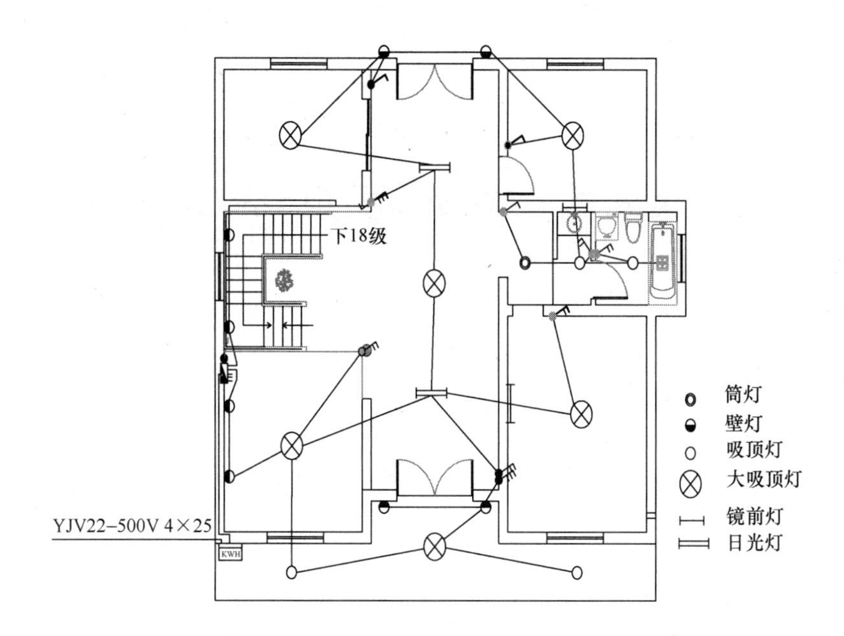


图 8-39　别墅底层照明平面布置图

(5) 说明底层配电箱至所有灯具的支线采用导线型号及敷设方式。

(6) 卫生间安装几盏灯？由几个开关控制？

# 第九章　建 筑 弱 电 系 统

【学习要点】 掌握建筑弱电的基本知识、基本组成和常用弱电设备在实际工程中的应用；熟悉常用的建筑消防系统的分类与功能、基本原理和消防联动控制；了解电话通信系统、有线电视系统、广播音响系统、安全防范系统、入侵报警系统、电视监视系统、出入口控制系统的组成、功能和作用。

强电和弱电的主要区别在于用途的不同。强电是用作动力能源，弱电是用于信息传递。电力应用按照电力输送功率的强弱可以分为强电与弱电两类。建筑及建筑群用电一般指交流 220V/50Hz 及以上的强电。主要向人们提供电力能源，例如空调用电、照明用电、动力用电等。

弱电是传输信号和进行信息交换的电能，一般以毫安为单位。智能建筑中的弱电主要有两类，一类是国家规定的安全电压等级及控制电压等低电压电能，有交流与直流之分，交流为 36V 以下，直流为 24V 以下，如 24V 直流控制电源，或应急照明灯备用电源。另一类是载有语音、图像、数据等信息的信息源，如电话、电视、计算机的信息。人们习惯把弱电方面的技术称之为弱电技术。组成如下：

（1）电视信号工程，如电视监控系统，有线电视；（2）通信工程，如电话；（3）智能消防工程；（4）扩声与音响工程，如小区的中背景音乐广播，建筑物中的背景音乐；（5）综合布线工程，主要用于计算机网络。

弱电系统的主要设计内容：（1）电话通信系统；（2）广播系统和有线电视；（3）火灾自动报警及联动控制系统；（4）防盗与保安系统。

## 第一节　电话通信、广播音响和有线电视系统

### 一、电话通信系统

电话通信系统是智能建筑内信息传输网的基本组成部分。目前建筑内的用户对信息的需求已不单单是听觉信息，更需要传输视觉信息，如文字、图形及活动图像等非语音信息，例如，数据传输、可视图文、电子邮件、可视电话和多媒体通信等。

智能建筑内的电话通信系统一般包括数字程控用户交换机、配线架、交接箱、分线箱（盒）及传输线等设备器材。目前，用户交换机与市电信局连接的中继线一般均用光缆，建筑内的传输线用性能优良的双绞线电缆。

电话通信系统的安装施工主要是按规定在建筑物外预埋地下通信电缆管道，敷设电缆，并在建筑物内预留电话交接间、电缆竖井、预埋暗管及敷设配线电缆等。若需设置用户交换机，则还要在建筑内建立电话站。

电话通信系统由用户终端设备、传输系统和电话交换设备三大部分组成。

### 二、广播音响系统

广播音响系统是指建筑物（群）自成体系的独立有线广播系统，是一种宣传和通信工

具。通过广播音响系统可以播送报告、通知、背景音乐及文娱节目等。

1. 广播音响系统的分类

建筑物的广播音响系统主要包括公共广播、客房广播、会议室音响、各种厅堂音响、家庭音响和同声翻译系统等。

1）公共广播系统

该系统属于有线广播系统，现在一般均将紧急广播与公共广播系统集成在一起，平时播放背景音乐或其他节目，需要时用于紧急广播。

在设计时，它是与消防报警系统的设计配合进行的。公共广播与消防的分区控制是一致的。为保证事故时自动选择分区，一般均采用微机控制。公共广播喇叭的装设，是配合建筑装饰进行的。

2）厅堂扩声系统

该系统使用专业的音响设备，要求大功率的扬声器系统和功放。为避免声音的反馈或啸叫，系统一般采用低阻直接传输方式。

3）专用会议系统

该系统属于扩声系统，根据会议的性质有特殊的要求，如多路同声传译系统等。

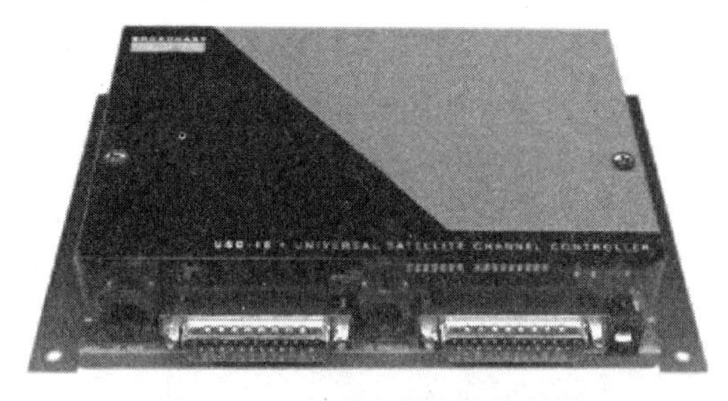

图 9-1　星频道发射应答控制器

2. 广播音响系统的基本组成

广播音响系统包括节目源设备、信号的放大和处理设备、传输线路和扬声器系统四个部分。

如图 9-1 为星频道发射应答控制器，图 9-2 为扬声器。

**三、有线电视（CATV）系统**

电视是日常生活中的重要组成部分，有线电视与卫星电视接收系统已成为住宅建筑必须设置的基本系统。

目前，各城市一般均通过光缆实现 CATV 联网，形成了一个大型的系统，各单位或大型建筑内的小型 CATV 系统可看做是这个大系统的分配系统，也可以反过来把城市大系统送来的信号看成是这些独立小型系统的节目源。人们在工作中经常接触的就是这些小型系统，小系统的组成和大型系统类似，同样分为前端、干线和分配分支三个部分，只是小型系统没有大系统那么复杂。

CATV 近年来发展非常迅速，今天的 CATV 系统汇集了当代电子技术领域中的高科技和新成就，其中包括电视、广播、数字通信、自动控制及微电脑等新技术与新成果。

（一）有线电视（CATV）系统组成

有线电视（CATV）系统组成由前端设备、信号传输分配网络和用户终端三部分组成。如图 9-3～图 9-6 所示。

图 9-2　扬声器

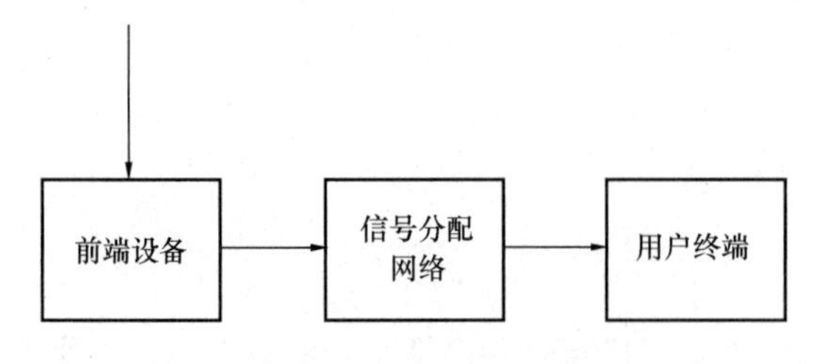


图 9-3　有线电视基本组成框图

1. 前端系统

前端系统有信号源和信号处理两部分。

(1) 信号源

信号源主要设备包括卫星电视信号接收天线、地面电视信号接收天线、微波接收天线、录放像机、摄像机及导频信号发生器等，有些前端还有电视节目编辑设备、计算机管理控制设备等。

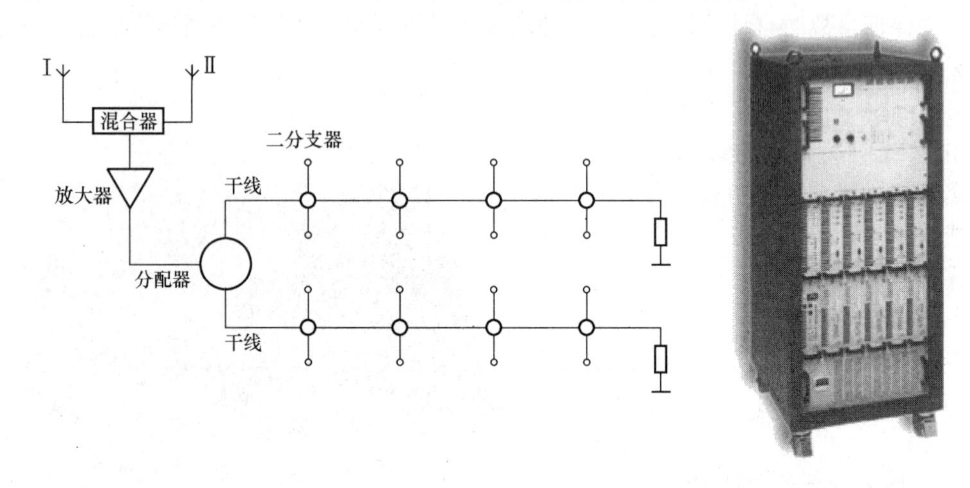


图 9-4　小型 CATV 系统的组成

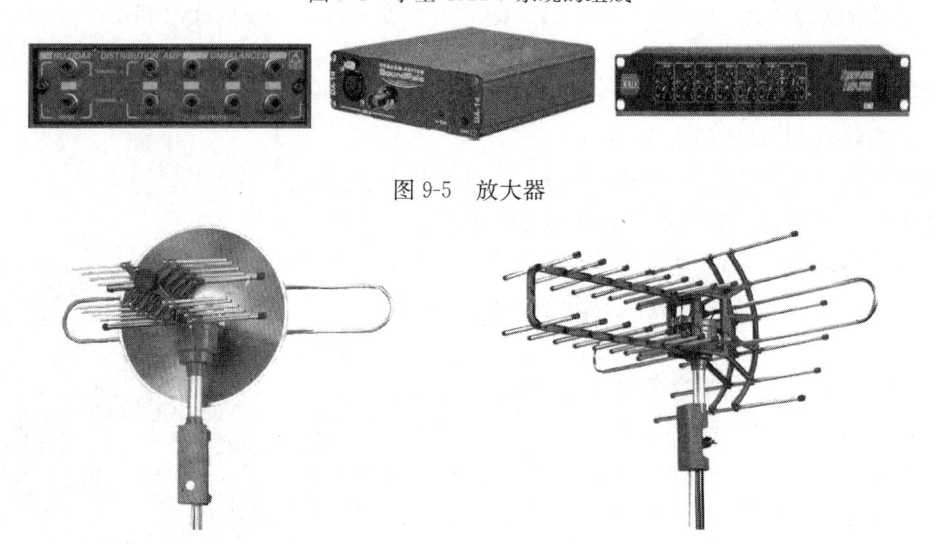

图 9-5　放大器

图 9-6　各种天线

天线是接收空间电视信号的元件。只接收单一频道的称为某频道的专用接收天线。能接收 1～5 频道的称为 VHF 低频段接收天线；能接收 6～12 频道的称为 VHF 高频段接收天线；1～12 频道都能接收的称为 VHF 全频道接收天线；能接收 13～30 频道或 31～44 频道的称为 UHF 低频段接收天线；能接收 45～68 频道的称为 UHF 高频段接收天线；13

～68 频道都能接收的称为 UHF 全频道天线。

（2）前端信号处理

前端信号处理部分主要设备包括天线放大器、频道放大器、频率变换器、自播节目设备、卫星电视接收设备、导频信号发生器、调制器、混合器及连接线缆等部件。

2. 信号传输分配网络

分配网络分无源和有源两类。无源分配网络只有分配器、分支器和传输电缆等无源器件，其可连接的用户较少。有源分配网络增加了线路放大器，因此其所连接的用户数可以增多。线路放大器多采用全频道放大器，以补偿用户增多、线路增长后的信号损失。

分配器的功能是将一路输入信号的能量均等地分配给两个或多个输出的器件，一般有二分配器、三分配器、四分配器。分配器的输出端不能开路或短路，否则会造成输入端严重失配，同时还会影响其他输出端。

分支器是串在干线中，从干线耦合部分信号能量，然后分一路或多路输出的器件。

分配系统中各元件之间均用馈线连接，它是提供信号传输的通路，分为主干线、干线及分支线等。主干线接在前端与传输分配网络之间。干线用于分配网络中信号的传输，分支线用于分配网络与用户终端的连接。

3. 用户终端

共用天线电视系统的用户终端是供给电视机电视信号的接线器，又称为用户接线盒。分为暗盒与明盒两种。

（二）CATV 系统的设计

1. 应遵循的基本原则

CATV 系统的设计必须符合我国广电部颁布的《有线电视广播系统技术规范》（以下简称《技术规范》）的要求，同时也应符合国家及国家其他部门颁布的相关标准及规范的要求。

2. 设计依据的三个技术参数及其指标

在《技术规范》中关于 CATV 系统的技术参数有 27 个指标，但其中最重要的也是对电视图像质量影响最大的有三个，它们是系统输出口电平、载噪比和载波组合三次差拍比。系统在验收时也是以这三个技术参数的指标为主，只要这三个参数达到了指标值，传送的电视信号质量一般都能满足要求。所以，通常把这三个参数的指标作为系统设计时的主要依据。

1）系统输出口电平。又常称用户电平，是指系统输出口能输出的信号电平值。《技术规范》中规定系统输出口电平为 60～80dB$\mu$V。目前在工程上，为尽量避免出现非线性失真干扰，一般按（65±15）dB$\mu$V 的电平来设计。

2）载噪比。指电视信号经系统传输后，载波功率和噪声功率的比值。该参数主要反映系统内部产生的噪声对图像质量的影响大小。

从电视图像质量要达到主观评价标准的 4 级以上考虑，《技术规范》中规定系统的载噪比应不小于 43dB。

3）差拍比。衡量系统信号受非线性失真干扰程度的参数有几个，其中包括载波组合三次差拍比、交扰调制比、载波组合二次差拍比等。《技术规范》中规定系统的载波组合三次差拍比不小于 54dB。

## 第二节　火灾自动报警及联动控制系统

### 一、常用的建筑消防系统

目前，在建筑物中比较常用的消防系统有自动监测人工灭火系统和自动监测自动灭火系统两种。

1. 自动监测人工灭火系统

该系统属于半自动化消防系统，适用于普通工业厂房、一般商店及中小型旅馆等建筑物。当系统中的探测器探测到火情时，本区域火灾报警器就会发出报警信号，同时探测器输出信号送入消防中心，消防中心内的显示屏能显示发生火灾的楼层或区域的代码，消防人员根据警报情况，采取措施灭火。

2. 自动监测自动灭火系统

该系统属于全自动化消防系统，适用于重要办公楼、高级宾馆、变电所、电信机房、电视广播机房、图书馆、档案馆及易燃品仓库等建筑。目前的智能建筑中一般均采用这种系统。这种系统中设置了一套完备的火灾自动报警与自动灭火控制系统。

### 二、火灾自动报警与自动灭火的基本原理

智能建筑的自动化消防系统，包含火灾自动报警与自动灭火两个子系统，其组成如图 9-7 所示。

1. 火灾自动报警系统

由图 9-7 可见，火灾报警控制器是整个系统的心脏，它是一个能分析、判断、记录和显示火灾情况的智能化设备。

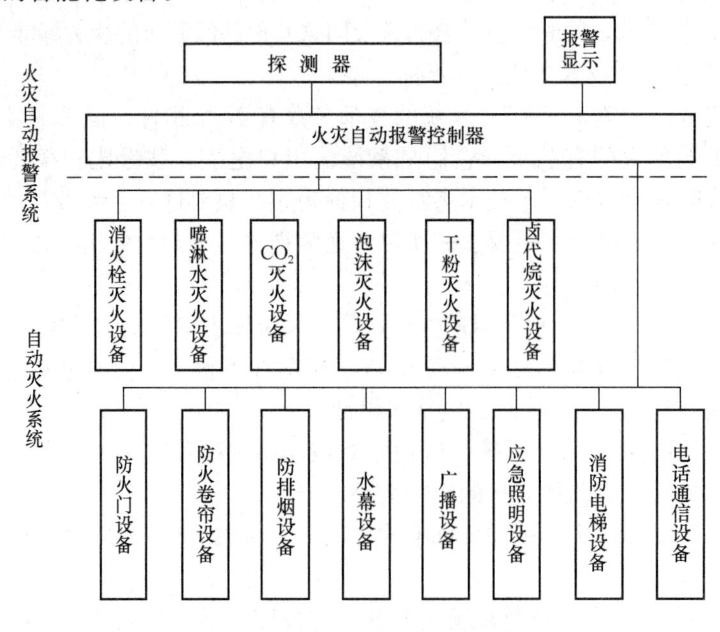


图 9-7　火灾自动报警及联动控制系统

2. 自动灭火系统

为方便起见，一般将自动灭火系统和与其连锁的防排烟设备、防火门、火灾事故广播

和应急照明等防火及减灾系统合称为自动灭火系统。火灾自动报警控制器上有多组联动控制自动灭火设备的输出接点，当其确认出现火灾时，一方面控制警报器报警，另一方面输出控制信号，命令灭火执行机构（继电器、电磁阀等）动作，开启喷洒阀门，启动消防水泵，接通排烟风机电源等，进行灭火。

**三、火灾自动报警系统的基本组成**

火灾自动报警系统一般由触发器件、火灾报警装置、火灾警报装置和电源四部分组成。复杂系统还包括消防联动控制装置。

1. 触发器件（图 9-8）

在火灾自动报警系统中，自动或手动产生火灾报警信号的器件称为触发器件。主要包括火灾探测器和手动报警按钮。目前，火灾探测器的种类很多，功能各异，常用的探测器根据其探测的物理量和工作不同，可按图 9-8 进行分类。

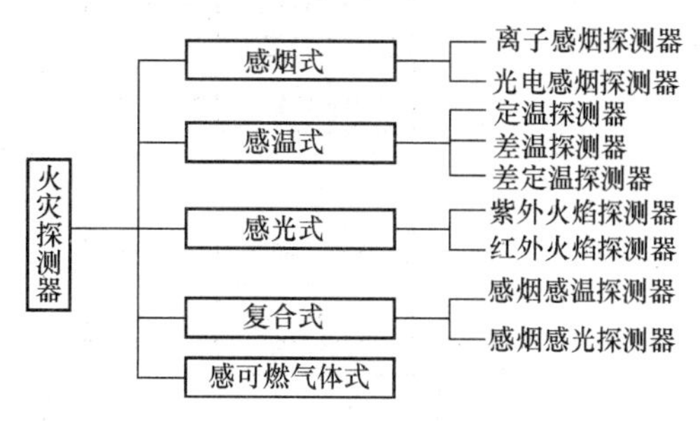

图 9-8　各种触发器

另一类触发器件是手动火灾报警按钮。它是手动方式产生火灾报警信号，启动火灾自动报警系统的器件，它也是火灾自动报警系统中不可缺少的组成部分之一。

2. 火灾报警装置

在火灾自动报警系统中，用以接收、显示和传递火灾报警信号，并能发出控制信号和具有其他辅助功能的控制指示设备称为火灾报警装置。

火灾报警控制器是其中最基本的一种，它也称为火灾自动报警控制器，是智能建筑消防系统的核心部分。

在火灾报警装置中，还有一些如中继器、区域显示器及火灾显示盘等功能不完整的报警装置，它们可视为火灾报警控制器的演变或补充，在特定条件下应用，与火灾报警控制器同属火灾报警装置。

3. 火灾警报装置

火灾自动报警系统中，用以发出声、光火灾警报信号的装置称为火灾警报装置。

4. 消防联动控制

当接收到来自触发器件的火灾报警信号时，能自动或手动启动相关消防设备及显示其状态的设备，称为消防联动控制。主要包括火灾报警控制器、自动灭火系统的控制装置、室内消火栓系统的控制装置、防烟排烟系统及空调通风系统的控制装置、常开防火门、防火卷帘的控制装置、电梯回降控制装置，以及火灾应急广播、火灾警报装置、火灾应急照明与疏散指示标志的控制装置十类控制装置中的部分或全部。

5. 电源

主要电源应采用消防电源，备用电源采用蓄电池。系统电源除为火灾报警控制器供电外，还为与系统相关的消防联动控制等供电。

**四、火灾自动报警系统的分类与功能**

国外的火灾报警控制器产品只讲容量大小，没有区域与集中之分。我国的总线制火灾报警控制器产品正处于区域、集中、通用三种形式并存时期。

通常，区域报警系统宜用于二级保护对象，集中报警系统宜用于一、二级保护对象，控制中心报警系统宜用于特级、一级保护对象。

1. 区域报警系统

区域报警系统是由区域火灾报警控制器、火灾探测器、手动火灾报警按钮及火灾警报装置等组成的火灾自动报警系统，其组成框图如图 9-9 所示。

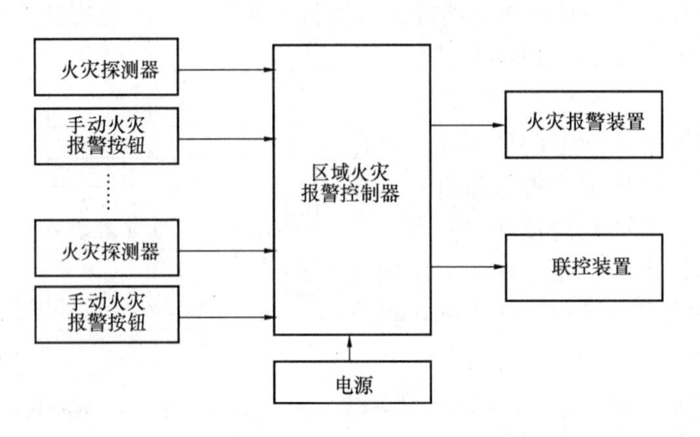


图 9-9　区域报警控制系统

区域报警控制器往往是第一级监控报警装置。在大型高层建筑中，它一般安装在各楼层；在小型建筑群中，它一般在划定的警戒区域内的一个固定位置。

2. 集中报警系统

集中报警系统是由集中火灾报警控制器、区域火灾报警控制器、火灾探测器、手动火灾报警按钮及火灾警报装置等组成的功能较复杂的火灾自动报警系统，其功能如图 9-10 所示。

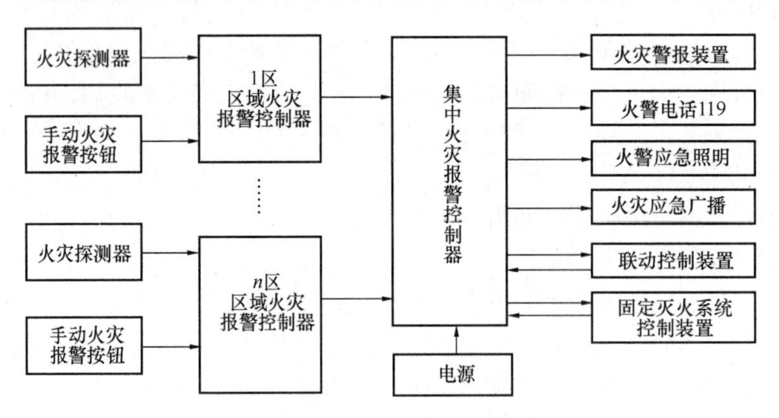


图 9-10　集中报警控制系统

集中报警系统一般是区域报警控制器的上位控制器，它是整个建筑消防系统的总监控设备，一般安装在大型建筑物的消防控制中心，功能比区域报警控制器更加齐全。集中报警控制器也可以直接接收火灾探测器的报警信号。

3. 控制中心报警系统

控制中心报警系统是由设置在消防控制室的消防控制设备、集中火灾报警控制器、区域火灾报警控制器、火灾探测器及手动火灾报警按钮等组成的功能复杂的火灾自动报警系统。其中消防控制设备主要包括火灾警报装置、火警电话、火灾事故照明、火灾事故广播、防排烟、通风空调、消防电梯等联动装置以及固定灭火系统的控制装置等。

**五、火灾自动报警系统常用设备**

火灾探测器和火灾报警控制器是火灾自动报警系统最常用的设备。

1. 火灾探测器

（1）火灾自动探测器类型与工作原理，见表 9-1。

**火灾自动探测器类型与工作原理一览表　　表 9-1**

| 探测器类型 | 工作原理 |
| --- | --- |
| 感烟火灾探测器（也称为燃烧烟雾探测器） | 可感知燃烧或热分解产生的固体或液体微粒，用于探测火灾初期的烟雾并发出火灾报警信号。包括离子感烟火灾探测器、光电式感烟火灾探测器、红外光束火灾探测器和激光感烟火灾探测器等。<br>其特点是发现火情早、灵敏度高、响应速度快、不受外面环境光和热的影响及干扰，使用寿命长，构造简单，价格低廉，对人体不会有放射性伤害和使用面广等 |
| 感温火灾探测器 | 一种对警戒范围内的温度进行监测的探测器。根据其感温效果和结构形式可分为定温式、差温式和差定温组合式 3 类。常用的有双金属定温火灾探测器、热敏电阻定温火灾探测器等 |
| 感光（火焰）火灾探测器 | 通过检测火焰中的红外光、紫外光来探测火灾发生的探测器。它比感温、感烟火灾探测器的响应速度快，其传感器在接收到光辐射后的极短时间里就可发出火灾报警信号，特别适合对突然起火而无烟雾产生的易燃易爆场所火灾的监测。<br>感光火灾探测器不受气流扰动的影响，是一种可以在室外使用的火灾探测器 |
| 可燃气体探测器 | 利用对可燃气体敏感的元件来探测可燃气体的浓度，当可燃气体超过限度时则报警的装置 |
| 复合式火灾探测器 | 具有以上两种功能的火灾探测器，如感烟感温探测器、感烟感光探测器等 |

（2）火灾探测器的选择

火灾探测器（图 9-11）的选择根据探测区域内可能发生的早期火灾的形成和发展特点，房间高度，环境条件以及可能产生误报的因素等条件综合确定。

（3）手动火灾报警按钮

手动火灾报警按钮是用手动方式产生火灾报警信号的按钮，用于启动火灾自动报警系统的器件，在配备了火灾自动报警装置的区域可以认为是报警系统的补充。

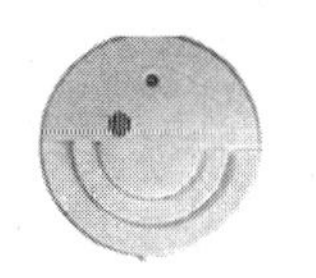

图 9-11　火灾探测器

2. 火灾自动报警控制器

它可单独作为火灾自动报警用，也可与消防灭火系统联动，组成自动报警联动控制系统。按其用途不同，分为区域和集中火灾报警控制器。

## 六、消防联动控制

1. 消防联动控制的对象与方式

(1) 消防联动控制的对象

消防联动控制的对象有：①灭火设施；②防排烟设施；③防火卷帘、防火门、水幕；④电梯；⑤非消防电源的断电控制等。

(2) 消防联动控制的控制方式

根据工程规模、管理体制、功能要求，消防联动控制一般可采取的控制方式有以下两种。

1) 集中控制。指消防联动控制系统中的所有控制对象，都是通过消防控制室进行集中控制和统一管理的。此控制方式特别适用于采用计算机控制的楼宇自动化管理系统。

2) 分散与集中控制相结合。指在消防联动控制系统中，对控制对象多且控制位置分散的情况下采取的控制方式。该方式主要是对建筑物中的消防水泵、送排风机、排烟防烟风机，部分防火卷帘和自动灭火控制装置等进行集中控制、统一管理。对大量而又分散的控制对象，一般是采用现场分散控制，控制反馈信号传送到消防控制室集中显示并统一进行管理。如果条件允许，亦可考虑集中设置手动应急控制装置。

2. 消防联动控制的功能要求

系统的功能要求见表 9-2。

**消防联动控制功能一览表** **表 9-2**

| 相关系统 | 具有的控制、显示功能 |
|---|---|
| 室内消火栓系统 | ①控制系统的启、停；②显示消火栓按钮启动的位置；③显示消防水泵的工作与故障状态 |
| 自动喷水灭火系统 | ①控制系统的启、停；②显示报警阀、闸阀及水流指示器的工作状态；③显示消防水泵的工作、故障状态 |
| 泡沫、干粉灭火系统 | ① 控制系统的启、停；② 显示系统的工作状态 |
| 有管网的卤代烷、二氧化碳等灭火系统 | ①控制系统的紧急启动和切断装置；②由火灾探测器联动的控制设备具有延迟时间为可调的延时机构；③显示手动、自动工作状态；④在报警、喷淋各阶段，控制室应有相应的声、光报警信号，并能手动切除声响信号；⑤在延时阶段，应能自动关闭防火门、窗，停止通风，关闭空气调节系统 |

3. 火灾自动报警系统的电源

火灾自动报警系统属于消防用电设备，系统供电首先应符合有关的建筑设计防火规范要求。同时，根据火灾自动报警系统本身的特点和实际需要，还应满足下列要求。

(1) 系统需配备主电源和直流备用电源。

(2) 火灾自动报警系统中的 CRT 显示器、消防通信设备等的电源宜采用由 UPS 装置供电，以防突然断电时，这些设备不能正常工作。

(3) 火灾自动报警系统主电源的保护开关不应采用漏电保护开关，以防止造成系统突然断电，不能正常工作。

4. 火灾自动报警系统的接地

火灾自动报警系统属于电子设备，接地良好与否，对系统正常可靠的工作影响很大。这里所说的接地，是指工作接地，即为了保证系统中“零”电位点稳定可靠而采取的接地。火灾自动报警系统的接地应符合以下要求：

（1）火灾自动报警系统接地装置的接地电阻应满足以下两点：一是采用专用接地装置时，接地电阻不应大于4Ω；二是采用共用接地装置时，接地电阻不应大于1Ω。

（2）火灾自动报警系统应设专用接地干线，并应在消防控制室设置专用接地板。专用接地干线应从消防控制室专用接地板引至接地体。专用接地干线应采用铜芯绝缘导线，其芯线截面面积不应小于25mm$^2$。专用接地干线宜采用硬质塑料套管埋设并接至接地体。

（3）由消防控制室接地板引至各消防电子设备的专用接地线，应选用铜芯塑料绝缘导线，其芯线截面面积不应小于4mm$^2$。

（4）消防电子设备凡是采用交流电供电时，设备金属外壳和金属支架等应作保护接地，接地线应与电气保护接地干线（PE线）相连接。

## 第三节　防盗与保安

### 一、安全防范系统简介

1. 建筑物对安全防范系统的要求

安全防范系统提供了外部侵入保护、区域保护和目标保护三个层次的保护。

2. 安全防范系统的组成

建筑安全防范系统有入侵报警子系统、电视监视子系统、出入口控制系统、巡更子系统、停车场管理系统和其他子系统等。

### 二、入侵报警系统

1. 入侵报警系统的结构

入侵报警子系统负责建筑内外各个点、线、面和区域的侦测任务，由探测器、区域控制器和报警控制中心三个部分组成。

2. 防盗系统中使用的探测器

防盗系统所用探测器的基本功能是感知外界、转换信息及发出信号。优秀的安全系统，需要各种探测器配合使用，才能取长补短，过滤错误的警报，完成周密而安全的防护任务。

（1）开关探测器

常用的开关包括微动开关、磁簧开关两种。开关一般装在门窗上，线路的连接可分常开和常闭两种。

（2）玻璃破碎探测器

一般应用于玻璃门窗的防护。它利用压电式拾音器安装在面对玻璃的位置上，由于它只对10～15kHz的玻璃破碎高频声音进行有效地检测，因此对行驶车辆或风吹门窗时产生的振动信号不会产生响应。

（3）光束遮断式探测器

能够探测光束是否被遮断的探测器，目前用得最多的是红外线对射式。它由一个红外线发射器和一个接收器以相对方式布置组成。当遇非法横跨门窗或其他防护区域时，红外光束（不可见光）被遮挡，引发报警。

（4）热感式红外线探测器（图9-12）

热感式红外线探测器又称为被动式立体红外线探测器，它是利用人体的温度，所辐射的红外线波长（约 10mm 左右）来进行探测人体的（也称它为人体探测器）。

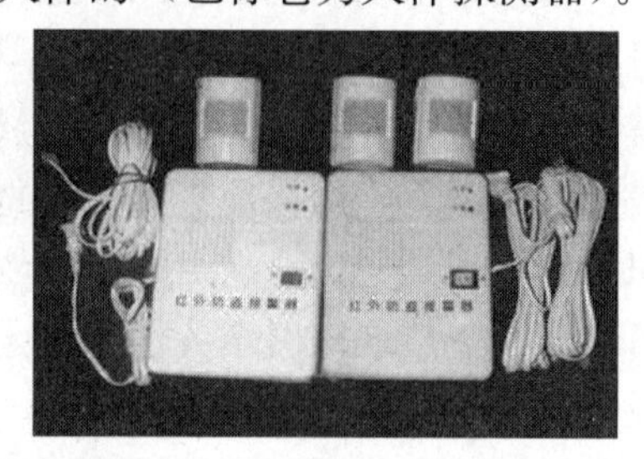

图 9-12　红外线报警防盗系统

（5）微波物体移动探测器

探测器发出超高频的无线电波，同时接受反射波，当有物体在探测区域移动时，反射波的频率与发射波的频率有差异，两者频率差称为多普勒频率。探测器就是根据多普勒频率来判定探测区域中是否有物体移动的。

（6）超声波物体移动探测器

也是采用多普勒效应的原理探测物体的移动，不同的是该探测器采用 20kHz 以上频率的超声波。

（7）振动探测器

用于铁门、窗户等通道和防止重要物品被人移动的地方，类型以机械惯性式和压电效应式两种为主。机械惯性式是利用软簧片终端的重锤受到振动产生惯性摆动，振幅足够大时，碰到旁边的另一金属片而引起报警。压电效应式是利用压电材料因振动产生机械变形而产生电特性的变化，检测电路根据其特性的变化来判断振动的大小。目前由于机械式容易锈蚀，且体积较大，已逐渐由压电式代替。

3. 防盗报警控制系统的计算机管理

建筑物内的入侵报警系统需要计算机来管理以提高其自动化程度，增强其智能性。报警系统的计算机管理主要内容如下所述。

（1）系统管理

系统运行时，要对控制器和探测器进行定时自检，以便及时发现系统中的问题。

（2）报警后的自动处理

采用计算机后可以设定自动处理程序。当报警时，系统可以按照预先设定的程序进行处理。报警的时间、地点也自动存储在计算机的数据库中。

**三、电视监视系统**

电视监视系统可以通过遥控摄像机及其辅助设备（镜头、云台等），直接观看被监视场所的一切情况，电视监视系统还可以与入侵报警系统等其他安全技术防范体系联动运行，使防范能力更加强大。

1. 系统的基本结构

电视监视系统依功能可以分为摄像、传输、控制及显示与记录四个部分。

2. 摄像设备

（1）摄像机

目前使用的摄像机是电荷耦合式摄像机，简称 CCD 摄像机。摄像机有黑白和彩色两种，如果仅仅是监视物体的位置和移动，黑白的就可以满足要求；如果要分辨被摄物体的细节，则需采用彩色的摄像机。

摄像机若增加了红外摄像功能，则还可以监控到光线不足的区域（如黑暗地方，晚上等）。

（2）云台

云台与摄像机配合使用能达到扩大监视范围的作用。云台的种类很多，从使用环境上来讲有室内型云台、室外型云台、防爆云台、耐高温云台和水下云台等；从其回转的特点可分为只能左右旋转的水平云台和既能左右旋转又能上下旋转的全方位云台。在建筑物监视系统中，最常用的是室内和室外全方位普通云台。

云台的回转范围分水平旋转角度和垂直旋转角度两个指标，水平旋转角度决定了云台的水平回旋范围，一般为 0°～350°。全方位云台的回旋范围由向上旋转角度和向下旋转角度确定。在对目标进行跟踪时，对云台的旋转速度有一定的要求。普通云台的转速是恒定的，水平旋转速度一般在 3°/s～10°/s，垂直旋转速度在 4°/s 左右。

3. 传输部分

传输系统包括视频信号和控制信号的传输。

（1）视频信号的传输

在监视系统中，多数采用视频基带的同轴电缆传输。同轴电缆的内导体上用聚乙烯以同心圆状覆盖绝缘，外导体是软铜线编织物，最外层用聚乙烯封包。这种电缆对外界的静电场和电磁波有屏蔽作用，传输损失也比较小。

（2）控制信号的传输

在近距离的监视系统中，常用的有以下几种控制方式。

1）直接控制。直接将控制信号传送到现场对相关设备进行控制，如云台和变焦距镜头所需要的电源、电流等，直接送入被控设备。

2）多线编码的间接控制。把要控制的命令编成二进制或其他方式的并行码，由多线传送到现场的控制设备，再由它转换成控制量来对现场摄像设备进行控制。

3）通信编码的间接控制。随着微处理器和各种集成电路芯片的普及，目前规模较大的电视监视系统大都采用通信编码，常用的是串行编码。

4）同轴视控。控制信号和视频信号同用一条同轴电缆，不需另铺设控制电缆。它的实现有两种方法：一种是频率分割，它是把控制信号调制在与视频信号不同的频率范围内，然后同视频信号复合在一起传送，在现场再把它们分解开；另一种是利用视频信号场消隐期间传送控制信号。

（3）无线传输

当布线困难甚至是不可能的时候，常用无线传输的方式传送信号，设备是微波定向传输，采用这种方式在无阻挡情况下可传送 32km，比较适合交通、银行等监控系统。无线传输的问题在于它要占用频率资源。

4. 显示与记录

显示与记录设备安装在控制室内，主要有监视器、录像机和一些视频处理设备。

除此之外，还有把云台、变焦镜头和摄像机封装在一起的一体化摄像机，在高级的伺服系统的支持下，加上云台的高速度旋转，实现较大范围的隐蔽式的监控。

**四、出入口控制系统**

1. 出入口控制系统的基本结构

出入控制系统实现人员出入自动控制，又称门禁管制系统。出入控制系统，分为卡片出入控制系统和人体自动识别控制系统两大类。

卡片出入控制系统主要由卡片读卡器、中央控制器、打印机，以及附加的报警、监控系统组成。人体自动识别控制系统，是利用人体生理特征和个体差异识别技术进行鉴定和出入控制。人体的这些特征和差异具有相异性、不变性和再现性。

出入口控制装置是集机械、电子和光学等一体化的系统。

2. 读卡机的种类

读卡是利用卡片在读卡器中的移动，由读卡机阅读卡片上的密码，经解码后送到控制器进行判断。目前，接近式感应型读卡技术已经相当成熟。

(1) 卡片类型（表 9-3）

**卡片类型** **表 9-3**

| 卡片类型 | 工作原理 | 优点 | 缺点 |
|---|---|---|---|
| 磁码卡 | 将磁性物质粘在塑料卡片上 | 磁卡内容可以改写，应用方便 | 易被消磁、磨损 |
| 铁码卡 | 卡片中间采用特殊的细金属线进行排列编码制成 | 卡片一旦遭破坏，就改变了卡内的金属线排列，加上卡片内的特殊金属丝不会被磁化，因此可以有效地防磁、防水、防尘，安全性较高 | 卡内资料不便于改写 |
| 感应式卡 | 采用电子回路及感应线圈，利用读卡机产生的特殊振荡频率，当卡片进入读卡机能量范围时产生共振，感应电流使电子回路发射信号到读卡机，经读卡机将接受的信号转换成卡片资料，送到控制器对比 | 接近式感应卡不用在刷卡槽上刷卡，使用迅速方便。不易被仿制，具有防水功能，不用换电池 | 卡内资料不便于改写 |
| 智能卡 | 嵌有一块集成电路芯片，是一个受保护的带存储器的微处理机，由微处理机控制访问 | 具有保密性强、不受干扰、独立性强、不可复制、可开发专门应用、灵活可靠、不易伪造、不能非法读取数据、不易受磁场影响、与其他系统兼容及可防备主机通信受到干扰等性能 | |

(2) 生物辨识系统

1）指纹机。用指纹差别作对比辨识，是比较复杂且安全性很高的门禁系统。它可以配合密码机或刷卡机使用。

2）掌纹机。利用掌型和掌纹特性作图形对比，类似于指纹机。

3）视网膜辨识机。利用光学摄像对比，比较视网膜血管分布的差异，其技术相当复杂。

4）声音辨识。利用声音的差异以及所说的指令内容不同而加以比较。但由于声音可以被模仿，而且使用者如果感冒会引起声音变化，其安全性受到影响。

3. 自动门的分类

自动门按门的启闭方式分为滑动式、转动式等；按控制方式有红外线开关自动门、电子席垫开关自动门、卡片开关自动门、感应式开关自动门及触摸式开关自动门等。

**五、相关规范标准**

(1)《智能建筑工程质量验收规范》GB 50339；

(2)《建筑电气工程施工质量验收规范》GB 50303；

(3)《建筑与建筑群综合布线系统工程设计规范》GB/T 50311；

(4)《建筑与建筑群综合布线系统工程验收规范》GB/T 50312；

(5)《低压配电设计规范》GB 50054；

(6)《有线电视系统工程技术规范》GB 50200；

(7)《火灾自动报警系统施工及验收规范》GB 50166；

(8)《火灾自动报警系统设计规范》GB 50116；

(9)《安全防范系统验收规则》GA 308；

(10)《视频安防监控系统技术要求》GA/T 367；

(11)《出入口控制系统技术要求》GA/T 394；

(12)《安全防范系统通用图形符号》GA/T 74；

(13)《防盗安全门安全防范工程程序与要求》GA/T75；

(14)《民用闭路监视电视系统工程技术规范》GB 50198。

## 思考题及习题

**一、简答题**

1. 强电与弱电的区别。
2. 试述弱电技术。
3. 弱电系统的主要设计内容有哪些？
4. 电话通信系统一般由哪几部分组成？试述之。
5. 试述电话通信系统的安装施工。
6. 试述有线电视（CATV）系统的组成。
7. 在建筑物中比较常用的消防系统有哪些？试述之。
8. 火灾自动报警系统的基本组成有哪些？试述之。

**二、单选题**

1. 闭路监控系统的图像采集卡哪一种卡对计算机的硬件要求高一点（　　）。

A. 硬压卡　　B. 非线性卡　　C. 软压卡　　D. 显卡

2. 照度为一亮度单位，顾名思义，是指摄像机在摄取影像时，对周围环境照明亮度的需求，1lx 大约等于 1 烛光在（　　）米距离的照度。

A. 1　　B. 5　　C. 1.5　　D. 9

3. 采用蓄电池作事故照明电源时，一次放电的时间不应小于（　　）。

A. 0.6 秒　　B. 2 分　　C. 12 分　　D. 20 分

4. 安装室内吊灯时，当灯具重量超过（　　）时，在楼板内要预埋金属件。

A. 3kg　　B. 8kg　　C. 12kg　　D. 45kg

5. 住宅楼采用线槽敷设利用率不超过（　　）。

A. 10％　　B. 20％　　C. 50％　　D. 80％

6. 防火区内走道最后一个扬声器至走道末端的距离不应大于（　　）。

A. 25m　　B. 20m　　C. 12.5m　　D. 5m

7. 视频电缆应选用（　　）。

A. 150 欧同轴电缆　　B. 100 欧同轴电缆　　C. 50 欧同轴电缆　　D. 75 欧同轴电缆

8. 综合布线系统中水平子系统线缆的长度限制为（　　）。

A. 180m　　B. 120m　　C. 90m　　D. 60m

9. 智能小区视频点播的简称是（　　）。

A. VCD　　B. DVD　　C. VOD　　D. VCS

10. 网络水晶头型号是（　　）。

A. RJ 45　　B. RJ 11　　C. RS232　　D. RS485

11. 采用单独接地电阻一般不大于（　　）。

A. 1 欧　　B. 8 欧　　C. 4 欧　　D. 16 欧

12. 采用联合接地电阻一般不大于（　　）。

A. 1 欧　　B. 8 欧　　C. 4 欧　　D. 10 欧

13. 在综合布线系统中，水平网络线长度一般不超过（　　）。

A. 15m　　B. 10m　　C. 80m　　D. 150m

14. 建筑及建筑群用电一般指交流（　　）及以上的强电。

A. 280V/60Hz　　B. 260V/50Hz　　C. 220V/50Hz　　D. 110V/50Hz

**三、多选题**

1. 电视制式有哪几种（　　）。

A. PAL　　B. NTSC　　C. SECAM　　D. ATM

2. 楼宇控制系统集成有（　　）。

A. 火灾报警及自动控制系统　　B. 安保系统

C. 电梯　　D. IC 卡系统

3. 背景音乐与火灾广播系统中广播电压一般为（　　）。

A. 70 伏　　B. 110 伏　　C. 220 伏　　D. 380 伏

4. 一般智能小区具有哪三大系统（　　）。

A. 家庭智能控制系统　　B. 小区物业服务系统

C. 小区网络服务系统　　D. 火灾报警

5. 关于小区的三网合一指的是哪三网（　　）。

A. 电话　　B. 数据　　C. 有线电视　　D. 自来水

6. 综合布线系统的部件有（　　）。

A. 传输线　　B. 连接件　　C. 中继器　　D. 信息插座

7. 高压钠灯的主要特点是（　　）。

A. 发光效率高　　B. 显色指数低　　C. 平均寿命长　　D. 功率因素低

8. 楼宇自动化集成设计原则与目标中的服务功能是（　　）。

A. 安全性服务　　B. 适用性服务　　C. 舒适性服务　　D. 可用性服务

9. 电视监控系统有（　　）。

A. 摄像部分　　B. 传输部分　　C. 控制部分　　D. 显示部分

10. 住宅小区局域网建立的必要性是（　　）。

A. 经济快速　　B. 采集用户信息　　C. 物业管理需要　　D. 数据安全

11. 有线电视（CATV）系统组成（　　）。

A. 前端设备　　B. 频道放大器

C. 信号传输分配网络　　D. 用户终端

12. 火灾自动报警系统一般由（　　）组成，复杂系统还包括消防联动控制装置。

A. 触发器件　　B. 火灾报警装置　　C. 火灾警报装置　　D. 电源

13. 安全防范系统提供了（　　）三个层次的保护。

A. 外部侵入保护　　B. 区域保护　　C. 保险柜　　D. 目标保护

14. 电视监视系统依功能可以分为（　　）部分。

A. 摄像　　B. 传输　　C. 控制　　D. 显示与记录

15. 出入控制系统，分为（　　）两大类。

A. 语音识别控制系统　　B. 卡片出入控制系统

C. 密码控制系统　　D. 人体自动识别控制系统

16. 在建筑物中比较常用的消防系统有自动监测（　　）。

A. 人工灭火系统　　B. 自动灭火系统　　C. 混合灭火系统　　D. 消防栓灭火

# 附　录

**居住小区地下管线（构筑物）间最小净距（m）**　　附录 0-1

| 种类＼净距＼种类 | 给水管 | | 污水管 | | 雨水管 | |
|---|---|---|---|---|---|---|
| | 水平 | 垂直 | 水平 | 垂直 | 水平 | 垂直 |
| 给水管 | 0.5～1.0 | 0.1～0.15 | 0.8～1.5 | 0.1～0.15 | 0.8～1.5 | 0.1～0.15 |
| 污水管 | 0.8～1.5 | 0.1～0.15 | 0.8～1.5 | 0.1～0.15 | 0.8～1.5 | 0.1～0.15 |
| 雨水管 | 0.8～1.5 | 0.1～0.15 | 0.8～1.5 | 0.1～0.15 | 0.8～1.5 | 0.1～0.15 |
| 低压煤气管 | 0.5～1.0 | 0.1～0.15 | 1.0 | 0.1～0.15 | 1.0 | 0.1～0.15 |
| 直埋式热水管 | 1.0 | 0.1～0.15 | 1.0 | 0.1～0.15 | 1.0 | 0.1～0.15 |
| 热力管沟 | 0.5～1.0 | — | 1.0 | — | 1.0 | — |
| 乔木中心 | 1.0 | — | 1.5 | — | 1.5 | — |
| 电力电缆 | 1.0 | 直埋 0.5<br>穿管 0.25 | 1.0 | 直埋 0.5<br>穿管 0.25 | 1.0 | 直埋 0.5<br>穿管 0.25 |
| 通信电缆 | 1.0 | 直埋 0.5<br>穿管 0.15 | 1.0 | 直埋 0.5<br>穿管 0.15 | 1.0 | 直埋 0.5<br>穿管 0.15 |
| 通信及照明电缆 | 0.5 | — | 1.0 | — | 1.0 | — |

**管道及竖井的种类及所在位置**　　附录 0-2

| 序号 | 名　称 | 所在位置 | 序号 | 名　称 | 所在位置 |
|---|---|---|---|---|---|
| 1 | 新风竖管 | 每个卫生间管道井一根 | 14 | 自动喷水消防供水立管 | 个别管道井内 |
| 2 | 排风竖管 | 每个卫生间管道井一根 | 15 | 高位水箱补给水管 | 个别管道井内 |
| 3 | 冷冻水供、回水立管 | 每个卫生间管道井各一根 | 16 | 走廊排烟竖管 | 标准层走廊中部 |
| 4 | 冷凝水立管 | 每个卫生间管道井一根 | 17 | 加压送风竖管 | 紧靠防烟楼梯间及其前室、紧靠消防电梯前室 |
| 5 | 空调热水供、回水立管 | 每个卫生间管道井各一根 | 18 | 锅炉烟囱 | 在适当位置高出主楼顶 |
| 6 | 生活热水供水管 | 每个卫生间管道井一根 | 19 | 备用发电机烟囱 | 下通洗衣房 |
| 7 | 给水管 | 每个卫生间管道井一根 | 20 | 污水管 | 适当位置 |
| 8 | 排水管 | 每个卫生间管道井一根 | 21 | 垃圾井 | 在适当位置高出主楼顶 |
| 9 | 通风立管 | 每个卫生间管道井一根 | 22 | 厨房炉灶烟囱 | 每层有配电箱 1—4m$^2$ |
| 10 | 蒸汽竖管 | 个别管道井内 | 23 | 供电管线 | 适当位置 |
| 11 | 凝结水竖管 | 个别管道井内 | 24 | 弱电管线 | 靠外墙通风良好位置 |
| 12 | 冷冻机冷却水供、回水管 | 个别管道井内 | 25 | 上部餐厅供油或燃气管道 | 适当位置 |
| | | | 26 | 文件、票单自动传输管 | 适当位置 |
| 13 | 消火栓供水立管 | 楼梯口附近及每隔 25m 一根 | 27 | 厨房炉灶排风管 | 最好由主楼顶排放 |

**水泵房、水池、水箱、洗衣房、污水处理房面积　　附录 0-3**

| 建筑面积（$m^2$） | 总用水量（$m^3/d$） | 消防水量（$m^3/h$） | 蓄水池有效容积（$m^3$） | 高位水箱最小有效容积（$m^3$） | 水泵房（层高 4.5m） | | 洗衣房 | | 污水处理房面积（生物转盘法）（$m^2$） |
|---|---|---|---|---|---|---|---|---|---|
| | | | | | 水泵房（$m^2$） | 室内水池房（$m^2$） | 面积（$m^2$） | 层高（m） | |
| 5000 | 180 | 860（540） | 880（557） | 27 | 30 | 260（170） | — | 3.6 | — |
| 10000 | 340 | 860（540） | 898（574） | 35 | 36 | 270（175） | — | 3.6 | — |
| 15000 | 510 | 860（540） | 915（590） | 44 | 40 | 270（180） | 150 | 3.6 | — |
| 20000 | 680 | 860（540） | 932（608） | 52 | 40 | 280（185） | 200 | 3.6 | 150 |
| 25000 | 800 | 860（540） | 944（620） | 58 | 45 | 280（190） | 250 | 4.0 | 150 |
| 30000 | 960 | 860（540） | 960（636） | 66 | 45 | 285（190） | 300 | 4.0 | 200 |
| 35000 | 1120 | 860（540） | 976（652） | 74 | 50 | 290（195） | 350 | 4.0 | 200 |

注：括号内数值为不计室外水量。

**空调、通风及锅炉房面积及层高　　附录 0-4**

| 建筑面积（$m^2$） | 空调与通风 | | | | | 锅炉房 | | | 备注 |
|---|---|---|---|---|---|---|---|---|---|
| | 制冷机容量（冷吨/h） | 制冷机房 | | 空调机房 | | 锅炉容量（全楼）（t/h） | 燃油锅炉房 | | |
| | | 面积（$m^2$） | 层高（m） | 面积（$m^2$） | 层高（m） | | 面积（$m^2$） | 层高（m） | |
| 5000 | 180 | 100 | 4.0 | 80 | 4.0 | 2×0.6 | 100 | 4.5 | 锅炉容量是以广东地区为准 |
| 10000 | 350 | 120 | 4.5 | 120 | 4.0 | 2×1.0 | 140 | 4.5 | 锅炉房面积以燃油锅炉为准 |
| 15000 | 520 | 150 | 4.5 | 160 | 4.5 | 2×1.5 | 170 | 5.0 | 制冷机容量以广东地区为准 |
| 20000 | 690 | 180 | 4.5 | 220 | 4.5 | 2×2.0 | 200 | 5.0 | 空调机房面积是以公用层用 |
| 25000 | 850 | 210 | 4.5 | 260 | 4.5 | 2×2.5 | 230 | 5.0 | 冷风柜、标准层用风机盘管 |
| 30000 | 1020 | 250 | 4.5 | 320 | 4.5 | 2×3.0 | 280 | 5.0 | 加新风系统为准 |
| 35000 | 1150 | 280 | 5.0 | 350 | 4.5 | 2×3.5 | 300 | 5.0 | |

**供配电及电信设备用房面积及层高　　附录 0-5**

| 建筑面积（$m^2$） | 电力负荷（kW） | | | 备用发电 | 配电间及控制室面积（$m^2$） | | | | | |
|---|---|---|---|---|---|---|---|---|---|---|
| | 全楼负荷 | 动力负荷 | 照明负荷 | 电动机容量（kVA） | 变配（高低压）电房 | | 备用发电机房 | 中央控制室（消防中心） | 程控电话交换机房 | 广播及电视设备间 |
| | | | | | 面积（$m^2$） | 层高（m） | | | | |
| 5000 | 460 | 380 | 80 | 60 | 75 | 4.5 | 21 | 15 | — | 10 |
| 10000 | 900 | 740 | 160 | 130 | 95 | 4.5 | 24 | 15 | 16 | 10 |
| 15000 | 1350 | 1110 | 240 | 200 | 120 | 5.0 | 25 | 20 | 18 | 10 |
| 20000 | 1800 | 1480 | 320 | 250 | 150 | 5.0 | 25 | 20 | 18 | 10 |
| 25000 | 2250 | 1850 | 400 | 300 | 170 | 5.5 | 28 | 20 | 20 | 15 |
| 30000 | 2700 | 2210 | 490 | 350 | 158 | 5.5 | 32 | 20 | 25 | 15 |
| 35000 | 3150 | 2590 | 560 | 450 | 200 | 6.0 | 36 | 24 | 30 | 15 |

**集体宿舍、旅馆和公共建筑生活用水定额及小时变化系数　　附录 1-1**

| 序号 | 建筑物名称 | 单位 | 最高日生活用水定额（L） | 使用时数（h） | 小时变化系数 $K_h$ |
|---|---|---|---|---|---|
| 1 | 宿舍<br>Ⅰ类、Ⅱ类<br>Ⅲ类、Ⅳ类 | 每人每日<br>每人每日 | 150～200<br>100～150 | 24 | 3.0～2.5<br>3.5～3.0 |
| 2 | 招待所、培训中心、普通旅馆<br>设公用盥洗室 | | | | 3.0～2.5 |
| 3 | 酒店式公寓 | 每人每日 | 200～300 | 24 | 2.5～2.0 |
| 4 | 宾馆客房<br>旅客<br>员工 | 每床位每日<br>每人每日 | 250～400<br>80～100 | 24 | 2.5～2.0 |
| 5 | 医院住院部<br>设公用盥洗室<br>设公用盥洗室、淋浴室<br>设单独卫生间<br>医务人员<br>门诊部、诊疗所<br>疗养院、休养所住房部 | 每床位每日<br>每床位每日<br>每床位每日<br>每人每班<br>每病人每次<br>每床位每日 | 100～200<br>150～250<br>250～400<br>150～250<br>10～15<br>200～300 | 24<br>24<br>24<br>8<br>8～12<br>24 | 2.5～2.0<br>2.5～2.0<br>2.5～2.0<br>2.0～1.5<br>1.5～1.2<br>2.0～1.5 |
| 6 | 养老院、托老所<br>全托<br>日托 | 每人每日<br>每人每日 | 100～150<br>50～80 | 24<br>10 | 2.5～2.0<br>2.0 |
| 7 | 幼儿园、托儿所<br>有住宿<br>无住宿 | 每儿童每日<br>每儿童每日 | 50～100<br>30～50 | 24<br>10 | 3.0～2.5<br>2.0 |
| 8 | 公共浴室<br>淋浴<br>浴盆、淋浴<br>桑拿浴（淋浴、按摩池） | 每顾客每次<br>每顾客每次<br>每顾客每次 | 100<br>120～150<br>150～200 | 12<br>12<br>12 | 2.0～1.5 |
| 9 | 理发室、美容院 | 每顾客每次 | 40～100 | 12 | 2.0～1.5 |
| 10 | 洗衣房 | 每 kg 干衣 | 40～80 | 8 | 1.5～1.2 |
| 11 | 餐饮业<br>中餐酒楼<br>快餐店、职工及学生食堂<br>酒吧、咖啡馆、茶座、卡拉 OK 房 | 每顾客每次<br>每顾客每次<br>每顾客每次 | 40～60<br>20～25<br>5～15 | 10～12<br>12～16<br>8～18 | 1.5～1.2 |

续表

| 序号 | 建筑物名称 | 单位 | 最高日生活用水定额（L） | 使用时数（h） | 小时变化系数 $K_h$ |
|---|---|---|---|---|---|
| 12 | 商场<br>员工及顾客 | 每 $m^2$ 营业厅面积每日 | 5～8 | 12 | 1.5～1.2 |
| 13 | 办公楼 | 每人每班 | 30～50 | 8～10 | 1.5～1.2 |
| 14 | 图书馆 | 每人每次 | 5～10 | 8～10 | 1.5～1.2 |
| 15 | 书店 | 每 $m^2$ 营业厅面积每日 | 3～6 | 8～12 | 1.5～1.2 |
| 16 | 教学、实验楼<br>中小学校<br>高等院校 | <br>每学生每日<br>每学生每日 | <br>20～40<br>40～50 | <br>8～9<br>8～9 | 1.5～1.2 |
| 17 | 电影院、剧院 | 每观众每场 | 3～5 | 3 | 1.5～1.2 |
| 18 | 会展中心（博物馆、展览馆） | 每 $m^2$ 展厅面积每日 | 3～6 | 8～16 | 1.5～1.2 |
| 19 | 健身中心 | 每人每次 | 30～50 | 8～12 | 1.5～1.2 |
| 20 | 体育场（馆）<br>运动员淋浴<br>观众 | <br>每人每次<br>每人每场 | <br>30～40<br>3 | 4 | <br>3.0～2.0<br>1.2 |
| 21 | 会议厅 | 每座位每次 | 6～8 | 4 | 1.5～1.2 |
| 22 | 航站楼、客运站旅客 | 每人次 | 3～6 | 8～16 | 1.5～1.2 |
| 23 | 菜市场地面冲洗及保鲜用水 | 每 $m^2$ 每日 | 10～20 | 8～10 | 2.5～2.0 |
| 24 | 停车库地面冲洗水 | 每 $m^2$ 每次 | 2～3 | 6～8 | 1.0 |

注：1. 除养老院、托儿所幼儿园的用水定额中含食堂用水，其他均不含食堂用水。

2. 除注明外，均不含员工生活用水，员工用水定额为每人每班 40～60L。

3. 医疗建筑用水中已含医疗用水。

4. 空调用水应另计。

**卫生器具的给水的额定流量、当量、连接管公称直径和最低工作压力　　附录 1-2**

| 序号 | 给水配件名称 | 额定流量（L/s） | 当量 | 连接管公称直径（mm） | 最低工作压力（MPa） |
|---|---|---|---|---|---|
| 1 | 洗涤盆、拖布盆、盥洗槽<br>单阀水嘴<br>单阀水嘴<br>混合水嘴 | <br>0.15～0.20<br>0.30～0.40<br>0.15～0.20（0.14） | <br>0.75～1.00<br>1.50～2.00<br>0.70～1.00（0.70） | <br>15<br>20<br>15 | 0.050 |
| 2 | 洗脸盆<br>单阀水嘴<br>混合水嘴 | <br>0.15<br>0.15（0.10） | <br>0.75<br>0.75（0.50） | <br>15<br>15 | 0.050 |
| 3 | 洗手盆<br>感应水嘴<br>混合水嘴 | <br>0.10<br>0.15（0.10） | <br>0.50<br>0.75（0.50） | <br>15<br>15 | 0.050 |
| 4 | 浴盆<br>单阀水嘴<br>混合水嘴（含带淋浴转换器） | <br>0.20<br>0.24（0.20） | <br>1.0<br>1.20（1.00） | <br>15<br>15 | <br>0.050<br>0.050～0.070 |

续表

| 序号 | 给水配件名称 | 额定流量（L/s） | 当量 | 连接管公称直径（mm） | 最低工作压力（MPa） |
|---|---|---|---|---|---|
| 5 | 淋浴器<br>混合阀 | <br>0.15（0.10） | <br>0.75（0.50） | <br>15 | <br>0.050～0.100 |
| 6 | 大便器<br>冲洗水箱浮球阀<br>延时自闭式冲洗阀 | <br>0.10<br>1.2 | <br>0.5<br>6.0 | <br>15<br>25 | <br>0.020<br>0.100～0.150 |
| 7 | 小便器<br>手动或自动自闭式冲洗阀<br>自动冲洗水箱进水阀 | <br>0.10<br>0.10 | <br>0.50<br>0.50 | <br>15<br>15 | <br>0.050<br>0.020 |
| 8 | 小便槽穿孔冲洗管（每米长） | 0.05 | 0.25 | 15～20 | 0.015 |
| 9 | 净身盆冲洗水嘴 | 0.10（0.07） | 0.50（0.35） | 15 | 0.050 |
| 10 | 医院倒便器 | 0.20 | 1.00 | 15 | 0.050 |
| 11 | 实验室化验水嘴（鹅颈）<br>单联<br>双联<br>三联 | <br>0.07<br>0.15<br>0.20 | <br>0.35<br>0.75<br>1.00 | <br>15<br>15<br>15 | <br>0.020<br>0.020<br>0.020 |
| 12 | 饮水器水嘴 | 0.05 | 0.25 | 15 | 0.050 |
| 13 | 洒水栓 | 0.40<br>0.70 | 2.0<br>3.50 | 20<br>25 | 0.050～0.100<br>0.050～0.100 |
| 14 | 室内地面冲洗水嘴 | 0.10 | 1.00 | 15 | 0.050 |
| 15 | 家用洗衣机水嘴 | 0.20 | 1.00 | 15 | 0.050 |

注：1. 表中括弧内数值系在有热水供应时，单独计算冷水或热水管道管径时采用。
2. 当浴盆上附设淋浴器时，或混合水嘴有淋浴器转换开关时，其额定流量和当量只计水嘴，不计淋浴器。但水压应按淋浴器计。
3. 家用燃气热水器，所需水压按产品要求和热水供应系统最不利配水点所需工作压力确定。
4. 绿地的自动喷灌应按产品要求设计。

**给水管道设计秒流量计算表** **附录 1-3**

| $U_O$ | 1.0 | | 1.5 | | 2.0 | | 2.5 | | 3.0 | | 3.5 | |
|---|---|---|---|---|---|---|---|---|---|---|---|---|
| Ng | *U*（%） | *Q*（L/s） | *U*（%） | *Q*（L/s） | *U*（%） | *Q*（L/s） | *U*（%） | *Q*（L/s） | *U*（%） | *Q*（L/s） | *U*（%） | *Q*（L/s） |
| 1 | 100.0 | 0.20 | 100.0 | 0.20 | 100.0 | 0.20 | 100.0 | 0.20 | 100.00 | 0.20 | 100.00 | 0.20 |
| 2 | 70.94 | 0.28 | 71.20 | 0.28 | 71.49 | 0.29 | 71.78 | 0.29 | 72.08 | 0.29 | 72.39 | 0.29 |
| 3 | 58.00 | 0.35 | 58.30 | 0.35 | 58.62 | 0.35 | 58.96 | 0.35 | 59.31 | 0.36 | 59.66 | 0.36 |
| 4 | 50.28 | 0.40 | 50.60 | 0.40 | 50.94 | 0.41 | 51.30 | 0.41 | 51.66 | 0.41 | 52.03 | 0.42 |
| 5 | 45.01 | 0.45 | 45.34 | 0.45 | 45.69 | 0.46 | 46.06 | 0.46 | 46.43 | 0.46 | 46.82 | 0.47 |
| 6 | 41.12 | 0.49 | 41.45 | 0.50 | 41.81 | 0.50 | 42.18 | 0.51 | 42.57 | 0.51 | 42.96 | 0.52 |
| 7 | 38.09 | 0.53 | 38.43 | 0.54 | 38.79 | 0.54 | 39.17 | 0.55 | 39.56 | 0.55 | 39.96 | 0.56 |
| 8 | 35.65 | 0.57 | 35.99 | 0.58 | 36.36 | 0.58 | 36.74 | 0.59 | 37.13 | 0.59 | 37.53 | 0.60 |
| 9 | 33.63 | 0.61 | 33.98 | 0.61 | 34.35 | 0.62 | 34.73 | 0.63 | 35.12 | 0.63 | 35.53 | 0.64 |
| 10 | 31.92 | 0.64 | 32.27 | 0.65 | 32.64 | 0.65 | 33.03 | 0.66 | 33.42 | 0.67 | 33.83 | 0.68 |
| 11 | 30.45 | 0.67 | 30.80 | 0.68 | 31.17 | 0.69 | 31.56 | 0.69 | 31.96 | 0.70 | 32.36 | 0.71 |
| 12 | 29.17 | 0.70 | 29.52 | 0.71 | 29.89 | 0.72 | 30.28 | 0.73 | 30.68 | 0.74 | 31.09 | 0.75 |

续表

| U0 | 1.0 | | 1.5 | | 2.0 | | 2.5 | | 3.0 | | 3.5 | |
|---|---|---|---|---|---|---|---|---|---|---|---|---|
| Ng | U（%） | Q（L/s） | U（%） | Q（L/s） | U（%） | Q（L/s） | U（%） | Q（L/s） | U（%） | Q（L/s） | U（%） | Q（L/s） |
| 13 | 28.04 | 0.73 | 28.39 | 0.74 | 28.76 | 0.75 | 29.15 | 0.76 | 29.55 | 0.77 | 29.96 | 0.78 |
| 14 | 27.03 | 0.76 | 27.38 | 0.77 | 27.76 | 0.78 | 28.15 | 0.79 | 28.55 | 0.80 | 28.96 | 0.81 |
| 15 | 26.12 | 0.78 | 26.48 | 0.79 | 26.85 | 0.81 | 27.24 | 0.82 | 27.64 | 0.83 | 28.05 | 0.84 |
| 16 | 25.30 | 0.81 | 25.66 | 0.82 | 26.03 | 0.83 | 26.42 | 0.85 | 26.83 | 0.86 | 27.24 | 0.87 |
| 17 | 24.56 | 0.83 | 24.91 | 0.85 | 25.29 | 0.86 | 25.68 | 0.87 | 26.08 | 0.89 | 26.49 | 0.90 |
| 18 | 23.88 | 0.86 | 24.23 | 0.87 | 24.61 | 0.89 | 25.00 | 0.90 | 25.40 | 0.91 | 25.81 | 0.93 |
| 19 | 23.25 | 0.88 | 23.60 | 0.90 | 23.98 | 0.91 | 24.37 | 0.93 | 24.77 | 0.94 | 25.19 | 0.96 |
| 20 | 22.67 | 0.91 | 23.02 | 0.92 | 23.40 | 0.94 | 23.79 | 0.95 | 24.20 | 0.97 | 24.61 | 0.98 |
| 22 | 21.63 | 0.95 | 21.98 | 0.97 | 22.36 | 0.98 | 22.75 | 1.00 | 23.16 | 1.02 | 23.57 | 1.04 |
| 24 | 20.72 | 0.99 | 21.07 | 1.01 | 21.45 | 1.03 | 21.85 | 1.05 | 22.25 | 1.07 | 22.66 | 1.09 |
| 26 | 19.92 | 1.04 | 20.27 | 1.05 | 20.65 | 1.07 | 21.05 | 1.09 | 21.45 | 1.12 | 21.87 | 1.14 |
| 28 | 19.21 | 1.08 | 19.56 | 1.10 | 19.94 | 1.12 | 20.33 | 1.14 | 20.74 | 1.16 | 21.15 | 1.18 |
| 30 | 18.56 | 1.11 | 18.92 | 1.14 | 19.30 | 1.16 | 19.69 | 1.18 | 20.10 | 1.21 | 20.51 | 1.23 |
| 32 | 17.99 | 1.15 | 18.34 | 1.17 | 18.72 | 1.20 | 19.12 | 1.22 | 19.52 | 1.25 | 19.94 | 1.28 |
| 34 | 17.46 | 1.19 | 17.81 | 1.21 | 18.19 | 1.24 | 18.59 | 1.26 | 18.99 | 1.29 | 19.41 | 1.32 |
| 36 | 16.97 | 1.22 | 17.33 | 1.25 | 17.71 | 1.28 | 18.11 | 1.30 | 18.51 | 1.33 | 18.93 | 1.36 |
| 38 | 16.53 | 1.26 | 16.89 | 1.28 | 17.27 | 1.31 | 17.66 | 1.34 | 18.07 | 1.37 | 18.48 | 1.40 |
| 40 | 16.12 | 1.29 | 16.48 | 1.32 | 16.86 | 1.35 | 17.25 | 1.38 | 17.66 | 1.41 | 18.07 | 1.45 |
| 42 | 15.74 | 1.32 | 16.09 | 1.35 | 16.47 | 1.38 | 16.87 | 1.42 | 17.28 | 1.45 | 17.69 | 1.49 |
| 44 | 15.38 | 1.35 | 15.74 | 1.39 | 16.12 | 1.42 | 16.52 | 1.45 | 16.92 | 1.49 | 17.34 | 1.53 |
| 46 | 15.05 | 1.38 | 15.41 | 1.42 | 15.79 | 1.45 | 16.18 | 1.49 | 16.59 | 1.53 | 17.00 | 1.56 |
| 48 | 14.74 | 1.42 | 15.10 | 1.45 | 15.48 | 1.49 | 15.87 | 1.52 | 16.28 | 1.56 | 16.69 | 1.60 |
| 50 | 14.45 | 1.45 | 14.81 | 1.48 | 15.19 | 1.52 | 15.58 | 1.56 | 15.99 | 1.60 | 16.40 | 1.64 |
| 55 | 13.79 | 1.52 | 14.15 | 1.56 | 14.53 | 1.60 | 14.92 | 1.64 | 15.33 | 1.69 | 15.74 | 1.73 |
| 60 | 13.22 | 1.59 | 13.57 | 1.63 | 13.95 | 1.67 | 14.35 | 1.72 | 14.76 | 1.77 | 15.17 | 1.82 |
| 65 | 12.71 | 1.65 | 13.07 | 1.70 | 13.45 | 1.75 | 13.84 | 1.80 | 14.25 | 1.85 | 14.66 | 1.91 |
| 70 | 12.26 | 1.72 | 12.62 | 1.77 | 13.00 | 1.82 | 13.39 | 1.87 | 13.80 | 1.93 | 14.21 | 1.99 |
| 75 | 11.85 | 1.78 | 12.21 | 1.83 | 12.59 | 1.89 | 12.99 | 1.95 | 13.39 | 2.01 | 13.81 | 2.07 |
| 80 | 11.49 | 1.84 | 11.84 | 1.89 | 12.22 | 1.96 | 12.62 | 2.02 | 13.02 | 2.08 | 13.44 | 2.15 |
| 85 | 11.15 | 1.90 | 11.51 | 1.96 | 11.89 | 2.02 | 12.28 | 2.09 | 12.69 | 2.16 | 13.10 | 2.23 |
| 90 | 10.85 | 1.95 | 11.20 | 2.02 | 11.58 | 2.09 | 11.98 | 2.16 | 12.38 | 2.23 | 12.80 | 2.30 |
| 95 | 10.57 | 2.01 | 10.92 | 2.08 | 11.30 | 2.15 | 11.70 | 2.22 | 12.10 | 2.30 | 12.52 | 2.38 |
| 100 | 10.31 | 2.06 | 10.66 | 2.13 | 11.04 | 2.21 | 11.44 | 2.29 | 11.84 | 2.37 | 12.26 | 2.45 |
| 110 | 9.84 | 2.17 | 10.20 | 2.24 | 10.58 | 2.33 | 10.97 | 2.41 | 11.38 | 2.50 | 11.79 | 2.59 |
| 120 | 9.44 | 2.26 | 9.79 | 2.35 | 10.17 | 2.44 | 10.56 | 2.54 | 10.97 | 2.63 | 11.38 | 2.73 |

## 给水钢管（水煤气管）水力计算表

附录 1-4

| $q_g$ | $DN15$ | | $DN20$ | | $DN25$ | | $DN32$ | | $DN40$ | | $DN50$ | | $DN70$ | | $DN80$ | | $DN100$ | |
|---|---|---|---|---|---|---|---|---|---|---|---|---|---|---|---|---|---|---|
| | $v$ | $i$ | $v$ | $i$ | $v$ | $i$ | $v$ | $i$ | $v$ | $i$ | $v$ | $i$ | $v$ | $i$ | $v$ | $i$ | $v$ | $i$ |
| 0.05 | 0.29 | 0.28 | | | | | | | | | | | | | | | | |
| 0.07 | 0.41 | 0.52 | 0.22 | 0.11 | | | | | | | | | | | | | | |
| 0.10 | 0.58 | 0.99 | 0.31 | 0.21 | | | | | | | | | | | | | | |
| 0.12 | 0.70 | 1.37 | 0.37 | 0.29 | 0.23 | 0.09 | | | | | | | | | | | | |
| 0.14 | 0.82 | 1.82 | 0.43 | 0.38 | 0.26 | 0.11 | | | | | | | | | | | | |
| 0.16 | 0.94 | 2.34 | 0.50 | 0.46 | 0.30 | 0.14 | | | | | | | | | | | | |
| 0.18 | 1.05 | 2.91 | 0.56 | 0.60 | 0.34 | 0.18 | | | | | | | | | | | | |
| 0.20 | 1.17 | 3.51 | 0.62 | 0.73 | 0.38 | 0.21 | 0.21 | 0.05 | | | | | | | | | | |
| 0.25 | 1.46 | 5.51 | 0.78 | 1.09 | 0.47 | 0.32 | 0.26 | 0.08 | 0.20 | 0.04 | | | | | | | | |
| 0.30 | 1.76 | 7.93 | 0.93 | 1.53 | 0.56 | 0.44 | 0.32 | 0.11 | 0.24 | 0.05 | | | | | | | | |
| 0.35 | | | 1.09 | 2.04 | 0.66 | 0.59 | 0.37 | 0.14 | 0.28 | 0.08 | | | | | | | | |
| 0.40 | | | 1.24 | 2.63 | 0.75 | 0.75 | 0.42 | 0.18 | 0.32 | 0.09 | | | | | | | | |
| 0.45 | | | 1.40 | 3.33 | 0.85 | 0.93 | 0.47 | 0.22 | 0.36 | 0.11 | 0.21 | 0.031 | | | | | | |
| 0.50 | | | 1.55 | 4.11 | 0.94 | 1.13 | 0.53 | 0.27 | 0.40 | 0.13 | 0.23 | 0.037 | | | | | | |
| 0.55 | | | 1.71 | 4.97 | 1.04 | 1.35 | 0.58 | 0.32 | 0.44 | 0.16 | 0.26 | 0.044 | | | | | | |
| 0.60 | | | 1.86 | 5.91 | 1.13 | 1.59 | 0.63 | 0.37 | 0.48 | 0.18 | 0.28 | 0.052 | | | | | | |
| 0.65 | | | 2.02 | 6.94 | 1.22 | 1.85 | 0.68 | 0.43 | 0.52 | 0.22 | 0.31 | 0.06 | | | | | | |
| 0.70 | | | | | 1.32 | 2.14 | 0.74 | 0.50 | 0.56 | 0.25 | 0.33 | 0.068 | 0.20 | 0.020 | | | | |
| 0.75 | | | | | 1.41 | 2.46 | 0.79 | 0.56 | 0.60 | 0.28 | 0.35 | 0.077 | 0.21 | 0.023 | | | | |
| 0.80 | | | | | 1.51 | 2.79 | 0.84 | 0.63 | 0.64 | 0.31 | 0.38 | 0.085 | 0.23 | 0.025 | | | | |
| 0.85 | | | | | 1.60 | 3.16 | 0.90 | 0.71 | 0.68 | 0.35 | 0.40 | 0.096 | 0.24 | 0.028 | | | | |
| 0.90 | | | | | 1.69 | 3.54 | 0.95 | 0.79 | 0.72 | 0.39 | 0.42 | 0.107 | 0.25 | 0.031 | | | | |
| 0.95 | | | | | 1.79 | 3.94 | 1.00 | 0.87 | 0.76 | 0.43 | 0.45 | 0.118 | 0.27 | 0.034 | | | | |
| 1.00 | | | | | 1.88 | 4.37 | 1.05 | 0.96 | 0.80 | 0.47 | 0.47 | 0.129 | 0.28 | 0.038 | 0.20 | 0.0164 | | |
| 1.10 | | | | | 2.07 | 5.28 | 1.16 | 1.14 | 0.87 | 0.56 | 0.52 | 0.153 | 0.31 | 0.044 | 0.22 | 0.0195 | | |
| 1.20 | | | | | | | 1.27 | 1.35 | 0.95 | 0.66 | 0.56 | 0.18 | 0.34 | 0.052 | 0.24 | 0.0227 | | |
| 1.30 | | | | | | | 1.37 | 1.59 | 1.03 | 0.77 | 0.61 | 0.208 | 0.37 | 0.060 | 0.26 | 0.9261 | | |
| 1.40 | | | | | | | 1.48 | 1.84 | 1.11 | 0.88 | 0.66 | 0.237 | 0.40 | 0.068 | 0.28 | 0.0797 | | |
| 1.50 | | | | | | | 1.58 | 2.11 | 1.19 | 1.01 | 0.71 | 0.27 | 0.42 | 0.077 | 0.30 | 0.0336 | | |

续表

| $q_g$ | DN15 | | DN20 | | DN25 | | DN32 | | DN40 | | DN50 | | DN70 | | DN80 | | DN100 | |
|---|---|---|---|---|---|---|---|---|---|---|---|---|---|---|---|---|---|---|
| | $v$ | $i$ | $v$ | $i$ | $v$ | $i$ | $v$ | $i$ | $v$ | $i$ | $v$ | $i$ | $v$ | $i$ | $v$ | $i$ | $v$ | $i$ |
| 1.60 | | | | | | | 1.69 | 2.40 | 1.27 | 1.14 | 0.75 | 0.304 | 0.45 | 0.087 | 0.32 | 0.9376 | | |
| 1.70 | | | | | | | 1.79 | 2.71 | 1.35 | 1.29 | 0.80 | 0.340 | 0.48 | 0.097 | 0.34 | 0.0419 | | |
| 1.80 | | | | | | | 1.90 | 3.04 | 1.43 | 1.44 | 0.85 | 0.378 | 0.51 | 0.107 | 0.36 | 0.0466 | | |
| 1.90 | | | | | | | 2.00 | 3.39 | 1.51 | 1.61 | 0.89 | 0.418 | 0.54 | 0.119 | 0.38 | 0.0513 | | |
| 2.0 | | | | | | | | | 1.59 | 1.78 | 0.94 | 0.460 | 0.57 | 0.13 | 0.40 | 0.0562 | 0.23 | 0.0147 |
| 2.2 | | | | | | | | | 1.75 | 2.16 | 1.04 | 0.549 | 0.62 | 0.155 | 0.44 | 0.0666 | 0.25 | 0.017 |
| 2.4 | | | | | | | | | 1.91 | 2.56 | 1.13 | 0.645 | 0.68 | 0.182 | 0.48 | 0.0779 | 0.28 | 0.020 |
| 2.6 | | | | | | | | | 2.07 | 3.01 | 1.22 | 0.749 | 0.74 | 0.21 | 0.52 | 0.0903 | 0.30 | 0.023 |
| 2.8 | | | | | | | | | | | 1.32 | 0.87 | 0.79 | 0.241 | 0.56 | 0.103 | 0.32 | 0.0263 |
| 3.0 | | | | | | | | | | | 1.41 | 1.0 | 0.85 | 0.274 | 0.60 | 0.117 | 0.35 | 0.0298 |
| 3.5 | | | | | | | | | | | 1.65 | 1.36 | 0.99 | 0.365 | 0.70 | 0.155 | 0.40 | 0.0393 |
| 4.0 | | | | | | | | | | | 1.88 | 1.77 | 1.13 | 0.468 | 0.81 | 0.198 | 0.46 | 0.0501 |
| 4.5 | | | | | | | | | | | 2.12 | 2.24 | 1.28 | 0.586 | 0.91 | 0.246 | 0.52 | 0.0620 |
| 5.0 | | | | | | | | | | | 2.35 | 2.77 | 1.42 | 0.723 | 1.01 | 0.30 | 0.58 | 0.0749 |
| 5.5 | | | | | | | | | | | 2.59 | 3.35 | 1.56 | 0.875 | 1.11 | 0.358 | 0.63 | 0.0892 |
| 6.0 | | | | | | | | | | | | | 1.70 | 1.04 | 1.21 | 0.421 | 0.69 | 0.106 |
| 6.5 | | | | | | | | | | | | | 1.84 | 1.22 | 1.31 | 0.494 | 0.75 | 0.121 |
| 7.0 | | | | | | | | | | | | | 1.99 | 1.42 | 1.41 | 0.573 | 0.81 | 0.139 |
| 7.5 | | | | | | | | | | | | | 2.13 | 1.63 | 1.51 | 0.657 | 0.87 | 0.158 |
| 8.0 | | | | | | | | | | | | | 2.27 | 1.85 | 1.61 | 0.748 | 0.92 | 0.178 |
| 8.5 | | | | | | | | | | | | | 2.41 | 2.09 | 1.71 | 0.844 | 0.98 | 0.199 |
| 9.0 | | | | | | | | | | | | | 2.55 | 2.34 | 1.81 | 0.946 | 1.04 | 0.221 |
| 9.5 | | | | | | | | | | | | | | | 1.91 | 1.05 | 1.10 | 0.245 |
| 10.0 | | | | | | | | | | | | | | | 2.01 | 1.17 | 1.15 | 0.269 |
| 10.5 | | | | | | | | | | | | | | | 2.11 | 1.29 | 1.21 | 0.295 |
| 11.0 | | | | | | | | | | | | | | | 2.21 | 1.41 | 1.27 | 0.324 |
| 11.5 | | | | | | | | | | | | | | | 2.32 | 1.55 | 1.33 | 0.354 |
| 12.0 | | | | | | | | | | | | | | | 2.42 | 1.68 | 1.39 | 0.885 |
| 12.5 | | | | | | | | | | | | | | | 2.52 | 1.83 | 1.44 | 0.418 |
| 13.0 | | | | | | | | | | | | | | | | | 1.50 | 0.452 |
| 14.0 | | | | | | | | | | | | | | | | | 1.62 | 0.524 |
| 15.0 | | | | | | | | | | | | | | | | | 1.73 | 0.602 |
| 16.0 | | | | | | | | | | | | | | | | | 1.85 | 0.686 |
| 17.0 | | | | | | | | | | | | | | | | | 1.96 | 0.773 |
| 20.0 | | | | | | | | | | | | | | | | | 2.31 | 1.07 |

注：1. $q_g$ 表示流量，L/s；DN 表示公称管径，mm；$v$ 表示流速，m/s；$i$ 表示单位管长水头损失 kPa/m。

2. $DN100$ 以上的给水管道水力计算，可参见《给水排水设计手册》第 1 册。

**给水铸铁管水力计算表** **附录 1-5**

| $q_g$ | $DN50$ | | $DN75$ | | $DN100$ | | $DN150$ | |
|---|---|---|---|---|---|---|---|---|
| | $v$ | $i$ | $v$ | $i$ | $v$ | $i$ | $v$ | $i$ |
| 1.0 | 0.53 | 0.173 | 0.23 | 0.023 | | | | |
| 1.2 | 0.64 | 0.241 | 0.28 | 0.032 | | | | |
| 1.4 | 0.74 | 0.320 | 0.33 | 0.042 | | | | |
| 1.6 | 0.85 | 0.409 | 0.37 | 0.053 | | | | |
| 1.8 | 0.95 | 0.508 | 0.42 | 0.066 | | | | |
| 2.0 | 1.06 | 0.619 | 0.46 | 0.080 | | | | |
| 2.5 | 1.33 | 0.949 | 0.58 | 0.120 | 0.32 | 0.029 | | |
| 3.0 | 1.59 | 1.37 | 0.70 | 0.167 | 0.39 | 0.040 | | |
| 3.5 | 1.86 | 1.86 | 0.81 | 0.222 | 0.45 | 0.053 | | |
| 4.0 | 2.12 | 2.43 | 0.93 | 0.284 | 0.52 | 0.067 | | |
| 4.5 | | | 1.05 | 0.353 | 0.58 | 0.083 | | |
| 5.0 | | | 1.16 | 0.430 | 0.65 | 0.100 | | |
| 5.5 | | | 1.28 | 0.517 | 0.72 | 0.120 | | |
| 6.0 | | | 1.39 | 0.615 | 0.78 | 0.140 | | |
| 7.0 | | | 1.63 | 0.837 | 0.91 | 0.186 | 0.40 | 0.025 |
| 8.0 | | | 1.86 | 1.09 | 1.04 | 0.239 | 0.46 | 0.031 |
| 9.0 | | | 2.09 | 1.38 | 1.17 | 0.299 | 0.52 | 0.039 |
| 10.0 | | | | | 1.30 | 0.365 | 0.57 | 0.047 |
| 11 | | | | | 1.43 | 0.442 | 0.63 | 0.056 |
| 12 | | | | | 1.56 | 0.526 | 0.69 | 0.066 |
| 13 | | | | | 1.69 | 0.617 | 0.75 | 0.076 |
| 14 | | | | | 1.82 | 0.716 | 0.80 | 0.087 |
| 15 | | | | | 1.95 | 0.822 | 0.86 | 0.099 |
| 16 | | | | | 2.08 | 0.935 | 0.92 | 0.111 |
| 17 | | | | | | | 0.97 | 0.125 |
| 18 | | | | | | | 1.03 | 0.139 |
| 19 | | | | | | | 1.09 | 0.153 |
| 20 | | | | | | | 1.15 | 0.169 |
| 22 | | | | | | | 1.26 | 0.202 |
| 24 | | | | | | | 1.38 | 0.241 |
| 26 | | | | | | | 1.49 | 0.283 |
| 28 | | | | | | | 1.61 | 0.328 |
| 30 | | | | | | | 1.72 | 0.377 |

注：1. $q_g$ 表示流量，L/s；$DN$ 表示公称管径，mm；$v$ 表示流速，m/s；$i$ 表示单位管长水头损失 kPa/m。

2. *DN*150 以上的给水管道水力计算，可参见《给水排水设计手册》第 1 册。

**给水塑料管水力计算表　　　　附录 1-6**

| $q_g$ | *DN*15 | | *DN*20 | | *DN*25 | | *DN*32 | | *DN*40 | | *DN*50 | | *DN*60 | | *DN*80 | | *DN*100 | |
|---|---|---|---|---|---|---|---|---|---|---|---|---|---|---|---|---|---|---|
| | $v$ | $i$ | $v$ | $i$ | $v$ | $i$ | $v$ | $i$ | $v$ | $i$ | $v$ | $i$ | $v$ | $i$ | $v$ | $i$ | $v$ | $i$ |
| 0.10 | 0.50 | 0.26 | 0.26 | 0.06 | | | | | | | | | | | | | | |
| 0.15 | 0.75 | 0.56 | 0.39 | 0.12 | 0.23 | 0.03 | | | | | | | | | | | | |
| 0.20 | 0.99 | 0.94 | 0.53 | 0.21 | 0.30 | 0.06 | 0.20 | 0.02 | | | | | | | | | | |
| 0.30 | 1.49 | 0.19 | 0.79 | 0.42 | 0.45 | 0.11 | 0.29 | 0.04 | | | | | | | | | | |
| 0.40 | 1.99 | 0.32 | 1.05 | 0.70 | 0.61 | 0.19 | 0.39 | 0.07 | 0.24 | 0.02 | | | | | | | | |
| 0.50 | 2.49 | 4.77 | 1.32 | 1.04 | 0.76 | 0.28 | 0.49 | 0.10 | 0.30 | 0.03 | | | | | | | | |
| 0.60 | 2.98 | 6.60 | 1.58 | 1.44 | 0.91 | 0.39 | 0.59 | 0.14 | 0.36 | 0.04 | 0.23 | 0.01 | | | | | | |
| 0.70 | | | 1.84 | 1.90 | 1.06 | 0.51 | 0.69 | 0.18 | 0.42 | 0.06 | 0.27 | 0.02 | | | | | | |
| 0.80 | | | 2.10 | 2.40 | 1.21 | 0.64 | 0.79 | 0.23 | 0.48 | 0.07 | 0.30 | 0.02 | | | | | | |
| 0.90 | | | 2.37 | 2.96 | 1.36 | 0.79 | 0.88 | 0.28 | 0.54 | 0.09 | 0.34 | 0.03 | 0.23 | 0.018 | | | | |
| 1.00 | | | | | 1.51 | 0.96 | 0.98 | 0.34 | 0.60 | 0.11 | 0.38 | 0.04 | 0.25 | 0.014 | | | | |
| 1.50 | | | | | 2.27 | 1.96 | 1.47 | 0.70 | 0.90 | 0.22 | 0.57 | 0.07 | 0.39 | 0.029 | 0.27 | 0.01 | | |
| 2.00 | | | | | | | 1.96 | 1.16 | 1.20 | 0.36 | 0.76 | 0.12 | 0.52 | 0.049 | 0.36 | 0.02 | 0.24 | 0.01 |
| 2.50 | | | | | | | 2.46 | 1.73 | 1.50 | 0.54 | 0.95 | 0.52 | 0.65 | 0.072 | 0.45 | 0.03 | 0.30 | 0.01 |
| 3.00 | | | | | | | | | 1.81 | 0.74 | 1.14 | 0.25 | 0.78 | 0.099 | 0.54 | 0.04 | 0.36 | 0.02 |
| 3.50 | | | | | | | | | 2.11 | 0.97 | 1.33 | 0.32 | 0.91 | 0.131 | 0.63 | 0.06 | 0.42 | 0.02 |
| 4.00 | | | | | | | | | 2.41 | 0.12 | 1.51 | 0.41 | 1.04 | 0.166 | 0.72 | 0.07 | 0.48 | 0.03 |
| 4.50 | | | | | | | | | 2.71 | 0.15 | 1.70 | 0.50 | 1.17 | 0.205 | 0.81 | 0.07 | 0.54 | 0.03 |
| 5.00 | | | | | | | | | | | 1.89 | 0.61 | 1.30 | 0.247 | 0.90 | 0.10 | 0.60 | 0.04 |
| 5.50 | | | | | | | | | | | 2.08 | 0.72 | 1.43 | 0.293 | 0.99 | 0.12 | 0.66 | 0.05 |
| 6.00 | | | | | | | | | | | 2.27 | 0.84 | 1.56 | 0.342 | 1.08 | 0.14 | 0.72 | 0.05 |
| 6.50 | | | | | | | | | | | | | 1.69 | 0.394 | 1.17 | 0.17 | 0.78 | 0.06 |
| 7.00 | | | | | | | | | | | | | 1.82 | 0.445 | 1.26 | 0.19 | 0.84 | 0.07 |
| 7.50 | | | | | | | | | | | | | 1.95 | 0.507 | 1.35 | 0.21 | 0.90 | 0.08 |
| 8.00 | | | | | | | | | | | | | 2.08 | 0.569 | 1.44 | 0.24 | 0.96 | 0.09 |
| 8.50 | | | | | | | | | | | | | 2.21 | 0.632 | 1.53 | 0.27 | 1.02 | 0.10 |
| 9.00 | | | | | | | | | | | | | 2.34 | 0.701 | 1.62 | 0.29 | 1.08 | 0.11 |
| 9.50 | | | | | | | | | | | | | 2.47 | 0.772 | 1.71 | 0.32 | 1.14 | 0.12 |
| 10.0 | | | | | | | | | | | | | | | 1.80 | 0.35 | 1.20 | 0.13 |

注：1. $q_g$ 表示流量，L/s；*DN* 表示公称管径，mm；$v$ 表示流速，m/s；$i$ 表示单位管长水头损失，kPa/m。

2. *DN*100 以上的给水管道水力计算，可参见《给水排水设计手册》第 1 册。

**室内消火栓用水量　　　　附录 1-7**

| 建筑物名称 | 高度、层数、体积或座位数 | 消火栓用水量（L/s） | 同时使用水枪数（支） | 每支水枪最小流量（L/s） | 每根立管最小流量（L/s） |
|---|---|---|---|---|---|
| 科研、实验楼等 | 高度≤24m，体积≤10000m³ | 10 | 2 | 5 | 10 |
| | 高度≤24m，体积≤10000m³ | 15 | 3 | 5 | 10 |
| 厂　房 | 高度≤24m，体积≤10000m³ | 5 | 2 | 2.5 | 5 |
| | 高度≤24m，体积>10000m³ | 10 | 2 | 5 | 10 |
| | 24m<高度≤50m | 25 | 5 | 5 | 15 |
| | 高度>50m | 30 | 6 | 5 | 15 |

续表

| 建筑物名称 | 高度、层数、体积或座位数 | 消火栓用水量(L/s) | 同时使用水枪数（支） | 每支水枪最小流量(L/s) | 每根立管最小流量(L/s) |
|---|---|---|---|---|---|
| 库房 | 高度≤24m，体积≤5000m³ | 5 | 1 | 5 | 5 |
| | 高度≤24m，体积>5000m³ | 10 | 2 | 5 | 10 |
| | 24m<高度≤50m | 30 | 6 | 5 | 15 |
| | 高度>50m | 40 | 8 | 5 | 15 |
| 车站、码头、机场建筑物和展览馆等 | 5001～25000m³ | 10 | 2 | 5 | 10 |
| | 10001～50000m³ | 15 | 3 | 5 | 10 |
| | >50000m³ | 20 | 4 | 5 | 15 |
| 商店、病房楼、教学楼等 | 5001～10000m³ | 5 | 2 | 2.5 | 5 |
| | 10001～25000m³ | 10 | 2 | 5 | 10 |
| | >25000m³ | 15 | 3 | 5 | 10 |
| 剧院、电影院、俱乐部、礼堂、体育馆 | 801～1200 个 | 10 | 2 | 5 | 10 |
| | 1201～5000 个 | 15 | 3 | 5 | 10 |
| | 5001～10000 个 | 20 | 4 | 5 | 15 |
| | >10000 个 | 30 | 6 | 5 | 15 |
| 住宅 | 7～9 层 | 5 | 2 | 2.5 | 5 |
| 其他建筑 | ≥6 层或体积≥10000m³ | 15 | 3 | 5 | 10 |
| 国家级文物保护单位的重点砖木、木结构的古建筑 | 体积≤10000m³ | 20 | 4 | 5 | 10 |
| | 体积>10000m³ | 25 | 5 | 5 | 15 |

**高层民用建筑室内消火栓用水量　　附录 1-8**

| 建筑物名称 | 建筑物高度(m) | 消火栓用水量(L/s) | | 每支水枪最小流量(L/s) | 每根立管最小流量(L/s) |
|---|---|---|---|---|---|
| | | 室外 | 室内 | | |
| 普通住宅 | ≤50 | 15 | 10 | 5 | 10 |
| | >50 | 15 | 20 | 5 | 10 |
| 高级住宅、医院、教学楼、普通旅馆、办公楼、科研楼、档案楼、图书馆、省级以下邮政楼、每层建筑面积不大于1000m² 的百货楼、展览楼、每层建筑面积不大于 800m² 的电信楼、财贸金融楼、市级和县级的广播楼、电视楼；地、市级电力调度楼、防洪指挥调度楼 | ≤50 | 20 | 20 | 5 | 10 |
| | >50 | 20 | 30 | 5 | 15 |
| 高级住宅、医院、教学楼、普通旅馆、办公楼、科研楼、档案楼、图书馆、每层建筑面积>1000m² 的百货楼、展览楼、综合楼每层建筑面积>800m² 的电信楼、财贸金融楼、中央和省级的广播楼、电视楼；地区、省级电力调度楼、防洪指挥调度楼 | ≤50 | 30 | 30 | 5 | 15 |
| | >50 | 30 | 40 | 5 | 15 |

注：建筑高度不超过 50m，室内消火栓用水量超过 20L/s，且设有自动喷水灭火系统的建筑物，其室内外消防用水量可按本表减少 5L/s。

**常用闭式喷头** **附录 1-9**

| 喷头类别 | 适用场所 | 溅水盘朝向 | 喷水量分配 |
|---|---|---|---|
| 玻璃洒水喷头 | 宾馆等美观要求高的或具有腐蚀性场所；环境温度高于－10℃ | — | — |
| 易熔合金洒水喷头 | 外观要求不高或腐蚀性不大的工厂、仓库或民用建筑 | — | — |
| 直立型洒水喷头 | 在管路下经常有移动物体的场所或尘埃较多的场所 | 向上安装 | 向下喷水量占 60%～80% |
| 下垂型洒水喷头 | 管路要求隐蔽的各种保护场所 | 向下安装 | 全部水量洒向地面 |
| 边墙型洒水喷头 | 安装空间狭窄、走廊或通道状建筑，以及需靠墙壁安装 | 向上或水平安装 | 水量的 85%喷向喷头前方，15%喷在后面 |
| 吊顶型喷头 | 装饰型喷头，可安装于旅馆、客房、餐厅、办公室等建筑 | 向下安装 | — |
| 普通型洒水喷头 | 可直立或下垂安装，适用于有可燃吊顶的房间 | 向上或向下均可 | 水量的 40%～60%向地面喷洒，还将部分水量喷向顶棚 |
| 干式下垂型洒水喷头 | 专用于干式喷水灭火系统的下垂型喷头 | 向下安装 | 同下垂型 |

**卫生器具的安装高度** **附录 2-1**

| 序号 | 卫生器具名称 | 卫生器具边缘离地面高度（mm） | |
|---|---|---|---|
| | | 居住和公共建筑 | 幼儿园 |
| 1 | 架空污水盆（池）（至上边缘） | 800 | 800 |
| 2 | 落地式污水盆（至上边缘） | 500 | 500 |
| 3 | 洗涤盆（池）（至上边缘） | 800 | 800 |
| 4 | 洗手盆、洗脸盆（至上边缘） | 800 | 800 |
| 5 | 盥洗槽（至上边缘） | 800 | 500 |
| 6 | 浴盆（至上边缘） | 480 | — |
| 7 | 按摩浴盆（至上边缘） | 450 | — |
| 8 | 淋浴盆（至上边缘） | 100 | — |
| 9 | 蹲、坐式大便器（从台阶面至高水箱底） | 1800 | 1800 |
| 10 | 蹲式大便器（从台阶面至低水箱底） | 900 | 900 |
| 11 | 坐式大便器（至低水箱底）<br>外露排出管式<br>虹吸喷射式<br>冲落式<br>漩涡连体式 | <br>510<br>470<br>510<br>250 | <br>—<br>370<br>—<br>— |
| 12 | 坐式大便器（至上边缘）<br>外露排出管式<br>虹吸喷射式<br>冲落式<br>漩涡连体式 | <br>400<br>380<br>380<br>360 | <br>—<br>—<br>—<br>— |

续表

| 序号 | 卫生器具名称 | 卫生器具边缘离地面高度（mm） | |
|---|---|---|---|
| | | 居住和公共建筑 | 幼儿园 |
| 13 | 大便槽（从台阶面至冲洗高水箱底） | 不低于 2000 | — |
| 14 | 立式小便器（至受水部分上边缘） | 100 | — |
| 15 | 挂式小便器（至受水部分上边缘） | 600 | 450 |
| 16 | 小便槽（至台阶面） | 200 | 150 |
| 17 | 化验盆（至上边缘） | 800 | — |
| 18 | 妇女卫生盆（至上边缘） | 360 | — |
| 19 | 饮水器（至上边缘） | 1000 | — |

**卫生器具给水配件安装高度** **附录 2-2**

| 序号 | 卫生器具名称 | | 给水配件离地（楼）面高度（mm） |
|---|---|---|---|
| 1 | 坐便器 | 挂箱冲落式<br>挂箱虹吸式<br>坐箱式（亦称背包式）<br>延时自闭式冲洗阀<br>高水箱<br>连体旋涡虹吸式 | 250<br>250<br>200<br>792（穿越冲洗阀上方支管 1000）<br>2040（穿越冲洗水箱上方支管 2300）<br>100 |
| 2 | 蹲便器 | 高水箱<br>自闭式冲洗阀<br>高水箱平蹲式<br>低水箱 | 2150（穿越水箱上方支管 2250）<br>1025（穿越冲洗阀上方支管 1200）<br>2040（穿越水箱上方支管 2140）<br>800 |
| 3 | 小便器 | 延时自闭冲洗阀立式<br>自动冲洗水箱立式<br>自动冲洗水箱挂式<br>手动冲洗阀挂式<br>延时自闭冲洗阀半挂式<br>光电控半挂式 | 1115<br>2400（穿越水箱上方支管 2600）<br>2300（穿越水箱上方支管 2500）<br>1050（穿越阀门上方支管 1200）<br>唐山 1200，太平洋 1300，石湾 1200<br>唐山 1300，太平洋 1400，石湾 1300（穿越支管加 150） |
| 4 | 小便槽 | 冲洗水箱进水阀<br>手动冲洗阀 | 2350<br>1300 |
| 5 | 大便槽 | 自动冲洗水箱 | 2804 |
| 6 | 淋浴器 | 单管淋浴调节阀<br>冷热水调节阀<br>自动式调节阀<br>电热水器调节阀 | 1150 给水支管 10000<br>1150 冷水支管 900，热水支管 1000<br>1150 冷水支管 1075，热水支管 1225<br>1150 冷水支管 1150 |
| 7 | 浴盆 | 普通浴盆冷热水嘴<br>带裙边浴盆单柄调温壁式水龙头<br>高级浴盆恒温水嘴<br>高级浴盆单柄调温水嘴<br>浴盆冷热水混合水嘴 | 冷水嘴 630，热水嘴 730<br>北京 *DN*20800，长江 *DN*15770<br>宁波 YG 型 610<br>宁波 YG，770，天津洁具 520，天津电镀 570<br>带裙边浴盆 520，普通浴盆 630 |

续表

| 序号 | 卫生器具名称 | | 给水配件离地（楼）面高度（mm） |
|---|---|---|---|
| 8 | 洗脸盆 | 普通洗脸盆单管供水龙头<br>普通洗脸盆冷热水角阀<br>台式洗脸盆冷热水角阀<br>立式洗脸盆冷热水角阀<br>延时自闭式水嘴角阀<br>光电控洗手盆 | 1000<br>450 冷水支管 250，热水支管 350<br>450<br>465 热水支管 540，冷水支管 350<br>450 冷水支管 350<br>接管 1080，冷水支管 350 |
| 9 | 妇洗器 | 双孔、冷热水混合水嘴<br>单孔、单把调温水嘴 | 角阀 150，热水支管 225，冷水支管 75<br>角阀 150，热水支管 225，冷水支管 75 |
| 10 | 洗涤盆 | 单管水龙头<br>冷热水（明设）<br>双把肘式水嘴（支管暗设）<br>双联、三联化验龙头<br>脚踏开关 | 1000<br>冷水支管 1000，热水支管 1100<br>1000，冷水支管 925，热水支管 1025<br>1000，给水支管 850<br>距墙 300，盆中心偏右 150，北京支管 40，风雷支管埋地 |
| 11 | 化验盆 | 双联、三联化验龙头 | 960 |
| 12 | 洗涤池 | 架空式<br>落地式 | 1000<br>800 |
| 13 | 盥洗槽 | 单管供水<br>冷热水供水 | 1000<br>冷水支管 1000，热水支管 1100 |
| 14 | 污水盆 | 给水龙头 | 1000 |
| 15 | 饮水器 | 喷嘴 | 1000 |
| 16 | 洒水栓 | — | 1000 |
| 17 | 家用洗衣机 | — | 1000 |

**最小管径和最小设计坡度** **附录 2-3**

| 管　别 | | 位　置 | 最小管径 *DN*（mm） | 最小设计坡度 |
|---|---|---|---|---|
| 污水管道 | 接户管 | 建筑物周围 | 150 | 0.007 |
| | 支管 | 组团内道路下 | 200 | 0.004 |
| | 干管 | 小区道路、市政道路下 | 300 | 0.003 |
| 雨水管和合流管道 | 接户管 | 建筑物周围 | 200 | 0.004 |
| | 支管及干管 | 小区道路、市政道路下 | 200 | 0.03 |
| 雨水连接管 | | — | 200 | 0.01 |

注：1. 污水管道接户管最小管径 150mm，服务人口不宜超过 250 人（70 户），超过 250 人（70 户），最小管径宜采用 200mm；

2. 进化粪池前污水管最小设计坡度，管径 150mm 为 0.010～0.012，管径 200mm 为 0.01。

## 建筑内部排水铸铁管水力计算表（$n$=0.013） 附录2-4

| 坡度 | 生活污水 | | | | | | | | | | | |
|---|---|---|---|---|---|---|---|---|---|---|---|---|
| | $h/D$=0.6 | | | | | | | | $h/D$=0.7 | | | |
| | $DN$50 | | $DN$75 | | $DN$100 | | $DN$125 | | $DN$150 | | $DN$200 | |
| | $q_u$ | $v$ | $q_u$ | $v$ | $q_u$ | $v$ | $q_u$ | $v$ | $q_u$ | $v$ | $q_u$ | $v$ |
| 0.003 | — | — | — | — | — | — | — | — | — | — | — | — |
| 0.0035 | — | — | — | — | — | — | — | — | — | — | — | — |
| 0.004 | — | — | — | — | — | — | — | — | — | — | — | — |
| 0.005 | — | — | — | — | — | — | — | — | — | — | 15.35 | 0.80 |
| 0.006 | — | — | — | | — | — | — | — | — | — | 16.90 | 0.88 |
| 0.007 | — | — | — | — | — | — | — | — | 8.4 | 0.78 | 18.20 | 0.95 |
| 0.008 | — | — | — | — | — | — | — | — | 9.04 | 0.83 | 19.40 | 1.01 |
| 0.009 | — | — | — | | — | — | — | — | 9.56 | 0.89 | 20.60 | 1.07 |
| 0.01 | — | — | — | | — | — | 4.97 | 0.81 | 10.10 | 0.94 | 21.70 | 1.13 |
| 0.012 | — | — | — | | 2.90 | 0.72 | 5.44 | 0.89 | 11.10 | 1.02 | 23.80 | 1.24 |
| 0.015 | — | — | 1.48 | 0.67 | 3.23 | 0.81 | 6.08 | 0.99 | 12.40 | 1.14 | 26.60 | 1.39 |
| 0.02 | — | — | 1.70 | 0.77 | 3.72 | 0.93 | 7.02 | 1.15 | 14.30 | 1.32 | 30.70 | 1.60 |
| 0.025 | 0.65 | 0.66 | 1.90 | 0.86 | 4.17 | 1.05 | 7.85 | 1.28 | 16.00 | 1.47 | 35.30 | 1.79 |
| 0.03 | 0.71 | 0.72 | 2.08 | 0.94 | 4.55 | 1.14 | 8.60 | 1.39 | 17.50 | 1.62 | 37.30 | 1.96 |
| 0.035 | 0.77 | 0.78 | 2.26 | 1.02 | 4.94 | 1.24 | 9.29 | 1.51 | 18.90 | 1.75 | 40.60 | 2.12 |
| 0.04 | 0.81 | 0.83 | 2.40 | 1.09 | 5.26 | 1.32 | 9.93 | 1.62 | 20.20 | 1.87 | 43.50 | 2.27 |
| 0.045 | 0.87 | 0.89 | 2.56 | 1.16 | 5.60 | 1.40 | 10.52 | 1.71 | 21.50 | 1.98 | 46.10 | 2.40 |
| 0.05 | 0.91 | 0.93 | 2.60 | 1.23 | 5.88 | 1.48 | 11.10 | 1.89 | 22.60 | 2.09 | 48.50 | 2.53 |
| 0.06 | 1.00 | 1.02 | 2.94 | 1.33 | 6.45 | 1.62 | 12.14 | 1.98 | 24.80 | 2.29 | 53.20 | 2.77 |
| 0.07 | 1.08 | 1.10 | 3.18 | 1.42 | 6.97 | 1.75 | 13.15 | 2.14 | 26.80 | 2.47 | 57.50 | 3.00 |
| 0.08 | 1.18 | 1.16 | 3.35 | 1.52 | 7.50 | 1.87 | 14.05 | 2.28 | 30.44 | 2.73 | 65.40 | 3.32 |

| 坡度 | 生产污水 | | | | | | | | | | | |
|---|---|---|---|---|---|---|---|---|---|---|---|---|
| | $h/D$=0.6 | | | | $h/D$=0.7 | | | | $h/D$=0.8 | | | |
| | $DN$50 | | $DN$75 | | $DN$100 | | $DN$125 | | $DN$200 | | $DN$250 | |
| | $q_u$ | $v$ | $q_u$ | $v$ | $q_u$ | $v$ | $q_u$ | $v$ | $q_u$ | $v$ | $q_u$ | $v$ |
| 0.003 | — | — | — | — | — | — | — | — | — | — | — | — |
| 0.0035 | — | — | — | — | — | — | — | — | | | 35.00 | 0.83 |
| 0.004 | — | — | — | — | — | — | — | — | 20.60 | 0.77 | 37.40 | 0.89 |
| 0.005 | — | — | — | — | — | — | — | — | 23.00 | 0.86 | 41.80 | 1.00 |
| 0.006 | — | — | — | — | — | — | — | — | 25.20 | 0.94 | 46.00 | 1.09 |
| 0.007 | — | — | — | — | — | — | — | — | 27.20 | 1.02 | 49.50 | 1.18 |
| 0.008 | — | — | — | — | — | — | — | — | 29.00 | 1.09 | 53.00 | 1.26 |
| 0.009 | — | — | — | | — | — | — | — | 30.80 | 1.15 | 56.00 | 1.33 |

续表

| 坡度 | 生 活 污 水 | | | | | | | | | | | |
|---|---|---|---|---|---|---|---|---|---|---|---|---|
| | $h/D$=0.6 | | | | $h/D$=0.7 | | | | $h/D$=0.8 | | | |
| | $DN$50 | | $DN$75 | | $DN$100 | | $DN$125 | | $DN$200 | | $DN$250 | |
| | $q_u$ | $v$ | $q_u$ | $v$ | $q_u$ | $v$ | $q_u$ | $v$ | $q_u$ | $v$ | $q_u$ | $v$ |
| 0.01 | — | — | — | | — | — | 7.80 | 0.86 | 32.60 | 1.22 | 59.20 | 1.41 |
| 0.012 | — | — | — | | 4.64 | 0.81 | 8.50 | 0.95 | 35.60 | 1.33 | 64.70 | 1.54 |
| 0.015 | — | — | | | 5.20 | 0.90 | 9.50 | 1.06 | 40.00 | 1.49 | 72.50 | 1.72 |
| 0.02 | — | — | 2.25 | 0.83 | 6.00 | 1.04 | 11.0 | 1.22 | 1.37 | 46.00 | 1.72 | 83.60 |
| 0.025 | | | 2.51 | 0.93 | 6.70 | 1.16 | 12.3 | 1.36 | 51.40 | 1.92 | 93.50 | 2.22 |
| 0.03 | 0.97 | 0.79 | 2.76 | 1.02 | 7.35 | 1.28 | 13.5 | 1.50 | 56.50 | 2.11 | 102.50 | 2.44 |
| 0.035 | 1.05 | 0.85 | 2.98 | 1.10 | 7.95 | 1.38 | 14.6 | 1.60 | 61.00 | 2.28 | 111.00 | 2.64 |
| 0.04 | 1.12 | 0.91 | 3.18 | 1.17 | 8.50 | 1.47 | 15.6 | 1.73 | 65.00 | 2.44 | 118.00 | 2.82 |
| 0.045 | 1.19 | 0.96 | 3.38 | 1.25 | 9.00 | 1.56 | 16.5 | 1.83 | 69.00 | 2.58 | 126.00 | 3.00 |
| 0.05 | 1.25 | 1.01 | 3.55 | 1..31 | 9.50 | 1.64 | 17.4 | 1.93 | 72.60 | 2.72 | 132.00 | 3.15 |
| 0.06 | 1.37 | 1.11 | 3.90 | 1.44 | 10.40 | 1.80 | 19.0 | 2.11 | 79.60 | 2.98 | 145.00 | 3.45 |
| 0.07 | 1.48 | 1.20 | 4.20 | 1.55 | 11.20 | 1.95 | 20.0 | 2.28 | 86.00 | 3.22 | 156.00 | 3.73 |
| 0.08 | 1.58 | 1.28 | 4.50 | 1.66 | 12.00 | 2.08 | 22.0 | 2.44 | 93.40 | 3.47 | 165.50 | 3.94 |

**建筑内部排水塑料管水力计算表（$n$=0.009）** **附录 2-5**

| 坡 度 | $h/D$=0.5 | | | | | | $h/D$=0.6 | |
|---|---|---|---|---|---|---|---|---|
| | $De$=50 | | $De$=75 | | $De$=110 | | $De$=160 | |
| | $q_u$ | $v$ | $q_u$ | $v$ | $q_u$ | $v$ | $q_u$ | $v$ |
| 0.002 | — | — | — | — | — | — | 6.48 | 0.60 |
| 0.004 | — | — | — | — | 2.59 | 0.62 | 9.68 | 0.85 |
| 0.006 | — | — | — | — | 3.17 | 0.75 | 11.86 | 1.04 |
| 0.007 | — | — | 1.21 | 0.63 | 3.43 | 0.81 | 12.80 | 1.13 |
| 0.010 | — | — | 1.44 | 0.75 | 4.10 | 0.97 | 15.30 | 1.35 |
| 0.012 | 0.52 | 0.62 | 1.58 | 0.82 | 4.49 | 1.07 | 16.77 | 1.48 |
| 0.015 | 0.58 | 0.69 | 1.77 | 0.92 | 5.02 | 1.19 | 18.74 | 1.65 |
| 0.020 | 0.66 | 0.80 | 2.04 | 1.06 | 5.79 | 1.38 | 21.65 | 1.90 |
| 0.026 | 0.76 | 0.91 | 2.33 | 1.21 | 6.61 | 1.57 | 24.67 | 2.17 |
| 0.030 | 0.81 | 0.98 | 2.50 | 1.30 | 7.10 | 1.68 | 26.51 | 2.33 |
| 0.035 | 0.88 | 1.06 | 2.70 | 1.40 | 7.67 | 1.82 | 28.63 | 2.52 |
| 0.040 | 0.94 | 1.13 | 2.89 | 1.50 | 8.19 | 1.95 | 30.61 | 2.69 |
| 0.045 | 1.00 | 1.20 | 3.06 | 1.59 | 8.69 | 2.06 | 32.47 | 2.86 |
| 0.050 | 1.05 | 1.27 | 3.23 | 1.68 | 9.16 | 2.17 | 34.22 | 3.01 |
| 0.060 | 1.15 | 1.39 | 3.53 | 1.84 | 10.04 | 2.38 | 37.49 | 3.30 |
| 0.070 | 1.24 | 1.50 | 3.82 | 1.98 | 10.84 | 2.57 | 40.49 | 3.56 |
| 0.080 | 1.33 | 1.60 | 4.08 | 2.12 | 11.59 | 2.75 | 43.29 | 3.81 |

注：$De$ 为塑料排水管公称直径，单位 mm；$h/D$ 表示充满度。

## 给水排水常用图例　　附录 3-1

1. 管道

| 序号 | 名　称 | 图　例 | 备　注 |
|---|---|---|---|
| 1 | 生活给水管 | —— J —— | — |
| 2 | 热水给水管 | —— RJ —— | — |
| 3 | 热水回水管 | —— RH —— | — |
| 4 | 中水给水管 | —— ZJ —— | — |
| 5 | 循环冷却给水管 | —— XJ —— | — |
| 6 | 循环冷却回水管 | —— XH —— | — |
| 7 | 热媒给水管 | —— RM —— | — |
| 8 | 热媒回水管 | —— RMH —— | — |
| 9 | 蒸汽管 | —— Z —— | — |
| 10 | 凝结水管 | —— N —— | — |
| 11 | 废水管 | —— F —— | 可与中水<br>原水管合用 |
| 12 | 压力废水管 | —— YF —— | — |
| 13 | 通气管 | —— T —— | — |
| 14 | 污水管 | —— W —— | — |
| 15 | 压力污水管 | —— YW —— | — |
| 16 | 雨水管 | —— Y —— | — |
| 17 | 压力雨水管 | —— YY —— | — |
| 18 | 虹吸雨水管 | —— HY —— | — |
| 19 | 膨胀管 | —— PZ —— | — |
| 20 | 保温管 |  | 也可用文字说明<br>保温范围 |
| 21 | 伴热管 |  | 也可用文字说明<br>保温范围 |

续表

| 序号 | 名　　称 | 图　　例 | 备　　注 |
| --- | --- | --- | --- |
| 22 | 多孔管 |   | — |
| 23 | 地沟管 |   | — |
| 24 | 防护套管 |   | — |
| 25 | 管道立管 | 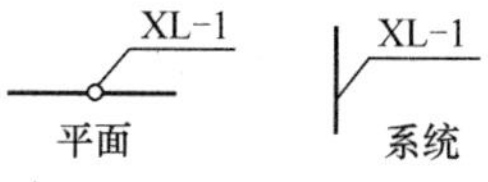 XL-1 平面　XL-1 系统 | X 为管道类别<br>L 为立管<br>1 为编号 |
| 26 | 空调凝结水管 |  KN | — |

注：1. 分区管道用加注角标方式表示；

2. 原有管线可用比同类型的新设管线细一级的线型，并加斜线，拆除管线则加叉线。

2. 管道附件

| 序号 | 名　称 | 图　例 | 备　注 |
| --- | --- | --- | --- |
| 1 | 管道伸缩器 | 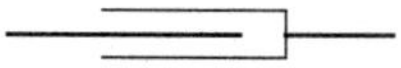  | — |
| 2 | 方形伸缩器 | 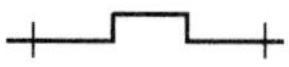  | — |
| 3 | 刚性防水套管 | 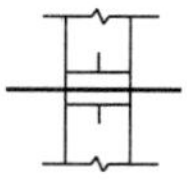  | — |
| 4 | 柔性防水套管 | 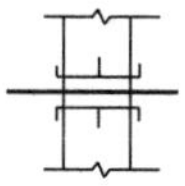  | — |
| 5 | 波纹管 | 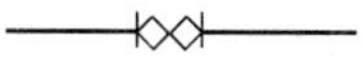  | — |
| 6 | 可曲挠橡胶接头 | 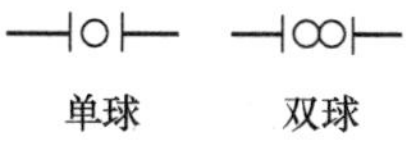 单球　双球 | — |
| 7 | 管道固定支架 |   | — |
| 8 | 立管检查口 |   | — |

续表

| 序号 | 名　称 | 图　例 | 备　注 |
| --- | --- | --- | --- |
| 9 | 清扫口 | 平面　系统 | — |
| 10 | 通气帽 | 伞形　球形 | — |
| 11 | 雨水斗 | YD-　YD-<br>平面　系统 | — |
| 12 | 排水漏斗 | 平面　系统 | — |
| 13 | 圆形地漏 | 平面　系统 | 通用。如无水封，地漏应加存水弯 |
| 14 | 方形地漏 | 平面　系统 | — |
| 15 | 自动冲洗水箱 |  | — |
| 16 | 挡墩 |  | — |
| 17 | 减压孔板 |  | — |
| 18 | Y 形除污器 |  | — |
| 19 | 毛发聚集器 | 平面　系统 | — |
| 20 | 倒流防止器 |  | — |
| 21 | 吸气阀 |  | — |

3. 管道连接

| 序号 | 名　称 | 图　例 | 备　注 |
| --- | --- | --- | --- |
| 1 | 法兰连接 |  | — |
| 2 | 承插连接 |  | — |
| 3 | 活接头 | 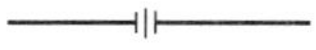 | — |
| 4 | 管堵 |  | — |
| 5 | 法兰堵盖 |  | — |
| 6 | 盲板 |  | — |
| 7 | 弯折管 | 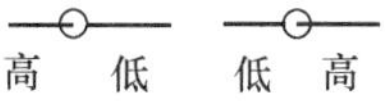 高　低　低　高 | — |
| 8 | 管道丁字上接 | 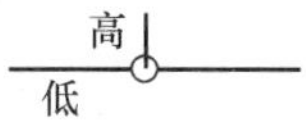 高<br>低 | — |
| 9 | 管道丁字下接 | 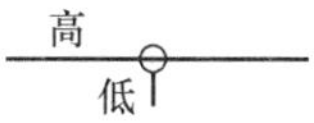 高<br>低 | — |
| 10 | 管道交叉 | 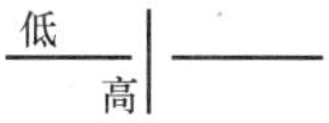 低<br>高 | 在下面和后面的管道应断开 |

4. 管件

| 序号 | 名　称 | 图　例 |
| --- | --- | --- |
| 1 | 偏心异径管 |  |
| 2 | 同心异径管 | 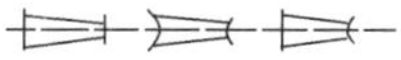 |
| 3 | 乙字管 |  |
| 4 | 喇叭口 |  |
| 5 | 转动接头 | 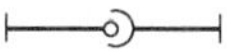 |
| 6 | S形存水弯 |  |
| 7 | P形存水弯 |  |
| 8 | 90°弯头 | |
| 9 | 正三通 | |
| 10 | TY三通 |  |

续表

| 序号 | 名 称 | 图 例 |
| --- | --- | --- |
| 11 | 斜三通 |  |
| 12 | 正四通 | 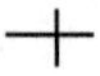 |
| 13 | 斜四通 |  |

5. 阀门

| 序号 | 名 称 | 图 例 | 备 注 |
| --- | --- | --- | --- |
| 1 | 闸阀 |  | — |
| 2 | 角阀 | 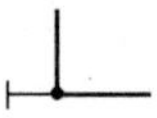 | — |
| 3 | 三通阀 | 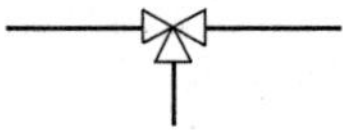 | — |
| 4 | 四通阀 | 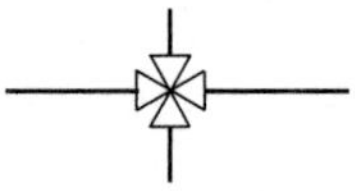 | — |
| 5 | 截止阀 |  | — |
| 6 | 蝶阀 | 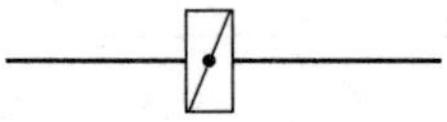 | — |
| 7 | 电动闸阀 |  | — |
| 8 | 液动闸阀 | 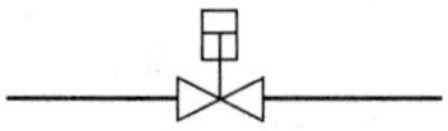 | — |
| 9 | 气动闸阀 | 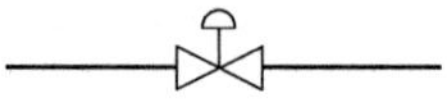 | — |
| 10 | 电动蝶阀 | 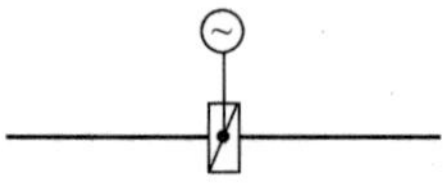 | — |
| 11 | 液动蝶阀 | 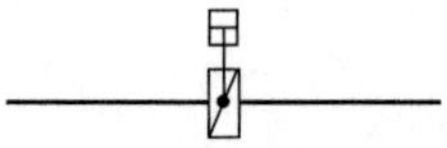 | — |

续表

| 序号 | 名　称 | 图　例 | 备　注 |
| --- | --- | --- | --- |
| 12 | 气动蝶阀 | | — |
| 13 | 减压阀 | | 左侧为高压端 |
| 14 | 旋塞阀 | 平面　系统 | — |
| 15 | 底阀 | 平面　系统 | — |
| 16 | 球阀 | | — |
| 17 | 止回阀 | | — |
| 18 | 消声止回阀 | | — |
| 19 | 泄压阀 | | — |
| 20 | 自动排气阀 | 平面　系统 | — |
| 21 | 浮球阀 | 平面　系统 | — |
| 22 | 延时自闭冲洗阀 | | — |
| 23 | 感应式冲洗阀 | | — |

6. 给水配件

| 序号 | 名　称 | 图　例 |
| --- | --- | --- |
| 1 | 水嘴 |  平面　系统 |
| 2 | 洒水（栓）水嘴 |  |
| 3 | 化验水嘴 |  |
| 4 | 肘式水嘴 |  |
| 5 | 脚踏开关水嘴 | 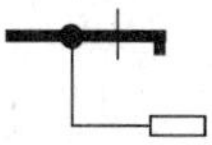 |
| 6 | 混合水嘴 |  |
| 7 | 旋转水嘴 |  |
| 8 | 浴盆带喷头<br>混合水嘴 |  |
| 9 | 蹲便器脚踏开关 | 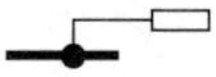 |

7. 消防设施

| 序号 | 名　称 | 图　例 | 备　注 |
| --- | --- | --- | --- |
| 1 | 消火栓给水管 | —— XH —— | — |
| 2 | 自动喷水灭火给水管 | —— ZP —— | — |
| 3 | 雨淋灭火给水管 | —— YL —— | — |
| 4 | 水幕灭火给水管 | —— SM —— | — |
| 5 | 水炮灭火给水管 | —— SP —— | — |
| 6 | 室外消火栓 |  | — |

续表

| 序号 | 名　称 | 图　例 | 备　注 |
| --- | --- | --- | --- |
| 7 | 室内消火栓（单口） | 平面　系统 | 白色为开启面 |
| 8 | 室内消火栓（双口） | 平面　系统 | — |
| 9 | 水泵接合器 |  | — |
| 10 | 自动喷洒头（开式） | 平面　系统 | — |
| 11 | 自动喷洒头（闭式） | 平面　系统 | 下喷 |
| 12 | 自动喷洒头（闭式） | 平面　系统 | 上喷 |
| 13 | 自动喷洒头（闭式） | 平面　系统 | 上下喷 |
| 14 | 侧墙式自动喷洒头 | 平面　系统 | — |
| 15 | 水喷雾喷头 | 平面　系统 | — |
| 16 | 直立型水幕喷头 | 平面　系统 | — |
| 17 | 下垂型水幕喷头 | 平面　系统 | — |
| 18 | 干式报警阀 | 平面　系统 | — |

续表

| 序号 | 名　称 | 图　例 | 备　注 |
| --- | --- | --- | --- |
| 19 | 湿式报警阀 | 平面　系统 | — |
| 20 | 预作用报警阀 | 平面　系统 | — |
| 21 | 雨淋阀 | 平面　系统 | — |
| 22 | 信号闸阀 |  | — |

8. 卫生设备

| 序号 | 名　称 | 图　例 | 备　注 |
| --- | --- | --- | --- |
| 1 | 立式洗脸盆 |  | — |
| 2 | 台式洗脸盆 |  | — |
| 3 | 挂式洗脸盆 |  | — |
| 4 | 浴盆 |  | — |
| 5 | 化验盆、洗涤盆 |  | — |
| 6 | 厨房洗涤盆 |  | 不锈钢制品 |
| 7 | 带沥水板洗涤盆 |  | — |
| 8 | 盥洗槽 |  | — |
| 9 | 污水池 |  | — |

续表

| 序号 | 名 称 | 图 例 | 备 注 |
|---|---|---|---|
| 10 | 妇女净身盆 | 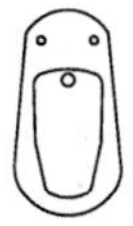 | — |
| 11 | 立式小便器 | 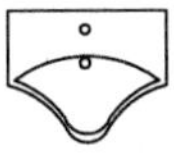 | — |
| 12 | 壁挂式小便器 |  | — |
| 13 | 蹲式大便器 | 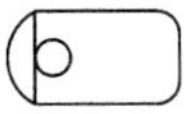 | — |
| 14 | 坐式大便器 | 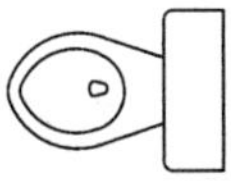 | — |
| 15 | 小便槽 | 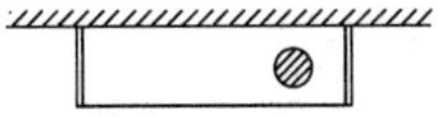 | — |
| 16 | 淋浴喷头 |  | — |

注：卫生设备图例也可以建筑专业资料图为准。

9. 小型给水排水构筑物

| 序号 | 名 称 | 图 例 | 备 注 |
|---|---|---|---|
| 1 | 矩形化粪池 | 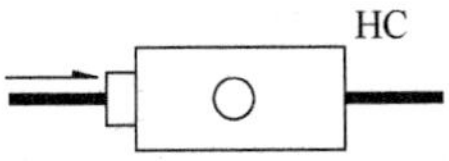 HC | HC 为化粪池 |
| 2 | 隔油池 | 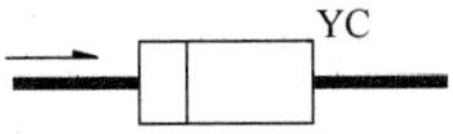 YC | YC 为隔油池代号 |
| 3 | 沉淀池 | 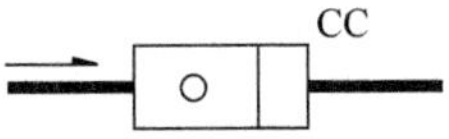 CC | CC 为沉淀池代号 |
| 4 | 降温池 | 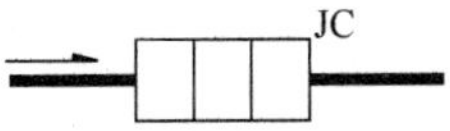 JC | JC 为降温池代号 |
| 5 | 中和池 | 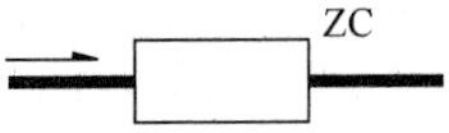 ZC | ZC 为中和池代号 |

## 暖通空调燃气施工图常用图例

附录 4-1

1. 暖通空调常用图例

| 序号 | 名　　称 | 图　　例 | 附　　注 |
| --- | --- | --- | --- |
| 1. 各类标注法 | | | |
| 1 | 焊接钢管 | 用公称直径表示，例：$DN32$ | |
| 2 | 无缝钢管 | 用外径和壁厚表示，例：$D114\times4$ | |
| 3 | 铜　　管 | 用外径和壁厚表示，例：$D16\times1.5$ | |
| 4 | 金属软管 | 用公称内径表示，图：$D_0 72$ | |
| 5 | 塑料软管 | 用内径表示，例：$D_0 10$ | |
| 6 | 塑料硬管 | 用外径表示，例：$D40$ | |
| 7 | 圆形风管 | 直径数字前冠以拉丁字母，$\phi$，例：$\phi650$ | |
| 8 | 矩形风管 | 前项为该视图投影面尺寸，例：$400\times800$ | 系统、流程图上的表示和平面图一致 |
| 9 | 标　　高 | −1.500 | 单位：m，正数不需冠以“+” |
| 2. 管道及附件图例 | | | |
| 1 | 供暖热水管 | —— $R_1$ —— | |
| 2 | 供暖回水管 | —— $R_2$ —— | |
| 3 | 蒸汽管 | —— Z —— | |
| 4 | 凝结水管 | —— N —— | |
| 5 | 膨胀水管 | —— P —— | |
| 6 | 补给水管 | —— G —— | |
| 7 | 信号管 | —— X —— | |
| 8 | 溢排管 | —— Y —— | |
| 9 | 空调供水管 | —— $L_1$ —— | |
| 10 | 空调回水管 | —— $L_2$ —— | |
| 11 | 冷凝水管 | —— n —— | |
| 12 | 冷却供水管 | —— $LG_1$ —— | |
| 13 | 冷却回水管 | —— $LG_2$ —— | |

续表

| 序号 | 名　称 | 图　例 | 附　注 |
| --- | --- | --- | --- |
| 14 | 软化水管 | ——RH—— | |
| 15 | 盐水管 | ——YS—— | |
| 3. 各类风管及管架图例 | | | |
| 1 | 送风管、新（进）风管 | 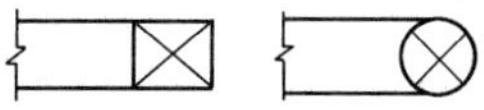 | 本图为可见面 |
| | | 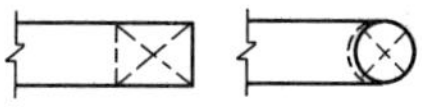 | 本图为不可见面 |
| 2 | 回风管、排风管 | 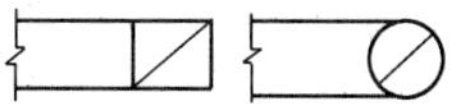 | 本图为可见面 |
| | | 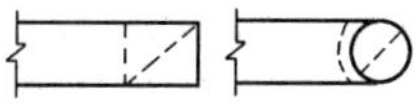 | 本图为不可见面 |
| 3 | 混凝土或砖砌风道 | 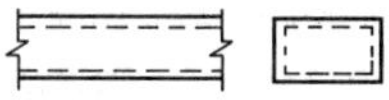 | |
| 4 | 异径风管 | 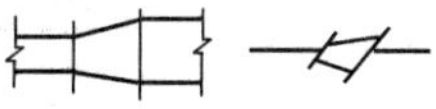 | |
| 5 | 柔性风管 | 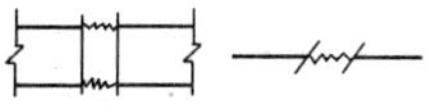 | |
| 6 | 风管检查孔 | 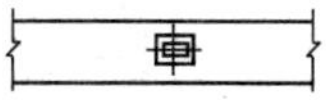 | |
| 7 | 风管测定孔 | 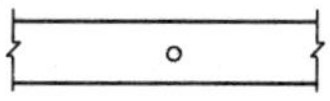 | |
| 8 | 矩形三通 | 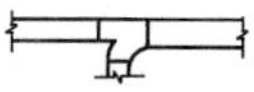 | |
| 9 | 圆形三通 | 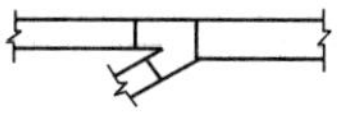 | |
| 10 | 弯头 | 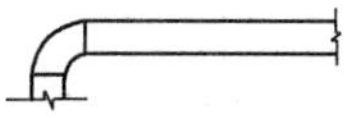 | |
| 11 | 带导流片弯头 | 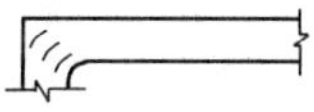 | |
| 4. 各种阀门及附件 | | | |
| 1 | 安全阀 |  | |

续表

| 序号 | 名　　称 | 图　　例 | 附　　注 |
| --- | --- | --- | --- |
| 2 | 蝶阀 |   |  |
| 3 | 膨胀阀 | 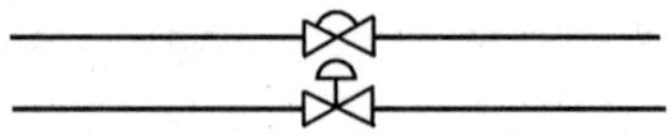  |  |
| 4 | 丝堵或盲板 |   |  |
| 5. 风阀及附件 | | | |
| 1 | 插板阀 | 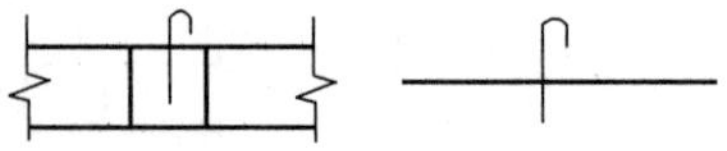  |  |
| 2 | 蝶阀 | 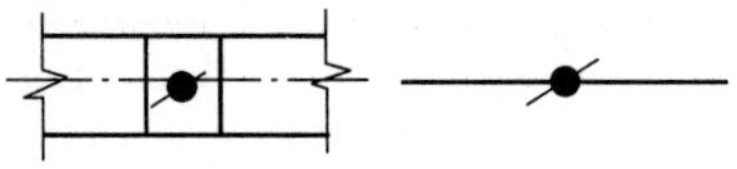  |  |
| 3 | 手动对开式多叶调节阀 | 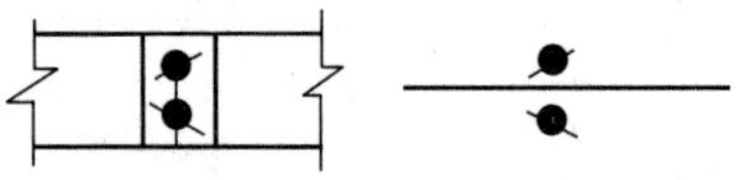  |  |
| 4 | 电动对开式多叶调节阀 | 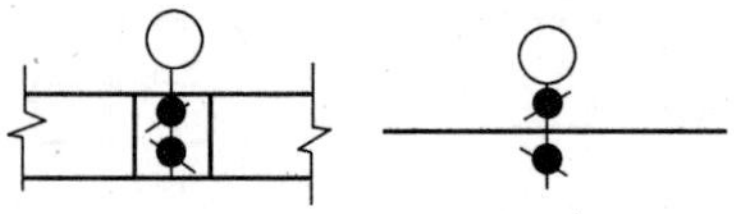  |  |
| 5 | 三通调节阀 | 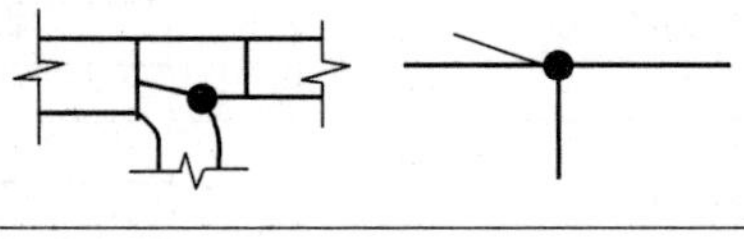  |  |
| 6 | 防火（调节）阀 | 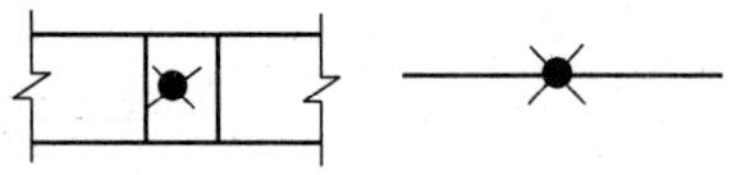  |  |
| 7 | 余压阀 |   |  |
| 8 | 止回阀 | 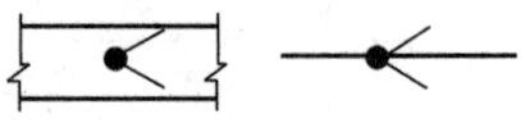  |  |
| 9 | 送风口 | 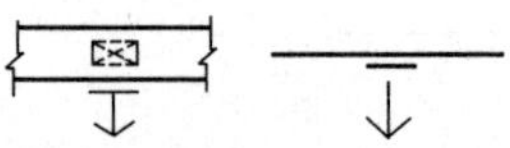  |  |

续表

| 序号 | 名　称 | 图　例 | 附　注 |
| --- | --- | --- | --- |
| 10 | 回风口 | | |
| 11 | 方形散流器 | | |
| 12 | 圆形散流器 | | |
| 13 | 伞形风帽 | | |
| 14 | 锥形风帽 | | |
| 15 | 筒形风帽 | | |
| 6. 供暖设备 | | | |
| 1 | 散热器 | | |
| 2 | 暖风机 | | |
| 3 | 集气罐 | | |
| 7. 通风、空调、制冷设备 | | | |
| 1 | 离心式通风机 | M (1) (2) (3) | （1）平面，左：直联；右：皮带<br>（2）系统<br>（3）流程 |
| 2 | 轴流式通风机 | M (1) (2) (3) | （1）平面<br>（2）系统<br>（3）流程 |

续表

| 序号 | 名　　称 | 图　　例 | 附　　注 |
|---|---|---|---|
| 3 | 离心式水泵 | 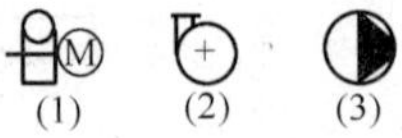 (1)　(2)　(3) | (1) 平面<br>(2) 系统<br>(3) 流程 |
| 4 | 制冷压缩机 |   | 用于流程、系统 |
| 5 | 水冷机组 | 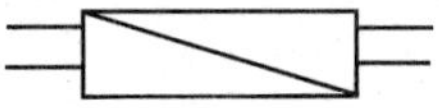  | 用于流程、系统 |
| 6 | 空气过滤器 | 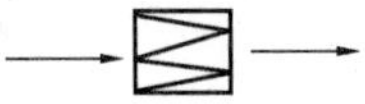  |  |
| 7 | 空气加热器 |   |  |
| 8 | 空气冷却器 |   |  |
| 9 | 空气加湿器 |   |  |
| 10 | 窗式空调器 |  |  |
| 11 | 风机盘管 |  |  |
| 12 | 消声器 | 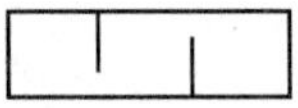  |  |
| 13 | 减振器 |  | 左：平面；右：剖面 |
| 14 | 消声弯头 | 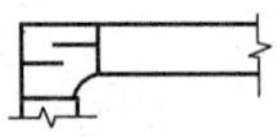  |  |
| 15 | 喷雾排管 | 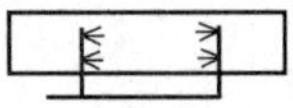  |  |
| 16 | 挡水板 | 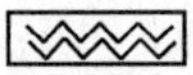  |  |

8. 管道及附件图例

| 序号 | 名　称 | 图　例 | 说　明 |
|---|---|---|---|
| 1 | 热力沟 | 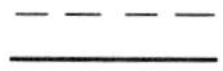  |  |
| 2 | 供水（汽）管采暖回（凝结）水管 |   |  |
| 3 | 保温管 |   | 可用说明代 |
| 4 | 软管 |   |  |
| 5 | 方形伸缩器 |   |  |
| 6 | 套管伸缩器 |   |  |
| 7 | 波形伸缩器 | 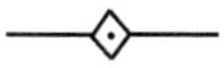  |  |
| 8 | 弧形伸缩器 |   |  |
| 9 | 球形伸缩器 | 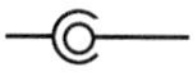  |  |
| 10 | 流向 |   |  |
| 11 | 丝堵 |  |  |
| 12 | 滑动支架 |   |  |
| 13 | 固定支架 | 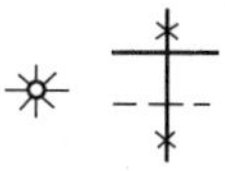  | 左图：单管<br>右图：多管 |

9. 管架图例

|  | 名　称 | 符　号 |  |  |  |  | 说　明 |
|---|---|---|---|---|---|---|---|
|  |  | 一般形式 | 支（托）架 | 吊　架 | 弹性支（托）架 | 弹性吊架 |  |
| 1 | 固定管架 |   |   |   |  |  |  |
| 2 | 活动管架 |   | 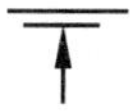  |   |   |   |  |
| 3 | 导向管架 |  |   |   |   |   |  |

10. 燃气设计图例

| 序号 | 名　　称 | 图　　例 |
|---|---|---|
| 1 | 新建煤气管 | |
| 2 | 现状煤气管线 | 低　压 |
| 3 | 现状煤气管线 | 中　压 |
| 4 | 现状煤气管线 | 高　压 |
| 5 | 地沟管 | |
| 6 | 架空管 | |
| 7 | 带保温管 | |
| 8 | 法兰连接阀门 | |
| 9 | 丝扣连接阀门 | |
| 10 | 套管 | |
| 11 | 大小头 | |
| 12 | 现状煤气闸井 | M |
| 13 | 固定支架 | |
| 14 | 滑动支架 | |
| 15 | 导向支架 | |
| 16 | 弹簧支架 | |
| 17 | 方形伸缩器 | |
| 18 | 调长器 | |
| 19 | 凝水器 | |

11. 设备及仪表图例

| 序号 | 名　称 | 图　例 |
| --- | --- | --- |
| 1 | 调压器 |  |
| 2 | 过滤器 | 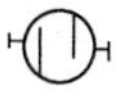 |
| 3 | 疏水器 | 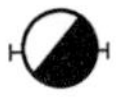 |
| 4 | 旋塞 | 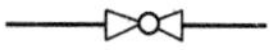 |
| 5 | 止回阀 |  |
| 6 | 水封 | 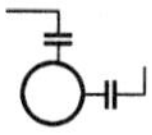 |
| 7 | U形压力计 | |
| 8 | 0～200低压压力自动记录仪 |  |
| 9 | 流量孔板 | |
| 10 | 气动阀 | |
| 11 | 放水门 |  |
| 12 | 放气门 | 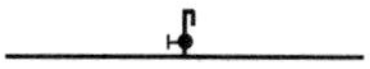 |
| 13 | 压力表 |  |
| 14 | 温度表 |  |
| 15 | 安全阀 |  |

12. 调压站图例

| 序号 | 名　称 | 图　例 |
| --- | --- | --- |
| 1 | 高中压调压站 | |
| 2 | 中低压调压站 | |
| 3 | 高低压调压站 | |
| 4 | 液化气储能站 |  |

**4-72-11 型离心式风机规格性能表** **附录 5-1**

| 机号<br>No | 传动方式 | 转速<br>(r/min) | 序号 | 流量<br>($m^3/h$) | 全压<br>(Pa) | 电动机功率<br>(kW) |
|---|---|---|---|---|---|---|
| 8 | D | 1450 | 1 | 15826 | 2032 | 18.5 |
| | | | 2 | 18134 | 2055 | |
| | | | 3 | 20332 | 1960 | |
| | | | 4 | 22640 | 1888 | |
| | | | 5 | 24838 | 1781 | |
| | | | 6 | 27146 | 1638 | |
| | | | 7 | 29344 | 1490 | |
| 8 | D | 960 | 1 | 10478 | 887 | 5.5 |
| | | | 2 | 12006 | 875 | |
| | | | 3 | 13461 | 856 | |
| | | | 4 | 14989 | 825 | |
| | | | 5 | 16444 | 778 | |
| | | | 6 | 17972 | 715 | |
| | | | 7 | 19428 | 651 | |
| 9 | D | 730 | 1 | 7968 | 512 | 3 |
| | | | 2 | 9130 | 506 | |
| | | | 3 | 10236 | 494 | |
| | | | 4 | 11398 | 476 | |
| | | | 5 | 12504 | 449 | |
| | | | 6 | 13666 | 413 | |
| | | | 7 | 14773 | 376 | |
| 10 | D | 1450 | 1 | 40441 | 3202 | 5.5 |
| | | | 2 | 44026 | 3159 | |
| | | | 3 | 47611 | 3032 | |
| | | | 4 | 50680 | 2884 | |
| | | | 5 | 53664 | 2722 | |
| | | | 6 | 56605 | 2532 | |
| | | | 2 | 22164 | 794 | |
| | | | 3 | 23969 | 762 | |
| 18.5 | D | 960 | 1 | 26775 | 1395 | |
| | | | 2 | 29148 | 1376 | |
| | | | 3 | 31521 | 1621 | |
| | | | 4 | 33554 | 1257 | |
| | | | 5 | 35529 | 1187 | |
| | | | 6 | 37476 | 1104 | |
| 7.5 | D | 730 | 1 | 20360 | 805 | |

**自垂式百叶送风口的规格** **附录 5-2**

| 规格（mm） | 风　　量（$m^3/h$） | | | |
|---|---|---|---|---|
| | 连管风速（m/s） | | | |
| | 3 | 4 | 5 | 8.3 |
| 200×300 | 865 | 1150 | 1440 | 2390 |
| 250×250 | 675 | 900 | 1125 | 1870 |
| 250×300 | 810 | 1080 | 1350 | 2240 |
| 250×400 | 1080 | 1440 | 1800 | 2990 |
| 300×300 | 970 | 1300 | 1620 | 2690 |
| 300×400 | 1300 | 1730 | 2160 | 3585 |
| 300×500 | 1620 | 2160 | 2700 | 4480 |
| 300×600 | 1945 | 2590 | 3240 | 5380 |
| 350×350 | 1325 | 1765 | 2205 | 3660 |
| 350×400 | 1510 | 2020 | 2520 | 4185 |
| 350×500 | 1890 | 2520 | 3150 | 5230 |
| 350×600 | 2270 | 3025 | 3780 | 6275 |
| 400×400 | 1730 | 2305 | 2880 | 4780 |
| 400×500 | 2160 | 2880 | 3600 | 5980 |
| 400×600 | 2590 | 3460 | 4320 | 7170 |
| 500×500 | 2700 | 3600 | 4500 | 7470 |

**排烟阀、排烟防火阀的规格** **附录 5-3**

| 规格 $A \times B$（mm） | | | | | | |
|---|---|---|---|---|---|---|
| 320×320 | | | | | | |
| 400×320 | 400×400 | | | | | |
| 500×320 | 500×400 | 500×500 | | | | |
| 630×320 | 630×400 | 630×500 | 630×630 | | | |
| 800×320 | 800×400 | 800×500 | 800×630 | 800×800 | | |
| 1000×320 | 1000×400 | 1000×500 | 1000×630 | 1000×800 | 1000×1000 | |
| | 1250×400 | 1250×500 | 1250×630 | 1250×800 | 1250×1000 | |
| | | 1600×500 | 1600×630 | 1600×800 | 1600×1000 | 1600×1250 |
| | | | | | 2000×1000 | 2000×1250 |
| 阀体厚度（mm）：320 | | | | | | |
| 阻力系数：≤0.5（阀体全开） | | | | | | |
| 漏风量［$m^3$/（$m^2 \cdot h$）］：≤1000（压差 250Pa）≤2000（压差 1000Pa） | | | | | | |

**部分民用建筑需要的空调温、湿度参数** **附录 6-1**

| 建筑名称 | 空调参数 | | | |
|---|---|---|---|---|
| | 夏季 | | 冬季 | |
| | 温度（℃） | 相对湿度（%） | 温度（℃） | 相对湿度（%） |
| 剧场 | 26～28 | 50～65 | 20～22 | 40～65 |
| 病房 | 26～27 | 45～65 | 22～23 | 40～60 |
| 诊室 | 26～27 | 45～65 | 21～22 | 40～60 |
| 候诊室 | 26～27 | 45～65 | 20～21 | 40～60 |
| 急诊手术室 | 23～26 | 50～60 | 24～26 | 50～60 |
| 一般手术室 | 23～26 | 50～60 | 24～26 | 50～60 |
| 产房 | 24～26 | 50～60 | 22～24 | 50～60 |
| 婴儿室 | 25～27 | 55～65 | 25～27 | 50～65 |
| 药房 | 26～27 | 45～50 | 21～22 | 40～50 |
| 公寓的居室 | 26～27 | — | — | — |
| 饭店的客房部分 | 24～26 | 50～65 | 22～25 | 40～55 |
| 饭店的公用部分 | 24～26 | 50～65 | 20～25 | 40～55 |
| 百货商店 | 25～27 | 55～65 | 20～22 | 40～50 |

**常见的熔断器和熔体额定电流** **附录 7-1**

| 熔断器型号 | 熔断器额定电流（A） | 熔体额定电流（A） |
|---|---|---|
| RC1－A（瓷插式） | 5 | 2、3、5 |
| | 10 | 2、3、5、10 |
| | 15 | 5、10、15 |
| | 30 | 20、25、30 |
| | 60 | 40、50、60 |
| | 100 | 80、100 |
| RL1（螺旋式） | 15 | 2、3、5、6、10、15 |
| | 60 | 20、25、30、35、40、50、60 |
| | 100 | 60、80、100 |
| RM10（封闭式） | 15 | 6、10、145 |
| | 60 | 15、20、35、45、60 |
| | 100 | 60、80、100 |
| | 200 | 100、125、160、200 |
| | 350 | 200、225、260、300、350 |
| | 600 | 350、430、500、600 |
| RT0（有填料封闭式） | 50 | 5、10、15、30、40、50 |
| | 100 | 30、40、50、60、80、100 |
| | 200 | 120、150、200 |
| | 400 | 250、300、350、400 |
| | 600 | 450、500、550、600 |

**常用电光源的性能指标** **附录 8-1**

| 电光源名称 | 白炽灯 | 荧光灯 | 高压钠灯 | 低压钠灯 | 金属卤化物灯 |
|---|---|---|---|---|---|
| 额定功率范围（W） | 10～1000 | 5～125 | 35～1000 | 18～180 | 10～100 |
| 光效（lm/W） | 6.5～19 | 30～67 | 60～120 | 100～175 | 60～80 |
| 平均寿命（h） | 1000 | 2500～5000 | 16000～24000 | 2000～3000 | 2000 |
| 一般显色指数 Ra | 95～99 | 70～80 | 20～25 | — | 65～85 |
| 启动稳定时间（min） | 瞬时 | 0～3 | 4～8 | 7～15 | 4～8 |
| 再启动时间（min） | 瞬时 | 0～3 | 10～20 | 5 | 10～15 |
| 功率因数 $\cos\phi$ | 1.0 | 0.45～0.8 | 0.30～0.44 | 0.6 | 0.40～0.61 |
| 频闪效应 | 不明显 | 明显 | 明显 | 明显 | 明显 |
| 表面亮度 | 大 | 小 | 较大 | 不大 | 大 |
| 电压变化对光通的影响 | 大 | 较大 | 大 | 大 | 较大 |
| 环境温度对光通的影响 | 小 | 大 | 较小 | 小 | 较大 |
| 耐振性能 | 较差 | 好 | 好 | 较好 | 好 |
| 所需附件 | 无 | 镇流器<br>启辉器 | 镇流器 | 镇流器 | 触发器<br>镇流器 |
| 色温（K） | 2400～2900 | 3500～6500 | 2000～40000 | 2000～4000 | 4500～7000 |

**常用电力及照明平面图图形符号** **附录 8-2**

| 图形符号 | 名　称 | 图形符号 | 名　称 |
|---|---|---|---|
|   | 多种电源配电箱（屏） | 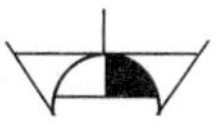  | 带接地插孔的三相插座（防爆） |
|  | 动力或动力—照明配电箱 |   | 开关一般符号 |
|   | 信号板信号箱（屏） |   | 单极开关（明装） |
|  | 照明配电箱（屏） |   | 单极开关（暗装） |
|   | 单相插座（明装） | 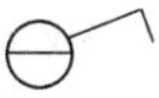  | 单极开关（密闭、防水） |
|   | 单相插座（暗装） |   | 单极开关（防爆） |
|   | 单相插座（密闭、防水） |   | 单极拉线开关 |
|   | 单相插座（防爆） | 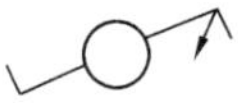  | 单极双控拉线开关 |
| 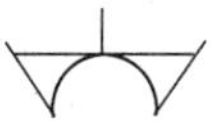  | 带接地插孔的三相插座（明装） | 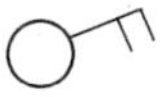  | 双极开关（明装） |
| 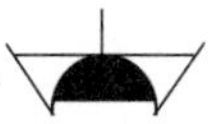  | 带接地插孔的三相插座（暗装） | 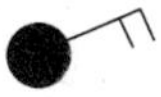  | 双极开关（暗装） |
| 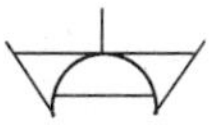  | 带接地插孔的三相插座<br>（密闭、防水） | 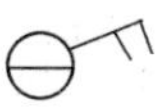  | 双极开关（密闭、防水） |

续表

| 图形符号 | 名　　称 | 图形符号 | 名　　称 |
| --- | --- | --- | --- |
|  | 双极开关（防爆） |  | 室内分线盒 |
|  | 灯或信号灯一般符号 |  | 室外分线盒 |
|  | 防水防尘灯 |  | 电铃 |
|  | 壁灯 | A | 电流表 |
|  | 球形灯 | V | 电压表 |
|  | 花灯 | Wh | 电度表 |
|  | 局部照明灯 |  | 熔断器一般符号 |
|  | 顶棚灯 |  | 接地一般符号 |
|  | 荧光灯一般符号 |  | 多极开关一般符号（单线表示） |
|  | 三管荧光灯 |  | 多极开关（多线表示） |
|  | 避雷器 |  | 动合（常开）触点<br>注：也可作开关一般符号 |
|  | 避雷针 |  |  |
|  | 分线盒一般符号 |  |  |

**导线敷设方式的标注符号　　附录 8-3**

| 名　　称 | 文字符号 |
| --- | --- |
| 导线或电缆穿焊接钢管敷设 | SC |
| 穿电线管敷设 | TC |
| 穿硬聚氯乙烯管敷设 | PC |
| 穿阻燃半硬聚氯乙烯管敷设 | FPC |
| 用绝缘子（瓷瓶或瓷柱）敷设 | K |
| 用塑料线槽敷设 | PR |
| 用钢线槽敷设 | SR |
| 用电缆桥架敷设 | CT |
| 用瓷夹板敷设 | PL |
| 用塑料夹敷设 | PCL |
| 穿蛇皮管敷设 | CP |
| 穿阻燃塑料管敷设 | PVC |

**导线敷设部位的标注符号　　附录 8-4**

| 名　　称 | 文字符号 |
| --- | --- |
| 沿钢索敷设 | SR |
| 沿屋架或跨屋架敷设 | BE |
| 沿柱或跨柱敷设 | CLE |
| 沿墙面敷设 | WE |
| 沿顶棚面或顶板面敷设 | CE |
| 在能进人的吊顶内敷设 | ACE |
| 暗敷设在横梁内 | BC |
| 暗敷设在柱内 | CLC |
| 暗敷设在墙内 | WC |
| 暗敷设在地面或地板内 | FC |
| 暗敷设在屋面或顶板内 | CC |
| 暗敷设在不能进人的吊顶内 | ACC |

## 灯具安装方式和光源种类的文字符号 附录 8-5

| 灯具安装方式的文字符号 | | 光源种类的文字符号 | |
|---|---|---|---|
| 名　　称 | 文字符号 | 名　　称 | 文字符号 |
| 线吊式（自在线吊式） | CP | 白炽灯 | IN |
| 固定线吊式 | CP1 | 荧光灯 | FL |
| 防水线吊式 | CP2 | 钠灯 | Na |
| 吊线器式 | CP3 | 碘灯 | I |
| 链吊式 | Ch | 氙灯 | Xe |
| 管吊式 | P | 氖灯 | Ne |
| 壁装式 | W | 汞灯 | Hg |
| 吸顶或直附式 | S | 电发光灯 | EL |
| 嵌入式 | R | 紫外线灯 | UV |
| 顶棚内安装 | CR | — | — |
| 墙壁内安装 | WR | — | — |
| 台上安装 | T | — | — |
| 支架上安装 | SP | — | — |
| 柱上安装 | CL | — | — |
| 座装 | HM | — | — |

# 参 考 文 献


[1] 万建武主编．建筑设备工程(第二版)．北京：中国建筑工业出版社，2007.

[2] 赵基兴主编．建筑给水排水实用新技术．上海：同济大学出版社，2000.

[3] 张英，吕鑑主编．新编建筑给水排水工程．北京：中国建筑工业出版社，2004.

[4] 核工业第二研究设计院主编．给水排水设计手册 第2册（建筑给水排水)第二版．北京：中国建筑工业出版社，2001.

[5] 陈一才编著．现代建筑设备工程设计手册．北京：机械工业出版社，2001.

[6] 赵兴忠主编．建筑设备工程(第二版)．北京：科学出版社，2005.

[7]《建筑给水排水设计规范》GB 50015—2003(2009年版)．北京：中国计划出版社，2009.

[8]《建筑给水排水及采暖工程施工质量验收规范》GB 50242—2002．北京：中国计划出版社，2002.

[9]《给水排水制图标准》GB/T 50106—2010．北京：中国建筑工业出版社，2010.

[10] 范柳先主编．建筑给水排水工程．北京：中国建筑工业出版社，2003.

[11] 马金等编著．建筑给水排水工程．北京：清华大学出版社，2004.

[12] 郭智多主编．建筑给水排水及采暖工程施工监理实用手册．北京：中国电力出版社，2005.

[13] 陆耀庆编．实用供热空调设计手册．北京：中国建筑工业出版社，1994.

[14] 崔莉主编．建筑设备．北京：机械工业出版社，2006.

[15] 王继明等编．建筑设备(第二版)．北京：中国建筑工业出版社，2007.

[16]《采暖通风与空气调节设计规范》GB 50019—2003．北京：中国计划出版社，2003.

[17]《自动喷水灭火系统施工及验收规范》GB 50261—2005．北京：中国计划出版社，2005.

[18]《通风与空调工程施工质量验收规范》GB 50243—2002．北京：中国计划出版社，2002.

[19]《暖通空调制图标准》GB/T 50114—2010．北京：中国建筑工业出版社，2010.

[20] 贺平，孙刚编．供热工程(第三版)．北京：中国建筑工业出版社，2000.

[21] 卜一德编．地板采暖与分户热计量技术．北京：中国建筑工业出版社，2003.

[22] 方修睦，赵加宁等编．高层建筑供暖通风与空调设计．哈尔滨：黑龙江科学技术出版社，2003.

[23] 袁国汀主编．建筑燃气设计手册．北京：中国建筑工业出版社，2001.

[24]《供配电系统设计规范》GB 50052—2009．北京：中国计划出版社，2009.

[25]《民用建筑电气设计规范》JGJ 16—2008．北京：中国建筑工业出版社，2008.

[26]《建筑物防雷设计规范》GB 50057—2010．北京：中国计划出版社，2010.

[27]《施工现场临时用电安全技术规范》JGJ 46—2005．北京：中国建筑工业出版社，2005.

[28]《建筑电气工程施工质量验收规范》GB5 0303—2002．北京：中国计划出版社，2004.

[29]《建筑物防雷工程施工与质量验收规范》GB 50601—2010．北京：中国计划出版社，2010.

[30] 中国机械工业教育协会．建筑设备．北京：机械工业出版社，2005.

[31] 安顺合．建筑电气工程施工与验收手册．北京：中国建筑工业出版社，2005.

[32] 梅钰．建筑电气与电梯工程．北京：中国建筑工业出版社，2004.

[33] 侯君伟主编．建筑设备施工．北京：中国机械工业出版社，2009.

[34] 文桂萍主编．建筑设备安装与识图．北京：中国机械工业出版社，2010.